高功率微波

(第3版)

High Power Microwaves
(3rd Edition)

[美] 詹姆斯·本福德 James Benford
约翰·A. 斯威格尔 John A. Swegle 著
埃德尔·沙米洛格鲁 Edl Schamiloglu

陈军燕 江伟华 刘美琴
谢丰宇 李永东 曹 猛 译
邵 浩 审校

国防工业出版社
·北京·

著作权合同登记　　图字:01-2023-2624 号

图书在版编目(CIP)数据

高功率微波:第 3 版/(美)詹姆斯・本福德 (James Benford),(美)约翰・A. 斯威格尔 (John A. Swegle),(美)埃德尔・沙米洛格鲁 (Edl Schamiloglu)著;陈军燕等译. --北京:国防 工业出版社,2024.11. -- ISBN 978-7-118-13062-1

Ⅰ. TN015

中国国家版本馆 CIP 数据核字第 20242TE649 号

High Power Microwaves 3rd Edition
9780367871000 which is authored/edited by James Benford, John A. Swegle, Edl Schamiloglu
Copyright © 2016 by Taylor & Francis Group, LLC

Authorized translation from English language edition published by CRC Press, part of Taylor & Francis Group LLC; All rights reserved; 本书原版由 Taylor & Francis 出版集团旗下, CRC 出版公司出版,并经其授权翻译出版. 版权所有,侵权必究.

National Defense Industry Press is authorized to publish and distribute exclusively the Chinese (Simplified Characters) language edition. This edition is authorized for sale throughout Mainland of China. No part of the publication may be reproduced or distributed by any means, or stored in a database or retrieval system, without the prior written permission of the publisher. 本书中文简体翻译版经授权由国防工业出版社独家出版,并限在中国大陆地区销售. 未经出版者书面许可, 不得以任何方式复制或发行本书的任何部分.

※

国防工业出版社出版发行

(北京市海淀区紫竹院南路 23 号　邮政编码 100048)
北京虎彩文化传播有限公司印刷
新华书店经售

＊

开本 710×1000　1/16　印张 32¼　字数 600 千字
2024 年 11 月第 3 版第 1 次印刷　印数 1—1200 册　定价 168.00 元

(本书如有印装错误,我社负责调换)

国防书店:(010)88540777　　书店传真:(010)88540776
发行业务:(010)88540717　　发行传真:(010)88540762

译 者 序

近年来，随着高功率微波技术的不断发展，在国防、能源、航天等领域的应用前景广阔。美国等国家十分重视高功率微波技术的研发，近些年，我国也在这个领域取得了重大突破。

本书的作者于1992年出版了《高功率微波》（第1版），2007年出版了《高功率微波》（第2版），在对第1版和第2版进行修改和补充的基础上，于2015年出版了《高功率微波》（第3版）。相对于第2版，在第3版中，每一章节都根据技术发展情况做了重要更新，并且把原有的超宽带章节改成了无束系统，包含了最新出现的非线性传输线以及光导开关技术。同时，将近年来受到关注的虚阴极振荡器相关内容单独成章，并介绍了电子回旋脉塞和自由电子激光。

本书适用于高功率微波领域的研究技术人员、对高功率现象感兴趣的微波工程技术人员，相关领域的本科生和研究生，以及相关领域的管理或指挥人员参考使用。本书作者在不断扩充和更新内容的过程中，对高功率微波领域的认识也发生了改变，在部分章节做了相应调整并增加了部分内容。所以本书无论是在读者的适用范围还是内容的更新情况上，都为我国从事研究高功率微波技术的科技人员提供了较高的学术参考价值，对于我国高功率微波技术的进一步研发有着一定的促进作用。

江教授与原著作者之间曾经有过多年的交流与合作，因此本书的翻译工作得到了原著作者的热情支持。

本书在翻译过程中，还得到了李佳伟的大力支持及辛勤付出，在此表示衷心感谢！由于译者水平有限，书中存在不妥和疏漏之处在所难免，敬请读者不吝指正。

陈军燕，江伟华
2022年2月

前　言

本书与 2007 年出版的第 2 版的不同之处如下：
(1) 每个章节都有明显的更新；
(2) 超宽带系统一章改名为无束系统，并包括了非线性传输线的相关内容；
(3) 由于虚阴极振荡器再度受到关注，所以在第 10 章集中探讨；
(4) 新增了第 11 章，涵盖了回旋管、电子回旋脉塞和自由电子激光。

与之前版本相同，本书旨在向读者提供有关高功率微波的全面综合论述。受篇幅限制，本书仅对高功率微波做了简要的介绍，我们希望读者能够更深入地探索高功率微波领域，而不是像阅读其他长篇专著那样只选择自己感兴趣的部分章节。本书内容丰富，论述由浅入深，但它又不是初级入门读物。我们为那些对技术细节感兴趣的读者，在每个章节提供了大量的参考文献或延伸阅读。

本书的读者对象包括：希望拓宽对高功率微波认知的专业研究技术人员；对高功率现象感兴趣的常规微波工程技术人员；初入该领域的新人；定向能武器采购及诸如雷达、通信、高能物理等相关领域的决策者，可通过学习高功率微波来帮助其做决策。

本书来源于我们在美国和欧洲进行许多短期课程授课的资料整理。我们在不断更新并拓宽课程范围的同时，在高功率微波领域的视野也得到了显著的拓展。虽然我们对该领域的最初研究是特定的高功率微波源，但现在我们所关注的问题领域越来越全面，这些问题如下：
(1) 高功率微波与传统微波领域之间的关联在哪里？
(2) 高功率微波的主要应用是什么？这些应用对微波源提出的关键要求是什么？
(3) 高功率微波源的基本工作原理是什么？高功率微波器件的名称很复杂，是不是真有那么多种微波源？各种微波源的特长和局限因素在哪里？
(4) 未来要解决的各种微波源所共有的主要问题是什么？

关于这些问题的探讨对我们作者(尤其是读者)是非常有益的，因为我们的研究观点具有很强的互补性：主要研究工作是不同种类的微波源。James Benford 主要从事实验研究，John Swegle 主要从事理论研究，第 2 版的新作者 Edl

Schamiloglu 是应用理论学家。

建议每位读者都要阅读第 1 章,这是本书的概论,概述了高功率微波的发展趋势,并对高功率微波与传统微波和太赫兹源等其他领域进行了比较。本书的一个主要观点是高功率微波的发展方向可以分为两类,即应用驱动和技术驱动,两者偶有重叠之处。新增加的第 2 章对两种类型都有所论述。第 3 章讨论了高功率微波的应用。其他章节关注不同的技术。第 4 章微波基础知识,涵盖了之后各章节用到的主要概念。第 5 章描述的是与微波源密切相关的仪器和设备的可行技术,功能包括为微波源提供电功率和电子束、向空间辐射微波以及测量微波参数等。第 6 章主要内容是超宽带或称无束(beamless)技术。第 7～11 章描述了几种主要的微波源。附录部分是高功率微波公式。最后,我们还增加了缩略语列表。

本书的准备工作得到了以下同事的热忱帮助,在此表示衷心的感谢:Gregory Benford,Steven Gold,John Luginsland,Dominic Benford,Bill Prather,David Price,Edward Goldman,Keith Kato,David Giri,Carl Baum,William Radasky,Jerry Levine,Douglas Clunie,David Price,John Mankins,Kevin Parkin,Richard Dickinson,Bob Forward,Bob Gardner,George Caryotakis,Daryl Sprehn,Mike Haworth,Sid Putnam,Yuval Carmel,Joe Butler,Sonya Looney,Michael Petelin,Ron Gilgenbach,Larry Altgilbers,Mike Cuneo,James McSpadden,Mats Jansson。

十分感谢新墨西哥州大学的 Charles Reuben,他孜孜不倦地处理了书中的图文编辑工作,以及江伟华(日本长冈技术科学大学),他将第 2 版翻译成中文时,提出了许多更正意见,这些都在修订第 3 版时有很大的体现。我们也要感谢 John Luginsland(空军科学研究办公室,AFOSR)对这个项目的支持。

最后,我们要感谢 Taylor&Francis 集团的 Francesca McGowan,帮助我们完成了第 3 版的出版工作。

特别感谢我们的妻子给予我们耐心的支持!

James Benford
加利福尼亚州,拉斐特市,微波科学公司
John A. Swegle
南卡罗来纳州,艾肯市,美国参联会情报局
Edl Schamiloglu
新墨西哥州,阿尔伯克基市,新墨西哥大学

目　录

第1章　概论 ··· 001
　1.1　高功率微波的起源 ··· 001
　1.2　高功率微波运行机制 ·· 003
　1.3　高功率微波的发展趋势 ··· 012
　　1.3.1　以往的研究 ·· 012
　　1.3.2　新的发展趋势 ··· 013
　1.4　延伸阅读 ·· 014
　参考文献 ··· 014

第2章　高功率微波的系统设计 ······································· 016
　2.1　高功率微波系统概念 ·· 016
　2.2　系统概览 ·· 019
　2.3　将子系统结合为系统 ·· 020
　　2.3.1　前级电源 ··· 021
　　2.3.2　脉冲功率 ··· 024
　　2.3.3　微波源 ·· 026
　　2.3.4　模式转换器和天线 ·· 028
　2.4　系统的关键问题 ·· 029
　2.5　高性能系统的设计方法 ··· 031
　　2.5.1　NAGIRA：超系统的模型机 ······························· 032
　　2.5.2　超系统的构成 ··· 033
　　2.5.3　天线与模式转换器 ·· 034
　　2.5.4　返波振荡器 ·· 035
　　2.5.5　脉冲功率子系统 ·· 036
　2.6　小结 ··· 042
　习题 ··· 042
　参考文献 ··· 042

第3章 高功率微波的应用 043

3.1 引言 043
3.2 高功率微波武器 043
3.2.1 高功率微波武器的一般特性 045
3.2.2 电磁脉冲弹 052
3.2.3 第一代微波武器 053
3.2.4 任务 056
3.2.5 电磁恐怖主义 058
3.2.6 能量耦合 059
3.2.7 反定向功能武器 061
3.2.8 高功率微波对电子器件产生的效应 062
3.2.9 小结 067
3.3 高功率雷达 067
3.4 功率传送 068
3.5 太空推进器 074
3.5.1 向地球轨道发射 075
3.5.2 从地球轨道向星际轨道和宇宙空间发射 079
3.5.3 大型空间结构的控制 082
3.5.4 功率传送系统的成本 083
3.5.5 规模效益 085
3.6 等离子体加热 086
3.6.1 电子回旋共振加热源 090
3.7 粒子加速器 091
习题 097
参考文献 099

第4章 微波基础知识 104

4.1 引言 104
4.2 电磁学基础概念 104
4.3 波导管 106
4.3.1 矩形波导的模式 108
4.3.2 圆形波导的模式 112
4.3.3 波导管与谐振腔的功率容量 115

4.4	周期性慢波结构	121
	4.4.1 轴向变化的慢波结构	122
	4.4.2 角向变化的慢波结构	125
	4.4.3 超材料色散调控	129
4.5	谐振腔	131
4.6	强流相对论电子束	134
	4.6.1 二极管中的空间电荷限制流	135
	4.6.2 强流二极管中的束流箍缩	138
	4.6.3 漂移管中的空间电荷限制电流	138
	4.6.4 磁绝缘同轴二极管电流限制的弗多索夫解	140
	4.6.5 有限轴向磁场中的电子回旋轨道	141
	4.6.6 圆柱电子束的布里渊平衡	142
4.7	旋转磁绝缘电子层	143
4.8	产生微波的相互作用原理	145
	4.8.1 基本相互作用过程	145
	4.8.2 O型源中的相互作用	147
	4.8.3 M型源中的相互作用	151
	4.8.4 空间电荷器件	151
4.9	放大器与振荡器、强电流与弱电流的工作模式	153
4.10	相位与频率控制	155
	4.10.1 相位相干源	156
4.11	多光谱源	157
4.12	小结	158
习题		159
参考文献		160

第5章 主要相关技术 164

5.1	引言	164
5.2	脉冲功率	165
	5.2.1 爆炸性磁通量压缩器	170
	5.2.2 直线感应加速器	173
	5.2.3 磁场储能	175
	5.2.4 小结	176
5.3	电子束产生与传播	176

        5.3.1 阴极材料 …………………………………………… 176
        5.3.2 电子束二极管和电子束传播 …………………… 181
    5.4 微波脉冲压缩 ……………………………………………… 182
    5.5 天线与传输 ………………………………………………… 187
        5.5.1 模式转换器 ………………………………………… 187
        5.5.2 天线的基础知识 …………………………………… 189
        5.5.3 窄带天线 …………………………………………… 193
        5.5.4 宽带天线 …………………………………………… 197
    5.6 诊断 ………………………………………………………… 198
        5.6.1 功率 ………………………………………………… 199
        5.6.2 频率 ………………………………………………… 199
        5.6.3 相位 ………………………………………………… 201
        5.6.4 能量 ………………………………………………… 202
        5.6.5 模式成像 …………………………………………… 203
        5.6.6 等离子体诊断 ……………………………………… 204
    5.7 计算技术 …………………………………………………… 206
    5.8 高功率微波设施 …………………………………………… 208
        5.8.1 室内设施 …………………………………………… 208
        5.8.2 室外设施 …………………………………………… 209
        5.8.3 微波安全事项 ……………………………………… 212
        5.8.4 X 射线安全事项 …………………………………… 214
    5.9 延伸阅读 …………………………………………………… 215
    习题 …………………………………………………………… 215
    参考文献 ……………………………………………………… 216

第 6 章 无束系统 ………………………………………………… 222
    6.1 引言 ………………………………………………………… 222
    6.2 超宽带系统 ………………………………………………… 222
        6.2.1 超宽带的定义 ……………………………………… 222
        6.2.2 超宽带开关技术 …………………………………… 225
        6.2.3 超宽带天线技术 …………………………………… 232
        6.2.4 超宽带系统 ………………………………………… 235
    6.3 非线性传输线 ……………………………………………… 240
        6.3.1 非线性传输线的发展历程 ………………………… 240

        6.3.2 简化弧理论 …… 241
        6.3.3 旋磁线 …… 243
        6.3.4 非线性介质材料 …… 244
        6.3.5 非线性磁性材料 …… 245
        6.3.6 BAE 系统公司的非线性传输线(NLTL)源 …… 247
        6.3.7 混合非线性传输线(NLTL) …… 249
    6.4 小结 …… 250
    习题 …… 250
    参考文献 …… 251

第7章 相对论磁控管与磁绝缘线振荡器 …… 255
    7.1 引言 …… 255
    7.2 发展历程 …… 256
    7.3 设计原理 …… 258
        7.3.1 磁控管和 CFA 器件的"冷"频率特性 …… 262
        7.3.2 工作电压与外加磁场 …… 266
        7.3.3 磁控管的特性 …… 269
        7.3.4 磁控管设计原理小结 …… 274
    7.4 工作特性 …… 274
        7.4.1 固定频率磁控管 …… 275
        7.4.2 频率可调磁控管 …… 278
        7.4.3 重复频率的高平均输出功率磁控管 …… 280
    7.5 主要研究课题 …… 283
        7.5.1 峰值功率:锁相多源 …… 283
        7.5.2 频率捷变和模式切换 …… 289
    7.6 物理极限 …… 290
        7.6.1 输出功率极限 …… 290
        7.6.2 效率极限 …… 292
        7.6.3 频率极限 …… 294
    7.7 磁绝缘线振荡器 …… 295
    7.8 正交场放大器 …… 300
    7.9 小结 …… 300
    习题 …… 302
    参考文献 …… 304

第8章 返波振荡器,多波切伦科夫发生器,O型切伦科夫器件 …… 310

- 8.1 引言 …… 310
- 8.2 发展历程 …… 312
- 8.3 设计原理 …… 313
  - 8.3.1 慢波结构:尺寸与频率 …… 317
  - 8.3.2 引入电子束:不同器件中的共振相互作用 …… 319
  - 8.3.3 启动电流与增益 …… 323
  - 8.3.4 峰值输出功率:数值模拟的作用 …… 327
- 8.4 工作特性 …… 331
  - 8.4.1 返波振荡器 …… 333
  - 8.4.2 分段隔离切伦科夫振荡器 …… 335
  - 8.4.3 KL-BWO …… 339
  - 8.4.4 行波管 …… 340
- 8.5 主要研究课题 …… 344
  - 8.5.1 脉冲缩短现象 …… 344
  - 8.5.2 使用弱磁场的返波振荡器 …… 347
  - 8.5.3 以提高效率为目的的轴向变化 SWS …… 348
  - 8.5.4 多器件锁相 …… 348
  - 8.5.5 其他 O 型器件:DCM、PCM 和等离子体加载返波振荡器 …… 350
- 8.6 基本极限 …… 350
- 8.7 小结 …… 352
- 习题 …… 353
- 参考文献 …… 356

第9章 速调管与后加速相对论速调管 …… 363

- 9.1 引言 …… 363
- 9.2 发展历程 …… 365
- 9.3 设计原理 …… 366
  - 9.3.1 电压、电流和磁场 …… 367
  - 9.3.2 漂移管半径 …… 368
  - 9.3.3 速调管谐振腔 …… 369
  - 9.3.4 电子速度的调制、电子束的群聚和谐振腔的间距 …… 372

9.3.5 低阻抗相对论速调管中的电子束调制 ……………………………… 374
9.3.6 速调管的电路模型 ……………………………………………… 376
9.3.7 后加速相对论速调管的特性 …………………………………… 379
9.4 工作特性 …………………………………………………………… 380
9.4.1 高阻抗弱相对论速调管 ………………………………………… 380
9.4.2 高阻抗相对论速调管 …………………………………………… 384
9.4.3 低阻抗速调管 …………………………………………………… 387
9.4.4 后加速相对论速调管 …………………………………………… 394
9.5 研究进展与问题 …………………………………………………… 397
9.5.1 高功率多束速调管和层状速调管 ……………………………… 397
9.5.2 低阻抗环状束速调管——三轴配置 …………………………… 399
9.5.3 低阻抗环状束速调管——同轴配置 …………………………… 402
9.6 物理极限 …………………………………………………………… 405
9.6.1 笔形束速调管 …………………………………………………… 406
9.6.2 环状束速调管 …………………………………………………… 407
9.6.3 后加速相对论速调管 …………………………………………… 409
9.7 小结 ………………………………………………………………… 409
习题 …………………………………………………………………… 410
参考文献 ……………………………………………………………… 413

第10章 虚阴极振荡器 …………………………………………………… 417

10.1 引言 ……………………………………………………………… 417
10.2 虚阴极振荡器的发展历程 ……………………………………… 418
10.3 虚阴极振荡器设计原理 ………………………………………… 419
10.4 虚阴极振荡器的基本特征 ……………………………………… 424
10.5 双阳极型虚阴极振荡器 ………………………………………… 427
　　 10.5.1 反射三极管(Reditron) ……………………………… 429
10.6 谐振腔型虚阴极振荡器 ………………………………………… 431
10.7 反馈型虚阴极振荡器 …………………………………………… 433
10.8 同轴型虚阴极振荡器 …………………………………………… 435
10.9 虚阴极振荡器的锁相 …………………………………………… 436
10.10 虚阴极振荡器的应用及局限 …………………………………… 438
习题 …………………………………………………………………… 440
参考文献 ……………………………………………………………… 441

第11章　回旋管、电子回旋脉塞和自由电子激光……………………………445

 11.1　引言………………………………………………………………………445
 11.2　回旋管与电子回旋脉塞…………………………………………………446
  11.2.1　回旋管和电子回旋脉塞的发展历程………………………………446
  11.2.2　回旋管和电子回旋脉塞的设计原理………………………………447
  11.2.3　回旋管和电子回旋脉塞的工作特性………………………………454
  11.2.4　电子回旋脉塞的发展前景…………………………………………463
 11.3　自由电子激光……………………………………………………………464
  11.3.1　发展历程……………………………………………………………465
  11.3.2　自由电子激光器的设计原理………………………………………466
  11.3.3　自由电子激光器的工作特性………………………………………473
  11.3.4　自由电子激光器的发展前景………………………………………475
 11.4　小结………………………………………………………………………476
 习题……………………………………………………………………………477
 参考文献………………………………………………………………………478

附录　高功率微波公式集……………………………………………………485

 A.1　电磁学………………………………………………………………………485
 A.2　波导管和谐振腔……………………………………………………………486
 A.3　脉冲功率和电子束…………………………………………………………488
 A.4　微波源………………………………………………………………………490
 A.5　传播和天线…………………………………………………………………491
 A.6　应用…………………………………………………………………………494

缩略语……………………………………………………………………………496

第1章 概 论

《高功率微波(第1版)》是一部侧重于介绍技术的专著,反映了当时的研究状况与发展趋势;第2版[1]侧重于作为教科书使用,是基于系统观点的研究方法,因此增加了系统方法的章节——超宽带源,并给学生提供了习题以及高功率微波的公式集[2],因而相较于第1版做了很大程度上的修改。高功率微波领域已开始向技术和应用方向发展。高功率微波系统的构建、研究和应用,不再局限于美国和俄罗斯,西欧国家(如英国、法国、德国和瑞典)和中国的许多项目也在广泛开展这方面的工作,以色列、日本、印度、韩国和新加坡等许多其他国家也正参与其中。

本书第3版,我们将内容更新到2015年上半年。继续强调整个系统的优化,将高功率微波系统看作是一个整体装置,而不是将系统分成各个组成部分,并分别对它们进行优化。基于系统概念,首先要从应用方面的各种条件限制开始考虑,然后决定子系统的构成和它们之间的关系,同时适当考虑辅助设备。为了理解这种方法,我们建议读者在阅读有关技术章节之前,先阅读前两章。第2章高功率微波系统设计,从方法论的角度描述如何通过部件的选择构建一个高功率微波系统。第3章高功率微波的应用,给出了这些系统所需的条件。

本书仍然可作为高功率微波课程的学生教材或技术培训自学的参考书。因此,我们在大部分章节中更新并增加了大量的习题(想获得这些习题的答案或者其他习题,可以访问jamesbenford.com)。需要注意的是,第2版超宽带系统的章节标题现在改为无束系统(见第6章),包括非线性传输线(NLTL)。由于人们再度关注虚阴极振荡器,因此在第10章对相关内容集中探讨。第11章是新章节,涵盖了回旋管、电子回旋脉塞和自由电子激光。

1.1 高功率微波的起源

作为近年来出现的一项新技术,高功率微波不仅开拓了新的应用领域,同时也为已有的应用研究提供了新方法和新途径。在传统微波器件物理上开拓新方向,或利用全新的相互作用机制,高功率微波研究使微波功率得到了飞跃式上升[3]。高功率微波的产生在功率和能量上得益于现代强相对论电子束技术的发展,因此它的发展方向与传统微波电子学趋于小型化的方向完全相反,后者由于采用固态器件,所以从本质上限制了峰值功率。

高功率微波的定义如下:

(1)峰值功率超过100MW;

(2)辐射波长在厘米至毫米范围,频率为1~300GHz。

这个定义并不十分严格,且没有对高功率微波与传统微波之间的界线进行明确划分,比如后者速调管的峰值功率也能超过100MW。相比之下,高功率微波的最大输出功率可达15GW。

高功率微波是几个相关领域发展的产物,如图1.1所示。1880年,赫兹(Hertz)首次通过人工方法获得微波。20世纪初,随着栅极电子管的出现,低频无线电进入了实用阶段。到了20世纪30年代,研究人员发现,通过使用连接在一起的谐振腔可以得到较高的频率,并于1937年发明了第一个谐振腔器件——速调管。第二次世界大战期间,微波技术取得了一些进展,其中包括磁控管的改进,以及行波管(TWT)和返波振荡器(BWO)的发明。当时,这些器件主要由使用栅极功率电子管的调制器来驱动。20世纪60年代发明了正交场放大器。随后,20世纪70年代出现了大量的低功率固态器件微波源,体积非常小,且输出功率低。到这时为止,微波管技术已经走向批量生产,研发工作逐渐减少。

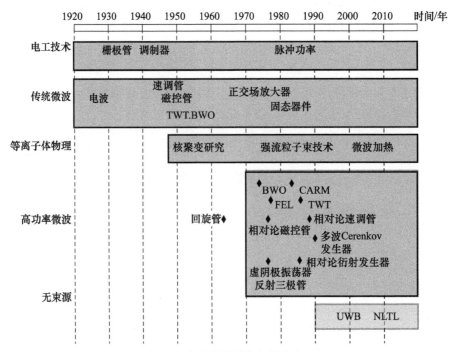

图1.1 高功率微波的起源与产生

20世纪50年代，对可控热核聚变生产能量的研究导致人们对粒子和电磁波之间的相互作用有了更详细的了解，逐渐发展出了利用回旋管产生频率超过100GHz的高平均功率微波。到了20世纪60年代，随着脉冲功率的引进，电工技术已经可以提供电压高于1MV、电流超过10kA的带电粒子束。这些强流粒子束用于核武器效应模拟、惯性约束聚变和其他高能密度物理的研究。强流相对论电子束的出现使得人们可以用等离子体物理学研究领域中的波粒相互作用理论来研究微波的产生过程，从而完成了高功率微波所需要的最后一项准备工作，如图1.2所示。由于这样的历史背景，高功率微波与等离子物理和脉冲功率技术之间的关系，比它与传统微波的关系还要密切。这也导致高功率微波在发展初期未能很好地借鉴传统微波技术在材料、表面和真空技术等方面的成果，而这些成果在解决百纳秒脉冲缩短问题时至关重要，但目前这种情况已经改变了。

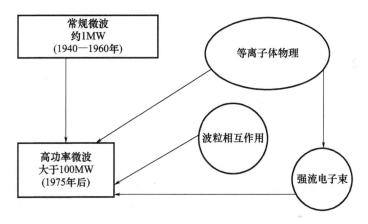

图1.2　等离子体物理学家主导了高功率微波源的发展历程，原因在于他们了解强空间电荷时波与粒子之间的相互作用

1.2　高功率微波运行机制

早期的高功率微波源如磁控管、返波振荡器和行波管等是从传统微波源发展而来的。在这些器件中，输出功率的提高是通过增加工作电流和增强束场耦合来实现的。使用高电压产生的相对论电子束，即电子的动能等于或大于它的静止能量约511keV，对于高功率微波的发展产生了一定的深远影响。一方面是引进了新的器件，如虚阴极振荡器和相对论速调管等，它们从根本上依赖于高电压和强束流；另一方面是进一步开发了以相对论效应为基础的器件，其中最著名的是回旋管。最后还有可以通过能量，而非速度控制的输出频率的器件，如自由

电子激光(FEL)和回旋自谐振脉塞(CARM)。

高功率微波领域也包括短脉冲源,即持续时间非常短、频带很宽的高功率辐射,通常被称为超宽带(UWB)器件,功率一般在1GW左右,持续时间约为1ns,仅相当于微波辐射的几个周期。在本书中,我们将这些源归类为无束源这一更广泛的领域。因此,带宽与频率为同一量级,大约为1GHz。这种脉冲是通过快速电路对天线直接激励产生的,不像其他微波源那样必须经过电子束。尽管超宽带源的峰值输出功率水平可以和窄带源相比,但由于脉冲很短,所以输出能量非常低。

近年来出现的非线性传输线(NLTLs)是将输入的矩形电压脉冲转换为振荡波形来实现窄带辐射。这些源利用了介电材料或磁性材料的非线性,既不需要电子束也不需要真空。截至20世纪90年代,一直是高功率微波的黄金时期。这个阶段的研究具有"功率德比"的特色——使用庞大的实验装置不仅在输出功率方面,而且在输出频率方面都取得了显著的提高。苏联研究者们使用一系列的新器件,不断地创造新纪录。这些器件包括切伦科夫(Cerenkov)发生器(MWCG)、多波衍射发生器(MWDG)和相对论衍射发生器(RDG),它们都有远大于微波波长的口径,且都有很大的相互作用空间。在美国,低频段的相对论磁控管和速调管、高频段的自由电子激光分别获得高功率输出。衡量这些进展的一个参数是品质因子,它等于峰值微波功率乘以频率的平方,即Pf^2。图1.3给出了由Pf^2表示的微波源发展的总体历史概况,图中的点表示首次实现相应Pf^2的年代。从1940年到1970年,传统微波器件(微波管)将Pf^2提高了3个数量级,在那以后就没有了明显进展。虽然发展速度缓慢但有些传统器件(特别是速调管与回旋管)的品质因子Pf^2仍在继续提高。高功率微波设备从Pf^2约为1起步,并在之后的20年里又将Pf^2提高了3个数量级。到目前为止,品质因子最高的装置是自由电子激光,它在频率140GHz的最大输出功率为2GW,所以品质因子$Pf^2=4\times10^4\mathrm{GW\cdot GHz^2}$。图1.4描述了具有代表性的高功率微波源产生的峰值功率与频率的关系。当频率较高时,许多微源的峰值功率与f^2成反比。但对低于10GHz的频率范围,这个趋势并不明显。为什么是Pf^2的关系呢?主要可以解释为输出功率与谐振腔的截面成正比,而截面又与波长的平方成正比①。另外,波导管的截面与波长的平方成正比,它的功率受击穿电场的限制。另一个重

---

① 这是因为一个谐振腔的输出功率是其内部电场能量的体积积分,除以对应于Q个周期的时间,其中Q是质量因子。谐振腔中可能的模式数与它的体积除以波长的立方λ^3成正比。因此,输出功率与λ^2成正比。场强受到电场击穿限制时,功率可以通过保持模式控制的同时,使用更大的横截面来增加:

$$P=\frac{\omega}{Q}\int\frac{1}{2}\varepsilon E_{\mathrm{RF}}^2\mathrm{d}V, N\propto\frac{V}{\lambda^3}, P\propto\frac{\lambda^2 E_{\mathrm{RF}}^2 N}{Q}$$

要的意义是对于一个固定的天线口径,微波在靶上的功率密度与Pf^2成正比(因为天线增益约为f^2,见第5章),所以Pf^2是对微波源(特别是用于定向能和功率输送的微波源)进行评价的理想参数。

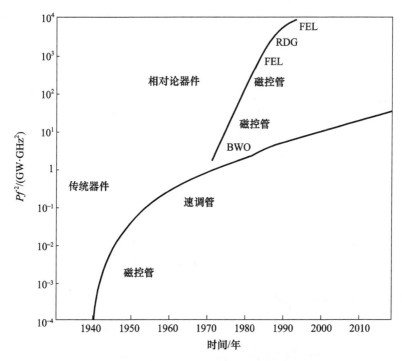

图1.3　通过品质因子Pf^2看各种微波器件的发展历史
(横坐标表示首次获得Pf^2的标绘值的时间)

高功率微波的早期黄金时期大约在20世纪90年代末期结束,人们冷静地意识到,单一器件的极限输出大约在峰值功率10GW和脉冲能量1kJ的水平。这些结果是经过大量的实验后取得的,当然,近年来快速发展的复杂的三维计算软件在当时还没有得到充分利用。

前面我们讨论Pf^2时,还忽略了以下两点。

(1)20世纪90年代早期最高功率实验,如多波器件、相对论绕射辐射振荡器、相对论速调管等,仔细分析其输出包络是非常不规律的,会出现许多现象,如脉冲时间内相邻模式间的跳跃等。

(2)对较短的脉冲来说(100ns左右,进攻和防御的电子效应所定义的更准确的值),单脉冲能量是衡量系统效能的重要指标,这一指标逐年都在增长。对于清晰的可重复的包络,这一指标大约已经增长了一个数量级,达到数百焦。

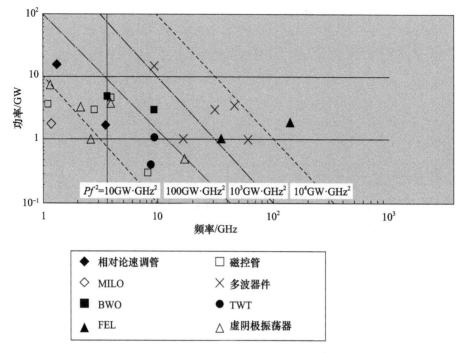

图1.4　不同类型高功率微波源的峰值功率(品质因子Pf^2的变化超过几个数量级)

在20世纪90年代,"脉冲缩短"这个术语开始流行,涵盖了随着峰值功率增加而导致脉冲宽度减小的各种原因,与此同时,随着功率攀升至数千兆瓦的水平,辐射能量大致保持恒定。这使得高功率微波界对源的研发方式进行了重新评估。如今,由于峰值功率应用已接受使用较短的脉冲,对脉冲缩短的关注已经减少。

在仅关注峰值功率的黄金时代之后,研发的重点放在了提升现有的源技术而非新概念上,趋势如下:

(1)更好的表面清洁度和真空环境,以及在较低电场下提供所需电子电流密度的阴极;

(2)较低的阴极等离子体温度和密度;

(3)改良设计,以确保强流电子束在进入收束器之前,对相互作用结构的影响尽可能小。

直到2005年左右,研究工作的重心都主要放在改进现有概念上而非开发新的结构的源上。在大量的实际经验与计算机建模和仿真的基础上,俄罗斯逐渐在返波振荡器的工作上更好地将仿真与实验相结合。中国研究人员更关注关键区域的场强,从而在避免击穿的条件下提高功率。以俄罗斯原型设计为起点,俄罗斯和中国脉冲功率的发展促生了更长且更平稳的电压和电流,因此也使得脉冲微波更加平稳。

在过去的10年间,随着许多装置的出现(如美国海军研究实验室的三轴相对论速调管、新墨西哥大学的透明阴极磁控管、中国西北核技术研究所类似速调管的返波振荡器等),微波源的开发再次受到重视。阴极设计和微波提取方法的改进,使磁控管的效率获得了显著提高(超过60%)。速调管和返波振荡器在功率方面仍有很大潜力,但其代价是复杂度的增加。例如速调型返波振荡器,其发展经历了这样一个演变过程:首先感应腔分裂慢波结构(SWS),以增强在第一部分中形成的束,从而更有效地提取功率。接下来是引入电子束减速输出腔,以增加提取域的场强,同时控制壁面的场强以防止击穿。引入了轴向和同轴式微波提取,以分配增加的功率,防止可能引起击穿的场集中。主交互区域上游的信号注入和聚束腔较早地开始聚束,以允许多个设备的相位锁定。2013年的一篇论文乐观地称,采取进一步措施可使单个设备的功率水平远超10GW。功率竞赛又要开始了吗?

我们关注速调型返波振荡器的发展,提醒读者注意在设备复杂度和输出功率之间进行权衡。尽管单个设备的功率水平可能更高,但是复杂性自身也带来挑战。具有竞争性的方法是多源相干合成,该方法能提供备份,即使功率有所下降,输出也不会完全停止,这样就不会出现单机完全失效的情况。然而,使用多个源意味着增加体积,还需要多个束流生成、磁体、X射线屏蔽以及冷却等子系统。优异的性能还需要和应用及操作等因素进行折中考虑。

高功率微波源峰值输出功率的极限并不十分明确。影响它的主要因素有类似于传统微波源的击穿和模式竞争,还有高功率微波所特有的因素,如强流束场相互作用和从表面及二极管产生的等离子体效应。单脉冲发生器可以产生10TW左右的脉冲功率,而太瓦级发生器(实验室用,非移动式)的费用大约在百万美元量级。如果按照适中的能量转换效率10%进行估算,应该可以得到100GW级的峰值输出功率。这样的功率水平有希望达到,但要有这个需求,还必须能够接受装置的体积和费用。为了达到这个目标,还需要进一步弄清器件内有关脉冲缩短和模式控制等特性问题。

另外,还有一些问题影响了重复运行高功率微波器件的平均输出功率。通常,高功率微波器件的效率定义为功率效率,即峰值输出功率与该时刻的电子束功率之比。它应该与能量效率(微波脉冲能量与电子束脉冲能量的比)相比较。充分理解大信号相互作用机制的研究使一些器件能够获得40%~50%的瞬时功率效率,但大多数情况下的功率效率仍然维持在10%~30%左右。能量效率则通常更低,这是因为脉冲功率电压和电流进入共振需要一定的时间,器件失谐或者高功率导致的脉冲缩短等。因此,在文献中很少提及能量效率。

图 1.5 给出了传统微波源和高功率微波源的峰值功率与平均功率的关系。传统微波源在这个参数空间里覆盖了很大的范围,而高功率微波源所产生的平均功率仍处在一个较低的水平。这是因为传统微波源已经发展到可以担负具体任务的阶段,如可为雷达和粒子加速器提供所需要的高平均功率,而高功率微波源还未具备这样的水平。斯坦福直线加速器中心(SLAC)的速调管是传统微波源中输出功率最高的器件(峰值功率约为 100MW,平均功率约为 10kW)。自由电子激光器是平均功率最高的高功率微波设备(峰值功率约为 2GW,平均功率约为 16kW)。高功率微波源的占空比——脉冲宽度与脉冲重复频率的乘积为 10^{-6} 量级(不超过 10^{-5})。相比之下,传统器件的占空比范围是从 1(连续工作,即 CW)到 10^{-4}。我们希望通过高功率微波的应用能够促进微波源在重复运行方面的发展,从而将平均功率提高到 100kW。然而到目前为止,还没有出现一个同时需要高峰值功率和高平均功率的应用场景。在高功率微波的军事应用中,人们真正渴望的是高射速,而不是高平均功率本身(就系统本身的需求而言,使用高功率微波系统获得高平均功率是不切实际的。更多具体细节请参考第 2 章)。

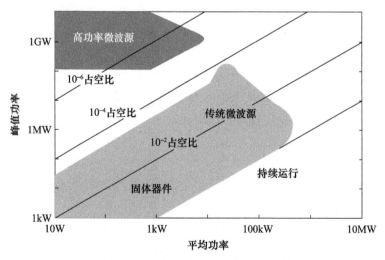

图 1.5 微波源的峰值功率与平均功率

图 1.6 从另一视角比较了传统微波源和高功率微波源。这里只考虑脉冲装置,不包括连续工作微波源。传统微波管通常可以产生约为 1MW 的输出功率,脉宽约为 1μs,脉冲能量为 1J。SLAC 速调管已经发展到了 67MW、3.5μs、235J。这与所定义的高功率微波(大于 100MW)非常接近。高功率微波源的输出脉冲能量在 20 世纪 70 年代达到了数十焦,到了 20 世纪 80 年代提高到了上百焦,90 年代又超过了 1kJ(切伦科夫发生器(MWCG)和相对论速调管放大器(RKA))。这些进展是通过提高峰值功率(脉冲宽度约为 100ns)取得的。虽然增加脉冲宽

度也是一种提高脉冲能量的方法,但却遇到了脉冲缩短的问题。

图1.6给出的大多是窄带器件。由短脉冲产生的宽带源集中在约100MW和小于1J的范围内。

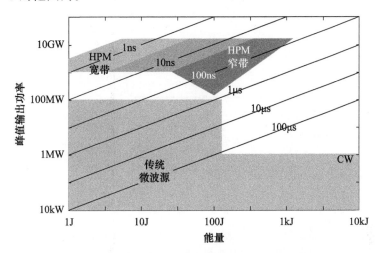

图1.6 不同脉冲宽度微波源(包括窄带和宽带)的峰值功率与脉冲能量

随着高功率微波应用的发展,可靠性和寿命问题也将要提上日程。目前为止,由于高功率微波仍处于研究阶段,人们还没有重视可靠性和寿命等重要问题。比如,大多数高功率微波器件的工作气压高于10^{-6}Torr[①],而传统微波器件的工作气压低于10^{-7}Torr,众所周知,较高的气压会带来寿命问题,还会带来更加复杂的问题,如宽带、增益、线性度、相位和振幅稳定性以及干扰强度等。这些因素在某些应用中是十分重要的。

图1.7给出了高功率微波应用的主要参数。定向能和短脉冲雷达的功率水平变化范围较广。功率要求最高的是地面与空间的功率传送(地对空、空对空和空对地,主要是依靠平均功率)和定向能武器。值得注意的是,接近装备阶段的第一代高功率微波武器所采用的是平均功率较高的连续工作源,而不是以脉冲串方式工作的微波源(见3.2.3节)。它们大多数被限制在低于10GHz的频率范围,部分原因是大气吸收问题。直线对撞机(粒子加速器)需要较高的频率(约30GHz),功率约100MW。等离子体的回旋共振加热需要更高的频率(超过100GHz),单一连续波源需要连续或平均功率为1~2MW,而国际热核聚变实验堆(ITER)的阵列管需要连续或平均功率为20MW。如第3章所述,这些应用中的一部分已经接近成熟阶段。

---

① 1Torr≈133Pa。——译者

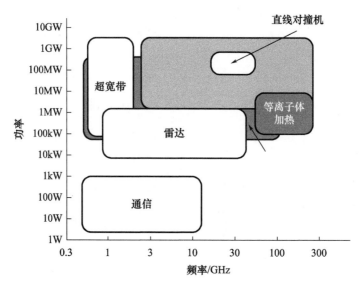

图 1.7 高功率微波的应用("功率"指峰值功率;但在个别情况下,
如聚变等离子体加热和定向能武器,是指平均功率)

军事方面的应用最任重道远,因为军用平台对体积和质量有很多苛刻的要求。从历史来看,特别是在冷战期间,美国和俄罗斯开展了最全面的综合性高功率微波武器研究计划。目前,在欧洲,主要是英国、法国、瑞典和德国正在开展此领域的重要研究。

中国正在开展新领域的研究,利用日益成熟的模拟工具与实验之间的强有力相互促进作用,对源进行改进。过去 10 年中,俄罗斯和美国关于高功率微波研究的速度已经放缓,增长最明显的是中国。的确,中国的创新速度日新月异,有些领域已处于世界领先地位,特别是在相对论返波振荡器、相对论速调管放大器、虚阴极振荡器以及磁绝缘线振荡器(MILO)等领域。创新内容有以下几点。

(1)双模返波振荡器,位于交互作用区域一端的模式转换反射器将输出功率转换为体积模式,壁面的场大大衰减,从而可以在降低击穿风险的情况下获得更高的功率。

(2)在速调型返波振荡器内部增加了一个腔体以增强电子束聚集,并在输入端和提取腔体以及多个提取输出端增加预束腔,以将效率提高到 50% 以上(计算机模拟结果,尚未通过实验验证)。

(3)增加了空转腔,以提高相对论速调管放大器的增益,由小型固态设备提供更低的功率输入水平。

(4)建议在同轴虚阴极振动器中增加调制器腔,计算机仿真中观察到的效率提升。

(5)在虚拟阴极实验中引入不对称阴极,解决涉及方位对称和不对称模式的模式控制问题,使后者优先(瑞典也进行了该工作)。

(6)使用组合式磁绝缘线振荡器-虚阴极振动器,可通过增加下游虚阴极振动器中的电子能量转换来实现更高效率下的独立控制双频输出。

在日本,人们主要是关注用于等离子体加热的回旋管、用于加速器的速调管和应用更广泛的宽频谱自由电子激光器。印度也在开展政府支持的微波源研究。

值得注意的是图 1.7 中的应用位于 300GHz 以下。部分原因是目前存在太赫兹空隙(图 1.8)。平均功率器件 $\overline{P}$ 是固态微波和传统的真空器件(在过去被称为电子管)[4])。峰值功率器件 $\hat{P}$ 是针对高功率微波和固态激光器。图 1.4 显示了器件尺寸随工作波长而变化时,功率一般随频率按照 $1/f^2$ 衰减。激光器不满足这一缩放规律,因此它们是太赫兹空隙上方的唯一源。由于器件制造水平的限制,在约 0.1~10 的范围内形成太赫兹空隙。有关此技术前沿的更多信息,请参阅 Booske 的综述文章[4-5]。

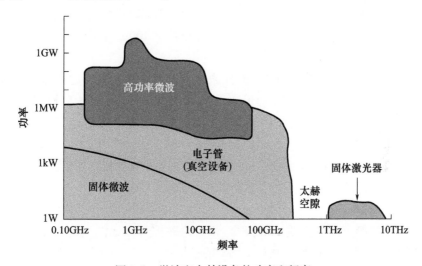

图 1.8 微波和太赫设备的功率和频率

平均功率设备 $\overline{P}$ 是固态微波和常规真空设备;高功率设备 $\hat{P}$ 是高功率微波和固体激光器。图 1.4 显示了所有设备功率下降了 $1/f^2$,其面积随着运行波长而改变。激光器不满足这一缩放规律,因此它们是太赫兹空隙上方的唯一源,这是由于器件制造水平的限制造成的(源自 Booske, J. H. et al., IEEE Trans. THz Sci. Tech., 1, 54, 2011)。

1.3 高功率微波的发展趋势

高功率微波研究已经成熟了。在之前的版本中，我们概括了20世纪90年代到21世纪这20年高功率微波的发展趋势。在本书中，原有问题不断得到解决，同时也涌现了许多新的技术。

1.3.1 以往的研究

以往的研究包括峰值功率，缓解脉冲缩短，提升功率效率，增强锁相，将传统微波与高功率微波技术相融合，同时还有脉冲功率源和微波源的紧凑性。

（1）在延长脉冲方面取得了进展（主要在直线束装置和磁控管中）。如5.3.1节所述，阴极技术的变化促生了许多的技术进步。在第3章中将看到，100ns的脉冲已经成为既能保持高电场又能避免损伤的良好折中方案。第8章将会看到，返波振荡器的另一些改进来自综合利用模拟和实验主动减小了导致击穿的壁面电场。因此，目前的典型目标可能是100ns、1GW，可产生100J的脉冲。

（2）功率效率虽然有所提高，但并未引起广泛关注。例外之处是用于聚变应用的连续波回旋管。其效率提升确实很有价值，这是通过使用降压收集器实现的。目前，现有的技术效率约为50%，但在某些实验室中已达到60%。想要超过该数值似乎不太可能。

（3）高功率微波继续受益于采用常规微波设备构造技术的改进，这两个领域的技术和发展趋势已经融合，重要的改进是清洁环境，即改进了表面和真空技术。

（4）重复频率没有实质性的提高，相对论磁控管和返波振荡器已经证明可实现千赫兹级速率。已可以获得10kW的平均功率，在实际应用中也足够了。

（5）在20世纪90年代，放大器和振荡器已被证实在高功率时可实现稳定的相位锁定。但是这一技术并没有应用于到达10个源的装置中，原则上，可以制作一个包含10个源的模块，然后将10个这样的模块组合在一起以达到100GW，但由于没有实际应用场景也就没有付诸实践。但是，中国最近对RKAs的研究支持了下一步的工作，即结合使用前置振荡器或共同驱动的放大器。这将需要更高的增益，因为30dB的放大器将需要大量的主振荡器，而即使增加到40dB也无法满足实际的需求（见第4章和第9章）。

(6)高功率微波设备对爆炸式脉冲功率源的兴趣有所减弱,相关研究工作较少。

(7)在20世纪90年代,虚拟样机是设计高功率微波源的强大工具。在90年代中期之前,实验者通过模拟调整设备和建模,用以匹配实验结果。但现在的情况发生了逆转,在模拟显示精确配置以达到最佳性能之前都不会进行实际加工。因此,粒子模拟(PIC)软件改变了高功率微波源设计的基本模式。最近在中国使用的金属化塑料制造设备的工作将强化这种趋势。此外,3D打印技术的巨大进步提供了另一种颠覆性技术来改变开发范式。

1.3.2 新的发展趋势

与前几十年一样,出现了新的趋势,新的发展趋势如下。

(1)对于相对论磁控管、磁绝缘线振荡器和双模返波振荡器,开发出了多谱源,单一源可以同时在两个或多个频率工作(见第4章)。

(2)色散调控意味着可能出现新的源。在电子束驱动源中,超材料被用于开发新的慢波结构,该结构具有传统材料无法实现的特性。在无束源中,非线性传输线(铁氧体线或非线性LC网络)可在高重复频率下直接驱动辐射天线,输出几个周期的阻尼振荡。

(3)所有的固态脉冲功率驱动器均基于半导体断路开关。

(4)直线变压器驱动源(一种紧凑的脉冲发生器技术)将得到应用(见第5章)。

(5)将同一脉冲功率发生器驱动的两个或更多的源进行组合,即相位相关技术。使用电子爆炸发射阴极的短脉冲发生器,产生的电流快速上升时间可确保输出同相在20°和30°之间,相当于 N 个源中的每一个都通过其自身的天线辐射,足以在远场中产生 N^2 倍率的功率密度(见第4章,4.10.1节)。

高功率微波系统将遵循实际应用的需求。我们预计,将来驱动电压脉冲的平坦度可以提高设备的整体能效,以后会变得越来越重要。一些设备将需要较宽的可调带宽,尤其是在高功率微波与电子战结合的情况下。如果要通过高功率源来改善电子战系统,则必须改善源的基本特性,如相位稳定性。微波功率的调制将需要开发放大器而不是振荡器。但是放大器通常更庞大、更复杂且更昂贵。所有应用都将需要可靠性,这是迄今为止高功率微波中有待提升的地方。对于军事应用而言,紧凑、轻量和可搬运的系统对于非固定地点的使用至关重要。质量和体积在很大程度上由源附带的系统元件决定,如磁体(包括永磁体)、波流收集器以及在高平均功率应用中的冷却系统,或者另一端的高功率辐射天线。

总之,高功率微波的发展取决于它是否能够满足应用方面的市场需求。这个市场刚刚开始形成,其中包括许多国防应用、粒子加速器、工业应用或功率传输等。伴随着40年来高功率微波领域所取得的杰出技术成就,它正在逐步走向实际应用市场。我们对高功率微波技术及其国际性研究前景充满信心,相信在不久的将来,这一电磁学的新兴领域将会步入更加辉煌的时期。

1.4 延伸阅读

高功率微波所涉及的领域比较广泛,所以很难找到相应的参考资料。这里推荐几本非常好的英文书籍[6-10]和由 Gold 和 Nusinovich 撰写的一篇质量非常高的综述[11]。有关传统微波管可参见 Gilmour 写的书[12]。杂志中最好的参考资料是 *IEEE Transactions on Plasma Science*,特别是两年出版一次的高功率微波特刊和有关脉冲功率的特刊。另外,有关高功率微波的论文主要发表在 *Journal of Applied Physics*、*Physics of Plasmas*、*Physical Review A* 和 *Laser and Particle Beams*,*Physics B*,*Acta Physica Sinica*(中文),*International Journal of Electronics* 中。国际高功率粒子束会议(如 BEAMS′12 等)的文集里可以找到有关脉冲电子束驱动的高功率微波源方面的技术报告。超宽带方面的工作登载于 IEEE 特刊和由 Kluwer Academic/Plenum Publishers 出版的 *Ultra - Wideband*,*Short - Pulse Electro - magnetics* 系列图书中。

参考文献

[1] Benford,J.,Swegle,J.,and Schamiloglu,E.,High Power Microwaves,2nd edition,Taylor & Francis Group,Boca Raton,FL,2007.

[2] Benford,J. and Swegle,J.,High Power Microwaves,Artech house,Norwood,MA,1992.

[3] Pond,N. H.,The Tube Guys,Russ Cochran,West plains,MO,2008.

[4] Booske,J. H.,Plasma physics and related challenges of millimeter - wave - to - terahertz and high power microwave generation,Phys. Plasmas,15,1,2008.

[5] Booske,J. H. et al.,Vacuum electronic high power terahertz sources,IEEE Trans. THz Sci. Tech.,1,54,2011.

[6] Giri,D. V.,High - Power Electromagnetic Radiators,Harvard University press,Cambridge,Ma,2004.

[7] Barker,R. J. and Schamiloglu,E.,Eds.,High - Power Microwave Sources and Technologies,IEEE press,New York,2001.

[8] Barker, R. J. et al., Modern Microwave and Millimeter – Wave Power Electronics, IEEE press, New York, 2005.

[9] Granatstein, V. L. and Alexeff, I., Eds., High Power Microwave Sources, Artech House, Norwood, MA, 1987.

[10] Gaponov – Grekhov, A. V. and Granatstein, V. L., Applications of High Power Microwaves, Artech House, Norwood, MA, 1994.

[11] Gold, S. and Nusinovich, G. S., Review of high – power microwave source research, Rev. Sci. Instrum., 68, 3945, 1997.

[12] Gilmour, A. S., Klystrons, Traveling Wave Tubes, Magnetrons, Cross – Field Amplifers, and Gyrotrons, Artech House, Norwood, MA, 2011.

第 2 章 高功率微波的系统设计

2.1 高功率微波系统概念

本书的主要目的之一是让读者系统理解高功率微波的概念。本章将以电子束驱动源的角度,以及它在设计和构建高功率微波系统过程中的应用展开论述。为了便于说明,以一些为不同目的开发的具体系统作为实例进行介绍。

我们将系统定义为"有序工作的体系"。图 2.1 显示,子系统受到任务目的限制(图 2.1 给出了其中的一个例子)。当然,限制来自系统所在的平台或设施。这里的平台在军事用语里指飞机、车辆或舰艇。还有关于微波束如何到达目标的问题,目标可以是电子系统或聚变等离子体。管理子系统中能量损失所产生的热量可能很重要,尤其是在平均功率较高的情况下。

更加具体地说,高功率微波子系统具有以下功能。

(1)电源——提供一个长脉冲或连续的低功率功率输入;

(2)脉冲功率——将低功率/长脉冲的电能储存并将其转变为持续时间非常短的高功率脉冲;

(3)微波源——将高功率电脉冲转换为电磁波;

(4)模式转换——改变输出电磁波的空间分布以满足传输和天线耦合的需要;

(5)天线——将电磁波向指定方向发射,并同时在空间上压缩,产生一个高能量密度波束。

图 2.1 中的箭头代表系统中功率和能量的流动方向,从输入端的主脉冲源到输出端天线的微波辐射。需要注意的是,虽然功率向右流动,但在许多情况下,考虑需求的时候必须先着眼于输出端,即根据输出的需要考虑受到制约的输入条件。

在构建这样的系统时,单个组件的选择要服从为给定目的而对系统进行的整体优化。注意,这只是系统的概述;后面的图将显示更多的复杂性。例如,功率调节虽然是脉冲串工作模式操作所需要的,但实际上它是功率和能量管理的重要手段。

采用系统方法源于设计和构建复杂系统过程的本质,该系统必须在一组有时相互竞争的约束条件下满足用户应用程序提出的要求。在解决复杂性问题时,在努力满足一组约束条件下的要求时,必须退一步,并从头到尾查看系统,同时考虑每个子系统对上游和下游子系统的影响。功率流如图2.1所示。在描述系统方法之前,让我们考虑3个激励因素:复杂性、需求和限制。以下是进行逻辑思考的一种系统方法,包含以下5个步骤。

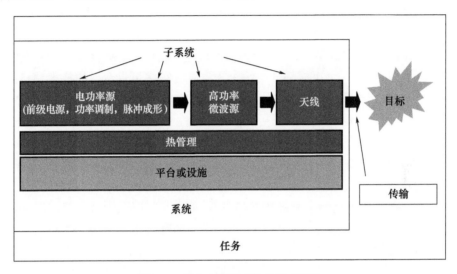

图2.1 高功率微波系统的组成部分

(1)确定目标是有明确应用方向和代表性工作参数的,而不是费用和研发计划;
(2)明确工作参数的设计指标;
(3)分析各种候选系统;
(4)选定一个能够实现的系统设计,包括它的子系统结构和部件的选择;
(5)构建子系统并最终将它们整合为一个系统。

但是,这些合乎逻辑的步骤很少能够按照这个顺序完成,因为实际上,系统设计者在整个过程中往往同时进行几个或全部的步骤。其原因是循环性的,在充分理解问题以前很难找到它的解决方法,而对于有些问题只有在解决以后才能真正清楚地理解。因此,搞清问题所在和设法解决问题这两个过程是缠绕在一起的。系统设计需要经历相当多的反复过程。因此,可以说系统思想中除了科学还有技巧,在很大程度上需要从经验中获得直觉。

系统设计必须从一组规格参数开始,而且在一开始就必须对其密切关注。重要的是,不要过高地设定规格,否则它们可能会相互冲突。在建立规格时,有几个关键问题需要考虑：系统是机动的还是固定的；是单次工作还是脉冲串工作；是否要多个脉冲串；天线是固定的还是转向的；在实验室运行还是在更恶劣的环境中运行。

为了了解系统设计的复杂性质，请考虑一种情况。

某项应用提出了一组相当简单的总体要求，指定了以下内容：①在给定范围内，传递到目标的脉冲峰值能量；②脉冲串中的脉冲重复率（PRR）；③脉冲串的宽度；④猝发的重复率；⑤系统体积；⑥系统重量；⑦用于改变光束方向的最大角压摆率。设计满足这 7 个要求的系统时，我们有很大的自由度。

回到图 2.1 的系统结构，子系统包括前级电源、脉冲功率、微波源、模式转换器和天线。对于这 5 个组成部分的每个子系统有很多可供选择的技术，而且每个选择都关系到子系统内部部件的选择以及部件内部个别零件的选择。在本章的后面部分还将重返到这个系统－子系统－部件－零件的关系中来。每个子系统必然要从图中显示的"上游"子系统接受输入参数，并向"下游"子系统提供一定的输出参数。例如，微波源从脉冲功率接受电压、电流和脉冲宽度和重复频率等输入参数，它又以一定的功率、脉冲宽度和重复频率的形式提供微波输出。另外，它还具有其他影响整个系统特性的参数，如质量、体积、形状以及温度、湿度和振动特性的工作环境等。每一个部件和零件都有它自身的输入和输出参数，而且它们也影响系统的质量、体积和尺寸。此外，还存在有关电压、电流、频率和效率等方面的制约。有些限制可能来自某个部件中的一个零件，如你买不到现成的工作电压超过 40kV 的气体闸流管开关。

观察树状分支结构的整个系统，每一个子系统下面有一组部件可以选择，而在每一个部件下面又有一组零件可以选择，一些部件还有不同零件的子分支，所有这些都通过输入、输出和系统参数对系统设计产生影响。这种复杂的组合关系被称为"组合爆炸"。有两个原因使优化过程变得更为复杂。首先，系统的设计者不可能是一位对各种现有系统元件和部件都精通的设计专家，所以实际上系统的设计者会由于缺少专业知识，而未选择最佳设计，因此通常需要一个设计团队；其次，并不是每一个部件都很容易从市场上购买到，有些还必须根据系统的特殊要求专门订做。所以这样就很难提前把握其特性，因为哪个指标可以达到要求并不是完全清楚的。

由于存在这种让人踌躇不前的复杂性因素，因此我们在本章就从系统的角度进行阐述。开始时使用按比例缩小的系统模型会更容易些，因为这样就可以在具体的部件设计之前，大致判断它们的实用性。从最初的系统分析入手，便可得到更好的设定要求。

系统设计是对整个系统的优化，它不同于系统元素的局部优化。局部优化是系统中常见的错误模式,是一个经常出现的问题。局部优化的通常表现包括以下几个方面。

(1)"赢得战斗/输掉战争":在优化子系统的同时却降低了整个系统的性能;

(2)"榔头找钉子":提前决定你的方案,所有的子系统和部件都使用同一个原则;

(3)"一知半解":只掌握部分信息,无法找到最优的解决方案。

为了避免局部优化,系统设计者必须在整个过程中的每一步都要考虑到上一层和下一层的各种因素。因为来自上一层的系统应用层和下一层的部件技术层,很难为各种选择提供依据。因此,设计完整系统时必须同时考虑设计要求和限制条件。

2.2 系统概览

为了分别解决相对独立的局部问题,系统设计者喜欢将问题细分。当然,系统可以用多种方式描述。例如,可以从系统发展的不同阶段,或者考虑系统的功能量变来看系统,这里,我们选择采用子系统来描述系统。

我们采用的主要术语如图 2.2 所示。整个系统可以划分为多个子系统,由技术单元组成。一般的子系统包括前级电源和脉冲功率等(图 2.1)。每个子系统由部件组成。例如,微波源中可能要由一个慢波结构和一个磁场线圈。而部件又是由零件组成,如 Marx 发生器的零件包括电容器、电感和电阻等。天线的部件则包括底座、抛物面反射器和喇叭发射器等。

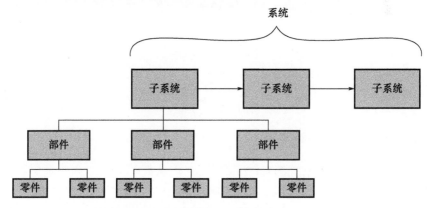

图 2.2 术语说明(系统由子系统(如脉冲功率等)构成,子系统由部件(如 Marx 发生器等)构成,而部件由零件(如电容器等)构成)

现有的系统设计方法和专业化系统利用这种系统－子系统－部件－零件的细分方法。HEIMDALL 就是个很好的例子,它是一个高功率微波武器专用系统[1],采用了系统概念,意味着它包含子系统,但不包括如真空泵等附属设备。在图 2.1 中,能量从前级电源流向高压短脉冲的脉冲功率,然后到达高功率微波源。在这里,能量被转换成微波,以波导模输出(必要时进行模式转换),然后从天线发射出去。这个框图准确地表示了功率输送和高功率微波武器的系统构成(参考第 3 章)。粒子加速器的微波能量不需要发射,而是直接被送入加速腔。

2.3　将子系统结合为系统

从概念上看,就像系统作为子系统的集合一样,尽管原子具有复杂的内部结构,但对于化学研究而言,只需要知道原子的化学结合关系即可。系统－子系统的框架关系如图 2.3 所示。输入参数和子系统的特性决定输出参数,依次又转变为下一个子系统的输入参数;输出参数向下一个子系统提供基本的输入信息。如系统特征(如总质量、尺寸和总电能消耗)可以通过对子系统相应的这些数据进行求和计算出来。

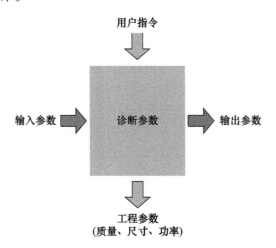

图 2.3　接口参数将各个子系统结合在一起(具体参数见图 2.4)

图 2.1 中的每个子系统都有许多参数,它们从简单的尺寸和质量等物理参数到电流、电压和阻抗等电参数以及频率、宽带和波导模等微波参数都不相同。在将子系统组合成系统时,必须做出一定的参数选择。本章,我们将介绍这样的"衔接参数组"概念,并讲解它们在设计概念性系统时的使用方法。

如果决定采用一些独立变量来描述子系统,那就意味着其他参数将随之而定(独立变量的选择并不是对所有系统都是一样的,如何选择是一个技巧)。每一个子系统的衔接参数组,如脉冲功率子系统的各个参量,都具有其特殊的意义。图2.4显示了一些经常使用的参数组,它们对于子系统间的协作关系十分重要。图中所示为能量传播的方向,但从系统设计的角度来看,子系统间不存在固有的信息或参数流动方向。

值得注意的是,通常有数段电脉冲压缩,称为功率调制。但一般很少使用微波脉冲压缩。尽管微波脉冲压缩经常出现在传统雷达系统中,却很少用于高功率微波领域,但是有可能用于100MW量级的"下一代直接对撞机"(NLC)(见第3章和5.4节)。微波脉冲压缩的优点是允许使用低功率,即低压脉冲功率部件。

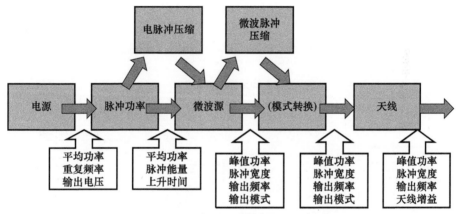

图2.4　高功率微波系统子系统之间的能量流动
(子系统之间的参数将它们连接成系统,附加分支是电脉冲压缩
(如Marx发生器到脉冲形成线)和微波产生后的时间压缩)

兼容性是指某个技术能否在子系统中使用,对于构建整体系统来说非常重要。兼容性的前提是选择性,即连接子系统的最佳设计方案的选择。例如,每一个微波源在波导管产生一个特定的微波模式,而微波模式会影响与微波源一起工作的天线的选择。从市场上是否能买到或很容易制作这样的硬件,直接影响系统设计。因此,必须考虑并决定用微波产生哪种模式,而哪种模式天线可以接受并发射。

2.3.1　前级电源

结合前级电源与脉冲功率的重要参数是平均功率和重复频率,它们决定脉冲能量以及输出电压(图 2.5)。对于前级电源而言,可以选择许多技术。图 2.6 中给出了多个可选方案,从连续的前级电源输出到图右侧给出的多种脉冲功率的产生方法,最终达到驱动微波源的目的。在这里使用"连续"这个词并不是很准确,因为在图的下方有一个爆炸驱动的磁累积发生器,它是一个纯粹的单脉冲子系统。必须强调的是,这个框图并不是电源子系统内的连接图,而是电源子系统内部部件的选择性示意图。很多系统使用内燃发电机,如柴油交流发电机或汽轮交流发电机,但现在电池也可以长时间用来驱动系统。无论哪种情况,这些选择的一般特征是将交流内燃发电机或电池提供的长脉冲或连续功率转换为直流输出,并用于脉冲功率的输入。

图 2.5　连接前级电源与脉冲功率的主要衔接参数

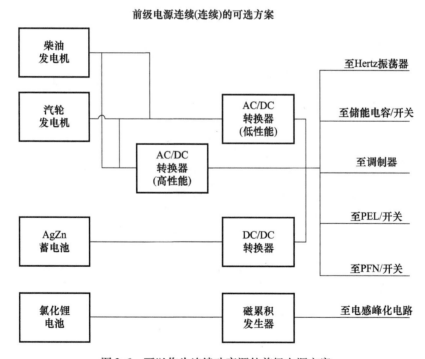

图 2.6　可以作为连续功率源的前级电源方案

如果系统以脉冲串的模式工作,即储能在一个脉冲内耗尽而在下一脉冲串之前得到补充,可以选择如图 2.7 的方法。值得注意的是,每一个可以选择的子系统由4个部件组成：提供交流输出的内燃前级动力源、接口界面、能量存储器和供电器（根据情况可以选择交流或直流）以及能够向脉冲功率输出一连串长脉冲的转换器。

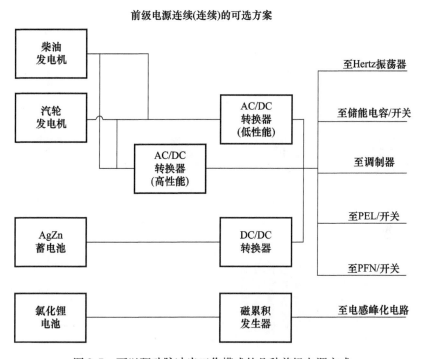

图2.7　可以驱动脉冲串工作模式的几种前级电源方式

为了更好地理解其运行过程，考虑图2.8所示的时间关系。图2.8(a)所示的是向以脉冲串模式工作的脉冲功率系统输入的功率脉冲，它的持续时间为 τ_B，到下一个脉冲串的间隔时间为 τ_{IB}。从图2.8(b)可以看到，持续时间为 τ_P 脉冲在 τ_B 时间内由脉冲功率系统输出。前级动力源部件首先向能量存储和供电器连续提供能量，这些能量在脉冲串与脉冲串之间的时间内得到储存；然后在脉冲串内得到高功率释放，而脉冲功率将脉冲串时间内输入的能量储存并释放在每一个脉冲上，因此进一步提高效率。例如：可以首先将能量储存于飞轮或脉冲振荡器；然后将其转换为交流或直流功率。

因此，连续工作系统与脉冲串工作系统的区别在于后者有附加的能量存储器。连续工作的平均功率较高，所以发热处理成为一个很重要的课题。在脉冲串模式下，系统有4个工作状态：工作、充电、充电完毕（等待）和休止。

峰值功率和重复频率决定哪些开关技术可以用于系统。例如，当脉冲功率的重复频率超过150Hz时，开关的选择顺序是火花隙开关、磁开关或固体开关。

对于严格限制尺寸和质量的机载系统,前级电源是一个主要问题,因为它很重,或者因为系统只能利用通常来自于发动机的机载电源。地面系统可以使用如内燃发电机等更常规的前级电源。机载系统设计者通常不愿意增加新的内燃机,而更希望使用机载功率系统。

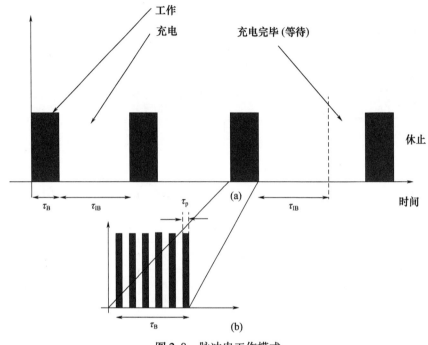

图2.8 脉冲串工作模式

2.3.2 脉冲功率

脉冲功率技术可在许多微波应用中使用,连续波功率传送和等离子体加热除外。现有的脉冲功率技术(见第5章)包括脉冲调制器、Marx 发生器、脉冲形成线(PFL)、脉冲形成网络(PFN)和使用断路开关的感应式能量储存器等。输入电压、平均功率和重复频率由前级电源决定,脉冲功率子系统的输出对象有以下3种情况:①以脉冲压缩为目的的另一个脉冲功率部件;②直接输出到微波源;③阻抗和电压变换器。最后一种情况的脉冲功率子系统可以产生所需的脉冲宽度,但其电压或阻抗不满足要求。这时可以使用一个脉冲变压器或电压叠加装置(直线感应加速器(LIA),见第5章)或锥形传输线,它属于另一种阻抗变换器。

最典型的情况是连接一连串的脉冲功率部件。一个部件,比如 Marx 发生器,向下一个部件(如脉冲形成线)提供输入。另一种不太常见的情况是直接将一个脉冲功率部件的输出连接到微波源上,如用 Marx 发生器直接驱动天线。对于这两种情况,必须给定的输出参量是输出电压、阻抗(因此得出电流,即电压与阻抗之比)和脉冲宽度(图2.9)。给定上升时间和下降时间也是非常重要的,因为必须满足微波源的共振条件。在共振产生之前和共振消失之后送入微波源中的电能是无益的,而且进入微波源却没有转变成微波的能量最终还需要冷却系统进行处理。来自脉冲功率与微波源接口处的一个复杂问题是微波源的动态阻抗,它使阻抗匹配成为微波源设计的一个重要课题。因为微波源的阻抗几乎总是随时间变化的,而且与电压有关(见4.6节和5.3节)。

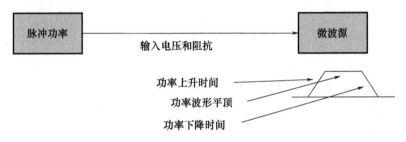

图2.9 连接脉冲功率与微波源的主要衔接参数

高平均功率应用和高峰值功率应用对技术基础提出了不同的要求。高峰值功率意味着高电压或高电流,或两者兼有。为了获得可观的平均功率,系统必须在短时间内连续运行或以高重复率运行。高平均功率系统将最大需求放在主电源上,而高峰值功率则将需求集中在脉冲功率上。利用高峰值功率来满足高平均功率的应用需求是不可行的。将这两种截然不同的技术类别混在一起只能同时带来二者的缺陷。例如,高平均功率的两个应用是电子回旋共振加热(ECRH)和非致命的主动拒止系统(ADS),如第3章所述。使用 ECRH 的等离子体加热充分利用了可连续工作的回旋管,如第11章所述,它的频率通常在150GHz 左右,而 ADS 则在94GHz,因为该频率存在一个大气窗口。劳伦斯·利弗莫尔国家实验室(LLNL)的实验测试加速器(ETA)系统使用 FEL 进行140GHz的等离子体加热。该系统比做相同工作的回旋加速器庞大且复杂。ETA 实验必须在千赫兹下运行才能获得高平均功率,该设计非常昂贵且效率低下。利用高峰值功率获得高平均功率是失败的设计(表2.1)。

表2.1 脉冲功率子系统的优势与不足

脉冲功率子系统	优 势	不 足
脉冲形成线(PFL)	与圆柱形开关易于结合 简易 低阻抗	最佳阻抗偏低 长度由脉冲宽度决定

续表

脉冲功率子系统	优势	不足
脉冲形成网络(PFN)	紧凑(物理长度不由脉冲宽度决定) 模块化结构使脉冲宽度可调 较高的阻抗适合更多的微波源	成本;劳动密集型 可能较重
布鲁姆林(Blumlein)PFL	电压是PFL的2倍	更复杂, 更大的尺寸和重量
双谐振脉冲变压器及PFL	紧凑	脉冲变压器故障可能带来 灾难性的后果
电压叠加器	相对紧凑 高压只出现于二极管 高重复率,大于千赫	复杂 较重 昂贵

2.3.3 微波源

微波源通常是系统中最复杂的部分,如图2.10所示。如果只考虑连接下一级元件(通常是天线),微波源的基本特征可以归纳为峰值功率、频率、脉冲宽度和输出波导模。带宽有时也会影响下游部件的选择。微波源还需要一些辅助设备:真空泵、磁场线圈(大多数情况下)、冷却系统(与其他子系统相同)和束流收集器或截流板。对于放大器,还需要一个主振荡器。它的功率、频率、脉冲持续时间和脉冲宽度决定微波源的特性。磁场强度取决于微波源的物理特性。为了人员安全,可能还需要X射线防护措施。

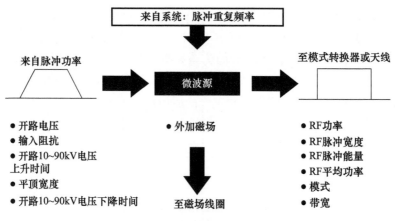

图2.10 连接脉冲功率与微波源以及天线的衔接参数
(微波源的附属设备,如真空泵和冷却系统。对于放大器还需要一个信号源)

也许高功率微波系统中最重要的接口是在脉冲功率和微波源之间。有关它的电特征如图2.11所示,图中开路电压V_{OC}(脉冲功率向开路负载产生的电压)和输出阻抗Z_{PP}的等效电路代表脉冲功率源,而阻抗Z_{SOURCE}代表微波源。

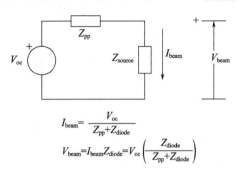

$$I_{beam} = \frac{V_{oc}}{Z_{pp}+Z_{diode}}$$

$$V_{beam} = I_{beam}Z_{diode} = V_{oc}\left(\frac{Z_{diode}}{Z_{pp}+Z_{diode}}\right)$$

图2.11 脉冲功率与微波源的接口等效电路
(阻抗的关系决定微波源的输入电参数)

这个接口之所以重要是因为需要脉冲功率与微波源阻抗匹配,否则将会发生严重的能量和功率的损失(见5.2节),它将反过来影响系统的尺寸、质量和费用。然而实际上,阻抗匹配比较复杂,因为微波源的阻抗经常随时间变化。它受二极管间隙缩短的影响,随时间下降。对于许多微波源所采用的Child-Langmuir间隙和无箔二极管(见4.6.1节),阻抗主要由阴阳极间隙d决定,而受电压的影响较弱。对于Child-Langmuir二极管,有

$$Z_{SOURCE} \propto \frac{d^2}{V^{1/2}} \tag{2.1}$$

这样在阴极或阳极表面生成的等离子体,因减小电极间距而改变阻抗。所以,微波功率达到最大值(满足微波共振条件时)应该是阻抗匹配的最好时间(表2.2)。

表2.2 微波源的特征

微波源	优势	不足	外加磁场	频率可调
虚阴极振荡器	紧凑、简易低电压/低阻抗	采用简单结构时效率偏低,脉冲期间频率向上漂移	N	Y
相对论速调管	最高功率,大电流/低电压降低尺寸、宽频率范围	体积较大、高功率输出要求更复杂的结构	Y	N
后加速相对论速调管	紧凑、质量小、可调	当前没有超过0.5GW,寿命和重复频率受限	N	Y
磁控管	紧凑、研究广泛,可阵列布放、可调范围宽	高功率下的阳极烧蚀限制寿命;高电压操作需要更强的磁场	Y	Y

续表

微波源	优 势	不 足	外加磁场	频率可调
MILO	无须外加磁场,低电压/低阻抗	低效率、低重复频率、不可调	N	N
BWO	研究广泛、紧凑、输出功率高(数吉瓦)、相对效率高、可以通过改变结构调谐频率	目前源的尺寸与输出波长有关,较小的源存在功率限制问题,口径较大时存在模式控制和场强调控问题	Y	Y
多波器件	大截面($D \gg \lambda$),高功率,高脉冲能量	较大的相互作用区域需要大型磁场线圈和与之相应的电源,输出模式复杂	Y	N
回旋速调管	放大器,运行频率 X 波段或以上	相对复杂的设计,频率小于 34GHz	Y	Y
回旋管	高频连续功率数兆瓦,频率范围宽,效率高,可调节	高频需要精确控制运行模式	Y	Y

注:"N"表示"无";"Y"表示"有"。

2.3.4 模式转换器和天线

微波源的输出参数决定了与天线的连接(图 2.12)。最关键的因素是波导模,它必须适合所使用的天线。天线的输出特征是功率、频率和天线增益和波束角宽度。它们决定输出束的传播特性(图 2.13)。有关天线的内容将在 5.5 节中详细讨论(表 2.3)。

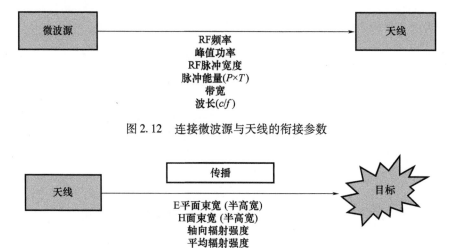

图 2.12 连接微波源与天线的衔接参数

图 2.13 天线输出参数决定微波束的传播特性

表 2.3 天线子系统的优势与不足

天线子系统	优 势	不 足
菱形喇叭筒	简易 廉价	
角锥喇叭	简易	成本:劳动密集型 可能很重
抛物面碟	可控	较复杂 馈口功率密度高
弗拉索夫(Vlasov)	紧凑 简易	增益受波导尺寸限制
螺旋形	相对紧凑 可控性强	较复杂 馈口功率密度高 波束方向随频率而变化 昂贵
喇叭阵列	高增益 避免空气击穿 机械操控 通过相位控制实现快速电子跟踪	复杂 昂贵 必须紧密排布以避免栅瓣 操控受限
面碟阵列	高增益 避免空气击穿 机械操控 通过相位控制实现快速电子跟踪	复杂 昂贵 必须紧密排布以避免栅瓣

2.4 系统的关键问题

一般认为,从电能向微波能量的转换效率是选择部件时需要考虑的重要因素。它的确是一个因素,但对于其他真正重要的因素来说只是一个掩饰。不同的微波应用有着不同的推动因素。第 1 章对高功率微波的发展初期进行了讨论,那个时期的推动因素是峰值功率。但是,近来微波源与系统中的其他子系统间的兼容性变得更为重要。当然,还有其他因素,如可靠性、复杂性、易维护性和可移动性等。可以说我们已进入到了一个追求多方面性能的新时代。

军事应用中,通常需要具备可移动性,决定性参数通常是系统的体积和所需要的电源功率。质量并不是最重要的,这似乎有些违背常识。例如,机载通常要求轻量设备,但高功率微波武器通常被容纳在为其他武器准备的现有空间里,这些武器一般比高功率微波系统能量密度要高。例如,一个含有部分真空体积的高功率微波系统与一个高密度弹头相比,质量肯定会小一些。因此,通常真正受限制的是体积。

功率传送应用往往受到有效天线张角的限制,无论是发射天线还是接收方的整流天线。对于粒子加速器而言,重要的因素则是大批生产时的成本。这是由于对寿命、平均功率和脉冲能量方面的实际要求很高。另外就是可靠性,它与系统的复杂性密切相关:当同时使用很多微波源时,故障频出是无法忍受的。因此,这里的技术选择往往倾向于较谨慎的方案。

系统部件电参数的主要特征是电压、电流和阻抗(电压与电流之比)。阻抗是一个意义比较广的参数,因为它与部件体积内 E 和 B 的分量有关,而且与局部电场/磁场(E/B)成比例的粒子漂移相关。阻抗还通过复数阻抗与天线有关,包括实数部分(电阻)和虚数部分(电抗)[2]。天线设计通常尽量减小电抗成分,这样可以使阻抗匹配变得更容易。高功率微波源技术所属的电压阻抗参数空间如图 5.3 所示。在电压小于 100kV、阻抗大于 1kΩ 的范围内,传统微波应用(雷达、电子对抗和通信等)具有较低的功率(功率 = V^2/Z)。大多数(但不是全部的)高功率微波器件分布在 $Z = 10 \sim 100\Omega$ 的范围,电压通常在 0.1~1MV 的范围,但个别微波源的电压达到数兆瓦。

这意味着微波源的阻抗跨越一个很大的范围,而且为了获得较高的能量传输效率,脉冲功率也必须跨越同样大的阻抗范围。当邻接电路具有不同的阻抗时,传递到下游的电压、电流和能量会产生很大的变化(图 5.4)。如果阻抗不匹配,能量传输会受到损失,特别是下游的阻抗低于驱动它的电路阻抗时。当然也有特殊情况,有时为提高负载电压有意采用较高的负载阻抗。

作为系统分析的一个例子,考虑由磁通压缩发生器(FCG,见 5.2.1 节),它也称爆炸发生器或磁累积发生器,其所驱动的是单脉冲高功率微波武器。这种装置在俄罗斯和美国得到了广泛研究。FCG 的阻抗随时间变化,而且远低于 1Ω,因此能够在低电压下产生很大的电流。为了使电感性负载获得更短的上升时间,通常需要使用变压器。对于这样的装置,由于电流非常高,理想的脉冲功率系统应该采用带断路开关的电感储能方式(见 5.2 节)。通常将 FCG 和约 100Ω 的微波源耦合的阻抗变换效率是非常低的。20 世纪 90 年代,为寻求能与 FCG 匹配的低阻抗微波源,人们对磁绝缘线振荡器(MILO)(见第 7 章)产生了兴趣。MILO 的阻抗约为 10Ω,但它的频率不可调而且笨重。另外,它还需要一个比较复杂的天线才能辐射有用的模。因此,俄罗斯选用虚阴极振荡器,虽然阻抗高,但低于其他微波源(见第 10 章)和返波振荡器(见第 8 章)。虚阴极振荡器的有利条件是简单小巧、造价低廉。和磁绝缘线振荡器一样,它不需要外加磁场。它的低效率由 FCG 的高能量和炸药的高能量密度补偿。这也说明了为什么需要从系统的角度考虑,而不是简单地选择诸如阻抗或效率这样的参量。

2.5 高性能系统的设计方法

如上面所提,设计一个系统不仅需要科学,而且需要技艺,它是一个反复推敲、不断提高的过程。下面通过构建一个最新高功率微波系统的例子说明这个过程。所考虑的系统实际上并不存在,但后面将看到,它与已有或已被建议的系统相似。我们将这个系统命名为"超系统",它的基本条件如表2.4所列(见习题2.1)。所有的这些条件都针对系统的输出。在尺寸和质量上没有明确的限制,但假设系统可在地面移动,运载平台的选取最终应决定系统的大小和质量。

表2.4 高功率微波系统(超系统的)指标

参 数	数 值	注 释
辐射功率	500MW	ORION系统的水平
脉冲宽度	10~20ns	意味着脉冲能量储存较小
脉冲重复频率	500Hz	已经适用于BWO和相对论磁控管
频率	X波段	多数BWO在这个波段
天线增益	45~50dB	适用于远距离照射
脉冲串长度	1s	符合国防应用需要
脉冲串间隔时间	10s	符合国防应用需要

如果超系统具备可移动的尺寸和质量,它就必须以脉冲串方式工作。图2.14描绘了在时间轴上脉冲串的4种状态。在每一次持续时间为τ_B的脉冲串内,系统处于工作状态,时间宽度为τ_{RF}的脉冲以500Hz的重复频率通过天线发射出去。在脉冲串与脉冲串之间的时间间隔内,系统处于充电状态,时间为τ_{IB}的充电对于下一个脉冲串是不可缺少的。如果两个脉冲串之间的间隔超出τ_{IB},如图2.14的第三个和第四个脉冲串,系统会进入充电完毕和等待状态。当不再产生脉冲串时,系统便处于休止状态。例如,超系统的τ_B和τ_{IB}分别选定为1s和10s,这些时间长度符合军事应用的需要。下面将就脉冲串工作模式和参数选择对系统性能的影响进行详细描述。我们先讨论技术选择。

超系统的运行参数和很多以俄罗斯强电流电子技术研究所(IHCE)所研制脉冲功率发生器SINUS系列的系统是相兼容的。表8.2列出了不同版本的SINUS脉冲功率源,给出电压、电流、脉冲长度和重复频率的范围。如图2.15所示,电容储能,脉冲形成线和谐振Tesla变压器,高重复频率气体开关和与微波源匹配的阻抗变换线,所有这些装置的基本技术原理是相同的。因此,假定超系统利用SINUS技术,并具有独特的脉冲宽度和重复频率。

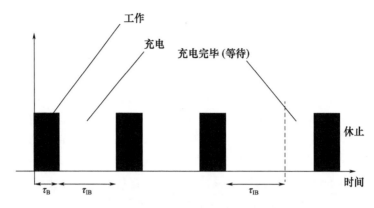

图2.14 一个系统触发4个猝发时状态的时间图

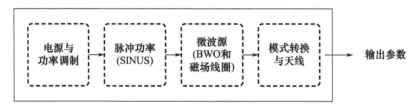

图2.15 SINUS脉冲功率发生器的内部结构

2.5.1 NAGIRA:超系统的模型机

为了建立超系统的模型,首先考虑由 IHCE 开发研制的以 SINUS 为基础的系统:纳秒高功率微波雷达(nano‐second gigawatt radar,NAGIRA[3],见第3章)。它由英国国防部和 GEC‐Marconi 公司于1995年引进,目前在美国。该雷达系统可分载于两个集装箱,分别为发射室和工作室。发射室如图2.16所示,这张照片是从牵引车的后部拍摄的。NAGIRA 系统中 SINUS 加速器以重复频率为150Hz 的10ns脉冲,产生600kV/5kA的电子束。这3GW的电子束被注入到 BWO 中,产生功率为500MW 的 X 波段微波输出,这意味着 BWO 的功率效率约为17%。BWO 的 TM_{01} 输出模经过 TM_{01}‐TE_{11} 模式转换器,然后通过后面的准光学耦合器,输出到一个直径为1.2m的抛物面发射器上。超导线圈为 BWO 产生3T 的磁场。

5ns的脉冲辐射输出功率为400MW。由于 BWO 的输出功率是500MW,而且模式转换器的效率为 $\eta_M = 95\%$,以此推断耦合到天线的效率为 $\eta_A = 85\%$。如上所述,进入到 BWO 的电功率为3GW(脉冲宽度10ns),因此可以得到 BWO 的能量效率为

$$\eta_{\text{BWO}} = \left(\frac{\tau_{\text{RF}}}{\tau_{\text{BEAM}}}\right)\left(\frac{P_{\text{RF}}}{V_0 I_b}\right) = \left(\frac{5}{10}\right)\left(\frac{500}{3000}\right) = 0.083 \qquad (2.2)$$

式中：τ_{RF} 为微波脉冲宽度；τ_{BEAM} 为束流脉冲宽度；P_{RF} 为 BWO 的输出功率（500MW，其中 400MW 经天线辐射）；V_0 和 I_b 为电子束的电压和电流。

为了求前级电源功率，还需要 SINUS 脉冲功率装置的效率 η_S 以及功率调制系统的效率 η_{PC}。后者可以是一个由变压器－整流器－电容器组合而成的系统，即 AC/DC 变换器。SINUS 装置的典型效率为 $\eta_S = 69\%$，在三相前级功率输入的情况下，功率调制效率为 $\eta_{\text{PC}} = 88\%$。因此，根据微波功率（$P_{\text{RAD}} = 400\text{MW}$）、电子束脉冲宽度和 PRR，可以得到所需要的前级电源功率为

$$\langle P_{\text{PRIME}} \rangle = \frac{P_{\text{RAD}} \tau_{\text{RF}}(\text{PRR})}{\eta_A \eta_M \eta_{\text{BWO}} \eta_s \eta_{\text{PC}}} = \frac{(4 \times 10^8) \times (5 \times 10^{-9}) \times 150}{0.85 \times 0.95 \times 0.083 \times 0.69 \times 0.88} \qquad (2.3)$$
$$= 7.4(\text{kW})$$

式（2.3）考虑了微波脉冲宽度 5ns 与电子束脉冲宽度 10ns 之间的差。

NAGIRA 系统的发射室结构如图 2.16 所示。系统右侧的部分是由脉冲形成线、高功率开关和阻抗变换线构成的 SINUS 脉冲功率发生器。由于它占据了集装箱的主要部分，因此传输线是向上弯曲后与 BWO 连接的。整个 BWO 和超导线圈置于制冷器中，准光学耦合器在空气中将 BWO 的输出送至发射天线。虽然没有标出，但作为前级电源的发电机应安装在集装箱的后部，即脉冲形线的对面。

图 2.16 NAGIRA 系统的发射室（最明显的部分是 SINUS 脉冲功率发生器的后端，提供前级电源功率的发电机在右下部，顶部下方的抛物面是发射天线，其上方的抛物面是接收天线）

2.5.2 超系统的构成

利用其他类似于 NAGIRA 系统的资料，同时参考 NAGIRA 系统的组成部件，

可以构建一个超系统模型。为了详细说明超系统部件所要求的性能,从对微波输出的要求开始考虑,反过来寻求对前级电源的要求。图 2.17 所示为超系统的基本结构示意图。仅考虑参量 τ_B 和 τ_{IB} 对前级电源的影响,而忽略它们对(脉冲功率和 BWO 所需要的)冷却系统质量和体积的影响。对于脉冲串工作模式,系统的这两个部分能够达到平衡温度,因此这个假设是合理的。

接下来,我们将依靠带假设参量的唯象模型,假设一个微波源的电子束功率向微波功率的转换效率,而不是基于原理去计算它。把它当作独立的输入参量,选择符合在实际经验中观测到的数值,而且可以通过改变这个数值观察它对超系统的影响,这是利用系统模型的方法观察系统过程的关键要素之一。

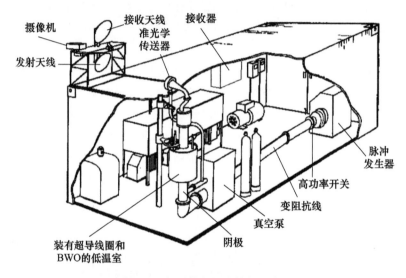

图 2.17 超系统的基本结构示意图

(源自 Clunie, D. et al., the design, construction and testing of an experimental high power, short - pulse radar, in Strong Microwaves in Plasmas, Litvak, a. G., ed., Nizhny Novgorod University press, Nizhny Novgorod, russia, 1997. With permission.)

2.5.3 天线与模式转换器

由表 2.4 可以看到,系统工作于 X 波段,所以选择的频率为 10GHz,系统天线的增益为 45~50dB。用 G_{dB} 表示单位为 dB 的增益,这个数值实际上对应于(见 5.5 节)

$$G = 10^{G_{dB}/10} \tag{2.4}$$

如果 G_{dB} 为 45~50dB,那么 G 约为 $3.2 \times 10^4 \sim 3.2 \times 10^5$。对于直径为 D、频

率为 f 和输出波长为 λ 的抛物面反射天线，G 的表达式为

$$G = 5.18 \left(\frac{D}{\lambda}\right)^2 = 5.18 \left(\frac{Df}{c}\right)^2 \tag{2.5}$$

对于 X 波段的频率，选择 $f = 10\mathrm{GHz}$，所以有 $\lambda = 3\mathrm{cm}$。现在，如果选择增益为 45dB，那么 $G = 3.2 \times 10^4$，利用式(2.5)得到的天线直径为 $D = 2.4\mathrm{m}$。

现在可以计算系统的其他输出参量。从抛物面反射天线(见第 5 章)输出的微波束流宽度(或中央天线波瓣宽度)为

$$\theta = 2.44\left(\frac{\lambda}{D}\right) = 2.44\left(\frac{c}{Df}\right)(\mathrm{rad}) \tag{2.6}$$

通过 X 波段输出频率和算出的直径 D，得到 $\theta = 30\mathrm{mrad}$。从辐射功率与增益的乘积，得到有效辐射功率(ERP)，即

$$\mathrm{ERP} = GP_{\mathrm{RAD}} \tag{2.7}$$

对于 $P_{\mathrm{RAD}} = 500\mathrm{MW}$ 的 ERP $= 16\mathrm{TW}$。最后，峰值角辐射强度(单位为 W/Sr)为

$$I = \frac{\mathrm{ERP}}{4\pi}\left(\frac{\mathrm{W}}{\mathrm{Sr}}\right) \tag{2.8}$$

为了下一步考虑 BWO，还需要另外两个参量：天线的功率转换效率 η_A 和模式转换器(将 BWO 的 TM_{01} 输出模式转换为天线需要的 TE_{11} 模式)的效率 η_M。对于这里的系统，假定 $\eta_A = 0.85$ 和 $\eta_M = 0.95$。注意，这里没有考虑天线耦合和模式转换的详细过程，而只是简单地使用了过去已有的经验数据。

2.5.4 返波振荡器

从输出功率和重复频率来看，X 波段的最佳选择是 BWO。如果频率再低一些，磁控管和速调管则更有竞争力。BWO 的最高输出功率已经达到 5GW，所以 0.5GW 完全不成问题。不过，对于 500MW 的辐射功率，如果天线效率和模式转换效率分别 $\eta_A = 0.85$ 和 $\eta_M = 0.95$，BWO 的输出至少需要在脉冲宽度 τ_{RF} 内达到：

$$P_{\mathrm{BWO}} = \frac{P_{\mathrm{RAD}}}{\eta_A \eta_M} = \frac{500}{0.85 \times 0.95} \approx 620(\mathrm{MW}) \tag{2.9}$$

接下来，为了决定 BWO 的输入条件，必须考虑两个因素：一个是从电子束向微波的瞬时功率转换效率；另一个是微波与电子束之间脉冲宽度的差异。在对式(2.2)的 BWO 效率处理上已经考虑了它们的影响。为了计算适合 BWO 的输入条件，这里做了以下假设。

(1) 考虑到超系统的脉冲宽度比 NAGIRA 系统长，假设电子束的脉冲宽度与输出微波的脉冲宽度之间的差不变(而不是假定它们之间的比不变)。这样，

从 NAGIRA 的 5ns 脉冲宽度差可以得到超系统的电子束脉冲宽度 $\tau_{BEAM} = \tau_{RF} + 5ns$。这个 5ns 是电子束电流上升到一定程度,满足在 BWO 里产生并维持振荡所需要的时间。

(2)将脉冲宽度的影响单独考虑后,假设超系统的微波功率转换效率(BWO 的微波输出功率与电子束功率之比)和 NAGIRA 相同。在 NAGIRA 中,3GW 的电子束产生 500MW 的 BWO 输出,所以功率效率 $\eta = 0.17$。由此可见,为了产生 620MW 的 BWO 输出,需要 $P_{BEAM} = 3720$MW 的电子束功率。

(3)假设超系统 BWO 的阻抗 Z_{BWO} 与 IHCE 系统 BWO 的阻抗相同,即 150Ω(典型的 BWO 阻抗),二极管的阴阳极电压为 V_0 时,有

$$P_{BEAM} = V_0 I_b = \frac{V_0^2}{Z_{BWO}} = 3720(\text{MW}) \tag{2.10}$$

则

$$V_0 = (P_{BEAM} Z_{BWO})^{1/2} = 747(\text{kV}) \tag{2.11}$$

$$I_b = \frac{V_0}{Z_{BWO}} = 4.98(\text{kA}) \tag{2.12}$$

如系统框图 2.17 所示,BWO 需要磁场线圈。在 NAGIRA 系统中采用了超导线圈,和其他野外工作系统一样(如 ORION,见第 5 章)。这样的线圈增加了系统的质量,而且还需要电源和冷却设备。但尽管如此,野外工作系统采用超导线圈的理由是其电源和真空装置与常规线圈的电源相比,不仅小而且轻,另外,在质量上比永久磁铁要轻很多。

2.5.5 脉冲功率子系统

如图 2.14 所示,脉冲功率发生器(SINUS)的内部结构包括三个组成部分。从靠近前级电源开始,分别是低压储能电容器、一体化 Tesla 变压器和 PFL 以及变阻抗传输线。图 2.18 给出了 SINUS 装置的结构图。低压储能电容由前级电源充电。Tesla 变压器与圆筒形 PFL 成为一体。单匝的初级线圈卷绕在外导体的内壁,次级线圈跨越 PFL 的同轴导体间隙,它的高压端与内导体相连并将其充电至负电压。Tesla 变压器将储能电容的输出电压提升至所需电压,PFL 进行脉冲形成并决定脉冲持续时间。

遗憾的是,由于储能的容积效率原因,油绝缘 PFL 本身的输出阻抗 Z_{PFL} 约为 $20\sim50\Omega$(见 5.2 节)。变阻抗传输线的作用是为了得到 PEL 和 BWO($Z_{BWO} = 150\Omega$)之间的阻抗匹配。变阻抗传输线的长度直接与电子束脉冲宽度 τ_{BEAM} 成比例,即

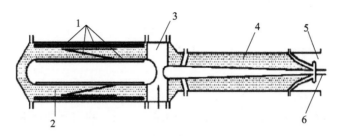

图 2.18 SINUS 装置结构图
1—脉冲变压器;2—油绝缘同轴线;3—气体火花间隙;
4—变阻抗传输线;5—真空室;6—用于电子束二极管的阴极。

$$L_{TL} = \frac{3}{2} c' \tau_{BEAM} \tag{2.13}$$

由于传输线中充满绝缘油,其内部的光束约为 $c' = 2 \times 10^8 \mathrm{m/s}$[4],考虑单位后,有

$$L_{TL}(\mathrm{m}) = 0.3 \tau_{BEAM}(\mathrm{ns}) \tag{2.14}$$

如果像图 2.16 的 NAGIRA 那样将传输线与 Tesla 变压器/PFL 直线相连,那么在设计运载平台时就必须考虑它们的总长度。装满了绝缘油的 Tesla 变压器/PFL 的长度基本上等于 PFL 的长度 L_{PFL},对于脉冲宽度 τ_{BEAM},有

$$L_{PFL} \approx \frac{1}{2} c' \tau_{BEAM} \tag{2.15}$$

或

$$L_{PFL}(\mathrm{m}) \approx 0.1 \tau_{BEAM}(\mathrm{ns}) \tag{2.16}$$

将式(2.14)和式(2.16)相加,可以得到

$$L_{TL}(\mathrm{m}) + L_{PFL}(\mathrm{m}) = 0.4 \tau_{BEAM}(\mathrm{ns}) \tag{2.17}$$

从式(2.17)可以看到,对于 10ns 的脉冲,它的长度约为 4m,当脉冲宽度为 20ns 时,长度增加到 8m。对于有些运载箱,8m 可能太长,所以必须考虑是否选择使用变阻抗传输线,即权衡变阻抗传输线时,长度所带来的不便和不使用时的低效率。

为了考虑功率传输,将图 2.11 中的电源电压及阻抗分别表示为 V_{PFL} 和 Z_{PFL}。Z_{BWO} 两端的电压和通过 Z_{BWO} 的束流功率为

$$V_0 = V_{PFL} \left(\frac{Z_{BWO}}{Z_{PFL} + Z_{BWO}} \right) \tag{2.18}$$

$$P_{BEAM} = \frac{V_0^2}{Z_{BWO}} = V_{PFL}^2 \frac{Z_{BWO}}{(Z_{PFL} + Z_{BWO})^2} \tag{2.19}$$

对于给定的 PFL 输出阻抗,当 $Z_{BWO} = Z_{PFL}$ 时,式(2.19)给出的 P_{BEAM} 的最大值为

$$P_{\text{BEAM,max}} = \frac{V_{\text{PFL}}^2}{4Z_{\text{PFL}}} \tag{2.20}$$

定义脉冲功率效率为相对于最大有效束流输出功率的比例系数，即

$$P_{\text{BEAM}} = \eta_{\text{pp}} P_{\text{BEAM,max}} \tag{2.21}$$

如果使用变阻抗传输线，无论 Z_{BWO} 的实际值是什么，在 PFL 看来它都近似等于 Z_{PEL}。变阻抗传输线并不是没有损失的，根据经验得到的近似值为

$$\eta_{\text{pp}} = \eta_{\text{TL}} = 0.85 \tag{2.22}$$

如果由于长度的原因而不采用变阻抗传输线，联立式(2.19)、式(2.20)和式(2.21)，可以得到

$$\eta_{\text{pp}} = \frac{P_{\text{BEAM}}}{P_{\text{BEAM,max}}} = \frac{4Z_{\text{BWO}}Z_{\text{PFL}}}{(Z_{\text{PFL}} + Z_{\text{BWO}})^2} \tag{2.23}$$

判断是否使用变阻抗传输线取决于系统的长度。这将出现以下两种情况。

(1) 使用变阻抗线(当系统长度不存在问题时)，PFL 可以选择最佳阻抗从而减小体积，即 $Z_{\text{PFL}} = 20\Omega$，$\eta_{\text{pp}} = 0.85$。

(2) 不使用变阻抗线(当系统的长度超过极限时)，必须提高 PFL 阻抗，$Z_{\text{PFL}} = 50\Omega$；根据式(2.23)，对于 BWO 阻抗 $Z_{\text{BWO}} = 150\Omega$，得到 $\eta_{\text{pp}} = 0.75$。

SINUS 是很出色的脉冲功率系统，它可以将储存在 PFL 中约 90% 的能量有效地转换成束流，其余的损失于上升和下降时间以及其他内部损失。使用变阻抗线时，可以认为 Z_{BWO} 与 Z_{PEL} 匹配，无论它实际是多少。在使用与不使用变阻抗线这两种情况下，PFL 的输出功率 P_{PEL} 分别由以下两个表达式给出($V_0 = 747\text{kV}$，Z_{PEL} 为 20Ω 或 50Ω，取决于是否使用变阻抗线，$Z_{\text{BOW}} = 150\Omega$)。

使用变阻抗线($Z_{\text{PEL}} = 20\Omega$)时，有

$$P_{\text{PFL}} = \frac{V_{\text{PFL}}^2}{2Z_{\text{PFL}}} = 2\frac{P_{\text{BEAM}}}{\eta_{\text{PP}}} = 8.75(\text{GW}) \tag{2.24}$$

不使用变阻抗线($Z_{\text{PEL}} = 50\Omega$)时，有

$$P_{\text{PFL}} = \frac{V_{\text{PFL}}^2}{Z_{\text{PFL}} + Z_{\text{BWO}}} = \frac{V_0^2}{Z_{\text{BWO}}}\left(\frac{Z_{\text{PFL}} + Z_{\text{BWO}}}{Z_{\text{BWO}}}\right) = 4.96(\text{GW}) \tag{2.25}$$

无论哪种情况，假设微波上升时间为 5ns，$\tau_{\text{BEAM}} = \tau_{\text{RF}} + 5\text{ns}$，则储存在 PFL 中的能量如下：

使用变阻抗线($Z_{\text{PEL}} = 20\Omega$)时，有

$$E_{\text{PFL}}(\text{J}) = \frac{P_{\text{PFL}}\tau_{\text{BEAM}}}{0.90} = 9.72\tau_{\text{RF}}(\text{ns}) + 48.6 \tag{2.26}$$

不使用变阻抗线($Z_{\text{PEL}} = 50\Omega$)时，有

$$E_{\text{PFL}}(\text{J}) = \frac{P_{\text{PFL}}\tau_{\text{BEAM}}}{0.90} = 4.69\tau_{\text{RF}}(\text{ns}) + 23.4 \tag{2.27}$$

V_{PFL} 的值如下:

使用变阻抗线($Z_{PEL}=20\Omega$)时,有

$$V_{PFL} = 2\left(\frac{P_{BEAM}Z_{PFL}}{\eta_{PP}}\right)^{1/2} = 592(kV) \tag{2.28}$$

不使用变阻抗线($Z_{PEL}=50\Omega$)时,有

$$V_{PFL} = V_0\left(\frac{Z_{PFL}+Z_{BWO}}{Z_{BWO}}\right)^{1/2} = 966(kV) \tag{2.29}$$

快速能量储存器中的能量 E_{FAST} 转换到 PFL 的能量效率为 90%。使用变阻抗线($Z_{PEL}=20\Omega$)时,有

$$E_{FAST}(J) = \frac{E_{PFL}}{0.90} = 10.8\tau_{RF}(ns) + 54.0 \tag{2.30}$$

在脉冲与脉冲之间的时间里,需要对电容器进行再充电的输入功率的近似表达式如下:

使用变阻抗线($Z_{PEL}=20\Omega$)时,有

$$P_{FAST} \approx E_{FAST}(PRR) = PRR(10.8\tau_{RF}(ns)+54.0) \tag{2.31}$$

表 2.5 将超系统所需的参数和 SINUS 系列的参数范围进行了比较。可以看到,SINUS 发生器的储能电容所需的充电功率比以前的同类装置约高 53%。

表2.5 超系统参数与脉冲电机 SINUS 系列参数的比较

参 量	超系统数值	SINUS 的范围
平均输入功率 P_{FAST}/kW	40.5~76.5	0.1~50
输出电压 Φ_{beam}/kV	747	100~2000
输出脉冲宽度 τ_{beam}/ns	15~25	3~50
输出阻抗 Z_{BWO}/Ω	150	20~150
脉冲重复频率 PRR/Hz	500	10~1000

下一步考虑图 2.7 所示的脉冲串前级电源的选择。从图右方的转换器开始,AC/DC 转换器(变压器-整流器)和 DC/DC 转换器(开关电源)的典型传送效率为 0.88。因此,进入控制器的输入功率为

$$P_C = \frac{P_{FAST}}{\eta_C} = \frac{P_{FAST}}{0.88} \tag{2.32}$$

这是经过 AC/DC 或 DC/DC 向储能电容器充电时的功率。传送到控制器中的脉冲能量为

$$E_C = \frac{P_C}{PRR} \tag{2.33}$$

这里认为控制器的输出电压 V_C 是 SINUS 发生器的默认输入电压:300V。

图 2.7 所示脉冲串用前级电源的选择是由 8 个参数定义的,4 个工作参数和 4 个能量储存参数,如表 2.6 所列。为了便于一些参数与超系统模型保持一致,在这里对它们重新命名。表中给出的 4 个工作参量中的 3 个是熟悉的,第 4 个——个脉冲串中的脉冲数 N_S 由下式给出,即

$$N_S = \text{PRR} \cdot \tau_B \tag{2.34}$$

表 2.6 描述脉冲串工作模式的 8 个参数

工作参数		能量储存参数	
PRR	脉冲重复频率	E_S	为产生一个微波脉冲,能量储存和供电器所提供的储存能量
N_S	一个脉冲串中的脉冲数	E_B	为产生一个脉冲串,能量储存和供电器所提供的储存能量
τ_B	一个脉冲串的持续时间	P_{AVE}	在一个脉冲串时间内,能量储存和供电器的平均输出功率
τ_{IB}	脉冲串间隔(再充电时间)	P_{RC}	在脉冲串间隔时间内,向能量储存和供电器所需的平均功率

对于给定的用户选择的 τ_B 范围,每个脉冲串的脉冲数 N_S 范围为 500~2500。脉冲串参量与前级电源功率和储存能量有关。每个脉冲能量 E_S 的定义是最终能够以效率 η_{ESES} 产生宽度为 τ_{RF} 的 500MV 辐射微波脉冲所需要的能量,因此有

$$E_S = \frac{E_C}{\eta_{ESES}} \tag{2.35}$$

表 2.4 给出了图 2.7 中的 3 种不同能量储存和供电器选择所对应的效率 η_{ESES}。每个脉冲串的能量 E_B 是指在整个脉冲串过程中,以效率 η_{ESES} 从能量储存和供电器提取的能量,即

$$E_B = N_S E_S \tag{2.36}$$

平均功率 P_{AVE} 的定义是整个脉冲串过程中,从能量储存和供电器流入转换器的平均功率,即

$$P_{AVE} = P_C = \eta_{ESES} E_S \text{PRR} = \eta_{ESES} \frac{E_B}{\tau_B} \tag{2.37}$$

式(2.37)的最后一步使用了式(2.26)、式(2.27)、式(2.30)和式(2.31)。这样平均充电功率 P_{RC} 是在脉串与脉冲串之间的时间内向能量储存和供电器再次充电的功率,因此有

$$P_{RC} = \frac{E_B}{\tau_{IB}} = \left(\frac{\tau_B}{\tau_{IB}}\right) \frac{P_{AVE}}{\eta_{ESES}} \tag{2.38}$$

从前级电源功率到这个功率还需要经过一个转换部件。从文献中可以看到,这里的效率 η_I 与转换部件的选择有关,如表2.8所列,因此有

$$P_{PM} = \frac{P_{RC}}{\eta_I} \tag{2.39}$$

这样就可以对每个子系统以及整个超系统的体积和质量进行估算。图2.19给出了基于NAGIRA(图2.16)的子系统配置概念图。对于高功率系统,请参考习题2.2。

表2.7　图2.7所示的不同能量储存和供电器方式的功率转换效率

能量储存和供电器选择	效率 η_{ESES}
飞轮/交流发电机	0.96
脉冲振荡器	0.96
高速蓄电池	0.50

表2.8　图2.7中的接口选择所对应的效率

接口选择	效率 η_I
液压泵电动控制器	0.8
电动控制器	1.00
AC/DC 转换器	0.88

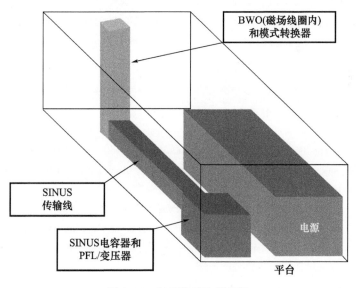

图2.19　超系统的内部结构

2.6 小　　结

作为一门工艺,而不是一门学科,仅凭经验进行选择和缜密地分析不仅可以完成系统设计,还能够解决各种潜在的问题。这是一个艰难的学习过程,因为乐观的初始设计往往由于随后而来的很多不得不考虑的因素而被迫降低指标。然而,前进的唯一途径就是要构建先进的高功率微波系统,在第3章中将描述其应用。

习　　题

2.1　对于超系统,求射程10km处的功率密度和单脉冲能量密度。

2.2　设计一个新的超系统,它具有更高的峰值功率和更长的输出脉宽,但工作于较低的重复频率和微波频率:5GW,100ns,100Hz和3GHz(本章讨论的参数是0.5GW,20ns,500Hz和10GHz)。脉冲串长度和脉冲串间隔保持不变,即分别为1s和10s。设天线的增益为40dB,保证合理的天线尺寸。

2.3　组装一个系统来驱动相对论磁控管。规定如下:①初始操作将以数十赫的重复频率进行,但最终要求重复频率在100~500Hz的范围内;平均功率最初需要数十千瓦,但最终接近0.5MW;②系统应该紧凑,但不用过多考虑质量。为主功率和脉冲功率选择子系统以符合要求,并解释原因。

参考文献

[1] Swegle, J. S. and Benford, J., End – to – End Modeling with the HEIMDALL Code to Scope HPM Systems, Proceedings 16th IEEE International Pulsed Power Conference, Albuquerque, NM, p. 1114, 2007.

[2] Balanis C A. Antenna Theory. John Wiley & Sons, NY, p73, 1997.

[3] Clunie D, et al. The Design, Construction and Testing of An Experimental High Power, Short – pulse Radar, Strong Microwaves in Plasmas, Litvak, A. G., Nizhnyed., Novgorod Univ. Press, Nizhny Novgorod, Russia, 1997.

[4] Humphries, S., Jr., Principles of Charged Particle Acceleration, John Wiley & Sons, New York, p. 249, 1986.

第 3 章 高功率微波的应用

3.1 引 言

任何发展中的技术都和它的应用存在着紧密的相互依赖关系。新技术的出现或现有技术在性能方面的大幅度提高,可能为新的应用提供可能性和现实性,而应用领域提出的各种要求又可能刺激新兴技术的发展。在高功率微波的发展过程中可以找到这样的例子。高功率微波所具备的高功率和高能量特性,使人们对它在定向能武器方面的应用产生兴趣。另外,核聚变等离子体的电子回旋共振加热的需要,直接导致了高频率、高平均功率微波源的发展。本章我们将针对现阶段高功率微波的应用状况进行阐述。

与本书第 1 版问世的 23 年前相比,甚至与第 2 版问世的 8 年前相比,有些应用得到了发展,有些应用出现了衰退,还有些应用已经不存在了(如微波激光泵浦)。最成功的应用应该是目前正在迅速发展的定向能武器。以反电子高功率微波先进导弹项目(CHAMP)[2]联合概念技术示范系统(JCTD)为例,该系统由美国波音公司和科特兰空军基地的美国空军研究实验室(AFRL)定向能局设计并建造,已于 2012 年 10 月 16 日在犹他州成功进行了测试。CHAMP 确切的外观和能力仍然是个秘密,很明显,该导弹可以满足空军对多个小目标进行多次可控射击的要求。

在过去的一二十年里,高功率微波的研究经费中,国防相关项目所占的比例最大。功率传送和等离子体加热方面的研究蓬勃发展,充满活力。等离子体加热也许是高功率微波应用研究中历史最长的。高功率雷达研究目前处于停滞状态(除使用短脉冲的超宽带外)。由于国际直线对撞机决定将不采用高功率速调管,所以粒子加速器的应用逐渐变得遥远。

3.2 高功率微波武器

未来的某一天……

我们从低空飞行接近目标。这是一个漆黑的夜晚,到目前为止还没有迹象显示我们已经被敌人发现。我和其他4名飞行员正在执行一项攻击任务。早晚我们会被他们的雷达发现，随后整个防空系统会启动，他们将开始搜寻我们。但愿一切顺利。

我们的机翼下有几个新型高功率微波系统，今晚打算试一试。去年曾经试过一个旧型号，但不太成功，它在实际操作中问题太多。

我激活了平视显示器上的高功率微波图标，然后调出设定菜单。过去的设定非常麻烦，这次据说采用了"智能化"接口，比过去简单多了。

以前一切都需要进行手动设置。首先必须使用电波检测装置来判断敌人使用的是哪种系统。市场出售的系统有很多种，它们可能是俄罗斯造、法国造的，甚至可能是我们自己造的。

所以，必须通过与资料库比对来判断敌人在用什么系统监视我们。另外，还必须判断他们用什么进行通信。接着，将这些信息发送到高功率微波系统。同时，还需要设定微波频率、脉冲间隔时间等一系列参数。实际上根本来不及干这么多事。

所以动作最慢的还是我们自己。

现在不同了，我只需锁定目标。高功率微波系统的最新操作模式能自动识别目标，然后查询电子易损度表（表中数据是通过对实际样品进行破坏实验得来的）。随后，系统自动设定工作参数，包括重复频率、脉冲串长度，还有其他我也不懂的参数，如极化什么的。

我的领航员告诉我全球定位系统（GPS）数据显示距离目标还有16km，所以我下降到100 m的高度，继续接近目标。就在这时，被他们发现了。

首先是雷达预警器的报警，然后我方的电子对抗系统开始介入，报警的同时还有方向指示灯在发亮。防空炮的火光向我们蛇形般射来，如黑色香槟酒中的红色气泡一般。我们尽全力躲避。地面的灯光如同圣诞树。这时，他们发射了一枚地空导弹，平视显示器上出现了很大的两个红字"导弹"。新型高功率微波系统具有自我保护模式，我点击了那个图标之后，它开始向周围发射电波。我拼命将操纵杆向右扳，试图躲避。但实际上没有必要担心。高功率微波让那家伙的大脑失去了对我们的兴趣，它最终撞到了下面的沙地上。但是，火炮一直也没有停止，我们还得继续对付它们。

高功率微波武器是消耗型的，所以我们必须在足够接近目标时才能发射。我做好了发射准备。首先要进入"投放"状态。这时它已经接收到了周围的电波，知道接下来应该干什么。我按下"投放"图标，高功率微波弹便从架子上落下。飞机由于质量减小向上晃了一下。屏幕上"投放完毕"指示器变亮，然后便开始从发射出去的高功率微波弹读取数据。我迅速向左转并同时向外扫视。右前方昏暗的亮点隐约可见,它正在飞向第一个目标。不久,耳机中听见了它发出的电子"咔嗒"声,这是它向发现的第一批目标发射的一串脉冲。首先,它会自动从数据库里选取所有参数,确保让目标停止工作;然后,它会继续前进,摧毁敌人的其他电子耳目,在他们的防空网里开辟一条通道。这样,我们的战斗轰炸机就可以直取更重要的目标。

发射下一个智能弹时,我想起第一次使用高功率微波时必须为特定目标设定一大堆参数,还要发射一些测试弹以验证功率等参数是否合适。现在,只要把它放出去,剩下的它都会自动调整。设计它的那帮人终于明白了什么叫"即发即弃"和"人在环外",当我们被火力包围时,根本就没有时间去做那些烦琐的事。

这是科幻小说?还是真实的预测?本节介绍的是高功率微波的一个重要应用——电磁非致命性武器。

将定向能而非物质直接作用在目标上的武器,在过去的 40 年里得到了深入的研究。与现有武器系统相比,有两个有利条件:首先,它们使用电力驱动而不是依靠弹药,这个所谓的"深匣子"不太可能在战斗中被耗尽;然后,它们以光速攻击目标,速度是子弹的 230000 倍,试图躲避这样的闪电般攻击是不可能的,它还能使性能日益提高的战术导弹变得逊色。

定向能武器大致可分为 3 类:激光、微波或射频(RF)以及带电粒子束。高功率微波与其他定向能武器相比,不需要克服一系列传播问题。粒子束和激光很难在大气中长距离传播,而且电子束不能在太空中传播。二者都是需要精确定位才能打击到目标的小焦斑式精准打击武器。而由天线定向辐射的微波与此不同,它通过衍射传播,焦斑较大,可适应定向和目标跟踪精度的不足。

3.2.1 高功率微波武器的一般特性

定向能武器攻击可以产生以下两种效果:软杀伤,在保持目标几乎完整的情况下,使其核心部件丧失工作能力;硬杀伤,对目标进行大规模的物理性破坏。军事上更倾向硬杀伤能力,产生"冒烟的废墟"或至少可确信武器在目标上产生了无法规避的效果。然而,大多数高功率微波定向能武器是软杀伤性的。它与雷达干扰和电子战类似,其效果可以进行可信预测,但无法直接验证。

将大功率的微波脉冲作为武器使用的概念起源至少早于第二次世界大战期间英国的雷达研究。这种想法历经了数次演变,早期的想法是利用热和结构损伤,这需要非常高的功率,而现在的想法是同时部署反电子和非致命性杀伤性高功率微波武器。

20世纪80年代的两个融合性技术进展使得前景更加光明：①微波源的峰值输出功率达到了吉瓦级；②军用和消费电子元器件的小型化和依赖程度不断提高。如今的微电子元件在少量的微波能量面前也是很脆弱的。因此，出现了所谓"芯片枪"和"电磁脉冲弹"的概念，可以紊乱或摧毁现代系统电子大脑中的集成电路的微波发射机（见AMEREM–2014会议的摘要[3]）。随着电子设备继续向小型化和低电压化方向的发展，高功率微波武器变得越来越具有吸引力。最近，由于大量采用未经加固的廉价商用电子设备，使过去的金属外壳被塑料或合成材料取代，其结果进一步加剧了对电子攻击的脆弱性。此外，最近关于极端电磁干扰对电子器件影响的研究工作表明，对元器件施加略超其规格的电压就可能导致微处理器中的指令错误[4]。

使用高功率微波的电子攻击具有以下的优势。

(1) 电子攻击是非致命的，几乎不对人体造成伤害。

(2) 大多数防御系统是未经屏蔽的，因此，为了对付电子攻击，整个系统必须进行加固。所以高功率微波武器对于那些为了加固而需要进行大库存改造的已部署系统来说是有效的。

(3) 可以从前门（通过天线或波导）或后门（经由电线、护线管或其他接入点耦合）进入目标。

(4) 可以同时攻击覆盖范围内的多个目标。

(5) 基本不受雨雾气候条件的影响，而激光在这种条件下会变得毫无用处。

(6) 在开发和使用方面基本不存在法律障碍。

(7) 每个目标的攻击成本低于传统弹药。

(8) 电子损伤的修理通常需要专业知识，所以很难在现场完成。

(9) 能为战术升级阶梯增添新的梯级，扩大决策者的选择范围。

电磁武器的一个局限性是对杀伤效果的评估有一定的难度。信号的中断并不能完全证明攻击的成功，而被成功攻击过的目标也许看上去还在工作。例如，目标（如雷达或通信设备）可能在受到高功率微波攻击后继续发射电波，尽管它们的接收器和数据处理系统已经被破坏或摧毁。另外，对于正在受到攻击的一个系统，关机也是欺骗对方的一种手段。

按目标靶所需功率密度降序排列，高功率微波定向能效应的等级排列如下：

(1) 烧毁：电子系统的物理性破坏；

(2) 扰乱：电子系统中的记忆或逻辑电路短时间工作失常；

(3) 干扰：使微波/射频接收器或雷达失灵；

(4) 迷惑：欺骗系统使其不能正确判断。

最后这一类相当于高功率水平的电子战，因此具有更大的有效作用范围。

前三类是在功率上压倒对方,类似于现代的干扰系统,但基于高功率微波的超干扰机需要彻底掌握,不给对方"烧穿"干扰的机会。对电子设备的干扰和损伤之间存在一个中间区域,即扰乱。例如,由于数字系统的信息丢失造成导弹迷失方向或造成战术通信混乱。随着上述级别的提高,可攻击目标的一般性就会增强,即功率水平越高可攻击的目标就越多,相比之下,电子战技术的可攻击目标是很确定的。

高功率微波定向能武器和电子战之间的区别在于攻击技术的复杂性和功率水平,如图3.1所示。从历史上看,至少在西方国家,电子战和定向能武器的区别非常明确。电子战系统使用低功率(约1kW)的复杂技术能阻止敌方的正常通信和武器系统的有效使用,与此同时确保了己方电磁波谱的正常使用。电子战不仅成为军事作战的一个重要部分,也是削弱敌人、增强友军能力的有效方法。由于威胁的多元化、电子对抗(ECM)与电子反对抗(ECCM)的持续升级,电子战系统不断复杂化,其成本也变得日益昂贵。另外,高功率微波定向能武器从一开始就被认为可以攻击多种目标,使用简单而功率超过1GW的微波脉冲,获得超过电子战的效果。于是,出现了结合两者特点的中间方法,它被称为"智能微波"或中等功率微波(MPM)[5],其特点是采用较复杂的波形,但功率水平低于高功率微波。高功率微波的有些应用试图只用一个脉冲就烧坏目标的电子器件,智能微波攻击则通过选择适当的重复频率、幅值和频率调制等参数,来降低电子设备的损伤等级。

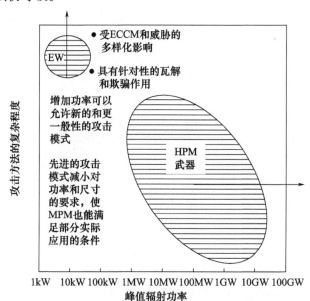

图3.1 高功率微波和电子战的范畴和发展趋势

电子器件的攻击模式主要有两种：定点攻击和区域攻击。

第一类攻击模式是采用高功率微波脉冲对一个确定目标进行远距离攻击，在它表面产生的高功率密度，使它被扰乱或损坏。在现代化军事装备中，有大量的目标跟踪雷达、半主动导引导弹、通信和控制系统等都很容易受到这样的攻击。例如，一些新式飞机存在边缘不稳定性问题，需要复杂的控制电路辅助飞行。如果烧毁这种飞机上的芯片，飞机上的计算机可能会摧毁飞机自身。民用飞机利用电子系统来确保飞行安全，如飞行控制、发动机控制和座舱信息显示等。这样的系统可能很容易受到来自恐怖分子的干扰或破坏。

第二类攻击模式是用辐射脉冲进行大面积扫射，目的是同时让很多个目标失效。要让这种大面积杀伤武器起作用，要么辐射能量足够高，要么目标的阈值易损等级很低。例如，让无屏蔽的计算机产生误动作所需要的功率密度大约为 $10^7 J/cm^2$，所以一个大面积杀伤武器应该能够同时破坏很多消费电子产品。虽然这在军事上能否算是有效打击还有待商榷，但无疑会产生重大的经济损失。一种向大面积释放高注量微波的方法是20世纪80年代的SDI（战略防御）计划里提出的微波弹(microwave bomb)，它利用外空间的核爆产生强烈的微波辐射来摧毁大面积范围内的电子设备[6]。另一个大面积杀伤武器的例子是在低空飞行清除战场的专用飞机（如CHAMP）上装载的射频(RF)系统，这种攻击可以使敌方的作战管理系统报废，并使其丧失战术通信能力。

对性能的需求主要取决于任务和工作平台。由于舰载系统相对较大，对系统的尺寸和质量没有严格限制的海军可能会首先使用高功率微波武器。海军所面临的威胁是很清楚的：谢菲尔德(Sheffield)号的沉没和斯坦克(Stark)号的近乎沉没证实了现代化战舰对于超低空巡航导弹的脆弱性（防空驱逐舰HMS谢菲尔德号被一枚法国航太公司(Aerospatiale) AM39 "飞鱼"式反舰巡航导弹击中后燃烧并沉没）。现在这类导弹已经变得更廉价、更灵巧、射程更长，而且已普遍被第三世界国家装备。对抗由这类导弹构成的饱和攻击对于防御系统而言是非常不利的，因为舰队只可能同时应付有限数量的来袭导弹。

地基定点攻击高功率微波武器可能被装备在携带高增益天线用于目标瞄准的大型车辆上，如图3.2所示的Ranets-E系统。尽管第一次公布是在2001年马来西亚国际海事和航空航天展览(LIMA2001)上，时至今日，只要简单的谷歌搜索就可发现此系统的海量信息。与舰载相比，车载对体积和质量的要求更加严格，而且为了提高定向性需要较大的天线，防止误伤友军。

空军则面临着更大的难题，因为机载系统要求更小的体积和更低的电源功率。机载系统还要求天线的辐射方向可调（机械式或通过相位控制），而且还必须足够小，同时还要避免周围空气的击穿。飞机通常在未达到它们的质量极限之前先达到体积极限,所以尺寸是首先需要考虑的问题。一个例子就是即将装备的美国无人作战飞行器(UCAV),关于在它上面安装高功率微波源的可行性问题,美国的 L3 Communications 公司做了一些初步性的探索(图 3.3 和图 3.4)[7]。

图 3.2　有关高功率微波防空武器的宣传材料
(俄罗斯的公司提出要联合开发一套目标参数为功率 0.5GW、脉宽 10~20ns、
重复频率 500Hz 的 X 波段系统,其天线增益为 45~50dB)

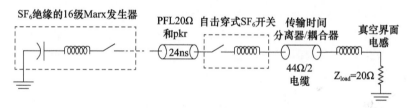

图 3.3　脉冲功率驱动磁控管的电路图
(其布图设计如图 3.4 所示,源自 Price D,et al. Compact pulsed power for
directed energy weapons,J. Directed Energy,1,56,59,2003)

紧凑性实际上是高功率微波在军事应用上的一个普遍问题。军用平台的尺寸和质量限制要求将尽可能多的功率压缩到特定的体积内,到目前为止,安装在紧凑平台(如 CHAMP)上的高功率微波系统正在出现。近年来,电容储能的小型化取得了巨大进展。因此,现在占用 HPM 系统体积的很可能是其他部件,如绝缘介质和磁场线圈等。电池技术和 DC-DC 转换器对最新进展十分关键。微波源类型的选择对尺寸和质量也产生很大的影响。例如,需要磁摇摆器的自由电子激光通常比其他微波源更长而且更重。而虚阴极振荡器(见第 10 章)和磁绝缘线振荡器(MILO,见第 7 章)因为不需要磁场,所以相对简单而且紧凑。当然,转换效率也很重要。像虚阴极振荡器那样的低效率源就需要大的储能装置

才能产生所需的微波功率,所以有了高功率微波源圈内的重点放在效率问题上。

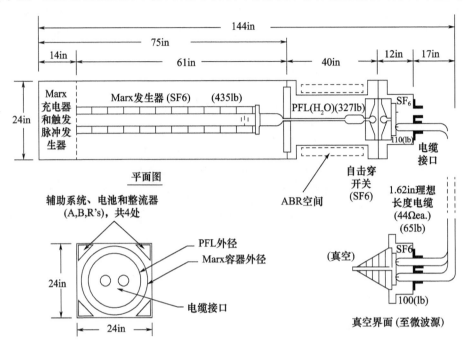

图 3.4 可分装在两个 UCAV 舱内的小型脉冲功率系统的顶视图和测视图
(安装在第一个舱内的脉冲功率(图 3.3)通过电缆连接到另一个舱的真空界面上。这里没有显示作为微波源的磁控管(源自 Price D, et al. Compact pulsed power for directed energy weapons, J. Directed Energy, 1, 56, 59, 2003))

与之相关的参数是能量效率,它是整个脉冲的电能向微波能量的转换效率。它与功率效率不同,后者可能在脉冲的某个部分相对高一些,而在其他时间又相对低一些。能量效率和功率效率之间的差别主要原因是脉冲缩短效应[8]。用 ε_p 表示功率效率,即瞬间的微波功率 P_μ 与电子束功率 P_b 之比;用 ε_E 表示能量效率,即微波脉冲能量 E_μ 与脉冲电子束能量 E_b 之比。为了简单起见,假设功率不随时间变化。于是,用微波脉冲持续时间 t_μ 以及电子束脉冲持续时间 t_b 可以得到

$$E_\mu = P_\mu t_\mu \quad (3.1)$$

$$E_b = P_b t_b \quad (3.2)$$

因此,有

$$\frac{\varepsilon_E}{\varepsilon_P} = \frac{t_\mu}{t_b} \quad (3.3)$$

脉冲缩短比 t_μ/t_b 等于能量效率与功率效率之比。当前的 ε_p 值为 0.2 ~

0.4，但脉冲缩短使 ε_E 小于0.1。设计高功率微波系统时必须考虑脉冲能量，因为它决定了高功率微波系统的体积和质量。因此，对于系统设计者来说，ε_E 比 ε_p 更重要。它们之间的差别是脉冲缩短比。对于随时间变化的 P_b 和 $\overline{P}_\mu$ 必须将功率在脉宽中积分；随着时间快速变化的 $\overline{P}_\mu$ 细节会对结果产生强烈影响。

大多数微波器件的工作原理都是基于共振条件。而共振条件取决于电压和电流，两者在脉冲的过程中通常随时间变化，所以电脉冲的精心处理可能对微波的产生毫无用处。解决该问题的办法是在整个脉冲运行期间满足其共振条件（通常对电压稳定有严格要求），这需要复杂的电路，但是会增加成本。

对于军用高功率微波的另一个实际限制是装载平台的电源功率。例如，机载高功率微波器件产生功率为1GW、脉宽为100ns量级（则脉冲能量为每炮100J）、脉冲重复频率为100Hz的微波输出，意味着需要10kW的平均功率。军用飞机也许有能力提供这个量级的功率，但通常已经分配给飞机上的其他系统了。所以为了让高功率微波武器能够工作就必须增加机载电源功率或减少其他耗电的机载军用系统。因此，高功率微波的实际应用还必须证明其在功率消耗上的性价比可接受。例如，对于上面的例子，1kHz级的脉冲重复频率在战机上实现是不可行的。但是，相比之下，地面车辆的功率限制就没有那么苛刻，海军平台限制更少。

高功率微波定向能武器存在一些战术问题。天线引导式武器的固有缺点都存在天线旁瓣和很强的局部场问题（见第5章），它们对己方或友方可能会构成潜在的威胁，这在高功率微波领域里被称作自相毁灭和自杀。自相毁灭指的是旁瓣辐射无意中给附近的电子设备或人体造成误伤。在战场硝烟中，降低对临近友军的潜在伤害，将成为高功率微波使用的严重限制。由于现代战争依赖信息，而电子系统是支撑信息流的关键所在，所以电子系统（如舰队的延伸电磁环境）的损伤或干扰，可能会妨碍高功率微波的部署。通过对旁瓣辐射的抑制，该问题可以得到适当改善（见第5章）。有一个解决办法是，只在没有友军的区域使用高功率微波，如在敌人后方。上述的第二个问题即"自杀"，是指自身的辐射脉冲无意中给高功率微波平台子系统造成损伤。该问题可通过工作时屏蔽或关闭子系统来解决。

因为高功率微波武器是高功率辐射体，所以它们在防辐射导弹（ARM）面前有最大的潜在脆弱性。ARM是靠寻找微波信号导向目标来追踪的，是高功率微波的天敌。因此，高功率微波系统若要生存，就必须具备攻击ARM的能力。潜在的攻击机制包括对制导系统电路进行干扰从而使之解除导向追踪或提前引爆弹头。

3.2.2 电磁脉冲弹

精密制导系统配合高功率微波弹头是电子攻击武器与精密制导武器(PGM)的一种很有吸引力的结合,PGM 包括巡航导弹、滑翔炸弹和无人机(UAV)等。卡洛·科普(Carlo Kopp)在 1995 年创造了电磁脉冲弹(E-bomb)这个名词[9],美国空军首次对外公开了他设想将高功率微波弹头和智能炸弹结合在一起的工作,其中一个例子如图 3.5 所示。

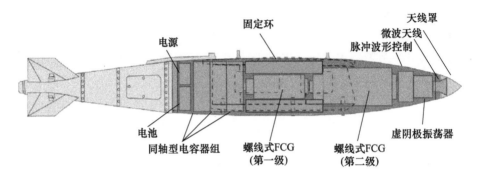

图 3.5　电磁脉冲弹的概念,用两级磁通压缩发生器驱动虚阴极振荡器,
装在 MK.84 炸弹外壳内(由卡洛·科普博士提供)

在电子战的开始阶段便大量使用电磁武器可以快速控制电磁波频谱,这意味着从物理性杀伤向电子性杀伤的重大转变。适用于这类武器的潜在平台包括:美国空军部署在 B-2 轰炸机上的全球定位系统(GPS)辅助制导炸弹、GPS 惯性制导的 GBU-29/30 联合直接攻击炸弹(JDAM)和 AGM-154 联合防区外滑翔炸弹(JSOW)。其他国家也正在研究这项技术。携带高功率微波弹头的滑翔炸弹吸引力在于,该武器可以从目标的有效防空半径外投射,从而最大限度降低投射飞机的风险,使其避开炸弹产生的电磁辐射。原理上,所有可以投递标准制导炸弹的飞机都可以用于电磁脉冲弹的投递。但是,电磁脉冲弹必须能够装备在现有的武器平台上,否则,如果需要专门的新平台(如特殊 UAV),那么会因成本和后勤原因使其失去吸引力。如图 3.4 所示,安装在现有的武器平台上可能会有一定的难度。它是 L-3 通信公司提出的概念设计,目的是将高功率微波系统装载于无人机上。无人机有两个载荷舱,所以问题变成能否将系统分成两个部分,还要确保正常工作。前级电源和脉冲功率可以安装在第一个舱里,然后用电缆与另一个具有真空接口的舱相连,该舱连接相对论磁控管和天线(图中

没有画出)。图3.3中的电路是Marx发生器、脉冲形成线和磁控管。科普的另一个想法是使用由磁通压缩发生器(FCG)驱动的单脉冲虚阴极振荡器[5],如图3.5[9]所示(见第5章)。他还提出过利用圆极化天线来改善高功率微波与目标之间耦合的构想。

3.2.3 第一代微波武器

高功率微波定向能武器并非"灵丹妙药",它只能用于一些特定的任务场合[10]。以下是几种正在研发的应用。

1. 主动拒止

定向微波能量能够直接给人体造成强烈的伤害,却不产生外表烧伤[11]。这种"痛枪"概念所使用的频率大概约为94GHz的连续波束。辐射几乎可以无衰减地穿过大气而被目标体的皮肤外层吸收。能量沉积在神经末梢附近的水分里,产生如火燎一般的感觉。这种被五角大楼列为非致命性的武器,可以用于驱散闹事人群,也可以为制服更危险的恐怖分子提供掩护,或阻止未经许可的人闯入禁区,如用于边防。最近引起关注的还有利用主动拒止ADS系统来驱逐海盗[12]。

ADS是由空军研发并由雷声(Raytheon)公司制造的。它可以发射由回旋管(见第11章)产生的94GHz连续波束。ADS武器可在2~3s的时间内使人产生疼痛感,超过5s便达到无法忍受的程度。人体的条件反射会促使他们在皮肤被灼伤之前避开波束。因此,它利用人体的自然保护机制使其免受损伤。感觉疼痛的时候实际上并没有烧伤,因为波束穿透得很浅(约0.4mm),而且能量很少。实验结果显示,人体一旦移出波束的作用范围,痛感就随之消失,而且只要不被照射相当长的一段时间,就不会产生持久的损伤。所以,如果目的是产生痛觉效果,微波源只需工作几秒钟就够了。波束的射程大于750m,超过一般小型武器的射程。所以,可以在攻击者扣动扳机之前将其击退(见习题3.2)。

ADS对于实战而言足够紧凑(图3.6),占用体积的主要是用于产生高平均功率脉冲的硬件。由于回旋管将电能转换为微波能的最佳转换效率为50%,100kW的微波束流最终需要200kW的电子束能量。考虑到将初级交流电源转换到直流电子束的能量损失,则需要更高的电源功率。因为机载ADS需要更大的射程,所以需要大幅减小质量,即必须将千克每千瓦数降低到高功率系统可管理的体积和质量。

图 3.6　主动拒止系统（一种非致命性微波武器）

系统采用的天线是创新性的平面抛物面天线（FLAPS）。这看起来似乎是矛盾的，但事实上可以通过设计让平板的电磁性能与抛物面反射天线相当[13]。

2009—2010 年，当更大测试装置/源的合同结束后，美国空军科学与技术战略停止了对 ADS 的资助。空军没有过渡途径，因为他们还有许多其他的优先事项，而且空军不能单独以过渡或记录在册的方式来行事。从那时起，空军这边再没有进一步的进展了。

位于美国弗吉尼亚州匡提科（Quantico）基地的联合非致命武器管理局（JN-LWD）继续为 ADS 提供资金支持并推动演示装置的研发（主要是系统 2 - HEMTT：重型高机动战术卡车版），从那时起，空军继续为其提供运维和生物效应领域的专家。

空军研究实验室（AFRL）组装的 ADS，其性能指标符合所有法律和条约的审查要求（来自洛里（D. Loree）的个人通信）。

2. 对抗简易爆炸装置

在最近的伊拉克和阿富汗以及世界各地的冲突中，出现了一种新型武器，称为简易爆炸装置（IED）[14]。它由塑胶炸药或其他爆炸物制成，通常使用手机、传呼机或其他无线电指令进行多次触发。IED 是制作者用日常可找到的材料拼凑而成的，所以对它的防范没有"灵丹妙药"。有一种可能性是采用电磁脉冲来破坏它的内部电路。可能会采用几种方法，包括从干扰手机到遥控引爆熔断丝。联合反简易爆炸装置联合对抗组织（JIEDDO）竞争战略组成立于 2008 财政年度,目的是走在 IED 威胁的快速发展之前。在 JIEDDO 资助下开发的两个系统案例是美国海军的 NIRF 系统(利用射频对抗 IED,图 3.7),能够产生高功率、多频的高功率微波输出;以及空军的 MAXPOWER 系统,可产生高平均功率、单频高功率微波输出,用于反击 IED。这两个系统的目标是在未知 IED 位置的情况下,在安全范围内从移动系统上引爆所有级别的 IED 装置。这些系统的试验版本,如 NIRF1 于 2005 年、NIRF2 于 2011 年以及 MAXPOWER 于 2012 年分别部署到战区进行评估。

图 3.7　海军的 NIRF 对抗 IED 系统(NIRF 项目经理 David Stoudt 博士提供)

3. "警惕之鹰"系统

单兵便携式防空系统(MANPADS)的广泛使用对民用和军用飞机造成了越来越大的威胁。"警惕之鹰"(VE)由塔顶安装的导弹探测器、跟踪系统以及有源电子扫描阵列组成。塔围绕机场而建,并检测周围是否有导弹发射。电子阵列发出微波波段的电磁波形,干扰导弹的制导系统使其难以命中目标。

"警惕之鹰"有 3 个相互连接的子系统:分布式导弹预警系统(MWS)、命令和控制计算机以及高功率放大器发射机(HAT)。HAT 的大小如同一个广告牌,它是由数千个固态模块化微波放大器驱动的、电子操纵式的高效天线阵列。MWS 是安装在高塔或建筑物顶端的无源红外传感器,很像移动电话信号发射塔(图 3.8)。两个以上的传感器信号可以给出导弹的位置和发射点。传感器跟踪这个追热式地空导弹(SAM)并向 HAT 传送发射指令。控制系统将位置信息传送到 HAT,并同时通知安全部门对发射导弹的恐怖分子采取行动。HAT 发射一种特殊的电磁波形,能够干扰导弹的瞄准并破坏其电子设备,使导弹迷失方向而偏离对飞机的跟踪。微波束宽约 1°,实际照射范围远大于导弹,所以它比激光武器更容易瞄准目标,而其电磁场低于人体暴露极限的安全标准(见第 5 章)。

美国国土安全部的无人机系统,称为 Chloe 项目,它将高空无人机与 Guardian 吊舱配对。无人机系统的飞行高度为 50000～65000ft①,将检测并解除其扫描范围内发射的任何导弹。项目投入运营后,在无人机的空中护航下,商业客机将不受袭击威胁。

图 3.8 "警惕之鹰":保护飞机免受地空导弹袭击的一种地面高平均功率微波系统
(至少有两个无源红外传感器对导弹进行探测,并给出位置和发射点,
"警惕之鹰"发射一种特殊的电磁波形对导弹的控制系统进行扰乱)

3.2.4 任务

采用高功率微波的定向能武器系统覆盖广泛的参数空间。短射程任务和长射程任务的参数各不相同,短射程任务如战斗机对 SAM 的自卫,长射程任务如舰队的反导、地面直接打击系统的防空。射程最长的任务是反卫星系统(ASAT;装备高功率微波武器的卫星群,能够干扰和破坏其他卫星的各种电子设备),或反过来从轨道攻击地面的系统。大多数的 ASAT 装置采用动能(KE)弹头,它们与卫星碰撞或在它附近爆炸。然而,动能武器会加重轨道上的碎片问题,所以美国不太可能配备这种武器[16]。而高功率微波是一种电子杀伤武器,所以没有这种部署缺陷。

为了评估任务的可行性,必须进行交战分析,图 3.9 所示为列线图(一种图形计算装置,用来对函数进行近似图形计算的二维图)。该项分析假设抛物形天线的效率为 100%,虽然典型的实际值为 50%～80%。辐射功率是功率密度与束斑面积乘积的 2 倍,因为有 1/2 的辐射落到了这个面积之外。另外,还应该

---

① 1ft = 0.3048m。——译者

考虑传播损失,特别对于高频率和长距离(见第 5 章)来说。从任何一个参数开始,通过在图中画长方形,可以在选择其他参数的同时决定最后参数。

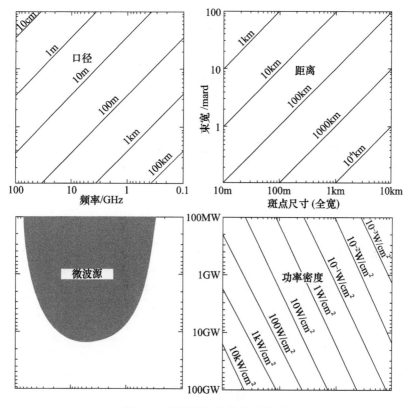

图 3.9 估算任务参数的列线图

例如,在图 3.9 中,选定工作频率 10GHz 和天线直径 10m,由此得到 3.7mrad 的波束宽度。沿水平线向右选定目标射程 10km,得到宽度为 37m 的束斑尺寸。再沿垂直线向下并选定功率密度 $100W/cm^2$(这是 Velikhov 选取的功率密度)[17],得到 15.6GW 的辐射功率。沿水平线向左便可以发现这个参数超出了单脉冲高功率微波源的现有技术水平(图 3.9 中的阴影部分是根据图 1.3 描绘的)。也可以将对微波源的要求降低到现有技术范围内,如可以选择更大的天线口径或缩短射程。

这种列线法可以用以下两种方式中的任何一种来给出理由。

(1)假设在所需目标上产生预期效果所需的功率密度,可以推算出有效辐射功率(ERP)必须超出的临界值。这就在技术上对高功率微波武器提出了要求,即必须具备足够的输出功率和紧凑性,足以装配于所提供的平台。

(2)假定平台的约束限制了 ERP 和天线直径,可以推算出已知射程的靶表面功率密度。这就对实际在该功率密度下可产生效应的技术(如波形控制或频率控制的选择)提出了要求。

这个推理思路引出了前面描述的 MPM 项目。这个逻辑符合技术现实,也符合不可能为高功率微波建立新的专用平台的现实,必须将重点转移到通过提高攻击的技术复杂性来降低杀伤阈值。

图 3.10 给出了适合于定向能武器或功率传送的列线法的另一种形式。

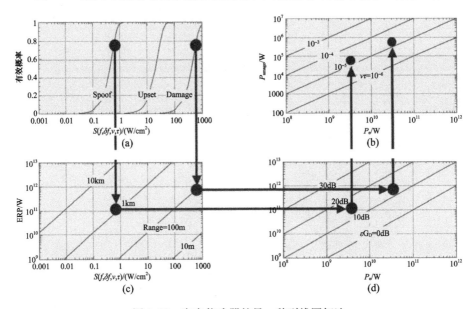

图 3.10　定向能武器的另一种列线图解法

(首先选择高概率的欺骗或损伤效应以及攻击射程得到 ERP,然后通过选择天线增益得到峰值功率,最后通过选择占空比确定平均功率)

(a)有效概率与靶表面功率密度;(b)平均与峰值电功率;(c)等效辐射功率与靶表面功率密度;
(d)等效辐射功率与峰值电功率。

3.2.5　电磁恐怖主义

政府、工业、金融、电网等复杂系统和军队的日常运行都离不开快速的信息流。在可预见的未来,西方国家的数据和通信基础设施将成为软电磁攻击的目标。因为对复杂系统的硬杀伤是昂贵的,没人愿意为此承担代价。这是一种最常见的且日益严重的电磁基础设施的脆弱性特点,同时它也可被利用。

技术的可行性越来越高而且越来越廉价,见图 3.11 中的 DS110B 案例,人们虽然意识到基础设施的脆弱性,但对此缺乏普遍认识。潜在的目标多种多样,从诸如机动车这种较简单的系统到高度复杂系统(如正在起降的飞机、电网、油气管道、银行系统、金融中心和股票市场等)。

在俄罗斯,苏联时期的国家实验室曾经步履维艰,其大量微波和脉冲功率技术可能或正在出售给第三世界国家甚至恐怖组织。到目前为止,还没有相关的防扩散机制。即使制定了限制电磁武器扩散的条约,但实际上也会很难执行,因为这种技术已经公之于众。

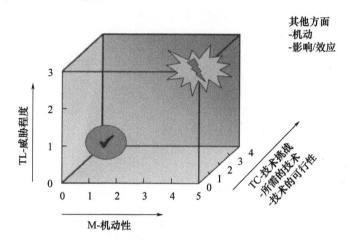

图3.11 电磁攻击的风险分析(改编自 F. Sabath《电磁恐怖主义的威胁》,《EUROEM 会议录》,2012 年,法国图卢兹,第17页)

3.2.6 能量耦合

无论采取何种攻击方式,微波能量通过两种耦合方式,把传播至靶系统内部的电子设备进行前门耦合和后门耦合。

(1)前门耦合通过有意的电磁能量接收器来进行,如天线和传感器等,功率流通过为原始目的而设计的传输线,最终到达检测器或接收器。

(2)后门耦合通过为其他目的而设的或目标系统构建中偶然留下的孔来进行。后门耦合的途径主要包括接缝、裂缝、开口、操作面板、窗、门、无屏蔽或屏蔽不合适的电线。

一般情况下,耦合到内部电路的功率 P 可以用入射功率密度 S 和耦合截面 σ 表示,即

$$P = S\sigma \tag{3.4}$$

对于前门耦合,σ 通常为天线或狭缝等孔隙的有效面积。有效面积对频率极为敏感,在天线的带内频率达到最大值,而高于带内频率时以 f^{-2}、低于带内频

率时以 f^{-4} 的关系随频率增大而降低。这些只是一般性的规律,实际上它还与失配程度和构造细节有密切的关系。因此,要想通过天线实现输入,只要可以被确定,就应该选择其带内频率工作。以上的讨论适用于进入到天线主波瓣内的辐射。如果角度是任意的,或位于旁瓣内,那么耦合功率将会大幅度地减小。

后门耦合方式则复杂不少。图 3.12 给出了一个一般的结果:由于存在多种耦合途径的交迭集,耦合截面随频率急剧变化。对于后门攻击,这是经常出现的情况。因此对于一个未经详细测试的特定目标来说,其耦合截面是难以预测的,当然在整个频带内的平均特性是可以预测的。

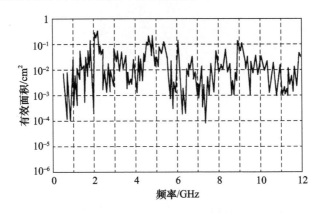

图 3.12 通过后门耦合进入目标内部的典型截面

微波可以通过通风孔、面板间隙和屏蔽不佳的接口直接耦合到设备内部,因为设备上的孔隙很像微波谐振腔的狭缝,它允许微波进入腔内并激发谐振模。电子设备空腔的因子 Q 约为 10 的量级(见式(4.94)),所以其内部的微波能量积累时间约为 10 个周期。这就是只有几个周期的中频脉冲(见第 6 章)也能起作用的原因之一:这类脉冲在结束之前足以在空腔内产生能量沉积。针对电线和电缆的侧面耦合的主要方法是找到其杀伤电压,然后计算必要的场强。一旦有了这个场强,就可以计算出武器的有效射程。

可能有人认为雷达是最引人瞩目的高功率微波攻击目标之一。但是,大多数雷达设备都配备了接收保护装置(RPD,如发射/接收转换开关),防止雷达发射机的近场反射对接收机造成损坏。RPD 也能起到防止高功率微波武器攻击的作用。当入射信号的强度超过阈值时,RPD 会将其大幅度衰减以保护包括混频器在内的下游元件。典型的 RPD 允许一个初期的尖峰通过系统,而阻止剩余的部分。这个泄漏的窄脉冲的持续时间和强度关系到是否烧坏下游敏感的接收器二极管。用于限制脉冲半导体的器件已经发展良好,包括气体等离子体放电器件、二次电子倍增器件、铁氧体限制器以及这些器件的混合或组合。然而,许多战场装备的硬件仍使用的 RPD 技术要简单、陈旧得多,而且在某些情况下,为了使系统操作变得容易,该系统在战场中被简化或拆除。对特定系统的攻击需要进行系统测试。短的高功率脉冲对于这种攻击更有利。

在有关高功率微波定向能武器任务的探讨中,关于效应专用词汇的理解是很重要的。"敏感性"是指当系统或子系统暴露在电磁环境中时,其工作性能出现降低;"易损性"是指这个性能降低到了影响完成任务的程度;"生存性"是指即使在敌方的攻击环境下,也能够完成任务的能力;"致命性"是指系统在受到辐射攻击之后,失去其应有的工作能力。

过去,美国军事研发团队将主要精力放在致命性的研究上。当前的研究趋势表明,因为致命性要求有非常高的功率密度,所以人们将兴趣从致命性转移到对电子器件的软杀伤研究上。

3.2.7 反定向功能武器

高功率微波的效果容易受到屏蔽或加固等对抗措施的影响,电磁加固可以在攻方一无所知的情况下充分降低目标的易损性,加固是通过控制系统的辐射侵入目标的路径以及降低子系统和部件的辐射耦合敏感度来实现的。加固的缺点包括它可能会使系统反应的灵敏度下降,而且可能增大体积和质量。此外,还有改造成本高的问题。

最有效的方法是将整个设备屏蔽在一个法拉第笼(Farady cage)里,由于它是由导体构成的封闭结构,所以高功率微波就无法穿透从而进入到设备内部。然而,这类设备大多数必须和外部进行通信并需要外部供电,这可能就为电磁信号侵入屏蔽笼并造成破坏提供了入口。虽然数据的输入输出问题可以用光缆来解决,但是电力的馈送始终是个弱点。

电子设备底座的屏蔽作用是十分有限的,因为每一根出入的电线就像是一个天线,将高压瞬态信号导入设备。

低频武器可以很好地与电线类基础设施产生耦合,如大多数沿着街道、楼檐和走廊铺设的电话线、网络电缆和输电线等。在大多数情况下,任何一根电缆都由沿不同方向的部分组成。无论武器发射场的相对方向如何,至少会有一段线缆的取向有利于与其产生良好耦合。

不过有一点非常明确,一旦由变压器、电缆脉冲避雷器或屏蔽设备形成的防御系统被攻破,即使 50V 的电压也会给计算机和通信设备带来严重损伤。有些装置(如计算机和消费电子产品等)很容易受到低频高压脉冲(类似闪电的瞬态电功率)的严重破坏,对此往往需要更换设备中的大多数半导体元件。

在低功率水平下，集总元件 p-i-n 二极管及其他部件可被用作保护电路的一部分，然而这些并不能满足高功率水平下的防护需求。在反定性能武器研究领域，近期的研究热点集中在基于等离子体的开关上。这类开关一般用来保护高功率微波发射器/接收器（T/R）系统的接收器端[19-22]。这类开关利用了等离子体的吸收与反射特性。对于这种开关，作为驱动参数的约化电场 E_{eff}/p 定义了平均电子温度、电离速率和碰撞速率等参数的值。在碰撞占优势的等离子体中（碰撞频率远大于源微波频率），有效电场为均方根（RMS）电场，$E_{eff} \approx E_{RMS} = E_{peak}/\sqrt{2}$，电导率近似为 $\sigma = n_e e^2/m_e v_{coll}$，其中 v_{coll} 为中性粒子碰撞频率，电子密度 n_e 根据电离速率 v_{ion} 呈指数增长，即 $n_e = n_{e0}\exp(v_{ion}t)$。微波散射由电导率 σ 和几何结构决定，因此，很多报告会给出给定几何形状的这种关系（S 参数随 σ 的变化）。

在非常高的功率水平下，等离子体的开启时间为 1~100ns，关闭时间虽然取决于气体成分和压力，但通常情况下处于几十微秒的范围内。这种设备的带宽不取决于等离子体本身，而取决于用来容纳它的微波结构。当约化电场超过数百 V/cm·Torr 时，产生的约化电离频率为 10^7~10^9Hz/Torr 时，会发生自诱导等离子体形成，即自击穿。

3.2.8 高功率微波对电子器件产生的效应

如 3.1 节所述，反电子高功率微波先进导弹项目（CHAMP）是由美国科特兰空军基地的定向能局主导的联合概念技术演示项目，旨在开发能够破坏或损坏电子系统的空中发射定向能武器。实际上，波音公司发布的视频[1]表明，外场测试中有 7 个目标被成功迎击。美国国家科学院（National Academy）最近的一项研究[2]将 CHAMP 描述为具有明确作战概念（CONOPS）的定向能武器：在缺少动能武器参与（如轰炸目标设施）的作战中，目标的电子能力和拒止属性的后续快速恢复可能会是作战目标（图 3.13），非动能反电子导弹（NKCE）很有价值。

CHAMP 有效性的基础可描述如下：一旦电磁辐射进入到目标系统内部，构成内部电子电路的小型半导体器件的敏感性，成为定向能武器应用的关键问题。当起决定作用的 p-n 结温度上升到 600~800K 时，热效应将导致半导体器件失效，甚至使半导体熔化。因为热能在半导体材料中发生扩散，所以根据微波脉冲持续时间的不同，存在几种不同的破坏机制。如果微波脉冲持续时间短于热扩散时间，温度的上升与沉积能量成比例。实验结果证实，脉冲持续时间小于 100ns 时，由于热扩散的影响可以忽略，半导体的结损伤只取决于能量。因此，在这种模式下，损伤的临界功率与 t^{-1} 成正比，如图 3.14 所示。当脉冲持续时间

大于100ns时,热扩散可将能量带走。失效功率的一般结果由 Wunsch – Bell 关系给出[23],即

$$P \propto \frac{1}{\sqrt{t}} \tag{3.5}$$

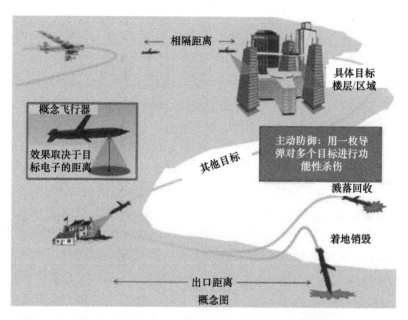

图 3.13 类似 CHAMP 的非动能(NKCE)反电子导弹的作战概念示意图

(源自 Katt, r. J., Selected Directed Energy Research and Development for U. S. Air Force Aircraft Applications:A Workshop Summary, National academies press, Washington, DC, 2013)

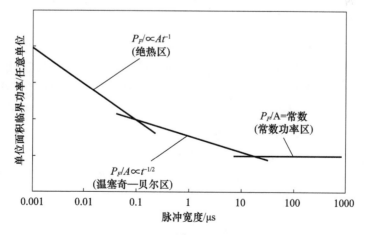

图 3.14 烧毁功率密度与脉冲宽度的关系

(超宽带高功率微波源在绝热区运行,窄带源在 Wunsch – Bell 区或常数功率区运行)

Wunsch – Bell 关系普遍适用,因为即使热传导和比热容随温度变化,这些影响也会相互抵消。因此,在 100ns ~ 100μs 的范围内,造成半导体结失效的能量阈值与 $t^{1/2}$ 成正比,所需功率与 $t^{-1/2}$ 成正比。对于时间长度大于 10μs 的脉冲,出现热扩散速度与能量沉积速度之间的稳定状态。因此,温度与功率成正比,使得失效功率恒定,从而能量要求与 t 成正比。这些比例关系的结果是,最短的脉冲需要最高的功率和最少的能量。相反地,长脉冲需要最高的能量和最低的功率。超宽带高功率微波源(见第 6 章)工作于绝热区,窄带源工作在 Wunsch – Bell 区或常数功率区。如果要将武器的输出能量减少到最低程度,就必须使用较短的脉冲,如果功率受到限制,则需要较长的脉冲持续时间。

上述的关系适用于单脉冲损伤。如果在连续脉冲之间没有足够的时间扩散热量,就会出现能量沉积或热量积累。从图 3.14 可以看到,热平衡发生于小于 10μs 的时间内。因此,热量积累要求重复频率大于 100kHz。重复频率的具体数值与靶材料有关。有可能也会出现由于多脉冲的累积而产生永久性破坏。一些数据显示,即使在重复频率远低于热量积累所需要的频率时也会发生逐渐劣化,可能是由于某种渐进性破坏。这与绝缘体的闪络现象有一定的类似性。这个效应也许能降低电子破坏所需的阈值功率。有些数据显示,当使用成百上千的脉冲时,破坏阈值可以降低一个数量级。不过有关现象还没有定量分析的结果。但相对于热量积累效应,对重复频率的要求可以放宽,最终取决于任务的制约,如作用在靶上的时间等。在任何实际应用中,重复频率工作都是有必要的,所以累积损伤效应也许是高功率微波定向能武器交战中所固有的。

损伤不是唯一需要考虑的机制。当高功率微波耦合到电路中时,耦合波形在 p – n 结处被整流且产生与正常电路工作电压相当的电压,会发生扰乱数字电路的情况。

摩尔定律准确地描述了计算机硬件的历史,高密度集成电路中晶体管的数量大约每两年翻一番。这导致低电压芯片的出现,通常更容易受过电压和 Surge 的影响。然而,现实却恰恰相反,随着当今时钟速度接近 10GHz,由于电磁兼容(EMC)发射要求,迫使制造商更好地对处理器进行密封,防止其发射微波,因此新出芯片反而不那么容易受到影响。

微处理器的基本组成部分是晶体管栅极,如图 3.15 所示,它的工作电压为 V,寄生电容 C_p,与栅极面积成正比。晶体管的开关工作是在 Δt 时间内流动 $Q = C_p V$ 的电荷。信号处理频率或时钟频率为 $f = 1/\Delta t$。流到晶体管的功率为

$$P = VI = \frac{VQ}{\Delta t} = C_p V^2 f \tag{3.6}$$

随着微处理器时钟频率的增加,栅极的消耗功率也随着增加,从而产生结加

热。这些热量必须及时排出,这样就限制了栅极的密度,同时也就限制了处理器的紧凑性。有一些方法可以减小栅极面积和寄生电容 C_p,但栅极的缩小被增加晶体管数量的需要所抵消,消耗功率密度基本保持不变。降低电压是一种富有吸引力的方法,因为 $P \propto V^2$。从图 3.15 可以看到电压的连续下降,包括对未来几年的预测。但降低工作电压的结果会减小安全边际,使电路对噪声更加敏感。与此同时,这个趋势使得包含栅极的芯片变得更容易遭受微波的攻击。如果辐射到处理器外壳上的微波束在半导体结处产生足够高的电压,晶体管就有可能产生直至烧毁的效应。从图 3.16 可以看到,随着集成电路的尺寸减小而单片上的器件数量增加,它的敏感度阈值呈下降趋势。然而,正如前面所提到的,更好地对微处理器进行屏蔽减小发射,已经使得最近一代芯片变得不易受到微波的攻击了。

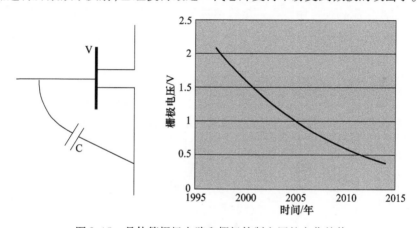

图 3.15　晶体管栅极电路和栅极控制电压的变化趋势

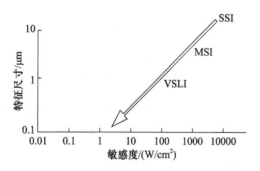

图 3.16　芯片特征尺寸的减小降低了高功率微波效应的阈值

在商业现货(COTS)设备中,最常见的类别是计算机。随着计算机的更新换代,芯片里的最小结构尺寸不断减小,而时钟频率和晶体管的数量不断增加。图 3.17 所示为基于奔腾Ⅲ处理器的计算机的效应测试结果[24]。图中给出的是效应发生时的电场强度(值得注意的是,在讨论电磁场对元件和系统的影响时,给出绝对电场水平的文献出版物很少)。其中的效应数据具有一定的分散性,主要原因是由于电磁波穿透系统和计算机外壳的过程复杂,而且它在机架中的传播路径各种各样,与电子学效应的统计学性质关联。另外,最近的研究工作表明,对于 ATMEL AT89LP2052 这种基于 8051 内核的能并行处理指令的微控制设备,对微波攻击的敏感度水平取决于直接注入发生在 10 个时钟周期中的哪个部分。

系统在低频工作时比较脆弱,这也是商业化成品现货的一般规律。在低频条件下,系统相对开放而且带有很多连线,更容易产生效应。因此低于 1GHz 时,以线缆的效应为主。而狭缝这样的开口则在高频条件下更加重要。通常,如果微波中存在一个工作频率,那么带内辐射可非常有效地进入系统并产生严重破坏。然而,后门耦合的容易性和现代数字式电子设备的敏感性,使这种机制更可能在商业化成品现货中发生。虽然现代化高速计算机因为良好屏蔽降低射频发射而比以前的计算机更坚固,但当它们出现失效时,效应会更严重。最常见的失效模式是计算机死机,这时需要手动重启[25]。

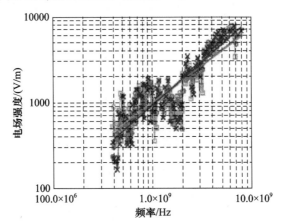

图 3.17 在 3 台奔腾Ⅲ667 – MHz 计算机中,首次出现击穿效应时的电场强度
(经许可,重印自 Hoad R. IEEE Trans. Electromag. Compatibility,46,392,2004[图 3])

表 3.1 概括性地给出了效应后果的分类。从表中可以看到,恢复时间从几秒钟到几个小时。一些观点认为,这是高功率微波的一个主要优势,用一个单一源可以得到各种不同的效果。

表 3.1 电子学效应后果的分类

失效模式	功率需求	波形	恢复过程	恢复时间
干扰/迷惑	低	重复频率或连续波	自动恢复	数秒
数字式扰乱	中	短脉冲、单次或重复频率	操作员干预	数分钟
损伤	高	超宽带(UWB)或窄带	维修	数日

在欧洲,效应研究的工作主要集中在理解电子器件失效机理和如何进行加固方面。对此,大学、电磁干扰/电磁兼容(EMI/EMC)学术团体和政府/承包商实验室之间形成了密切协作。美国政府致力于致命性评估,效应方面的研究计划主要在军方开展,EMI/EMC 学术团体参与较少。

3.2.9 小结

读者从这份调查中不难推断,高功率微波武器面临着一系列影响其真实军事用途的复杂因素。最近 CHAMP 试验的公开报道表明,它正在取得富有前景的进展。然而,高功率微波作为定向能武器使用的复杂性,需要以系统的途径进行仔细考虑,包括啮合分析、耦合分析与测试、电子元器件测试、系统测试和对抗(加固)研究。

正如本章一开始的故事所描述的那样,简单快速的战场应用是关键所在。只有与现有以网络为中心的系统进行系统性集成,才能为作战人员提供快速有用的武器。正如"即发即弃"成为术语一样,"微波杀伤"也会成为常用术语。

3.3 高功率雷达

高功率微波在雷达方面的应用不仅直接归结于高的功率,更归结于高频率、高重复频率条件下的短脉冲。此处我们讲述的是小于 10ns 的高功率短脉冲:超短脉冲雷达,称为超宽带(UWB)雷达。

将高功率微波用于雷达的最显而易见的理由是增大发射功率,从而提高对特定截面目标的最大探测距离。对于雷达,如果其他参数都不变,最大探测距离与 $P_T^{1/4}$ 成正比。因此,如果将雷达功率从 1MW 提高到 10GW,探测距离可以增大一个数量级。然而,对于常规雷达来说,主要的限制因素并不是功率,而是由地面杂波和其他干扰产生的信噪比问题。因此,单纯的功率提高解决不了常规雷达的主要问题。高功率微波在雷达方面的有效利用取决于是否能够解决常规雷达的基本限制[26]。

有些雷达发射机不能传输恒定的、不间断的电磁波。相反,它们可以传输间歇的电磁波脉冲,每个脉冲之间有固定的时间间隔。脉冲本身由几个波长的电磁波组成,在此后的一段时间内没有任何传输,即空载时间。空载时间是限制雷达性能的一个基本问题,虽然使用短脉冲可以最大限度地减轻这个问题,但是雷达还必须在预期距离内获得可靠的反馈信号。解决的办法是在吉瓦级功率水平下运行,脉冲的脉宽足以使其频宽覆盖宽带接收器的频带。由于一些功率在带外,脉冲变短会损失一定的接收信号。

迄今为止,最先进的高功率微波雷达是 NAGIRA 系统(纳秒吉瓦雷达)[27]。它由俄罗斯研制,随后在英国进行了综合测试。这个系统如图 2.16 和图 2.17 所示,基于的是脉冲功率发生器。在 SINUS-6 中,Tesla 变压器将同轴油介质脉冲形成线(PFL)充电到 660kV,然后脉冲形成线通过触发式气体开关向传输线放电,传输线被变阻抗到 660kV 电压下 120Ω,以与返波管匹配。产生的脉冲宽度为 7ns,X 波段工作时,重复频率最大可达 150Hz(对于 10GHz 的频率,相当于 70 个周期,带宽约为 2%)。在经 TM_{01} 模式到 TE_{11} 模式转换之后,由提取波导传输至一个带真空窗的喇叭天线,该天线将高斯(Gauss)形激励波束照射到一个 1.2m 的偏馈抛物面天线上,形成一个束宽为 3°的笔形束。

雷达的距离分辨率由 $\delta = c\tau/2$ 决定,其中 τ 是脉冲持续时间,因此 10ns 的雷达信号的分辨距离约为 1.5m。好在雷达信号处理器上每个距离单元的长度只有 1m,因此,对于大目标可以通过从一系列来自于目标不同部位的信号获取"画像"[28]。从原理上来说,这使得雷达在某种程度上具有目标识别能力,实验结果也证明了这一点。NAGIRA 可以在 100km 距离内探测到小型飞机。NAGIRA 的 X 波段 10ns 吉瓦雷达可以有效地探测、识别和跟踪雷达散射截面积(RCS)为 $0.1 \sim 1m^2$ 的飞机、直升机和移动的摩托艇。

一个重要的因素是脉冲间的频率稳定性,因为移动目标运动状态的探测是通过将脉冲串相减使其从杂波中区分出来的,因此,BWO 的电压和电流必须受到严格的控制。利用短的、高功率脉冲,可以在强烈局部反射条件下实现对低 RCS 移动目标的高精度探测和追踪。

对于这种雷达,回旋管和相对论磁控管也是很好的选择,因为它们也能够在更高频率下产生高功率。高功率微波雷达仍存在突出的技术问题,主要包括阴极寿命和高功率扫射天线。NAGIRA 的石墨阴极和爆炸性发射材料的使用寿命约为 10^8 炮次;但实际装置对它们的使用寿命要求更高。为了能够在方位角和仰角方向上进行波束扫描,需要在天线馈源中加入一个高功率旋转接头。

3.4 功率传送

人们提出了各种各样的设想,建议使用高功率微波来进行地对空、空对地、空对空和地球上点对点的能量传送。设想的目的是大量传送能量,其峰值功率和平均功率的需求取决于具体应用[29]。其中,一些应用包括太阳能发电卫星向地面、卫星之间的功率传送,以及短距离应用,如大卫星的部件之间或行星际探测中探测车与着陆器之间的功率传送等。另一类应用是接收区为一个目标的定向功率传送,目标包括微波武器、采用高空大气(相对于雷达)的人工电离或大气化学来改变电离层[30]。与采用同轴电缆、圆波导或光缆的竞争技术相比,自由空间传送在长距离(大于100km)传送时具有高得多的效率[31]。

近年来,一些无线输能(wireless power transmission,WPT)商用产品已经进入市场,如为个人数字助理、厨房电器、卧室电子产品等供电。这些都是低频、低功率近距离的无线输能应用。因此,公众对无线输能的接受程度已经有所提高。

所有这些应用都依靠远场传送,即发射天线和接收区域之间的间隔大于或等于远场距离 $R > 2D^2/\lambda$,其中 D 是最大直径,λ 是波长。然而,此处的描述方法也适用于近场聚焦型发射天线。最好的办法是使用相控阵天线,得到的聚焦束斑直径小于 D_t。电磁学的基本关系普遍适用,只取决于系统的基本参数。图3.18 为其原理图,面积为 A_t 的发射天线将其波束照射到面积为 A_r 的接收区域,这个接收区域可能是另一个天线、一个整流天线或一个诸如太空船的目标。在距离 R 处,由半功率波束宽度定义的束通常与 A_r 相当。

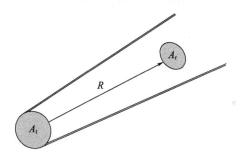

图3.18　功率传送原理图(发射与接收区域之间的距离为 R)

采用一种精确的通用处理方法[32],向圆形开口的功率传输效率由以下功率耦合参数 τ 决定,即

$$\tau = \frac{\pi}{4} \frac{D_t D_r}{\lambda R} \qquad (3.7)$$

式中:D_t 和 D_r 分别为发射天线和接收天线的直径;R 为两者之间的距离。为获得较高的传输效率,束斑尺寸应约为 D_r,而且 $\tau \geqslant 1$。

为理解功率连接关系,需注意目标上所接收的功率是在整个目标面积上对功率密度的积分。如果发射天线的辐射是各向同性的,那么功率密度 S 就是功率 P 均匀分布在它所通过的球面上的结果,即

$$S = \frac{P}{4\pi R^2} \tag{3.8}$$

如果波束聚焦天线(见第5章)的增益为 G,则功率密度就提高到

$$S = \frac{PG}{4\pi R^2} \tag{3.9}$$

其中,天线增益表示为

$$G = \frac{4\pi \varepsilon A_t}{\lambda^2} \tag{3.10}$$

式中:ε 为天线效率,也被称为口径效率;A_t 为发射天线的面积。

因此,接收功率的效率约为

$$\frac{P_r}{P_t} = \left(\frac{\pi}{4}\right)^2 \varepsilon \left(\frac{D_t D_r}{\lambda R}\right)^2 = \left(\frac{\pi}{4}\right)^2 \varepsilon \tau^2 \tag{3.11}$$

传输效率大致与 τ^2 成正比。这是一个十分粗略的估算,因为这里的简单分析没有在目标面积上求平均,也没有考虑天线的方向图,而且该分析在 τ 约为 1 以上时无效。

图 3.19 给出了精准处理后的结果。通过将波束聚焦在一个比目标小的区域上来提高效率,使得回波逐步减小。通过为特定距离选择合适的直径和波长,可以获得较高的传输效率。选择 $\tau = 2$ 可以得到很高的传输效率,但是为了减小开口面积,$\tau = 1.5$ 可能是更符合实际的折中选择。作为一个实用的估算解析式,图 3.19 中的精确解可以近似为

$$\frac{P_r}{P_t} = 1 - e^{-\tau^2} \tag{3.12}$$

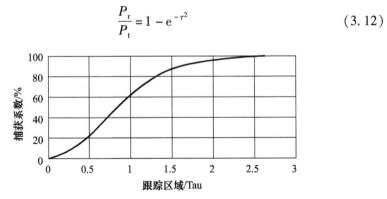

图 3.19 远距离孔径之间的功率传输为功率连接参数 $\tau = (\pi/4) \cdot (D_t D_r / \lambda R)$ 的函数
($\tau > 1.5$ 时传输效率较高)

所以式(3.11)只是式(3.12)展开后的第一项。对此作一个比较,对于 $\tau = 1$,式(3.11)给出效率为 52.5%,式(3.12)给出的效率为 63%,而解析解为 61.16%。该计算针对的是圆形口径面的极化匹配天线;线性或双线性极化会导

致附加损耗,它们还不包括由于传播效应和中途衰减(如来自大气)引起的损耗。

值得注意的是,发射天线的锥度(解释为靠近阵列发射天线边缘,幅值的逐渐减小)对效率有很大影响。幅值在天线边缘处终止的突变在与旁瓣中发现能量的多少密切相关。在许多情况下,功率传输效率由所需的峰值旁瓣比(SLR)来调节,例如,用以避免与其他平台发生干扰。25dB 的 SLR 意味着第一旁瓣比主波束低 25dB(缩减系数为 316),并且它要求在口径面上施加一种特定的振幅锥度。较高的 SLR 值可减少旁瓣的辐射功率,它以较大的波束宽度为代价。25dB 的 SLR 锥度是低旁瓣和高功率传输效率之间的一种好折中。

图 3.19 所示的功率传送缩比已被证明了很多次,并且有据可查[20-23]。已被证明,虽然设计时通常会在一定程度上降低效率,以改善其他因素,如成本、易组装和易维护性,但是从发射机到接收机的孔对孔传输效率大于 80%。举个例子,考虑飞行高度为 1km 的飞行器从口面直径为 4m、以 12GHz 频率发射的天线接收能量。如果接收整流天线的直径为 12.9m,根据式(3.12),$\tau = 1.62$,则收集效率为 90%。然而,如果飞行器上的整流天线是椭圆形的(也许是为了与机体共形),即使它与圆形整流天线具有面积相同,但其效率也会因为功率分布不一致而降低。

衍射极限波束的宽度为

$$\theta = 2.44 \frac{\lambda}{D_t} \tag{3.13}$$

这是衍射极限波束的发散角,对应于圆形孔径情况贝塞尔(Bessel)函数的第一个零点。波束的直径为 $D_s = \theta R = 2.44 \lambda R/D_t$。例如,直径 2m 的地面发射天线以 35GHz 向 1km 外的飞行器辐射,对于 7.5m 的接收孔径(或目标尺寸),$\tau = 1.75$,83% 的波束会被接收,波束宽度为 $0.6°$,波束的直径为 10.5m。

在接收端,整流天线是功率波束系统的一个独特组件,它将微波功率转换为直流功率。整流天线由天线单元阵列组成,通常用简单偶极子单元,每个单元的末端接有一个整流二极管。电路单元如图 3.20 所示,更多实物如图 3.21 所示。当二极管的直流输出电压是其击穿电压的一半时,二极管的整流效率最高。该效率随元件上功率密度变化,当前大多数工作在整流天线上的功率密度为 $10 \sim 100 \text{mW/cm}^2$。因为整流天线单元的末端连接在二极管和 RF 短路滤波器上,所以阵列的辐射方向图与单偶极子单元的余弦方向图相似。整流天线不产生旁瓣(见习题 3.6)。但是,由于电路的非线性,可能会产生自生谐波辐射。虽然整流天线可以达到较高的效率,但是仅在二极管参数选择恰当的条件下才可以。主要的限制因素是上截止频率,即频率受到低二极管结电容和低串联电阻的限制。

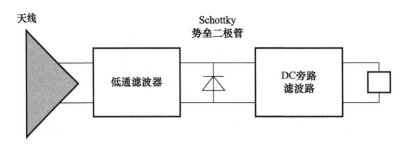

图 3.20 整流天线将微波转换为负载 R_L 上的直流电能,典型的整流天线是放置在接地反射面上方 0.2λ 处的水平偶极子。滤波器包含二极管产生的自生谐波,并提供适当的阻抗,以在波束频率上与二极管匹配

(转载自 McSpadden, J. O. and Mankins, J. C., Space solar power programs and wireless power transmission technology, IEEE Microwave Magaz., 3, 46-57. 2002.)

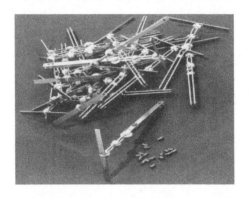

图 3.21 一批典型的整流天线元件、偶极子、二极管和相关电路

(转载自 McSpadden, J. O. and Mankins, J. C., Space solar power programs and wireless power transmission Technology, IEEE Microwave Magaz., 3, 46-57, 2002.)

R_L 整流天线实验已经证明,在 2.45GHz 频率时,射频到直流功率转换效率高,而且还有一些更高频率整流天线的工作[33]。图 3.22 给出了频率分别为 2.45GHz、5.8GHz 和 35GHz 时整流天线效率的最高纪录。依靠微波能量传送,飞行器和小型飞艇已成功飞行,而且有些能飞相当长时间[34]。Dickinson 和 Brown 通过实验证明,频率为 2.388GHz 的功率传送,可以在 1.5km 远处得到 34kW 的接收功率和 82.5% 的功率传输效率[35-36]。

整流天线的发明者 Brown 对这种天线的太空应用进行了详细研究,特别是有关摆渡飞行器从地球的低轨向同步轨道转移的问题[36]。这将需要向大型整流天线阵列($255m^2$)传送功率,以不间断地驱动离子推进器。对于约 50% 的载荷质量比,升轨转移时间约为 6 个月。传送到摆渡飞行器的功率为 10MW 量级,占空比较低。

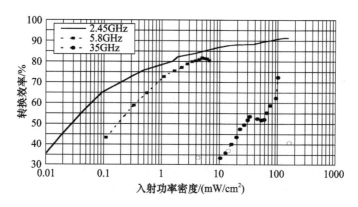

图 3.22 整流天线的最高实测转换效率(纵坐标)

(转载自 McSpadden, J. O. and Mankins, J. C., Space solar power programs and wireless power transmission technology, IEEE Microwave Magaz., 3, 46 – 57, 2002.)

利用微波束,从太空太阳能电站向地球表面传送功率的设想,是 20 世纪 60 年代提出的。美国国家航空航天局(NASA)于 20 世纪 90 年代重新对这项工作开展了调研,大多数工作是在 2012 年进行的[37-38]。参考系统概念是一个面向 21 世纪的大型资本密集型无污染能源系统设想,它可提供约 10GW 的连续功率,效率大于 50%。图 3.23 给出的是位于克拉克(Clarke)地球同步轨道(高度为 42164km(26200mile))的一个太空站,以 S 波段频率(2.45GHz)或 C 波段频率(5.8GHz)发射窄波束(0.3mrad)。该应用的基本问题是如何有效地将直流功率转换为微波功率,以及如何在太空中建造超大型平台(太空中典型的天线孔径为几千米,地面整流天线阵列大小约 7km)。

图 3.23 SPS – ALPHA 太阳能卫星将微波功率传送到地面为电网配电的整流天线场

20世纪概念中使用的微波源是一个交叉场放大器(CFA)、磁控管、回旋管或速调管的阵列,每个管子的平均功率约为10kW。因此,将需要10^5个管子,并需要开发低成本的生产技术,确保实际成本开支。21世纪的概念基于的是功率低得多的高效率固态放大器。

目前的两个概念包括借助于任意大小相控阵的太阳能卫星(solar power satellite by means of an arbitrarily large phased array, SPS – ALPHA)和Solar High(solarhigh.org)。在SPS – ALPHA中,微波链路使用一个反定向的射频相控阵,单个微波元件的传输通过使用从计划好的接收机(由日本神户大学的Nobuyuki Kaya教授共同发明)发射的导频信号而变得互相耦合。图3.23所示的不是一颗传统的、带有一个或多个太阳能阵列(太阳能板)的三轴稳定卫星,而是一颗重力梯度稳定卫星,具有轴对称的物理构形。SPS – ALPHA有3个主要的功能单元:①一个指向地球的大型初级辐射阵列;②一个非常大的阳光拦截器反射器系统(包括大量作为单独的定日镜使用的反射器,安装在一个不动的结构上);③一个连接两者的桁架结构。主要技术特点:①高效多带隙光伏(photovoltaic,PV)太阳能电池,采用集成热管理的聚光光伏架构(多结聚光器的效率现在已达到36%);②轻量化结构组件,应用于各个系统/子系统;③高度结构化环境中的自主机器人(每个组件都是小巧而智能的);④独立模块之间的高度自治。为使地面接收功率达吉瓦级,卫星质量约需1000t,从太阳光到电网的总效率约为40%。

空对地功率传输的基本问题并不是技术困难,而是经济效益,其成本受到强烈的质疑[40],它将决定大型连续波(CW)高功率微波系统在太空应用的实用性,资金需求之大使之充其量算是一个远景。一个更大规模的设想是在月球上就地取材建造太阳能电站,然后直接向地球的接收点传送能量[41]。另一个反过来的应用是从地球表面向低轨道卫星传送能量,传送功率约为10~100MW,时间为数十秒[42]。

3.5 太空推进器

高功率微波的另一个与功率传送类似的应用,是使用微波束来移动飞行器,主要有以下几种方式:

(1)向地球轨道发射;

(2)从地球轨道向星际轨道和宇宙空间发射;

(3)大型太空结构的部署。

3.5.1 向地球轨道发射

目前,将载荷发射到地球轨道的方法与 50 年前基本无异,即利用化学火箭。消耗型多级火箭的有效载荷比通常不超过 5%。正如火箭方程式中所描述的那样,部分原因是由于现有材料的结构限制,还有部分原因是由于化学推进燃料的效率限制。推动太空探索事业发展的火箭方程,可以按下述方式简要得出[43]。如果质量为 M 的火箭以高的速度 v_e 排出少量的反应质量 ΔM 而产生动量变化,那么根据动量守恒可以得到火箭的速度改变量。火箭的动量变化为

$$M\Delta v = v_e \Delta M \tag{3.14}$$

燃料消耗使质量从初始的 M_0 减小到最终的 M_f,通过积分可得火箭速度的总变化量为

$$\Delta v = v_e \ln M_0 / M_f \tag{3.15}$$

因为自然对数随质量比的增加非常缓慢,所以大的质量比不能产生大的 Δv。也可以将式(3.14)变为

$$\frac{M_0}{M_f} = e^{\Delta v / v_e} \tag{3.16}$$

它意味着使用单级火箭获得地球轨道或星际轨道探测所需的高速度是不可能的,因为火箭的结构质量与燃料质量的比值太高(参见习题 3.7)。为了维持这些微小的有效载荷比而精简火箭的结构,只会导致火箭更加脆弱而且造价昂贵。尽管经过了 50 年的不断发展,包括优质的材料、新型的推进剂以及适度改善的可靠性等,也没有能够改变每千克约 5000 美元的载荷成本[44]。这使得太空开发和探索变得非常昂贵。如果价格能够被降低,那么需求会增长,抵消降价的损失,形成大规模市场的价格平衡点被认为必须低于每千克 1000 美元。传统的化学火箭发射能否达到这样的价格是值得怀疑的,除非第一级火箭可以被重复使用。

因此,帕金(Parkin)[45]提出一个基于高功率微波来发射的新方法,该方法可以得到大于常规系统的比冲 I_{sp},比冲代表火箭的效率,即 1lb(0.454kg)燃料能够维持 1lb 推力的时间(以秒为单位)。化学火箭在现实中已经达到的极限大约为 I_{sp}<500s。帕金对使用液态氢作为燃料的微波加热火箭与使用液态氧和液态氢混合物作为燃料的最好的化学火箭进行了比较。因为液态氢的 I_{sp} 为 900s,氧/氢混合物的 I_{sp} 为 450s,所以要到达轨道,氧/氢化学火箭需要的推进剂质量是微波加热火箭的 4 倍。因此,微波热火箭的体积可以小很多,并具有大得多的有效载荷比。

帕金在 2006 年进行了微波加热火箭的实验室演示实验。2014 年起,帕金的研究小组开始飞行试验。

高功率微波推进在物理上与化学推进有所不同,它在某些方面更为复杂。图 3.24 所示的微波加热火箭是一种可以重复使用的单级运载工具,结构坚固且廉价,因为它所使用的高性能微波热力推进系统具有高于传统火箭 2 倍的 I_{sp}[45]。现在就对这些简化所带来的运输成本的减少进行量化还为时尚早,但成本无疑会大幅降低,而且必定会转变成发射升空的经济性。

图 3.24　飞行中的微波加热火箭

微波加热推进器与核热推进器的工作原理类似,后者在实验上已经证实 $I_{sp}>800s$。前者利用高功率微波束向热交换器型推进系统提供功率,单级可重复使用。通过使用高功率微波,将能源以及由它带来的所有复杂问题都转移到地面,在推进器和能源之间使用无线输能系统。当帕金提出这个系统[46]并对其性能进行分析时,他发现束发散是这种系统的关键制约因素,因此设计了一种高加速上升轨道,使得大部分输能在短距离内完成,并降低了辐射孔径的大小。对于这样一个系统,其发射成本有潜力降低到只有发射能量成本(而不是系统的资金成本)的几倍,约为每千克 50 美元。

上升轨迹的分析结果预计,1t 重的单级入轨微波加热火箭的有效载荷比可以达到 10%。通过使用高比冲、低成本的可重复利用单级推进器,有望实现可重复使用的发射器。作一个比较,"土星"五号(Saturn V)运载火箭使用的是三级不可重复使用火箭,达到的有效载荷比为 4%。在图 3.25 中,航天器的扁平外壳下面覆盖着一个薄的微波吸收热交换器,它是推进器的一部分。这个交换器可能是用碳化硅制成的,由大约 1000 个将燃料送入发动机的小通道组成。火箭可以通过常规的第一级火箭发射,或空投到波束附近,也可以利用位于发射场的物理上很小但功率很高的微波源进行发射,这些方法都可使发射器在被主波束捕获之前,为其在大气层中上升的最初几千米提供动力。

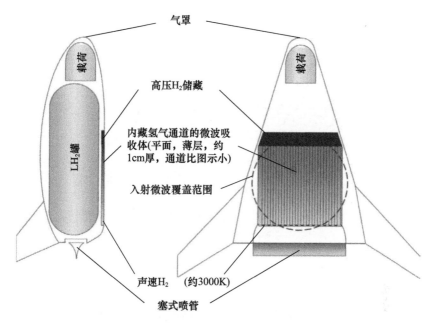

图 3.25 微波加热火箭的主要组成部分(发射器长度 6m,底宽 5m。载荷 100kg,结构质量 180kg,LH$_2$ 燃料 720kg,由 Kevin Parkin 博士提供图片)

在大约 3min 的快速升空时间里,发射器的加速度在 2～20g 之间变化,使其保持在微波束源的作用范围之内。发射器长度为 6m,底部的宽度为 5m。在上升时,热交换器面对微波束。使用相控阵源,可以将直径为 3m 的高强度微波束发射到 100km 以外的发射器底面上。

300MW 的功率作用到底面 7m^2 的转换器上,将氢燃料的温度提高到 2400K。微波频率决定了在不发生大气击穿条件下的最大波束能量密度。等离子体或电离气体会对入射波束产生畸变或反射(见第 5 章)。大气击穿在低频下更容易发生,因为电场有更多的时间去加速背景电子。图 3.26 中的连续波大气击穿强度显示,300GHz 波束的功率密度可达到 3GHz 波束的 1000 倍。一个 300MW 的微波束作用在 3m 尺寸的区域上,意味着其平均功率密度可达 40MW/m^2,因此要选取高于 25GHz 的频率以防止击穿。超过 100GHz 的工作频率更可取,因为所需要的阵列面积随频率的上升而大幅减小。

20 世纪 90 年代,Benford 与 Myrabo[47]、Benford 与 Dickinson[48] 发表了有关使用抛物面天线阵列来研制 30MW、245GHz 地基波束发射器装置的可行性和具体设计的论文。所使用的回旋管微波源已经显著提升为市场在售的工作在频率约 100GHz 的 1MW 回旋管。300 个这样的微波源足以将一个 1t 重的航天器送到地球的低轨上。回旋管可以是放大器,也可以是注入锁相振荡器。若以前者为单元,阵列波束控制可以简单地用机械指向与模块输入信号的相移相结合的方法来实现。若以后者为单元,同样可采用机械指向与相移相结合的方法,但还必须增加诸如调整磁场强度来设置振荡器固有频率等方法(见第 11 章)。

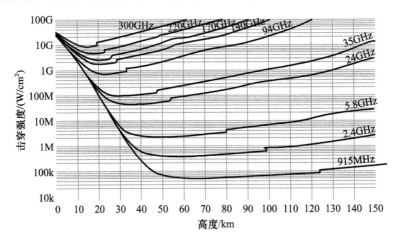

图 3.26　击穿强度与高度和频率的关系(微波火箭需要使用较高的频率)

图 3.27 所示为 245GHz、30MW 的地基功率传送站。它的跨距为 550m,包含 3000 个功率为 10kW 的回旋管。

还有人分析了使用约 1MW 微波束来加热发射器底部,依靠辐射效应来支撑在约 70km 高度处高层大气中的一个平台的方法,似乎更加实用[50]。

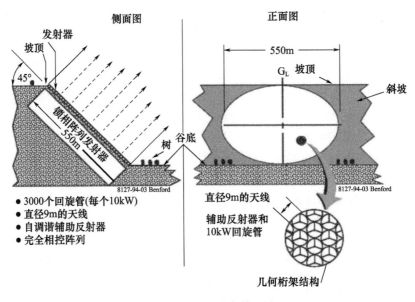

图 3.27　地基功率传送站

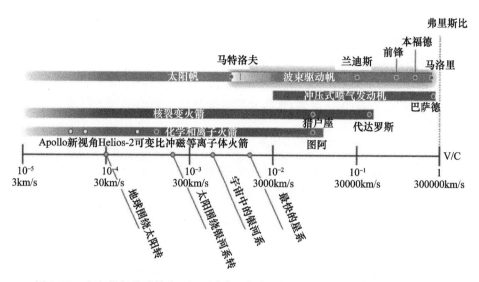

图3.28 太空旅行推进技术(空心圆表示任务,实心圆表示相关作者的概念。星际速度可以用化学火箭、离子火箭和核裂变火箭来实现。对于星际旅行,热核聚变和反物质火箭与定向能波束驱动航行竞争。已发现,使用星际冲压式喷气发动机是不太现实的)

3.5.2 从地球轨道向星际轨道和宇宙空间发射

迄今为止,空间推进主要依靠化学火箭和离子火箭,如图3.28所示。为了实现深空探索和星际旅行所需的更高速度,唯一实用的推进技术是热核聚变火箭和定向能波束驱动的帆。用由光子反射来加速的波束驱动帆是达到极高速度的潜在方法。尽管微波、毫米波和激光束都可以提供光子源来加速大且质量极轻的帆,但微波驱动的帆因可进行低费用实验而最受关注。虽然波束驱动的过程效率不高,但波束发生器可以留存,且可多次使用。

关于太阳帆和波束推进帆的一般性介绍,读者可以参考 McInnes[51] 的相关文章。带微波驱动帆的航天器这一概念,最初由罗伯特·弗雷德(Robert Forward)提出(由他的激光驱动帆概念延伸而来[52])。对于质量为 m、面积为 A、质量密度为 $\rho = m/A$ 的薄帆,由功率为 P 的微波在帆上产生的光子动量形成的加速度为

$$a = (\eta + 1)\frac{P}{\rho A c} \tag{3.17}$$

式中:η 为吸收率为 α 的薄膜的反射率;c 为光束。

来自光子加速的推力虽然微弱,但在星际航天器的轨道变化中已被观测到,因为这些航天器长年受到太阳光子的作用。对于在地球轨道上密度约为 $1kW/m^2$

的太阳光子,当前的太阳帆结构得到的加速度非常低,约为 $1\mathrm{mm/s^2}$。要缩短任务时间,必须提高微波功率密度。对于该案例,达到一个地球重力加速度需要的功率密度约为 $10\mathrm{MW/m^2}$。

照射到帆上的功率中,αP 部分被吸收。在稳定状态下,根据斯忒藩 – 玻耳兹曼(Stefan – Boltzmann)定律,这部分功率必然从平均温度为 T 的薄膜两侧辐射出去,即

$$\alpha P = 2A\varepsilon\sigma T^4 \tag{3.18}$$

式中:σ 为斯忒藩 – 玻耳兹曼常数;ε 为表面辐射系数。

式(3.18)中消去 P 和 A,帆的加速度为

$$a = 2\frac{\sigma}{c}\left[\varepsilon\frac{(\eta+1)}{\alpha}\right]\left(\frac{T^4}{m}\right) = 2.27\times 10^{-15}\left[\varepsilon\frac{(\eta+1)}{\alpha}\right]\left(\frac{T^4}{m}\right) \tag{3.19}$$

这里已经将常数和材料辐射特性参数分开。很明显,加速度对温度很敏感。这意味着低熔点的材料(如 Al、Be 和 Nb 等)不能用于高速波束驱动。铝的极限加速度为 $0.36\mathrm{m/s^2}$。高强度轻量碳网材料的发明使实验室中的太阳帆飞行实验成为可能[53],因为碳没有液相,它只会升华而不会融化。碳可以在 4000℃ 的高温下工作,极限加速度可以达到 10 ~ $100\mathrm{m/s^2}$,足以在实验室的真空环境下(为避免燃烧)进行加速实验。

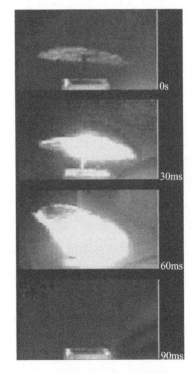

波束驱动帆的飞行实验已经证实了波束驱动推进的基本特性。这项工作得益于坚固、轻质碳材料的发明,这种材料能够在相当高的温度下工作,可以满足在地球引力环境下的发射需要。利用微波和激光驱动的碳 – 碳复合微桁架材料的实验已经证实,超轻太阳帆能够以几个 g 的加速度飞行[54]。在微波实验中,采用 10kW、7GHz 的微波束在 $10^{-6}\mathrm{Torr}$ 的真空条件下作用在质量密度为 $5\mathrm{g/cm^2}$ 的太阳帆上,实现了推进。在微波功率密度约为 $\mathrm{kW/cm^2}$ 量级的条件下,观测到了几个 g 的加速度(图 3.29)。通过吸收微波,太阳帆的温度被加速达到超过 2000K 的温度,但没有损坏。在

图 3.29 碳制太阳帆在 10kW 的微波功率作用下从矩形波导管顶端起飞(共 4 帧图像,第一帧在最上方,间隔为 30ms)

较低的功率下观察到了作为加速度产生原因的光子压力。在较高的功率密度下（约 $1kW/cm^2$），对于形成的剩余物，最合理的解释是解吸附作用和吸附气体分子的蒸发（如二氧化碳、碳氢化合物和氢气等），这些吸附气体很难通过预加热去除干净。这意味着这种效应将总会出现在实际的太空帆上，甚至是在低温下的太阳帆上，并可将其利用于在未来太阳帆任务的初始阶段实现更高的加速度。

如果温度足够高，它的影响可以大大超过微波光子压强，因为它耦合的是光子能量，而不像光压强那样与动量耦合。

微波太空推进的早期使命是要大幅度地缩短太阳帆脱离地球轨道所需要的时间。只靠太阳光，光帆大约需要一年的时间才能走出地球重力场。计算结果显示，一个位于地面或轨道上的发射机可以向太阳帆传送能量，只要它们存在共振路径，即发射机与太阳帆每经过一定数量的轨道周期后能相互接近（如太阳帆经过地面发射机的上方或帆行驶到发射器附近的太空轨道）。为了让共振较快地发生，每次助推都必须传送一定的能量。如果太阳帆上涂有在辐射条件下可以升华的某种材料，就可以得到更高的动量传送，从而能够进一步缩短帆的逃逸时间。有关帆的轨迹和脱离时间的模拟结果如图 3.30 所示。一般情况下，与只利用太阳光的情况相比，共振方法可以将脱离地球轨道的时间缩短两个数量级[55]。

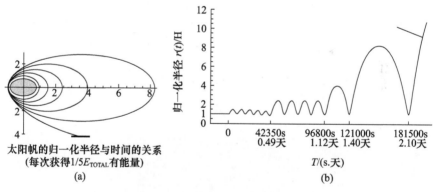

图 3.30　(a)波束驱动太阳帆脱离地球轨道时的轨迹，太阳帆超出了量程；
(b)用地球半径归一化后，太阳帆的轨迹半径随时间的变化关系。
(其中的单位 H 是用初始高度(800km)归一化后的(感谢加州大学欧文分校的格雷戈里·本福德(Gregory Benford)博士)

虽然与激光器相比，微波发射机具有已开展研发的时间长和相对廉价的优势，但它们也存在着对于相同的聚焦距离需要较大发射孔径的不利因素。这对于那些需要长加速时间以达到相应高速任务而言是一个严重的缺点。然而，这一点可以通过用更高的加速度来进行补偿。碳制帆的高温工作能力使更高的加速度成为可能,可以在很短的距离内达到很高的速度,从而减小所需要的发射孔径。对于极轻的探测器,采用地面上直径仅为数百米的微波发射器就在数小时内使之达到最高加速度。

许多此类的飞行计划已经被定量分析过[56],包括太阳系外侧区域的高速测绘,如柯伊伯带、类冥小天体、冥王星、日球顶层以及星际物质等。以上倒数第二个是星际任务的前驱。对于这种在高加速度状态下的飞行,太阳帆的大小可以减小到100m以下,聚焦在帆上的加速功率约为100MW[57]。如果采用1GW的功率和200m的太阳帆尺寸,适合快速飞行的超轻探测器可以达到250km/s的速度。

3.5.3 大型空间结构的控制

乘波束而行的太阳帆是否稳定呢?波束引导的概念,即表示利用波束推进太阳帆稳定飞行,对帆的形状提出相当高的要求。即使是一个稳定的波束,如果太阳帆发生变形或面对扰动时没有足够的自旋使其保持角动量与波束方向一致,太阳帆就可能发生偏离。波束压强使凹形太阳帆保持一定的张力,因而阻止其横向运动。如果波束偏离了中心,横向力会将它恢复到原来的位置[58]。实验已经证实了波束引导的可能性[59]。当波束的侧向梯度大小与太阳帆的凹边坡相同时,正反馈的稳定性似乎有效。宽的锥形太阳帆的形状似乎是最好的。图3.31显示了一个用于稳定实验的锥形碳制帆。

图 3.31 实验和模拟结果表明,锥形太阳帆在微波波束下非常稳定
(碳-碳复合材料制的帆直径为5cm,高度为2cm,质量为0.056g)

最后，波束也可以携带角动量并将其传送到太阳帆上，帮助控制帆的飞行。圆极化电磁场同时携带线性动量和角动量，角动量通过一个波长的有效力臂产生扭矩，因此较长的波长可以更有效地产生旋转。

传送给导电物体的角动量与波长 λ 成正比。为获得高效的耦合，λ 应该与帆的直径 D 量级相同。出现这种情况是由于聚焦在有限横向尺寸 D 上的波产生一个与波传播方向一致的电场分量，它的大小是横向电场分量的 λ/D 倍，只要 D 大于波长即可。具有转动惯量 I 的物体的旋转频率 S 按下式增长：

$$\frac{dS}{dt} = \frac{2P(t)}{I}\frac{\alpha}{\omega} \tag{3.20}$$

式中：P 为导体拦截导的功率；α 为吸收系数。

康茨（Konz）和本福德（Benford）[60]将吸收的概念进一步一般化，将因波的几何反射和衍射引起的效应囊括进来，这些效应与通常的材料吸收无关。他们证实轴对称的理想导体在受到照射时不能吸收或辐射角动量。因此，各种导电帆形状都可以被旋转，只要他们不是轴对称形状。但是，任何非对称性都允许波干涉效应产生吸收，甚至包括完全的反射体，因此 $\alpha>1$。由于边界电流的存在，微波在非对称的边缘上传送角动量。这种吸收或辐射完全取决于导体的具体形状，这被称为几何吸收。几何吸收系数可高达 0.5，远远大于普通材料的吸收系数，如碳的吸收系数约为 0.1，导体的吸收系数约为 0。实验结果表明，该效应的效率高，而且可以在很低的微波功率下产生[61]。这种效应可以用来稳定帆的航行，避免可能造成波束引导损失的漂移和偏航，并允许通过远程控制帆的旋转来实现其无人式展开部署[62]。

3.5.4 功率传送系统的成本

这种大型高功率微波系统的总成本 C_T 由两个部分组成。

(1) 建造成本 C_C，包括建造微波源的成本 C_S 和建造辐射孔径的成本 C_A。

(2) 运行成本 C_O，包括驱动微波波束的电力成本、更换部件的成本以及运行人工成本。

$$C_T = C_C + C_O, C_C = C_A + C_S \tag{3.21}$$

需要一个详细的方案才能准确估算运营成本，一般根据经验来概算，现代大型设施的年运行成本 C_O 约为建造成本 C_C 的 10%。因此，在优化微波信标的建造成本时，也可以用粗略优化总成本 C_T 的方法来实现。

优化，即意味着将成本降到最低。最简单的办法是假设成本与峰值功率和天线面积呈线性比例关系，与天线面积依赖关系的比例系数为 a（美元/m²），其中包括了天线的成本、其支架以及用于定向、跟踪和相位控制的子系统；与微波功率依赖关系的系数为 p（美元/W），其中包括微波源、电源、冷却设备和初级功率系统成本：

$$C_A = aA, C_S = pP, C_C = aA + pP \tag{3.22}$$

这里，我们忽略了所有固定成本，因为在进行微分成本优化时，它们会被消去。

在 R 范围内的功率密度 S 由 W、有效全向辐射功率（EIRP），以及辐射峰值功率 P 与孔径增益 G 的乘积确定，即

$$W = PG, S = \frac{W}{4\pi R^2} \tag{3.23}$$

增益由面积和波长给出：

$$G = \frac{4\pi\varepsilon A}{\lambda^2} = \frac{4\pi\varepsilon A}{c^2}f^2 = kAf^2, W = kPAf^2, k = \frac{4\pi\varepsilon}{c^2} \tag{3.24}$$

式中：ε 为孔径效率（包括相位、极化和阵列填充率等因素），我们将常数集中到系数 k 中（$\varepsilon = 50\%$ 时，$k = 7 \times 10^{-17} s^2/m^2$，$kf^2 = 70$ 时，$f = 1 \text{GHz}$）。

在优化时，我们将频率视为一个常数。为了找到一个固定范围内固定功率密度的最优值（最小值），在式（3.23）中，固定 W，并将 W 替换到成本公式中：

$$C_C = \frac{aW}{kf^2 P} + pP \tag{3.25}$$

对 P 进行微分并将其设置为 0 可获得最佳功率和面积：

$$P^{opt} = \sqrt{\frac{aW}{kf^2 p}}, A^{opt} = \sqrt{\frac{pW}{kf^2 a}}, A^{opt} = \frac{p}{a}P^{opt} \tag{3.26}$$

最优（最小）成本为

$$C_C^{opt} = 2aA^{opt} = 2pP^{opt}, \frac{C_A^{opt}}{C_S^{opt}} = 1 \tag{3.27}$$

当建造成本在天线增益和辐射功率之间各占一半时，它达到最优。这条经验法则被微波系统设计者用来对系统进行粗略估算。以大功率微波信标为例，如图 3.32[63] 所示，$f = 1 \text{GHz}$、孔径效率 $\varepsilon = 0.5$ 时，天线的功率 $W = 10^{17} \text{W}$，信标的总成本参数 $\alpha = 1, \beta = 1, a = 1000$ 美元/m^2，$p = 3$ 美元/W。最小总成本处于天线成本和功率成本相等的点上（见式（3.27））。

凯伦（Kare）和帕金（Parkin）为波束驱动加热火箭的微波传送系统建立起一个详细的成本模型，并将其与激光驱动火箭进行了比较。他们发现，当两个成本要素平均分配时成本最低。他们还解释了学习曲线，硬件的单位成本随着产量的增加而降低，它可以表示为学习曲线系数 f，即件数每翻一番所降低的成本（见 3.5.5 节）。

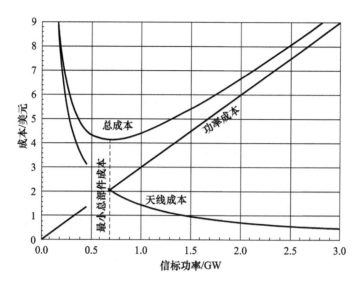

图 3.32 对于星际微波信标，天线成本、微波源成本和总成本的比例与固定全向有效辐射功率（EIRP，正文中为 W）的关系（其中参数为 EIRP $=10^{17}$ W，$\alpha=1$，$\beta=1$，$a=1000$ 美元/m²，$p=3$ 美元/W，$f=1$ GHz，孔径效率 $\varepsilon=0.5$。最小总成本 c 处于天线成本和功率成本相等的点，如式（3.28）所示）

3.5.5 规模效益

为实现大规模发射，功率传送系统的组件，微波与毫米波波束的天线和微波源将需要大批量生产。大批量生产将压低成本，规模效益可用学习曲线来解释。如图 3.33 所示，硬件的单位成本随着产量的增加而降低。这可以用学习曲线系数 f 来表示，即件数每翻一番降低的成本。该系数通常随人工和自动化程度占比的不同而变化（$0.7<f<1$），1 对应的是完全自动化。N 件的成本为

$$C_N = C_1 N^{1+(\log f/\log 2)}, \quad \mathrm{CSR} = \frac{NC_1}{C_1 N^{1+(\log f/\log 2)}} = N^{-(\log f/\log 2)} \quad (3.28)$$

式中：C_1 为单件的成本。

成本节约率（cost saving ratio, CSR）是规模效益带来的改善，它只取决于学习曲线因子 f 和件数。

例如，对于 90% 学习曲线，第二件商品的成本是第一件商品的 90%，第四件成本是第二件的 90%，第 $2N$ 件商品成本是第 N 件的 90%。那么 64 件商品的成本是 64 乘以 $0.53C_1$。批量订购 64 件产品的价格将比单件订购低 47%。成本节约率（CSR）为 1.88。因此，随着系统的增长，规模效益降低的成本将越来越多。

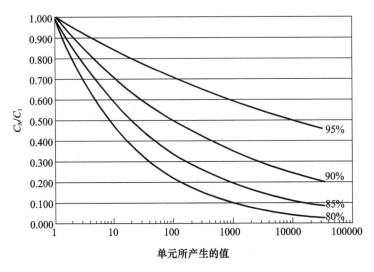

图 3.33　四个学习曲线系数情况下的学习曲线（95%、90%、85%、80%。功率传送技术的数据符合 85% 曲线）

根据记录可知，对于功率传送系统的技术，基于磁控管、速调管和行波管大规模生产的数据得到的天线和微波源的学习曲线因子为 85%。由上所述，$CSR = N^{0.233}$，$C_N = C_1 N^{1-0.233} = C_1 N^{0.767}$。注意，由于天线、微波和毫米波源的元件数量可能不同，因此其规模效益也不同。这意味着，当利用规模效益来降低系统成本时，它们的基本情况中两种成本相等 总成本最低（见式（3.27））的规律可能会因此产生大的变化。

3.6　等离子体加热

受控热核聚变是没有污染的能源，它被人类追寻了将近 50 年。然而，有关温度、约束时间和发电量等聚变参数的取得进展缓慢。在过去的 10 年里，利用高平均功率微波束将等离子体加热到热核聚变温度的研究工作发展很快。在这里，我们集中讨论电子回旋共振加热（ECRH），因为它取得的进展最多。关于离子回旋共振加热和低混杂波加热方面的详细论述，见本书第 1 版的相关内容。微波束也用于产生聚变装置中的电流（电子回旋波电流驱动（ECCD）），我们也将对这方面的应用研究进行简述。

ECRH 和 ECCD 两者都可以是相当局部的，因此它们可以被用于环形约束等离子体，主要应用包括解决磁流体不稳定性问题（如撕裂模不稳定性等）、产生理想的电流密度和等离子体压力分布,以及更细致地控制等离子体中的能量输运。

对于 ECCD,电子回旋波在环形等离子体里产生电流。微波束斜向进入环形等离子体并在一个方向上激励起电子的移动。强烈的波阻尼取决于吸收电子的速度方向。这些电子在这个方向上被加速到更高的能量,从而产生电流。这种方法已被广泛采用,所得到的电流达到 10~100kA,并有助于稳定局部区域的撕裂模。有关 ECRH 和 ECCD 的详细说明请参见普拉瑟(Prather)的综述文献[64]。

除了环形装置,回旋管也用于加热仿星器等离子体,这里不再进一步讨论该问题。[65]

微波加热的基本类型有 3 种,它们的区别在于射入到等离子体(通过电子或离子共振吸收)的微波频率各不相同。这 3 种加热类型广受关注,其共振频率如下。

(1)离子回旋共振加热(ICRH):

$$f = f_{ci} = \frac{eB}{2\pi m_i} \tag{3.29}$$

(2)低混杂波加热(LHH):

$$f = f_{LH} \cong \frac{f_{pi}}{\sqrt{1 + (f_{pe}^2/f_{ce}^2)}} \tag{3.30}$$

(3)电子回旋共振加热(ECRH):

$$f = f_{ce} = \frac{eB}{2\pi m_e} \text{ 或 } f = 2f_{ce} \tag{3.31}$$

式中: e 为电子或氢同位素原子核所带电荷量的绝对值; m_i 和 m_e 分别为离子和电子质量; B 为局部磁感应强度; $f_{pe} = \sqrt{(n_e e^2/\varepsilon_0 m_e)}/2\pi$,其中 n_e 是电子密度, ε_0 是真空介电常数; $f_{pi} = \sqrt{(n_i Z_i/\varepsilon_0 m_i)}/2\pi$, $Z_i = 1$ 是聚变等离子体中离子的电荷态。在符合聚变要求的密度和磁场下, $f_{ci} \approx 100\text{MHz}$, $f_{LH} \approx 5\text{GHz}$, $f_{ce} \approx 140~250\text{GHz}$。

ICRH 和 LHH 频率的不足之处在于,很难设计出一种可以将微波高效耦合到等离子体约束装置中的天线,该装置的尺寸与波长的量级相当。在 ICRH 情况中,存在另一个难题,即将微波耦合到等离子体本身中,因为它们一定会通过等离子体的外部区域,并在该区域中衰减至零。解决这些问题的方法之一是将输入天线插入等离子体,但这样做可能会毁坏天线,还会将一些杂质带入等离子体。

目前,ECRH 是包括托卡马克和仿星器在内的主要聚变装置的辅助性加热方法。与中性粒子束加热相比,由于加热机制与磁场有关,ECRH 具有以相对高的平均功率对等离子体进行局部加热的优点。另一个优点是 ECRH 可以将发射天线设置在远离等离子体的地方，这样不会对聚变实验产生扰动或污染。在典型的 ECRH 聚变加热实验中，回旋管可被安装在离聚变装置几十米到几百米远的位置，通过小截面端口实现注入。上述的两个优点对于今后那些需要有效辐射屏蔽的大型聚变实验非常有用，这意味着要求端口足够小，而且所有辅助设备都必须进行删减。

在 ECRH 的高频率和短波长下，入射波向等离子体的耦合以及天线设计都要简单得多。电子回旋波可以在真空中传播，而且被有效地耦合到等离子体边界上，这与其他技术形成鲜明对比。另外，由于磁场强度在等离子体中有空间变化，因此频率可调的微波源可以有选择地对等离子体进行不同深度的加热，而且可以利用随局部温度上升的膨胀效应调整等离子体的密度分布。

式(3.31)表明，ECRH 是在 $f=f_{ce}$ 或 $f=2f_{ce}$ 的频率下实现的。事实上，频率选择取决于微波的极化和注入位置。这可以用一个相当简单的高频率波在无限大等离子体中的传播模型来解释(图 3.34)。有关更复杂的处理方法，请参见奥特(Ott)等人的论文[66]。沿 z 轴方向的均匀磁场代表约束等离子体的磁场。我们关注能够透入被约束的等离子体的波，所以主要考虑横穿磁场传播的波。令这个方向为 x 轴，即波矢方向 $\mathbf{k}=\hat{x}k$。微波场用平面电磁波表示，如 $E(x,t)=Ee^{i(kx-\omega t)}$，对于等离子体中的电磁波，存在着两种固有的振动方式，它们取决于电场矢量相对磁场的偏振。

(1) 寻常波模或 O 模，它的电场矢量与磁场平行。

(2) 非常波模或 X 模，它的电场有 $x-y$ 平面上的分量，即该分量与磁场垂直，但也有沿波矢方向的分量。

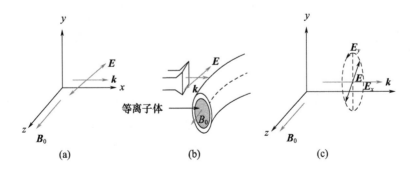

图 3.34 等离子体中模式的传播模型

(a) O 模，显示了 E 的极化；(b) O 模等离子体加热的几何示意；(c) X 模极化，注意 E 的椭圆极化。

对于 O 模，由于 E 和 k 相互垂直，$\nabla \cdot E=0$，所以不存在与波相关的微波空间电荷。对于 X 模，$\nabla \cdot E \neq 0$，所以这些波存在一个空间电荷成分。为描述等离子体中波的传播,需要使用有关色散关系的概念,该概念将在第4章中详细讨论。简而言之,色散关系是 $\omega=2\pi f$ 和 $k=2\pi/\lambda$ 之间的数学关系(λ 是沿着 x 方向的波长)。利用这个关系来确定波在等离子体内的什么位置可以传播,什么位置不能传播,从而确定向什么位置发射特定的频率和极化的微波。这里只给出 O 模和 X 模的色散关系,而没有推导的过程(对推导过程有兴趣的读者请参见 Chen[67])。

(1) O 模,即

$$k^2 c^2 = \omega^2 - \omega_{pe}^2 \tag{3.32}$$

(2) X 模,即

$$k^2 c^2 = \frac{(\omega^2 - \omega_-^2)(\omega^2 - \omega_+^2)}{\omega^2 - \omega_{UH}^2} \tag{3.33}$$

其中

$$\omega_{\pm} = \frac{1}{2}[(\omega_{ce}^2 + 4\omega_{pe}^2)]^{1/2} \pm \omega_{ce} \tag{3.34}$$

$$\omega_{UH}^2 = \omega_{pe}^2 + \omega_{ce}^2 \tag{3.35}$$

为了说明色散关系式(3.32)和式(3.33)之间的关系以及它们的 ECRH 频率要求,首先考虑色散关系为式(3.32)的 O 模。在一些频率下,波数 k 没有实数解,特别对低于等离子体频率的频率,k 为虚数。这意味着对于那些频率的波,随着进入等离子体的距离增长,其幅值呈指数性减小(该情况下的生长波解例外),因此,$\omega<\omega_{pe}$ 的波无法穿透等离子体。实际上,被约束在环形托克马克中的聚变等离子体,其密度从边缘的 0 增加到中心附近的某个最大值。另外,与回旋频率 ω_{ce} 成正比的磁场在环的内径处达到最大值,并沿朝向外径的方向逐渐减小。将波的色散理论应用到这种非均匀状况,可以给出图 3.35(a)所示的波的可及性图。图中阴影区对应的是不能从色散关系中解出实数 k 解的那些频率(也就是说 $\omega<\omega_{pe}$),求解时假设了这些波无法穿透等离子体的那些区域。通常,电子回旋频率在这种等离子体中的任何位置都高于等离子体频率,所以 O 模极化波往往能够穿透等离子体到达电子回旋共振层。

X 模的情况比较复杂。图 3.35(b)给出了这种极化波的可及性图。可以看到,低于频率 ω^- 的波被截止,这一点无关紧要,因为在等离子体中的任何位置,该频率都会低于 ω_{ce}。另外,ω_{ce} 在 ω_{UH} 和 ω_+ 之间,X 模的色散关系不存在 ω 的实数解。由于频率在这个截止范围内的波不太可能通过截止层,因此从等离子体外发射的 X 模的波不可能达到电子回旋共振。但是,如果从环的内侧发射这些波就能够实现基本的电子回旋共振。但实际中,这种波发射方式的实现很不方便,因为环的内侧通常非常狭窄而且拥挤。基于这个观点,有必要产生频率为 $2\omega_{ce}$ 的

X模,从而使它们能够在等离子体的外侧发射后能够传播到这个共振表面。

还有几个其他因素对等离子体加热时最佳极化方式和频率的选择产生影响。其中之一是,对于给定的极化方式,在一个共振层($\omega = \omega_{ce}$或$2\omega_{ce}$)上的吸收强度。实验结果表明,$2\omega_{ce}$的O模在等离子体加热的早期阶段是不容易被吸收的。[58]因此,最佳的选择是ω_{ce}的O模和$2\omega_{ce}$的X模,它们在等离子体中的吸收大致相同。另外,有一个额外的现实考量是,产生平均功率为1MW、频率为ω_{ce}(对应规划聚变反应堆的磁场约为250GHz)的连续波(CW)是个极具挑战的目标,产生2倍于该频率的1MW的连续波就难上加难了。因此,作为首选ECRH候选对象的,就只有$\omega = \omega_{ce}$的O模波了。

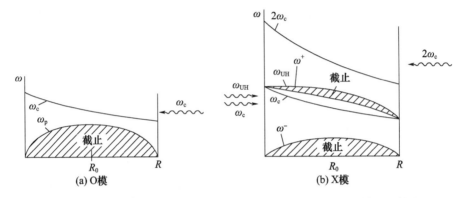

图3.35 O模和X模波向等离子体中传播的可及性图(其中R_0是等离子体中心,R是等离子体边缘。环形约束磁场从内径向外径变弱)

3.6.1 电子回旋共振加热源

大约20年前,电子回旋共振加热源(ECRH)主要有3种候选者。当前的ECRH实验主要使用回旋管振荡器。"幸存"下来的候选者回旋管通常采用一种标准布置,在一个与波束共线的腔体中产生微波(见第11章)。

其他两种候选者,一种是回旋自谐振脉塞(cyclotron autoresonant maser,CARM),它确保在高功率下使用更适中的引导磁场值实现高频运行;另一种是自由电子激光(free-electron laser,FEL),它可以连续工作,或者工作在高峰值功率和高平均功率的重复频率脉冲模式下。但出于性能和成本的考虑,它们都被放弃了。

尽管早期用于聚变加热实验的是回旋速调管,在一次实验中使用了自由电子激光器,但是现在所有主要的ECRH实验都使用回旋管振荡器。原因是回旋管振荡管的平均功率容量更合乎要求。

另外，回旋管振荡器通过改变回旋管中的磁场来实现步进调谐，从而具备了与回旋管放大器类似的大范围频率调节能力。高功率步进调谐回旋管完全满足聚变等离子体选择性定位加热的要求。最近的研究结果表明，ECRH 可以修改温度曲线以抑制内部撕裂模。改变频率可以移动环中的吸收区域，这是通过使用缓慢步进调谐来实现调谐时，由于磁场变化范围较广，振荡会从一个模式跳到另一个模式，从而产生宽泛且通常为离散的辐射光谱。

目前，商用的回旋管振荡器可以在 75～170GHz 频率范围内达到 1MW 以上的平均功率（以秒量级测量）[68]。在这些频率下，比其他微波源的能力高出 3 个数量级。最庞大的研究计划是国际热核聚变实验堆（ITER），它的聚变功率为 0.5GW。采用 ECRH 加热，要求回旋管的脉冲长度到达约 10^3 s，功率到达约 100MW，这意味着需要多组回旋管同时工作。考虑到成本因素，效率必须大于 50%，因而降压收集器将是必不可少的。

用于 ITER 的回旋管正在接近规格要求。日本人已经在 170GHz 左右的 1MW 连续波设备上实现了高于 50% 的效率。欧洲人使用常规的腔体结构和降压收集器已实现在 1MW 功率的同时效率大于 50%。如果没有降压收集器，效率仅为 32%。

为将 ITER 的功率能力在假设的未来中提高 1 倍，一些研究小组正在研发 2MW 的回旋管，并实现了 45% 的效率。然而，这些回旋管的寿命尚未证实。考虑到 ITER 的进度落后于计划，且已超预算，因此在下一个 10 年中，在将其用于试验前还有时间来研究其寿命。在当前 ITER 使用的 165GHz 频率范围内，最新的技术水平是效率为 48%、功率为 2.2MW 的同轴回旋管。

3.7 粒子加速器

我们借助于高能加速器来测试关于高能物理认知的极限。尽管在目前，标准模型（the standard model）是对亚原子世界的最佳描述，但它并不能解释全部。该理论忽视了地心引力，只包含了 4 种基本作用力中的 3 种。此外，还有一些重要的问题未能得到答案。例如：什么是暗物质（占宇宙质能的 25%）？什么是暗能量（甚至超过 70%）？或者大爆炸后反物质发生了什么？为什么三代夸克和轻子具有如此不同的质量尺度？还有更多。此外，最近发现的被称为希格斯玻色子的粒子，它是标准模型的重要组成部分。有一些理论（如超对称、弦）能够说明更高能量中存在什么，但是没有一个加速器有足够的能量去进行探索。因此，有一条加速器研发路线的目标就是产生能量为 1 TeV（1000 GeV）的电子束。

要产生这种电子束,将会使用射频加速器,其中射频源(实际上是微波,因为它们工作在高于0.3GHz这个射频和微波频率的边界之上)产生加速电子的电场。一般说来,粒子加速器的演化,包括电子和强子(重粒子,如质子)加速器,如图3.36[69]所示。质子和重原子核的离子加速器使用小于1GHz的低频进行加速,主要是因为与轻得多的电子相比,它们的速度要慢得多。最先进的电子加速器是位于加利福尼亚州帕洛阿尔托的斯坦福线性加速器中心(Stanford Linear Accelerator Center,SLAC)的斯坦福直线对撞机(SLC,2.5GHz,50GeV),以及瑞士日内瓦附近欧洲核能研究中心(CERN)的大型正电子(LEP,209GeV)对撞机。两者都产生高能电子束和正电子束,相互碰撞和湮灭,结果产生亚原子粒子,提供关于物质和基本力的本质信息。SLC于1967年完成,是一台在SLAC的碰撞电子和正电子的直线加速器。LEP是一个周长26.7km的大型环形加速器,最初产生55GeV电子和正电子的反向粒子束,其碰撞能量当前为209GeV[70]。它曾于2000年关闭,为建造大型强子对撞机(LHC)腾出空间。

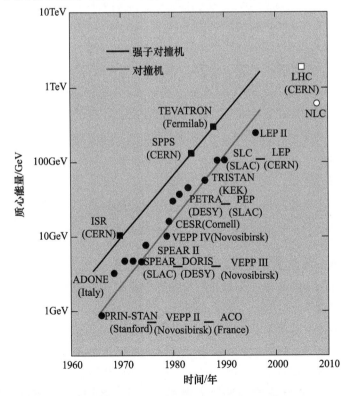

图3.36 已建造或计划建造的电子-正电子对撞机和强子对撞机的质心参考系能量
(转载自 Panofsky,W. K. H. ,SLAC Beam Line,36,Spring,1997. 经 SLAC 许可)

由于被离心加速的电子的回旋辐射损失与 E^4/R^2 成正比,其中 E 是电子能量,R 是电子轨道曲率半径[71],所以 1 TeV 的电子加速器将采用直线加速。将电子加速到这样的能量所需的功率远远超出单个微波源的能力,所以需要用源的组群在相位同步状态下运行。在组群时,虽然原则上可以使用锁相振荡器,实际上使用的是放大器,特别对于那些对能量要求不高的工业应用,如射线照相和癌症治疗等。

射频(RF)直线加速器的一个关键性能参数是加速梯度,即用兆电子伏每米来衡量的电子能量增长速率。对于给定的最终能量,梯度越高,加速器就越短。通过提高加速梯度可以降低加速器硬件和占地面积两方面的成本。SLC 的平均梯度为 17MeV/m(加速区内的梯度略高一些)。太电子伏级加速器的加速梯度的目标是 100MeV/m 以上。下面我们将简短讨论,这个目标在目前的状况下是很难实现的,需要对现有的加速器技术进行彻底的改进。加速梯度随频率的上升而增大,因为击穿强度随频率增大。另外,加速器的谐振腔也随频率的增加而变小,这样就减小了余裕度和容许范围。人们已经为实现高效加速而在这么小的结构中付出了巨大努力。

实现较高的加速梯度还有一个额外好处,它能让用于医疗和工业应用的较低能量 RF 直线加速器变得更加紧凑。这里举两个此类应用的例子以说明其重要性。如果允许电子撞击一个金属韧致辐射转换器,在转换器中电子的动能被转换为 X 射线,这样的加速器可以用于工业放射照相或癌症治疗,也可以利用高能电子束穿过磁波荡器或摇摆器产生同步辐射光源或自由电子激光(见 11.3 节)。

高能加速器的需要,促进了不少先进高功率微波源的研究。在讨论高功率微波源对实现高能量和高加速梯度方面可扮演的角色之前,先简要地回顾一下直线加速器的基本原理。图 3.37 给出了一个 RF 直线加速器的结构框图。在加速区内,电子束团被高功率微波的轴向电场分量加速,如图 3.38 所示。产生的微波是有限时间长度的脉冲,称为宏脉冲,而单个电子束团称为微脉冲。微脉冲之间的 RF 波长数被称为次谐波数。注入加速器的电子束团由注入器提供。图的下方所显示的注入器是两种主要注入器类型中较常用的一种。在注入器中,来自电子源的电子经过初期加速后进入群聚腔。群聚腔与加速腔非常相似,只不过在群聚腔里最初沿轴向均匀分布的电子由于遇到不同的 RF 信号相位而被加速或被减速,这个称为自动稳相的过程将电子群聚在 RF 势阱里。另一种正在开发的注入器是光电注入器,它的工作原理是向光电阴极照射脉冲激光。如果激光的脉冲重复频率合适,就可以在加速区形成间距适中的电子束团。

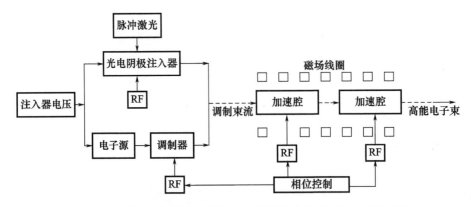

图 3.37 RF 直线加速器结构框图（光电阴极注入器或常规电子源产生的群聚电子束被注入到加速腔中）

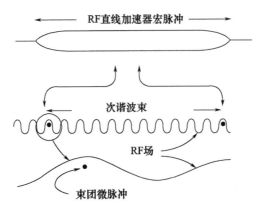

图 3.38 RF 直线加速器中宏脉冲内的电子束团微脉冲

加速腔的结构改变微波场的性质使它们能够有效地与电子束团发生相互作用。图 3.39 是加速区结构的一个具体例子。加速区有两种基本工作方式。在行波加速器中，RF 从加速区的一端被注入，它与电子束团以同步的相位通过加速区，以保持让它们受到恒定加速力的作用，然后 RF 在加速区的出口端被吸收。在驻波加速器中，RF 场的分布为驻波形式，沿加速区轴线方向的相速度为 0；场的频率和相位使束团在通过每一个谐振腔时始终受到场的加速作用。

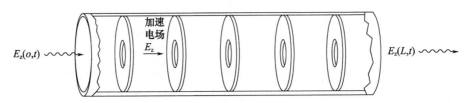

图 3.39 RF 直线加速器的加速腔，使用长度为 L 的膜片加载波导

在过去的几十年里,有 3 项加速器技术得到了发展,它们是铜制 RF 谐振腔、超导 RF 谐振腔和双束加速(也称作驱动束流加速)。铜制 RF 谐振腔(暖式)方法是对 SLC 的一种改进,它使用较高频率的高功率(约为 100MW)相对论速调管(见第 9 章)。这个方法在 SLAC 中实现了 50MV/m 的加速梯度。超导谐振腔(冷式)方法可以得到较高的效率,但加速梯度较低,只有约 630MV/m,相比之下,铜制 RF 谐振腔进一步发展后,未来可能达到约 100MV/m。

为了在达到 100MV/m 量级加速梯度的基础上获得太电子伏的粒子能量,还有许多其他推测性的方案被探讨过。其中一些完全就是推测,也超出了本书所要讨论的范围,如尾场加速器、开关电源加速器和利用等离子体介质的激光拍波与尾场加速器等[72]。

推测性弱一点,但仍未经大范围实验证实的是双束加速器[73]。大电流的低能电子束被用来产生高功率微波,然后在 RF 加速器中将电子束团加速到高能量。这个想法与将低压大电流转换成高压低电流的变压器概念不同。这种加速器的一种可能构型,即利用自由电子激光产生射频,如图 3.40 所示。利用感应直线加速器产生一个能量和电流分别为数兆电子伏和数千安量级的强流电子束,在 FEL 的摇摆器区产生的微波经微波功率馈源被传送到高能 RF 直线加速器,电子束在 FEL 中失去的能量将在附加的感应加速区中得到补充。

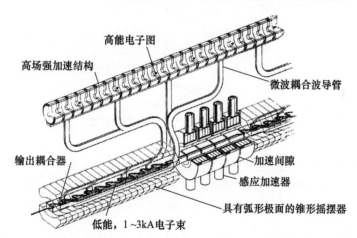

图 3.40 双束加速器的概念图(采用由数兆电子伏、数千安的电子束驱动自由电子激光器,来产生微波,以作用于直线加速器中的高梯度加速结构。感应加速器模块(见第 5 章)为电子束补充其损失给微波的能量)

国际直线对撞机(international linear collider,ILC)将采用冷式谐振腔,即超导 RF 谐振腔。这一决定是基于成本/风险依据,而且德国正在建造的一台利用冷法技术的相干光源[74],与热法需要约 100MW 的速调管相比,冷法技术所需的源功率不高。现在作为候选的是约 10MW、1ms 的多注速调管。

紧凑型直线对撞机(compact linear collider,CLIC)的目标是使电子-正电子碰撞的质心能量范围为 0.5~5TeV,并以 3TeV 为标称质心能量进行了优化。为了保持长度合理,加速梯度必须非常高——CLIC 的目标是加速梯度为 100MV/m。从根本上讲,超导技术仅限于较低的梯度,只有高频(约 12GHz)室温行波结构才有可能实现这一目标。

为了在这种高梯度下产生足够的功率,CLIC 采用了新颖的双束加速概念,如图 3.41 所示。一注强流电子束(驱动束)由 652 个速调管来加速,每个速调管可在 0.5GHz 频率下产生时长为 139μs 的 33MW 功率。驱动束与主束平行,并在专用的功率提取结构(power extraction structures,PETS)中减速,从而在 12GHz 的频率下产生 136MW 的微波功率。该功率被传输到波导中的主束,并在其中加速电子(或正电子)束。这使得在没有任何有源 RF 组件(即速调管)时的通道布局极其简单。两个束都可以在中心注入器组合体中生成,并沿直线加速器传输。主要的难题是表面电场和磁场过高以及如何建造这样一个复杂且需要精细对准的系统。

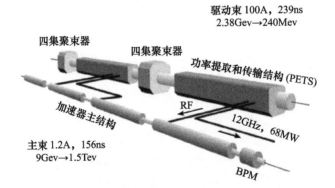

图 3.41 CLIC 两束加速器模块概念(由几千安、几兆电子伏的电子束驱动的驱动束,产生作用于直线加速器高梯度加速结构的微波,摘自 Aicheler, M. et al. , CLI Conceptual Design Report,2012,http://clic-study.web.cern.ch/content/conceptual-design-report)

30GHz 的 CLIC 双束加速是唯一一种有望超过 100MV/m 区的手段,这使得超太电子伏电子对撞机成为可能。大型强子对撞机(LHC)于 2010 年开始探索亚太电子伏的能量范围。如果发现该范围给不出有足够吸引力的物理结果来支持利用冷法技术建造 ILC,并且粒子物理学家认为需要几个太电子伏能量才能获得足够令人关注的物理发现,使得 CLIC 这样的大型项目开支物有所值,那么将用 CLIC 替代 ILC。

加速梯度的一个限制因素是加速结构中的电场击穿极限。实验人员已经在正常导电的行波结构中观察到击穿，它以不同方式取决于各种参数，包括表面电场、脉冲长度、功率流和群速度。当前的研究给出了一个极限，该极限在 3~30GHz 的频率范围内由 $P\tau^{1/3}/C$ 确定，其中 P 是流经结构的微波功率，τ 是脉冲长度，C 是结构的最小周长。该结果来自实验[75]。其物理解释是，功率除以周长给出结构表面上方单位横向宽度流经的功率流。该线功率密度是可以引起放电的局部功率，它决定了结构表面的局部加热。当加热导致表面材料烧蚀时，达到极限。当由于热扩散引起的温度升高仅由恒定的沉积功率引起时，烧蚀极限与时间呈平方根依赖关系。不过，如果加入冷却机制（如沸腾、蒸发、辐射或二维热传导），该时间依赖关系会变弱，与 $\tau^{1/3}$ 更接近。

击穿强度也随频率增大而增加，实验显示，其关系约为 $f^{7/8}$。因此，高频更具吸引力，这也是为什么 CLIC 选择 1230GHz 的原因。当频率增加时，还带来一些其他特征：储存在加速区的能量和所需要的平均 RF 功率以 f^{-2} 的关系减小，结构内部的损耗和峰值 RF 功率以 $f^{-1/2}$ 的关系降低，加速区长度以 $f^{-3/2}$ 的关系变短。

不是所有的频率都是有利的。加速区结构的尺寸与微波波长（约 f^{-1}）成正比。这意味着为 30GHz 频率设计的结构尺寸为毫米量级。因此，加速结构制造的容许范围和电子束定位变得更加难以满足。电子束团通过加速结构产生的尾场，在较高的频率下，会出现束流质量下降的问题。简而言之，粒子束团表现得像是一个脉冲，会激发出不希望有的高阶模式。与这些模式相关的尾场可以是纵向或横向的。纵向尾场模式随 f^2 增大，并造成纵向能量分布的扩散和由此导致的束团伸长。横向尾场模式随 f^3 增大，它倾向于将电子束推离中心轴。总的来说，在直线对撞机所需的电流下，减小结构尺寸和增大尾场幅值伴有 RF 频率上限，当前，它将加速频率限制在 30GHz 以下，见布斯克（Booske）的论文[76]。

习 题

3.1 一位高功率微波技术人员在报告他所建造的设备时声称，该设备产生微波的效率为 56%。该设备可产生 3GW、100ns 的微波脉冲，从 Marx 发生器或脉冲形成网络（pulse-forming network, PFN）输入的功率为 5.35GW。这看上去能够满足你的需要。但是，承造商提供的脉冲功率系统的质量约为 0.5t (500kg)，远远超出了你工作平台的承载能力。通常 Marx/PFN 系统的质量与能量比约为 300g/J。所以这个微波源一定有一个问题推销商没有告诉你，它是什么？

3.2 为估算主动拒止的作用范围,假定94GHz的信号照射到该频率下电导率为4.3S/m的盐水表面。求趋肤深度(损耗介电材料的趋肤深度由式(4.55)给出)。如果人体皮肤的电导率为17S/m,求其趋肤深度。

3.3 如果"警惕之鹰"系统以杀伤阈值$1mW/cm^2$攻击一个导弹,机场与导弹之间的距离为5km,波束宽度为1°,请问发射功率需要达到多少。

3.4 有一个导弹目标,测量得到对于$100W/cm^2$的入射功率,会有1W功率被耦合到它的内部电路上。你的实验结果表明,1W功率足以造成任务失败。为了得到更高的P_k(破坏概率),你必须在X波段下运行。你的任务分析表明,为了确保杀伤目标,应在5km射程以内发动攻击。你的工作平台限制天线孔径不超过1m,据估算天线效率约为60%。求耦合截面、该任务所需的最小天线辐射功率和目标处的束斑大小。

3.5 据报道,对于NAGIRA系统,BWO的输出功率为0.5GW,求BWO的微波转换效率。假定微波转换效率与电压无关,而且BWO二极管满足Child-Langmuir定律,如果输出频率的稳定性要求相邻脉冲的微波功率差异小于1%,求相邻脉冲的电压变化范围。

3.6 决定于二极管的整流效率,整流天线的功率密度具有一定的最佳工作范围。你想要改变整流天线的工作频率,但保持功率传送天线的孔径及其到固定整流天线的距离不变。你将需要一个新的整流天线,为保持较高的效率,就要使它的面积足以覆盖半功率波束宽度。已知整流天线的单个偶极子的有效面积与波长的平方成正比,那么,需要的偶极子/二极管单元的个数怎样随频率变化?每个二极管的功率怎样变化?

3.7 根据火箭运动方程,对于质量比10、100和1000的情况,火箭速度可以达到发射速度的多少倍?

3.8 求1GW的入射波束作用在100 kg全反射帆上的作用力。求为将太阳帆加速到星际速度1km/s所需要的作用时间。

3.9 对一个波束驱动太阳帆,到多大距离时波束宽度超过帆的尺寸?如果功率不随时间变化,求帆在该处获得的速度。若经此处之后波束继续作用,太阳帆的速度还能增大多少?

3.10 将来探索火星时,地球与火星之间的通信需要高得多的数据传输速率,为此将建立一个高功率运行的波束系统。假设到火星的平均距离为1.5AU,其中AU为天文单位,$1AU = 150 \times 10^6 km$。根据技术参数,系统在火星上的功率密度为$1mW/m^2$,该系统的工作频率为100GHz,接近地球的大气窗口。取每平方米天线的成本为1000美元,电力成本为3美元/W。最优成本对应的波束功率、天线面积和直径是多少?最优成本是多少?

3.11 在习题 3.10 中,如式(3.28)所述,如果考虑规模效益,成本将是多少? 成本节约率(CSR)是多少? 假定天线和微波源的学习曲线因子均为 85%。取天线面积为 100m^2,微波源为 1MW 的回旋管。

参考文献

[1] http://www.boeing.com/Features/2012/10/bds_champ_10_22_12.html,2012.

[2] Katt,R. J. ,Selected Directed Energy Research and Development for U. S. Air Force Aircraft Applications:A Workshop Summary,National academies press,Washington,DC,2013.

[3] AMEREM. http://www.ece.unm.edu/amerem2014,2014.

[4] Clarke,T. ,Taylor,A. ,Estep,N. ,Yakura,S. ,Brumit,D. ,Dietz,D. ,Hemmady,S. ,and Duffey,J. ,Predictive modeling of high-power electromagnetic effects on electronics,International Conference on Electromagnetics in Advanced Applications,Torino,Italy,2011,p. 429.

[5] Rawles,J. ,Directed energy weapons:Battlefield beams,Defense Electronics,22,47,1989.

[6] Taylor,T. ,Third generation nuclear weapons,Sci. Am. ,256,4,1986.

[7] Price,D. et al. ,Compact pulsed power for directed energy weapons,J. Directed Energy,1,48,2003.

[8] Benford,J. and Benford,G. ,Survey of pulse shortening in high power microwave sources,IEEE Trans. Plasma. Sci. ,25,311,1997

[9] Kopp,C. ,The Electromagnetic Bomb:A Weapon of Electromagnetic Mass Destruction,http://abovetopsecret.com/pages/ebomb.html,2003.

[10] Walling,E. M. ,High power microwaves:Strategic and operational implications for warfare,Air War College Maxwell Paper No. 11,Air University press,Maxwell Air Force Base,AL,2000.

[11] Beason,D. ,The E-Bomb,Da Capo press,Cambridge,Ma,2005.

[12] Clark,C. ,Raytheon non-lethal heat beam tackles new missions,Breaking Defense,November05,2013, http://breakingdefense.com/2013/11/raytheon-non-lethalheat-beam-tackles-new-missions/.

[13] Sikora,L. J. ,FLAPS™ Reflector Antennas,National Telesystems Conference, "Commercial Applications and Dual-Use Technology," Atlanta,GA,1993.

[14] http://iedtracker.partners-international.org.

[15] Downing,G. R. ,Missile defensive systems and the civil reserve air fleet,Air War College Maxwell Paper No. 45,Air University Press,Maxwell Air Force Base,AL,2009.

[16] Singer,J. ,USAF interest in lasers triggers concerns about anti-satellite weapons,Space News,17,A4,2006.

[17] Velikhov,V. ,Sagdeev,R. ,and Kokashin,A. ,Weaponry in Space:The Dilemma of Security,MIR press,Moscow,Russia,1986.

[18] Sabath,F. ,Threat of electromagnetic terrorism,Proceedings of EUROEM,Toulouse,France,

2012, p. 17.

[19] Foster, J., Edmiston, G., Thomas, M., and Neuber, A., High power microwave switching utilizing a waveguide spark gap, Rev. Sci. Instrum., 79, 114701, 2008.

[20] Beeson, S., Dickens, J., and Neuber, A., Plasma relaxation mechanics of pulsed high power microwave surface flashover, Phys. Plasmas, 20, 093509, 2013.

[21] Xiang, X., Kupczyk, B., Booske, J., and Scharer, J., Diagnostics of fast formation of distributed plasma discharges using X-band microwaves, J. Appl. Phys., 115, 063301, 2014.

[22] Beeson, S., Dickens, J., and Neuber, A., A high power microwave triggered RF opening switch, Rev. Sci. Instrum., 86, 034704, 2015.

[23] Wunsch, D. C. and Bell, R. R., Determination of threshold failure levels of semiconductor diodes and transistors due to pulsed power voltages, IEEE Trans. Nucl. Sci., NS-15, 244, 1968.

[24] Hoad, R. et al., Trends in susceptibility of IT equipment, IEEE Trans. Electromagn. Compat., 46, 390, 2004.

[25] Taylor, A., Microcontroller (8051-Core) Instruction Susceptibility to Intentional Electromagnetic Interference (IEMI), MS thesis, University of New Mexico, Albuquerque, NM, 2011.

[26] Manheimer, W., Applications of high-power microwave sources to enhanced radar systems, in Applications of High Power Microwaves, Gaponov-Grekov, A. V. and Granatstein, V., Eds., Artech House, Boston, MA, Ch. 5, 1994, p. 169.

[27] Blyakhman, A. et al., Nanosecond gigawatt radar: Indication of small targets moving among heavy clutters, in Proceedings of the IEEE Radar Conference, Boston, MA, 2007, p. 61.

[28] Baum, C. et al., The singularity expansion method and its application to target identification, Proc. IEEE, 79, 1481, 1991.

[29] Nalos, E., New developments in electromagnetic energy beaming, Proc. IEEE, 55, 276, 1978.

[30] Benford, J., Modification and measurement of the atmosphere by high power microwaves, in Applications of High Power Microwaves, Gaponov-Grekov, A. V. and Granatstein, V., Eds., Artech House, Boston, MA, Ch. 12, 1994, p. 209.

[31] Pozar, D. M., Microwave Engineering, 2nd edition, John Wiley & Sons, New York, 1998, p. 665.

[32] Hansen, R. C., McSpadden, J., and Benford, J., A universal power transfer curve, IEEE Microwave Wireless Compon. Lett., 15, 369, 2005.

[33] Koert, P. and Cha, J., Millimeter wave technology for space power beaming, Microwave Theory Tech. 40, 1251, 1992.

[34] McSpadden, J. and Mankins, J., Space solar power programs and wireless power transmission technology, IEEE Microwave Magaz., 3, 46, 2002.

[35] Dickinson, R. M., Performance of a high-power, 2.388 Ghz receiving array in wireless power transmission over 1.54km, IEEE MTT-S International Microwave Symposium, Cherry Hill, NJ, 139, 1976.

[36] Brown, W. C., Beamed microwave power transmission and its application to space, IEEE Trans.

Microwave Theory Tech. ,40,123,1992.

[37] National research Council, Laying the Foundation for Space Solar Power: An Assessment of NASA's Space Solar Power Investment Strategy, National Academy Press, Washington, DC,2001.

[38] Mankins,J. C. ,SPS – ALPHA:The First Practical Solar Power Satellite via Arbitrarily Large Phased Array,NASA/NIAC report,2012.

[39] Davidson,F. P. ,Csigi,K. I. ,and Glaser,P. E. ,Space Solar Satellites,Praxis Publishing,Chichester,1998.

[40] Fetter,S. ,Space solar power:An idea whose time will never come? Physics and Society,33,10,2004. See also reply,Smith,a. ,earth vs. space for solar energy,round two,Physics and Society,33,12,2002.

[41] Criswell,D. R. ,Energy prosperity within the 21st century and beyond:Options and the unique roles of the sun and the moon,in Innovative Solutions to CO2 Stabilization,Watts,R. ,Ed. ,Cambridge University Press,Cambridge,2002,p. 345.

[42] Hoffert,M. ,Miller,G. ,Kadiramangalam,M. ,and Ziegler,W. ,Earth – to – satellite microwave power transmission,J. Propulsion & Power,5,750,1989.

[43] Matloff,G. ,Deep – Space Probes,2nd edition,Springer – Verlag,New York,2005.

[44] Zaehringer,A. J. ,Rocket Science,Apogee Books,Burlington,Ontario,Canada,2004.

[45] Parkin, K. L. G. , DiDomenico, L. D. , and Culick, F. E. C. , The microwave thermal thruster concept, in AIP Conference 702, Proceedings of the 2nd International Symposium on Beamed – Energy Propulsion,Komurasaki,K. ,Ed. ,Melville,NY,2004,p. 418.

[46] Parkin, K. L. G. and Culick, F. E. C. , Feasibility and performance of the microwave thermal rocket launcher, in AIP Conference 664, Proceedings of the 2nd International Symposium on Beamed – Energy Propulsion,Komurasaki,K. ,ed. ,Melville,NY,2003,p. 418.

[47] Benford,J. and Myrabo,L. ,Propulsion of small launch vehicles using high power millimeter waves,Proc. SPIE,2154,198,1994.

[48] Benford,J. and Dickinson,R. ,Space propulsion and power beaming using millimeter systems, Proc. SPIE, 2557, 179, 1995. Also published in Space Energy and Transportation, 1, 211,1996.

[49] Hoppe,D. J. et al. ,Phase locking of a second harmonic gyrotron using a quasioptical circulator,IEEE Trans. Plasma. Sci. ,23,822,1995.

[50] Benford, G. and Benford, J. , An aero – spacecraft for the far upper atmosphere supported by microwaves,Acta Astronautica,56,529,2005.

[51] McInnes,C. ,Solar Sailing:Technology,Dynamics,and Mission Applications,Springer – Verlag,New York,1999.

[52] Forward,R. L. ,Starwisp:an ultra – light interstellar probe,J. Spacecraft,22,345,1985.

[53] Landis,G. A. ,Microwave – pushed interstellar sail:Starwisp revisited,paper AIAA – 2000 –

3337, in Proceedings of the 36th Joint Propulsion Conference, Huntsville, AL, 2000.

[54] Benford, J. and Benford, G., Flight of microwave – driven sails: experiments and applications, in Beamed Energy Propulsion, AIP Conference Proceedings 664, Pakhomov, A., Ed., 2003, AIP (Melville, NY), p. 303.

[55] Benford, G. and Nissenson, P., Reducing solar sail escape times from earth orbit using beamed energy, JBIS, 59, 108, 2006.

[56] Landis, G., Beamed energy propulsion for practical interstellar flight, JBIS, 52, 420, 1999

[57] Benford, G. and Benford, J., Power – beaming concepts for future deep space exploration, JBIS, 59, 104, 2006.

[58] Schamiloglu, E. et al., 3 – D simulations of rigid microwave propelled sails including spin, in Proceedings of the Space Technology and Applications International Forum, AIPConference Proceedings 552, 2001, p. 559.

[59] Benford, G., Goronostavea, O., and Benford, J., Experimental tests of beam – riding sail dynamics, in Beamed Energy Propulsion, AIP Conference Proceedings 664, Pakhomov, A., Ed., 2003, p. 325.

[60] Konz, C. and Benford, G., Optics Comm., 226, 249, 2003.

[61] Benford, G., Goronostavea, O., and Benford, J., Spin of microwave propelled sails, in Beamed Energy Propulsion, AIP Conference Proceedings 664, Pakhomov, A., Ed., 2003, p. 313.

[62] Benford, J. and Benford, G., Elastic, electrostatic and spin deployment of ultralight sails, JBIS, 59, 76, 2006.

[63] Benford, J., Benford, G., and Benford, D., Messaging with cost optimized interstellar beacons, Astrobiology, 10, 475, 2010.

[64] Prather, R., Heating and current drive by electron cyclotron waves, Phys. Plasmas, 11, 2349, 2004.

[65] Jelonnek, J. et al., From series production of gyrotrons for W7 – X towards EU – 1MW gyrotrons for ITER, in Proceedings of the IEEE International Pulsed Power Conference, San Francisco, CA, 2013, p. 1864.

[66] Ott, E., Hui, B., and Chu, K. R., Theory of electron cyclotron resonance heating of Plasmas, Phys. Fluids, 23, 1031, 1980.

[67] Chen, F., Introduction to Plasma Physics, Plenum press, New York, Ch. 4, 1974.

[68] Felch, K. L. et al., Characteristics and applications of fast – wave gyrodevices, Proc. IEEE, 87, 752, 1999.

[69] Panofsky, W. K. H., The evolution of particle accelerators and colliders, SLAC Beam Line, 36, Spring, 1997.

[70] Hinchliffe, I. and Battaglia, M., A TeV linear collider, Phys. Today 57, 49, 2004.

[71] Humphries, S., Principles of Charged Particle Acceleration, John Wiley & Sons, New York, 1986.

[72] Chandrashekhar, J., Plasma accelerators, Sci. Am., 294, 40, 2006.

[73] Sessler, A. and Yu, S., Relativistic klystron two – beam accelerator, Phys. Rev. Lett., 58,

243,1987.

[74] Gamp, G. , On the preference of cold RF technology for the International Linear Collider, in Proceedings of the 7th Workshop on High Energy Density and High Power RF, AIP Conference Proceedings 807,2006,p. 1.

[75] Wuensch, W. , The scaling limits of the traveling – wave RF breakdown limit, CERN – AB – 2006 – 013, CLIC Note 649,2006.

[76] Booske, J. H. , Plasma physics and related challenges of millimeter – wave – to – terahertz and high power microwave generation, Phys. Plasmas,15,055502,2008.

第4章 微波基础知识

4.1 引 言

高功率微波是通过将电子的动能转变为电磁场能量而产生的。这个过程通常在波导管或谐振腔中进行,其作用是控制电磁场的频率和空间分布,使之最有利于从电子振动模中获取能量。在分析这个过程时,需考虑两者间的相互作用:一是波导管或谐振腔里的电磁波模;二是电子束或电子层的振动模。除了在一些特定的频率和波长外,二者通常是相互独立的,这些频率和波长是发生共振能量交换的必要条件。因此,本章首先从复习电磁学的基本概念,分析不存在电子的波导中的场分布开始。重点放在波导管内部电磁场的空间分布以及振荡频率与轴向波长之间的关系这两个主要特性上。同时,将考虑光滑波导和周期性慢波结构这两种情况,后者使用了弗洛凯(Floquet)定理和瑞利(Reyleigh)假设。还将涉及决定高功率装置功率容量的两个重要因素:一个是波导管或谐振腔内的微波功率与管壁的法向电场之间的关系,它与击穿现象有密切关系;另一个是高平均功率时管壁的欧姆加热,包括连续波和高重复频率脉冲两种情形。波导管之后将讨论谐振腔。每个谐振腔都有一定的简正模,其概念在很大程度上可以从波导管概念扩展得到。谐振腔的一个重要参数是 Q,即所谓的品质因子,将是讨论的焦点。

在讲述主要的电磁场的概念以后,我们将考虑二极管和漂移管中空间电荷限制的电子束流,它是讨论虚阴极的关键。接着简要讨论电子束传播、电子束平衡和电子层的形成,然后讨论有关电子束和电子层上的自然振荡模。根据在电子向电磁场进行能量转移时电子束振荡的性质区分不同种类的微波源。我们将采用两种不同的分类方法:首先分析振荡器和放大器之间的差别;然后区分高电流和低电流状态。还将考虑多个微波源协调工作时的相位控制问题;最后讨论通过相互作用区域以后的乏电子束处理问题。

4.2 电磁学基础概念

根据麦克斯韦方程,微波器件中的电场 E 和磁场 B 可以用电荷密度 ρ 和电

流密度 j 表示,即

$$\nabla \cdot B = \mu_0 j + \frac{1}{c^2}\frac{\partial E}{\partial t} \tag{4.1}$$

$$\nabla \cdot E = -\frac{\partial B}{\partial t} \tag{4.2}$$

$$\nabla \cdot B = 0 \tag{4.3}$$

$$\nabla \cdot E = \frac{\rho}{\varepsilon_0} \tag{4.4}$$

有时也使用场量 $D = \varepsilon E$ 和 $H = B/\mu$,这里的 ε 和 μ 分别是介质的介电常数和磁导率,在真空中等于 ε_0 和 μ_0。这些方程的解必须满足特定的边界条件,这些边界条件对于确定波导管或谐振腔中的振荡模参数起着重要的作用,特别是当振荡模的波长与波导管或谐振腔的几何尺寸相当时。最简单的边界条件是理想导体表面的边界条件,其电场的切向分量和磁场的垂直分量必须为 0。因此,在导体表面的点 x 处,用 n_t 表示表面切线方向的单位矢量,n_p 表示垂直方向的单位矢量①,可以给出以下表达式:

$$n_t \cdot E(x) = 0 \tag{4.5}$$

$$n_p \cdot B(x) = 0 \tag{4.6}$$

在导体表面,E 的垂直分量和 B 的切线分量可以不连续,它们的变化量分别与表面电荷密度和表面电流密度成正比。这个关系可以通过对式(4.1)和式(4.4)进行积分得到,本章稍后将对此详细讨论。有关导体的有限电导率 σ 的影响也将在后面讨论。

源项 ρ 和 j 来自电子在场中的运动,该运动符合牛顿定律:

$$\frac{\mathrm{d}p}{\mathrm{d}t} = -e(E + v \cdot B) \tag{4.7}$$

式中:p 为动量,$p = m\gamma v$,m 是电子质量,v 是电子的速度,$\gamma = (1 - |v|^2/c^2)^{-1/2}$ 是相对论因子。对所有电子进行叠加计算得到 ρ 和 j,这项工作将电子的运动参数转换为麦克韦斯方程中的 ρ 和 j,是在理论处理上实现闭环的重要过程,完成这项工作的方法有很多。例如,如果将电子束或电子层中的电子视为流体,可以将式(4.7)中的动量和速度视为满足同一方程式的流体的动量和速度,这样电流密度可以表示为

$$j = \rho v \tag{4.8}$$

当电子速度的分布范围较大时(如发散电子束或轴向速度分布较广的电子束),则利用弗拉索夫(Vlasov)方程或玻耳兹曼(Boltzmann)方程式的经典方法

---

① 单位矢量 n 的定义为 $|n| = 1$。

可能更合适。随着计算机的广泛使用，数值计算技术得到了越来越多的应用。无论哪种情况，从事微波系统理论分析工作的研究者，必须仔细评估分析的有效性，要考查相应的分析是否基于某些通用的近似。首先，必须分析方法的自洽程度，即电磁场与带电粒子间相互作用的程度。例如，在低电流系统中与空间电荷有关的某些效果可能并不是很重要，但它们对于大电流系统却十分重要。其次，必须决定是否进行线性近似。这是一种微扰近似，此时所有变量都写成一个大的零次项，通常是平衡状态的初始值，加上一个小的与时间和空间有关的微扰项。这种分析方法适合于小信号状态或系统的初期阶段，但对于大振幅信号则不能适用。再次，必须注意不同的时间尺度，时间平均法可得到具有快速周期性的平均系统缓慢演化的不同现象。但这种分析方法不适用于系统参数大幅快速变化的情况。最后，在数值模拟中，为了让计算时间和所需内存降低到可控的水平，经常要对模型进行适当地简化。再比如，在进行实际粒子模拟时，经常采用一维或二维空间模型而忽略其他维度的变化。

4.3 波导管

波导管的作用不仅是传送微波，而且在一定条件下也用来与电子束相互作用产生微波。对应于不同的需要，波导管具有多种多样的形状和尺寸。首先考虑最简单的波导管，即由理想导体内壁构成、截面的形状和大小保持不变、内部无电子或介质的波导管（称为真空波导管）。对式(4.1)求旋度，并利用式(4.2)和式(4.3)可以得到磁场 B 应满足的波动方程，这时式(4.1)和式(4.4)右侧的 j 和 ρ 为0，即

$$\nabla^2 B - \frac{1}{c^2}\frac{\partial^2 B}{\partial t^2} = 0 \tag{4.9}$$

同样，求式(4.2)的旋度并利用式(4.1)和式(4.4)可以得到电场 E 应满足的波动方程，即

$$\nabla^2 E - \frac{1}{c^2}\frac{\partial^2 E}{\partial t^2} = 0 \tag{4.10}$$

注意，这两个方程对于磁场 B 和电场 E 是线性的，因此方程的解对于不同的场强都应该是有效的。

接下来考虑两类独立的解[①]：

[①] 另外还有一类解是横电磁模，它的轴向电场分量和磁场分量为0。这种模可以存在于特定的几何条件下，如同轴圆筒或平行平板。但是它不能存在于中空的圆筒形波导或方形波导管中。

(1) 横磁模的轴向磁场分量为 $0(B_z=0)$；

(2) 横电模的轴向电场分量为 $0(E_z=0)$。

前一种情况可以用 E_z 表示横向场分量，而后一种情况可以用 B_z 表示横向场分量。因为波导管具有相对于中心轴的对称性，B 和 E 都可以写成

$$E(x,t) = E(x_\perp)\exp[i(k_z z - \omega t)] \quad (4.11)$$

式中：$x_\perp$ 是与 z 轴垂直的平面上的矢量。能够这样简化的原因是由于波导管的截面不随位置和时间变化。

在式(4.11)中，波数 k_z 与波导管轴向波长 λ_w（通常它不同于自由空间波长 $\lambda = c/f$）的关系为

$$k_z = \frac{2\pi}{\lambda_w} \quad (4.12)$$

而角频率 ω 与频率 f 之间的关系为

$$\omega = 2\pi f \quad (4.13)$$

于是，对于 TM 模，利用式(4.10)和式(4.11)得到 E_z 的方程为

$$\nabla_\perp^2 E_z - k_z^2 E_z + \frac{\omega^2}{c^2} E_z = 0 \quad (4.14)$$

式中：$\nabla_\perp^2$ 为拉普拉斯算子有关垂直截面上的变化的部分。同样，对于 TE 模，利用式(4.9)，得到 B_z 的方程为

$$\nabla_\perp^2 B_z - k_z^2 B_z + \frac{\omega^2}{c^2} B_z = 0 \quad (4.15)$$

方程(4.14)、(4.15)都必须在满足式(4.5)和式(4.6)的边界条件下求解，即导体壁表面的切向电场分量和垂直磁场分量为 0。

一般情况下，对于截面形状和大小保持不变的波导管，可以将横向场分量的变化与轴向分量和时间分离，即

$$\nabla_\perp^2 E_z = -k_{\perp,\text{TM}}^2 E_z \quad (4.16)$$

$$\nabla_\perp^2 B_z = -k_{\perp,\text{TE}}^2 B_z \quad (4.17)$$

这些方程右侧的特征值 $k_{\perp,\text{TM}}$ 和 $k_{\perp,\text{TE}}$ 取决于波导管的截面形状（后面将有具体例子）。因此，式(4.14)和式(4.15)可以写成

$$\left(\frac{\omega^2}{c^2} - k_{\perp,\text{TM}}^2 - k_z^2\right)E_z = 0 \quad (4.18)$$

$$\left(\frac{\omega^2}{c^2} - k_{\perp,\text{TE}}^2 - k_z^2\right)B_z = 0 \quad (4.19)$$

因为 E 和 B 不能恒等于 0，所以括号以内的部分必须为 0，则

$$\omega^2 = k_{\perp,\text{TM}}^2 c^2 + k_z^2 c^2 \equiv \omega_{\text{co}}^2 + k_z^2 c^2 \quad (4.20)$$

$$\omega^2 = k_{\perp,\text{TE}}^2 c^2 + k_z^2 c^2 \equiv \omega_{\text{co}}^2 + k_z^2 c^2 \quad (4.21)$$

其中，截止频率 ω_{co}（不含下标 TM 或 TE）的定义为

$$\omega_{co} = k_{\perp,\text{TM}} c \text{ 或 } \omega_{co} = k_{\perp,\text{TE}} c \tag{4.22}$$

式中：ω_{co} 称为截止频率是因为它是给定模能够在波导管里传播的最小频率，即对于更低的频率，这个模被截止。如果将式（4.20）或式（4.21）重新写成 $k_z^2 = (\omega^2 - \omega_{co}^2)/c^2$，便可以看得更清楚了。如果 $\omega^2 < \omega_{co}^2$，则有 $k_z^2 < 0$。因为波导管里没有能量来源（这里还没有考虑电子束），所以 k_z 只能是虚数，而且随空间指数减小。

式（4.20）和式（4.21）是决定微波器件特性的色散关系，即 k_z 与 ω（或 λ_w 与 f）之间的关系式。注意：只有特征值 $k_\perp$（或截止频率 ω_{co}）随系统变化，而且只取决于波导管的几何尺寸。后面将看到，实际上任何波导管都存在无数个截止频率，每个截止频率对应一个波导管振荡的简正模。这些简正模是自然存在的，就像两端固定的琴弦的振动一样。模的次数越高，它所对应的波长就越短。这些模有各自的特性。如果一个模得到激励，它将持续一段时间。那么，如果采用短脉冲激励一个系统，在初始的瞬态过程衰减很长时间以后，系统里将会剩下一系列简正模振荡的线性叠加，这也是无源麦克斯韦方程组的线性特性的结果。如果在波导管的一端采用短脉冲激励，在它的另一端也能够得到同样的一系列简正模。以下的几小节里将考虑两种典型的波导管，即矩形波导管和圆形波导管。

4.3.1 矩形波导的模式

首先考虑截面形状如图 4.1 所示的矩形波导管，其中 a 为长边，即 $a \geq b$。波导管的壁分别与 x 轴（从 $x=0$ 到 $x=a$）和 y 轴平行（从 $y=0$ 到 $y=b$）。这样 $\boldsymbol{x}_\perp$ 为 $x-y$ 平面上的矢量，式（4.16）和式（4.17）变为

$$\nabla_\perp^2 E_z = \left(\frac{\partial^2}{\partial x^2} + \frac{\partial^2}{\partial y^2} \right) E_z = -k_{\perp,\text{TM}}^2 E_z \tag{4.23}$$

$$\nabla_\perp^2 B_z = \left(\frac{\partial^2}{\partial x^2} + \frac{\partial^2}{\partial y^2} \right) B_z = -k_{\perp,\text{TE}}^2 B_z \tag{4.24}$$

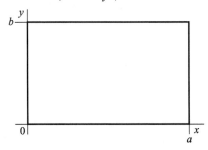

图 4.1 矩形波导管的截面

边界条件如下：

$$B_x(x=0,y) = B_x(x=a,y) = 0, 0 \leqslant y \leqslant b \quad (4.25)$$

$$B_y(x,y=0) = B_y(x,y=b) = 0, 0 \leqslant x \leqslant a \quad (4.26)$$

$$E_y(x=0,y) = E_z(x=0,y) = E_y(x=a,y) = E_z(x=a,y) = 0, 0 \leqslant y \leqslant b \quad (4.27)$$

$$E_x(x,y=0) = E_z(x,y=0) = E_x(x,y=b) = E_z(x,y=b) = 0, 0 \leqslant x \leqslant a \quad (4.28)$$

可以很容易得到，对于 TM 波，满足式(4.25)～式(4.28)边界条件的式(4.23)的解为

$$E_z = D \sin\left(\frac{n\pi}{a}x\right)\sin\left(\frac{p\pi}{b}y\right) \quad (4.29)$$

式中：D 为与波的振幅有关的常数。

从式(4.29)可以看出，对于 TM 波，n 和 p 都不能为 0。因此，得到特征值和截止频率为

$$k_{\perp,\text{TM}}(n,p) = \frac{\omega_{co}(n,p)}{c} = \left[\left(\frac{n\pi}{a}\right)^2 + \left(\frac{p\pi}{b}\right)^2\right]^{1/2} \quad (4.30)$$

同样，对于 TE 波，可以得到方程式的解为

$$B_z = A\cos\left(\frac{n\pi}{a}x\right)\cos\left(\frac{p\pi}{b}y\right) \quad (4.31)$$

$$k_{\perp,\text{TE}}(n,p) = \frac{\omega_{co}(n,p)}{c} = \left[\left(\frac{n\pi}{a}\right)^2 + \left(\frac{p\pi}{b}\right)^2\right]^{1/2} \quad (4.32)$$

式中：n 和 p 不能同时为 0。

表 4.1 给出了用轴向场分量表示的其他场分量的表达式。可以看到，TE 模和 TM 模的特征值是一样的，这一点与圆形波导管是不同的。

注意：矩形波导的截止频率最低的 TE_{10} 模式(称为基模)，其波长是长边的 2 倍，即

$$\lambda_{co}(1,0) = 2\pi c/\omega_{co}(1,0) = 2a$$

表 4.1 用轴向场分量表示的矩形波导中的 TM 模和 TE 模表达式(由式(4.1)和式(4.4)导出)

横磁模，TM_{np}	横电模，TE_{np}
$E_z = D\sin\left(\frac{n\pi}{a}x\right)\sin\left(\frac{p\pi}{b}y\right)$ $B_z \equiv 0$	$B_z = A\cos\left(\frac{n\pi}{a}x\right)\cos\left(\frac{p\pi}{b}y\right)$ $E_z \equiv 0$
$E_x = i\dfrac{k_z}{k_\perp^2}\dfrac{\partial E_z}{\partial x}$	$E_x = i\dfrac{\omega}{k_\perp^2}\dfrac{\partial B_z}{\partial y}$
$E_y = -i\dfrac{k_z}{k_\perp^2}\dfrac{\partial E_z}{\partial y}$	$E_x = -i\dfrac{\omega}{k_\perp^2}\dfrac{\partial B_z}{\partial x}$

续表

横磁模，TM_{np}	横电模，TE_{np}
$B_x = -i\dfrac{\omega}{\omega_{co}^2}\dfrac{\partial E_z}{\partial y}$	$B_x = i\dfrac{k_z}{k_\perp^2}\dfrac{\partial B_z}{\partial x}$
$B_y = i\dfrac{\omega}{\omega_{co}^2}\dfrac{\partial E_z}{\partial y}$	$B_y = i\dfrac{k_z}{k_\perp^2}\dfrac{\partial B_z}{\partial y}$
$\omega_{co} = k_\perp c = \left[\left(\dfrac{n\pi c}{a}\right)^2 + \left(\dfrac{p\pi c}{b}\right)^2\right]^{1/2}$	

这个特性在实际应用中很重要，其中也有历史原因。标准波导管的型号通常表示为"WR 数字"的格式，其中 WR 表示矩形波导管，而数字则是长边以英寸为单位再乘以 100，比如矩形波导 $a = 2.84\text{in}$ 的矩形波导管的规格便是 WR284，其基模截止频率为 2.08GHz，因此适用于 2.6～3.95GHz 的波段。附录中的公式集给出了标准波导管的主要特性（见习题 4.3）。

图 4.2 为矩形波导管的 4 个最低次模的场分布示意图。式（4.20）和式（4.21）给出的色散关系是理解波导管和谐振腔中的波以及它们与电子的相互作用的基本工具，这些方程式可以写成 ω 的关系式（为方便起见省略 $k_\perp$ 的角标），即

$$\omega = (k_\perp^2 + k_z^2)^{1/2} = (k_z^2 c^2 + \omega_{co}^2)^{1/2} \tag{4.33}$$

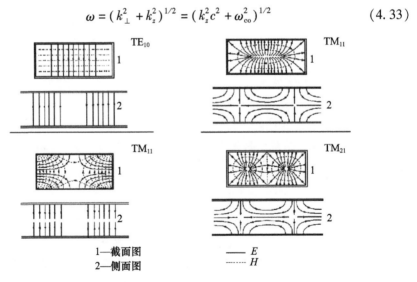

图 4.2 矩形波导管中 4 个最低次模的场分布示意图

（每一组图中，上方为波导管的截面（x-y 平面）图，下方为多为 y-z 平面图，源自 Saad T S, et al. Microwave Engineers Handbook, Vol. 1, Artech House, Norwood, MA, 1971）

每一个模（TM_{np} 或 TE_{np}）都具有不同的截止频率，从而使色散曲线呈层状结构。根据定义有 $a \geqslant b$，因此截止频率最低的是 TE_{10} 模。为了理解截止频率的特

殊意义，建立关系式 $k_\perp^2 \sim k_x^2 + k_y^2$，其中 $k_x \sim n\pi/a, k_y \sim p\pi/a$，式(4.33)便成为自由空间中电磁波的色散关系式 $\omega = kc = (k_x^2 + k_y^2 + k_z^2)^{1/2}$。从光学的角度，可以将矩形波导管里的电磁波传播看成是平面波在波导壁之间的反射，这个波的波前总是与波矢量 $\mathbf{k} = \hat{x}k_x + \hat{y}k_y + \hat{z}k_z$ 垂直。因为壁表面边界处 B 的垂直分量和 E 的切向分量必须为 0，所以 k_x 和 k_y 的取值出现不连续性。从表 4.1 可以看出，n 和 p 不能同时为 0，否则由于 $k_\perp$ 为 0 使场强变成无穷大。

从图 4.3 可以看到，如果 $k_z \to 0$，那么沿 $\mathbf{k}$ 传播的波的前进方向与 z 轴垂直，从而波的能量不能沿轴向传播。图 4.4 对应于一个模的式(4.20)或式(4.21)。对于给定模，ω 在 $0 \le \omega < \omega_{co}$ 的范围无解，而且对任何模式，在 $n = 1$ 和 $p = 0$ 对应的最低截止频率以下 ω 均无实数解。另外，对于给定频率 f，波导管可以支持截止频率在 $\omega = 2\pi f$ 以下的任何一个模。例如，假定在截面为 7.214cm × 3.404cm（型号为 WR284）的矩形波导中有 $f = 5$GHz 的波。TE 模和 TM 模的最低截止频率如表 4.2 所列。可以看到，至少有 5 个模可以传播 5GHz 的信号：TE_{10}、TE_{20}、TE_{01}、TE_{11} 和 TM_{11} 其中最后两个模的截止频率相同，因为矩形波导中的 TE 模和 TM 模具有相同的截止频率（虽然不存在 TM_{0p} 模和 TM_{n0} 模）。更高次模的截止频率高于 5GHz，所以它们不能传播。

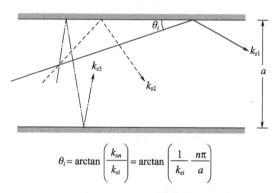

图 4.3 矩形波导中波传播的光线模型
（随着 i 从 1 增加到 3，k_{zi} 减小的同时波的传播趋近于截止）

表 4.2 WR284 波导的几个最低模的截止频率

colspan					
$f_{co} = \omega_{co}/2\pi$（GHz）					
n	p	$a = 7.214$cm, $b = 3.404$cm	n	p	$a = 7.214$cm, $b = 3.404$cm
1	0	2.079	1	2	9.055
0	1	4.407	2	0	4.159
1	1	4.873	2	1	6.059

有关矩形波导的最后一点是两个重要的速度,即相速度:

$$v_\varphi = \frac{\omega}{k_z} \tag{4.34}$$

和群速度:

$$v_g = \frac{\partial \omega}{\partial k_z} \tag{4.35}$$

相速度是相位前沿的传播速度,而群速度则表示能量的传播速度。

由图4.4可见,当轴向波数从 $k_z=0$ 变化到很大时,相速度从 $v_\varphi = \infty$ 变化到 $v_\varphi = c$,而群速度从 $v_g = 0$ 变化到 $v_g = c$。$k_z = 0$ 附近的状况符合图4.3所说明的波前运动模型。随着波前与波导壁趋于平行,相速度趋于无限大,而由于停止于波导壁之间的来回反射,群速度趋于0。当 k_z 很大时,轴向的波长 $\lambda_w = 2\pi/k_z$ 与波导的尺寸(a 或 b)相比足够小,此时电磁波可以准自由传播,基本不受波导影响。

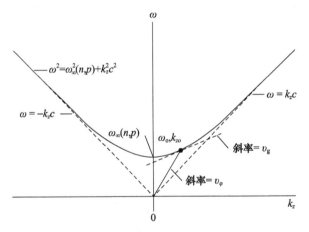

图4.4 式(4.33)给出的 ω 和 k_z 之间的色散关系
(两条直线的斜率分别由式(4.34)和式(4.35)给出)

4.3.2 圆形波导的模式

接下来考虑具有圆形截面的波导管,假定理想导体管壁的内半径为 $r = r_0$。在这种情况下 $x_\perp$ 在 $r - \theta$ 平面上。于是,$\boldsymbol{B}$ 和 $\boldsymbol{E}$ 可以表示为以下的形式:

$$\boldsymbol{E}(r,\theta,z,t) = \boldsymbol{E}(r,\theta)\exp[i(k_z z - \omega t)] \tag{4.36}$$

这样,式(4.16)和式(4.17)变为

$$\nabla_\perp^2 E_z = \frac{1}{r}\frac{\partial}{\partial r}\left(r\frac{\partial E_z}{\partial r}\right) + \frac{1}{r^2}\frac{\partial^2 E_z}{\partial \theta^2} = -k_{\perp,\text{TM}}^2 E_z \tag{4.37}$$

$$\nabla_\perp^2 B_z = \frac{1}{r}\frac{\partial}{\partial r}\left(r\frac{\partial B_z}{\partial r}\right) + \frac{1}{r^2}\frac{\partial^2 B_z}{\partial \theta^2} = -k_{\perp,\text{TE}}^2 B_z \tag{4.38}$$

圆形波导管的边界条件为

$$B_r(r=r_0) = E_\theta(r=r_0) = E_z(r=r_0) = 0 \tag{4.39}$$

表4.3归纳了用轴向场分量表示的TM模和TE模的垂直场分量,其中也包括式(4.37)和式(4.38)在满足边界条件式(4.36)时的轴向场的解。应该注意以下几点。

(1)轴向场的表达式里包含第一类贝塞尔(Bessel)函数J_p,它的变化关系如图4.5所示。这些函数具有波动性,但半径方向的波动周期是不固定的。

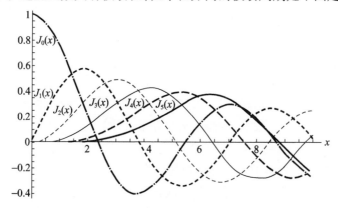

图4.5 第一类贝塞尔函数的前5个函数

(2)TM模和TE模的特征值是不一样的,这一点与矩形波导不同。如表4.3所列,TM模的特征值取决于J_p的根,即

$$J_p(\mu_{pn}) = 0 \tag{4.40}$$

(3)例如,对于J_0,$x = 2.40, 5.52, 8.65$等。与之相似,TE模的特征值取决于J_p的导数的根:

$$\frac{\mathrm{d}J_p(x=v_{pn})}{\mathrm{d}x} = 0 \tag{4.41}$$

表4.3 用轴向场分量表示的圆形波导中的TM模和TE模表达式
(由式(4.1)和式(4.4)推导得出)

横磁模,$\text{TM}_{pn}(B_z=0)$	横电模,$\text{TE}_{pn}(E_z=0)$
	$B_z = AJ_p(k_\perp r)\sin(p\theta)$

续表

横磁模，$TM_{pn}(B_z=0)$	横电模，$TE_{pn}(E_z=0)$
$E_r = i\dfrac{k_z}{k_\perp^2}\dfrac{\partial E_z}{\partial r}$	$E_r = i\dfrac{\omega}{k_\perp^2}\dfrac{1}{r}\dfrac{\partial B_z}{\partial \theta}$
$E_\theta = i\dfrac{k_z}{k_\perp^2}\dfrac{1}{r}\dfrac{\partial E_z}{\partial \theta}$	$E_\theta = -i\dfrac{\omega}{k_\perp^2}\dfrac{\partial B_z}{\partial r}$
$B_r = -i\dfrac{\omega}{\omega_{co}^2}\dfrac{1}{r}\dfrac{\partial E_z}{\partial \theta}$	$B_r = i\dfrac{k_z}{k_\perp^2}\dfrac{\partial B_z}{\partial r}$
$B_\theta = i\dfrac{\omega}{\omega_{co}^2}\dfrac{\partial E_z}{\partial r}$	$B_\theta = i\dfrac{k_z}{k_\perp^2}\dfrac{1}{r}\dfrac{\partial B_z}{\partial \theta}$
$E_z = DJ_p(k_\perp r)\sin(p\theta)$ $k_\perp = \dfrac{\omega_{co}}{c} = \dfrac{\mu_{pn}}{r_0}$ $J_p(\mu_{pn}) = 0$	$k_\perp = \dfrac{\omega_{co}}{c} = \dfrac{v_{pn}}{r_0}$ $J'_p(v_{pn}) = 0$

注：为方便起见，选择了正弦函数表示 E_z 和 B_z，尽管正弦和余弦都可以使用。为了和通用表示法一致，TE 模和 TM 模的下标指数 p 和 n 的顺序是反的。

(4) 以 J_0 为例，从图 4.5 可以看到，J_0 的导数为 0 的点为 $x=3.83(n=1)$、$x=7.02(n=2)$ 和 $x=10.2(n=3)$ 等，但不包含 $x=0$。

(5) 对于 TE 模和 TM 模，由于波导是严格轴对称的，关于 θ 的正弦函数和余弦函数都是方程式的有效解，我们从中选择了一种。

(6) 按照惯例，圆形波导的 TE 模和 TM 模的指数顺序与贝塞尔函数方程式(4.40)的根和导数方程式(4.41)的根的顺序一致，即圆形波导模表示为 TE_{pn} 和 TM_{pn}。这里特别强调，第一个指数是角向指数。

矩形波导的指数 n 和 p 变化时，特征值的间隔与两个参数（a 和 b）有关。而圆形波导的指数 n 和 p 变化时，由于只有一个空间变量 r_0，不同模之间的间隔在用 c/r_0 归一化以后是固定的。图 4.6 给出了 p 为正时，圆形波导的几个最低简正模的归一化截止频率。指数 n 必须大于 0，但 p 可以取正值和负值。在没有电子束时有 $\omega(p,n)=\omega(-p,n)$，但后面将看到，当回旋轨道电子束存在时，这个对称性就不成立了。圆形波导的所有模式中，TE_{11} 模的截止频率最低，从图 4.6 还可以看到 TE 模与 TM 模的截止频率的差别。除了截止频率的差别之外，圆形波导的色散曲线与图 4.4 完全相同(见习题 4.4 和习题 4.5)。

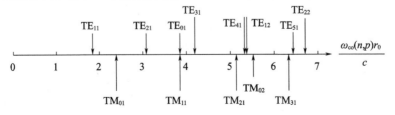

图 4.6　圆波导的截止频率，归一化为系数 c/r_0（截止频率的数学表达式见表 4.3）

图 4.7 所示为 4 个圆形波导模的场分布示意图[1]。其中，TE_{11} 是最常用的模式，因为它在波导中心附近的场分布接近平面波，TM_{01} 也是常见的，但是，因为在中心的场强最弱，所以在某些场合使用起来有一定的困难。

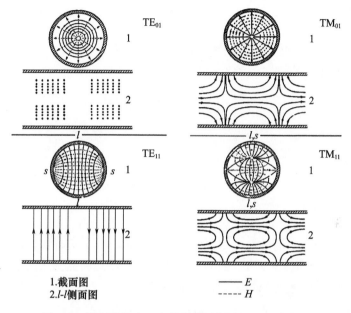

1. 截面图
2. l-l 侧面图

—— E
----- H

图 4.7　圆形波导中 4 个最低简正模的场分布示意图
(源自 Saad, t. S. et al., Microwave Engineers Handbook, Vol. 1, artech house, Norwood, Ma, 1971. With permission.)

4.3.3　波导管与谐振腔的功率容量

波导管或谐振腔的功率容量主要受两个因素影响。脉冲较短（脉宽小于 1μs）时的决定因素是击穿，而脉冲较长或占空比较大时平均功率很大，管壁的欧姆加热则占主导地位。波导管和谐振腔导体表面的强场击穿是一个复杂现象，在相关文献中有详细讨论[2]。表面的清洗和处理，保持严格的真空度要求，或表面的镀膜等，对于避免表面击穿都是很有效的方法。另外，管壁附近的场强分布也是决定是否发生击穿的重要因素。近来的文献显示，金属表面的氮化钛（TiN）薄涂层在场强超过数百兆伏每米时可以被击穿。因此，我们考虑波导管功率与波导壁附近电场强度的关系：首先讨论对矩形波导中 TM 模如何获得这一关系；然后给出矩形波导中的 TE 模式的情况；最后给出圆形波导中的 TM 模和 TE 模。

坡印亭矢量 $S = E \times H$ 表示电磁波功率流的大小和方向,其在面 Σ 上积分便得到流经面的功率。对于式(4.11)表示的振动场,通过面 Σ 的平均功率为

$$P = \int_{\Sigma} \langle S \rangle \cdot dA \equiv \frac{1}{2} \int_{\Sigma} E \times H^* \cdot dA = \frac{1}{2\mu_0} \int_{\Sigma} E \times B^* \cdot dA \quad (4.42)$$

式中:星号($*$)表示取场量的共轭复数。

对于矩形波导管,式(4.42)变成

$$P = \frac{1}{2\mu_0} \int_0^b \int_0^a (E_x B_y^* - E_y B_x^*) dxdy \quad (4.43)$$

对于场分布由表4.1给出的 TM 波,通过分步积分,并利用式(4.23)以及表 4.3 中的 E_z,可以得到

$$P_{TM} = \frac{1}{2\mu_0} \left(\frac{\omega k_z}{\omega_{co}^2} \right) \int_0^b \int_0^a |E_z|^2 dxdy = \frac{ab}{8\mu_0} \left(\frac{\omega k_z}{\omega_{co}^2} \right) |D|^2 \quad (4.44)$$

式中:D 为场的振幅。

下一步用管壁表面的最大垂直场强($x = 0$ 和 $x = a$ 处 E_x 的最大值或 $y = 0$ 和 $y = b$ 处 E_y 的最大值)表示式(4.44)。定义这个最大场强为 $E_{wall,max}$,可以从表 4.1 中 E_x 和 E_y 的表达式消去 $|D|^2$,从而得到

$$P_{TM} = \frac{ab}{8\pi^2 Z_0} k_{\perp,TM}^2 \left(\frac{\omega}{k_z} \right) \min\left[\left(\frac{a}{n} \right)^2, \left(\frac{b}{p} \right)^2 \right] E_{wall,max}^2 \quad (4.45)$$

式中:$\min(x,y)$ 是 x 和 y 中的较小者,因为较大的壁电场(E_x 和 E_y)对应于 a/n 和 b/p 较小的一方(如果 $a/n < b/p$,则 $E_{wall,max}$ 是管壁的 E_x 最大值)。

另外,式(4.45)中,有

$$Z_0 = \mu_0 c = \left(\frac{\mu_0}{\varepsilon_0} \right)^{1/2} \cong 377\Omega \quad (4.46)$$

最后,利用式(4.20)将 k_z 用 ω 和 $k_{\perp,TM} = \omega_{co}/c = f_{co}/(2\pi c)$ 表示后得到

$$P_{TM} = \frac{ab}{8Z_0} \left[\left(\frac{n}{a} \right)^2 + \left(\frac{p}{b} \right)^2 \right] \frac{1}{[1 - (f_{co}/f)^2]^{1/2}} \min\left[\left(\frac{a}{n} \right)^2, \left(\frac{b}{p} \right)^2 \right] E_{wall,max}^2 \quad (4.47)$$

从式(4.47)可见,对于一定的 $E_{wall,max}$,波导管的传播功率随它的尺寸增大而增加。另外,对于固定的 P,管壁场强随 $f \to f_{co}$ 而减弱。

表4.4 归纳了矩形波导和圆形波导中 TM 模和 TE 模的 P 和 $E_{wall,max}$ 的关系。矩形波导中的 TE 模需要不同的表达式,因为它取决于 n 和 p 中哪个为 0(不能同时为 0)。系数相差 2 倍的原因是由于 B_z 的余弦项的输入参数为 0。矩形波导中最重要的模是主模 TE_{10},对于这个模,式(4.45)变成(见习题4.6):

$$P_{TE} = \frac{ab}{4Z_0} \left[1 - \left(\frac{c}{2af} \right)^2 \right]^{1/2} E_{wall,max}^2 \quad (4.48)$$

表4.4　给定模的传播功率 P 与最大电场强度 $E_{\text{wall,max}}$ 的关系

模	
方形波导 TM	$P_{\text{TM}} = \dfrac{ab}{8Z_0} \left[\left(\dfrac{n}{a}\right)^2 + \left(\dfrac{p}{b}\right)^2 \right] \dfrac{1}{\left[1 - \left(\dfrac{f_{\text{co}}}{f}\right)^2\right]^{1/2}} \min\left[\left(\dfrac{a}{n}\right)^2, \left(\dfrac{b}{p}\right)^2\right] E_{\text{wall,max}}^2$
方形波导 TE $n, p > 0$	$P_{\text{TE}} = \dfrac{ab}{8Z_0} \left[\left(\dfrac{n}{a}\right)^2 + \left(\dfrac{p}{b}\right)^2 \right] \left[1 - \left(\dfrac{f_{\text{co}}}{f}\right)^2\right]^{1/2} \min\left[\left(\dfrac{a}{n}\right)^2, \left(\dfrac{b}{p}\right)^2\right] E_{\text{wall,max}}^2$
方形波导 TE n 或 $p = 0$	$P_{\text{TE}} = \dfrac{ab}{4Z_0} \left[\left(\dfrac{n}{a}\right)^2 + \left(\dfrac{p}{b}\right)^2 \right] \left[1 - \left(\dfrac{f_{\text{co}}}{f}\right)^2\right]^{1/2} \min\left[\left(\dfrac{a}{n}\right)^2, \left(\dfrac{b}{p}\right)^2\right] E_{\text{wall,max}}^2$
圆形波导 TM	$P_{\text{TM}} = \dfrac{\pi r_0^2}{4 Z_0} (1 + \delta_{p,0}) \dfrac{E_{\text{wall,max}}^2}{\left[1 - \left(\dfrac{f_{\text{co}}}{f}\right)^2\right]^{1/2}}$
圆形波导 TE $p > 0$	$P_{\text{TE}} = \dfrac{\pi r_0^2}{2 Z_0} \left[1 - \left(\dfrac{f_{\text{co}}}{f}\right)^2\right]^{1/2} \left[1 + \left(\dfrac{v_{pn}^2}{p}\right)^2\right] E_{\text{wall,max}}^2$

注：$\min(x,y)$ 是 x 和 y 中较小的一方，$Z_0 = 377\Omega$，δ_{p0} 是克罗内克函数。

对于圆形波导，$E_{\text{wall,max}}$ 是 $E_r(r_0)$ 的最大值。对于 TE 模则有些不同，因为 $E_r(r_0)$ 在 $p = 0$ 时等于 0。因此，表中的关系只适用于 $p > 0$。在这些表达式里，有两个变化规律很重要。首先，TM 模和 TE 模随频率的规律不同，当管壁电场一定时，随着 $f \to f_{\text{co}}$ 时，TM 模的传输功率增加，而 TE 模的传输功率减少；其次，当管壁电场一定时，TM 模和 TE 模的传输功率大体上都随波导截面的增加而增加（见习题4.7）。

垂直于管壁的电场与传输功率的关系对于短脉冲下的击穿现象十分重要。但如果微波的脉冲足够长，或者重复脉冲的占空比（脉冲宽度与重复频率的乘积）足够大，管壁可能达到热平衡，这样管壁的加热现象便成为波导管和谐振腔的主要问题。为分析管壁加热，需重新回到简正模的场分布。在前面的推导中，假定管壁为理想导体。这样的理想波导的壁电流仅存在于导体表面无穷小的厚度里，切向磁场无法进入导体内。但是当管壁电导率 σ 为有限时，情况就不一样了。一般来说，应该在考虑导体中的电磁场和电流的条件下重新求解方程。幸运的是，波导管材料的电导率都很高，可以将有限 σ 值的影响视为对无限大 σ 的情况的微扰，这样可以使用前面已经得到的场分布的解。

有关管壁加热问题，我们只考虑圆形波导管，因为其结果可以用于具有圆形截面的谐振腔，它可能是实际中最重要的情况。另外，和前面处理有关功率与场强的关系时一样，仅给出 TM 模的详细推导，而对 TE 模则只给出结论。首先考

虑管壁的有限 σ 值的影响。为方便起见,考虑只有切向分量 E_z 的 TM_{0P} 模。根据欧姆定律,如果管壁表面的 E_z 不等于 0,它便会产生一个壁电流:

$$j_z = \sigma E_z \tag{4.49}$$

将式(4.49)代入安培环路定律(式(4.1)),并假定时间的函数为 $e^{-i\omega t}$,则在波导壁上,有

$$(\nabla \times B) \cdot \hat{Z} = \mu_0 \sigma E_z - i\frac{\omega}{c^2} E_z \tag{4.50}$$

假定管壁的电导率很高,即 $\mu_0 \sigma >> \omega/c^2 = \omega \mu_0 \varepsilon_0$,则式(4.50)右侧第二项可以忽略。然后对法拉第定律式(4.2)求旋度,利用式(4.50),同时考虑到没有自由电荷存在时 $\nabla \cdot E = 0$,可以得到

$$[\nabla \times (\nabla \times E)] \cdot \hat{Z} = -\nabla^2 E_z = i\omega(\nabla \times B) \cdot \hat{z} = i\omega \mu_0 \sigma E_z \tag{4.51}$$

为方便起见,将这个模型看成是一维平面情形,这样式(4.51)就可以写为(α 将在后面确定)

$$\frac{d^2 E_z}{dx^2} = -\alpha^2 E_z \tag{4.52}$$

式中:x 为到管壁表面($x = 0$)的距离,管壁向内为正。

式(4.52)的解为

$$E_z = E_0 e^{-\alpha x} \tag{4.53}$$

式中:E_0 是管壁($x = 0$)处的轴向电场,而

$$\alpha = \frac{(1+i)}{2^{1/2}} (\omega \mu_0 \sigma)^{1/2} \tag{4.54}$$

由式(4.54)可以看出,电场强度随着进入管壁的深度呈指数衰减,同时相位也发生变化。这个指数下降的尺度被称为趋肤深度 δ,它由下式给出,即

$$\delta = \left(\frac{2}{\omega \mu_0 \sigma}\right)^{1/2} = \frac{1}{(\pi \sigma \mu_0 f)^{1/2}} \tag{4.55}$$

例如,铜的 $\sigma = 5.80 \times 10^7 (\Omega \cdot m)^{-1}$,所以1GHz的趋肤深度为 2.1μm 随频率的变化关系是 $f^{-1/2}$(见习题4.8)。

下面考虑管壁单位宽度内的电流,这里采用简化的一维模型:

$$J_z = \int_0^\infty j_z dx = \int_0^\infty j_0 e^{-(1+i)x/\delta} dx = \frac{\delta}{1+i} j_0 \tag{4.56}$$

定义导体表面复阻抗为

$$Z_s = \frac{E_0}{J_z} = \frac{E_0}{j_0} \left(\frac{1+i}{\delta}\right) = \frac{1}{\sigma \delta}(1+i) \tag{4.57}$$

这个阻抗的实部是表面电阻,即

$$R_s = \frac{1}{\sigma\delta} = \left(\frac{\pi f \mu_0}{\sigma}\right) \quad (4.58)$$

虽然 R_s 具有电阻的量纲,但严格地说,它并不是传统概念上的电阻。

下面考虑 J_z 与管壁表面 B 的切向分量的关系。再一次从安培环路定律出发:首先忽略所谓的位移电流项,即 $((1/c^2)\partial E/\partial t)$;然后在垂直于 z 轴的面上但不包含波导内部中空的区域积分:

$$\iint \nabla \times B \cdot dA = \oint B \cdot dl = \mu_0 \iint j \cdot dA \quad (4.59)$$

这里利用斯托克斯定理将面积分转换成沿其边界的线积分。假定导体内部深处的磁场为0,由于角向对称性,垂直于导体壁的线积分为0,线积分只剩下沿着波导表面的积分。大多数情况下,式(4.59)最右侧的面积分可以分解为沿波导表面的积分和垂直于波导表面的积分,至少对矩形波导和圆形波导是可行的,即可以按照 x 和 $y(r$ 和 $\theta))$ 进行分离变量而写成单独关于 x 或 $y(r$ 或 $\theta)$ 的函数的乘积。例如对于圆形波导中的 TM 模,可以将式(4.59)写为

$$J_z = \frac{1}{\mu_0} B_\theta \quad (4.60)$$

式中:J_z 的定义与式(4.53)相似,即管壁单位周长内的电流。

最后,使用坡印亭矢量 $S = E \times H$,可以求出单位长度内管壁吸收的功率,也就是波导壁的热损耗。用 W_L 表示这个功率,它由下式给出,即

$$W_{L,TM} = \frac{1}{2\mu_0} \text{Re} \oint E_z(r_\theta) B_\theta(r_\theta) r_\theta d\theta \quad (4.61)$$

这里的积分范围是 $r = r_0$ 的波导管表面。如果管壁是理想导体($E_z(r_0) = 0$),则没有功率损失。但对于有限的 σ 的值,E_z 不为0,因此,管壁上产生功率损失。利用式(4.57)和式(4.60),取式(4.61)积分的实部,可以得到

$$W_{L,TM} = \frac{1}{2} r_0 R_s \int_0^{2\pi} |J_z|^2 d\theta \quad (4.62)$$

式(4.62)显示了表面电阻 R_s 对于决定管壁功率损失的重要性。在求 J_z 时,考虑到 σ 的值很大,而式(4.49)中的 E_z 很小(约 σ^{-1}),而且 J_z 和 B_θ 为相同量级,所以从式(4.60)得到 J_z。对于圆形波导的 TM 模,B_θ 由表4.3列出。利用表4.3和式(4.60),可以得到

$$|J_z|^2 = \frac{|D|^2}{Z_0^2} \left(\frac{f}{f_{co}}\right)^2 [J'_p(\mu_{pn})]^2 \sin^2(p\theta) \quad (4.63)$$

式中:$Z_0 = 377\Omega$。将该式代入式(4.62),并利用等式 $J'_p(\mu_{pn}) = J_{p-1}(\mu_{pn})$,可以得到

$$W_{L,TM} = \frac{\pi}{2Z_0^2} r_0 R_s \left(\frac{f}{f_{co}}\right)^2 |D|^2 [J_{p-1}(\mu_{pn})]^2 \quad (4.64)$$

这里需要用波导的传输功率消去 D。为此，再次回到式(4.42)，有

$$P_{\text{TM}} = \frac{1}{2\mu_0}\int_0^{r_0} r\mathrm{d}r \int_0^{2\pi} \mathrm{d}\theta (E \times B^*) \cdot \hat{Z} = \frac{1}{2\mu_0}\int_0^{r_0} r\mathrm{d}r \int_0^{2\pi} \mathrm{d}\theta (E_r B_\theta^* - E_\theta B_r^*) \quad (4.65)$$

利用表 4.3 中的场量的表达式计算式(4.65)的积分，解出 D 后，式(4.64)变成：

$$W_{\text{L,TM}} = \frac{2}{r_0}\left(\frac{R_s}{Z_0}\right)\frac{P_{\text{TM}}}{[1-(f_{\text{co}}/f)^2]^{1/2}} \quad (4.66)$$

从式(4.66)表示的单位轴向长度的功率损失，可以求出管壁单位面积的损失，即

$$\frac{\langle P_{\text{L,TM}} \rangle}{A} = \frac{W_{\text{L,TM}}}{2\pi r_0} = \frac{1}{\pi r_0^2}\left(\frac{R_s}{Z_0}\right)\frac{P_{\text{TM}}}{[1-(f_{\text{co}}/f)^2]^{1/2}} \quad (4.67)$$

由于管壁引起的功率损失，波导管内的传输功率随传输距离的增加呈指数衰减，即

$$P_{\text{TM}}(z) = P_0 \mathrm{e}^{-2\beta z} \quad (4.68)$$

其中，对 TM 模有

$$\beta_{\text{TM}} = \frac{W_{\text{L,TM}}}{2P_{\text{TM}}} = \frac{1}{r_0}\left(\frac{R_s}{Z_0}\right)\frac{1}{[1-(f_{\text{co}}/f)^2]^{1/2}} \quad (4.69)$$

有关圆形波导中的 TE 模的推导与上面类似，但必须考虑对应于两个切向磁场(B_θ 和 B_z)的壁电流，结果为

$$W_{\text{L,TE}} = \frac{2}{r_0}\left(\frac{R_s}{Z_0}\right)\left[\left(\frac{f_{\text{co}}}{f}\right)^2 + \frac{n^2}{\mu_{pn}^2 - n^2}\right]\frac{P_{\text{TE}}}{[1-(f_{\text{co}}/f)^2]^{1/2}} \quad (4.70)$$

$$\frac{\langle P_{\text{L,TE}} \rangle}{A} = \frac{W_{\text{L,TE}}}{2\pi r_0} = \frac{1}{\pi r_0^2}\left(\frac{R_s}{Z_0}\right)\left[\left(\frac{f_{\text{co}}}{f}\right)^2 + \frac{n^2}{\mu_{pn}^2 - n^2}\right]\frac{P_{\text{TE}}}{[1-(f_{\text{co}}/f)^2]^{1/2}} \quad (4.71)$$

TE 模：

$$\beta_{\text{TE}} = \frac{1}{r_0}\left(\frac{R_s}{Z_0}\right)\left[\left(\frac{f_{\text{co}}}{f}\right)^2 + \frac{n^2}{\mu_{pn}^2 - n^2}\right]\frac{1}{[1-(f_{\text{co}}/f)^2]^{1/2}} \quad (4.72)$$

图 4.8 给出了铜制波导管中不同模的 β 值。这个 β 值代表的是由管壁的电阻所导致的沿传播方向场强的指数衰减率。根据式(4.68)，功率衰减率是它的 2 倍。除了与波导半径和面积成反比的关系之外，表达式中的所有量都是无量纲的，因此计算结果的单位只与波导半径的单位有关。另外，还可以看到，当接近截止频率时，这些量都趋近无穷大。实际物理上也应如此，截止频率的波的群速度为 0，因此电磁波停止前进，最终耗尽其能量。但必须注意，以上的表达式在截止频率附近不是完全准确的，因为我们的假定在那里不成立。

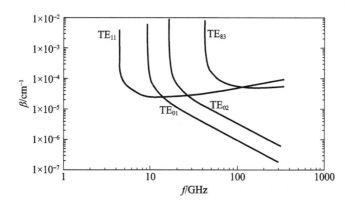

图4.8 有损失的铜壁波导中的功率和场强衰减系数

当然，以上得到的功率与场强的关系，以及功率与管壁功率损失的关系都是针对单模情形的，即功率与电场存在固定的关系。当波导的尺寸较大时，可能会出现多模的叠加，必须考虑所有模式的功率总和。在功率密度方面，往往要做多方面的权衡。为了切断速调管的谐振腔之间的波的传播，或为了避免产生或传输功率时的模式竞争，可能需要限制特定频率下波导或谐振腔中模式的个数。前面我们已经指出，任何一个模，只要它的截止频率低于信号频率，都可能携带电磁波能量。不同模之间电磁波能量的分配取决于与波导管耦合的具体条件。因为ω_{co}随着波导管尺寸的增大而降低，所以单模波导必须足够小以至于只有一个模的截止频率低于工作频率。另外，为提高高功率微波系统的功率容量，经常需要尽可能增大波导管的口径，其结果必然造成多个模的同时存在，特别是当频率较高时。这样的情况被称作"过模"，这时通常有必要进行模式控制来防止能量转移到不需要的模式上。近年来取得的许多高功率微波技术的发展集中在有关如波导管、谐振腔和相互作用区域过模结构的模式控制上。

4.4 周期性慢波结构

从图4.4的色散曲线可以看出，无论矩形波导管还是圆形波导管，所有简正模的相速度ω/k_z都大于光速c。同样可以看出，每个模的群速度$\partial\omega/\partial k_z$都在$-c$和$c$之间，所以不存在以超过光速传送能量的波。然而，由于相速度超过光速，所以它使电磁波不能与相速度低于光速的电子束空间电荷波发生相互作用。

解决这个问题的方法是让波导管的某些特性产生周期性变化，这样可以降低电磁波的相速度。这种相速度低于光速的简正模称为"慢波"。可以在波导管里周期性地安装谐振腔,或在波导管内壁附近设置螺线形金属丝,或周期性地变化波导管的内径。实际上,周期性谐振腔的典型例子是磁控管(包括相对论磁控管)。在束流传输区采用螺旋线的慢波结构在工作于亚相对论电压(远低于500kV)的传统微波器件中很普遍,但它很少用于相对论微波源,主要原因是由于高功率下的击穿问题,而且后面可以看到,螺旋线能得到的低相速对于相对论器件没有必要。与之相比,利用波导管尺寸的周期性变化的慢波结构则十分普遍,如相对论切伦科夫(Cerenkov)器件(见第9章)布拉格(Bragg)反射器和模式转换器等。

4.4.1 轴向变化的慢波结构

我们首先考虑上述的最后一种慢波(SWS)结构。这里只推导色散关系,其他相关细节请参见参考文献[3-7]。重要的一点是因为相对论电子束的速度接近光速,所以不需要将波的相速度降低许多。因此,管壁半径的变化实际上很小,以至于它可以被看成是光滑波导基础上的微小扰动。

虽然波导结果可能有螺旋变化,但是为简单起见,假定圆形波导的管壁沿轴向的变化周期为 z_0,而且没有角向变化,则

$$r_w(z) = r_w(z + z_0) \tag{4.73}$$

其结果使简正电磁波模的角频率成为轴向波数 k_z 的周期函数,即

$$\omega(k_z) = \omega(k_z + mh_0) = \omega(k_m) \tag{4.74}$$

式中:m 是任意整数,$k_m = k_z + mh_0$,而且

$$h_0 = \frac{2\pi}{z_0} \tag{4.75}$$

考虑 TM 模并假定没有角向变化(即 $p=0$),这样不为 0 的电磁场分量是径向电场 E_r、轴向电场 E_z 和角向磁场 B_θ。由于系统的周期性,可以根据弗洛凯定理用级数表示 E_z,即

$$E_z = \sum_{m=-\infty}^{\infty} E_{zm}(r) e^{i(k_m z - \omega t)} = \left[\sum_{m=-\infty}^{\infty} E_{zm}(r) e^{imh_0 z} \right] e^{i(k_z z - \omega t)} \tag{4.76}$$

这里的弗洛凯定理基本上与傅里叶(Fourier)展开是等效的,它必须在慢波结构的周期性边界处满足式(4.5)和式(4.6)的边界条件。其他的场分量也同样可以用级数的形式表示。对于级数中给定的 m 值的每一项,各个场分量的关系与表4.3相同,只需将 k_z 换成 k_m 以及将 $k_\perp$ 换成 $k_{\perp m}$ 即可:

$$k_{\perp m}^2 = \frac{\omega_{co,m}^2}{c^2} = \frac{\omega^2}{c^2} - k_m^2 \tag{4.77}$$

因此,有

$$E_{rm} = i \frac{k_m}{k_{\perp m}^2} \frac{\partial E_{zm}}{\partial r} \tag{4.78}$$

在 E_z 的级数中，每个函数 E_{zm} 满足类似式(4.37)的方程，因此根据表4.3，有

$$E_{zm} = A_m J_0(k_{\perp m} r) \tag{4.79}$$

这里，周期性慢波结构与光滑波导中的 TM 模处理有所不同，因为一般情况下，$k_{\perp m} \neq \mu_{0n}/r_0$，所以需要另求 ω 和 k_z 之间的色散关系式。这个过程在很多文献中有详细描述。假定慢波结构表面的切向单位矢量和垂直单位矢量分别为 $\boldsymbol{n}_t$ 和 $\boldsymbol{n}_p$，它们的方向取决于管壁的形状 $r_w(z)$，因此与 z 有关。然后将这些矢量代入式(4.5)和式(4.6)，并利用式(4.79)中 E_{zm} 的解表示的其他场分量，将它们用于 $r_w(z)$。为避免结果对 z 的依赖关系，进行傅里叶逆变换，比如对 E 的切向分量的边界条件乘以 $\exp(-ilh_0)$，并对 z 从 $-z_0/2$ 到 $z_0/2$ 积分。这样，边界条件可以写成线性代数方程：

$$\boldsymbol{D} \cdot \boldsymbol{A} = 0 \tag{4.80}$$

式中：$\boldsymbol{D}$ 为维数无限大的矩阵，它的元素为

$$D_{lm} = \left(\frac{\omega^2 - k_l k_m c^2}{k_{\perp m}^2 c^2} \right) \int_{-z_0/2}^{z_0/2} e^{i(m-l)h_0 z} J_0[k_{\perp m} r_w(z)] dz \tag{4.81}$$

而 $\boldsymbol{A}$ 是无限维的矢量，它的元素是式(4.79)中的 A_m。为了让式(4.80)的矢量 $\boldsymbol{A}$ 有解，必须有

$$\det[\boldsymbol{D}] = 0 \tag{4.82}$$

矩阵元素与管壁形状波动的关系表现在贝塞尔函数的变量中。图4.9描绘了具有正弦形波动管壁的慢波结构的 $\omega - k_z$ 关系，即

$$r_w(z) = r_0 + r_1 \sin(h_0 z) \tag{4.83}$$

其中，$r_0 = 1.3 \text{cm}$，$r_1 = 0.1 \text{cm}$，$z_0 = 1.1 \text{cm}$。图中 k_z 从 0 变化到 h_0，在这个范围以外的变化是周期性的。可以看到，式(4.74)的周期性关系的结果产生了慢波，即 $|\omega/k_z| < c$。注意：图中的曲线只是近似准确的，因为式(4.76)的展开存在收敛问题。

由式(4.81)和式(4.82)给出的色散关系显然比光滑圆形波导中 TM 模的色散关系要复杂得多。不过，对图4.9所示的曲线可以进行近似处理，即将多个光滑波导的色散曲线在波数上平移(式(4.74))，然后进行适当连接。图4.10中的实线是这样得到的正弦波形慢波结构的 4 个最低模的近似色散曲线[7]。图中虚线是光滑波导 ($r_w = r_0$) TM_{0m} 模的 3 个空间谐波的色散曲线，即

$$\omega^2 = k_m^2 c^2 + \omega_{co}^2(0, n) \tag{4.84}$$

它们分别对应 $k_m = k_z + mh_0$ 中的 3 个 m 值($-1, 0, 1$)。在式(4.84)中，因为考虑的是光滑波导管，所以截止频率由表4.3给出，即 $\omega_{co}(0, n) = \mu_{0n} c/r_0$。

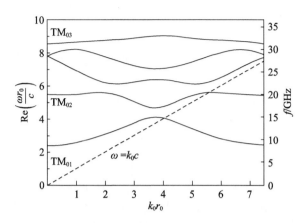

图4.9 从式(4.82)计算得到的色散关系式(4.83)表示的慢波结构的参数为
$z_0 = 1.1\text{cm}, r_0 = 1.3\text{cm}, r_1 = 0.1\text{cm}$

(引自 Swegle, J. a. et al., Phys. Fluids, 28, 2882, 1985)

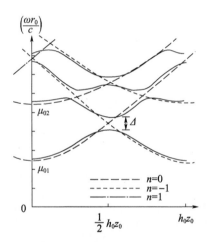

图4.10 通过将光滑波导的曲线平移得到的慢波结构色散曲线(这些曲线对于k_z以h_0为周期变化,引自 Leifeste, G. T. et al., J. Appl. Phys., 59, 1366, 1986)

从图中可以直观地看出(对色散关系的分析也表明),通过适当地连接式(4.84)所给的光滑波导的空间谐波的曲线,可以在一般可接受的精度范围内近似得到慢波结构的周期性色散曲线。这里面有3个简单的原则:

(1)曲线是从最低的频率开始向上构建。

(2)每一个光滑波导曲线都要用,而且每部分曲线只用一次。

(3)慢波结构的不同模的色散曲线不相交,在光滑波导曲线的交点附近跳转到另一个曲线,同时与其他慢波结构曲线保持距离。这个距离随着壁变化的

相对深度 r_1/r_0 的增加而增大。

与光滑波导不同,每个慢波结构的曲线都局限在一定的频率范围以内,这个范围被称作"通带"。不同模的通带可能在频率上重叠。一个模的电磁场分布与最接近的光滑波导模相似。因此,同一个模在某个 k_z 的范围具可能有 TM_{01} 模的特性,而在其他的 k_z 处类似于 TM_{02} 模(见习题 4.9)。

除了在光滑波导曲线的交点附近,慢波结构的色散关系可以很好地用式(4.84)的光滑波导曲线近似。而且慢波结构模的径向场分布与最接近的光滑波导的场分布非常相似。因为 ω_{co} 与 r_0 成反比,而且色散曲线的周期为 $h_0=2\pi/z_0$,所以慢波结构的色散特性的最低阶近似由平均半径和周期决定。对于式(4.83)的慢波结构,光滑波导曲线的交点附近的不同模之间的带隙(图4.10)以及电子束与慢波结构之间的耦合随着 r_1/r_0 的增加而增大。

对于管壁以正弦波形变化的慢波结构,已经证明当 $h_0 r_1 = 2\pi(r_1/z_0) > 0.448$ 时[8-9],式(4.76)的级数(基于所谓的瑞利假设)不收敛。将式(4.76)的计算结果与麦克斯韦方程的数值解(没有采用弗洛凯展开)相比较,Watanabe 等发现用式(4.81)计算式(4.82)的矩阵元素时,式(4.81)得到的色散关系在 $h_0 r_1 \approx 5 \times 0.448$[10] 时非常精确。但是采用弗洛凯方程得到的波动管壁附近的电磁场与麦克斯韦方程的数值解的结果有明显差异。而越靠近慢波结构的中心,两个方法得到的结果就很接近,因此当考虑对电子束的影响时,哪种方法都可以近似使用。

4.4.2 角向变化的慢波结构

在切伦科夫器件(如第8章中的相对论返波振荡器)等轴向慢波结构里,半径的周期性变化幅度相对较小。相比之下,磁控管的角向慢波结构的变化幅度则相当大。实际上,磁控管的慢波结构通常由 N 个圆周分布的所谓凹形谐振腔组成,如图 4.11 所示的结构。从图中可以看到,谐振腔的体积与中心的同轴区域的体积很接近,只是略小一些,所以推导磁控管的色散方程的方法与返波振荡器的轴向慢波结构完全不同。

对于磁控管,为简单起见,忽略场的轴向变化,即场强只与半径 r 和方位角 θ 有关。不为零的场分量为 E_r、E_θ 和 B_z。有关磁控管的角向变化慢波结构的色散关系的推导具有以下两个特点[11]。

(1) 分别处理外围谐振腔中的电磁场和同轴区域的电磁场,通常假定谐振腔的开口处 ($r=r_a$) 间隙的角向电场 E_θ 为常数;

(2) 色散关系本身的推导基于以下的共振条件,即在谐振腔与同轴区域的接口处 ($r=r_a$)。

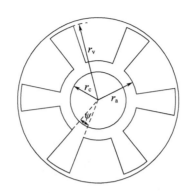

图 4.11 磁控管的截面图（r_c 和 r_a 分别为阴极和阳极半径）

谐振腔的导纳 Y_{res} 与同轴腔的导纳 $Y_{coaxial}$ 之和等于 0，即

$$Y_{res} + Y_{coaxial} = 0 \tag{4.85}$$

其中，间隙的导纳定义为

$$Y = \frac{h\int_{gap} E_\theta H_z dl}{\left|\int_{gap} E_\theta dl\right|^2} = \frac{h\int_{gap} E_\theta B_z d\theta}{\mu_0 r_a \left|\int_{gap} E_\theta d\theta\right|^2} \tag{4.86}$$

式中：积分的范围是 $r = r_a$ 的间隙；h 为间隙的轴向长度；$H_z = B_z/\mu_0$。

式(4.86)中的分子是由坡印亭矢量表示的径向功率流，而分母则类似于间隙电压；因为功率与电压和电流的乘积成正比，所以导纳具有 Ω^{-1} 的量纲。Kroll[11]采用谐振腔里的场计算出的间隙导纳为

$$Y_{res} = i\frac{h}{\psi r_a Z_0}\left[\frac{J_0(kr_a)N_1(kr_v) - J_1(kr_v)N_0(kr_a)}{J_1(kr_a)N_1(kr_v) - J_1(kr_v)N_1(kr_a)}\right] \tag{4.87}$$

式中：$Z_0 = 377\Omega$；ψ 是间隙的张角（图 4.11）；$k = \omega/c$；J 和 N 分别是第一类和第二类贝塞尔函数。

注意：Y_{res} 与 θ 无关，所以每个谐振腔的值都保持不变。导纳是 k 的周期性函数，尽管有时贝塞尔函数使这一物理性质并不直观。谐振腔与图 4.12 所示的矩形槽谐振腔相似。这个谐振腔的导纳为

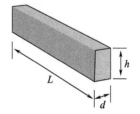

图 4.12 长方形谐振腔

$$Y_{slot} = -i\frac{h}{dZ_0}\cotan(kL) \tag{4.88}$$

这里周期性是显而易见的，当 kL 为 $\pi/2$ 的奇数倍时，导纳为 0；当 kL 为 π 的整数倍时，出现极点（$Y_{slot} \to \infty$）。

同轴腔导纳的计算更为复杂。在阳极半径（$r = r_a$）处，电场同轴腔具有周期性边界条件。因此，可以对电场进行 θ 的傅里叶展开，即

$$E_\theta(r,\theta,t) = \left[\sum_{s=-\infty}^{\infty} E_{\theta s}(r)\mathrm{e}^{\mathrm{i}s\theta}\right]\mathrm{e}^{\mathrm{i}(p\theta-\omega t)} \tag{4.89}$$

注意:这里的 s 是傅里叶展开的指数,类似于式(4.77)中的 m,p 是解的角向模数,类似于式(4.77)中的 k_0。在同轴腔区域求解麦克斯韦方程,由于在 $r = r_c$ 处 $E_\theta = 0$,于是得到

$$E_{\theta s}(r) = A_s\left[J_s'(kr) - \frac{J_s'(kr_c)}{N_s'(kr_c)}N_s'(kr)\right] \tag{4.90}$$

式中:$J_s' = \mathrm{d}J_s(x)/\mathrm{d}x$,$N_s'$ 也类似。

式(4.90)给出了式(4.89)的级数中的一项。用 E_θ 可直接表示 E_r 和 B_z。为得到 E_θ 在 $r = r_a$ 处的边界条件,引入一个表示谐振腔序数的指数 q,即 N 个谐振腔分别对应于 $q = 0$ 至 $q = N-1$。在 $r = r_a$ 处,除了谐振腔的间隙,阳极导体表面的 E_θ 等于 0。而间隙里的 E_θ 的幅值为常数,只是不同间隙之间的相位有所差别,即

$$E_\theta(r=r_a,\theta) = E\mathrm{e}^{\mathrm{i}(2\pi p/N)q}, \quad \frac{2\pi q}{N}-\frac{\psi}{2} \leqslant \theta < \frac{2\pi q}{N}+\frac{\psi}{2} \tag{4.91}$$

利用 $r = r_a$ 处的边界条件以及傅里叶逆变化,可以计算式(4.89)傅里叶展开的常数和式(4.90)的 A_s。Kroll[11] 的结果为

$$E_\theta(r,\theta) = \frac{EN\psi}{\pi}\sum_{m=-\infty}^{\infty}\frac{\sin(s\psi)}{s\psi}\left[\frac{J_s'(kr)N_s'(kr_c) - J_s'(kr_c)N_s'(kr)}{J_s'(kr_a)N_s'(kr_c) - J_s'(kr_c)N_s'(kr_a)}\right]\mathrm{e}^{\mathrm{i}s\theta} \tag{4.92}$$

式中:$s = p + mN$。

注意:这里省略了与时间相关的部分,而且由于角向边界条件的对称性,s 只能取一些特定的值。根据这个 E_θ 求得 H_z 后,可以计算出以下的同轴腔的导纳,文献中给出的结果为

$$Y_\mathrm{coaxial} = \mathrm{i}\frac{Nh}{2\pi r_a Z_0}\sum_{m=-\infty}^{\infty}\left[\frac{\sin(s\psi)}{s\psi}\right]^{-2}\left[\frac{J_s(kr_a)N_s'(kr_c) - J_s'(kr_c)N_s'(kr_a)}{J_s(kr_a)N_s'(kr_c) - J_s'(kr_c)N_s'(kr_a)}\right] \tag{4.93}$$

除了几何参数 N、h、ψ、r_c 和 r_a 以外,式(4.93)通过 $k = \omega/c$ 和模数 p 与频率有关。式(4.93)容易看出,p 值对应的导纳与 $N-p$ 值对应的相同。

为求得对应于给定模数 p 的简正模频率,令式(4.93)的 Y_coaxial 等于式(4.87)的 $-Y_\mathrm{res}$。这个方程只能用数值方法求解。但如果将导纳以 k 的函数描绘出来,就可以从图上看到这个解。图 4.13 定性地描绘了八腔系统($N=8$)的 Y_coaxial 作为归一化变量 kr_a 的函数曲线。因为有 $Y_\mathrm{coaxial}(p) = Y_\mathrm{coaxial}(N-p)$,图中只显示了 p 从 0 到 4 的范围。从式(4.93)可以看到,导纳存在无数个极点和零点。图中只显示了 $k = 0$ ($p = 0$) 和 $k \approx 2/(r_a + r_c)$ ($p = 1$) 处的极点。注意到后一个极点处有 $k \approx 2\pi/\lambda \approx (r_a + r_c)$,其中 λ 是角向的波长。因此,这个极点的出现条件为波长近似等于同轴腔中心导体的周长。

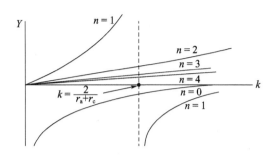

图 4.13 $Y_{coaxial}$ 与 $k=\omega/c$ 的依赖关系的定性描述

(源自 Kroll, N., resonant system, Microwave Magnetrons, Collins, G. B., ed., McGraw-hill, New York, 1948)

图 4.14 同时描绘了 $Y_{coaxial}$ 和 $-Y_{res}$。简正模的 $k=\omega/c$ 值由曲线的各个交点决定,标号为 1~4 的交点是对应于角向指数 p 的最低次模,$p=0$ 所对应的简正模的频率是 $\omega=0$。由于同轴对称性,零以上没有截止频率,这种情况下没有非零的截止频率(也可以说这些模和横向电磁模(TEM)一样,$\omega=0$ 以上的所有频率都可以传播)。可以看到,最低次模的简正模频率在 $p=N/2$ 时达到最大,这个频率对应的 k 值必须小于 $-Y_{res}$ 曲线的零点值。如果用式(4.88)的长方形谐振腔表达式近似 Y_{res},那么 $p=N/2$ 模的频率一定低于 $\omega_{max}\approx\pi c/2L$。标号为 $0_1\sim 4_1$ 的模式为高一次的模,依此再往上还有 0_2 等。图 4.15[12] 所示为 A6 磁控管的色散曲线,这里 $N=6$,其他参数 r_c、r_a 和 r_v 分别为 1.58cm、2.11cm 和 4.11cm。因为 $L=r_v-r_a=2$cm,所以 $f_{max}=\omega_{max}/2\pi=3.75$GHz。相比之下,$p=N/2=3$ 模(π 模)的频率是 $f_\pi=2.34$GHz,它比 f_{max} 小很多。在第 7 章节中,我们还将进一步详细讨论色散特性以及它对器件性能的影响。

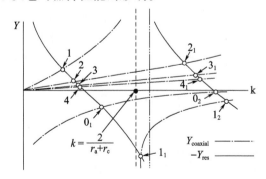

图 4.14 $Y_{coaxial}$ 和 $-Y_{res}$ 曲线的定性描绘,两个曲线的交点给出了器件的简正模频率

(源自 Kroll, N., the unstrapped resonant system, Microwave Magnetrons, Collins, G. B., ed., McGraw-hill, New York, 1948)

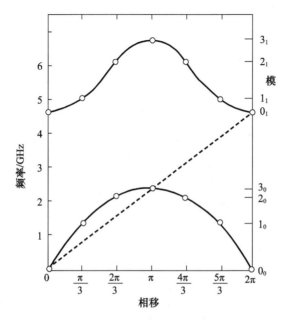

图 4.15　A6 磁控管的色散关系,横轴的相位平移为 $\Delta\phi = 2\pi(p/N)$

（源自 palevsky, a. and Bekefi, G., Phys. Fluids, 22, 986, 1979. With permission）

4.4.3　超材料色散调控

在开发高功率微波放大器这一愿望的驱使下,一个新兴的重要研究领域是使用超材料和类似超材料的慢波结构来设计非传统金属[13]材料中不存在的新型色散关系。在这一领域对超材料的界定一般并不要求是严格的双负亚波长介质(如光子学领域的介电常数 $\varepsilon < 0$,磁导率 $\mu < 0$),而是包含了周期结构这一更普遍的范畴。

我们给出了两个例子:一个是切伦科夫脉塞中电子束与人工全金属介质相互作用;另一个是电子束与双负慢波结构相互作用。

图 4.16 为一种采用全金属结构的介质切伦科夫脉塞[14]。在仿真上,该器件的工作原理与传统的介质切伦科夫脉塞中使用电介质衬垫来降低电磁波相速度的原理完全相同,但它不存在与介质充电相关的问题。实验验证该器件存在一定的困难,因为实验中的机械支撑会使得色散特性与基于理想模型的仿真不一样(在理想化的模拟中,金属环是电浮动的,这种情况在实验中很难实现)。

麻省理工学院的研究人员已经设计并正在制备一种基于双负超材料的慢波结构用于实验[15]。该器件采用平行板几何结构,其中每个板都在其内部加装了互补①开口谐振环,从而提供负 ε。将这些板放置在 TM 模式截止的波导中,从而提供负 μ。图 4.17 给出了相互作用中使用的负折射率类 TM 模的色散关系。对不同的电流(60A、80A 和 100A)和半径为 2.2mm 的 500kV 束流进行了粒子模拟。模拟中的直流电子束的电流从零初值到达全电流上升沿时间为 4ns。用 1.5Gs 的均匀轴向磁场引导束流。在频率为 2.595GHz 时,经过 260ns 后器件输出功率到达稳定范围,平均功率为 5.75MW。这种长上升时间似乎是超材料慢波结构的一个特征,也是一个正在深入研究的领域。目前,麻省理工学院正在进行实验,以验证粒子模拟的结果。

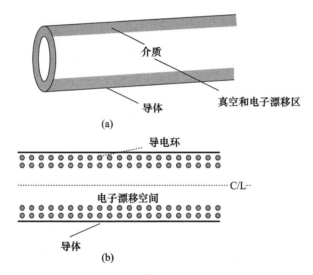

图 4.16 标准介质和超材料切伦科夫脉塞原理图和概念图
(a)标准介质切伦科夫脉塞的原理图,显示了传导壁,电介质和电子漂移区;
(b)超材料切伦科夫脉塞概念图,显示了金属杆(省略了支撑结构)。

尽管双负性质超材料慢波结构在高功率微波应用研究还处于开始阶段,但它们有一个重要的特性:Yurt 等[16]通过粒子模拟发现,这些慢波结构的径向尺寸明显小于使用传统的全金属周期性慢波结构所需的径向尺寸,因而相对而言更加紧凑。研究界正在用粒子模拟研究长注入时间对功率带来的问题[15-16],新墨西哥大学(M. Gilmore,PERS)也在通过冷测试实验研究长注入时间特性。

---

① 双负介质的基本组成是由 $\varepsilon<0$ 的偶极子和 $\mu<0$ 的开口谐振环(SRR)组成的。SRR 通常是蚀刻在电介质印制电路板上的金属环。由于高功率微波研究人员想避免在共振结构中使用电介质,担心它们会融化,所以他们决定使用互补的 SRR,SRR 有一个裂口环形状的孔,被加工成全金属板。互补 SRR 提供了 $\varepsilon<0$,并将其插入到 TM 模的截止导中得到 $\mu<0$(见参考文献[13])。

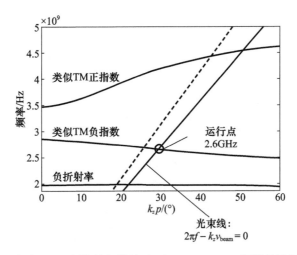

图4.17　MIT超材料BWO周期的色散关系(由ANSYS HFSS预测的类似TM模负指数BWO相互作用的频率为2.6GHz(源自Courtesy of J. S. Hummelt))

4.5　谐振腔

波导管与谐振腔之间的重要区别在于后者在一定程度上是封闭的,从而将电磁波能量约束于它的内部。当然,它们不是完全封闭的,否则电磁波就不可能输出。输出(或损失)的电磁波功率与谐振腔内储存的辐射能量之比是谐振腔的重要性质之一。

构成谐振腔的一个简单方法是取一节波导管,然后将两端用导体板盖上,这样就可以将电磁波约束在里面。其他谐振腔的例子如图4.18所示。如果管壁和两侧($z=0$ 和 $z=L$)的端板是理想导体,那么电磁场分量(如TM_{0n}模的E_r、E_θ和B_z)在端板处就必须为0,这样就形成对电磁波的反射。在无限长的波导管里波数k_z是自由参数,但在谐振腔里它只能取几个不连续的值。在E_r、E_θ和B_z的表达式中,用$\sin(k_z z)$取代$\exp(ik_z z)$,并令$k_z L = q\pi$,其中q为任意整数。这样就为描述谐振腔模引入了第三个指数,如TM_{npq}。于是,图4.4所示的$\omega - k_z$色散曲线就变成了曲线上间隔为$\Delta k_z = \pi/L$的一系列的点。但实际应用中有所不同,原因是谐振腔的损失。损耗可能是因为微波输出,还可能是因为实际中壁电阻非零导致的损耗,或是有意①和无意的微波泄漏。理想的无损谐振腔的共振线对

---

① 当谐振腔内出现两种模式时,可以采用其中一个模的最小场处开壁缝的方法有意让其他模泄漏,或通过控制夹缝的方向抑制无用模的管壁电流。

应于几个离散的 k_z 值,而有损的谐振腔则允许 k_z 的取值有一定的展宽(由色散关系,ω 也是如此),其宽度即为线宽。如果在谐振腔里放一个天线,那么在谐振腔里耦合并储存到天线的功率与频率的关系应该类似于图 4.19。

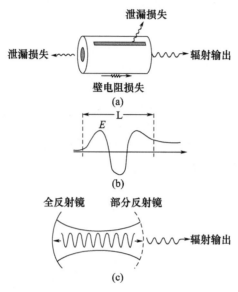

图 4.18 带开口的圆筒形谐振腔和谐振腔的电场分布以及准光学谐振腔

(a)带开口的圆筒形谐振腔,右端的辐射是有意的输出,其他方向的泄漏和管壁的电阻都造成损失;

(b)谐振腔中的电场分布(注意:微波提取处的场强较大);

(c)准光学谐振腔,通过右侧的部分反射镜提取。

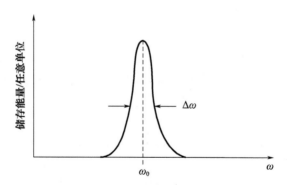

图 4.19 以 ω_0 为中心的谐振腔储能频谱的有限宽度

以上的讨论可以引出谐振腔的品质因子 Q,它的定义很简单,与谐振腔的形状无关。Q 等于 2π 乘以谐振腔例的平均储能与一个周期内的能量损失之比,即

$$Q = 2\pi \frac{\text{平均储能}}{\text{单位周期的能量损失}} = \omega_0 \frac{\text{平均储能}}{\text{功率损失}} \tag{4.94}$$

式中：ω_0 为谐振腔的谱线中心频率，这个定义与谐振腔的形状无关。

另外，可以证明品质因子 Q 与谱线宽度 $\Delta\omega$（图 4.19）的关系为

$$Q = \frac{\omega_0}{2\Delta\omega} \tag{4.95}$$

前面提到过谐振腔的功率损失包括两个方面：辐射输出和寄生损失①。因为功率损失是累加的，所以利用式(4.95)可以得到

$$\frac{1}{Q} = \frac{1}{Q_r} = \frac{1}{Q_p} \tag{4.96}$$

式中：Q_r 和 Q_p 分别为辐射输出和寄生损失，这两个量都与谐振腔的结构和工作模有关。

为得到辐射输出的项 Q_r，回到式(4.94)，定义谐振腔的辐射能量损失的时间常数 T_r，它是储存能量与功率损失之比，即

$$Q_r = \omega_0 T_r \tag{4.97}$$

如果谐振腔的两端具有很高的反射率 R_1 和 R_2，则有

$$T_r \approx \frac{L}{v_g(1-R_1R_2)} \tag{4.98}$$

为求群速度 v_g，可以根据 $\omega = \sqrt{\omega_{co}^2 + k_z^2 c^2}$ 得 $v_g = k_z c^2/\omega$。对于 k_z 很大时，即短波长的情况下，有 $v_g \approx c$。对于 k_z 较小或长波长时，这时 v_g 较小而且 k_z 近似等于 $q\pi/L$，其中 q 是轴向模指数。将这些关系与式(4.97)和式(4.98)结合，并利用 ω 与辐射微波自由空间波长 λ 之间的关系 $\omega = 2\pi f = 2\pi/\lambda$，可以近似得到

$$Q_r = 2\pi \frac{L}{\lambda} \frac{1}{1-R_1R_2} \quad (\text{短波长}) \tag{4.99}$$

$$Q_r \approx 4\pi \frac{L^2}{\lambda^2 q(1-R_1R_2)} \quad (\text{长波长}) \tag{4.100}$$

例如，像回旋管这样工作于接近截止的长波长并具有低群速度的器件就属于式(4.100)的情况，这样的器件有时被称作衍射发生器，因为终端的输出主要是通过（部分）开放的端口衍射出去的。由于这种终端具有低反射率的衍射发生器满足式(4.100)，器件最小辐射的品质因子 Q（衍射下限）对应 $q=1$ 的最低轴向模，为 $Q_{r,\min} = 4\pi L^2/\lambda^2$。可以看到，$Q_r$ 随着模数的增加而减小，也就是说，谐振腔的辐射损失随着轴向模数的增加而增大。总体上看，Q 中的辐射成分和谐振腔的长度与真空波长之比的幂成正比。

---

① 可以用不同的术语描述 Q 的两个方面。这里的辐射 Q 有时也称衍射 Q，指像回旋管那样的低群速度器件的衍射耦合输出或外部 Q。寄生也称电阻 Q，就是当壁损失仅有的损失时或内部 Q，它也适用于为了抑制无用模而有意开口的情况。

有关谐振腔寄生损失的一般性分析比较困难,特别是腔体上有狭缝或有吸收体时。不过,如果只考虑腔壁的电阻损失,还是可以近似估算的。此时谐振腔的储能正比于能量密度在腔体内的体积积分。而功率损失正比于频率乘以能量密度在腔壁趋肤深度范围内的积分。这样,将式(4.94)的分子和分母中的能量密度约分以后,可以得到

$$Q_\mathrm{p} = \frac{谐振腔体积}{(表面积)\times \delta}(几何因子) \qquad (4.101)$$

式中:几何因子通常是在1的量级(见习题4.10)。也许有人认为 Q 越大越好。当然,谐振腔里储能的提高有利于增强内部的反馈,这样可以降低产生振荡的临界条件,从而降低对输入电子束功率的要求。但是,在高功率微波的领域里,高功率电子束相对容易获得,而主要问题则集中在输出功率和高功率下谐振腔的承受能力上。从这两方面(高功率输出和谐振腔的承受能力)看,实际上应适当降低谐振腔的 Q 值。在微波产生过程中,最佳的电子束功率是临界值的数倍,因此为提高输出功率有时需要提高临界值,即降低谐振腔的 Q 值。从谐振腔的承受能力看,因为输出功率与储能和 Q 的比值成正比,所以高 Q 值意味着高储能,即谐振腔内部的强电场,这可能引起壁加热和击穿的问题。

作为品质因子的最后一项内容,简单讨论一下谐振腔的填充时间,即腔内的场强达到平衡的时间。从式(4.94)可以看出,填充时间与 Q 值成正比。对某些使用谐振腔的高功率微波应用来说,填充时间是一个很重要的因素。例如,射频直线加速器的加速腔是为了向电子束提供能量。所以这里总存在一个折中问题,即一方面为提高加速场强需要提高 Q 值,而另一方面为缩短驱动源的脉冲宽度需要尽量缩短谐振腔的填充时间(降低 Q 值)。另外一个例子是利用 Q 值的迅速变化获得微波的脉冲压缩:将低功率水平的微波能量储存在谐振腔里,在到达填充时间后通过迅速改变谐振腔的 Q 值让微波在短时间内输出。输出时间约等于填充时间,而低的 Q 值可以实现快速输出。

4.6 强流相对论电子束

高功率微波源利用强流相对论电子束或电子层中的电子动能产生强微波场。首先来看高功率微波器件的参数范围:输出功率 P 等于微波转换效率 η_p 与电子束电流 I 和加速电压 V 的乘积,即

$$P = \eta_\mathrm{p} VI \qquad (4.102)$$

脉冲高功率微波源的输出功率在 1~10GW 的范围,而转换效率为 10%~

50%。图4.20所示为输出功率分别为1GW和10GW,效率分别为10%和50%的情况所对应的电子束电流和电压。可以看到,如果电压为1MV,所需要的电子束电流为10kA,或数十千安。在大多数情况下,这个电子束具有特定截面分布,并具有很高的电流密度(见习题4.11)。

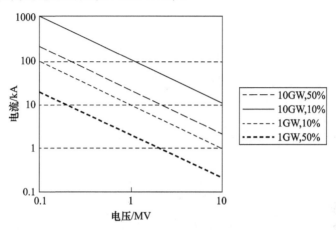

图4.20 微波功率转换效率为10%和50%的情况下,为得到1GW和10GW所需要的电子束电压和电流

本书将在第5章讨论产生电子束和电子层的相关技术,其中涉及阴极、二极管和电子枪。本章主要考虑二极管中电子束流的基本性质,包括child-Langmuir二极管(平面型)和Langmuir-Blodgett二极管(同轴型)中的空间电荷限制电流,以及强流电子束磁箍缩对电流的限制。另外,还将讨论漂移管和磁绝缘电子层中的电子流。我们将介绍具有薄壁管状阴极的(径向)磁绝缘同轴二极管中电子束电流的弗多索夫(Fedosov)解,该解适用于像相对论返波振荡器这样的器件(见第8章)。它不同于轴向空间电荷限制电流,在俄罗斯以外并不广为人知。最后,我们考虑了圆柱形光束的布里渊平衡。所有这些都是后面讨论微波相互作用的基础。

4.6.1 二极管中的空间电荷限制流

首先考虑图4.21的一维平面二极管。阳极和阴极分别位于$x=0$和$x=d$,二者的电势分别为$\varphi(x=0)=0$和$\varphi(x=d)=v_0$。阴极流向阳极的电子束电流密度为$j=\hat{x}j(x)=-\hat{x}en(x)v_x(x)$,其中$-e$是电子电荷,$n(x)$是以$m^{-3}$为单位的电子数密度,$v_x(x)$是电子速度。在不随时间变化的平衡状态下,$\varphi$和$n$之间有式(4.4)的关系,即

$$\frac{dE_x}{dx} = -\frac{d^2\varphi}{dx^2} = -\frac{1}{\varepsilon_0}en \tag{4.103}$$

式(4.103)中的电场用一维电势的梯度取代。为方便起见,假定电压为小于500kV的非相对论情况,这样就可以使用以下能量守恒关系(假定阴极表面电子速度为$0 v_x(0)=0$),即

$$\frac{1}{2}mv_x^2 = e\varphi \tag{4.104}$$

式中:m为电子质量。

最后,对安培(Ampere)定律式(4.1)求散度,并利用$\partial E_X/\partial t=0$,得到

$$\frac{dj}{dx} = -e\frac{d(nv_x)}{dx} = 0 \tag{4.105}$$

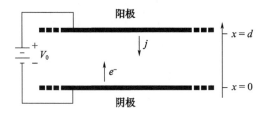

图4.21 理想的Child-Langmuir二极管(间距为d的无限大平行电极间的电压为V_0)

式(4.105)表面nv_x在二极管间隙中是常数。于是J可以定义电流密度为

$$J = env_x = 常数 \tag{4.106}$$

不过,应注意这个常数与电流密度的符号相反。从以上方程组可以得到以下有关电势φ的方程:

$$\frac{d^2\varphi}{dx^2} = \left(\frac{m}{2e}\right)^{1/2}\frac{J}{\varepsilon_0\varphi^{1/2}} \tag{4.107}$$

式中:φ在阴极表面为0。

从式(4.107)可以看出,当J从0开始增加时,阴阳极间空间电荷的逐步增加,阴极表面的电场强度$d\varphi/dx = \varphi'$,从V_0/d开始逐渐下降。二极管里的最大允许电流密度(用J_{SCL}表示)对应于$\varphi'(0)=0$。采用实用单位

$$J_{SCL}\left(\frac{kA}{cm^2}\right) = 2.33\frac{[V_0(MV)]^{3/2}}{[d(cm)]^2} \tag{4.108}$$

式(4.108)称为平面电子束二极管的Child-Langmuir电流密度或空间电荷限制流密度。如果忽略边缘效应,假定面积为A的二极管电流密度各处均匀,Child-Langmuir[18]二极管的电流则为$J_{SCL}A$,因此可以得到二极管的阻抗为

$$Z = \frac{V_0}{I} = 429\frac{[d(cm)]^2}{A(cm^2)}\frac{1}{[V_0(MV)]^{1/2}}\Omega \tag{4.109}$$

例如,如果二极管典型值为:电压$V_0=1MV$,间隙$d=1cm$,阴极直径为2cm,

可以得到 $J_{SCL}=2.33\text{kA/cm}^2, I=7.32\text{kA}, Z=137\Omega$（见习题 4.12）。

同时还利用粒子模拟和理论分析的方法对 Child – Langmuir 定律扩展到二维的情况进行了大量研究[19]。研究发现，以经典的一维值为单位的二维空间电荷限流密度是辐射半径 R 与间隙间距 d 的之比这一无量纲量的单调递减函数，该函数稍作修改即可延伸到相对论域。

对同样的问题，Langmuir 和 Blodgett 还给出了如图 4.22 所示的同轴结构的解[20]。可以是阴极在内侧而阳极在外侧（$r_c=r_i, r_a=r_o$）或在阴极在外侧而阳极在内侧（$r_a=r_i, r_c=r_o$）。圆柱坐标中计算 $\nabla \cdot J$ 和式（4.103）中 $\nabla^2 \varphi$，并利用式（4.104），可以得到对应于式（4.107）的圆柱坐标表达式，即

$$\frac{d^2\varphi}{dr^2}+\frac{1}{r}\frac{d\varphi}{dr}=\left(\frac{m}{2e}\right)^{1/2}\left(\frac{r_c}{r}\right)\frac{J}{\varepsilon_0 \varphi^{1/2}} \tag{4.110}$$

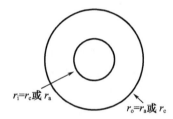

图 4.22　同轴型 Langmuir – Blodgett 二极管的截面模型

式（4.110）的空间电荷限制，也就是阴极表面电场为 0 条件下的解，可以给出类似于式（4.108）的阴极表面空间电荷限制电流，即

$$J_{SCL}\left(\frac{\text{kA}}{\text{cm}^2}\right)=2.33\frac{[V_0(\text{MV})]^{3/2}}{[r_a(\text{cm})r_c(\text{cm})]Y^2} \tag{4.111}$$

式中：Y 为形式不确定的无穷级数，它的具体形式取决于比值 r_a/r_c 和所需要的计算精度[18]。

对于高功率微波二极管来说最适用的形式为

$$Y=\left(\frac{r_c}{r_a}\right)^{1/2}\sum_{n=1}^{\infty}B_n\left[\ln\left(\frac{r_a}{r_c}\right)\right]^n \tag{4.112}$$

其中 $B_1=1, B_2=0.1, B_3=0.01667, B_4=0.00242$ 等（14 个系数见参考文献）。注意：式（4.111）给出的是电流密度。为计算电流，还必须乘以阴极面积 $A_c=2\pi r_c L$，其中 L 是发射区的轴向长度（见习题 4.13 和习题 4.14）。

上面关于平面型和同轴型的二极管电流的推导都是基于非相对论的假定，即电子束的加速电压 $V_0<500\text{kV}$，因而有式（4.105）的关系。当 $V_0>500\text{kV}$ 时，Jory 和 Trivelpiece 给出了平面型 Child – Langmuir 二极管的相对论电流密度[21]，即

$$J_{\text{SCL}} = \frac{2.71}{[d]^2}\left\{\left[1+\frac{v_0}{0.511}\right]^{1/2} - 0.847\right\}^2 \left(\frac{\text{kA}}{\text{cm}^2}\right) \quad (4.113)$$

式(4.108)和式(4.113)与 A - K 这个阴阳极间距 d 的关系是相同的,但与电压 V_0 的关系却不一样。在低电压下,电流密度与 $V_0^{3/2}$ 成正比,而高电压时 $J \propto V_0$。

4.6.2　强流二极管中的束流箍缩

前面考虑 Child - Langmuir 二极管时,忽略了电子束电流所产生的磁场影响。但实际上,当束流足够高时,电流自身的磁场通过洛伦兹(Lorentz)力能够使电子束产生箍缩。判断发生箍缩的条件是外围电子的拉莫尔(Larmor)半径等于阴阳极间距[22],即

$$I_{\text{pinch}} = 8.5\,\frac{r_c}{d}\left\{1+\left[\frac{V_0}{0.511}\right]\right\}(\text{kA}) \quad (4.114)$$

式中: r_c 为阴极半径。一般来说,箍缩现象对高功率微波源是有害的,应该尽量避免。在低阻抗二极管,如虚阴极振荡器(见习题 4.15)等器件中,这一效应影响尤其严重。

4.6.3　漂移管中的空间电荷限制电流

电子束产生之后,需要通过一段漂移管才能到达微波相互作用区域。在以下的推导中,假定漂移管足够长,而且认为电子束已达到平衡态,可以忽略其随时间的变化。此时,电子束的空间电荷在电荷和漂移管壁之间产生一个径向电场,对该电场积分即可得到电子束与管壁之间的电势差。这个电势差降低了电子束的有效加速电势,因此产生所谓的空间电荷限制效应。下面计算图 4.23 所示的环状薄电子层的空间电荷对电子动能的限制效应。

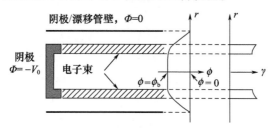

图 4.23　对于强流环形电子束,电势 φ 和相对论因子 γ 与半径的关系(电子束的空间电荷使轴心处的电势下降到 φ_b。电子能量随半径繁盛变化,存在剪切运动,最外层的电子能量最高)

为简单起见,假定外加磁场强度为无穷大,环形电子束的厚度为0(在数学上电流密度可以表示为半径方向的一个 delta 函数),图中电子束的平均半径为 r_b。因此,在漂移管内,除 $r = r_b$ 处以外,电子束内外的电势都满足以下微分方程,即

$$\frac{1}{r}\frac{d}{dr}\left(r\frac{d\varphi}{dr}\right) = 0 \tag{4.115}$$

边界条件是:在 $r=0$ 处 $d\varphi/dx = 0$,在管壁($r = r_0$)处 $\varphi = 0$,因此,得到

$$\varphi(r) = -\varphi_b, 0 \leq r \leq r_b \tag{4.116}$$

和

$$\varphi(r) = A + B\ln(r), r_b \leq r \leq r_0 \tag{4.117}$$

下一步求 φ_b,将它表示成 r_b、r_0、电子束电流 I_b 和电子速度 $v_b = c[1-(1/\gamma_b^2)]^{1/2}$ 的函数。该式中的 γ_b 是电子的等效相对论因子:

$$\gamma_b = 1 + \frac{e}{mc^2}(V_0 - \varphi_b) \equiv \gamma_0 - \frac{e\varphi_b}{mc^2} \tag{4.118}$$

式中:$-V_0$ 为发射电子的阴极电势;γ_0 式中所定义。

下面求解式(4.117)的 A 和 B。首先,电子束两侧的 φ 必须连续,因此式(4.117)必须满足 $\varphi(r_b) = -\varphi_b$。其次,$r_b$ 处 $d\varphi/dr$ 的不连续性由式(4.119)对电子束积分给出,即

$$r_b\left[\frac{d\varphi(r=r_b^+)}{dr}\right] - \left[\frac{d\varphi(r=r_b^-)}{dr}\right] = \frac{e}{\varepsilon_0}\int_{r_b^-}^{r_b^+} n_b r dr = \frac{1}{2\pi\varepsilon_0 v_b}\int_{r_b^-}^{r_b^+} en_b 2\pi r dr = \frac{I_b}{2\pi\varepsilon_0 v_b} \tag{4.119}$$

式中:I_b 为电子束电流。

注意:式(4.119)左端括号中的第二项为0,而第一项可以由式(4.117)的微分给出。利用 r_b 处 φ 的连续性,φ 在 r_0 处等于0,以及式(4.119),可以得到

$$I_b = \frac{2\pi\varepsilon_0 v_b}{\ln(r_0/r_b)}\varphi_b = \frac{8.5}{\ln(r_0/r_b)}\left(1 - \frac{1}{\gamma_b^2}\right)(\gamma_0 - \gamma_b)\text{kA} \tag{4.120}$$

式(4.120)中,利用式(4.118)消去了 φ_b 并用 γ_b 表达了 v_b,这样就找到了电子束的相对论因子 γ_b 与电子束电流 I_b 之间的关系。γ_b 总小于 γ_0,并当空间电荷为0时等于 γ_0。

图 2.24 给出了 I_b 和 γ_b 的关系。可以看到,每一个 I_b 值对应于两个 γ_b 值,其中右侧的 γ_b 值是正确的。将式(4.120)对 I_b 微分,可以得到当 $\gamma_b = \gamma_0^{1/3}$ 时 I_b 最大,即

$$I_b(\gamma_b = \gamma_0^{1/3}) = I_{SCL}(\text{圆筒形电子束}) = \frac{8.5}{\ln(r_0/r_b)}\left(1 - \frac{1}{\gamma_b^2}\right)^{1/2}(\gamma_0^{2/3} - 1)^{3/2} \tag{4.121}$$

式中：I_{SCL} 称为漂移管中的空间电荷限制电流。

注意：I_{SCL} 在低电压时与 $V_0^{3/2}$ 成正比，而在高电压时与 V_0 成正比，这一点与平面 Child - Langmuir 二极管相同。上面的结果是针对非常薄的圆筒形电子束的。实际上可以证明，对于半径为 γ_b 的均匀实心圆柱形电子束（见习题 4.16）：

$$I_b(\gamma_b = \gamma_0^{1/3}) = I_{SCL}(圆柱形电子束) = \frac{8.5}{1+\ln(r_0/r_b)}(\gamma_0^{2/3}-1)^{3/2} \quad (4.122)$$

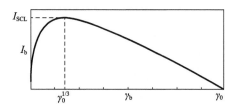

图 4.24 电子束电流与相对论因子的关系

事先在漂移管中充满等离子体可以中和电子束空间电荷，从而避免空间电荷抑制效应和限制电流现象。当电子束通过等离子体时，它的空间电荷场迅速排斥等离子体中的电子，其结果使电子束的空间电荷被等离子体中的离子中和。另一个有益的效应是由于减小了径向的电子速度差别，束流的质量得到提高。当然，这样做会使系统更加复杂，而且由于复合以及束流引起的电离导致电场强度会随时间变化。

4.6.4 磁绝缘同轴二极管电流限制的弗多索夫解

考虑在磁场无限大时，磁绝缘同轴二极管中环形（管状）电子束的主要特性。半径为 r_c、环形厚度为 δ 的环形阴极位于半径为 r_a 的均匀通道中。当满足下式时，磁场可近似为无限大[23]：

$$\frac{\Gamma}{r_a} = \frac{mc^2}{eB}\sqrt{\frac{\beta E}{B}} \ll 1, \frac{E}{B} \ll \sqrt{\Gamma - 1} \quad (4.123)$$

式中：$\Gamma = (eEr_a/mc^2) + 1$；$\beta = (v_b/c)$。

在这些条件下，二极管中的电子流动可用泊松方程来描述：

$$\Delta\gamma = \frac{e}{mc^2}\frac{4\pi j\gamma_b}{\sqrt{\gamma_b^2-1}}, \gamma = 1 + \frac{e\varphi}{mc^2} \quad (4.124)$$

式中：j 为仅与半径有关的束流密度；φ 为电势。

边界条件为：阳极 $\gamma = \Gamma = 1 + ev/mc^2$，阴极 $\gamma = 1$（假设阴极的发射率为无穷

大)。将式(4.123)乘以 $\mathrm{d}\gamma/\mathrm{d}z$,在二极管的内部空间上积分(除了管状阴极占据的体积),并使用式(4.124)来表示漂移空间和边界条件,结果为

$$\gamma_b(\gamma_b + 1) - 2\Gamma = -\ln\frac{r_a}{r_c}\frac{\gamma_b}{\gamma_b - 1}\int\left(\frac{\mathrm{d}\gamma}{\mathrm{d}r}\right)^2\left(1 + \frac{2}{\gamma^2}\right)r\mathrm{d}r \qquad (4.125)$$

式中:$\gamma_b = 1 + e\varphi_b/mc^2$,为漂移空间中电子束外边界的相对论因子;右边的积分是在 $z = +\infty$ 处的束流厚度上进行的。

需要指出的是,式(4.125)是能量守恒的结果。

对于薄壁电子束,有 $\Gamma\delta/[r_c\ln(r_a/r_c)]\ll 1$,式(4.125)中的右边可以忽略,因此可以得到

$$\gamma_b = \sqrt{0.25 + 2\Gamma} - 0.5 \qquad (4.126)$$

利用式(4.124),求出漂移空间中薄壁管梁的电流为

$$I_b = \frac{mc^3(\Gamma - \gamma_b)}{e}\frac{\sqrt{r_b^2 - 1}}{2\ln(r_a/r_c)} \qquad (4.127)$$

将式(4.126)确定的 γ_b 代入式(4.127),得到薄壁管状阴极磁绝缘同轴二极管中形成的电流。在俄罗斯文献中,这种空间电荷电流被称为费多索夫电流(Fedosov's Current IFedosov)。

我们可以将 I_{Fedosov} 与 I_{SCL} 进行比较。在磁绝缘同轴二极管中形成的非相对论束的电势由 $\varphi_b \approx 2V/3$ 给出。因此束流等于 $I_{\text{SCL}}/\sqrt{2}$,对于相对论束流,$\gamma_b \approx \sqrt{2\Gamma}$,而对于限制电流,有 $\gamma_b = \sqrt[3]{\Gamma}$。磁绝缘同轴二极管的超相对论极限电流趋于其极限值。

4.6.5 有限轴向磁场中的电子回旋轨道

当外加磁场强度为有限值时,I_{SCL} 也有所降低。有限的磁场导致电子的螺旋线轨道,这样可以让电子保持作用力的平衡。为方便起见,考虑非相对论电子束。使用一般性的流体方程,可以得到圆形漂移管中电子的回旋速度为[24]

$$v_{\text{eb}}^{\pm}(r) = \frac{1}{2}\Omega_{\text{eb}}r\left\{1 \pm \left[4\frac{e^2}{\varepsilon_0 m\Omega_{\text{eb}}^2 r^2}\int_0^r \mathrm{d}r'r'n_{\text{eb}}(r')\right]^{1/2}\right\} \qquad (4.128)$$

式中:$\Omega_{\text{eb}} = eB_z/m$ 是外加磁场 B_z 中电子的回旋频率,其中 $-e$ 和 m 分别是电子的电荷和质量;n_{eb} 是电子束的密度。

由式(4.128)可见,电子可以有两个回旋速度。为考查它们的物理意义,考虑式(4.128)右侧根号下的第二项远小于 1 的情形,这时最低价的近似为

$$v_{\text{eb}}^+ \approx \Omega_{\text{eb}}r \qquad (4.129)$$

$$v_{eb}^- \approx \frac{e^2}{\varepsilon_0 m \Omega_{eb} r} \int_0^r dr' d'n_{eb}(r') = -\frac{E_r}{B_z} \qquad (4.130)$$

在式(4.130)里,利用式(4.4)进行了如下替换:

$$E_r = -\frac{e}{\varepsilon_0 r} \int_0^r dr' r' n_{eb}(r') \qquad (4.131)$$

因此,这两个回旋状态对应于以下两个模式。

(1) 慢回旋模。这时电子的导向中心的回旋速度 v_{eb}^- 具有 $E \times B$ 回旋的特性,电子在束内拉莫尔(Larmor)轨道的小范围内仍然围绕其引导中心以 Ω_{eb} 做回旋运动。

(2) 快回旋模。这时整个电子束围绕中心轴旋转,其速度近似等于回旋速度 $\Omega_{eb} r$。这样的电子束被称为绕轴回旋电子束。

慢回旋模比较常见,但如果将慢回旋电子束通过一个磁场会切点也可以得到快回旋模。绕轴回旋电子束被应用于所谓的大轨道回旋管(见习题4.17)。

4.6.6 圆柱电子束的布里渊平衡

对于在磁场区域之外产生的层流电子束来说,圆柱电子束的理想匹配平衡是可能的[25]。非相对论电子的解称为布里渊平衡[26]。考虑图4.25所示的几何结构。电子源(阴极)位于轴向磁场 $B_z(r,z) = 0$ 的平面内。在阳极,所有电子都有相同的动能 ev_0 和速度。当电子通过径向磁场进入均匀螺线管场时会获得一个方位速度分量。在均匀场区,规范角动量 P_θ 守恒,规定 $P_\theta = 0$,它给出了非相对论电子的方位速度作为半径方程的函数表达式:

$$v_\theta = \left(\frac{eB_0}{2m_e}\right) r \qquad (4.132)$$

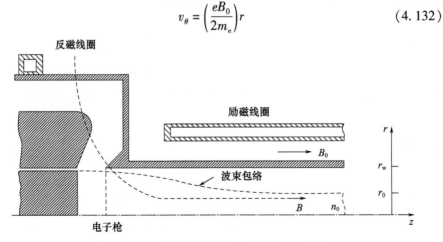

图4.25 布里渊平衡下匹配电子束的几何形状

式(4.133)预测方位向速度与半径呈线性关系,这意味着所有的电子都以相同的角速度绕轴旋转:

$$\frac{d\theta}{dt} = \frac{v_\theta}{r} = \frac{eB_0}{2m_e} = \frac{\Omega_{eb}}{2} \qquad (4.133)$$

由于角速度与半径无关,因此整个电子束以相同的角速度旋转。具有这种性质的圆柱平衡称为刚性转子平衡。电子束的角旋转频率是拉莫尔频率:

$$\omega_L = \frac{\Omega_{eb}}{2} \qquad (4.134)$$

圆柱形电子束的方位磁场产生的聚焦力约为散焦空间电荷力的 β^2 倍,其中 $\beta = v/c$。对于非相对论电子束,磁力的贡献可以忽略不计。假设 $P_\theta = 0$,电子的径向运动由下式描述:

$$m_e \frac{d^2 r}{dt^2} = \frac{e^2 n_0 r}{2\varepsilon_0} + \frac{m_e}{r}\left[\frac{erB_0}{2m_e}\right]^2 - \frac{(eB_0)^2 r}{2m_e} \qquad (4.135)$$

式(4.134)右侧的第一项表示空间电荷力,第二项为离心力,第三项表示聚焦磁力。将右侧设置为 0,给出了匹配电子束的条件。因此,匹配的电子束条件为

$$\frac{e^2 n_0}{2\varepsilon_0 m_e} = \left(\frac{eB_0}{m_e}\right)^2 \qquad (4.136)$$

我们可以用等离子体频率 ω_{pb} 和回旋频率将式(4.136)改写为

$$\frac{\omega_{pb}}{\Omega_{eb}} = \frac{1}{\sqrt{2}} \qquad (4.137)$$

在刚性转子平衡下,电子在空间电荷和磁力的共同作用下轨道运动横截面呈圆形。电子轨迹既垂直于电场又垂直于磁场。交叉电场和磁场中的带电粒子平衡称为布里渊流解。对于相对论电子,式(4.137)变为

$$\frac{\omega_{pb}}{\Omega_{eb}} \cong \frac{\gamma_b}{\sqrt{2}} \qquad (4.138)$$

式中:γ_b 为相对论因子。

4.7 旋转磁绝缘电子层

并非所有微波源都使用电子束。磁控管和磁绝缘线振荡器(MILO)使用磁绝缘电子层,该电子层的一侧是阴极电势的电极。这里的磁场方向与阴极表面平行,它使阴极发射的电子受到洛伦兹力 $v \times B$ 的作用而发生偏转,从而不能到

达阳极。因此，这些电子被局限在阴极附近的电子层中，并在 $E \times B$（平行于阴极）的方向漂移。这时的电子密度分布如图 4.26 所示。

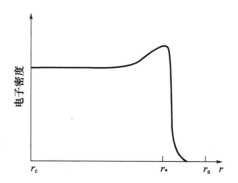

图 4.26 正交电磁场中漂移电子层内的电子密度变化（电子从半径 r_c 处的阴极发射，电子层延伸至半径 r_e 附近，由于磁场的绝缘作用电子不能到达半径 r_a 处的阳极）

磁绝缘电子层的赫尔截止（Hull cutoff）条件是指平衡状态下电子不能跨越间隙到达阳极的条件，它可以直接从电子的能量守恒和正则动量守恒关系得到。假定所有电子都从阴极表面出发，而且在它们漂移的方向系统没有任何变化，另外假定平衡状态（与时间无关）。在阴极半径 r_c、阳极半径 r_a 的同轴形光滑壁磁控管中（$r_c < r_a$），轴向磁场为 B_z，那么以角向速度 v_θ 漂移的电子保持能量守恒，即

$$(\gamma - 1)mc^2 - e\varphi = 0 \tag{4.139}$$

式中：$\gamma = (1 - v^2/c^2)^{-1/2}$。

另外，由于角向的均匀性，电子的正则动量也是守恒的，即

$$m\gamma v_\theta - \frac{e}{c}A_\theta = 0 \tag{4.140}$$

式中：A_θ 为矢量势 A 的角向分量，矢量势与磁场的关系为

$$B = \nabla \times A \tag{4.141}$$

总磁通量是 B_z 在阴阳极之间截面上的面积分。因为电极为良导体，可以认为总磁通量在施加电压前后保持不变。因此，电子层的抗磁性只改变间隙内的磁场分布。这样磁绝缘的赫尔截止条件可以表示为

$$B^* = \frac{mc}{ed_e}(\gamma^2 - 1)^{1/2} = \frac{0.17}{d_e(\text{cm})}(\gamma^2 - 1)^{1/2}(\text{T}) \tag{4.142}$$

其中

$$\gamma = 1 + \frac{eV_0}{mc^2} = 1 + \frac{V_0(\text{MV})}{0.511} \tag{4.143}$$

式中：V_0 为阴阳极之间的电压；d_e 为同轴电极的等效间距，则

$$d_e = \frac{r_a^2 - r_c^2}{2r_a} \tag{4.144}$$

当 B_z 大于临界磁场（或赫尔磁场）B^* 时，电子被约束在称为布里渊层的电子云内并进行角向漂移。当 B_z 接近 B^* 时，电子层的表面向阳极接近。当磁场强度增加时，电子层被压缩在距阴极越来越近的区域里。值得注意的是，尽管式(4.135)考虑了空间电荷的整体效应和电子层的抗磁效应，它与简单地令单电子的拉莫尔半径等于 d_e 所得到的结果是完全一样的(见习题 4.18)。

4.8 产生微波的相互作用原理

高功率微波源中的微波产生过程可以通过谐振腔或波导管的简正模与电子束或电子层中的自然振荡模之间的相互作用来理解。在以下有关高功率微波源的讨论中，将它们以不同的方法进行了分类。从电磁简正模的观点出发，微波源可以分为快波器件和慢波器件。快波相互作用时，波导模的相速度大于光速，如4.3 节描述的光滑波导管中的情形；而慢波相互作用时的电磁波相速度小于光速，如4.4 节描述的慢波结构中的情形。

（1）O 型器件。在这种器件里，电子平行于外加磁场漂移。这个磁场的作用是在高功率微波源中引导电子束，在某些情况下，在微波相互作用过程中起关键作用。

（2）M 型器件。在这种器件里，电子垂直于相互正交的电场和磁场漂移。

（3）空间电荷器件。这类器件有可能涉及外加磁场，其中产生微波的本质过程与强流电子束的空间电荷效应密切相关。

在 O 型和 M 型器件里，导致微波相互作用的波动是从初始平衡状态下的微小扰动成长起来的。但在空间电荷器件里，情况完全不同。电子束的空间电荷效应阻止平衡状态的形成，从而造成具有一定频率的振荡。因此，O 型器件和 M 型器件之间具有相同之处，但都与空间电荷器件有区别。在分别对每种器件进行具体讨论之前，有必要先分析前两种源的共同性质。

4.8.1 基本相互作用过程

在 O 型器件和 M 型器件里，微波主要是由波导管或谐振腔的简正模与电子束振荡之间的线性共振产生，两者必须频率相同。除此之外，它们还必须具有同

样的相速度 ω/k_z 以便它们沿着系统一起前进,所以两个波的 ω 和 k_z 必须分别相等。除了在共振点附近的 ω 和 k_z 值以外,微波和电子束振荡在很多情况下是彼此独立的。因此,可以通过在 $\omega - k_z$ 图中寻找电磁波简正模的色散曲线(图4.4、图4.9和图4.15)和电子束振荡模色散曲线的交点来估算共振频率和波数。不过,并不是所有的交点都对应着产生微波的共振条件。为判断交点是否对应共振条件,必须求解微波与电子束的耦合色散方程。在这个计算中,共振条件附近的 ω 和 k_z 通常是复数,从而得到"非稳定解",对应电磁波在空间或时间指数性增长。

从电磁模式和粒子模式是相互独立的观点来看,由非耦合色散关系计算参与的模式并考查其能量变化可以用来确定相互作用是否稳定[27-28]。当色散图的交点导致微波产生时,参与谐振的电子的共振可称为"负能量波"。耦合系统的总能量(包括简正模的电磁能量和电子的总能量)是正值;但是,没有电子振荡的初始平衡态的总能量比存在不稳定电子振荡时的总能量高。因此,电子振荡降低了系统的总能量而在能量增量这一概念上为负值。有些电子振荡不会出现能量减少,它们称为正能量波,它们不会与电磁正态模式发生不稳定的相互作用,而正态模总是具有正能量,它们不会产生微波。后面讨论空间电荷波的具体情况时会很快再谈到这一点。

在大多数微波源里,波幅的成长总是伴随着电子束的某种群聚现象。例如,有些器件里电子束形成空间群聚,而在另一些器件里则产生围绕磁力线旋转的相位群聚。无论哪一种情况,群聚都是很重要的现象,因为它增强电磁波辐射的相干性[29]。为理解这一点,将微波的产生过程看成是很多个独立电子辐射的叠加。如果电子的分布是完全均匀的,由于单个电子辐射的相位分布是随机的,因此叠加之后的辐射场强度为0。但如果电磁波对电子的反作用,使电子产生群聚,那么相位分布就不再是随机的,因而叠加起来的辐射场就不为0。因此,群聚的有无决定电磁波辐射是不相干的自发辐射还是相干的受激辐射[30]。当电子束的群聚足够强时,微波的输出功率与群聚的数量 N_b 和每个群聚中的电子数 n_b 的平方成正比,即

$$P \propto N_b n_b^2 \tag{4.145}$$

当然,波幅的成长与电子束的群聚不可能是无休止的。不稳定性会最终进入饱和状态,从而使波幅停止增长,如图4.27所示。很多物理机制可能导致饱和,但其中有两个最为常见:一个是由于电子能量的降低使电子束的振荡模脱离共振条件;另一个是由于电子的群聚被电磁波的强势阱捕获,这样它在势阱里"晃动"的过程中会从电磁波吸收能量。

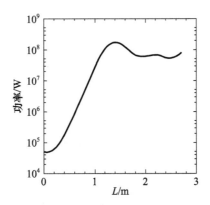

图 4.27 在长度为 L 的相互作用区域里微波信号随距离的增长而饱和

4.8.2 O 型源中的相互作用

O 型器件中的基本相互作用机制并不是很复杂。其中之一是基于电子束的空间电荷波的振荡。考虑金属漂移管中很长而且半径很大的电子束,假定沿束流方向(z 轴方向)有一个很强的引导磁场。如果电子束是均匀的,那么除了两端的区域以外轴向的作用力可以忽略。但如果一部分的区域密度相对高一些,那么就像弹簧受到压缩一样,电子之间的空间电荷作用力会将电子相互排斥。之后会由于过冲效应使两端区域的密度提高,这些区域里的电子由于相互之间的排斥力会再次疏远而又重新回到初始状态。这样将产生反复的振荡。这个振荡的频率与轴向波数之间的关系为

$$\omega = k_z v_z \pm \frac{\omega_b}{\gamma_b} \tag{4.146}$$

式中:ω 是电子束的等离子体频率;γ_b 是电子密度;v_z 是电子速度;$\omega_b = (n_b e^2 / \varepsilon_0 m \gamma_b)^{1/2}$ 是相对论因子。对应于式(4.146)中的正号和负号的两个频率的波,分别被称作快空间电荷波和慢空间电荷波。

4.2 节中提到边界条件很重要,但式(4.146)不包含任何几何参数,因为它没有考虑实际情况中径向边界的影响。分析结果表明,当考虑边界条件时,波导管中的空间电荷波的色散关系会发生很大的变化。图 4.28 给出了 Brejzman 和 Ryutov[31] 得到的波导管中的电子束空间电荷波的色散曲线,并和式(4.139)给出的不考虑边界条件的情形作了比较。主要区别是在 $k_z = 0$ 附近,这里式(4.146)给出的相速度超过光速,而实际的色散关系给出的空间电荷波的相速度总小于光速(从这个意义上讲,快空间电荷波相对于光速也是慢的)。无论是

否考虑径向边界条件,慢空间电荷波都是负能量波,而快空间电荷波都是正能量波。微波的产生发生在慢空间电荷波和电磁波简正模色散曲线的焦点处所对应的频率和波数。快空间电荷波曲线与简正模的焦点不产生微波共振。

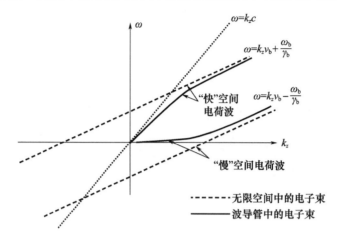

图 4.28　波导管中的电子束空间电荷波的色散曲线
（实线:不考虑边界影响的电子束;虚线:波导管中的电子束）

对于慢空间电荷波,因为有 $\omega/k_z < c$,所以它不会与 $|\omega/k_z| > c$ 的光滑波导管简正模耦合。但是有方法可以让空间电荷波与电磁波简正模发生相互作用。例如,如果在波导管的中心放一个介质棒或在波导管的内壁表面增加一个介质层或者等离子层,只要介质的介电常数 ε 比真空介电常数 ε_0 大,那么波导管简正模的相速就可以小于真空光速。由于介质的影响,式(4.20)和式(4.21)中的等效光速将向 ω_c 靠近。当 $c' < v_z$ 时(图 4.29(a))出现的慢空间电荷波和电磁波简正模之间的相互作用是介质切伦科夫脉塞(DCM)[32]的基本原理。值得注意的是,近来美国空军研究实验室能够利用全金属周期结构实现 DCM 的色散特性。[14]

通过改变波导管的几何形状并构成慢波结构,也可以降低波导管模的相速度。4.4 节所述的周期性慢波结构在轴向具有半径的变化,它是将在第 8 章里详细讨论的返波振荡器(BWO)和行波管(TWT)的基础。BWO 和 TWT 的区别在于慢空间电荷波与慢波结构的色散曲线的交点位置不同。如果交点处慢波结构色散曲线的斜率为负,即群速度为负的返向波,则相互作用方式为 BWO;反之,如果交点处的斜率为正,则为 TWT。图 4.29(b)给出了 BWO 的共振点。

第三种让慢空间电荷波与波导模耦合的方法不改变波导的色散关系,而是改变空间电荷波的色散关系。如果在波导管中外加一个周期性变化的横向磁场,其结果可使空间电荷波的色散曲线发生频率上移 $\omega_w \approx k_w v_z$,称为电子的"摇摆"频率,其中 $k_w = 2\pi/\lambda_w$,而 λ_w 是磁场的变化周期,则

$$\omega = k_z v_z + \omega_w \tag{4.147}$$

式(4.147)是自由电子激光(FEL)或波荡射束注入器(Ubitron)的基本原理,通过提高空间电荷波的相速,使其能与波导模发生相互作用。这个过程也可以看成磁场导致的韧致辐射,或受横向加速的电子的相干同步辐射。图 4.29(c)显示的是这个共振相互作用。注意:上移的慢空间电荷模和波导模的色散曲线之间存在两个交点。典型的 FEL 相互作用发生于上方的交点(见习题 4.18)。

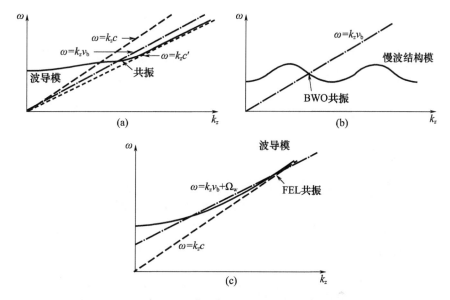

图 4.29 电子束空间电荷波与不同电磁模的非耦合色散关系

第 9 章中介绍的相对论速调管就是利用谐振腔在电子束中的激发空间电荷波。图 4.30 所示为最简单的双腔速调管。电子束与第一个谐振腔(通常由外部激励)的简正模发生相互作用,这个简正模的电场对电子的轴向漂移速度产生调制,从而在电子束中激发出空间电荷波。空间电荷波在两个谐振腔之间的漂移空间里持续增长。当因此得到的空间电荷群聚通过第二个谐振腔时,会在里面激励谐振腔的电磁模,并可以向外部耦合电磁辐射。速调管的重要特点是两个腔之间仅通过电子束的空间电荷波进行耦合,因为谐振腔之间的漂移空间很小,对于电磁波是截止的(截止频率与半径的关系为 $\omega_{co} \propto 1/r_0$)。事实上,随着工作频率的提高,截止条件越来越难以满足,例如,对于截止频率最低的 TE_{11} 模,截止条件是波导管直径必须小于 $r_{max}(cm) = 8.8/f(GHz)$。一个办法是在波导半径上允许频率最低的几个模,然后通过漂移管的几何设计来阻止这几个模的传播(如在适当的位置开狭缝或放置微波吸收材料)。

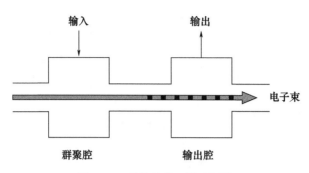

图4.30 最简单的双枪速调管

另一个完全不同的微波产生机制是基于磁化电子束中的电子回旋运动。考虑一个沿很强的导向磁场运动的电子束,如果每个电子相对于磁场 B_0 具有一定的横向速度分量,那么,它将围绕它的导向中心进行角频率为 $\Omega_{eb} = eB_0/m\gamma_b$ 的拉莫尔回旋运动,如图4.31所示。单个电子自发产生具有多普勒(Doppler)频移的回旋辐射,即

$$\omega = k_z v_z + s\Omega_{eb} \tag{4.148}$$

式中:s 为整数。这样电子就可以与波导管模发生共振相互作用,并且由于回旋频率与能量有关($1/\gamma_b$ 的关系),回旋电子在回旋相位上产生群聚(它与空间电荷波的空间群聚有所不同)。这种共振是基于许多电子回旋脉塞(ECM),如回旋管和回旋自共振脉塞(CARM)(见第10章)的基础(见习题4.6)。

图4.31 电子回旋频率 ω_c 下的拉莫尔运动,导向中心沿着某一条磁力线

以上有关 BWO、TWT、FEL 和电子回旋脉塞的微波产生原理的叙述主要基于整体相互作用的观点。我们也可以将辐射过程看成是横向加速的单个电子辐射的叠加。在 FEL 中,电子在摇摆场中波动,在回旋管中电子绕场线旋转,这个现象就很明显。而对于 BWO 和 TWT 物理图像则有所不同。在这些器件里,电子束空间电荷波中电荷密度的扰动在慢波结构的波浪形壁上产生镜像电荷,这些镜像电荷在随着电子束空间电荷波一起运动时,在波浪形壁上产生横向运动并产生偶极辐射。

还有一个有趣的相互作用模式是两个电子束模之间的参数耦合产生第三个波,从而形成电磁波输出。例如,其中一个幅度足够大的慢空间电荷波可以起到 FEL 交变磁场的作用,取代外加的静态交变磁场[33]。这种受激散射被用于双级 FEL 中,其中第一级可以是另一个 FEL[34] 或 BWO[35]。这样的器件在俄罗斯的

文献中被称为 scattron。

有关 O 型器件,最后想补充一点。速调管的基本原理:首先在第一个相互作用区域里对电子束进行调制;然后在截止渡导管里传输;最后在另一个相互作用区域里从群聚电子束中提取微波能量。这个概念具有很广泛的一般性,而且被用于很多复合器件。例如,回旋速调管采用回旋管谐振腔,它们之间的波导管里实现回旋相位群聚(见第 10 章)。另一个例子是光学速调管(见第 10 章),它是采用多个相互作用区域的变化型 FEL。在这一类器件里,速调管原理的优点是它为下游的谐振腔(可以是多个谐振腔,如果这样可以增强群聚)提供调制电子束,从而提高效率。

4.8.3 M 型源中的相互作用

与 O 型器件相对照,M 型器件里的电子在正交的电场和磁场中漂移。这个运动被称作 $E \times B$ 漂移。通常 M 型器件的相互作用发生于沿电子漂移方向运动的慢波电子束模和电磁波简正模之间。最典型的例子是图 4.32 所示的相对论磁控管(见第 7 章)。在磁控管里,同轴形二极管内具有径向电场和轴向磁场,从而使阴极附近的电子层沿角向漂移。因为谐振腔的排列在角向是闭合的(或者说是可重入的),反向旋转的电磁模在器件里形成驻波。通常主要根据相邻谐振腔之间的相移来区分磁控管的简正模,相移为 π 和 2π 的电磁模(π 模和 2π 模)是磁控管最常见的工作模。除磁控管以外,M 型器件里还有正交场放大器,它曾经作为非相对论高功率微波源受到关注。最近,作为直线形 M 型器件,磁绝缘线振荡器(MILO)也得到重视。

也有快波 M 型器件,如交变场磁控管。如图 4.32 所示,其慢波结构被光滑的阳极壁取代,但磁场的方向在角向是交变的。这样的器件就像环形的 FEL,其中电子束被 $E \times B$ 漂移的电子层取代。

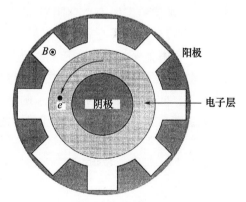

图 4.32　磁控管的截面示意图

4.8.4　空间电荷器件

空间电荷器件的名称来源于它们的工作原理基于一种强烈的空间电荷驱动

现象,这种现象涉及虚阴极的形成。最为人所知的器件是虚阴极振荡器。为了理解它的工作原理,考虑图 4.33 所示结构。由二极管产生的强流电子束通过阳极膜进入漂移区。如果系统是角向对称的,那么 4.6.3 节的讨论适用于这个情形。假定漂移管的半径为 r_0,管壁电势为 0,而电子束的半径为 r_b,阴极电势为 $-V_0<0$。漂移管里的空间电荷限制电流由式(4.121)(圆筒形束)和式(4.122)(圆柱形束)给出。当电子束电流 I_b 超过 I_{SCL} 时,电子束头部将产生一个强的势垒并造成大量电子被反射回阳极。发生电子反射的位置称为虚阴极。从本质上讲,漂移空间将电子束中超出传输极限的部分空间电荷反射回来。这种情况与以上讨论的其他微波产生机制有根本性的区别,因为在那些微波源里,波动是从明确的初始开始,其扰动是从很小的振幅开始增长的。而对于虚阴极,由于电子束状态的不稳定性,不可能存在任何平衡状态。虚阴极的轴向位置发生振荡,像弛豫振荡器一样周期性地发射电子束。空间电荷和虚阴极势阱的运动产生电磁波辐射,其频率与电子束电流的平方根成正比(对于实心电子束,它接近电子束的等离子体密度 ω_b,见式(4.146))。虚阴极振荡的频谱很宽,但如果虚阴极是在一个谐振腔里,它将以腔模的振荡频率与谐振腔模发生共振相互作用。

另一种空间电荷器件是反射三极管,它的基本结构与虚阴极振荡器相似,如图 4.34 所示。二者的区别在于,反射三极管的阳极(而非阴极)与传输线中心导体相连,向电源供电。如果阳极完全穿透而不吸收电子能量,从阴极发射的电子就会在阳极处跌入势阱,然后在势阱另一侧爬升,在到达虚阴极时发生反射向阴极运动,再经过阳极而达到阴极时速度为 0。实际中由于每次通过阳极时会损失一定的能量,电子会非常接近但是无法达到阴极,然后返回再通过阳极时又会损失一部分能量。电子在反射过程中逐渐失去能量,直到最后被阳极吸收。这种在势阱中的往返运动为微波辐射提供了另一个机制,它就是反射三极管的基本原理。实际上,在图 4.33 所示的虚阴极振荡器里,虚阴极振荡和电子的反射运动这两种机制同时存在,而且它们之间有可能发生竞争。

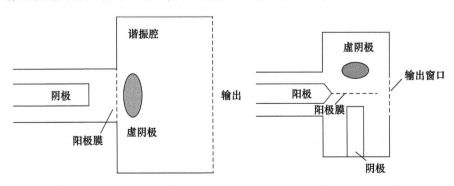

图 4.33　虚阴极振荡器的结构示意图　　图 4.34　反射三极管的结构示意图

值得注意的是,第 7 章描述了由新墨西哥大学(UNM)的研究人员提出的一种新型的无物理阴极的 A6 磁控管。将电子束轴向注入磁控管相互作用区,并且选择该装置的尺寸,使得在原本物理阴极的位置处形成虚拟阴极。然后,在虚拟阴极中被捕获的电子被加速形成轮辐,从而带来高效率。

在第 9 章中将会看到,低阻抗的相对论速调管与空间电荷器件具有一定的相似性。当电子束电流超过随时间变化的速调管谐振腔间隙的限制电流时,在间隙附近立即形成电流的群聚。

表 4.5 归纳了高功率微波源的分类。可以看到在 O 型和 M 型微波源里都存在快波器件和慢波器件。但对空间电荷器件来说,不区分快波和慢波器件。

表 4.5 高功率微波源的分类

器 件	慢 波	快 波
O 型器件	返波振荡器 行波管 表面波振荡器 相对论衍射发生器 奥罗管 Flimatron 多波切伦科夫发生器 介质切伦科夫脉塞 等离子体切伦科夫脉塞 相对论速调管	自由电子激光,波荡射束注入器 光学速调管 回旋管 回旋返波管 回旋行波管 回旋自共振脉塞 回旋速调管
M 型器件	相对论磁控管 正交场放大器 磁绝缘线振荡器	交变场磁控管
空间电荷器件	虚阴极振荡器 反射三极管	

4.9 放大器与振荡器、强电流与弱电流的工作模式

表 4.5 的微波源分类基于相互作用的主要特性。此外,还可以按照工作模式进行分类。首先可以分为放大器和振荡器。放大器能够将输入信号进行放大并输出。没有输入信号时,除了噪声以外没有输出信号。另外,振荡器必须具有反馈机制和足够的增益克服损失,才能在没有输入信号的情况下产生一个自发的输出。由于增益通常随电子束的电流增加,对于增益的要求通常变成对于电

流的要求,即必须超过所谓启动电流的临界值。在临界值以下系统就不能产生振荡,而超过它时便会有自发辐射。启动电流是系统参数的函数,包括相互作用区域的长度等。

放大器的特点是具有一个信号可能得到放大的频带。而振荡器通常选择较为固定的工作频率,它与电子束和谐振腔之间的共振频率有关。放大器的输出特性:频率、相位和波形,可以较好地通过低功率的主信号源控制。但获得高增益以及高输出功率而同时避免进入谐振状态通常很困难。实际应用中,振荡器的几个很重要的特点,包括频率推移(频率随电子束电流的变化)、频率牵引(负载的复数相位的变化引起的频率变化)和相位抖动(初始相位随脉冲的变化)。振荡器因为不需要信号源所以结构较放大器简单,但相位和频率的控制比放大器要复杂很多,这一点将在下一节详细讨论。

有些器件专门适用于振荡器或放大器。适合振荡器的主要有以下几方面:

(1) BWO,因为反馈可以由反向传播的简正模实现;

(2) 回旋管,由于具有较低的群速度和较高的谐振腔 Q 值;

(3) 磁控管和交变场磁控管,因为它们使用闭路式谐振腔结构。

实际上,只要电流低于启动电流,BWO 和回旋管在原理上也可以作为放大器使用。正交场放大器通过阻止圆周方向闭合回路的电磁波传播从而避免了电磁波的反馈。表 4.5 中的其他微波源还有回旋自共振脉塞(CARM)、FEL、MILO、TWT 和切伦科夫脉塞,都具有开放型结构和前进方向的电磁波简正模,因此它们都可以作为放大器工作。另外,如果具备了某种反馈机制(如终端反射),它们也可以成为振荡器。

在放大器和振荡器之间,还存在一个工作模式叫"超辐射放大器",尽管严格地说它不是一种器件类型。这些放大器具有很高的增益,以至于能够将电子束自身的噪声信号放大到很高的功率。从某种意义上来说这个效应与振荡器相似,不同之处是输出的频谱较宽。增加器件的长度可以将频谱宽度减小到增益最大的模式的频率附近。图 4.35[36]是一个例子,它是 FEL 放大器的超辐射频谱。可以看到,当器件长度增加时,输出的频率特性出现明显的峰值。

第三种微波源的分类方法是根据器件中的电子束空间电荷效应的强度。当电子密度很低时,即电流密度很低时,器件的工作为康普顿模式。在这种情况下,集体空间电荷效应可以忽略,而电子可以认为是很多个独立的相干辐射源。当电子密度较高时,即电流密度不远小于空间电荷限制电流时,电子振荡的整体模(空间电荷波)在微波产生过程中起主要作用,这时的器件工作为拉曼(Raman)模式。有些人在这两个极端之间还进行了更细致的分类,但这不属于本书讨论的范围。

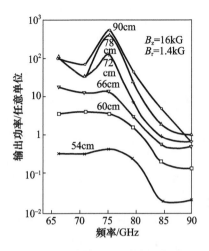

图 4.35　超辐射 FEL 放大器的输出
(图中的点为实验测量结果，曲线是为了将同一长度的器件得到的实验点连接在一起，源自 Gold, S. H. et al., Phys. Fluids, 27, 746, 1984)

4.10　相位与频率控制

在很多应用场景中都需要对微波信号的相位和(或)频率进行控制，例如驱动射频加速器、最大化来自多天线阵列的空间功率密度，甚至以电子方式控制这种阵列的输出。正如在 4.9 节提到的，也许控制源阵列相位的最直接方法是从一个或多个功率放大器(由相对较低的功率主振荡器驱动)产生高功率。这种配置由主振荡器/功率放大器(MOPA)表示。高功率、高增益放大器设计中固有的困难，以及 MOPA 阵列的复杂性，为相位和/或频率可控的振荡器留下了生存空间。

为了将多个高功率微波源的输出合成到一个可调的天线阵列中，这些源必须处于相同的频率，并且它们之间的相位差是已知的。只有这样，才有可能利用干涉在天线远场中产生可控制的波束。关键是，每个脉冲期间的相对相位必须是恒定的，并且脉冲之间必须是可重现的。正是这种对重复性的要求，将在单个脉冲上可观察到的频率锁定与相位锁定区分开来。缺少炮点之间的重复性使得锁频源不适合用于相控阵天线。这是频率锁定和相位锁定之间的区别。上述定义清楚地给出了区别频率锁定和相位锁定的方法，即考查脉冲序列中的相位差是否可再现。

如果工作频率相同,但脉冲之间的相位差不可再现,这就是频率锁定。因此,频率锁定本身并不意味着锁相,但锁相总是意味着频率锁定。

基于天线远场测量的独立锁相测量可以确认锁相的存在。这是通过对两根天线的辐射进行的远场功率密度诊断来实现的。实验中,两个磁控管分别连接到各自的喇叭天线上,天线的另一端是一个开放的波导[38]。天线接收的微波通过波导耦合器和衰减器传递到晶体探测上。实验时,首先一个天线辐射而另一个天线用被吸收体覆盖;然后换过来进行;最后在两个天线同时辐射的情况下演示辐射场的相干叠加。注意到辐射的功率和天线面积都翻了一番。因为更大的天线面积使束斑尺寸减半,所以功率密度增加了4倍。该关系称为N平方缩放,是信号源和天线阵列的一个特征(见5.5.3节)。

振荡器的锁相可以通过几种方式实现。也许最常见的方法是使用驱动主振荡器的功率来确定从振荡器的相位。这里重要的参数是注入比,即

$$\rho = \left(\frac{P_i}{P_0}\right)^{1/2} = \frac{E_i}{E_0} \tag{4.149}$$

式中:P和E分别为振荡器中的功率和电场强度;下标 i 和 0 分别代表注入(主)和接受(从)振荡器。当两个振荡器之间的频率差足够小时,就会发生相位锁定:

$$\Delta\omega \leqslant \frac{\omega_0 \rho}{Q} \tag{4.150}$$

式中:ω_0为两个振荡频率的平均值;$\Delta\omega$为两个振荡器的中心频率的间隔,而且这里假定两个振荡器的Q值相同。

式(4.150)称为阿德勒(Adler)关系。锁相所需的时间大致为[39]

$$\tau \approx \frac{Q}{2\rho\omega_0} \tag{4.151}$$

如果$\rho \approx 1$,锁定范围$\Delta\omega$达到最大而且所需的时间降到最小。这有助于锁定频率差异较大的振荡器并使阵列容许振荡器之间有一定的差别。对于弱耦合的情形,即$\rho \ll 1$,可以允许小振荡器控制大振荡器,但需要一段较长的时间来实现锁定(见习题4.20)。高功率水平下,相位锁定研究最彻底的是磁控管(第7章)。相位锁定的第二个方法是对注入微波源以前的电子束进行预调制,这个方法的例子是回旋速调管。第三个方法叫启动控制,在振荡器的振荡模启动的过程中注入一个锁定信号,可以将振荡器中的相位锁定在注入信号上。

4.10.1 相位相干源

高功率微波源研究中的一个新兴领域是相位相干性概念。正如小节所描述

的那样，相干功率叠加起源于振荡器锁相的思想。该思想可以追溯到阿德勒在 1946 年的工作[37]。在雷达和粒子加速器中经常用到相位锁定。这些应用中，锁相的缺点是需要精确的相位控制，通常在 0.1°~1.0°范围内。注入锁定的概念是在 20 世纪 50 年代初出现的。注入锁定应用的一个问题是对高功率和频率源的稳定有较高要求，从而使得整体复杂性和成本都增加了。有意电磁干扰(IE-MI)[40]需要更高功率的微波辐射。相干功率叠加是一种新兴的合成多个源的方法，对相位控制要求更低，在 20°~30°范围内即可实现更高的目标功率。单源产生的功率流密度为 $1 \times P_{out}$，N 个相干组合源产生的功率流密度为 $N^2 \times P_{out}$。这使得在较小面积内使用几个较低的电源来产生非常高的功率成为可能。

这种相干功率求和法的先驱是俄罗斯强流电子研究所(IHCE；俄罗斯托木斯克)和俄罗斯电物理研究所(俄罗斯叶卡捷琳堡)的研究人员[41]。在涉及超辐射返波振荡器的工作中，研究人员展示了一种双通道纳秒相对论微波振荡器，每个通道的相位稳定性足以对其电磁场进行相干求和。在实验中，他们将一条线性脉冲形成线分成两条相邻的线，驱动两个独立的超辐射返波振荡器源。目前，他们正在将该方法扩展到 4 个独立的超辐射返波振荡器上。在展示中，一个相对紧凑的系统，其功率增加了 16 倍。

最近，来自西北核技术研究所的一个研究小组提出了将两个类似速调管的相对论回波振荡器进行相干求和的方案，从而高效地在 C 波段获得 10GW 功率。

4.11 多光谱源

2000 年，在研究相对论返波振荡器中交叉激发不稳定性时，首次讨论了有意电磁干扰感兴趣的高功率微波源的多频操作问题[44]。在这项工作中，人们发现一种模式的启动电流和增益因另一种饱和模式的存在而改变，使得第二种模式能够与第一种模式竞争，从而在一段时间内同时辐射两个频率。从那时起，其他研究人员研究了 MILO[45]、循环磁控管[46]、带有布拉格反射器的回波振荡器[47]，以及其他设备的双频工作。

高功率微波源双(或多)频运行的许多最新技术都关注与束-波相互作用相关的几何因素，而不是像前面提到的交叉激发不稳定性情况下的模式竞争[42]。我国国防科技大学的一个研究小组一直在研究磁绝缘线路振荡器的多光谱输出。图 4.36[48]给出了一个实例，对磁绝缘线振荡器的射束转储区域进行了改造，通过引入透明栅极，使得虚拟阴极振荡发生在该区域中并被轴向提取。在后续工作中，该小组在射束转储区域中引入了第二个慢波结构，使得 L 波段磁绝缘线振荡器产生额外的 X 波段辐射[49]。同时,来自中国工程物理研究院应用电子研究所的一个小组研究了具有两部分不同直径的磁绝缘线路振荡器,从而产生了两个不同的频率:一个为 3.4GHz,另一个为 3.65GHz[50]。

新墨西哥大学最近的工作是用具有两个反向螺旋波纹的布拉格反射器来代替反波振荡器中的截止颈部或腔反射器,以反射后向传播的 TM_{01} 模,并将其转换为前向传播的 TE_{11} 模。在研究这种新型反射器的过程中,人们注意到布拉格反射器可以起到第二个慢波结构的作用,并激发出第二个频率。在布拉格反射器和主慢波结构间进行磁压缩和磁分离,可以控制两个频率中的每一个频率的持续时间。

4.12 小 结

本章中出现的很多基础概念将在后文中再次出现。矩形波导管里的简正模由 TE_{np} 和 TM_{np} 表示(为了避免在其他地方符号的不一致,圆形波导管里的模表示为 TE_{np} 和 TM_{np}),其中 n 和 p 为相互垂直方向的场变化指数。在波导管中传播的简正模的频率不能低于截止频率。截止频率与波导管的横向尺寸成反比,所以足够小的波导管可以支持单模传播。高功率的微波传播需要大口径的波导管,结果使多个模的截止频率低于工作频率,这样的工作状态叫多模状态。

慢波结构可以使电磁波的相速度低于光速。这些模的场分布结构与光滑波导的 TE 模和 TM 模相似,但随着频率和波数的变化,慢波结构的场分布结构可以从一个模转变为另一个模。

谐振腔中的简正模与波导管相比,增加了一个轴向的场变化指数,如 TE_{npq} (其中指数的顺序对于方形腔为 $x-y-z$,而对于圆形腔为 $\theta-r-z$)。谐振腔的一个重要参数是品质因子 Q,它代表谐振腔单位周期损失的储存能量。能量损失及其对 Q 的影响主要包括两个方面:有用的微波功率输出和不必要的功率损失。很多高功率微波源适合使用低 Q 值的谐振腔。

波导管或谐振腔与电子束在相同的频率和波数发生的相互作用,导致电子束平均动能的减少和高功率微波的产生。电子束的群聚是辐射波的相干性的基本条件。微波器件的分类主要基于微波产生过程中的相互作用机制。

也可以从功能上将微波源划分为放大器、振荡器和超辐射放大器。有些器件只适合于其中的某一种,而其他器件可能在不同条件下以这三种方式工作。振荡器的工作频率相对固定,这个频率取决于具体设计;不过已经有技术可以控制相位,也可以适当改变频率。

习 题

4.1 解释为什么导电壁波导不能支持 TEM 模,却可以支持 TE 模和 TM 模?

4.2 对于矩形壁波导,截止频率取决于两个横向尺寸 a 和 b;对于圆柱波导,TE 模和 TM 模的截止频率仅取决于半径。为什么会这样?各自的依赖关系是什么?

4.3 对于口径参数为 $a=2.286$cm 和 $b=1.016$cm 的 X 波段矩形波导。(1)它的 WR 型号是什么?(2)求最低的 4 个模的截止频率。

4.4 对于 X 波段尺寸为 $a=2.286$cm 和 $b=1.016$cm 的矩形波导。(1)WR 数是多少?(2)前 4 种传播模式的截止频率是多少?(L(cm)=2.54XL(in))

4.5 求尺寸相近的矩形波导和圆形波导中 TE_{11} 模的截止频率。对于矩形波导,假定口径参数为 $a=b=2$cm。对于圆形波导,假定直径为 $2r_0=2$cm。求同样波导中的截止频率。

4.6 回旋管工作于圆形谐振腔的截止频率附近。为理解相关的频率关系,考虑半径 2cm 的圆形波导的截止频率间隔。(1)求 TE_{11} 和 TE_{12} 的截止频率。频率间隔是多少赫?第二个模的频率比第一个高百分之几?(2)求 TE_{82} 模和 TE_{83} 模的截止频率,同样求它们频率间隔和百分比间隔。

4.7 设管壁的最大允许场强为 100kV/cm。(1)求矩形波导中 3GHz 的基模能够传输的最大功率。(2)求圆形波导中 3GHz 的最低频率 TM 模能够传输的最大功率。假定较高的模都被截止,求波导的尺寸。

4.8 圆形波导中的 TM_{01} 模微波功率为 5GW。若要保证管壁场强低于 200kV/cm,求最小波导直径。在这个尺寸的圆形波导中,有多少 TM_{0n} 模可以传播?假定频率为 10GHz。求铝的 10GHz 趋肤深度。

4.9 正弦波纹慢波结构的平均半径和波纹周期分别为 4cm 和 1cm。估算它的最低通带的频率范围。

4.10 工作频率 35GHz 的铜制谐振腔直径和长度分别为 3cm 和 5cm,端部的反射系数为 $R_1=R_2=0.9$,求谐振腔的 Q。

4.11 二极管的阻抗是电压与电流之比。装置的工作电压和微波转换效率分别为 1.5MV 和 20%,若要获得 5GW 的输出功率,求二极管的工作阻抗。

4.12 为获得较好的能量效率,需要将二极管阻抗与特性阻抗为 43Ω 的油绝缘脉冲形成线匹配。二极管的电压为 500kV。为避免阴极等离子体引起的间隙缩短,二极管间隙需在 2cm 以上,求阴极直径。

4.13 对于同轴型二极管,证明当 r_a 接近 r_c 时,其电流密度的表达式(式(4.108))趋向于平面二极管(式(4.111)和式(4.112))。

4.14 考虑径向加速的同轴型电子束二极管。阴极的发射区的宽度为 $L=3$cm,阴极和阳极的半径分别为 $r_c=1.58$cm 和 $r_a=2.1$cm,二极管电压为 400kV。尺寸与 A6 磁控管相同,但假定没有外加磁场,所以电流可以自由通过间隙。求通过间隙的电流,并与具有同样间隙和同样阴极发射面积的平面二极管相比较。

4.15 对于阴极半径和间隙分别为 4cm 和 2cm 的电子束二极管,电子束电流为 40kA。求能够产生电子束箍缩的二极管电压。

4.16 均匀的圆柱状电子束由间隙 2cm、加速电压 1.5MV 的平面二极管产生。它通过一个平面的薄膜阳极后被注入半径 4.5cm 的圆形漂移管。(1)如果假定注入时的电子束半径与阴极半径相同,求形成虚阴极所需要的最小阴极半径。(2)求电子束电流等于空间电荷限制电流的 2 倍的阴极半径。

4.17 将电流 5kA、电子能量 1MeV、半径 2cm 的电子束注入半径为 3cm 的漂移管。需要什么样的磁场强度才能让电子的回旋频率(电子的绕轴运动的慢回旋模频率)低于 500MHz?

4.18 A6 磁控管(见第 7 章)的阴极和阳极半径分别为 1.58cm 和 2.1cm,电压 800kV 时的工作频率为 4.6GHz,求最低绝缘磁场强度。

4.19 3MeV 的电子束通过周期为 5cm 的摇摆器磁石阵列,求它的摇摆频率。

4.20 对于工作电压为 100kV,谐振腔半径为 3cm 的回旋管,求最低磁场强度。

4.21 两个高功率振荡器具有相同的工作频率(3GHz)和 Q 值(100)。它们脉宽为 100ns,带宽为 1%,由同一个脉冲功率源并联驱动,因此同时产生辐射。在经过天线辐射以前,要将它们的输出通过锁相进行叠加,求需要在 1/3 脉宽的时间内实现锁相条件的注入比。如果频率 3GHz 的上升时间是 Q 个周期,而且需要它们在上升时间内锁相,求所需要的注入比。

参考文献

[1] Saad, t. S. et al. , Microwave Engineers Handbook, Vol. 1, Artech house, Norwood, Ma, 1971.

[2] Neuber a. a. , Laurent, L. , Lau, Y. Y. , and Krompholz, h. , Windows and RF breakdown, in High - Power Microwave Sources and Technology, Barker, r. J. and Schamiloglu, e. , eds. , Ieee press, New York, 2001, p. 346.

［3］Kurilko, V. I. et al. , Stability of a relativistic electron beam in a periodic cylindrical waveguide, Sov. Phys. Tech. Phys. ,24,1451,1979（Zh. Tekh. Fiz. ,49,2569,1979）.

［4］Bromborsky, a. andRuth, B. , Calculation of TM_{on} dispersion relations in a corrugated cylindrical waveguide, IEEE Trans. Microwave Theory Tech. ,32,600,1984.

［5］Swegle, J. A. , Poukey, J. W. , and Leifeste, G. t. , Backward wave oscillators with rippled wall: analytic theory and numerical simulation, Phys. Fluids,28,2882,1985.

［6］Guschina, I. Ya. andPikunov, V. M. , Numerical method of analyzing electromagnetic fields of periodic waveguides, Sov. J. Commun. Tech. Electron. ,37,50,1992（Radiotekh. Elektron. ,8, 1422,1992）.

［7］Leifeste, G. t. et al. , Ku – band radiation produced by a relativistic backward wave oscillator, J. Appl. Phys. ,59,1366,1986.

［8］Petit, R. and Cadilhac, M. , Sur la diffraction d'une onde plane par un reseau infiniment conducteur, C. R. Acad. Sci. Paris Ser. B,262,468,1966.

［9］Millar, R. F. , On the rayleigh assumption in scattering by a periodic surface: II, Proc. Camb. Phil. Soc. ,69,217,1971.

［10］Watanabe, t. et al. , Range of validity of the rayleigh hypothesis, Phys. Rev. E,69,056606,2004.

［11］Kroll, N. , The unstrapped resonant system, in Microwave Magnetrons, Collins, G. B. , ed. , McGraw – hill, New York,1948, pp. 49 – 82.

［12］Palevsky, a. and Bekefi, Microwave emission from pulsed, relativistic e – beam diodes. II. the multiresonator magnetron. G. , Phys. Fluids,22,986,1979

［13］Schamiloglu, E. , Dispersion engineering for high power microwave amplifiers, Proceedings of the 4th Euro – Asian Pulsed Power Conference and 19th International Conference on High – Power Particle Beams, Karlsruhe, Germany,2012, p. 145.

［14］Shiffler, D. , Luginsland, J. , French, D. M. , and Watrous, J. , a Cerenkov – like maser based on a metamaterial structure, IEEE Trans. Plasma Sci. ,38,1462,2010.

［15］Hummelt, J. S. et al. , Design of a metamaterial – based backward – wave oscillator, IEEE Trans. Plasma Sci. ,42,930,2014.

［16］Yurt, S. C. et al. , O – type oscillator with periodic metamaterial – like slow – wave structure, Proceedings IVEC 2014, Monterey, Ca, April 22 – 24,2014, p. 145.

［17］Fedosov, A. I. , Electron Flows in Magnetically Insulated Foiless Diodes and Their Lines（in Russian）, Candidate's Degree thesis, Institute of high Current electronics, Tomsk, Russia,1982.

［18］Child, C. D. , Discharge from hot CaO. Phys. Rev. ,32,492,1911; Langmuir, I. , the effect of space charge and residual gases on thermionic currents in high vacuum, Phys. Rev. , 2, 450,1913.

［19］Li, Y. et al. , Two – dimensional Child – Langmuir law of planar diode with finite – radius emitter, Appl. Surf. Sci. ,251,19,2005.

[20] Langmuir, I. and Blodgett, K. B., Current limited by space charge between coaxial cylinders, Phys. Rev., 22, 347, 1923.

[21] Jory, H. R. and Trivelpiece, A. W., exact relativistic solution for the one-dimensional diode, J. Appl. Phys., 40, 3924, 1969.

[22] Friedlander, F., Hechtel, R., Jory, H. R., and Mosher, C., Varian Associates Report DASA-2173, 1968. (Unpublished)

[23] Fedosov, a. I. et al., On the calculation of the characteristics of the electron beam formed in a magnetically insulated diode, Izv. Vyssh. Uchebn. Zaved. Fiz., 10, 134, 1977.

[24] Davidson, R. C., Theory of Nonneutral Plasmas, W. A. Benjamin, reading, Ma, 1974.

[25] Humphries, Jr., S., Charged Particle Beams, John Wiley & Sons, New York, Chapter 10, 1990.

[26] Brillouin, L., A theorem of Larmor and its importance for electrons in magnetic fields, Phys. Rev. 67, 260, 1945.

[27] Krall, N. A. and Trivelpiece, A. W., Principles of Plasma Physics, McGraw-Hill, New York, 1971, pp. 138-143.

[28] Kadomtsev, B. B., Mikhailovskii, A. B., and Timofeev, A. V., Negative energy waves in dispersive media, Sov. Phys. JETP, 20, 1517, 1965 (Zh. Eksp. Tekh. Fiz., 47, 2266, 1964).

[29] Kuzelev, M. V. and Rukhadze, A. A., Stimulated radiation from high-current relativistic electron beams, Sov. Phys. Usp., 30, 507, 1987 (Usp. Fiz. Nauk, 152, 285, 1987).

[30] Friedman, M. et al., Relativistic klystron amplifier, Proc. SPIE, 873, 92, 1988.

[31] Brejzman, B. N. and Ryutov, D. D., Powerful relativistic electron beams in a plasma and a vacuum (theory), Nucl. Fusion, 14, 873, 1974.

[32] Walsh, J., Stimulated Cerenkov radiation, in Novel Sources of Coherent Radiation, Jacobs, S., Sargent, M., and Scully, M., eds., addison-Wesley, reading, Ma, 1978, p. 357.

[33] Bratman, V. L. et al., Stimulated scattering of waves on high-current relativistic electron beams: Simulation of two-stage free-electron lasers, Int. J. Electron., 59, 247, 1985.

[34] Elias, L. R., High-power, CW, efficient, tunable (UV through Ir) free electron laser using low-energy electron beams, Phys. Rev. Lett., 42, 977, 1979.

[35] Carmel, Y., Granatstein, V. L., and Gover, A., Demonstration of a two-stage backward-wave-oscillation free-electron laser, Phys. Rev. Lett., 51, 566, 1983.

[36] Gold, S. H., Black, W. M., Freund, H. P., Granatstein, V. L., and Kinkead, A. K., Radiation growth in a millimeter-wave free-electron laser operating in the collective regime, Phys. Fluids, 27, 746, 1984.

[37] Levine, J. S., Aiello, N., Benford, J., and Harteneck, B., Design and operation of a module of phase-locked relativistic magnetrons, J. Appl. Phys., 70, 2838, 1991.

[38] Benford, J., Sze, H., Woo, W., Smith, R. R., and Harteneck, B., Phase locking of relativistic magnetrons, Phys. Rev. Lett., 62, 969, 1989.

[39] Adler, R., A study of locking phenomena in oscillators, Proc. IRE, 34, 351, 1946.

[40] Giri, D. V. and Tesche, F. M., Classification of intentional electromagnetic environments (IeMe), IEEE Trans. Electromagn. Compat., 46, 322, 2004.

[41] El'chaninov, A. A., Klimov, A., Koval'chuk, O. B., Mesyats, G. A., pegel, I. V., Romanchenko, I. V., Rostov, V. V., Sharypov, K. a., and Yalandin, M., Coherent summation of power of nanosecond relativistic microwave oscillators, Tech. Phys., 56, 121, 2011.

[42] Romanchenko, I. V., Rostov, V. V., Rukin, S. N., Shunailov, S. a., Sharypov, K. A., Shpak, V. G., Ul'masculov, M. r., Yalandin, M. I., and Pedos, M. S., advances in coherent power summation of independent Ka-band HPM oscillators, Book of Abstracts, IEEE International Conference on Plasma Science, San Francisco, Ca, 2013.

[43] Xiao, R., Chen, C., Song, W., Zhang, X., Sun, J., Song, Z., Zhang, L., and Zhang, L., RF phase control in a high-power, high-efficiency klystron-like relativistic backward wave oscillator, J. Appl. Phys., 110, 013301, 2011.

[44] Hegeler, F., Partridge, M. D., Schamiloglu, E., and Abdallah, C. T., Studies of relativistic backward-wave oscillator operation in the cross-excitation regime, IEEE Trans. Plasma Sci., 28, 567, 2000.

[45] Ju, J.-C., Fan, Y.-W., Shu, t., and Zhong, H.-H., proposal of a GW-class L/Ku dual-band magnetically insulated transmission line oscillator, Phys. Plasmas, 21, 103104, 2014.

[46] Greening, G., Franzi, M., Gilgenbach, R., Lau, Y. Y., and Jordan, N., Multi-frequency recirculating planar magnetrons, Proceedings of the IEEE International Vacuum Electronics Conference, Monterey, Ca, 2014, p. 407.

[47] Elfrgani, A. M., Prasad, S., Fuks, M. I., and Schamiloglu, E., Dual-band operation of relativistic BWO with linearly polarized Gaussian output, IEEE Trans. Plasma Sci., 42, 2141, 2014.

[48] Fan, Y.-W., Zhong, h.-h., Li, Z.-Q., Shu, T., Zhang, J.-D., Zhang, J., Zhang, X.-p., Yang, J.-H., and Luo, L., A double-band high-power microwave source, J. Appl. Phys., 102, 103304, 2007.

[49] Ju, J.-C., Fan, Y.-W., Zhong, h.-h., and Shu, T., A novel dual-frequency magnetically insulated transmission line oscillator, IEEE Trans. Plasma Sci., 37, 2041, 2009.

[50] Chen, D. B., Wang, D., Meng, F.-B., Fan, Z.-K., Qin, F., and Wen, J., Bifrequency HPM generation in a MILO with azimuthal partition, IEEE Trans. Plasma Sci., 37, 1916, 2009.

第5章 主要相关技术

5.1 引 言

高功率微波在20世纪80年代得到迅速发展的原因是其他应用的需要，主要相关技术基础已经基本具备。图5.1给出了高功率微波设备中微波器件的子系统构成，脉冲电源系统涉及脉冲功率技术，在20世纪60年代因核武器效应模拟和动力学测试需求而得到发展[1]。之后，惯性约束聚变研究成为脉冲功率技术发展的主要推动力。很多高功率微波研究的初始实验使用的是现成的脉冲功率发生装置。今天，随着高功率微波系统被部署在移动平台上，其脉冲功率系统根据实际应用场景进行了定制，设计相当紧凑[2]。脉冲功率系统中使用的储能器件的进步确保了未来系统将越来越紧凑，见表5.1和图5.2。

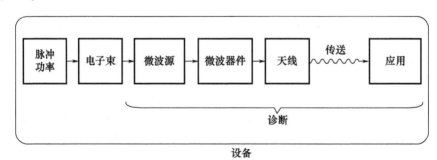

图5.1 设施中高功率微波系统的框图

表5.1 储能设备的特性

特性	传统电容器	超级电容器	电池
能量密度 $W'/(Wh/kg)$	约10^{-2}	$1 \sim 10$	$5 \sim 150$
功率密度 $P'/(W/kg)$	$10^3 \sim 10^4$	$10^3 \sim 5 \times 10^3$	$10 \sim 500$
充电和放电率 T	10^3 s	$1 \sim 60$ s	$1 \sim 5$ h
循环寿命 N_c	∞	约10^6	约10^{-3}

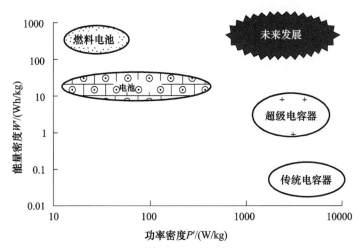

图 5.2　脉冲功率系统的储能装置比较
（燃料电池在脉冲功率系统中不常见）

科研人员对脉冲功率器件产生的强流束已开展了详细的研究，包括强流束产生及其在真空、等离子体、气体等不同介质中的传输。用于高功率微波诊断的大部分器件使用的都是常规技术，只是在获取诊断数据之前降低了功率水平。量热法是一个例外，必须处理高电场且总能量很少。一些微波元件，如波导，是从传统的微波技术基础上借鉴而来的。例如，传统设计的真空波导可以承受100kV/cm 的短脉冲电场。同样，天线使用传统的单元直接外推设计，避免出现空气击穿（通常通过在辐射天线周围放置一个装满六氟化硫的塑料袋）；也有例外，如脉冲辐射天线（IRA；见 5.5.4 节和 6.2.1 节）。随着专门为研究高功率微波效应和开发高功率微波技术设备的出现，要注意的主要问题是保护人员和辅助电子设备免受高功率脉冲的影响。

5.2　脉冲功率

用于驱动高功率微波器件的高功率短脉冲是通过脉冲压缩过程来实现的。将低压、长脉冲系统在时间尺度上进行压缩，获得高电压和大电流短脉冲[3]。高功率微波的工作参数覆盖着很大的电压、电流和脉冲宽度范围[4]。众多高功率微波源的基本物理问题可以通过短脉冲（约为 100ns）实验进行研究。这样的实验特点是相对容易、耗费较低和装置较小。对于高功率微波源，如果脉冲较长，就有可能出现击穿等问题。因此，电压、电流以及它们的比值（阻抗）是区分大多数微波装置的主要参数。图 5.3 概略性地描绘了各种高功率微波源在电压 – 阻抗坐标系中的相对位置。传统应用的微波源(雷达、电子对抗、通信等)工作在电压小于 100kV、阻抗大于 1000Ω 的低功率域(功率 = V^2/Z)。当今大多数的高功率微波源阻抗都集中在 10 ~ 100Ω 的范围内,其电压范围为 0.1 ~ 1MV,但少数微波源的工作电压可高达 4MV。

图 5.3 的直接含义是,为了获得有效的能量耦合,脉冲功率技术需要覆盖一个很宽的阻抗范围。如果脉冲功率电路中的组成部分具有不同的阻抗,电压、电流和能量向后传输时将会发生很大的变化(图 5.4)。一个传输线向另一个比它长的传输线输送功率时(可以忽略脉冲时间内的反射)的电压增益 V_2/V_1 和能量传输效率 E_2/E_1 分别由下式给出:

$$\frac{V_2}{V_1} = \frac{Z_2}{Z_1 + Z_2} \tag{5.1}$$

$$\frac{E_2}{E_1} = \frac{4Z_1 Z_2}{(Z_1 + Z_2)^2} \tag{5.2}$$

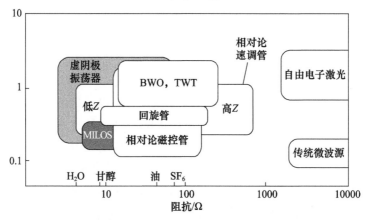

图 5.3 电压 – 阻抗参数空间中高功率微波源和脉冲式传统微波源的相对关系
(图中显示了常用脉冲形成线绝缘介质(水、甘醇、油和 SF_6)的最佳阻抗)

当电路中出现阻抗不匹配时,能量传输效率就会降低。特别是在负载阻抗低于电源阻抗的情况下,这时的情况接近于短路。相反,如果负载阻抗高于电源阻抗,则接近于开路。后者有时为提高负载电压而有意采用(见习题 5.1)。

图 5.5 归纳了高功率微波用脉冲功率系统的主要类型。最常用的系统构成是初级电容储能驱动脉冲形成线(PFL)。当脉冲形成线向匹配负载放电时,它的脉冲宽度等于绝缘介质传输线中电磁波一个往返所需要的时间。同轴传输线的工作阻抗和电压取决于绝缘材料(如油、水、甘醇、SF_6 和空气等)的耐压强度和介电常数 $\varepsilon = \varepsilon_r \varepsilon_0$,$\varepsilon_r$ 为相对介电常数,ε_0 为自由真空介电常数。

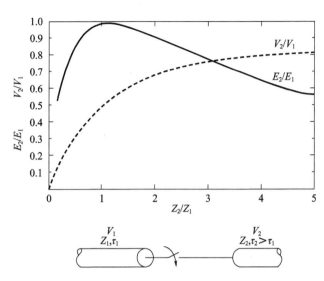

图 5.4 传输线 1 向传输线 2 的能量传输系数和电压传输随阻抗比的变化

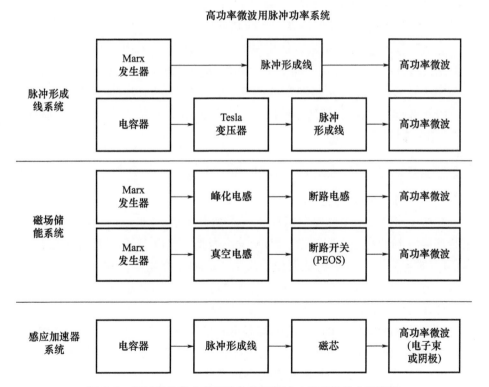

图 5.5 用于驱动高功率微波负载的脉冲功率系统的主要类型

阻抗由下式给出,即

$$Z = \frac{1}{2\pi}\sqrt{\frac{\mu_0}{\varepsilon}}\ln\frac{b}{a} \tag{5.3}$$

式中:b 和 a 分别为同轴圆筒外导体和内导体的半径;μ_0 为自由空间的磁导率。

下式给出了体积电场能量密度:

$$E_{\text{vol}} = \frac{1}{2}\varepsilon E^2 \tag{5.4}$$

式中:E 为介质中半径为 r 处的电场;V 为外加电压,其关系为

$$E = \frac{V}{r\ln(b/a)} \tag{5.5}$$

对于给定的外半径和电压,内导体表面的电场强度在满足条件 $b/a = e = 2.71$ 时达到最小值。利用这个条件可以在不发生击穿的前提下获得最大的能量密度。满足这个条件的油线最佳阻抗为 42Ω,甘醇线的阻抗为 9.7Ω,水线的阻抗为 6.7Ω。这些阻抗值也在图 5.3 的横轴上标出。另外,液体的能量密度以水为最高(聚酯薄膜的 0.9 倍),甘醇为中(0.45 倍),油最低(0.06 倍)。固体绝缘材料聚酯薄膜的能量密度最高,但它的缺点是一旦损坏便不可恢复。

应当注意,对储能密度进行优化线阻抗应为 20Ω,而对内阴极处的击穿电场的优化线阻抗应为 40Ω(见问题 5.2)。俄罗斯托木斯克高电流电子研究所开发的 SINUS 系列特斯拉变压器将 20Ω 线逐渐变细至 130Ω,以此驱动 BWOs。

因此,低阻抗微波负载适于使用水线,而高阻抗负载适于使用油线。脉冲宽度则取决于脉冲形成线的长度,即

$$\tau = \frac{2\varepsilon_r L}{c} \tag{5.6}$$

式中:L 为直线长度;c 为光速。

在高功率微波中主要使用两种类型的 PFL 系统。第一是马克思(Marx)发生器直接向 PFL 充电(图 5.6)。Marx 发生器是一组电容器,并联充电,接着快速切换(放电)成串联电路,从而使输出电压为原始充电电压乘以 Marx 发生器的电容级数。Marx 发生器通常用变压器油进行绝缘以减小体积。PFL 通过高压闭合开关传输至负载。

另一种脉冲线方案采用低压电容器组和变压器对脉冲线进行升压和充电。这种配置的优点在于可重复操作。由于损耗和故障模式,Marx 发生器通常不会以 10Hz 以上的重复频率使用,但变压器可以。

对于小于 200ns 的脉冲持续时间,PFL 可能是合适的脉冲压缩方法,但是对于更长的脉冲长度,PFL 变得非常大。向负载施加持续时间等于 $2L/c$ 的电压脉

冲,其中 L 是线路长度,c 是考虑绝缘子介电常数后脉冲在线路中的传播速度。对于较长持续时间的脉冲,离散的电感和电容元件被用来组装脉冲形成网络(PFN),该网络被设计成产生接近所需波形的傅里叶级数(Orion 系统使用具有可扩展脉冲长度的模块化 PFN,见 5.8.2 节)。PFN 的典型示例如图 5.7(a)所示,该电路的输出脉冲如图 5.7(b)所示。一般而言,PFN 产生具有电压振荡的脉冲,通常在脉冲开始处有过冲,在结束处有欠冲。电压变化总是影响脉冲功率源的性能,而将脉冲功率匹配到 HPM 源的关键特征之一是负载性能对外加电压的敏感性。通常考虑的是脉冲大部分期间的电压平坦度,PFN 电路可以针对电压平坦度进行优化。

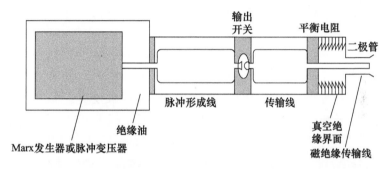

图 5.6　脉冲形成线系统示意图(很多部件与图 5.4 的其他方法是通用的)

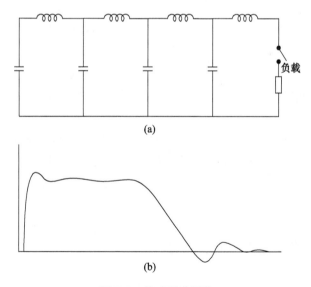

图 5.7　脉冲形成网络

(a)典型的分布参数 L - C(电感 - 电容);(b)输出脉冲具有上升、过冲、慢速下降和反向过冲的特性。(典型的脉冲宽度为 $0.5 \sim 10 \mu s$)。

通常采用气体火花隙开关控制从 PFL 或 PFN 向负载的输出。由于大多数微波源需要较精确的驱动电压控制,因此高功率微波系统中的火花隙开关通常采用外部触发。重复频率火花隙的绝缘气体需要快速流动,其目的是加快绝缘恢复,清除来自电极的微粒和排除沉积在间隙里的热量。在没有流动的情况下,气体的绝缘恢复时间一般约为 10ms,而采用流动气体的火花隙开关的重复频率可以超过 1kHz[5]。

高功率微波器件研究的初期实验往往需要较低的输入功率,与设计值相比,这时所需的电源电流较低而阻抗较高。这样的微波负载,其阻抗随着实验的进展而不断降低。为了满足这个需要,一个较常用的方法是采用所谓的平衡电阻(图 5.6),它是一个与负载并联的液体电阻,其阻值可以根据需要任意调整以获得与阻抗的匹配。

当电脉冲离开脉冲形成区(充满液体或气体)并进入微波源的真空区时,它通过固体介质界面。典型的界面由一堆塑料绝缘环组成,中间由金属分级环隔开。绝缘环面与分级环成 45°倾斜。这种结构的闪络强度是直筒的 3~4 倍。为了使电势均匀分布在电堆上,在绝缘子的每个元件上提供大致相等的电压,必须进行充分的细节设计。典型电场为 100kV/cm。最近,通过使用钎焊陶瓷绝缘体堆(而非塑料堆),使得在低真空度下操作高功率微波(HPM)源变得更加容易。这些器件被称为"硬管"器件,如管磁绝线振荡器(MALO)[6-7]和硬管速调管等[8]。

在真空区中,绝缘由外部磁场或脉冲电流本身产生的磁场提供。对于像 BWO 这样的直线束流器件(见第 8 章),束流传输所需的外加轴向磁场为同轴二极管提供径向绝缘[9](见第 4 章)。典型的磁绝缘二极管的设计阻抗大约是负载的 3 倍,这样就能产生足够的磁场来限制馈源发出的任何电子。

最近,俄罗斯叶卡捷琳堡电物理研究所基于其半导体断路开关(SOS)技术开发了用于 HPM 的全固态调制器[10]。这些调制器可产生高达 4GW 的功率,电压范围为 390~950kV,相应的电流范围为 6.1~7.2kA。这些纳秒脉冲发生器可以在猝发模式下以高达 1kHz 的重复率运行。SOS 技术在中国也被用于 HPM 的全固态调制器。

5.2.1 爆炸性磁通量压缩器

产生电脉冲的另一种非常不同的方式是磁通量压缩发生器,也被称为爆炸发生器和磁累积发生器(MCG)[11]。与约 $0.1MJ/m^3$ 的电容器相比[12],炸药的能量密度非常高,约为 $8GJ/m^3$($4MJ/kg$),足以使围绕捕获磁通量的导体变形。

如果初始磁通量为 I_0L_0，根据磁通量守恒的关系，压缩后的回路内电流为

$$I(t) = I_0 \frac{L_0}{L(t)} \quad (5.7)$$

因此，得到电流增益 $G_I = I_f/I_0$。当然实际上不存在完全的磁通量守恒，总会有欧姆损失和磁通量的泄漏[13]。因此，通量压缩机电流增益为

$$G_I = \frac{I_f}{I_0} = \left(\frac{L_0}{L_f}\right)^\beta \quad (5.8)$$

理想情况是 $\beta = 1$，但常用的磁通量压缩装置，如图 5.8 所示的螺旋发生器，只有 $\beta = 0.6 \sim 0.8$。能量的增益为

$$G_E = \frac{E_f}{E_0} = \left(\frac{L_0}{L_f}\right)^{2\beta-1} \quad (5.9)$$

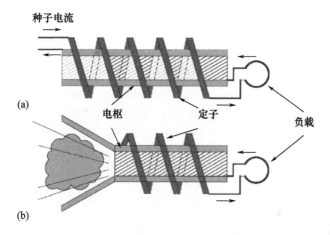

图 5.8　螺旋式磁通压缩发生器

(a)高爆炸药的爆炸作用将化学能转换为动能，磁通压缩转换器将它转换成线圈内的大电流；

(b)电枢扩张成锥形并与定子接触，从而不断缩小线圈围绕的有效面积。

(源自 altgilbers, L. et al., Magnetocumulative Generators, Springer-Verlag, New York, 2000. With permission)

螺旋发生器采用电容放电在线圈里产生预置磁通。高能炸药的起爆使化学能转换成电枢的动能。磁通量的压缩进一步使动能转换成电能，即线圈里的脉冲电流。电枢在爆炸的作用下扩张成锥形，从而与线圈接触。随着触点的移动，线圈里的磁通量被向前推进并被压缩。这个过程所需要的时间大约是装置的长度除以爆炸波的速度(10km/s 的量级)。

图 5.9 给出了螺旋式磁通压缩发生器驱动三极管虚阴极振荡器的示意图(见第 10 章)。在螺旋发生器和负载间采用了由储能电感和断路开关构成的脉冲压缩电路。螺旋发生器的输出电流 i_2 通过电感和电爆炸丝。电爆丝在电流达到峰值时断开，由此产生的感应电压使火花间隙开关击穿，并在阳极上产生

600kV 的正电压。在它的作用下,阴极射的电子电流 i_4 驱动虚阴极振荡器。整个过程只需 $8\mu s$ 的时间。因此,在爆炸波损坏整个装置之前,微波已由喇叭形天线辐射出去,输出为 200MW 的 S 波段(约为 3GHz)微波。

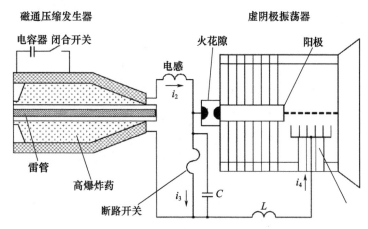

图 5.9　螺旋发生器经过由电感储能和短路开关构成的脉冲压缩后驱动
三极管虚阴极振荡器(发生器的输出电流经过储能电感和爆炸丝)

爆炸丝在电流达到峰值时爆炸并产生短路。电感的感应电压使火花隙击穿并向负载的阳极输出 600kV 的正电压。电子向阳极辐射电子束的结果使这个虚阴极振荡器产生 200MW 的 S 波段(约为 3GHz)(源自 altgilbers, L. et al., Magnetocumulative Generators, Springer - Verlag, New York, 2000)

德州理工大学(TTU)的研究人员最近开发了一种磁通压缩发生器,用于驱动硬管虚拟磁通,并在阿拉巴马州亨茨维尔的 Redstone 兵工厂进行了测试[14-15]。该设备内部绕组的截图如图 5.10 所示,该设备的照片如图 5.11 所示。在该装置中,主电容器存储初始能量,这些能量被倾倒至磁通压缩发生器中。锂离子电池组用于将电容器以大约 $125\mu s$ 的速度充电到 3kV 的电压。然后,大约 180J 的能量被转移到通量压缩发生器。一旦初始能量被倾倒到发电机,这个过程就从爆炸驱动的脉冲电源开始。通过优化,它们能获得超过 5GW 的脉冲功率波形,并在 6~7GHz 的频段内达到约 200MW 的峰值辐射微波。该装置被放置在一个直径 15cm、长 2m 的外壳内,外壳体积小于 39L[16]。使用了大约 0.5kg 的氦气,从产生的 5GW 脉冲功率中,在 150ns 的脉冲中辐射了 200MW 的微波功率。

除了为虚阴极振荡器提供驱动外,爆炸性磁通量压缩发生器还被用来为多波切伦柯夫振荡器[11](见第 8 章)和相对论返波振荡器(BWO)(见第 8 章)提供驱动[17]。

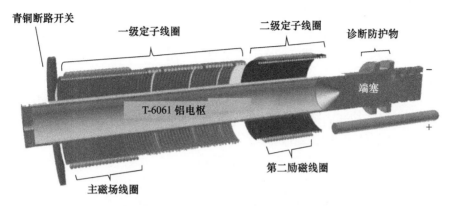

图 5.10　德州理工大学的螺旋磁通压缩发生器剖视图
(源自 Elsayed, M. A. et al., Rev. Sci. Instrum., 83, 024705, 2012)

图 5.11　德州理工大学螺旋磁通压缩器驱动虚阴极振荡器
(源自 Cutshaw, J. B., University learns on army campus, June 9, 2011, http://www.army.mil/article/59356/)

5.2.2　直线感应加速器

在过去的 20 年,美国和俄罗斯对直线感应加速器(LIA)进行了研究,目的是高能粒子加速和 X 射线照相[18]。它的主要特点是加速电压被分配在一系列 N 个脉冲形成子系统中,使得只有通过所有子系统的粒子束才能获得相应的总能量(图 5.12)。这项技术减小了脉冲功率系统的尺寸和重量。LIA 的原理相当于一系列 1∶1 的真空变压器,而所有变压器的二级线圈是同一个电子束或固态阴极。每个变压器给束流提供一个加速电压,因而使输出电子束的能量达到纳伏级。对这个电压重叠起关键作用的是每一个耦合腔内的磁芯。磁芯的存在提高了耦合腔的脉冲输入阻抗,从而使输入的脉冲电压耦合成加间隙内的电场。漏电流在磁芯饱和以前是很小的。当磁芯饱和以后,耦合腔变成低阻抗负载,使输入脉冲短路。因此,磁芯内的磁通量变化的极限为

$$V\tau = A_c \Delta B \tag{5.10}$$

式中:τ 为脉冲宽度;A_c 为磁芯的截面积;ΔB 为磁芯内磁感应强度的变化量,它必须小于材料的饱和磁感应强度。LIA 适合 100ns 以下的短脉冲。如果脉冲宽度增加,磁芯的尺寸也随之增大。

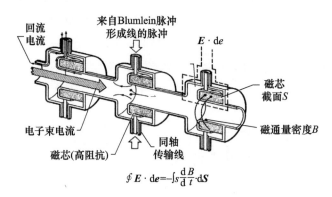

图 5.12　直线感应加速器(电子束由各个感应耦合腔逐一加速,
也可以将电子束换成阴极杆,然后变成电压叠加器)

LIA 的总加速电压可以通过增加耦合腔的个数来提高,因此,系统可以模块化。另外,低电压的脉冲功率系统的制作相对容易,而且可以设计很紧凑。感应加速器的缺点是它们的造价比基于脉冲形成线的装置昂贵,另外,低束流时的能量效率较差。由于脉冲形成是在较低的电压下进行的,感应加速器适用于重复频率工作。感应加速器的多元化构成使开关器件的冷却也变得相对容易。另外,可饱和磁芯也可以用于脉冲压缩。采用磁开关的脉冲压缩可以获得 3~5 倍的压缩比。完全磁开关化的脉冲功率系统具有使用寿命长和重复频率高的优点,因此对于高功率微波应用具有很大的潜力。感应加速器已用于驱动自由电子激光(FEL)和磁控管(见第 7 章和第 11 章)。如果感应加速器中的电子束流被一根阴极杆取代,则变成感应电压叠加器[19]。

直线变压器驱动源(LTD)是一种发展中的脉冲功率技术,在需要高功率、高电压、大电流和约 100ns 输出脉冲的应用中显示出广阔的前景。LTD 是一种类似于直线感应加速器、感应电压叠加器和直线脉冲变压器的感应发生器[20]。所有的感应发生器都基于法拉第定律,该定律指出,穿透回路的时变磁通在回路末端产生电压差。LTD 由多个并行的 RLC(电阻器 R、电感 L 和电容 C)模块电路组成,被称为"砖块",并同时触发。"砖块"中填充了油和水介质,所有的高压因

此都安全地放置于其中。LTD方法的显著特点是在低电压下直接从电容器进行低电感耦合,然后通过软铁磁芯进行感应叠加。目前,大电流LTD的研究主要集中在两个方面:一是研究输出脉冲的重复频率能力、可靠性、再现性,以及开关预点火、抖动、电功率和能效,还有腔体有源元件的寿命测量;二是基于电流传输、能量和功率倍增,以及系统总效率的观点,研究多腔直线串列作为电压叠加器的表现。LTD驱动的HPM器件的例子是虚阴极振荡器[21]和相对论速调管放大器。

高功率微波系统的基本要求是可重复频率工作,在这个基础上必须具有高峰值输出功率和高平均输出功率,同时还要求体积小、质量小。所有这些要求给脉冲功率技术带来了大量的课题①。如果系统的能量效率低,重复频率工作时很难将剩余能量及时消耗。因此,可以说,高重复频率同时需要高效率。对于任何重复频率装置,冷却系统都是不可缺少的,它会增加系统的质量,也会增加能耗。

5.2.3 磁场储能

第二种高功率微波用脉冲功率系统是磁场储能装置(图5.5)。它的特点是具有较高的能量密度,因为它的极限能量密度大约高于电场储能两个数量级。首先采用电容器放电在电感里产生一定的电流;然后利用断路开关,将电感里的磁场能量转换成脉冲输出电压。注意:这里的高压只在负载上产生。由于高压系统的尺寸取决于电压,因此磁场储能系统可以做得相对紧凑,而不存在内部击穿和短路的危险。尽管具备这些优点,但磁场储能系统并不普及。其中主要有三个原因:第一,负载上电压波形呈三角形,因此只能适用于对电压的变化不敏感的负载;第二,磁场储能装置的输出阻抗低于大多数微波负载阻抗;第三,这里的断路开关通常是破坏型,即不能重复使用[23]。

下面介绍常用的断路开关。

(1) 电爆炸丝或薄膜。它们通常以铜为材料,在绝缘气体或液体里可以产生断路作用。它们的电阻随温度上升,在设计上气化时的电流正好达到最大。有关它们的使用案例在后文中详述。

(2) 等离子体断路开关。在等离子体开关中,首先由外部向真空间隙内注入等离子体。当大电流通过时,电荷载流子的清除效果或磁场的$J \times B$效果使等离子体电流出现截止,因此产生断路作用。实验证明,等离子体开关可以将微秒级的脉冲压缩到50ns,原理上可以重复使用。

---

① 应该注意的是,系统通常不能同时在高峰值和高平均功率下运行;高峰值和高平均功率的电力系统有很大不同。

5.2.4 小结

总之,用于高功率微波的脉冲电源系统最初是为其他应用而开发的,但已经很好地应用于实验室或试验靶场。移动高功率微波应用需要定制的紧凑型脉冲功率开发和继承。脉冲形成线适用于200ns以下的脉冲宽度。产生更长的脉冲需要使用脉冲形成网络,但它们在高功率微波领域里并不普及。高压脉冲变压器具有简单和轻便的特点,而且适合重复频率工作。电压叠加器或真空变压器(LIA)较为复杂,但平均功率的潜力很强。磁场储能是脉冲功率领域里较新的技术,其优点是体积小,缺点是输出阻抗低于多数微波源的工作阻抗。目前,也开始使用LTD来驱动高功率微波源,但它们仍需要进一步发展。

5.3 电子束产生与传播

高功率微波源将电子束或电子层中的粒子动能转换成微波电磁场。首先估算一下电子束或电子层中的电流。将微波的输出功率表示为 $P = \eta_p VI$,其中 V 和 I 分别为电压和电流,η_p 为转换效率。典型的高功率微波输出功率为 1~10GW,效率为10%~70%,使用的加速电压在数百千伏到数兆伏之间。因此,可以得出电子束电流在1kA到数十千安之间。在大多数情况下,对这个束流截面有明确的要求,而且电流密度通常很高。

5.3.1 阴极材料

强流电子束或电子层的产生始于阴极表面。表5.2列出了高功率微波装置里最常用的电子发射源的种类[24]。电子发射机根据电流密度从高到低基本可以归纳为(需要注意的是,超短脉冲激光的光电发射可以产生非常高的电流密度,但是这些阴极在高功率微波中没有用处,除了自由电子激光):爆炸式发射、场致发射、热致发射、光致发射。

表5.2 高功率微波使用的阴极材料

发射机制	电流密度	电流	寿命	重复频率	辐射设备	注释
金属表面爆炸式发射	kA/cm^2 量级	>10kA	>10^4 次	>1kHz	中真空	快速的间隙缩短

续表

发射机制	电流密度	电流	寿命	重复频率	辐射设备	注释
天鹅绒	kA/cm² 量级	>10kA	约 10^3 次	< 10kHz	中真空	气体释放限制重复频率
碳纤维	kA/cm² 量级	>10kA	>10^4 次	无限制	中真空	快速的间隙缩短
碳纤维上的碘化铯(CsI)	约 30A/cm²	<1kA	>10^4 次	无限制	中真空	慢速的间隙缩短
加热式	任意	约 0.1kA	>10^3 h	无限制	高真空,加热用电源	加热至 1000℃
光致发射		约 0.1kA	约 100h	无限制	高功率激光,超高真空	

除了在高电流密度下发射外,其他因素也很重要,如发射质量、电子速度、能量扩散、强度、寿命,以及其他辅助设备。没有一种单一的源类型适合每个应用,因此发射源的选择取决于高功率微波器件的种类和工作方式。

高功率微波装置中最常用的电子发射方法是爆炸式发射[24]。当超过 100kV/cm 的脉冲高压加到金属电极上时,阴极表面的微小凸起尖端周围的电场强度足以产生场致发射[25]。这些尖端被发射电流迅速加热并在数纳秒内变成等离子体。阴极表面的局部等离子体由于膨胀而互相连接,从而在 5~20ns 的时间内形成一个覆盖电极表面的等离子体层。从这个等离子体层可以提取超过数十千安每平方厘米的电子束电流。在这个过程中,尽管在微观上存在局部的烧蚀现象,但在宏观上阴极表面没有损伤。微小的发射尖端在阴极表面永远存在,因此爆炸发射式阴极可以反复使用。典型的阴极材料有铝、石墨和不锈钢等。它们的特点是电流密度高、表面粗糙,适用于较差真空环境(气压低于 10^{-4} Torr)而且寿命长。已经认识到,在多次工作之后,阴极表面最终会被"磨练"(平滑)到电子爆裂发射停止的程度[26]。

梅塞茨(Mesyats)通过引入"ECTON"概念来详细描述爆炸性电子发射[27]。在电流密度 $j>10^8$ A/cm² 时,阴极表面的尖点获得能量约为 10^4 J/g,并在 τ 时间后爆炸,对许多金属来说都可表达为

$$j^2\tau \approx 10^9 \ (A/cm^2)^2 \cdot s \tag{5.11}$$

爆炸后,产生一股爆炸性电子发射的电流,阴极上形成一个微小的凹坑。如果爆炸发射电流超过某一临界值(约几安培),第一次微爆炸的电流就会停止(约 10^{-9}~10^{-8} s),并形成一个或几个新的微爆炸和微观凹坑,因此这是一个自维持的过程。每一次新的爆炸在性质上都与在离子、光子、电子、亚稳态粒子等作用下出现于阴极表面的二次电子相类似。这种现象称为 ECTON,因为文献中

通常把产生爆炸性电子发射的区域称为"爆炸中心"或"发射中心",ECTON 来源于这些名称的首字母缩略词。

爆炸性发射二极管工作电流受限于空间电荷效应,即虽然电子的来源是无尽的,但电子云的电流受到其自身的空间电荷限制。用发射面的边界条件来表述,就是其表面的垂直电场为零。

爆炸式发射源的主要研究课题如下。

(1)间隙缩短。理想的电子发射源是均匀分布于阴极表面的低温静止等离子体。但实际上,特别是采用不锈钢或石墨阴极时,等离子体内存在高速膨胀的高温区(称为耀斑或喷流),它们的运动使二极管的有效间距迅速减小,最终短路从而结束微波输出。这种等离子体的行为也显著降低二极管工作的稳定性,但这只是长脉冲的问题(大于 500ns)。

(2)均匀性。非均匀和非稳定的电子发射会造成电子束流的品质下降,因而影响微波的功率输出。当发射电流集中在几个局部区域时,上面提到的高温区现象便会发生。因此,有必要在抑制间隙缩短和气体释放的同时,尽可能增加电子发射点的数量。

(3)气体释放。在脉冲时间内和脉冲结束后的材料气体释放会直接影响脉冲的重复频率或脉冲列中的脉冲数,因为真空泵的排气速度是有限的。在任何时候,只要气压上升到一定程度,二极管就有被电弧短路的可能。

(4)寿命。阴阳极寿命对于应用是一个问题,要求能够在长时应用阶段持续运行。

采用纤维状阴极是解决这些问题的一个方法,其主要作用是提高表面发射的均匀性[28]。如果表面涂有碘化铯,其性能会有更大的改善,因为 CsI 具有光致发射的特性。来自铯/碘原子或离子中电子跃迁的 UV 辐射使电子发射更加均匀。随着发射点的增加,电流密度降低,欧姆加热减弱,等离子体温度也随之降低。这样阴极表面附近只有较重的铯离子和碘离子,它们造成的间隙缩短速度是很慢的。实验表明,采用 CsI 涂层的结果,使碳纤维阴极的间隙缩短速度从 $1\sim 2\text{cm}/\mu\text{s}$ 降低到 $0.5\text{cm}/\mu\text{s}$[29]。如图 5.13 所示,美国空军研究实验室(AFRL)的两位科学家利用镀有碘化铯的碳纤维阴极,成功地将 ORION 相对论磁控管以其全调制器脉冲宽度运行。

非爆炸式场致发射源利用阴极表面的宏观场增强点,如尖端或边缘。钨针阵列、石墨槽和聚合物-金属阵列都属于这种发射源[30]。另外,绒布也可以作为很好的发射源。微电路制作技术可以用来制作 SiO_2 基板上的微小金属尖端阵列[31]。场致发射的电流密度可以达到数百安每平方厘米至数千安每平方厘米。它们的优点是表面电场强度低于爆炸式发射的阈值,因此可以彻底避免等离子体的影响。但与爆炸式发射源相比,它们的缺点是电流密度较低。另外,特别是对于绒布发射源,使用寿命可能有限,这也是个问题。

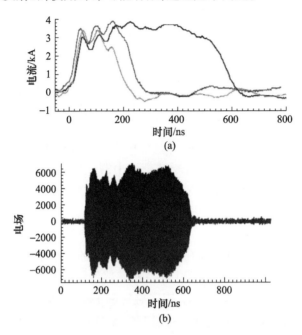

图 5.13 利用 CsI 涂层碳纤维阴极的 ORION 相对论磁控管性能
(a)三种不同的脉冲持续时间;(b)在输出波导中测量的瞬时射频电场。
(源自 Shiffler, D. et al. , IEEE Trans. Plasma Sci. ,36,718,2008)

热致发射利用热能让电子克服材料的表面势垒[32]。它不需要表面等离子体,而且可以产生长脉冲,甚至直流电子束。最常用的热致发射阴极类型有纯钨或 LaB_6 材料、BaO 等氧化物、钡钨阴极、金属陶瓷阴极、钍基阴极。钨阴极和钍基阴极由于所需温度太高,因此实用性不大。LaB_6 和氧化物阴极可以产生数十安每平方厘米的电流密度。但是,LaB_6 必须是足够大的多晶体,以至于不同晶面的发射能力的差别不影响均匀性。另外,在所需的温度(约 2000K)下,这种材料的化学和物理稳定性也存在着一定的问题。对于氧化物阴极,电流密度较高时氧化层的欧姆加热是主要问题。另外,材料还有所谓的"中毒"问题,即在接触空气或水蒸气后其发射能力显著下降。然而,这个现象的恢复过程比较缓慢,因此需要高真空下的工作环境。钡钨阴极在常规大功率微波管里被广泛使用。它由多孔钨棒压接或烧接在复合氧化物上而成。例如,B 型钡钨阴极使用的复合氧化物为 $BaO/CaO/Al_2O_3$,混合比 5∶3∶2;而 M 型钡钨阴极的表面涂有 $0.5\mu m$ 的贵金属层,如 Os、Os – Ru 或 Ir。改进的 M 型钡钨阴极可以在 1400K 的温度和 10^{-7} 的真空度条件下达到接近 MOA/cm^2 的电流密度。具有 SC_2O_3 表面层的金属陶瓷阴极也称为钪系阴极,它在1225K的测试环境下得到$100A/cm^2$的稳定电流密度。而它的主要问题在于发射的均匀性、重复性和由离子轰击造成的表面劣化。总的来说,热致发射阴极的优点是能够发射长脉冲或直流的$100A/cm^2$量级的电子束。但这个电流密度低于爆炸式发射和场致发射。而且热致发射阴极需要加热器,它通常具有一定的体积和质量。另外,真空度低于10^{-7}Torr时可能产生"中毒"现象。

在光致发射过程中,GaAs或Cs_3Sb表面的电子逸出功由激光照射提供[33]。其优点是电子束的发射与停止可以完全由激光束控制。因此,通过对激光强度的调制,可以实现发射电子的群聚。另外,由于阴极温度不高,在光子能量略高于逸出功的情况下,电子的初始热速度是很小的,这一点与热致发射有很大区别。典型的发射电流密度为$100\sim200A/cm^2$。光致发射的不利因素在于激光可能产生阴极等离子体,激光器系统带来的复杂性,以及至少需要10^{-10}Torr的高真空。

发射质量的重要性是根据微波源类型来决定的。如自由电子激光(FEL)和回旋自谐振脉塞(CARM)等利用多普勒频移的高功率微波器件,要求电子束具有很低的速度和能量发散度。而回旋管和BWO的要求则相对缓和一些,磁控管和电磁振荡器则要求更低。对于那些要求束流品质的高功率微波器件,衡量束流品质的主要参数有速度和能量的发散值、发射度和亮度。发散度的定义方法如下:对于一个在z方向运动的电子束,考虑它在一个很薄的断层Δz内的所有电子,如果将这些电子坐标和速度在二维相空间里描绘出来,一个坐标是x,另一个坐标轴是$\theta_x = v_x/v_z$,发射度ε_x的定义是这些点占的相空间面积除以π,单位是$\pi \cdot m \cdot rad$。按照同样的方法可以定义ε_y。当电子在z方向被加速,发散角θ_x会随着v_z的增加而减小。因此,通常定义归一化发射度$\varepsilon_{rms,x} = \sqrt{(x^2\theta_x^2 - x\theta_x^2)}$。$\varepsilon$和$\varepsilon_{rms}$成正比,比例常数接近于1,取决于电子的轨道分布。需要注意的是,发射度同时表示束流的大小和准直性。聚焦到一点的电子束的发射度可能会很大,因为聚焦束流的角度分布很大,而一个准直束流的发射度却很小。

亮度的一般定义是单位面积、单位立体角内的束流量。我们不处理这个微分量,而是处理光源或光束的平均边缘亮度:

$$B = \frac{2I}{\pi^2 \varepsilon_x \varepsilon_y} \quad (5.12)$$

式中:I为总电流;π^2为ε_x和ε_y里的因子。与发射度一样,也可以定义归一化亮度$B_n = B/(\beta\gamma)^2$。不同电子源的亮度如图5.14所示。

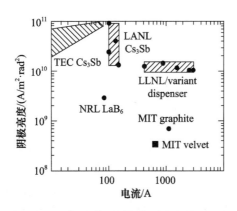

图 5.14 不同阴极发射材料的阴极亮度和电流关系的比较(场致发射(天鹅绒和石墨)、热致发射(LaB_6 和储备式阴极)和光致发射(Cs_3Sb))

5.3.2 电子束二极管和电子束传播

高功率微波源总是利用电子束二极管产生电子束。为了得到高品质电子束,二极管的设计通常需要借助于计算机仿真,才能得到合适的电极形状和磁场分布。电子束二极管的基本特征可以由以下两个模型描述(见 4.6.1 节和 4.6.2 节)。光束传播和光束平衡在 4.6.3 节到 4.6.6 节中讨论。

在所有高功率二极管里,总会由于阴极等离子体膨胀等原因产生不同程度的间隙缩短现象。间隙缩短现象使有效加速间隙随时间变化:$d = d_0 - v_p t$。其中,间隙缩短速度 v_p 通常在厘米每微秒的量级。这是阻抗崩溃的主要原因。

在某些微波源(如虚阴极振荡器)中,为了将电子束提取到相互作用区,阳极通常必须是足够薄(远远小于一个电子射程)的屏幕或箔片,以便电子可以通过而不会发生过度的散射。因为使用寿命问题,箔膜成为此类微波源设计中的一个难点。此外,对阳极的束流加热可能产生阳极等离子体,这也会促进间隙的闭合。最后,导电阳极将局部短路束流的径向电场,扰乱束流电子的运动轨迹,使电子的横向速度进一步扩散。

在最高峰值功率的高功率微波源中使用的电子束二极管,一般都是基于空间电荷限制电流的爆炸性发射二极管。这些二极管结构简单,可在高功率微波源(通常为 $10^{-5} \sim 10^{-4}$ Torr 或更高)的中等真空环境下工作。其吸引人的特点是高电流密度电子发射(大于 $100 \cdot A/cm^2$)、可以接受的工作寿命($10^4 \sim 10^5$ 次)以及可实现中等程度的重复频率(数十赫兹,受脉冲之间器件气压升高的限制[35])。

5.4 微波脉冲压缩

一种提高微波峰值功率的方法是将微波脉冲的时间宽度进行压缩,它和电脉冲压缩的原理相同。多年来,微波的脉冲压缩在较低的功率水平上被应用于雷达上。但随着功率的提高,射频击穿问题给这项技术带来限制。早期的研究目的是提高直线型高能粒子对撞机的加速梯度(见 3.7 节)。现在的开发目标主要集中在小型直线对撞机(CLIC)用 X 波段(8~12GHz)以上的微波脉冲压缩和射频击穿研究上。作为高功率微波武器的有关基础研究,可以用一个紧凑的系统,实现将加速器用功率水平的速调管微波脉冲(见第 9 章)压缩到约 50ns 的时间宽度并达到大于 100MW 的输出功率。但是,以下所述的有关 Q 值的要求(见第 4 章),实际上意味着系统的频带非常窄,因此系统对频率的变化会很敏感。

微波脉冲压缩的主要参数包括功率倍增比、脉冲压缩比和转换效率。这些参数的定义为

$$M = \frac{P_1}{P_0}, C = \frac{t_0}{t_1}, \eta_c = \frac{M}{C} \tag{5.13}$$

式中:P_0 和 t_0 分别为压缩前的微波功率和脉冲宽度;P_1 和 t_1 为压缩后的参数;转换效率 η_c 可以提高,M 和 C 的数值通常可以达到两位数。

最初用于高功率压缩的方法有能量储存转换法(SES)、斯坦福直线加速中心能量发展法(SLED)、二进制法(BPM)。其中 SES 受到广泛研究。它先将微波储存,然后通过开关改变与负载的耦合。在描述具体器件之前,先概述微波的能量储存和脉冲压缩的基本过程。

首先将微波能量储存在高 Q 值的谐振腔里(品质因子 Q 的定义见第 4 章),然后将它向低 Q 值的外部电路释放(这与调 Q 激光器的工作原理类似[36])。如果向品质因子为 Q_0 的谐振腔中输入的功率为 P_0,储能将趋向于 $W_c \approx P_0 Q_0 / \omega$。这时通过开关将储存的能量向品质因子为 $Q_L (Q_L \ll Q_0)$ 的负载输出(图 5.15)。谐振腔的输出功率为

$$P_1 = P_c = \frac{W_c \omega}{Q_L} = \frac{P_0 Q_0}{Q_L} \tag{5.14}$$

功率倍增比为

$$M = \frac{P_c}{P_0} = \frac{Q_0}{Q_L} \tag{5.15}$$

如果没有损失,能量守恒使功率比与 Q 值比相等。但实际上由于有能量损失,得到的功率倍增比会小于式(5.15)的结果。铜制谐振腔的 Q 值通常在 $10^3 \sim 10^5$ 的范围。超导谐振腔可以达到 10^9。但是功率倍增比和脉冲压缩比还与很多其他因素有关。铜制谐振腔经常受到开关上升时间的限制,因为开关过程会产生损失。对于超导谐振腔,主要问题是外部微波源可能满足不了谐振腔要求的极高频率稳定性。如果输入微波的频率与储存腔谐振频率不一致,微波能量将被反射。超导谐振腔的有效能量存储需要将频率的误差控制在 $Q_0^{-1} \sim 10^{-9}$ 的量级。

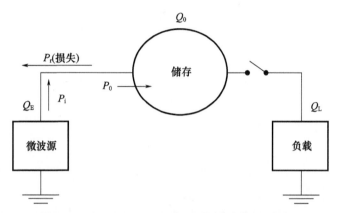

图 5.15　微波源的输出被储存,通过开关向负载释放高功率,短脉冲的微波
（Q_E 表示从耦合端口返回的辐射,Q_L 表示向负载输出的微波能量）

一部分的入射微波会在谐振腔入口被反射。外部品质因子用 Q_E 来描述通过耦合端口返回微波源的功率,它与端口的几何形状以及电磁场分布有关。耦合指数为

$$\beta = \frac{Q_0}{Q_E} \tag{5.16}$$

稳定状态的反射与入射微波的功率比为

$$\frac{P_r}{P_i} = \frac{(1-\beta)^2}{(1+\beta)^2} \tag{5.17}$$

因此,如果 $Q_0 = Q_E$,则有 $\beta = 1$（临界耦合）,反射功率为 0。在欠耦合 $\beta < 1$ 和过耦合 $\beta > 1$ 的状态下,产生反射损失。这样的储存能量会降低,输出功率则变为

$$P_c = 4P_0 \left(\frac{\beta}{1+\beta}\right)^2 \tag{5.18}$$

因此,功率倍增比为

$$M = \frac{P_c}{P_0} = \frac{4Q_E}{Q_L}\left[\frac{Q_0}{Q_0+Q_E}\right]^2 \tag{5.19}$$

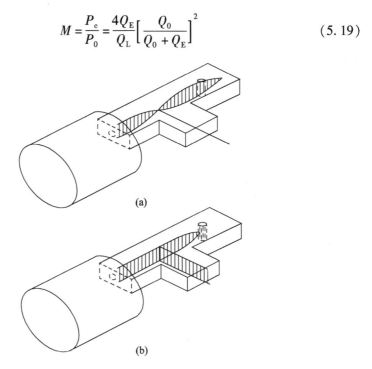

图 5.16 开关式微波能量储存系统和提取状态
(a)开关式微波能量储存系统,利用 T 形波导分支里电场的
不同分布可以切换储存状态;(b)提取状态。

为达到较好的微波脉冲压缩,必须满足 $Q_0 \gg Q_E > Q_L$。由于损失的微波能量转化为腔壁的热能,最佳条件取决于储存所需要的时间。例如,将传统的 S 波段速调管的输出用液氮温度的铜制谐振腔进行微波储能。方形波导管谐振腔的 $Q_0 = 4.5 \times 10^4$,因此有 Q_0/ω 约为 2.4μs。假定耦合指数为 $\beta = 3.5$,如果 10MW 的速调管在 2μs 内输出 20J 的微波能量,那么其中 12J 被储存在谐振腔中,因此得到 60% 的效率。

最受关注的是 SES 微波器件,如图 5.16 所示。由于向谐振腔里的能量注入比较缓慢,因此得到较高的射频场强。输出口是一个 H 平面的 T 形波导管分支,它与终端的距离为 $n\lambda/2$。因此,在输出口构成电场的零点,基本不发生谐振腔与负载的耦合。当系统受到触发时,在距终端 $\lambda/4$ 处形成一个导电等离子体。它的出现改变波导管内的电场分布,使电场在输出口处出现最大值。因此,谐振腔内的微波能量在短时间内被输出。

微波能量的输出时间与谐振腔的体积 V、输出端口的截面 A 和输出波导管里的群速度 v_g 有关。另外,输出时间直接受谐振腔振荡模式的影响,并在很大程度上取决于输出口相对于电磁场分布的位置。输出时间的粗略估算可以采用下式[37]进行：

$$t_D \equiv t_1 \approx \frac{3V}{Av_g} \left| \frac{B_p}{B_0} \right|^2 \tag{5.20}$$

式中：B_P 为输出口处的磁场振幅；B_0 为谐振腔内的最大磁场振幅。

例如，半径 20cm 的球形谐振腔有 4 个面积为 15cm² 的输出口，它的输出时间约为 100ns，基本符合射频加速器的需要。

谐振腔储能的能量密度约为 1kJ/m³，电场强度为 100kV/cm 量级。开关在这里起关键性的作用，它必须能够在断开状态下承受这样的电场，而迅速闭合后的损失必须足够低。人们研究过的几种开关机制有波导管中的自击穿气体开关、高压等离子体放电开关、真空电弧开关和注入电子束开关。最广泛使用的是等离子体放电开关（触发式或自击穿式，触发式的效果更好）。

Birx 等的早期实验所采用的是超导谐振腔[38]。实验条件为 $Q_0 \approx 10^5$ 和 $Q_L \approx 10^4$，因此 $M \approx 10$。Tomsk 的研究小组用的是 3.6μs、1.6MW 的 S 波段速调管。他们得到的输出脉宽是 15~50ns，功率约为 70MW，因此 M 约为 40，C 约为 200[39]。谐振腔的输出能量效率为 84%，综合转换效率约 30%。Alvarez 等[40]报告的实验结果是将 1μs、1MW 的脉冲微波压缩到 5ns、200MW，因此 M 和 C 均约为 200，但综合转换效率只有 25%。Bolton 和 Alvarez 的工作结果有效地降低了 SES 脉冲压缩过程产生的子脉冲。通常，子脉冲的强度与主脉冲相比约为 -40dB。采用他们的方法，可以将谐振腔与负载之间的耦合降低到 -70dB。Tomsk 的研究小组[41]将 S 波段虚阴极振荡器的 400MW 输出注入 SES。由于虚阴极振荡器是一个宽频源，而 SES 的频带又很窄，因此只有 550ns、20MW 的微波能量被耦合进谐振腔。输出微波脉冲为 11ns、350MW，因此有 $M = 17.5$、$C = 45$ 和 $\eta_c = 38\%$。

Farr 等演示了以重复脉冲方式将 2.8MW、1.3GHz 的微波源在腔内压缩至 330MW，在输出端压缩到 51.8MW[42]。腔内增益为 20.7dB，输出增益为 12.7dB，脉冲重复频率在 5~160Hz 之间。报告称，能量增益效率为 24%。图 5.17 显示了实验中的代表性数据。

Sayapin 等演示了基于行波谐振腔的微波压缩器的稳定运行，输出微波功率 (1.15 ± 0.05)GW，脉冲宽度 (12 ± 2)ns[43]。微波压缩器采用相对论 S 波段磁控管泵浦，输出功率 250MW，脉宽约 100ns。结果表明，在微波产生的前 10ns 内，磁控管和谐振器之间的移相器对磁控管的工作产生了正反馈的影响。在压缩机谐振腔中加入对称放置的移相器，可以调节行波相位，从而实现微波气体放电开关的可靠点火。

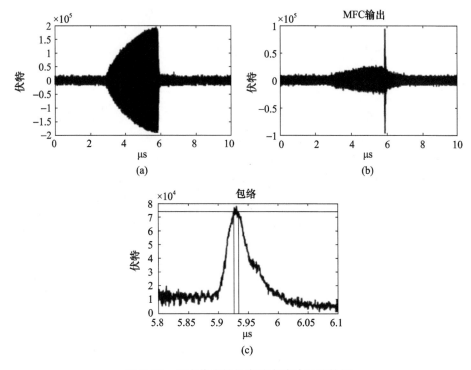

图 5.17　具有代表性的高功率脉冲压缩数据
(a) 在较长时间尺度上对谐振腔进行储能；(b) 触发气体放电管，导致压缩能量释放；
(c) 压缩微波脉冲在扩展时间尺度上的包络。
(源自 Farr, E. et al., Microwave pulse compression experiments at low and high power, Circuit and Electromagnetic System Design Note 63, SUMMa Notes, 2010, www.ece.unm.edu/summa/notes/CeSDN/CeSDN63.pdf)

我们现在考虑利用相位反转的微波脉冲压缩。在 SLED 脉冲压缩法中，先采用两个高 Q 值谐振腔储存来自速调管的微波能量，然后通过速调管脉冲的相位反转，实现储存微波能量的输出。开关在功率较低的输入端进行。Farkas 等对 SLED 系统进行的分析结果得到的最大值是 $M=9$。但是由于 SLED 的输出是指数衰减脉冲，实际得到的功率增益与理论值有很大差距。

2005 年，SLED-II 无源脉冲压缩达到了吉瓦级，并获得了世界纪录[45]。在 2009 年，他们首次使用有源等离子体开关（图 5.18）展示了 10∶1 的功率增益，效率达 56%[46]。目前，SLAC 正在研究一种新的 SLED3 系统，以实现从压缩器输出的数兆瓦功率[47]。这台 SLED 压缩机包括两个主要部分：矩形-圆形波导转换器和超模球腔。该射频压缩器用于将脉宽 1.5μs、功率 50MW 的 X 波段微波转换为脉宽 106ns、功率 200MW 的输出并注入加速器。

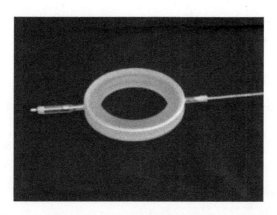

图5.18 等离子体开关作为有源脉冲压缩机的有源元件

5.5 天线与传输

将高功率微波产生的源用于某些实际场景,需要对能量进行提取和辐射。此外,根据应用的具体情况,可能还需要既可以位于真空内部,也可以在外部的模式转换器来改变输出模式结构。

天线位于高功率微波源和自由空间之间的交界处。高功率微波非常关注传统天线技术的两个特点:一是高功率;二是短脉冲宽度。高功率微波天线是传统天线技术的直接外推,通常形式简单,且考虑到了高电场效应和短脉冲。

本小节回顾模式转换器和天线。

5.5.1 模式转换器

从微波的产生到辐射的过程中,可以将微波从一个波导模转换成另一个模。模转换在微波技术的早期阶段就已出现,被称作模式变换[48]。它的基本含义如下:

(1)TE 模间的转换(在回旋管中经常是这么做的[49]),或从 TM 模向 TE 模的转换,因为 TM 模在中心轴上的场强为 0,虽然它的轴向电场分量适合与电子束的相互作用;

(2)从圆筒形波导模向矩形波导模的转换(为便于与天线连接);

(3)从波导模直接转换成辐射模。

早期的方法只是将一个波导管的电极插入到另一个波导之中。例如,将同轴电缆的芯电极插入方形波导管的中部,并与短边方向平行,这样可以得到很好的转换效率,但在高功率的情况下,形状突变处可能发生击穿。

为避免高功率下的击穿,必须采用逐渐转变的方式。从同轴结构的中心导体向外逐渐伸出的叶片到达外导体后向两侧分开,缓慢地将波导管截面转变成长方形。这种转换器被用于20MW的大电流S波段速调管。在这样的功率下,如果转换器太短也会发生击穿[50]。

在回旋管中,回旋运动的电子与毫米波段的高次谐振腔模作用。[51]由于频率很高,需要准光学转换器。这些转换器利用几何光学原理对TM模和TE模进行光线对准,基本原理是将模式分解为许多平面波,每个平面波与波导轴向呈一定夹角,在波导壁间不断反射而得到传输。这个方法被广泛应用于聚变等离子体加热用回旋管微波的长距离、低损耗传输(见第3章和第11章)。

如图5.19(a)所示,以弗拉索夫(Vlasov)转换器为例说明从波导到辐射波的直接转换[52]。TE模k矢量被弯曲导体反射,如果尺寸选择合适,将产生与波导轴呈一定角度的高斯光束。对于TM模,图5.19(b)显示了磁绝缘线振荡器(MILO)输出的TM模式直接转换为高斯光束。

Elfrgani等[53]提出了一种布拉格反射器,该反射器带有组合的单折左、右螺旋波纹,用来代替BWO中的腔体反射器,将上游传播的反向波反射成从喇叭天线辐射的正向传播波。同时,这种特殊的布拉格反射器将后向TM_{01}模转换为线式偏振正向传播TE_{11}模。仿真结果[53]得到了实验验证[54]。

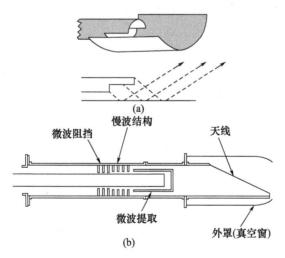

图5.19 弗拉索夫天线
(a)模式转换器,天线的起源;(b)由MILO源驱动的天线。

5.5.2 天线的基础知识

天线的定向增益表示天线辐射功率方向的集中性。它是辐射立体角 Ω_A 与全方位立体角 4π 之比：

$$G_D = \frac{4\pi}{\Omega_A} = \frac{4\pi}{\Delta\Theta\Delta\Phi} \tag{5.21}$$

式中：$\Delta\Theta$ 和 $\Delta\Phi$ 为辐射立体角在两个垂直方向上的宽度。

方向性的定义通常是半径 R 处的辐射功率与总功率为 P 的各向同性辐射源的功率密度之比，即

$$G_D = \frac{4\pi R^2}{P} S \tag{5.22}$$

增益 G 是 G_D 乘以天线效率，即

$$G = G_D \varepsilon = \frac{4\pi A \varepsilon}{\lambda^2} \tag{5.23}$$

式中：A 为天线的物理面积（或辐射口径）；ε 为与设计有关的天线效率（通常为 0.5~0.8）。这里使用了天线面积表示方向性，乘积 GP 是有效辐射功率。

图 5.20 给出了典型的高功率微波功率密度（图 3.9）。值得注意的是，增益通常用 dB 表示（G_{dB}）。它的数值可以表示为

$$G = 10^{G_{dB}/10} \tag{5.24}$$

因此，增益 100 相当于 20dB（见习题 5.4）。

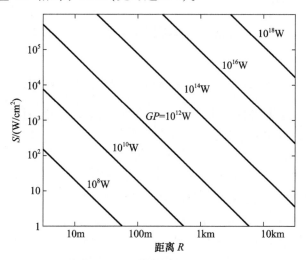

图 5.20 对应于不同有效辐射功率 GP 的功率密度 S

天线的辐射与点源不同,由近到远,它由以下几个区域组成。

(1)感应近场区。这里电磁场还没有完全脱离发射天线,因此感应项起主要作用(时间平均坡印亭矢量为复数,见4.3.3节)。

(2)辐射近场区(或菲涅耳(Fresnel)区)。从 $0.62\sqrt{D^3/\lambda}$ 开始,其中 D 是天线的特征尺寸。辐射场起主要作用,但角向场分布取决于到天线的距离(时间平均坡印亭矢量为复数)。波束大约为圆柱形,但直径和强度随距离变化,最大值出现在 $0.2D^2/\lambda$。从这里开始,辐射强度单调下降,下降率接近 $1/R^2$。

(3)辐射远场区。辐射远场区域,其中波是真正发射的(时间平均坡印亭矢量为实数),可任意定义为相位波前与球面波相差5%rad的位置:

$$L_{ff} = \frac{2D^2}{\lambda} \tag{5.25}$$

例如,考虑一个喇叭形天线的辐射场(图5.21)。对相位均匀性的要求是一个很重要的因素,因为它决定无反射测量室的大小,而且限制了从微波源所能得到的功率密度。在高功率微波效应实验里,测试点大于 $0.2L_{ff}$。可以采用降低天线增益(小天线或低频率)的方法将 L_{ff} 容纳在实验室内,只要不发生空气击穿。

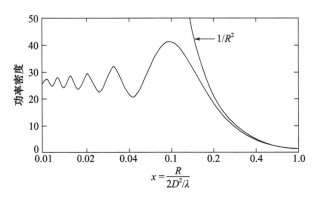

图5.21 喇叭形天线的功率密度与归一化距离的关系(它对大多数天线类型具有代表性)

天线的一个重要特性是由于边缘和馈源衍射产生的旁瓣现象。从图5.22可以看出,主瓣周围伴随着边缘衍射造成的大角度旁瓣,同样还有一个180°的后瓣。这些效应在远场并不明显,但对于近场影响很大,旁瓣的影响可能造成附近电子设备的障碍(友军相杀或自杀,见3.2.1节)。

一旦发射到空气中,击穿现象便成为高功率微波天线的关键。击穿的原因是局部电场的强度可以使电子加速到能够产生气体原子的碰撞电离或波导窗口的沿面闪烁。一连串的击穿能够产生一个导电区域,它会使电磁波受到反射或吸收。产生击穿的决定因素是电子的电离系数超过附着系数。在高气压下,脉宽超过 $1\mu s$ 的电磁波极限功率密度为

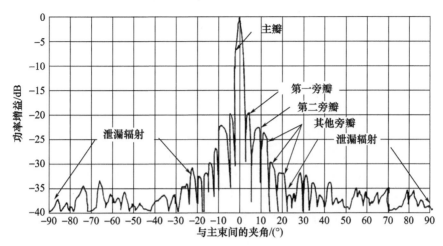

图5.22 波束在大角度范围内的分布

$$S\left(\frac{\text{MW}}{\text{cm}^2}\right) = 1.5\rho^2 \,(\text{atm}) \qquad (5.26)$$

式中:ρ 为以大气压为单位的压强。常压下,与这个条件相对应的电场强度为 24kV/cm。随着海拔高度的增加,电磁波的传输极限逐渐降低。最低点在 20~50km 的高度,取决于频率。高击穿阈值的条件是高气压(由于频繁的碰撞)或低气压(由于没有连续碰撞)。气压较高时,击穿阈值随着气压的降低而降低,如图 5.23 所示一个有用的公式是 $E = 19.4[S]^{1/2}$。对于涉及辐射的高空飞行器,以及地面轨道之间传输微波等高功率微波的应用场合,击穿与压强的关系显得非常重要(见 Löfgren 等[55] 讨论空气中 HPM 击穿及其与帕邢(Paschen)曲线描述的直流击穿的关系)。

最困难的区域是高度50km附近,这里会发生所谓的"尾部消蚀"现象。脉冲头部的电磁波在空气中产生电离,由此出现的等离子体会吸收后续电磁波的能量。在5km的高度,这个现象的阈值大约为250W/cm²[56]。脉宽100ns的脉冲能够在50km的高度产生等离子体电离反射层,它能反射频率较低的微波(约1GHz)。而电离反射层通过电子附着和复合的衰退时间需要数毫秒。

击穿现象与脉冲宽度有密切联系,因为击穿的发展是需要时间的。因此,可以推断亚纳秒级的脉冲可以在空气中传输很高的功率峰值(所谓潜行通过)。

当功率密度很高时(常压下约为 10^3MW/cm^2),由于电子速度接近光速而产生相对论效应,这时有质动力的出现产生无碰撞吸收。这个效应还没有在实验上得到研究。

一旦发生击穿,天线的近场区域会出现热斑,从而导致微波的反射和增益的急剧下降。击穿区域随时间发展。这个过程是一个很值得研究的领域。

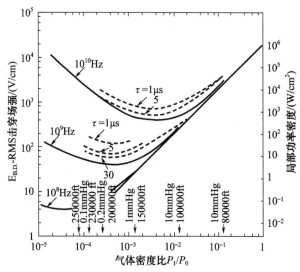

图 5.23 不同高度、不同脉宽和频率条件下的微波空气击穿阈值
(1ft = 0.3048m；1mmHg = 133.322Pa)

微波脉冲一旦发射,其在空气中的传播通常会受气候(湿度)影响。水对电磁辐射的吸收取决于水的状态。电磁频段微波部分的气相吸收归因于旋转跃迁,并与频率相关。在图 5.24 中,可以观察到 35GHz、94GHz、140GHz 和 220GHz 的通带(大气窗)(这也是主动拒止系统在 94GHz 运行的原因,见 3.2.3 节)。而低频(小于 10GHz)脉冲的传输效率比高频区域要高得多。雨和雾会增加微波的吸收。对于低频微波,雾的吸收率为 0.01～0.1dB/km,它与雨量为 1mm/h 时雨水的吸收率大致相同(见习题 5.5 和习题 5.6)。

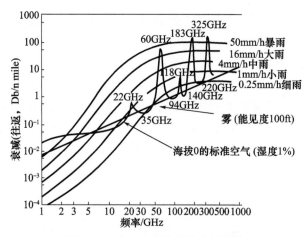

图 5.24 大气和雨水对微波的吸收

(注意:纵轴是往返吸收量,如雷达应用,单位为 n mile)

5.5.3 窄带天线

高功率微波用的窄带天线基本是传统天线的简单外推,并在防止空气击穿等问题上加以改进。天线阵列最近才出现,它主要用于锁相多振荡器或放大器系统。如移相器和分束器等高功率微波天线的子器件至今很少受到关注。

实际上只有很少几种天线应用于窄带高功率微波。表 5.3[57]列出了它们的增益。使用最广泛的是喇叭天线,包括角锥形、圆锥形和 TEM 型,其实用性在于它与波导管相似。通常,喇叭就是由从源延伸出来波导管构成。对于应用来说,关键是怎样转换成有用的模。通常希望得到基模(方形波导 TE_{10},圆形波导 TE_{11}),部分原因是因为它们辐射出来的场强分布便于应用。只要窗口足够大使进入空气时的场强不会产生击穿,那么,喇叭天线的辐射场分布就可以很容易地计算出来。图 5.25 所示为 Sze 等测量到的 TE_{10} 方形喇叭天线的 2.8GHz 辐射方向图[58]。电场是线极化的而且逐渐减小。这样的场分布适合微波效应的应用(与之相对照,TM_{on} 电场是径向的而且功率密度分布呈不均匀的环形)。

表 5.3 主要的天线类型

天　　线	增　　益	注　　释
角锥形和 TEM 喇叭	$2\pi ab/\lambda^2$	标准增益喇叭天线;侧边 a、b;长度为 $I_e = b^2/2\lambda$,$I_h = a^2/3\lambda$
锥形喇叭	$5D^2/\lambda^2$	$I = D^2/3\lambda$;D = 直径
抛物面"锅"	$5.18D^2/\lambda^2$	
弗拉索夫(Vlasov)	$6.36(D^2/\lambda^2)/\cos\theta$	θ 是斜面角,$30°<\theta<60°$
双锥形	$120(\cot\alpha/4)$	α 是双锥形开度角
螺旋形	$(148NS/\lambda)(D^2/\lambda^2)$	N = 圈数;S = 螺旋间距
喇叭阵列	$94AB/\lambda^2$	A、B 是阵列的侧边

在传统微波应用里,抛物面碟形天线是随处可见的,但由于抛物面天线的集中馈电处场强非常高,因此在窄带高功率微波中很少使用。但是作为超宽带天线,被称作脉冲辐射天线(IRA,见 6.2.1 节)的碟形天线具有很重要的地位。它的一种变形是平面抛物面(Flat Parabolic Sur - face,见 3.2.3 节)。

弗拉索夫(Vlasov)天线[59]非常适用于窄带高功率微波的发射。它具有简单的结构和较大的输出口径以避免射频击穿。当口径不够大时,它还可以简单地通过增设真空罩或增压气囊来增强窗口附近的耐压能力。它的主要特征是可

以将 TM_{01} 波导模以接近于高斯(Gauss)分布的波束辐射出去。这使它适用于输出 TM_{co} 模的同轴型微波源(如磁绝缘线振荡器 MILO、虚阴极振荡器或切伦科夫发生器等)。弗拉索夫天线在不使用复杂的模式转换器的情况下,让辐射功率的最大值出现在波束的中心(而不是像 TM_{co} 那样中心处是个零点)。事实上,这种天线是从模式转换器演变而来的(图 5.19(a))。图 5.19(b)给出了采用弗拉索夫天线的磁绝缘线振荡器 MILO 高功率微波系统示意图。

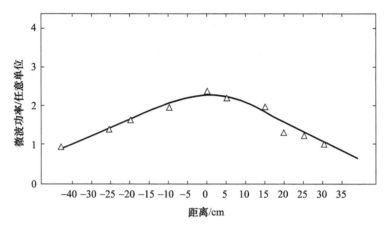

图 5.25　喇叭天线的横向辐射强度分布

弗拉索夫天线有两个不足之处。首先,这种天线的基本结构是将圆形波导管以 30°~60°的角度斜切而成。这样得到的窗口并不是很大(与抛物线形反射板或喇叭天线相比)。因此,弗拉索夫天线很少用于高增益远大于 20dB 的场合。另外,微波的辐射角度(主波瓣的方向与波导管中心轴之间的夹角)是频率f的函数,即

$$\theta = 90° - \arccos\left(\sqrt{1 - \frac{f_c^2}{f}}\right) \tag{5.27}$$

式中:f_c 为天线的截止频率。这意味着如果脉冲时间内频率发生变化,辐射方向也会随之而变。

天线阵列(图 5.26)在高功率微波里的应用相对缓慢。它们的用途主要体现在以下三个方面。

(1)高功率的辐射需要较大的窗口面积以避免击穿;

(2)超高功率微波源(约为 100GW)最终必须采用多个源的锁频叠加,这意味着多个波导管和多个天线;

(3)天线阵列具有很高的方向性,它可以满足对目标的快速跟踪和照射的需要。

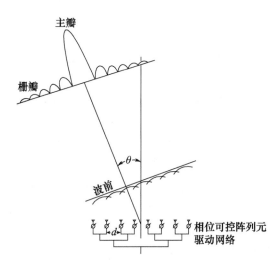

图 5.26　天线阵列形成波前，产生很窄的主瓣

如果天线阵列的主要辐射方向与阵列的平面垂直，则称为垂射阵列。而辐射方向与阵列方向平行时，则称为端射阵列。端射阵列的增益通常较低，因此主要的兴趣一般集中在垂射天线。如果阵列的特征长度 L 大于波长 λ，则每个单元的贡献就随角度明显变化。主束的宽度约为 $2\lambda/L$，增益 L^2/λ^2。天线阵元之间的间距 d 是在主瓣附近产生栅瓣的原因。如阵元间距 d 小于波长 λ，栅瓣的强度会明显减弱。但在高功率的情况下，由于空气击穿的限制，这个条件很难满足，尤其是在近 L 波段（$1\sim2\mathrm{GHz}$）。因此，实际系统中必须采取抑制栅瓣的措施，如增加天线阵元的个数，或采用吸收的办法抑制旁瓣辐射。

通过移相器控制每个天线阵元的相位，可以让波束在空中扫描。如果微波源由主振荡器和功放系统组成（见 4.10 节），相位控制可以在低功率水平进行，因此能够采用传统微波技术。但对于振荡器阵列，即使是高功率的铁氧体器件等传统移相器（图 5.26），在功率上都无法满足要求。目前，只开发了机电设备，带有活塞驱动可伸缩 U 形截面和宽壁波导变形技术的波导拉伸器正在研发。对于具有 100 个阵元的大型阵列，移相器成本将是一个限制因素。为提高阵元密度以降低栅瓣，移相器的截面必须接近波导管的截面，以便馈源可以密集安装。

关于阵列应注意以下事项。

（1）N 平方缩放。如果电源 P_0 向增益为 G_0 的天线馈电，在远场产生的功率密度为 S_0（式（5.28）），则由 N 个源组成的阵列给 N 个天线馈电，产生功率密度为

$$S = \frac{(NP_0)(NG_0)}{4\pi R^2} = N^2 \frac{P_0 G_0}{4\pi R^2} = N^2 S_0 \qquad (5.28)$$

功率密度随 N^2 增大而增大,这被称为"N 平方缩放"。束斑尺寸变为 $1/N$,束斑内的总功率变为 N 倍。

(2)稀疏阵列困境。通过许多小天线进行相移调整,可以聚焦到一个小点上,从而合成一个与天线展宽的直径相等的"有效"区域。所以,为什么只保留少数几根天线,在天线平面上留下空位?原因是所谓的"稀疏阵列困境"。稀疏阵列困境非常简单:如果发射天线面积填充因子为 F(其中 $F<1$),则发射到波束旁瓣而不指向主瓣的损失功率与 $1-F$ 成正比。这可由亮度守恒定律导出。亮度守恒定律直接由热力学第三定律导出:未完全填充的天线不能在地面产生比相同直径的全填充阵列更亮的光斑,因此任何在地面产生较小光斑的阵列相位也必须将更小的功率指向主波束。

下面介绍紧凑高功率窄带天线。

出于在移动平台上部署天线的要求,最近人们对紧凑型、高功率窄带天线的兴趣与日俱增。如图 5.27 所示,两个突出的例子是缝隙波导阵列[60]和高脉冲功率天线(HPPA)[61]。缝隙波导阵列是一种空气填充矩形波导窄壁孔径阵列,其优点是坚固耐用、功率容量高。天线产生沿扇形波束宽角度方向极化的电场。虽然最初是为 X 波段设计的[60],但这款天线很容易扩展到 L 波段,并且可以安装在车载设备上。

图 5.27　紧凑型大功率窄带天线

(a)窄壁狭缝波导天线阵列与相应的三维辐射图;(b)HPPA 的计算机辅助设计剖面图。

高脉冲功率天线更适合高频。尽管计划将其扩展到 C 波段,最初的设计只针对 X 波段进行了优化[61]。该天线基于 120 个单独的低剖面螺旋天线阵列,由沿双层线路传播的 TEM 模波耦合到环路上馈电。TM_{01} – TEM 模式转换是在天线的输入端进行的。因此,该天线特别适用于 TM_{01} 模源,如 BWO,其设计可承受约 1GW 的重复峰值功率。

5.5.4 宽带天线

高增益、低色散的宽带天线是一个难以解决的课题。如果脉冲宽度为纳秒量级,天线的设计就更加困难。天线的"填充时间"是电磁波在它的直径上往返数个来回所需要的时间。如果进入天线的脉冲宽度小于填充时间,天线口径的使用就不完全,这样增益就会降低,脉冲发生色散。这些效应对所有的应用都很重要,尤其是脉冲雷达(见第3章和第6章)。脉冲雷达采用两个办法避免这个问题:一是采用宽带的低色散天线;二是利用天线色散从较长的输入信号产生脉冲信号。

低色散天线的基本要求是宽频带(通常为2倍)、高增益和低旁瓣。这些要求是很难满足的。

(1)由于波长较长(10~100cm),天线尺寸受到应用条件限制,很难得到高增益;

(2)宽频带使旁瓣难以控制;

(3)不可能使所有波长的增益达到一致,因此脉冲波形在传输过程中发生畸变。

现在的脉冲雷达主要采用 TEM 喇叭天线(图 5.28)。它由两个接近指数形扩张的金属片组成。使用这种天线可以发射 1ns 的脉冲信号,带宽约为 1GHz。但带宽内的增益不大均匀,因此造成远场的脉冲畸变。一个重要的因素是 TEM 天线传送的是差分信号,因此单极性的输入脉冲产生一个周期的辐射。

为降低色散,就是减弱相速度与频率间的依赖关系,基本的方法是将波导口径逐渐放大,使阻抗从波导管阻抗逐渐变化到自由空间阻抗(377Ω)。在旁瓣里,脉冲宽度显著超过初始宽度。因此,对于脉冲雷达,发射天线和接收天线的方向性都十分重要,因为主束以外的脉冲都由于脉宽太长而失去作用。

除降低天线色散的方法以外,利用色散也可以产生所需的脉冲信号。这样的天线是对数周期天线(图 5.28),输入信号的频率随时间上升。当天线的色

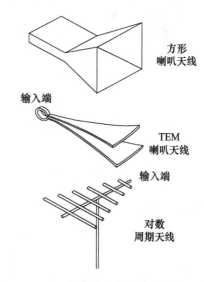

图 5.28 用于宽带高功率微波的传统天线

散特性满足一定条件时,可以产生压缩的输出信号。文献里还找不到有关高功率的天线设计。对数周期天线的问题是波束较宽,因此增益不高。而且为了得到所需输出脉冲,对输入脉冲的波形也有一定的要求。另外,在所需带宽内保持增益不变也很困难。

实际上,由于像脉冲辐射天线(IRA)的出现,以上的方法在许多应用中已经过时了,6.2.1节中介绍了这种新型天线。

5.6 诊 断

高功率微波诊断器件与传统器件的区别主要有三个方面:第一,"高功率"意味着强电场,因此必须注意避免诊断系统里的击穿;第二,脉冲宽度不超过微秒级,通常小于100ns,这就需要诊断系统具有足够快的时间响应;第三,高功率微波源基本没有高重复频率或连续工作。因此,诊断通常针对一个或少数几个脉冲。当然,这些高功率微波的特点也带来一些方便之处。例如,由于功率高,可以测量一个脉冲的总能量;由于测量的脉冲数少,因此不需要复杂的数据处理。另外,不能采用重复采样技术来降低数据采样率。

从历史上看,高功率微波的诊断借用了不少传统的微波诊断方法。它们被用于3个不同的地方,即微波源、辐射场和照射样品内部。在这里将讨论微波脉冲的诊断。高功率微波源里的等离子体诊断目前仍处于初期阶段,虽然用于等离子体研究的复杂诊断技术已经开始用于高功率微波源中的等离子体诊断。为彻底理解脉冲缩短效应,必须彻底认清高功率微波源中的电磁场分布和等离子体状态。必须采用更精密的手段,测量微波场分布、等离子体运动状态和带电粒子的速度分布。为核聚变研究开发的大量等离子体诊断方法可以应用于高功率微波。微波信号的时频分析和噪声频谱分析可以用于解析高功率微波器件工作状态。在未来的诊断里,还应该得到带宽的时间变化、大电流时的束流效应和噪声频谱。

需要测量的主要参量可以表示为

$$E(\boldsymbol{x},t) = A(t)\sin(\omega t + \phi)S(\boldsymbol{x}) \tag{5.29}$$

式中:E 为辐射电场;A 为高峰电场振幅;ω 为角频率;ϕ 为相位;S 为电场随空间的变化。

如果频率包含多个成分,脉冲电场则是不同频率成分的叠加。脉冲的功率与电场的平方成正比,能量是功率的时间积分。下面依次探讨式(5.29)中的各个参量。

5.6.1 功率

最常用的功率诊断方法是用二极管将微波信号整流,并得到代表微波振幅的脉冲。但输出信号的幅度与电场的关系是非线性的,它可以与功率成正比。通常的方法是利用波导管内的探头提取信号,然后送往探测器,同时采用 RC 低通滤波器过滤低频信号。在整流的同时,非线性二极管可以用于直接测量功率,因为在功率足够低的情况下,二极管电流与电压的平方,即输入功率成正比。但这个平方关系的条件是输入功率约小于 $100\mu W$。因此,通常需要对微波进行大幅度的衰减。这个测量方法不受微波频率成分的影响。

微波测量用二极管包括点接触式和肖特基(Schottky)势垒式。它们的主要优点是相对廉价、快速的响应(上升时间约为 1ns)、稳定的频率特性和简单的用法。而它们的缺点是只能用于低功率测量,如点接触式的功率限制是 0.1W,Schottky 二极管是 1W。因此,在整流以前,必须对微波进行大幅度的衰减。衰减的方法是采用定向耦合器,它可以将信号减弱 30~70dB。采用二极管探测器还应注意它们非常脆弱,使用时必须格外小心。另外,它们的特性可能随器件变化,对 X 射线非常敏感,而对温度略微敏感。由于这些原因,二极管必须经常标定。

使用二极管的关键在于精确地标定。即使如定向耦合器等这样的商品化元器件在使用时也必须注意微波的模式是否与标定时一致。在这里标定的误差所带来的影响是非常严重的。另一个衰减微波强度的办法是采用喇叭天线接收辐射微波场的局部信号。通过波导管里的定向耦合器,接收的信号被送入二极管。用这个方法可以得到局部的微波功率密度,然后通过多点测量,可以得到微波场的空间分布和辐射总功率。

过去 30 年的时间里,立陶宛的一个研究小组研发了一种独特的高功率微波传感器,称电阻传感器[62]。这种传感器可以测量波导内的高功率微波功率密度,而不需要对微波进行衰减和标定二极管。它的作用机理是硅的热电子效应。

5.6.2 频率

最早测量微波频率的技术是适用带通滤波器和色散线。现在这两种方法被认为是过时的,不再适用,因为最简单的频率诊断是高速示波器对电场 $E(t)$ 进行测量,获得单个振荡器以及包络线。尽管这种方法过去成本十分昂贵,但现在成为了最常用的直接测量微波频率的技术,频率可达 X 波段。对于数字化示波器无法达到更高频率,外差仍然是标准技术。其他方法需要小心使用(见习题5.7)(如果读者想更深入地了解带通滤波器和色散延迟线,请查阅本书的第2版[63])。

1. 外差检测

外差检测方法将微波信号与稳态振荡器输出的信号混频,并将拍频信号直接显示在快速示波器上。对外差信号进行傅里叶分析,就可以测量微波频谱。精准的频率测量可以通过将多次测量不同频谱的拍频信号进行确定。图5.29[64]显示了虚阴极振荡器的傅里叶频谱示例。外差检测技术既容易理解,也容易使用,并且得到时间分辨,因此已成为最常用的频率测量方法。

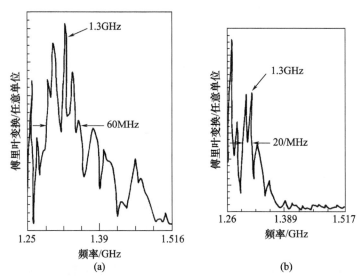

图5.29 虚阴极振荡器的傅里叶频谱(可以利用谐振腔降低带宽(见第10章))

2. 时频分析

强大的诊断方法提供了基于傅里叶分析频率的特征。图5.30给出的时频分析图可以看到BWO里的一系列物理现象[65],图中的实线代表了更高的功率。从TFA可以分析出以下几种机制。

(1)由电子的能量变化引起的微波频率变化或共振条件的失谐。即使是微弱的加速电压的变化,也可能产生很大的频率变化。由于共振频率的失谐会造成微波功率的明显下降,对于电子束驱动微波源来说,加速电压的稳定性(平顶)是最重要的参数之一。

(2)两个相互竞争模式之间的跳跃。这个现象是产生脉冲缩短的机制之一。它的发生条件和抑制效果都可以通过时频分析清楚地认识到。

(3)同时存在两个模式之间的竞争。模式竞争会降低双方的效率,使总输出功率下降。

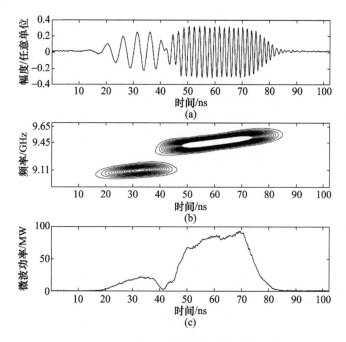

图 5.30　新墨西哥州大学观察到的返波管输出模的变化

(a)差频信号;(b)时频分析结果显示模式(频率)的变化;(c)输出功率。

(源自 Barker,r. J. and Schamiloglu,e. ,eds. ,High – Power Microwave Sources and Technology,press Series on rF and Microwave technology,Ieee press,New York,p. 148,Figure 5. 17,Copyright 2001 IEEE)

5.6.3　相位

在锁相实验和相干性实验中,相位的测量是必要的。到目前为止,测量相位差的方法有两种。Smith 等使用的是鉴相器[66]。它采用微波电路产生两个信号:一个与输入微波的相差的余弦成正比;另一个与其正弦成正比。通过逆正切计算可以求得相位角,但必须注意把握相位角的象限。上升时间可以达到 1ns。这个方法已经被用于测量磁控管谐振腔间的相差,而且被用于多个磁控管间的锁相实验(见第 7 章),灵敏度大约为 10。

Friedman 等[67]使用更精确的方法分析了相对论速调管的锁相和频谱纯度。这个方法将速调管的输出信号与注入放大器的磁控管信号作比较,得到的相差小于 3°。

5.6.4 能量

量热法是测量能量的基本方法。如果知道脉冲波形,还可以从能量测量的结果得到微波功率。用量热器接收高功率微波可以使局部电场达到约100kV/cm,因此必须注意防止击穿。总能量沉积通常在 1~100J 的范围,因此量热器温度变化的测量需要一定的灵敏度。量热法的原理很简单:如果一个绝热物体的质量为 m、比热容为 c_p,当它吸收 W 的能量以后,其温度上升为

$$T = \frac{W}{mc_p} \tag{5.30}$$

在实际应用中,这个方法的使用前提是热量损失可以忽略。因此,必须尽可能减少由对流、传导和辐射等过程产生的能量损失。通常将微波吸收材料置于真空室内,采用尽可能细的支撑材料和温度探头引线。另外,吸收体还必须与波导管阻抗匹配。一般情况下,吸收体的大小总是在多个因素之间折中条件下决定的。例如,与波导管的匹配需要吸收体足够大,而为获得明显的温度上升需要它足够小。吸收材料必须具有足够的热导率,以保证在发生能量损失之前吸收体内部能够达到热平衡。

通常利用热敏电阻测量附着在吸收体上的温度,互相串联,安装在吸收体的不同位置。测量精度可以达到 1 毫度量级。Early 等[68]采用了一系列不同的方法。微波能量由一个与波导管匹配的"中空布"层吸收。波导管的终端在布层后方 $\lambda/4$ 处。吸收的热量使内部的空气压力上升,因此,通过测量压力的变化可以求出微波能量。这个方法的优点是没有任何电路,因此不存在电磁干扰问题。测量吸收体的温度也可以采用红外观测法,但采用热敏电阻可以避免 X 射线和微波源红外辐射的干扰。

由于通常微波源的转换效率较低,大量的能量以紫外辐射、红外辐射、热气体和 X 射线等形式被释放;同时,还有脉冲功率产生的电磁场的能量。量热器的使用首先必须能够去除这些因素的影响,而这项工作往往是量热器实验方法中最困难的一步。

原理上,量热法适用于微波的整个频率范围。量热法的优点是具有很宽的频带、结构简单和标定时不需要高功率微波源。它的不足是必须与波导管的阻抗匹配,这在低频时较难实现,而且必须在其他条件允许范围内尽可能降低吸收体的质量。

量热法用于根据辐射方向图来验证功率测量,通常在多模式共存或无法进行远场测量的情况下使用。图 5.31 显示了一张位于新墨西哥大学[69]的量热计

的照片,用于表征带有布拉格反射器的 BWO 的输出,该反射器具有组合的单折左右螺旋波纹,产生 TM_{11} 模和 TM_{01} 模的混合。这种量热计基于 Shkvarunet[70] 的设计而成,酒精柱的高度(以及体积的变化)由一对镍铬合金丝测量。

图 5.31 用于 UNM BWO 实验的量热计
(可同时输出 TE_{11} 模和 TM_{01} 模,量热计由塑料制成并悬挂于微波源前)

5.6.5 模式成像

通过使用接收天线并进行二维扫描,可以在远场将逐次发射的高功率微波输出模式方向图绘制出来,这是一种常见的技术,输出模式的这种映射也可以通过成像来确认。当辐射电场超过空气击穿阈值时,空气就会击穿产生等离子体,Schamiloglu 等[71]拍摄了锥形喇叭天线外相对论 BWO 的输出模式图像。当使用 SF_6 袋抑制击穿时,可以通过生成的 TM_{01} 等离子体环(图 5.32)及其尺寸用来验证功率测量和模式。

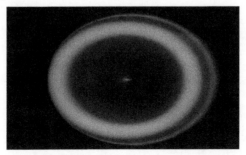

图 5.32 TM_{01} 模式的高功率微波导致的等离子体图像
(源自 Courtesy of Dr. E. Schamiloglu)

5.6.6 等离子体诊断

等离子体诊断学直到 20 世纪 80 年代和 90 年代才在高功率微波研究中发挥重要作用。在高功率微波源中进行等离子体诊断的第一个复杂尝试是 Chen 和 Marshall 的工作,他们使用 CO_2 激光辐射的汤姆森(Thomson)背向散射来确定从二极管阳极孔中的冷阴极发射的 $1kA/cm^2$、$700kV$ 磁化电子束的平行动量,如图 5.33[72] 所示,该电子束适用于拉曼自由电子激光。对于非均匀展宽,归一化动量扩散为 $(0.6\pm0.14)\%$,同时还发现,波动器的使用增加了展宽。

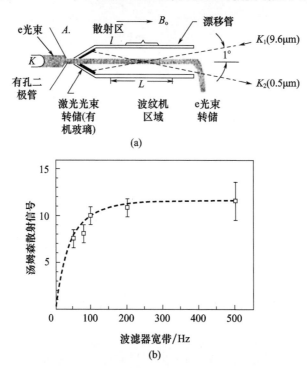

图 5.33　汤姆森散射诊断用于测量相对论电子光束的轴向动量,
电子束用于驱动拉曼自由电子激光器
(源自 Chen,S. C. and Marshall,T. C.,Phys. Rev. Lett.,52,425,1984)

在最初使用等离子体诊断技术之后,几乎没有应用,直到脉冲缩短[73]成为高功率微波源脉冲功率脉冲长度的限制。脉冲缩短指的是,即使电子束继续沿着器件向下传播,高功率微波的产生也会提前终止。在 20 世纪 90 年代中期,Hegeler 等在 UNM 对相对论 BWO 中电子束和慢波结构(SWS)壁之间的等离子体演化进行了 HeNe 激光干涉测量,并将测量结果与脉冲缩短进行了关联,

图 5.34[74]解释了这些实验中脉冲缩短的原因。BWO 是振荡器(见第 8 章)。电子束电流需要超过启动电流才能发生振荡。最初,束流是启动电流的 2~3 倍。然而,当等离子体在 SWS 上形成后,正如干涉仪所观察到的那样,启动电流动态地增加到束流以上,因此振荡停止,脉冲缩短。

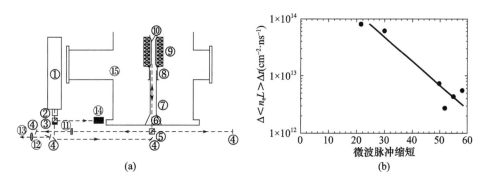

图 5.34　HeNe 干涉法用于测量 BWO 中等离子体演化同时出现了脉冲缩短的现象
(a)实验干涉仪测量布置图;(b)线积分等离子体密度的增加与微波脉冲缩短相关。

光学光谱学提供了一种非侵入性的技术,用于表征在强流电子束微波器件中的等离子体形成。也许这项诊断最早是密歇根大学(UM)的矩形和同轴形回旋管。[75]光纤探头被放置在回旋管的关键位置,包括腔区和收集器。来自这些光纤的光被引导到一个长 0.75m 的光谱仪中,该光谱仪带有一个增强型电荷耦合器件探测器和法拉第笼子中的光电倍增管(PM)。在表征了初始时间门控光学发射光谱后,将 PM 调谐到氢 H_α 线的波长(656.28nm)。这一配置允许对等离子体发射随辐射微波功率的变化进行时间分辨测量。

图 5.35 显示了在 Melba 脉冲功率发生器上测量的此类同轴回旋管实验信号。这些曲线表明,微波信号的结束几乎与等离子体 H_α 谱线发射的增加同时发生。这种重合出现在大多数照片中,这表明氢等离子体的形成与 HPM 辐射的截断有关。对于这些实验的 S 波段微波频率,截止时的等离子体密度约为 $8.1 \times 10 cm^{-3}$。如果从壁面释放的水蒸气被解离,则很容易获得这个非常低的等离子体密度。从波导壁开始,等离子体形成时间约为 200ns,与 10cm/μs 的等离子体流速度一致,与观察到的脉冲缩短一致。

最近,已经有几个小组通过实验和模拟来研究 HPM 器件中的等离子体。Hadas 等[76]在 S 波段相对论磁控管上进行了时间和空间分辨光谱测量,在由线性感应加速器(450kV、4kA、150ns)驱动的 S 波段相对论磁控管中,在 $f = 2950MHz$ 处产生 150MW 的微波功率。通过对 H_α 和 H_β 氢气平衡器系列和 CⅡ和 CⅢ离子谱线的分析,以及碰撞辐射模拟的结果,得到了阴极等离子体的电子密度和温度。结果表明,微波产生伴随着等离子体密度和离子温度的显著提高,分别达到约 $5 \times 10^{16} \mathrm{cm}^{-3}$ 和约 8eV。它们表明,等离子体轴向膨胀速度达到 $10^7 \mathrm{cm/s}$,径向不超过 $2 \times 10^5 \mathrm{cm/s}$。此外,研究还表明,等离子体是不均匀的,并且由单独的等离子体斑点组成,这些斑点在加速脉冲过程中数量不断增加。

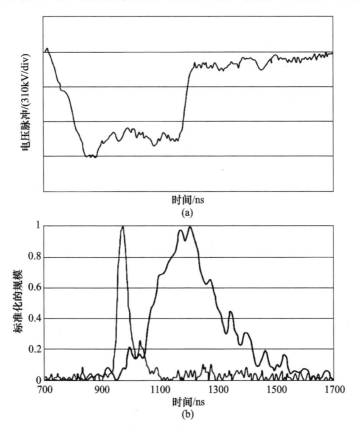

图 5.35 来自 MeLBa 同轴型回旋管的单脉冲的时间分辨信号
(a)施加的电压脉冲;(b)微波脉冲输出信号和光电倍增管信号它代表了内部等离子体的形成。

等离子体诊断与等离子体的电磁模拟软件(PIC)相结合,将大大提高对等离子体在限制高功率微波源性能中所起作用的理解。

5.7 计算技术

自 20 世纪 50 年代以来,计算方法一直是理解和发展真空电子源的关键。从 20 世纪 80 年代开始至 90 年代,有关高功率微波源模拟的计算工具的理解有了巨大发展。因此,通过对虚拟样机(对高功率微波计算技术的称谓)进行优化[77],使大多数设备成为"切割金属"(实际建造设备)的先决条件。算法的改进以及计算能力和平台(如超级计算机和图形处理单位)的不断增长都推动了建模的发展。读者可以参考关于真空电子和高功率微波源虚拟样机的 PIC 技术的两篇优秀综述[78-79]。在这里,我们只提供一个简要的概述。

高功率微波是由强流相对论电子束与电磁腔的共振作用产生的。这种相互作用将电子的动能(或势能,取决于设备)转换为电磁能。因为麦克斯韦方程是线性的,因此从数学上讲,即使腔体较为复杂,分析电磁腔也是相对简单的工作。然而,分析电子束振荡的固有模式则要困难得多[80]。

原则上,可以使用其他电子产生的电磁场并结合谐振腔约束的边界条件来计算每个单独电子的运动。精确描述相空间中电子数密度演化的过程,即克利蒙托维奇(Klimontovich)方程。然而,直接求解克利蒙托维奇方程工作量过大,因为每单位时间所需的计算量至少与粒子数的平方成正比;而且,宏观物理系统中的粒子数也是非常惊人的。因此,现实的高功率微波装置中的大量粒子使用统计力学计算是合理的,其物理过程可以用玻耳兹曼输运方程和完整的麦克斯韦方程来描述(见4.2节)[81]。

如果我们假设短程碰撞效应平均值很小,那么用粒子模拟(PIC)方法数值表达这些控制方程是一种合理、可靠的方法。在过去的几十年里,从奥斯卡·邦曼开始,研究人员已经将 PIC 技术发展到了高度成熟的阶段。在这项技术中,有限大小的带电粒子与平均电磁场分布(分布在离散网格上)相互作用[82]。我们还可通过蒙特卡罗碰撞模型将粒子碰撞涵盖至 PIC 公式中[83-84]。

PIC 方法用法拉第定律和安培安培环路定律(见4.2节)求解磁场和电场(B 和 E)的时间推进。PIC 方法在交错的 Yee 氏网格上实施这些定律[85],使用众所周知的时域有限差分方法[86]。麦克斯韦散度方程是初值约束,计算方法必须保持这些约束[87]。根据牛顿-洛伦兹力方程,通过"推进"电磁力作用下粒子的运动来实现这些方程的闭环[88]。运动的带电粒子共同定义电流密度 J,然后作为安培定律中的源项。

单电子的相对论牛顿-洛伦兹力方程(或者是代表 10^4 个或更多电子的宏粒子)为

$$F = m\frac{\mathrm{d}u}{\mathrm{d}t} = q(\gamma E + u \cdot B) \tag{5.31}$$

用适当的时间量 $\tau = \int \mathrm{d}t/\gamma$ 表示粒子的相对论速度 u:

$$\frac{\mathrm{d}x}{\mathrm{d}\tau} = u = \gamma v \tag{5.32}$$

给出了粒子在电磁力作用下的新位置,γ 是通常的相对论因子 $[1-(v^2/c^2)]^{-1/2}$。

带电粒子在相空间用被称为宏粒子或超粒子来标记。这些宏粒子与研究中的单个电子具有相同的荷质比,这里将这两个量都乘以一个因子 N,这样,宏粒子就代表了速度和位置相空间中给定值的 N 个电子。由于荷质比保留不变,宏粒子对力的响应在物理上是精确的。这使我们能够模拟动态等离子体物理,而不依赖于流体近似。它还使我们保留了分布函数完整的相空间特征。我们可以将 PIC 方法解释为宏粒子克利蒙托维奇方程的直接计算[89]。

现在表面物理和等离子体物理模型的结合、网格中处理共形表面的技术,以及使用 GPU 和其他硬件来提高计算速度等促进了 PIC 技术的不断进步。

5.8 高功率微波设施

高功率微波的主要研究工作是微波源和效应的研究。前者主要在室内进行,而后者则在室内和室外都有。这两项应用对高功率微波设施提出很多约束条件。其中最重要的是系统的抗干扰性和安全性。研究人员必须清楚地认识到微波设施的具体要求。高功率微波设施的运行经常比事先设想的要昂贵和费时。至少在研究的初期阶段,应尽可能考虑利用工业界或政府研究机构的已有设施,而不应急于构建自己的实验平台。

5.8.1 室内设施

室内设施一般具有完整的仪器设备和安全措施,可以用于微波源和效应研究。最典型的特征是具有一个微波暗室,如图 5.36 所示,它是在墙壁上安装了微波吸收体使微波反射最小化的房间[90]。通常将脉冲功率系统和微波源置于微波暗室之外,通过波导管将高功率微波送入暗室的天线。天线通常紧挨入口,使源和被测物体之间尽量保持距离以尽可能利用暗室的空间。决定暗室大小的条件是被照射物体必须位于辐射远场,距天线必须大于 $2D^2/\lambda$(见 5.5.2 节)。实际中的微波暗室大小不一,从 1~2m(高频用)到 10m 以上(大照射体积用)。很多暗室里装有旋转样品用的转台和容纳附属仪器设备(气动装置、控制系统和电缆长度必须较短的诊断系统等)的侧室。微波暗室必须具备防火和有声警报系统,还必须安装紧急开关用于暗室有人时切断源的发射。暗室壁采用的锥形电波吸收材料的衰减约为 40dB,因此在室内构成一个直径数米的无场区。吸收体外部悬挂在电磁屏蔽墙上,电磁波屏蔽墙的衰减约为60dB。因此,暗室外部基本测不到任何微波信号,这一点保证了以下提到的微波安全要求。微波暗室的尺寸基本决定了高功率微波设施的大小。

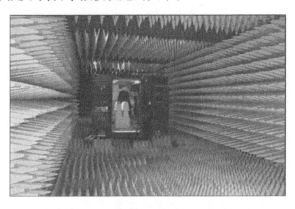

图5.36 内壁覆盖锥形吸收体的微波暗室

用于控制和诊断的电子设备采用电缆或者光缆(越来越多的,位于塔架上方最方便)连接到屏蔽室或控制面板。微波设施的一个关键问题是接地。要避免地线引起的环路,因为它会对设备产生干扰。最基本的要求是将示波器离微波源(同时也是X射线源)尽可能远,以避免对显示屏产生干扰。

由于存在X射线、微波和其他安全方面的多重因素,必须管控对高功率微波设施的访问。基本要求是为防止辐射伤害而区分控制区和非控制区(美国的有关联邦法规是CFR49)。非控制区由于没有辐射的危险可以自由进出。但在控制区,因为有辐射产生,实验时必须严禁进入。最有效的管理方法是在每一个入口安装联锁安全控制门,门口是钥匙面板。每一个工作人员都必须从面板上取下自己专用的钥匙才能打开安全门,进入控制区。只要面板上缺一把钥匙,脉冲功率系统就不可能充电,因此就不会产生辐射。这个系统要求工作人员进入控制区时必须携带钥匙。而且任何时间进入控制区时都必须佩带辐射剂量计。在加电以前,必须确认控制区内是否无人、安全门是否紧闭以及联锁装置是否正常。通常建议使用旋转警告灯和大音量的警报器表示正在进行实验。连续波(CW)暗室还必须有特殊的防火措施,因为暗室内的人可能听不到室外的防火警报。暗室内部应该安装一个停机开关。

5.8.2 室外设施

室外设施,特别是可移动设施,有很多特殊的因素需要考虑。首先,很多仪器对天气是很敏感的,所以必须采取相应的措施防止雨水、热和灰尘等问题。必须严格控制辐射泄漏,主要方法是局部屏蔽或靠距离衰减。因为没有微波暗室和诊断用高效屏蔽室,对周围设备的影响及其防护措施比较困难,因此,必须更加谨慎地控制现场安全。最后,由于微波带域的民用频率很多,在计划室外实验以前一定要调查有关数据和美国联邦通信委员会(FCC)(国内的相应管理机构是国家无线电监测中心)的法规,看预期的频率是否正在使用。这里主要需要考虑的是航空领域的影响。最重要的一点:没有任何装置是绝对安全的,唯一的办法只有持续不懈地防范。

Orion(图5.37)是一台先进的、可移动式的、可独立工作的高功率微波实验设施[91],它于1995年开始部署。目前在海军水面作战中心达尔格伦(Dahlgren)分部运行。它可以分装在5个标准集装箱里运输,采用全光纤化的计算机控制和数据采集系统,自带主电源。系统的核心是4个频率可调磁控管。每个磁控管的输出功率可达400~800MW,输出频率在1.07~3.3GHz的范围内连续可调。Orion可以在100Hz的重复频率下一束发射上千个微波脉冲。驱动磁控管的脉冲调制器采用闸流管开关。脉冲宽度在不超过500ns的范围内以50ns的步长可调。微波发射采用的是高效率的偏馈型抛物面天线。100m远处的3dB束斑为7m×15m。

图5.37 Orion室外实验设施

Orion的脉冲功率发生器是闸流管控制的油绝缘两级开关调制器。它通过升压变压器对一个11段的脉冲形成网络(PFN)充电,然后通过气体开关输出[92]。它的工作特性是脉宽在100~500ns可调,电压在200~500kV内可调,重复频率可达100Hz,输出阻抗50Ω,上升时间小于30ns,平顶的平坦度±8%。调整脉冲宽度的方法是手工拆除50ns步长的电感器(图5.38)。

图 5.38 Orion 的脉冲功率系统

4个频率可调相对论磁控管采用的是步进电机调节器和爆炸发射式阴极，真空度为 $10^{-6} \sim 10^{-7}$ Torr(低温泵)。采用10叶片,旭日形,双端口微波引出口。采用了共形铅屏包围屏蔽 X 射线辐射。磁场由低温磁体产生,强度约为10kGs。制冷液3天补充一次。

在磁控管后,采用一个合成器/衰减网络使微波功率在5个量级范围内连续可调。波导管合成器/衰减器由混合 T 形三通/移相器和功率合成器组成,它将两个磁控管的输出合成,然后经过一个混合 T 形三通/移相器和衰减器实现5个数量级的功率控制。3个波导管频带 WR770(L 波段下部)、WR510(L 波段上部)和 WR340(D 波段)采用独立的微波电路。系统控制采用的是可编程步进电机。

Orion 的天线系统(图5.37)包括两个偏馈抛物形反射面,每个反射面有两个电角锥馈电喇叭。设计上优化了发射效率并减小了旁瓣,100m 远处为 $7m \times 15m$ 的椭圆形束斑,增益为468(26.7dB)。通过使用柔性波导和垫片,辐射方向在 $\pm 10°$ 的范围内可调。天线及其支撑的设计考虑到了安装和搬运等因素,两个工作人员在短时间内就可将它安装(见习题5.38)。

Orion 是所有高功率微波技术从实验室转向现场应用值得借鉴的出发点和参考例。作为室外微波设施,Orion 值得借鉴的主要特点如下。

(1)有两个柴油发电机系统:一个是为运输系统和附属设备;另一个是为高功率微波系统。最大功率容量1.1MW。天线辐射微波的最大平均输出功率为5kW。

(2)根据各部分功能不同分装于不同的集装箱,如控制系统、前级电源和储存室(用于储存波导管、天线、备用器件和工具)等。

(3) 必须内置很多功能。为便于运输,所有内部器件都采取了防震和抗冲击措施。每一个集装箱里都安装有烟雾探测器、灭火器和对讲机。美国标准集装箱都装有安全联锁装置和紧急停止按钮,并与 Orion 的安全控制系统连在一起。

(4) Orion 系统完全由计算机控制。计算机提供高功率微波系统的时间、监视和控制信号。数据采集系统(DAS)负责状态设置、数据储存和分析。各集装箱间的通信全部采用光缆来避免接地和屏蔽问题。安全管理人员可以通过声音和图像进行监控。

5.8.3 微波安全事项

在高功率微波设施的设计阶段,安全问题是必须考虑的。电磁辐射的危害已经成为社会关注的重要问题。微波辐射的危害主要包括3个方面:对人员可能产生生物学影响;对武器弹药可能产生引爆的危险;对燃料可能产生点火的可能。在军事用语里,这些危害分别表示为 HERP(人员)、HERO(军械)和 HERF(燃料)。

人体对射频辐射的吸收与频率有密切关系。一般情况下,人体的最大吸收条件是人体的长度方向与电磁波的电场平行,而且长度等于 0.4λ。因此,整个人体的共振吸收在 70MHz 的频率时最大,它比 2.5GHz 时高 7 倍[93]。即使是高频微波的光子能量也比常温下的分子热能小两个量级,所以微波照射不可能产生电离。因此,与 X 射线不同,它低于累积效应的阈值。但是对很多人来说,X 射线的危害是显而易见的,而对微波的危险性却往往认识不足。

对人体最低功率的效应是所谓的"微波听觉"。脉冲宽度 $10\mu s$ 的微波脉冲,如果在头部中沉积的能量密度达到 $10\mu J/g$,就会产生听觉系统的错觉反应。在 $0.1J/cm^2$ 的水平下,神经系统可能在细胞层次受到影响。如果功率更高,便会产生混乱及各种精神障碍,高于这个水平的功率能够对大脑产生加热。遗憾的是,关于高功率、短脉冲微波的人体效应,我们了解得非常少,目前在这方面开展了大量的实验研究。

出于微波设备的实际操作需要,必须制定一些阈值标准。一般的方法是找到检测不到负面影响的脉冲微波照射量,然后对它乘上一个安全因子。常用的是美国国家标准协会(ANSI)的标准,它根据的是比吸收率(SAR),即单位质量的组织的能量吸收率。ANSI 标准规定的比吸收率极限是 0.4W/kg,它是可能产生不良影响阈值功率的 10%。图 5.39 为 1991 年 ANSI 标准和 HERO 极限值。

在微波频率范围内，10^{-2} W/cm^2 应该是平均功率的合适值。1992年，IEEE C95.1—1991 安全标准出台。它分两档，分别为控制区标准和非控制区标准（后者是指被照射者对照射没有认识或不可避免，如居住区或没有明确标识的工作场所，因此与微波设施无关）。表5.4列出了在环境控制下能够接受的最大照射量，照射量随频率从 0.3~3GHz 的变化线性上升，之后基本保持不变，约为 10mW/cm^2。对于辐射强度随时间变化的情况，取平均的时间跨度一般为6min。但频率超过15GHz后迅速缩短，300GHz时降到10s。例如，对于10GHz的辐射，6min以内的平均照射强度在10mW/cm^{2}以下，符合标准。就是说，如果强度为 60mW/cm^2，则照射时间要小于1min。

有关峰值功率的标准，还没有明确的规定。对灵长类动物进行的 5W/cm^2 照射实验没有产生任何效应。也许可以认为这样的水平对人体也是安全的。通过穿戴导电防护衣可以有效地降低（-50dB）辐射强度。但是，在高功率微波领域里，防护衣很少使用。实际上，大多数设施采用屏蔽暗室将微波辐射强度降到可测量水平以下。

表 5.4 控制区内的微波安全准则

频率/GHz	功率密度/(mW/cm^2)	平均时间/min
0.3~3	1~10	6
3~15	10	6
15~300	10	0.165~6

图 5.39 所示的 HERO 标准是为了防止电爆装置（EED）的损坏或者提前起爆，据说在越南战争期间曾出现过此类事故。HERO-2 标准给出了 EED 的最大极限值，HERO-1 标准是完全装配好弹药后正常操作时的安全功率水平。这些数据是有实验根据的。武器装备比人员更敏感一些，因为它对峰值功率有响应，人员的反应更取决于平均功率。当然，由于武器能够释放很大的能量，因此安全管理也是很严格的。不过武器装备的屏蔽保护也相对容易。如果燃料发生引燃，后果是很严重的，特别是汽车或航空燃料。发射天线的测量结果显示，燃料引燃需要至少 50kV/cm 的场强。

在美国进行室外微波实验受到美国联邦通信委员会（FCC）及其视频设备相关条款的限制，特别是 FCC 标准的第 18.301 号。这个标准规定了工业、科技和医疗设备的工作频率范围。它还明确了哪些频带的发射能量是无限制的，当然，附带条件是对广播、安全仪器和通信等不产生干扰。因此，实验人员必须清楚地了解有关的联邦法规。举个实际例子，新墨西哥州阿尔伯克基（Albuquerque）市的支架 EMP 模拟实验装置离民用机场不远。它的工作条件是飞机附近的场强不能超过 1kV/m,相当于 0.26W/cm² 的功率密度,雷达高度计和其他飞行控制系统使用微波频率,因此必须注意寻找安全的频率和功率,避免对机上系统的干扰或损伤。

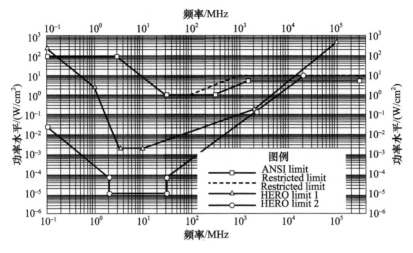

图 5.39 微波辐射的安全标准

5.8.4 X 射线安全事项

X 射线是一种电离辐射,是电子束驱动微波源的副产物。衡量 X 射线辐射量的单位是拉德(rad)(1rad = 100erg/g),它代表物质对 X 射线辐射的吸收量。对于 X 射线,接受 1roentgen 的辐射相当于 1rad 的剂量。作为生物系统的剂量单位通常还有雷姆(rem)(对 X 射线,1rem = 1rad)。当前非控制区的标准是 0.5rem/年[94]。通过距离上的 $1/r^2$ 衰减,加上必要时采取屏蔽措施,可以使非控制区的剂量低于该标准。为进行安全计算,假定所有电子束能量射入 X 射线转换靶,即最坏的情况。例如,如果电脉冲参数为 1MV、200kA、100ns,工作次数为 10 脉冲/天,就需要 50cm 的混凝土屏蔽墙。高原子序数材料,如铅,具有更强的衰减能力,可以更薄一些。将屏蔽层放置在靠近源的位置将使体积最小化,这种情况下,使用铅可能更有利,并且可以靠近源。另一个方法是建造一个较大的混凝土屏蔽室,并以它定义辐射控制区。弯曲的入口可以避免辐射的直线泄漏,入口处的联锁安全门是进入控制区的唯一通道。X 射线的天空散射经常会被忽视,它是 X 射线在屋顶或外部空气中的散射效应。但只有通过精确的散射计算才能知道这个效应的程度。对于以上的例子,2cm 厚的铅足以阻挡天空散射和其他散射辐射。

除了微波和 X 射线的安全问题以外，还必须要认真解决大多数高功率微波装置的一些安全方面的事项：①脉冲系统的高压问题；②绝缘用气体 SF_6 的毒性问题，必须对使用和排放进行管理(有些国家已经逐步停止使用 SF_6)；③有害物质问题，特别是绝缘用油料，它存在易燃和污染环境的隐患。

5.9 延伸阅读

有关脉冲功率最好的资料是两年一次的 IEEE 国际脉冲功率会议文集。另外，还有一系列有关不同专题的书，分别有 Mesyats[3]、Bluhm[4]、Vitkovitsky[5]、Guenther[23]和 Algilbers[11]的著作。有关粒子束有 Humphries 的著作[34]，有关天线最好的有 Balanis 的著作[57]，有关等离子体诊断最好的有 Hutchinson 的著作[95]。

习　题

5.1 脉冲形成线或传输线之间的最佳能量和功率传输条件是阻抗匹配。下游阻抗较高时，得到的是较高的电压和较低的电流。如果它的负载是产生电子束的 Child – Langmuir 二极管($I \sim V^{3/2}$, $Z \sim V^{-1/2}$)，输出微波功率会比阻抗匹配时更高吗？

5.2 PFL 可以通过两种方式进行优化，每种方式都会得到不同的设计方案。在给定电压和外半径下最大化存储的能量。

(1) 最小化内部导体处的电场。

(2) 使用同轴圆柱电容器电容的表达式：

$$C_{PFL} = \frac{2\pi L}{\ln(r_o/r_i)}$$

求出 PFL 的电容，其中 L 是圆柱体的长度。

使用存储在该电容器中的能量的表达式：

$$E_{PFL} = \frac{1}{2} C_{PFL} V_{PFL}^2$$

找到储存在 PFL 中的能量。然后利用 PFL 中的电场与导体半径之间的关系：

$$r_i = \frac{V_{PFL}}{E_{inner} \ln(r_o/r_i)}$$

将存储在 PFL 中的能量与导体的电压和半径相关联。现在，利用同轴线路阻抗的表达式：

$$Z_{PFL} = 40\ln\frac{r_o}{r_i}\Omega$$

① 固定 r_o 和 E_{inner} 以最大化作为 r_i 的函数存储的能量(取存储的能量对 r_i 的导数并令其为零)。计算相应的 PFL 的阻抗。

② 如果对于给定的电压和外径要最小化阴极上的电场,从 PFL 中的电场与导体半径之间的关系入手,找出最小电场(取内电场对 x 的导数,其中 $x = (r_o/r_i)$,并将其设为零)。寻找相应 PFL 阻抗。

③ 如何协调①和②的两个回答?

5.3 部分虚阴极振荡器当电子束发生箍缩时开始产生微波,这时阳极后方的电子轨道产生会聚,因而提高电子密度并形成虚阴极。这个条件下的 Child – Langmuir 电流等于箍缩电流。对于 0.5MV 的工作电压,求产生微波所需要的二极管的尺寸比 r_c/d 和二极管阻抗。

5.4 一个 X 波段天线的束宽为 $18°$,如果效率为 50%,求它的增益。

5.5 为在 1km 外获得 $1kW/m^2$ 的功率密度,需要多大的有效辐射功率(ERP)?假定频率为 1GHz。如果微波源的峰值功率为 10GW,需要多大的天线增益?如果天线效率和直径分别为 80% 和 10m,在不发生空气击穿条件下的最大辐射功率是多少?如果气候条件是 16mm/h 的大雨,1GHz 的微波的衰减是多少?

5.6 求工作频率为 1GHz、直径为 1m 的锥形喇叭天线在 100m 外产生的功率密度。假定只考虑空气击穿的限制,估算海拔 0m 附近的最大传输功率。

5.7 一个微波源的输出频率在脉冲过程中向上啁啾 20%。对它的频率测量,你将选择以下哪种技术:带通滤波器、色散线、差频测量还是时频分析?

5.8 Orion 装置的天线直径为 2.5m。如果 10m 宽的目标距离为 100m,采用 1GHz 的波束功率为 500MW,目标是处于天线的远场吗?求目标表面的功率密度?如果需要将 90% 的微波功率照射在目标上,你会怎么办?讨论方法的可行性。

参考文献

[1] Schamiloglu, E., Barker, R. J., Gundersen, M., and Neuber, A. A., Modern pulsed power: Charlie Martin and beyond (Invited paper), Proc. IEEE, 92, 1014, 2004.

[2] Gaudet, J. A. et al., Research issues in developing compact pulsed power for high peak power applications on mobile platforms (Invited paper), Proc. IEEE, 92, 1144, 2004.

[3] Mesyats, G. A., Pulsed Power, Kluwer Academic, New York, 2005.

[4] Bluhm, H., Pulsed Power Systems: Principles and Applications, Springer, Berlin, Germany, 2006.

[5] Vitkovitsky, I., High Power Switching, Van Nostrand Reinhold, New York, 1987.

[6] Haworth, M. D. et al., Recent progress in the hard – tube MILO experiment, Proc. SPIE, 3158, 28, 1997.

[7] Zhao, X., Xun, T., Liu, L., and Cai, D., Maintenance of high vacuum level in a compact and lightweight sealed hard – tube magnetically insulated line oscillator system, Vacuum, 111, 55, 2015.

[8] Barker, R. J. and Schamiloglu, E., eds., High Power Microwave Sources and Technologies, Wiley press, New York, 2001, p. 87.

[9] Korovin, S. D. and Pegel, I. V., "Structure of a high – current relativistic electron beam formed in a coaxial magnetically insulated diode with an edge – type cathode," Sov. Phys. Tech. Phys., 37, 434, 1992.

[10] Bushlyakov, A. I. et al., Solid – state SOS – based generator providing a peak power of 4GW, IEEE Trans. Plasma Sci., 34, 1873, 2006.

[11] Altgilbers, L. L. et al., Magnetocumulative Generators, Springer – Verlag, New York, 2000.

[12] Altgilbers, L. L. et al., Explosive Pulsed Power, Imperial College press, London, 2011.

[13] Neuber, A. A., ed. Explosively Driven Pulsed Power, Springer, Berlin, Germany, 2005.

[14] Young et al., Stand – alone, FCG – driven high power microwave system, in Proceedings of the 17th IEEE International Pulsed Power Conference, Washington, DC, 2009, p. 292.

[15] Cutshaw, J. B., University learns on army campus, www.army.mil, June 9, 2011.

[16] Elsayed, M. A. et al., An explosively driven high – power microwave pulsed power system, Rev. Sci. Instrum., 83, 024705, 2012

[17] Gorbachev, K. V. et al., High – power microwave pulses generated by a resonance relativistic backward wave oscillator with a power supply system based on explosive magnetocumulative generators, Tech. Phys. Lett., 31, 775, 2005.

[18] Takayama, K. and Briggs, R. J., eds., Induction Accelerators, Springer, Berlin, Germany, 2011.

[19] Smith, I., Induction voltage adders and the induction accelerator family, Phys. Rev. STAB, 7, 064801, 2004.

[20] Kim, a. a. et al., Development and tests of fast 1 – Ma linear transformer driver stages, PRSTAB, 12, 050402, 2009, and references therein.

[21] Kovalchuk, B. M. et al., S – band coaxial vircator with electron beam premodulation based on compact linear transformer driver, IEEE Trans. Plasma Sci., 38, 2819, 2010.

[22] Huang, H. et al., Initial investigation on relativistic klystron amplifier driven by linear transformer driver, High Power Laser Part. Beams, 6, 38, 2011.

[23] Guenther, a., Kristiansen, M., and Martin, t., Opening Switches, plenum press, New York, 1987.

[24] Bugaev, S. P. et al., Explosive electron emission, Sov. Phys. Usp., 18, 51, 1975.

[25] Barker, R. J. and Schamiloglu, E., Eds., High Power Microwave Sources and Technologies, Wiley press, New York, 2001, chap. 9.

[26] Bykov, N. M. et al. , Development of long lifetime cold cathodes, in Proceedings of the 10th IEEE International Pulsed Power Conference, Albuquerque, NM, 1995, p. 71.

[27] Mesyats, G. a. , Ectons in electric discharges, JETP Lett. ,57,88,1993.

[28] Barker, R. J. et al. , Modern Microwave and Millimeter – Wave Power Electronics, IEEE press, New York, 2005, chap. 13.

[29] Shiffler, D. et al. , Review of cold cathode research at the air Force research Laboratory, IEEE Trans. Plasma Sci. ,36,718,2008.

[30] Barletta, W. A. et al. , Enhancing the brightness of high current electron guns, Nucl. Instrum. Meth. , A250,80,1986.

[31] Barker, R. J. et al. , Modern Microwave and Millimeter – Wave Power Electronics, IEEE press, New York, 2005, chap. 8.

[32] Thomas, R. E. , Thermionic sources for hi – brightness electron guns, in AIP Conference proceedings Upton, NY,188,1989, AIP, Melville, NY, p. 191.

[33] Oettinger, P. E. et al. , Photoelectron sources: Selection and analysis, Nucl. Instrum. Meth. , a272,264,1988.

[34] Humphries, Jr. , S. , Charged Particle Beams, John Wiley & Sons, New York, 1990.

[35] Miller, R. B. , Mechanism of explosive electron emission for dielectric fiber velvet cathodes, J. Appl. Phys. ,84,3880,1998.

[36] Taylor, N. , LASER: The Inventor, The Nobel Laureate, and The Thirty – Year Patent War, Simon & Schuster, New York, 2000, p. 93.

[37] Alvarez, R. et al. , Application of microwave energy compression to particle accelerators, Part. Accel. ,11,125,1981.

[38] Birx, D. et al. , Microwave power gain utilizing superconducting resonant energy storage, Appl. Phys. Lett. ,32,68,1978

[39] Devyatkov, N. et al. , Formation of powerful pulses with accumulation of UHF energy in a resonator, Radiotech. Elektron. ,25,1227,1980.

[40] Alvarez, R. R. , Byrne, D. , and Johnson, R. , Prepulse suppression in microwave pulse – compression cavities, Rev. Sci. Instrum. ,57,2475,1986.

[41] Grigoryev, V. , Experimental and theoretical investigations of generation of electromagnetic emission in the vircators, in BEAMS' 90, Novosibirsk, Russia, 1991, p. 1211.

[42] Farr, E. et al. , Microwave pulse compression experiments at low and high power, Circuit and Electromagnetic System Design Note 63, SUMMA Notes, 2010, www. ece. unm. edu/summa/notes/CeSDN/CeSDN63. pdf (accessed august, 2015).

[43] Sayapin, A. et al. , Stabilized operation of a microwave compressor driven by relativistic S – band magnetron, IEEE Trans. Plasma Sci. ,42,3961,2014.

[44] Farkas, Z. et al. , Radio frequency pulse compression experiments at SLAC, Proc. SPIE, 1407, 502,1991.

[45] Tantawi, S. G. et al., High-power multimode X-band RF pulse compression system for future linear colliders, Phys. Rev. STAB, 8, 042002, 2005.

[46] Vikharev, A. L. et al., High power active X-band pulse compressor using plasma switches, Phys. Rev. STAB, 12, 062003, 2009.

[47] Xu, C. et al., New SLED 3 system for multi-megawatt RF pulse compressor, arXiv: 1408.4851 [physics.acc-ph], 2014.

[48] Montgomery, C. G., Dicke, R. H., and purcell, E. M., Principles of Microwave Circuits, peter peregrinus, London, 1987, chap. 10.

[49] Kumrié, H., thumm, M., and Wilhelm, R., Optimization of mode converters for generating the fundamental te01 mode from te06 gyrotron output at 140 Ghz, Int. J. Electron., 64, 77, 1988.

[50] Friedman, M. et al., Relativistic klystron amplifier. I. high power operation, Proc. SPIE, 1407, 2, 1991

[51] Thumm, M. K. and Kasparek, W., Passive high-power microwave components, IEEE Trans. Plasma Sci., 30, 755, 2002.

[52] Vlasov, S. N., Zagryadskaya, L. I., andPetelin, M. I., transformation of a whispering gallery mode, propagating in a circular waveguide, into a beam of waves, Radio Eng. Elec. Phys., 20, 14, 1975.

[53] Elfrgani, A. M., Pasad, S., Fuks, M. I., and Schamiloglu, E., Relativistic BWO with linearly polarized Gaussian radiation pattern, IEEE Trans. Plasma Sci., 42, 2135, 2014.

[54] Elfrgani, Tunable Relativistic Backward Wave Oscillator with Gaussian Radiation Pattern, PhD dissertation, University of New Mexico, Albuquerque, NM, 2015.

[55] Löfgren, M. et al., Breakdown-induced distortion of high-power microwave pulses in air, Phys. Fluids B, 3, 3528, 1991.

[56] Fenstermacher, D. L. and vonHippel, F., Atmospheric limit on nuclear-powered microwave weapons, Sci. Global Secur., 2, 301, 1991.

[57] Balanis, C. A., Antenna Theory, 3rd edition, John Wiley & Sons, New York, 2005.

[58] Sze, H. et al., Operating characteristics of a relativistic magnetron with a washer cathode, IEEE Trans. Plasma Sci., 15, 327, 1987.

[59] Vlasov, S. N. et al., Transformation of an axisymmetric waveguide mode into a linearly polarized Gaussian beam by a smoothly bent elliptic waveguide, Sov. Tech. Phys. Lett., 18, 430, 1992.

[60] Pan, X. and Christodoulou, C. G., A narrow-wall slotted waveguide antenna array for high power applications, in Proceedings of the Antennas and Propagation Society International Symposium, Memphis, TN, 2014, p. 1493

[61] Pottier, S. B., Hamm, F., Jousse, D., Sirot, p., Talom, F. t., and Vézinet, R., high pulsed power compact antenna for high-power microwaves applications, IEEE Trans. Plasma Sci., 42, 1515, 2014.

[62] Dagys, M. et al., The resistive sensor: a device for high – power microwave pulsed measurements, IEEE Antennas Propag. Mag., 43, 64, 2001.

[63] Benford, J., Swegle, J., and Schamiloglu, e., High Power Microwaves, 2nd edition, Taylor & Francis Group, Boca raton, FL, 2007, p. 216.

[64] Sze, H. et al., A radially and axially extracted virtual – cathode oscillator, IEEE Trans. Plasma Sci., 13, 492, 1985.

[65] Barker, R. J. and Schamiloglu, E., eds., High – Power Microwave Sources and Technologies, IEEE press, New York, 2001, chap. 5.

[66] Smith, R. R. et al., Direct experimental observation of π – mode oscillation in a relativistic magnetron, IEEE Trans. Plasma Sci., 16, 234, 1988.

[67] Friedman, M. et al., Externally modulated intense relativistic electron beams, J. Appl. Phys., 64, 3353, 1988.

[68] Early, L. M., Ballard, W. P., and Wharton, C. B., Comprehensive approach for diagnosing intense single – pulse microwave pulses, Rev. Sci. Instrum., 57, 2293, 1986.

[69] Leach, C. J., High Efficiency Axial Diffraction Output Schemes for the A6 Relativistic Magnetron, PhD dissertation, University of New Mexico, albuquerque, NM, 2014.

[70] Shkvarunets, A. G., A broadband microwave calorimeter of large cross section, Instrum. Exp. Tech., 39, 535, 1996.

[71] Schamiloglu, E. et al., High – power microwave – induced TM_{01} plasma ring, IEEE Trans. Plasma Sci., 24, 6, 1996.

[72] Chen, S. C. and Marshall, T. C., Thomson backscattering from a relativistic electron beam as a diagnostic for parallel velocity spread, Phys. Rev. Lett., 52, 425, 1984.

[73] Barker, R. J. and Schamiloglu, E., eds., High – Power Microwave Sources and Technologies, IEEE press, New York, 2001, chap. 4.

[74] Hegeler, F., Grabowski, C., and Schamiloglu, E., electron density measurements during microwave generation in a high power backward wave oscillator, IEEE Trans. Plasma Sci., 26, 275, 1998.

[75] Cohen, W. E., Optical Emission Spectroscopy and Effects of Plasma in High Power Microwave Pulse Shortening Experiments, phD dissertation, University of Michigan, Ann Arbor, MI, 2000.

[76] Hadas, Y., Sayapin, a., Krasik, Ya. E., Bernshtam, V., and Schnitzer, I., plasma dynamics during relativistic S – band magnetron operation, J. Appl. Phys., 104, 064125, 2008.

[77] Peterkin, R. E. and Luginsland, J. W., A virtual prototyping environment for directedenergy concepts, Comput. Sci. Eng., 4, 42, 2002.

[78] Barker, R. J. and Schamiloglu, E., eds., High – Power Microwave Sources and Technologies, IEEE press, New York, 2001, chap. 11.

[79] Barker, R. J., Booske, J. H., Luhmann, Jr., N. C., and Nusinovich, G. S., Modern Microwave and Millimeter Wave Power Electronics, IEEE press, New York, 2005, chap. 10.

[80] Miller, R. B. , An Introduction to the Physics of Intense Charged Particle Beams, plenum, New York, 1982.

[81] Nicholson, D. R. , Introduction to Plasma Theory, John Wiley & Sons, New York, 1983.

[82] Hockney, R. W. and Eastwood, J. W. , Computer Simulation Using Particles, Adam Hilger, Bristol, 1988.

[83] Birdsall, C. K. and Langdon, A. B. , Plasma Physics via Computer Simulation, Adam Hilger, Bristol, 1991.

[84] Vahedi, V. and Surendra, M. , A Monte Carlo collision model for particle – in – cell method, Comput. Phys. Commun. , 87, 179, 1995.

[85] Yee, K. S. , Numerical solution of initial boundary value problems involving Maxwell's equations in isotropic media, IEEE Trans. Antennas Propag. , 14, 302, 1966.

[86] Taflove, A. and Hagness, S. C. , Computational Electrodynamics: The Finite Difference Time Domain Method, 2nd edition, Artech house, Norwood, Ma, 2000.

[87] Barker, R. J. and Schamiloglu, E. , eds. , High – Power Microwave Sources and Technologies, IEEE press, New York, 2001, p. 400.

[88] Boris, J. P. , relativistic plasma simulation – optimization of a hybrid code, in Proceedings of the 4th Conference on Numerical Simulation Plasmas, US Government printing Office, Washington, DC, 1970, pp. 3 – 67.

[89] Hazeltine, R. and Waelbroeck, F. , The Framework of Plasma Physics, Perseus Books, Cambridge, Ma, 1998.

[90] Sabath, F. et al. , Overview of fourEuropean high – power narrow – band test facilities, IEEE Trans. Electromag. Compat. , 46, 329, 2004.

[91] Price, D. , Levine, J. S. , and Benford, J. , ORION: a frequency – agile HPM field test system, paper presented at the 7th National Conference on high power Microwave technology, Laurel, MD, 1997.

[92] Hammon, J. , Lam, S. K. , andPomeroy, S. , Transportable 500kV, High average power modulator with pulse length adjustable from 100ns to 500ns, in Proceedings of the 22nd IEEE Power Modulator Symposium, Boca raton, FL, 1996.

[93] Lerner, e. J. , RF radiation: Biological effects, IEEE Spectr. , 68, 141, 1980.

[94] Thomas, R. H. , Chairman, National Council on Radiation Protection and Measurement Report No. 144 – Radiation Protection for Particle Accelerator Facilities, Bethesda, MD, 2003.

[95] Hutchinson, I. , Principles of Plasma Diagnostics, 2nd edition, Cambridge University press, Cambridge, 2002.

第6章 无束系统

6.1 引 言

自本书第2版出版以来,非线性传输线(NLTL)的快速发展促使我们将原第6章的超宽带(UWB)系统扩展到本章的无束系统,以扩大涵盖的技术范围。将UWB技术和NLTL划分为"无束系统"是比较合理的,因为这两种技术都使用脉冲功率来产生高电压,直接馈送到负载上以产生射频或类似射频的脉冲。这两种技术既不需要电子束也不需要真空。我们首先对UWB系统内容进行更新,接着对NLTL的相关内容进行全面的回顾。

6.2 超宽带系统

6.2.1 超宽带的定义

本章讨论的超宽带高功率微波源与窄带源有很大的区别。对该技术的研究起源于20世纪60年代高空核爆产生的电磁脉冲。之后的技术发展能够产生超宽带强脉冲,并通过各种不同的高效天线进行发射。美国空军研究实验室(AFRL)研发的宽带高功率微波系统可提供半高宽100ps量级的脉冲,以及约5.3MV的场程辐射因子(rE_{far},辐射场峰值与观测点距离乘积)。

本节简要回顾了该领域。较好的相关参考文献是 Giri 的书[2]以及 Agee[3]和 Prather[4]等的综述文章[4]。

超宽带(UWB)有什么不同之处?它的频谱密度很低,频谱密度是任何有限频率间隔内发射的功率。图6.1显示了在很宽的频率范围内电场的典型频谱幅度(这是一个频域曲线图,与我们熟悉的时域曲线图不同,后者显示振幅与时间的关系),它给出了高功率微波各区域之间的关系,包括来自自然闪电和高空电磁脉冲(HEMP)的低频连续谱、高频窄带高功率微波(HPM),以及宽带谱,即所谓的超宽带部分。

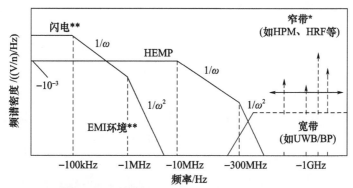

* 覆盖1.5~3GHz的窄带
** 不局限于HPEM
***较强的频谱成分持续到-20MHz

图 6.1 电磁脉冲的频谱分布

（源自 Giri D V and Tesche F M. IEEE Trans. Electromag. Compat. ,46,2,2004,Figure1）

超宽带源和天线具有广泛的潜在应用,从干扰器到地下物体和太空目标的探测、反向电磁散射分析、超短脉冲雷达系统,以及工业和执法应用(如车辆拦截器[5])。作为一种定向能武器,超宽带可在广泛频率范围内获得强电场,这样可以不受目标耦合机制和易损性与频率依赖关系的限制。该方法的缺点是,在将能量扩展到宽频带时,实际耦合到系统中的能量,由耦合带宽除以超宽带系统带宽的比率决定,如果在整个超宽带系统带宽上有多个耦合频带时,则是各比率的总和。许多军事资产和民用系统(如核电站、通信设施)容易受到超宽带的影响,通常意味着中断或干扰而非破坏。因为系统的总能量分布在如此宽的频率范围内,而耦合和易损性带宽通常相当窄。

超宽带的微波脉冲在频谱和产生它们的技术上都与窄带微波有很大的不同。事实上,超宽带术语已经过时,取而代之的是表 6.1 中更具体的术语,其中显示了基于带宽的脉冲分类[6]。为什么超宽带子带之间的区别很重要？因为它们在与电子器件的耦合、对电子器件的影响以及使用的技术上都有很大的不同。

表 6.1 高功率微波的频带范围

窄带与超宽带	频带	百分比宽带 $100\Delta f/f$	带宽比 $1+\Delta f/f$	实例
窄带		<1%	1.01	Orion
超宽带	中频	1%~100%	1.01~3	MATRIX
	宽频	100%~163%	3~10	H 系列
	超频	163%~200%	>10	Jolt

带宽的定义是功率在频率空间中的半宽:低频端和高频端的功率是峰值的一半(降低 3dB)(更一般的定义是包含很大一部分脉冲能量的频率范围,如 90%)。如果这个频率间隔为 Δf,则广泛使用的带宽定义是比带宽 $\Delta f/f$,有时表示为百分比带宽($100\Delta f/f$),以及带宽比 $1 + \Delta f/f$(见问题 6.1)。

图 6.2 显示了从窄带到简单电压尖峰的几种类型脉冲。窄带是一系列周期性波形,提供相对较窄的带宽,通常定义为 $\Delta f/f \leq 1\%$。第二个最相似的波形是阻尼正弦,即有限个周期。最常见的超宽带脉冲是双极脉冲,最终是单个单极尖峰,频谱也随之改变(图 6.3)。随着重复周期数的减少,带宽会增加。当有许多周期可用来确定频率时,频谱变窄(从数学上讲,时间和频率是相关变量;一个越窄,另一个就越宽)。产生脉冲的谐振系统的周期数 N、带宽 BW,以及品质因数 Q(见第 4 章)的相关性表达为

$$\pi N = 1/\text{百分比带度} = Q \tag{6.1}$$

然而,对于单周期脉冲,这些量是没有意义的(见习题 6.2)。

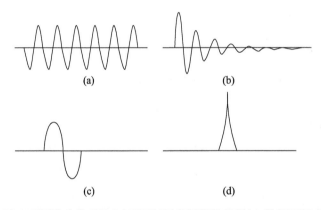

图 6.2 不同脉冲类型的电场波形(随着周期数的增加,带宽逐渐减小)
(a)窄带;(b)衰减振荡;(c)双极性脉冲;(d)单极性尖峰(辐射时它不是单极尖峰,而是一个周期)。

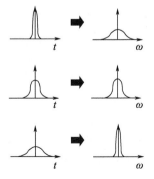

图 6.3 单极性脉冲的时间和频率描述(脉冲越短,它的频谱就越宽)

从技术上讲,从窄带到超宽带意味着设备的一种转变:从真空电子束设备到快速开关将脉冲功率输出直接引导到天线的设备。宽带频谱要求在很宽的频率范围内有一个恒定或几乎恒定增益的天线。考虑到天线增益通常强烈依赖于频率,这是很难做到的。现在使用的方法是让脉冲电源产生电压的快速上升阶跃。它连接到一个差分天线(产生输入脉冲的时间导数),该天线将电压阶跃转换为辐射场中的电场尖峰。超宽带领域的首选天线是脉冲辐射天线(IRA)[7]。

对于窄带微波源,基于单一电子能量的谐振要求是脉冲功率必须产生一个相对较长的平顶电压脉冲(理想为矩形)。由于微波源是窄带的,可以对天线的工作频率进行优化。但对于超宽带,脉冲功率必须产生一个短的电压尖峰(理想情况下是一个 δ - 函数)。天线孔径区域一般限定在 $A<10m^2$ 范围内,如受车载的限制。对于这样一个辐射峰值功率 P 的天线,天线孔径内的平均电场为

$$E_0 = \sqrt{\frac{PZ_0}{A}} \qquad (6.2)$$

式中:Z_0 为自由空间阻抗,为 377Ω。

正如我们将看到的,对于超宽带来说,在距离 R 处的峰值辐射电场取决于电压的上升速度。超宽带广泛使用的优值参数是远场电压、距离归一化的峰值辐射电场(有点像窄带的 ERP(见第 5 章)),表达式为

$$V_f = RE_p \qquad (6.3)$$

这些值通常在 100kV 量级,但最高值已达到 5MV。

6.2.2 超宽带开关技术

超宽带技术的根本在于快速的脉冲开关和无色散的高增益天线。超宽带装置的脉冲功率发生器由一系列脉冲压缩电路组成,它在压缩脉冲宽度的同时提高峰值功率,然后直接送往天线。对开关器件的要求是快速的闭合能力和迅速的恢复能力,以获得所需的电压前沿和重复工作频率。主要的开关技术包括:①高压气体或液体火花隙开关,通常是电信号触发;②光导半导体开关,由激光触发。

1. 火花隙开关

因为 IRA 等超宽带天线的响应取决于信号的时间微分,所以脉冲的上升时间至关重要。为缩短脉冲的上升时间,峰化开关通常是有必要的。这种开关早在 20 世纪 70 年代有关电磁脉冲模拟器的研究中得到发展。峰化间隙开关的特征是在很小的电极间距内产生很强的电场。这种开关的典型电极间距为 1mm。在这样

的间距内，100kV 的电压可以产生 1MV/cm 的电场，因此产生快速的间隙击穿。

火花隙的击穿过程可以分为几个阶段：击穿前的电容性阶段、火花形成过程中的电阻性阶段和完全导通后的电感性阶段。电感值通常在 1nH 以下。上升时间由电感和电阻成分决定，即

$$\tau = \sqrt{\tau_r^2 + \tau_L^2} \tag{6.4}$$

$$\tau_r = \frac{88\text{ns}}{Z^{1/3}E^{4/3}}\rho^{1/2} \tag{6.5}$$

$$\tau_L = \frac{L_c + L_h}{Z} \tag{6.6}$$

式中：Z 为电路阻抗；E 为电场强度；ρ 为单位为气压的气体密度；这里的电感包括火花通道电感 L_c 和开关容器的电感 L_h。较短的电极间距可以提高电场强度，因而缩短电阻性阶段和电感性阶段的时间，因为电感与长度成正比。即使采用很小的电极，非常小的电极间距也会显著提高电极间的电容量。对这个容量的快速充电脉冲可能导致较大的位移电流，其结果是不可避免的预脉冲。如果不抑制预脉冲，它可能在主脉冲之前产生一个低频输出信号。

绝缘油和气体可以用作快脉冲的工作介质。为获得超快速开关，间隙两端的外加电压通常远高于间隙的形状和气压所决定的自击穿电压。为尽可能提高绝缘能力，气体间隙的工作气压有时高达 100atm。间隙的工作电压可以达到自击穿电压的 300%。

高压氢气适用于高重复频率的超宽带峰化开关，氢气的优点在于高的工作场强和快速的绝缘恢复能力，部分原因是由于它具有较高的电离能。

在 20 世纪 90 年代，采用高压氢气开关的 H 系列装置构成了紧凑型高功率中频超宽带辐射源。表 6.2 列出了在美国空军实验室（AFRL）的 H 装置的部分实验结果。图 6.4 所示为 H-2 系统的脉冲功率发生器和氢气开关。初级储能电容（不在图中）的能量首先经过脉冲变压器得到压缩和增压；然后通过氢气开关被送往发射天线。H-2 装置在直径 10cm 的 40Ω 同轴线里产生 300kV 的脉冲，其上升时间为 250ps，脉冲宽度为 1.5～2ns。通过 TEM 喇叭天线产生的超宽带辐射的中心频率为 150MHz。H-3 装置在 40Ω 的同轴线里产生 1MV 的脉冲电压。为提高电压的上升速率，H-3 超宽带采用了多通道输出开关（图 6.5）（多通道的目的是降低电感）。它还采用传输线对传输线充电的方法，进一步压缩脉冲并提高电压。第一条传输线的充电相对缓慢，然后通过高压氢气开关向第二条传输线放电。第二条线的快速充电在多通道高压氢气环形间隙上产生很大的过电压。H-3 超宽带的输出脉冲上升时间为 130ps，脉冲宽度为 300ps，如图 6.6 所示。辐射场由 0.4m 的喇叭形天线产生，峰值电压为 130kV。6m 远处

的辐射电场强度为60kV/m。H-5超宽带是H-2超宽带的高功率升级型。图6.7所示为输出脉冲波形和频谱。虽然频率分布很广,但变化很明显。这样的频谱的带宽很难明确定义(见Gir和6.2.1节)。

表6.2 H系列中频超宽带发生器

发生器	工作电压 V_0/kV	10~90 上升时间 /ps	dV/dt/(V/s)	远场电压 RE_p/kV (式(6.3))	远场电压/ 源电压 (RE_p/V_0)
H-2	300	250	1.2×10^{15}	350	1.16
H-3	1000	120	8.3×10^{15}	360	0.36
H-5	250	235	1.1×10^{15}	430	1.72

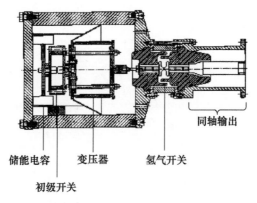

图6.4 H-2系统的脉冲功率发生器和氢气开关(长约0.5m,直径0.3m)
(源自 agee,F. J. et al., Ultra-wideband transmitter research, IEEE Trans. Plasma Sci., 26,863,Figure 1. Copyright 1998 IEEE)

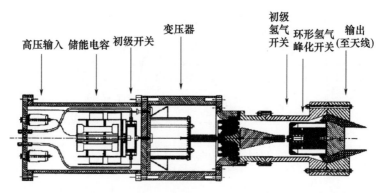

图6.5 H-3超宽带源的结构示意图(经过多个开关形成脉冲压缩,从而获得快脉冲)
(源自 Agee F J,et al. IEEE Trans. Plasma Sci. 26,864,1998 Figuire 3)

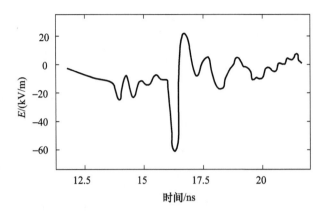

图 6.6 H-3 超宽带源产生的辐射场

(源自 Agee F J, et al. IEEE Trans. Plasma Sci., 26, 864, 1998, Figure4)

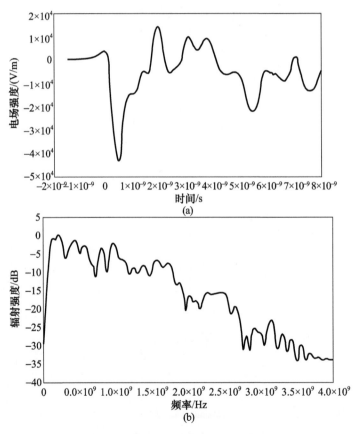

图 6.7 H-5 超宽带源通过大型 TEM 喇叭在 10m 处产生的辐射场

(源自 Agee F J, et al. IEEE Trans. Plasma Sci, 26, 865, 1998, Figure5)

液体开关也存在它的特殊问题。各种碳氢化合物的绝缘油在发生电击穿后会在油里长时间残留很多放电产物,它们会降低油的绝缘强度。因此,油的绝缘恢复相对缓慢,这对脉冲的重复频率产生影响。Titan 公司的 Pulse Sciences 部门曾经主持过高重频率油开关的研究,并研制了由三个油开关(一个传输开关、一个锐化开关和一个峰化开关)组成的脉冲调制。它的输出脉冲的 10% ~ 90% 上升时间为 100p_s,200kV 输出电压的重复频率为 1500Hz,450kV 输出电压的重复频率为 500Hz。

2. 固态开关——非光导

Grekhov 首先描述了上升时间非常快的大功率半导体开路开关[9]。这些开关是阶跃恢复二极管的大截面变种,被称为漂移阶跃恢复二极管(DSRD),能够在 P + – N – N + 结构中非常迅速地截断非常高的电流。

Kotov[10]、Egorov[11-12] 和 Sanders[13] 探讨了广泛的脉冲功率技术途径,这些途径可以利用这些开关。如非常高的脉冲重复频率纳秒超宽带系统到脉宽为 10ns 的吉瓦级脉冲发生器。此外,Efanov 示范了许多固态脉冲发生器,其中许多可以用作超宽带驱动器[14]。

3. 光导开关

光导开关(PCSS)技术应用于超宽带的主要原因是它具有时间抖动小、上升时间快和系统紧凑的特点。这种开关的优点包括:它在原理上的效率很高(虽然实际可能性不高);它的转换步骤少;它的频率和脉宽具有一定的灵活性;它可以用很多低功率系统组成阵列。这种开关最大的局限性是它的输出功率。最有可能的应用是脉冲雷达,因为所需的脉冲能量不高。

这项技术被用于较低的频率(不大于 1GHz),降低对激光脉冲上升时间的要求,典型的系统构成如图 6.8 所示。脉冲形成线由电源充电。形成线的时间长度等于所需微波的宽度的一半。激光脉冲的照射在开关材料里产生电荷载流子,从而使开关闭合。于是,电压波传向传输线的开放终端并发生全反射,因此脉冲形成线向天线输出一系列由电磁波来回反射产生的脉冲。这样产生的是中频超宽带,有关这方面的研究已经取得不少实验结果[15-17]。理想的波形应该是方波,但电路的各种寄生参数使输出波形接近于半个正弦波。输出脉冲的幅度取决于脉冲形成线的充电电压,输出频率取决于形成线的长度。开关的上升时间必须远小于形成线的时间长度。因此,为获得吉赫级以上的频率,亚纳秒级的开关是必不可少的。

硅基电子器件的广泛商业化过程已经持续了 60 年。业界对其工作原理有了很好的理解,制造技术也在快速发展。表 6.3 比较了硅(Si)、砷化镓(GaAs)、碳化硅(SiC)和氮化镓(GaN)的关键参数[18],其中4H碳化硅具有优异的导热性,最适合处理高功率(垂直)器件[19]。

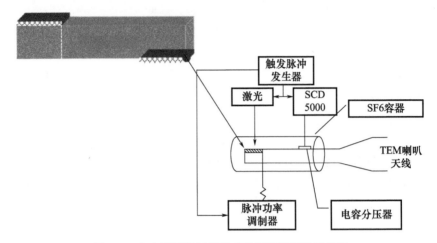

图6.8 由光导固体开关驱动的超宽带器件示意图

表6.3 半导体材料的特性

参数	单位	Si	GaAs	SiC	GaN
峰值漂移速度	$\times 10^6$ cm/s	7.5	20	22	31
击穿电场	kV/cm	300	400	2200	3300
带隙	eV	1.12	1.42	3.23	3.45
热容量	J/cm$^3\cdot$K	1.63	1.86	2.21	3.01
热传导系数	W/cm$\cdot$K	1.5	0.46	3.7	1.3
光导功率增益	TW/J	约2	约5	约15	约30
载流子寿命		约ms	约ns	约ns	Sub-ns

光导开关的工作原理是光电离作用在半导体中产生的电导性。当能量足够高的光子进入半导体时,它可以在皮秒级的时间内产生一对电子和空穴,使电子进入导带,而将空穴留在价带。有关光导开关的发展可以参见一些综述文章[20-21]。它的工作模式有以下几种。

(1)线性模式。每个光子的照射结果只产生一对电子和空穴,因此半导体材料的电导率与入射光的强度成正比。典型的材料有Si、含掺杂的GaAs或InP。载流子的寿命小于光脉冲宽度,所以开关的传导电流和输出脉冲波形与光脉冲一致。线性模式的开关需要约$1mJ/cm^2$的光能密度,因此它需要的激光能量大于其他模式。

(2)锁定模式。激光照射使开关导通,但光脉冲结束时开关并不完全断开。

这种开关(GaAs 和 InP)的绝缘恢复由电路决定。线性模式下的电荷载流子寿命为纳秒级,但锁定模式下的载流子直到电流结束时才消失。锁定模式所需要的激光功率小于线性模式(约为 1kW)。

(3)雪崩模式。开关上的电压较高,它使电场超过临界值,以至于激光关闭后开关仍能持续导通。强电场下的载流子倍增效应使开关内的载流子得到维持。GaAs 的临界电场约为 8kV/cm。雪崩模式所需要的激光能量比线性模式低 2~3 个数量级。雪崩模式的 GaAs 已成为 PCSS 的主要选择。

"开关增益"的定义是光导开关的输出功率与激光功率的比值。增益的大小与开关的材料和工作模式有关。雪崩模式的增益最大。例如,Nunnally[21]计算的 GaAs 线性模式的增益小于 2,而雪崩模式的增益却很大,一般为 10~100。锁定模式可以产生亚纳秒级的大电流脉冲,它对于超宽带微波源是不可缺少的。GaAs 是现在最普遍采用的材料,它的主要课题是使用寿命和功率限制。锁定模式的场强较高,它会在材料中产生丝状电流并因此导致开关的烧蚀。开关的寿命与通过开关的功率成反比。现在开关的寿命已能超过 10^9 次,但它随重复频率、脉冲宽度和输出功率的上升而减小。光导开关的发展方向就是解决这些问题和进一步提高开关质量。尽管 GaAs 是 PCSS 的主要选择,SiC 也逐渐受到重视[22]。

输出功率最高的 PCSS 超宽带系统是 Power Spectra,Inc. 制作的 GEM II。它采用了体雪崩半导体开关(BASS)[23]。BASS 模块非常紧凑,如果采用喇叭形天线,可以构成图 6.9 所示的阵列式辐射源。它由 12×12 个 BASS 阵列组成,可以在 74m 远处产生 22.4kV/m 的场强(远场电压 1.66MV)。重复频率为 3kHz。阵列的尺寸为 1.6m×1.6m×0.86m,质量为 680kg。它可以将多个波束结合,并通过开关的时间使照射方向在 ±30° 范围内任意改变。

图 6.9　GEM II 是由雪崩式固态开关驱动的喇叭阵列
(波束方向可以由开关的时间控制。输出脉冲波形类似图 6.7)

6.2.3 超宽带天线技术

发射超宽带的瞬变辐射波必须使用特殊设计的专用天线。关键在于控制天线的频率和空间色散。普通的天线通常不能传送快速瞬变信号,因为它们没有对色散进行补偿的能力,原因是天线的增益与频率的平方成正比。解决这个问题的方法有两种:一种方法是对传统天线(TEM 天线)进行必要的改进;另一种方法是采用新型天线,即脉冲辐射天线[7]。

通过对几种传统天线进行改进,可以降低频率色散。这对于锥形 TEM 喇叭天线和双锥形天线是有效的,因为它们具有与频率无关的球形波面结构。但是由于高压开关具有一定的尺寸,所以通常还需要补偿透镜使波面更接近球形。

在超宽带领域,天线的最佳选择是脉冲辐射天线(IRA)[7]。Giri 写的书[2]是最好的参考资料,另外 IRA 的方法是向抛物面反射板发射一个脉冲超宽频波形。脉冲发生器产生的脉冲由最后的快速开关成形。这个开关在抛物面的焦点上,它同时也是两个通向反射板的传输线的顶点(图 6.10)。理想的电压波形是阶梯形前沿,而实际上它是一个快速上升然后缓慢下降的脉冲。开关发射的 TEM 波沿着锥形传输线传向反射板。传输线在反射板处有终端,使脉冲发生器的负载与电源阻抗匹配。

关键在于必须将球面 TEM 波打在反射器上。只有这样才能使波的相位中心得到固定,让 IRA 不发生色散。这一点与其他天线有所不同。接近球面的波在反射器上反射,由于辐射源在抛物面反射器的焦点上,因此产生一个接近平面的远场波。IRA 的概念较复杂,其操作更为复杂。

抛物面发射器的辐射场为

$$E(R,t) = \frac{dV_p}{dt} \frac{D}{4\pi c f_g R} \tag{6.7}$$

式中:dV_p/dt 为脉冲的电压变化率(表明上升时间的重要性);D 为反射器直径;f_g 为传输线阻抗与真空阻抗(377Ω)的比。

例如,某个 IRA 系统(Giri[2])的参数为 $D=3.66\text{m}$,dV_p/dt 约为 $1.2\times10^{15}\text{V/s}$,$f_g=1.06$,因此可以得到 100m 处的场强为 110kV/m。远场波形包含子脉冲、主脉冲和它后面的下冲。子脉冲是负极性,持续时间为 $2F/c$,其中 F 是反射器的焦距。

式(6.3)定义的远场电压是衡量超宽带特性的参数。IRA 的样机所达到的数值是 1.1MV。最好的超频系统达到远场电流变(ER)乘积为 MV 量级。

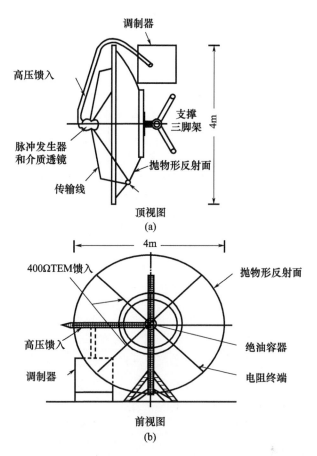

图6.10 （a）IRA超频系统结构图,脉冲发生器通过传输线驱动反射面。这是 IRA 的原型样机;（b）经改造的 IRA Ⅱ。

（源自 Giri,D. V. et al.,Design fabrication and testing of a paraboloidal reflector antenna and pulser system for impulse – like waveforms, IEEE Trans. Plasma Sci.,25,318,Figure 1. Copyright 1997 IEEE）

超宽带脉冲辐射的非轴向色散是很严重的。最快的脉冲沿轴向传播,轴向以外的传播速度随角度的增加而减慢。因此,上升时间和脉冲宽度都与角度有关。脉冲天线的增益是一个值得探讨的概念,因为增益的定义来自固定频率的窄带天线。这样就给评价超宽带的增益和束宽带来了困难。不过一个与增益相似的常用参数是远场电压(式(6.3))除以脉冲发生器电压,即

$$超宽带增益 = \frac{V_\text{f}}{V_\text{p}} = E(R)\frac{R}{V_\text{p}} \quad (6.8)$$

式中：$E(R)$ 为时域峰值电场。IRA 样机的 V_p 约为115kV,增益为10。

辐射场的宽带由驱动 IRA 的脉冲上升时间和天线的口径决定。高端频率由下式给出,即

$$f_u t_\tau = \ln\frac{9}{2\pi} = 0.35 \tag{6.9}$$

式中:f_u 为频谱里半峰值功率的高端频率;t_τ 为 IRA 输入波形的 10%～90% 上升时间。辐射的低端频率所对应的波长约等于辐射天线的直径,即

$$f_l = \frac{c}{2D} \tag{6.10}$$

例如,IRA 样机的抛物面天线的直径为 3.66m,脉冲上升时间为 129ps,因此它的高端和低端频率分别为 2.7GHz 和 27MHz。

测量辐射场时,什么样的距离才算是远场呢?对于窄带来说,这个距离由 $2D^2/\lambda$ 给出(相当于来自天线中心和来自天线边缘的传播距离之间的差小于 $\lambda/16$);而对于超宽带,这个条件变成传播时间的差小于上升时间,即

$$\frac{\Delta R}{c} < t_\tau \tag{6.11}$$

则

$$\Delta R > \frac{D^2}{2ct_r} \tag{6.12}$$

对于 IRA 样机,$R > 170\text{m}$(见习题 6.4 和习题 6.5)。

制作快速的超频 IRA 具有一定的复杂性。

(1)由于电压较高(大于 100kV),开关附近采用油绝缘,同时也为形成球面波提供透镜效应。透镜效应有利于补偿由有限的开关大小产生的相差。这样,只要设计合理,就可以产生近似球面的波面,使它被抛物面反射后转换成平面波。

(2)高压超频脉冲发生器需要产生约 0.1ns 的脉冲,其电压上升率约达 10^{15}V/s。这样的脉冲发生器的设计难度较高。不过,只要准确地知道电路的参数,可以很容易地进行等效电路模拟。

(3)IRA 天线的制作相对容易,尽管它的精确分析较难。

除反射型 IRA 以外,还有采用介质透镜和 TEM 喇叭的透镜型 IRA。TEM 喇叭里的聚焦透镜对非平面波面进行校正,这样可以减小空间色散,保证上升时间。但是,透镜会明显增加系统的质量,因此透镜型 IRA 通常限于小口径的应用。

在治疗皮肤癌方面,IRA 和聚焦介质透镜已经取得了一些进展[26]。强电场会导致癌细胞的凋亡,导致它们的死亡[27]。

最近,俄罗斯大电流电子研究所在超宽带天线研究领域有两个新的研究方向:一是使用平面阵列;二是使用螺旋天线。该所设计并测试了一种 64 单元阵列,用于发射具有多兆伏特有效电势的定向超宽带波束[28]。该阵列由 1ns 长的

双极脉冲发生器激发,输出阻抗为 12.5Ω。由阵列元件用于脉冲分布的馈电系统的总输出阻抗为 0.78Ω。阵列孔径为 1.41m×1.41m,两个正交平面的半高宽最大功率方向的峰值为 10°。

俄罗斯大电流电子研究所还开发了一种圆柱螺旋天线来辐射椭圆极化的超宽带信号,如图 6.11 所示。螺旋线的波阻抗 Z 接近于纯有源波阻抗 Z,辐射光谱的中心区域($f=1.12$GHz)的波阻抗 Z 估计在 20% 以内:

$$Z = 140\left(\frac{C}{\lambda}\right)\Omega \tag{6.13}$$

式中:$C = \pi d$,d 是直径为的螺旋天线的周长[29]。

在实验过程中,用重复频率为 100Hz 的正弦 -160kV 高压双极脉冲激励 $N=4$ 天线,连续工作 1h。当轴向比为 1.3 时,天线的能量效率为 75%。在 -175/+200kV 双极脉冲发生器的电压幅值下,电源的有效电位达到 280kV。

这个源是为了研究电子系统对电磁脉冲辐射的易损性而设计的[30]。

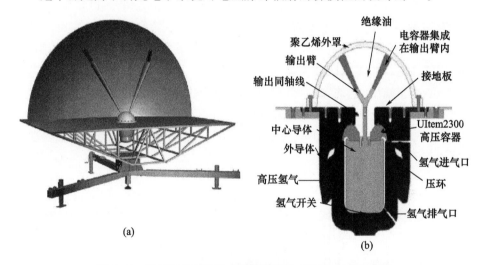

图 6.11 MATRIX 系统是由同轴线驱动的 IRA 产生了衰减
(a) MATRIX 系统;(b) IRA。

(源自 prather, W. D., Survey of worldwide high power wideband capabilities, IEEE Trans. Electromag. Compat. ,46,335. Copyright 2004 IEEE)

6.2.4 超宽带系统

我们将按不同频带介绍几种具有代表性的超宽带装置。Mora 等对这类系统的分类做了很好的概述[31]。

1. 中频系统

中频超宽带源成功地应用于产生 100~700MHz 范围的高功率微波。这个范围是窄带源的低端频率。中频系统主要有两种工作方式：

(1) 向宽带天线提供衰减正弦波。

(2) 通过振脉冲形成线向超宽带天线输出宽带瞬变脉冲(如采用 Marx 发生器等)。不同的形成线长度可以产生不同的输出频率。

关于衰减正弦波和宽带天线的方式，Baum 论述了有关高压传输线振荡器向宽带天线开关输出的概念[32]。振荡器由高压充电的 1/4 传输线组成，频率和衰减常数可调。这个装置在传输线的一端采用自击穿开关，而将天线接在另一端。当开关闭合时，系统在超宽带天线(如半个 IRA)上产生一个衰减正弦波形。导体平面以上的半圆形反射器利用平面上的镜像电流构成一个完整的反射器。这个方法有利于解决高压问题，但辐射波的对称性比不上完整的抛物面天线。

例如 MATRIX 系统，采用的是传输线和 IRA[33]。图 6.12 所示，它由一个充电电压为 150kV 的 1/4 波长同轴传输线和一个直径为 3.67m 的半面 IRA 组成。由高压氢气绝缘的传输线在充电后于一端接地。传输线和 IRA 之间的反射振荡产生衰减正弦波，它的频率可以在 180~600MHz 任意调节。图 6.13 所示为辐射波形，15m 处峰值电场为 6kV/m(远场电压 90kV，充电电压 150kV 时的增益为 0.6)，百分比带宽为 10%(带宽比 1.10)。充电电压 300kV 时的辐射功率达到吉瓦量级。

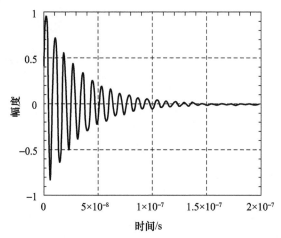

图 6.12 通过计算得到的 MATRXI 系统的 15m 远电场波形

(源自 prather, W.D., Survey of worldwide high power wideband capabilities, IEEE Trans. Electromag. Compat.,46,335. Copyright 2004 IEEE)

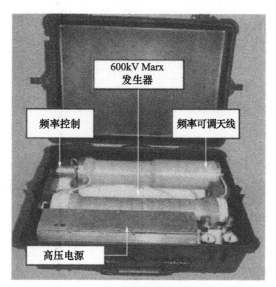

DS110B高功率系统

图6.13 手提式中频超宽带源DS110B(衰减正弦波)

(源自 Prather, W. D., Survey of worldwide high power wideband capabilities, IEEE Trans. Electromag. Compat. ,46,335. Copyright 2004 Ieee)

采用Marx发生器和振荡天线这种方式,德国迪尔(DIEHL)弹药系统公司制造了一系列的中频超宽带源[31]。其中一个手提箱大的装置(DS100B,衰减正弦波式)如图6.14和图6.15所示。DS110B的工作电压为750kV,2m处的辐射场强为70kV(参见习题6.6)。输出频率可以通过环路天线的长度改变。重复频率在采用电池时为数赫兹,如采用外接电源则可达到100Hz。

NLTL也可以产生中频辐射,将在6.3节中分别讨论。

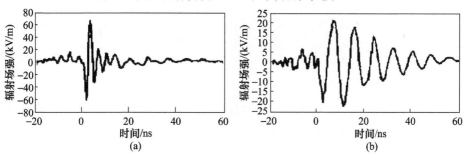

图6.14 DS110B的频率可调性

(源自 prather, W. D., Survey of worldwide high power wideband capabilities, IEEE Trans. Electromag. Compat. ,46,335. Copyright 2004 IEEE)

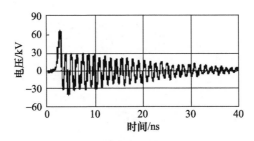

图 6.15 非线性传输线的输出电压

（源自 prather, W. D., Survey of worldwide high power wideband capabilities, IEEE Trans. Electromag. Compat., 46, 335. Copyright 2004 IEEE）

2. 宽频系统

6.2.1 节里介绍了美国空军实验室（科特兰空军基地、阿尔伯克基、新墨西哥州）研制的由同轴型脉冲形成线和高压氢气开关组成的 H 系列超宽带系统。最成功的设计之一是 H-2 超宽带源（图 6.16），它由直径 0.1m 的 40Ω 传输线驱动（图 6.4）。输出波形是上升时间 0.25ns、宽度 1.5~2ns 的 300kV 脉冲和之后的长时间低频振荡。通过 TEM 喇叭天线输出的频谱的最大值约在 150MHz。10m 处的辐射场强为 43kV/m，上升时间为 0.24ns，与图 6.7 很相似。

图 6.16 采用大型 TEM 喇叭天线的 H-2 超宽带源

（源自 Prather, W. D., Survey of worldwide high power wideband capabilities, IEEE Trans. Electromag. Compat., 46, 335. Copyright 2004 IEEE）

3. 超频系统

最复杂和最先进的系统是超频系统，其高端频率比低端频率高一个数量级。最新的系统是图 6.17 所示的 Jolt。它的脉冲功率系统（图 6.18）是一个能将 50kV 提高到 1.1MV 的小型双谐振变压器。从一个中转电容，经过由绝缘开关，送往 85Ω 的半面 IRA。电压的上升速率约为 5×10^{15} V/s，半个抛物面下面的接地导体面起到了镜像平面的作用，它还提供绝缘用的 SF_6。由于使用半面 IRA，式(6.7)的电场减小 $2^{-3/2}$ 倍。

图 6.17　Jolt 装置(新墨西哥州大学)

(源自 prather, W. D. , Survey of worldwide high power wideband capabilities, IEEE Trans. Electromag. Compat. ,46,335. Copyright 2004 IEEE)

图 6.18　Jolt 的电路构成

半反射面天线产生的聚焦波束的脉冲宽度为 100ps 量级,它的场强与辐射距离的乘积约为 5.3MV,重复频率为 200Hz。这是超频装置中得到的最高的品质指数。频带的高端在 1~2GHz,低端约为 30MHz。图 6.19 所示辐射波形的 85m 处峰值电场为 62kV,上升时间约为 0.1ns。

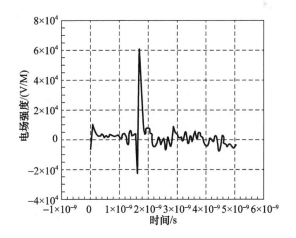

图 6.19　85m 外测量到的 Jolt 的辐射电场

(源自 Prather, W. D. , Survey of worldwide high power wideband capabilities, IEEE Trans. Electromag. Compat. ,46,335. Copyright 2004 IEEE)

6.3 非线性传输线

有两种 NLTL 结构。一种是众所周知的色散传输线,它是含有非线性电感和(或)非线性电容的级联网络。输入到传输线的脉冲波形在色散特性和非线性效应的作用下发生改变,被调制和分解成一系列孤子(振荡脉冲)。另一种是连续的、非色散的 NLTL,它是含有非线性磁性材料介质的同轴线。这种被称为旋磁线的传输线,能在比色散线更高的频率上产生更强的脉冲振荡,因为这里的非线性电感 L 与色散线中的非线性电容 C 相比具有更高的品质因数 Q,这意味着损耗更低。与色散线路中的非线性陶瓷电容器相比,旋磁线由于其铁氧体电感而具有更大的非线性[34]。与离散 LC 网络类似,这些线路的工作原理也是基于对输入脉冲的压缩,不同的是它是基于磁性能随电流的非线性关系而非电容随电压的变化而减小的关系。例如,假设电流脉冲被注入到线路的输入端,并且磁导率随电流而减小。由于电流脉冲在非线性磁介质中的传播速度与随电流变化的磁导率的平方成反比,因此幅度较大的振荡比幅度较小的振荡传播速度快。这描述了一类独特的高功率电磁源,它基于色散 NLTL 中产生的有限长的单色波包,或由旋磁线产生的电磁振荡。接下来将描述到目前为止已经开发的一些源,以及它们的基本工作原理。

6.3.1 非线性传输线的发展历程

高压孤子源是基于将快速上升的高压泵浦脉冲施加到周期性加载非线性元件的集总元件传输线上。材料的非线性特性将缩短电压脉冲在传播时的上升时间;线上的色散导致脉冲不断分裂成孤子,产生电磁波状振荡。

在历史上,最先使用的是非线性电容器,其次是非线性电感。第一批电源使用低压变容二极管作为非线性电容器,工作在中低射频。20 世纪 80 年代末,人们发现,通过定期向传输线结构加载非线性陶瓷材料块,可以实现更高的电压水平[35]。通过这种方式,操作很快扩展到 10kV 的低阻抗线路,提供高达约 100MHz 的高功率波列[36]。这是可能的,因为非线性介质(主要是钛酸钡陶瓷)已在商用陶瓷电容器中使用多年。介质损耗将这些源的输出频率限制在 100MHz 以上。

最近,在功率水平显著超过 10mW、脉冲重复频率大于 1kHz 的情况下,磁性材料已被用于实现吉赫级的运行[22,37-38]。这些源已成功地组合成驱动辐射天线的同步阵列,以产生目标上具有极高有效功率水平的定向微波辐射束。可以使用低电压控制信号和反馈环路改变多个模块的相对时序,来提供极快的波束控制和频率捷变。新一代 HPM 源的独特特性为研究其运行中涉及的基本物理过程提供了令人信服的动机,并在此之后扩大了这项新兴技术的应用前景。

磁性 NLTL 源于对电磁冲击线和脉冲压缩的研究,使用的是之前的非线性材料。20 世纪 50 年代,雷达调制器采用集总元件人工传输线实现亚微秒级脉冲压缩,该传输线由多个高压线性电容器组成,由非线性电感隔开。电感缠绕在叠层镍铁变压器材料的铁芯上。最近,这种方法已经扩展到中压水平,使用非常大的金属化玻璃(Metglas)核心来达到太瓦的峰值功率水平,用于粒子束聚变研究。

20 世纪 60 年代,通过将磁脉冲压缩技术扩展到填充高阻非线性铁氧体磁芯的分布式传输线上,产生了亚纳秒高压脉冲。Katayev 在苏联率先采用了这种方法[39],后来美国和英国的一些实验者也采用了这种办法。基于大功率铁氧体加载电磁冲击线的电源可以提供小于 200ps 的上升时间,在几十千赫的重复频率下,峰值电压电平在数十千伏。

电磁冲击线是一种均匀的非色散 NLTL。早期的雷达脉冲压缩调制器是集总元件(即非均匀的)NLTL,因此,固有地提供了一些色散元件,其倾向于展开限制激波锋面陡度的频率分量。人们很早就注意到,色散也会引起波形的振铃,这对雷达脉冲发生器来说是不可取的。后来发现,传输线内色散和非线性的适当组合有利于产生带有高功率电磁能量的高频波列。

最近,BAE 系统[37]开发了基于色散 NLTL 的超功率源,可产生强大的微波辐射爆发,并能够以超过 1kHz 的重复频率运行。BAE 的团队计划生产超大型同步相控阵信号源,为军事应用提供数十吉瓦的 ERP。

6.3.2 简化弧理论

在本节中,我们将对泵浦脉冲激发的色散 NLTL 中孤子产生的物理基础给出一个比较直观的描述。启发式的发展使我们避免了数学上的复杂性,同时也让我们对潜在的物理过程有了相当大的洞察力。这一推导证明了将这种 LC 梯形网络称为孤子发生器是合理的,因为输出满足 Korteweg de Vries(KdV)方程[40]。

首先,考虑一条由多个电感和电容组成的人造传输线,这些电感和电容排列在一系列 L 段 LC 低通滤波器中,这些电容将每个电感的结点连接到公共接地。这是标准教科书中的传输线 LC 梯形线等效模型,在该模型中,入射脉冲的能量依次存储在每个串联电感的磁场中,然后转移到并联电容器的电场中[41]。

注入脉冲沿着人造线路传播,传播速度与 $1/\sqrt{LC}$ 成正比,其中 L 是每个串联电感的值,C 是每个并联电容器的值。该电路也可以看作是一个布拉格截止

频率为 $2/\sqrt{LC}$ 的多元 π 段低通滤波器。低于截止频率的频率会通过,而较高的频率则会衰减。如果由于介质的非线性,电容器的值随着外加电压一起减小,那么沿线路的传播速度就会随着电压的升高而增加。这意味着电压脉冲的峰值将比上升沿传播得更快,并试图超越它,形成陡峭的前沿冲击波。从物理角度看,激波锋面的陡度不可能是无穷大的。它受限于极性分子能以多快的速度调整自己以适应不断变化的电场。这被称为分子弛豫时间,它是弛豫频率的倒数,并对这项技术所能达到的上升时间设定了一个极限。

以图 6.20 所示的 LC 梯形电路为例。考虑一个离散的 LC 截面,如果我们假设 L 是常数,C 与电压相关(应该注意到 Giambo 等在 L 为常数而 C 为非线性的情况下,推导出 KdV 的方程[42]),并且在没有耗散的情况下,我们可以将传播方程写成一组微分 - 差分方程[43]:

$$L\left(\frac{\partial I_n}{\partial t}\right) = V_n - V_{n-1} \tag{6.14}$$

$$\left(\frac{\partial Q_n}{\partial t}\right) = I_n - I_{n-1} \tag{6.15}$$

式中:Q_n 为第 n 个电容器中由直流偏置电压 V_0 和交流电压 V_n 存储的电荷,该电荷可分为两部分:

$$Q_n(t) = \int_0^{V_0} C(V)\mathrm{d}V + \int_{V_0}^{V_0+V_n} C(V)\mathrm{d}V \tag{6.16}$$

由于式(6.16)中的第一项是常数,因此它不会出现在式(6.14)中。V_0 至 (V_0+V_n) 范围内的差动电容由下式给出:

$$C(V) = \frac{Q(V_0)}{F(V_0) - V_0 + V} \tag{6.17}$$

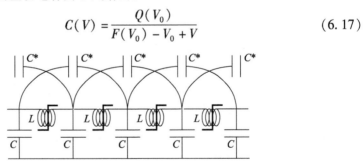

图 6.20 具有交联元件的磁性 NLTL 的 LC 梯形电路图

(源自 Seddon, N., Spikings, C. r., and Dolan, J. e., rF pulse formation in nonlinear transmission lines, in Proceedings of the 16th IEEE International Pulsed Power Conference, albuquerque, NM, 2007, 678 – 681. Copyright 2007 IEEE)

其中:$Q(V_0)$ 和 $F(V_0)$ 是依赖于 V_0 的参数。结合式(6.14)~式(6.17)并剔除电流,得到

$$LQ(V_0)\frac{\partial^2}{dt^2}\ln\left[1+\frac{V_n}{F(V_0)}\right]=V_{n+1}+V_{n-1}-2V_n \qquad (6.18)$$

这等同于户田晶格的公式[44]（注意，Nagashima 和 Amagishi 也推导出了这个结果，尽管他们的结果是公式右边写成指数的形式）[43]。如果我们考虑由许多这样的 LC 梯形单元组成的 NLTL，那么就可以推导出式(6.18)的连续极限。对于长波长，我们可以将泰勒级数中的 V_{n+1} 和 V_{n-1} 近似为（忽略更高的项）为

$$V_{n\pm 1}\approx V_n \pm \frac{\partial V}{\partial n}+\frac{1}{2}\frac{\partial^2 V}{\partial n^2}\pm\frac{1}{6}\frac{\partial^3 V}{\partial n^2}+\frac{1}{12}\frac{\partial^4 V}{\partial n^4} \qquad (6.19)$$

将式(6.19)代入式(6.18)，在连续极限中用 V 代替 V_n，得到

$$LQ(V_0)\frac{\partial^2}{dt^2}\ln\left[1+\frac{V}{F(V_0)}\right]=\frac{\partial^2 V}{\partial n^2}+\frac{1}{12}\frac{\partial^4 V}{\partial n^4} \qquad (6.20)$$

式(6.20)可以改写为 KdV 方程，遵循 Taniuti 的摄动约化方法[45-46]，允许 $u\propto\ln\{1+[V/F(V_0)]\}$，并进行变换：

$$x=\varepsilon^{1/2}(n-v_0 t) \qquad (6.21)$$

$$t'=\frac{\varepsilon^{3/2}v_0 t}{24} \qquad (6.22)$$

$$V=-\frac{\varepsilon F(V_0)u}{2} \qquad (6.23)$$

式中：ε 为一个小参数。

式(6.20)中，ε 非平凡项的最低阶出现在 $O(\varepsilon^3)$ 阶中，并得到 KdV 方程：

$$u_t-6uu_x+u_{xxx}=0 \qquad (6.24)$$

其中下标表示偏导数，KdV 方程的解是式(6.25)中 $\text{sech}^{[2]}$（双曲正割平方）相关性：

$$u(x,t)=-\frac{1}{2}a^2\text{sech}^2\left[\frac{a(x-x_0-a^2 t)}{2}\right] \qquad (6.25)$$

式中：a 为一个常数，这一推导证实了带有非线性电容的 LC 梯形网络起到孤子产生器的作用。

6.3.3 旋磁线

如果由于磁性材料因其非线性导致电感随着通过它的电流而减小，则波速会随着线路上的电流而增加。对于上升脉冲边沿，峰值电流的较高部分将比上升沿的斜率行进得更快，并将超过上升沿形成冲击波。这两种方法中的任何一种都可以用来在高功率电平上产生超快上升的电脉冲。

使用非色散的分布式 NLTL 产生最快的脉冲。非色散线的使用提供了最快的激波前沿,仅受材料弛豫时间的限制,而不受布拉格截止频率引起的低通滤波效应的限制。然而,如果这条线既是色散的,又是非线性的,那么从激波阵面产生的频率谱就会被分离,从而可以产生一系列窄脉冲。换句话说,色散的影响被波前的陡化所平衡。如果在高度饱和的集总元件人工 LC 梯形线中适当地调谐色散,当波在激波阵面后连续展开时,可以产生布拉格频率一半的单色波列。波列的持续时间将随着人工线路中区段的数量而增加。以这种方式,可以从施加的矩形泵浦脉冲产生微波范围内的突发振荡。泵浦脉冲的上升时间必须足够快,才能激发激波前沿。然而,这可以通过将传输线的输入部分作为冲击线通过限制该区域中的色散来实现。

通过适当的设计,可以产生所需的波列长度,从而为傅里叶变换提供适合应用的频谱带宽。此外,传播速度可以通过施加在非线性材料上的直流偏置的微小变化来微调,以实现多个源的相位相干。通过改变依赖于 L 和 C 的布拉格频率,可以采用稍大的直流偏置场来提供频率捷变。这两个参数可以通过偏置电流来控制,以实现锁相和频率捷变。

6.3.4 非线性介质材料

Gaudet 等对 NLTL 进行了审查[47]。第一批报道的 NLTL 源使用的非线性电容器实际上是反向偏置二极管结。众所周知,反向偏置二极管耗尽层的厚度随着电压的增加而增加。这导致结电容随着反向偏置电压的增加而减小。因为这种效应是众所周知的,所以这种方法被用于 NLTL 的第一次演示。事实上,这种非线性电容可以是一个非常大的量,因为它不受分子弛豫现象的限制。最大的限制是与结电容和击穿电压串联出现的器件电阻。适用于高频的肖特基二极管仅限于低压器件,但这种方法已用于 NLTL 冲击线,以产生一些速度最快的电脉冲,甚至可以实现亚皮秒的上升时间。使用高压 PIN 二极管可以产生高达 1kV 的中等上升时间脉冲。

要达到真正的高功率水平,需要使用高介电常数的陶瓷介质,如钛酸钡或相关的钛酸盐,它们是铁电材料。钛酸钡在室温下具有铁电性,由于晶胞的不对称晶体结构,具有永久的电极化。钡离子在单位电池内有多个稳定位置,产生净偶极矩。外加电场可以提供足够的能量,使钡离子在稳定的位置之间移动,使晶体极化。如果去掉磁场,偏振将保持不变。经过适当的处理,在块体材料中会出现铁电畴,这种结构提供了相干极化。

在室温下,热能不足以将钡离子从一个稳定的位置移动到另一个稳定的位置,因此当磁场被移除时,偏振被永久锁定。如果温度升高到足够高,热运动将允许钡离子从一个稳定位置移动到另一个稳定位置,材料将经历从铁电状态到顺电状态的相变。顺电状态下,在没有外加电场的情况下,不存在永久极化。对于钛酸钡,相变发生的居里温度为 123°C。介电常数和非线性程度在居里温度时达到峰值,这是因为在居里温度下,较小的电场会引起钡离子的较大位移。分子弛豫时间也在居里温度处达到峰值,因为离子运动的幅度在这里最大。

为优化 NLTL 运行,我们需要最大的非线性和最小的分子弛豫时间(因为它限制了系统的高频响应)。此外,我们还可以通过在顺电状态运行来消除磁滞损耗。实际应用中,NLTL 系统的工作温度略高于居里温度,以便在不过度延长弛豫时间的情况下实现高度非线性的合理折中。纯钛酸钡的最佳折中方案是将运行限制在远低于 100MHz 的水平下,因为重钡离子有相当长的弛豫时间。因此,我们不会讨论用于高功率微波应用的非线性介质材料。材料科学未来的进展可能使非线性电介质在高功率微波应用中更具吸引力。

6.3.5　非线性磁性材料

将磁性材料以叠层金属条形式缠绕形成环形铁芯,第一批非线性脉冲压缩装置使用的就是这种材料。最近的高频冲击线使用高阻铁氧体材料[47]。无论使用哪种材料,尽管基础原子物理完全不同(具体取决于自旋耦合和磁畴),基本磁化特性都与我们刚才描述的非线性介电材料的磁化特性相似。所有材料都有一个共同的特点,即居里温度以下是铁磁性,居里温度以上是顺磁性。

样品的磁导率和非线性特性在居里温度达到峰值。在居里温度以下(在铁磁相),存在与改变材料永磁化所需的能量相关的磁滞损耗。该能量在与改变磁畴的取向相关的阻尼中耗散。除了磁滞损耗之外,还有对介质材料来说并不显著。额外涡流损耗是由于磁性材料(导体)中电感耦合电流流动相关的电阻加热引起的。

我们首先讨论用于第一台脉冲压缩器的金属铁磁材料。这些材料主要是软铁,用硅、镍或其他材料合金化,以优化磁导率、饱和磁通水平和电阻率。这些金属材料通常有一个方形的 B–H 回路,但因为它们是良好的导体,因而频率越高薄层越薄。必须防止在由绝缘层隔开的薄层中以最大限度地减少涡流损耗。频率上限受叠层的最小实际厚度的限制。铁与镍的合金化通常会增加金属电阻率,从而使更高的频率成为可能,但叠层铁芯不能达到微波源的高频要求。然而,它们能够提供极高的峰值功率。用大型金属玻璃带缠绕的磁芯在兆伏级别产生了几十纳秒的脉冲,峰值功率超过 1TW。这表明这种磁芯可以用在色散的

NLTL 源中,在射频频率范围内产生极高的峰值功率。然而,它们不适合产生非常高的频率和微波能量。

为了提高频率采用了软铁氧体材料,因为它们可以以高电阻率生产,从而可以在更高的频率下运行。具有永久磁极化的硬质铁氧体在自然界中以四氧化三铁的形式出现。然而,电气应用所需的软铁氧体是人工制造的,且直到 20 世纪 40 年代才得以完善。在开发用于变压器、电感器和其他电子元件的各种软铁氧体材料方面不断取得进展。现在可从许多制造商那里直接购买具有大范围磁导率、饱和磁通和电阻率的铁氧体。

所有铁氧体材料主要由氧化铁组成。软铁氧体在单片材料中提供高体积电阻率。这使随电阻率和频率平方成比例增加的涡流损耗最小化。高电阻率是产生快速上升时间的关键。一般的化学式是 $[MO]Fe_2O_3$,其中 $[MO]$ 是一种二价金属氧化物,与纯氧化铁混合,描述铁氧体,这是一种坚硬的陶瓷材料。最常见的混合物是锰锌、镍锌和锰。锰锌铁氧体具有最高的磁导率,但通常体积电阻率在 $100\Omega \cdot cm$ 到几千欧厘米之间。镍锌铁氧体的电阻率一般在 $1k\Omega \cdot cm$ 到数十兆欧·厘米之间。这些都是在更高的频率下使用的。镍锌铁氧体具有较宽的磁导率范围,但通常电阻率随磁导率的增大而减小,高频损耗随磁导率的增大而迅速增大。锰铁氧体在磁滞回线中表现出高度的方形度,但体积电阻率较低,仅适用于低频应用。此外,还生产用于微波应用的特殊铁基石榴石铁氧体。

市面上可买到的标准铁氧体的磁导率范围从 10 到 10000 不等。体积电阻率从小于 $100M\Omega \cdot cm$ 到数十兆欧·厘米不等,饱和磁通为 1000Gauss(高斯,磁感应或磁场的单位)。通过选择二价添加剂和材料加工来控制微晶结构,可获得宽泛的磁性能范围。这些铁氧体都是由陶瓷加工技术生产的,将粉末氧化物混合,在极压下压缩,并在窑炉中进行不同次数和温度的循环烧制而成。

制造商只提供有限的材料数据。它们通常提供作为弱场频率函数的初始渗透率的实部和虚部的曲线图。文中还给出了低频下的 B–H 曲线和初始磁导率随温度变化的曲线,显示了从铁磁到顺磁的转变。此外,还提供了一张表,其中包括体电阻率和少数其他参数,但对于 NLTL 系统的设计是不够的。

铁氧体磁性材料的行为比非线性介质的行为复杂得多,因为铁氧体材料在磁场和电场中都储存了大量的能量。也就是说,介电常数的值通常比单位大得多,并且通常与外加电场呈非线性关系。这一行为通常被忽略,并被复杂的渗透性掩盖了,但实际上是材料的一个独立的、不同的属性。制造商提供的低频滞后不能准确反映材料在快速脉冲饱和下的性能。存在与材料的快速磁化相关的所谓的磁黏度,通常会加宽快速脉冲激励的 B–H 曲线。因此,有必要在实际运行的时间尺度上对 NLTL 源中磁性材料的动态饱和进行实验研究。磁性材料的所有属性都限制了系统性能。

6.3.6 BAE 系统公司的非线性传输线(NLTL)源

英国 BAE 系统公司的 Seddon 和他的团队报告了在 NLTL 源开发方面的技术突破。[37] Seddon 团队通过使用非线性色散传输线调制矩形泵浦脉冲,进而产生高功率射频和微波能量脉冲。一个 7cm×50cm 的模块在 1kHz 的脉冲重复频率下提供了 30ns 的千兆赫能量波列,峰值功率为 20MW。多个模块同步成具有电控频率和相位敏捷性的相控阵,在目标上提供极高的 ERP。这种不断发展的能力在军事上有着巨大的潜力,发展动机令人信服,技术极限清晰。

BAE 源基于非线性磁性材料,而不是非线性介质材料。在 BAE 系统中,大幅度的矩形驱动脉冲使线路完全饱和,导致在单一频率上产生一个时间受限的波列,而非像在光学系统中产生一系列脉冲或窄孤子,为使铁氧体达到饱和而进行的强抽运是运行的关键。

驱动源的矩形泵浦脉冲的上升时间为 10ns,平顶为 50ns,峰值幅度为 30~50kV。为实现超过 1kHz 的 PRF,报道的实验中使用的矩形调制器是常规的,体积相当大且笨重。该小组已经开发出以高压火花隙作为开关的更小、更轻的驱动脉冲器。火花隙开关驱动脉冲器设计得非常坚固耐用,有着实际运用前景。这种设计将为紧凑型相控阵信号在足够小的封装中提供高效的辐射功率,以满足军事应用的需要。

实际的色散 NLTL 是使用铁氧体磁芯电感和线性电容器的人造集总元件 LC 梯形线,如图 6.20 所示。使用了 100 多个单独的 LC 部分来提供微波能量的长脉冲爆发。每个其他电感由一个小值交叉耦合电容器连接,以提供对线路色散特性的控制。该设备的首选铁氧体是 BAE 系统的专利。这种铁氧体材料似乎是一种商业化生产的高阻镍锌铁氧体材料,但最近的设计可能已经转向石榴石基微波级材料。电容器电极由连接电路板上电感部分的金属导体组成。电容器的介质是薄电路板的玻璃纤维介质,以及浸没整条线路的绝缘油或氟化物。铁氧体芯片耗散相当大的功率,并通过焊接连接到印制电路板的铜导体和浸泡液相结合的方式进行冷却。对流足以使流体循环,不需要单独的泵。加压绝缘液以获得绝缘强度,并且使用压力膨胀室来允许热膨胀。

传输线的总长度为 6m,但它在玻璃纤维印制电路板被折叠成上的平面蛇形带状线,该带状线适合 7cm×50cm^2 的铝容器。对 NLTL 的输入部分进行调谐以最小化色散,因此在将 10ns 上升时间注入的泵浦脉冲的脉冲上升锐减到亚纳秒水平之后,将其作为冲击线工作,然后将其施加到色散部分(这种脉冲锐化也可以用小火花间隙锐化器来实现)。矩形驱动脉冲通过使用同轴电缆从调制器对线路施加输入,并通过连接到线路远端的一条大直径同轴电缆来获取输出。线路末端和输出电缆之间的高通滤波器去除了驱动脉冲的低频分量,只允许调制的微波信号通过。

色散 NLTL 电路的设计过程包括工作中心频率的选择和一次电感和电容元件的取值。操作频率通常是布拉格频率的一半,所述设备的操作被限制在 200MHz～1.5GHz。由于高频运行导致铁氧体材料的损耗,效率迅速下降。应该注意的是,损耗将非线性介质线的运行限制在更低的频率。辐射脉冲的所需带宽是通过选择传输线中的 LC 段数量来实现的,以提供射频周期的数量并给出所需的傅里叶变换。带宽可以达到 3%～40%,通过调整色散曲线来控制调谐范围。通常,使用电子控制信号可以在合理的直流偏压范围内实现 ±20% 的调谐范围。为加入使用基本程序的设计,BAE 小组使用了几种数学代码。最关键的可能是通过电路分析来模拟人造线路的色散特性,电路分析使用的模型基于解释非线性磁元件模型的电路方程。使用商业 SPICE 软件应该可以做到这一点。要将磁性输入到模型中,需要测量组分的饱和及不饱和特性,并且对动态的 B－H 曲线进行完整建模,这些曲线通常不适用于材料。色散特性的近似模型似乎足以满足该小组的设计目的。

图 6.21 显示了类似于图 6.22 中的 BAE 线的 NLTL 上射频信号的形成。PRR 由脉冲复位的操作速率以及视频脉冲发生器中电容器充电电源提供的充电速率决定。

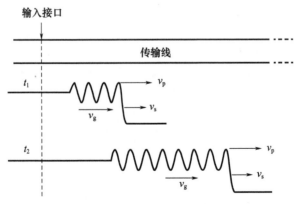

图 6.21 在 NLTL 上形成射频信号

(源自 Seddon, N., Spikings, C. R., and Dolan, J. E., RF pulse formation in nonlinear transmission lines, in Proceedings of the 16th IEEE International Pulsed Power Conference, Albuquerque, NM, 2007, 678 - 681. Copyright 2007 IEEE)

NLTL 的主要驱动要求是上升时间在 2~10ns 范围内的平顶矩形脉冲。脉冲幅度通常为 25~50kV 到 25Ω。在实践中,他们通常将火花隙开关 Blumlein 电路作为驱动器。也应用了基于 FID Technologies 公司场电离动力源的固态驱动器。这种方法在模块之间的定时抖动、可靠性和成本方面具有优势。

BAE 系统中通常使用微波喇叭天线来辐射 L 波段的 NLTL 输出波形。在实验室测试中,除无法在移动场景中使用外,这些天线是有效的。高阻抗表面技术的最新发展[49]利用了共振表面结构的高阻抗特性,使单极元件能够与表面平齐地铺设。该方法提供了一种小体积增益辐射的天线结构。BAE 系统已设计出峰值功率可达数十兆瓦的高阻抗表面天线。图 6.23 显示了集成系统和具有大量元素的系统的潜在好处。

图 6.22　1GHz 的非线性传输线(NLTL)示意图,折叠和封装

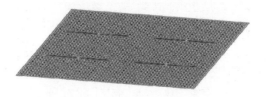

图 6.23　四元件高阻抗表面(HIS)天线示意图,类似 BAE 系统中使用的
三元件高阻抗表面天线

注意,HIS 天线的轮廓要比锥形喇叭天线更纤细(源自 Courtesy of Dr. Dan Sievenpiper; Spikings, C. R., Seddon, N., Ibbotson, R. A., and Dolan, J. E., HPM systems based on NLTL technologies, in Proceedings of High Power RF Technologies, IET, London, 2009, p. O1.3)

6.3.7　混合非线性传输线(NLTL)

Zucke 和 Bostick[50]于 1976 年首次提出将形成线和铁氧体以及钡锶瓦结合起来,同时使用离散的非线性电感和电容器,该设计被称为混合 NLTL。Gaudet

等在 2008 年对 NLTL 进行了调查,并重新发现了混合线路。Kuek[51]等发表了一些相关文章。文章中报道了混合线路的第一个实验结果,并与电路模拟进行了比较。在一项使用商用元件的实验中,他们使用包含存储电容器和快速 MOSFET 半导体开关的简单脉冲发生器来驱动混合 NLTL 产生射频振荡。尽管与 L–I 曲线匹配的 C–V 曲线在理论上会产生具有良好电压调制深度的振荡,但研究表明,不匹配的情况也能够产生射频振荡,虽然电压调制深度降低了。在不匹配的情况下,可以通过增加驱动电压脉冲的幅度来增加不匹配情况下的电压调制深度,该驱动电压脉冲的幅度同时增加了振荡频率。研究还表明,非线性电容器的等效串联电阻(ESR)是抑制输出振荡的关键参数。如果采用介质损耗更小的非线性电容器,将 ESR 降低 2 倍或更多将大大改善电压调制深度。如果非线性电感的 L–I 曲线与非线性电容的 C–V 曲线相匹配,则平均峰值负载功率可增加 1 倍。

混合 NLTL 正处于开发的初级阶段,未来相当多的研究将决定这些类型的线路是否可以用于 HPM 实际应用。

6.4 小　　结

GEM Ⅱ 和 Jolt 系统在未来的一段时间里将成为高水平超宽带系统的标志。超宽带的发展趋势也许会像 20 世纪 80 年代被称为"功率竞赛"的窄带源,最后由于脉冲缩短和费用随功率增长等原因而结束(见第 1 章)。它们可以在高功率干扰机和脉冲雷达方面得到应用。小型中频系统,由于它们的紧凑和廉价等特点,其发展方向应该是效应实验和定向能。效应实验用产品已经开始上市。现在中频系统的工作频率在 100～500MHz 的范围,下一步的方向是发展 500MHz～1GHz 的装置。

习　　题

6.1　比带宽、百分比带宽和带宽比是相互关联的。用百分比带宽表示带宽比。百分比带宽的最大可能数值是多少?

6.2　中频超宽带脉冲有多少周期?

6.3　求驱动介质油通过小间隙所需要的功率与间隙尺寸的关系。

6.4　作为比较,如果驱动 IRA 的窄带微波源工作于高端频率 f_u,求窄带和

6.5 使用脉冲发生器驱动一个 IRA。输出的品质因子(远场电压)为 500kV,高端频率和低端频率分别为 2GHz 和 50MHz。假定传输线与自由空间匹配($f_g \approx 1$),求所需要的天线口径和脉冲电压。在什么样的距离可以测量到远场品质因子?

6.6 求 DS110B 的谐振腔 Q、品质因子或增益。

6.7 求出 KdV 方程的解,并证明反向传播的解彼此通过而互不影响。

参考文献

[1] Baum, C. E. et al., JOLT: A highly directive, very intensive, impulse – like radiator, Proc. IEEE, 92, 1096, 2004.

[2] Giri, D. V., High – Power Electromagnetic Radiators, Harvard University press, Cambridge, Ma, 2004, chaps. 3 – 5.

[3] Agee, F. J., Ultra – wideband transmitter research, IEEE Trans. Plasma Sci., 26, 860, 1998.

[4] Prather, W. D., Survey of worldwide high power wideband capabilities, IEEE Trans. Electromag. Compat., 46, 335, 2004.

[5] Sauser, B., Stopping cars with radiation, MIT Technology Review, November 13, 2007, http://www.technologyreview.com/news/409039/stopping – cars – with – radiation/.

[6] Giri, D. V. and Tesche, F. M., Classification of intentional electromagnetic environments (IEME), IEEE Trans. Electromag. Compat., 46, 322, 2004.

[7] Baum, C. E. and Farr, E., Impulse radiating antennas, in Ultra – Wideband, ShortPulse Electromagnetics, Bertoni, H. et al., eds., Plenum press, New York, 1993, pp. 139 – 147.

[8] Champney, P. et al., Development and testing of subnanosecond – rise kilohertz oil switches, in Proceedings of the 8th IEEE International Pulsed Power Conference, San Diego, Ca, 1991, p. 863.

[9] Tuchkevich, V. M. and Grekhov, I. V., New Principles of Switching High Power by Semiconductor Devices, Nauka, Leningrad, USSR, 1988 (in russian).

[10] Kotov, Yu. A. et al., A novel nanosecond semiconductor opening switch for megavolt repetitive pulsed power technology: experiment and applications, in Proceedings of the 9th IEEE International Pulsed Power Conference, albuquerque, NM, 1993, p. 134.

[11] Egorov, O. G., Generation of high power nanosecond pulses of an inductive energy storage, in Proceedings of the 4th Euro – Asian Pulsed Power Conference/19th BEAMS, Karlsruhe, Germany, 2012, p. O3a – 5.

[12] Egorov, O., The generator module to generate high power nanosecond pulses on the basis of inductive storages, in Proceedings of the 19th IEEE International Pulsed Power Conference, San Francisco, Ca, 2013, p. 1.

[13] Sanders, J. M. et al., Optimization and implementation of a solid state high voltage pulse generator that produces fast rising nanosecond pulses, IEEE Trans. Dielectr. Electr. Insul., 18, 1228, 2011.

[14] Efanov, V. and Efanov, M., A new generation of super power picosecond pulsers based on FID technology, Book of abstracts, in Proceedings of the 40th IEEE International Pulsed Power Conference, San Francisco, Ca, 2013, p. 281.

[15] Baca, A. G. et al., Photoconductive semiconductor switches, IEEE Trans. Plasma Sci., 25, 124, 1997.

[16] Stoudt, D. C. et al., Bistable optically controlled semiconductor switches in a frequency – agile RF source, IEEE Trans. Plasma Sci., 25, 131, 1997.

[17] Schoenberg, J. S. H. et al., Ultra – wideband source using gallium arsenide photoconductive semiconductor switches, IEEE Trans. Plasma Sci., 25, 327, 1997.

[18] Levinshtein, M. E., Rumyantsev, S. L., and Shur, M. S., Properties of Advanced Semiconductor Materials, John Wiley & Sons, New York, 2001, pp. 93 – 147.

[19] Zucker, O. S. F., Yu, p. K. – L., and Sheu, Y. – M., GaN switches in pulsed power, in Proceedings of the 19th IEEE International Pulsed Power Conference, San Francisco, Ca, 2013, p. 418.

[20] Lee, C. H., Optical control of semiconductor closing and opening switches, IEEE Trans. Electron Devices, 37, 2426, 1990.

[21] Nunnally, W. C., High – power microwave generation using optically activated semiconductor switches, IEEE Trans. Electron Devices, 37, 2426, 1990.

[22] Bragg, J. – W. B. et al., All solid – state high power microwave source with high repetition frequency, Rev. Sci. Instrum., 84, 054703, 2013.

[23] Prather, W. D. et al., Ultrawideband sources and antennas: present technology, future challenges, in Ultra – Wideband, Short Pulse Electromagnetics 3, Baum, C. e., Carin, L., and Stone, a., eds., plenum press, New York, 1997, p. 381.

[24] Giri, D. V. et al., Design fabrication and testing of a paraboloidal reflector antenna and pulser system for impulse – like waveforms, IEEE Trans. Plasma Sci., 25, 318, 1997.

[25] Farr, E. V., Baum, C. E., and Buchenauer, C. J., Impulse radiating antennas part II, in Ultra – Wideband, Short – Pulse Electromagnetics 2, Carin L., and Felsen, L. B., eds., plenum press, New York, 1995, p. 159.

[26] Altunç, S. et al., Focal waveforms for various source waveforms driving a prolatespheroidal impulse radiating antenna (Ira), Radio. Sci., 43, rS4 S13 1, 2008.

[27] Schoenbach, K. H. et al., Zap [extreme voltage for fighting diseases], IEEE Spectrum, august 2006, p. 20.

[28] Koshelev, V. I., Plisko, V. V., and Sukhushin, K. N., array antenna for directed radiation of high – power ultra – wideband pulses, in Ultra – Wideband, Short Pulse Electromagnetics 9,

Sabath, F., Giri, D. V., Rachidi-haeri, F., and Kaelin, a., eds., Springer-Verlag, New York, 2010, p. 259.

[29] Balanis, C. A., Antenna Theory: Analysis and Design, 2nd edition, John Wiley &Sons, New York, 1997.

[30] Nitsch, D. et al., Susceptibility of some electronic equipment to HPEM threats, IEEE Trans. Electromag. Compat., 46, 380, 2004.

[31] Mora, N. et al., Study and classification of potential IEMI sources, System Design and Assessment Notes Note 41, SUMMA Note Series, University of New Mexico, 2014, http://www.ece.unm.edu/summa/notes/SDaN/0041.pdf.

[32] Baum, C. E., Switched oscillators, Circuit and Electromagnetic System Design Note 45, SUMMA Note Series, University of New Mexico, 2000, http://www.ece.unm.edu/summa/note/CeSDN/CeSDN45.pdf.

[33] Burger, J. et al., Design and development of a high voltage coaxial switch, in Ultra-Wideband Short-Pulse Electromagnetics 6, Mokole, E. L., Kragalott, M., and Gerlach, K. R., eds., plenum press, New York, 2003, p. 381.

[34] Siang, K. N., Theoretical and Experimental Studies on Nonlinear Lumped Element Transmission Lines for RF Generation, PhD Dissertation, National University of Singapore, Singapore, 2013.

[35] Ikezi, H, Compression of a single electromagnetic pulse in a spatially modulated nonlinear dielectric, J. Appl. Phys., 64, 3273, 1988.

[36] Ikezi, H., Degrassie, J. S., and Drake, J., Soliton generation at 10MW level in the very high frequency band, Appl. Phys. Lett., 58, 986, 1991.

[37] Seddon, N., Spikings, C. R., and Dolan, J. E., RF pulse formation in nonlinear transmission lines, in Proceedings of the 16th IEEE International Pulsed Power Conference, albuquerque, NM, 2007, p. 678.

[38] Romanchenko, I. V. and rostov, V. V., Energy levels of oscillations in a nonlinear transmission line filled with saturated ferrite, Tech. Phys., 55, 1024, 2010.

[39] Katayev, I. G., Electromagnetic Shock Waves, Iliffe Books, London, 1966.

[40] Karpman, V. I., Non-Linear Waves in Dispersive Media, pergamon press, Oxford, 1975.

[41] Smith, P. W., Transient Electronics: Pulsed Circuit Technology, John Wiley & Sons, New York, 2002.

[42] Giambo, S., Pantano, P., and Tucci, P., An electrical model for the Korteweg de Vries equation, Am. J. Phys., 52, 238, 1984.

[43] Nagashima, H. and Amagishi, Y., Experiment on the Toda lattice using nonlinear transmission lines, J. Phys. Soc. Japan, 45, 680, 1978.

[44] Toda, M., Wave propagation in anharmonic lattices, J. Phys. Soc. Japan, 23, 501, 1967.

[45] Washimi, H. and Taniuti, T., propagation of ion-acoustic solitary waves of small amplitude,

Phys. Rev. Lett. ,17,996,1966.

[46] Taniuti,T. and Wei,C. – C. ,Reductive perturbation method in nonlinear waves propagation Ⅰ, J. Phys. Soc. Japan,24,941,1968.

[47] Gaudet,J. ,Schamiloglu,E. ,Rossi,J. O. ,Buchenauer,C. J. ,and Frost,C. ,Nonlinear transmission lines for high power microwave applications: a survey,in Proceedings of the IEEE International Power Modulator and High Voltage Conference,Las Vegas,NV,2008,p. 131.

[48] Spikings,C. R. ,Seddon,N. ,Ibbotson,R. A. ,and Dolan,J. E. ,HPM systems based on NLTL technologies,in Proceedings of High Power RF Technologies,IET,London,2009,p. O1. 3.

[49] Yang,F. and Rahmat – Samii,Y. ,Electromagnetic Band Gap Structures in Antenna Engineering,Cambridge University press,New York,2009.

[50] Zucker,O. S. F. and Bostick,W. H. ,Theoretical and practical aspects of energy storage and compression,in Energy Storage,Compression and Switching,Bostick,W. H. ,Nardi,V. ,and Zucker,O. S. F. ,eds. ,plenum publishing,New York,1976,p. 71.

[51] Kuek,N. S. ,Liew,A. C. ,Schamiloglu,E. ,and Rossi,J. O. ,RF pulse generator based on a nonlinear hybrid line,IEEE Trans. Plasma Sci. ,42,3268,201.

第7章 相对论磁控管与磁绝缘线振荡器

7.1 引 言

正交场器件通过从相互垂直的电场和磁场(因此称作正交场)中的漂移电子提取能量产生微波。这样的结构可以防止阴阳极间的击穿,将电子局限于相互作用空间,并让电子的运动方向与电磁波的传播方向保持一致。相关器件包括相对论磁控管(是广为人知的传统磁控管的大电流板)、磁绝缘线振荡器(magnetically insulated line oscillator, MILO,是磁控管的直线化变形,特点是可以充分利用现代高功率脉冲发生器)、正交场放大器(crossed-field amplifier, CFA,是一种放大器,而不是振荡器,作为高功率微波源已被探索过但还未充分开发的器件)以及最近出现的再循环平面磁控管(recirculating planar magnetron, RPM)[1]。

相对论磁控管与第8章介绍的返波振荡器(BWO)及相关器件一样,是最成熟的高功率微波发生器之一。它运行稳定而且器件结构相对紧凑,工作频率从略低于1GHz一直覆盖到10GHz。有关相对论磁控管的研究已经比较透彻。其运行是复杂的,最好通过虚拟样机研究来理解(见第5章)。多年来,人们已经在不同的方向进行了充分的探索:单一器件的输出功率已超过4GW;多个锁相器件的总输出功率已达到7GW;峰值功率接近吉瓦的重频器件的重复频率已达到1kHz;长脉冲器件的每脉冲能量已接近1200J。磁控管的频率可调性是高功率微波源里最强的,它可以通过机械方法得到30%的频率调谐范围,甚至可以在重复发射时进行调频。从理论上看,虽然磁控管的基本设计方法早在20世纪40年代就已大致掌握,但现代的虚拟样机技术加快了器件的设计和优化过程,而且通过系统分析明确了包括重复频率和脉冲能量的上限在内的主要问题。在实践方面,磁控管系统部署的有关问题在1995年建造的可移动式室外微波效应实验系统Orion装置上得到了解决(见第5章)。

相对论磁控管的最新进展包括新型阴极拓扑[2]、复兴的衍射输出相对论磁控管(magnetron with diffraction output, MDO)[3]、端帽设计的发展、永磁体变体[5]。

MILO 在两个方面很有吸引力。首先,它的工作阻抗较低(10Ω 量级,约为相对论磁控管阻抗的 1/10),因此可以较好地匹配爆磁发生器等低电压脉冲发生器;其次,它利用磁绝缘传输线(magnetically insulated transmission line,MITL)工作电流自身的磁场,因而不需要外加磁场线圈。已经得到的输出功率达到 2GW,微波脉冲能量约 1 kJ,重复频率可以达到 100Hz,多数结果在 L 波段。磁绝缘线振荡器的弱点是它还不够成熟(特别是与相对论磁控管相比),效率较低(约为 10%[①],部分原因是由于微波提取的问题),而且频率不可调(虽然最近出现了新型的双频 MILO)。尽管如此,在英国它已经开始实现了商品化。

相对论正交场放大器(CFA)是高功率正交场器件中发展最不成熟的。实际上,对于这种二次发射阴极的装置仅是一次非常初级的探索就问题百出,最后以原始输出功率不足 300kW 而终止研究。

最后,再循环平面磁控管(RPM)是一种交叉场器件,它结合了高效再循环器件和平面器件的优点,即大面积阴极(大电流)和阳极(改进热管理)。此外,与圆柱磁控管(其磁场体积与 N^2 成比例关系)不同,RPM 的磁场体积与腔数 N 成比例关系。RPM 有两种实现:一是有轴向磁场和径向电场;二是有径向磁场和轴向电场。

本章的大部分内容是有关正交场装置的一般论述和有关磁控管的详细说明。在最后的三节里,简单介绍了 MILO、CFA 和 RPM。

7.2 发展历程

Arthur Hull 于 1913 年发明了磁控管。根据他提出的原理制作的器件在 20 世纪 20 年代和 30 年代达到了 100W 级的输出功率。1940 年,Poslumus 提出了使用固体铜作阳极,同时完成这项发明的还有英国的 Boot 和 Randall[6-7]以及苏联的 Alekseev 和 Malairov[8]。初期的 Boot - Randall 磁控管达到了 10kW 的输出功率并很快进入了实用阶段[9]。1940 年 8 月,由 Henry Tizard 爵士[10]率领的英国科学家们肩负着重要使命来到美国,目的就是要把刚在英国诞生的谐振腔磁控管技术转化为可用于第二次世界大战的新武器和防御系统。随后,磁控管技术在 MIT 辐射实验室和其他机构得到迅速发展,如 Collins 的经典著作《微波磁控管》所述[11]。在战争持续的数年间,成千上万个磁控管被制造和使用。磁控管驱动的雷达对战争的影响超过了其他任何一项技术,甚至超过核武器。

---

① 然而,若真正地比较效率,应该考虑到磁控管本身和其磁场线圈(如果采用电磁铁)的电力需求。

20 世纪 60 年代,先后出现的重要进展有模式稳定技术,例如提出耦合环(为避免模式跳跃而交替连接谐振腔翼片)和旭日型振荡器结构(为分离不同模式的频率而让谐振腔在两种不同结构间交替变化),战后的研究开发速度并没有减慢。输出功率高、频率特性稳定的新一代磁控管被应用于电子战。Feinstein 和 Collier 提出的同轴型磁控管采用磁控管谐振腔外围的共振腔得到了稳定的频率调谐[12]。法国人提出了磁控注入枪(magnetron injection gun,MIG),它采用外部注入电子束的方式驱动磁控管,这项技术现在被广泛地应用于回旋管。也有人提出了倒置磁控管,它的阴极在外侧,阳极在内侧。对有关磁控管机制的理解逐渐导致了正交场放大器,它能在 1MW 的功率水平实现 10~20dB 的增益,放大频带约为 10%。Okress 在他的题为《正交场微波器件》的书里,概括了这一时期磁控管的发展[13]。

相对论磁控管是由传统磁控管直接发展起来的,它利用了脉冲功率和冷阴极技术产生的大电流。实际上它是传统磁控管向大电流化的延伸,为了产生这样的大电流需要相对论电压。Bekefi 和 Orzechowski 于 1976 年[14]首次研制了这样的器件,其中输出功率最高的是 Palevsky 和 Bekefi 多次详细报告的 A6 型磁控管[15]。与传统磁控管的最大输出功率 10MW 相比,第一个相对论磁控管就达到了 900MW,因此引起了美国和苏联的兴趣。20 世纪 80 年代中期,磁控管得到了进一步发展,峰值功率达到了数吉瓦。频率范围也从原来的 S 波段发展到了上至 X 波段、下至 L 波段。早期的是不带冷却系统的单脉冲装置,后来的冷却型重频装置已能将数百兆瓦的微波脉冲反复输出,使平均微波功率远超过 1 kW。典型的微波脉冲宽度为 30ns,但长脉冲装置的脉宽超过 600ns。为提高辐射能量,增加脉冲宽度和脉冲的重复频率成为发展的主要方向。为了同样的目的,高功率磁控管阵列的锁相叠加已取代单个器件的高功率化。例如,由 7 个磁控管构成的阵列产生了 7GW 的微波输出。

Clark 在 1988 年推出了 MILO[16],由于它具有在低阻抗下产生高功率的特点,因此可以很好地耦合到低电压且紧凑的电源上,而无需外部施加磁场。英国 AEA 技术公司的锥形和双 MILO 设计产生了相对较高的效率[17],并且有商业版本可供选择。最近,中国的研究人员展示了 MILO 的双频运行,该设备两个部分的半径略有不同。中国报道的其他创新成果包括在第一个 MILO 的束流收集段加入一个虚阴极振荡器或第二个 MILO(参见第 4 章)。总体而言,有关 MILO 的最新研究成果都来自中国。

20 世纪 90 年代初,SLAC 进行了一些非常初步的高功率 CFA 开发。虽然设计功率为 300MW[18],但有几个因素将实际 CFA 功率限制在较低的水平。

引入 RPM 是为了将高效再循环器件和平面器件的优点进行结合,即将大面积阴极(大电流)和阳极(改进热管理)进行结合[1]。此外,外加磁场的体积需要与腔体数 N 而不是 N^2 成比例,圆柱磁控管的情况也是如此。

7.3 设计原理

正交场器件有两个特点:第一,向微波提供能量的电子产生于相互作用空间内,因此不需要专门用来产生和加速电子的部件,这样就使磁控管装置的结构很紧凑;第二,电子在相互作用空间内进行 $\boldsymbol{E} \times \boldsymbol{B}$ 漂移,其中电场 $\boldsymbol{E}$ 和磁场 $\boldsymbol{B}$ 相互垂直,漂移速度为

$$v_\mathrm{d} = \frac{\boldsymbol{E} \times \boldsymbol{B}}{|\boldsymbol{B}|^2} \tag{7.1}$$

由于空间电荷效应和电子层的抗磁效应,$\boldsymbol{E}$ 和 $\boldsymbol{B}$ 都随阴极之间的距离而变化,因此 v_d 也随之变化。正交场器件的共振条件是部分电子的 v_d 必须等于在同一方向传播的电磁波的相速度。如果 z 是传播方向,而且电磁波的时空变化可以表示为 $\mathrm{e}^{\mathrm{i}(kz-\omega)}$,那么电子的共振条件为①

$$|v_\mathrm{d}| = \frac{\omega}{k} \tag{7.2}$$

漂移速度和相速度与电场 $\boldsymbol{E}$ 和磁场 $\boldsymbol{B}$ 垂直,这是 M 型器件与 O 型器件的不同之处(参见第 4 章)。在后者的器件里,电磁波沿外加磁场的方向传播。因此,磁控管和磁绝缘线振荡器这样的正交场器件属于 M 型切伦科夫微波源。可以注意到,式(7.2)给出的共振条件与式(8.6)的 O 型切伦科夫微波源的共振条件相同。

磁控管的基本结构如图 7.1 所示。它的基本组成部分如下。

(1)阴极。它与阳极之间保持一个间隙。间隙内的强电场导致冷阴极表面的爆炸式电子发射和阴极等离子体(见第 5 章)。

(2)相互作用区域。它容纳阴阳极之间漂移的电子。

(3)阳极和谐振腔。它们和相互作用区域的尺寸是决定工作频率和输出模式的主要因素。器件的长度和器件末端的空腔是决定频率的次要因素。

(4)外加磁场。它的强度必须足以阻止电子跨越阴阳极间隙,但不能过强以至于漂移速度(大约与 B_z 成反比)低于式(7.2)的共振条件。

---

① 在磁控管和 CFA 的圆形结构中,对于角向传播的波 $\mathrm{e}^{\mathrm{i}(n\theta-\omega t)}$,式(7.2)右侧的相速为 $\omega r/n$,其中 r 在相互作用区域内。

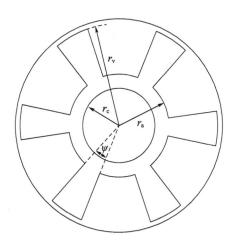

图 7.1　磁控管的基本结构(r_c 和 r_a 分别是阴极和阳极半径，r_v 是谐振腔半径)

微波的提取方向可以是轴向(与脉冲功率输入端相反的方向)，也可以是径向(从一个或多个谐振腔)。正交场放大器的结构与磁控管相似。图 7.2 所示为同轴型 CFA，它在内侧的叶片谐振腔之外还有一个第二谐振腔。不过在细节上这个放大器与磁控管还有很多不同之处：输入微波通过一空腔被注入，在环绕器件过程中得到放大，然后通过另一个空腔输出；入口与出口之间的分离器防止微波第二次通过器件；叶片的数量多于普通的相对论磁控管。

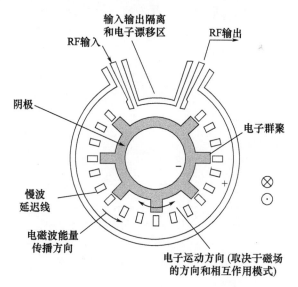

图 7.2　SLAC 研究的同轴型 CFA 的示意图
(源自 Eppley, K., and Ko, K., Proc. SPIE, 1407, 249, 1991)

图 7.3 所示为磁绝缘线振荡器(MILO)。它与磁控管的区别:首先,它是直线形器件,而且磁场是角向的,因此电子和微波沿轴向传播(而不像磁控管那样沿角向传播);其次,它没有外加磁场,所需的磁场由器件自身的轴向电流产生。

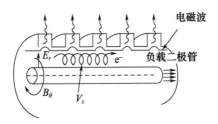

图 7.3　MILO 的原理示意图(阴极电子层中的电子在径向电场和角向磁场的作用下沿轴向漂移。图中所示微波径向提取,但实际上现在轴向提取更为普遍)

从阴极发射到相互作用区域里的电子形成一个电子层,它们在磁控管和 CFA 里沿角向漂移,而在 MILO 里沿轴向漂移。为理解电子与微波电磁场相互作用的原理,考虑图 7.4 中的两个电子 A 和 B[19]。这里将模型简化为平面形,而且假定电磁场按 π 模分布,即相邻的谐振腔的相位相反。在共振条件下,电磁波的相速度与电子的初始漂移速度基本相同。开始时两个电子以相同的速度 $E_0 \times B_0$ 漂移,在这种情况下,电场力与磁场力正好相互抵消。当微波电磁场存在时,它的电场 E_1 和外加磁场 B_0 的综合作用对电子的运动产生四个方面的影响。第一,E_1 将电子 A 减速而将电子 B 加速。第二,$E_1 \times B_0$ 的作用力将电子 A 推向阳极而让电子 B 远离阳极。第三,由于阳极附近的微波电磁场相对较强,电子 A 随着接近阳极,其减速的程度不断增强;而电子 B 随着远离阳极,其加速的程度逐渐减弱。第四,电子 A 在接近阳极的同时,失去的势能被转化为微波能量;而电子 B 在远离阳极的同时,得到的势能来自微波的电磁场。由于电子 A 与电磁场的作用强于电子 B 的,因此向电磁场提供的能量大于电磁场失去的能量,故微波电磁场得到增强。

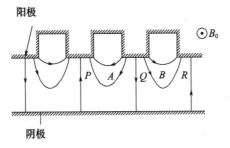

图 7.4　磁控管和 CFA 的 π 模电场分布中电子的运动分析
(源自 Lau, Y. Y, High - power Microwave Source, Artech House, Boston, MA, 1987, p. 309)

与上述机制同样重要的是相位聚焦现象,它帮助提高增益并使电子层变成图 7.5 所示的辐条状。图 7.5 是通过计算机模拟得到的 A6 磁控管里 π 模和 2π 模的电子分布图[20]。为理解相位集中现象,再回到图 7.4 并考虑电子 A 的漂移速度大于电磁波相速度的情形。当它到达 P 点时,由于该处的 E_{r1} 与 E_{r0} 方向相反,它的漂移速度 $(E_{r0}+E_{r1})/B_z$ 因此减小,导致漂移电子的相对滞后,反过来,如果电子 A 的漂移速度小于电磁波的相速度,当它到达 Q 点时,微波电场的增强作用使它的漂移速度增大,导致漂移电子的相对前移。另外,如果用同样方法去观察电子 B,就会发现一旦它的速度超过电磁波就会进一步提高速度;反过来,当它的速度偏小时就会进一步滞后。因此,可以看出,向电磁场提供能量的电子保持相位与场(波)同步,而从电磁场提取能量的电子则在相位空间中发散。

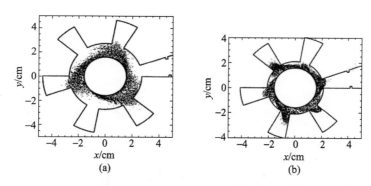

图 7.5 从 A6 磁控管的数值模拟结果可以看到电子层的辐条结构
(a) π 模,辐条的数量是谐振腔数的 1/2;(b) 2π 模,辐条的数量与谐振腔的个数相同
(源自 Lemke R W, et al, Phys. Plasmas, 6, 603, 1999)

电子层的辐条结构使电子跨越阴阳极间隙。这样形成的电流会在大部分的相互作用空间里产生角向磁场,它与径向电场的作用产生轴向电子漂移。因此,电子在向阳极损失的同时,也由于轴向漂移在磁控管的终端被排出。当需要考虑 X 射线屏蔽或进行强制冷却时,有必要掌握电子损失的准确位置。

在本节下一部分,主要就以下三个方面讲述器件的设计原理。虽然主要论述集中于磁控管,但大多数内容也与 CFA 有关。

(1) 相互作用区域和阳极谐振腔的结构所决定的"冷"频率特性(即在没有电子的情况下),它实际上在考虑电子的情况下也是很准确的。

(2) 外加电压和外加磁场的关系,它直接决定电子绝缘和产生微波的参数范围。

(3) 有电子存在时的器件状态。它很大程度上依赖于经验数据和计算机模拟,因为器件的工作过程受复杂的非线性效应影响。

7.3.1 磁控管和 CFA 器件的"冷"频率特性

磁控管的环形相互作用区域以及围绕它的阳极谐振腔结构,可以支持很多个电磁波模。每一个模都具有不同的频率和不同的电磁场分布。表示磁控管模的参数之一是模数 n,它将角向的场分布表示为 $e^{-in\theta}$,可知 n 实际上是环绕阳极一周电磁场重复的次数。具有 N 个谐振腔的磁控管的谐振腔角向间距为 $\Delta\theta = 2\pi/N$,因此相邻谐振腔之间的相位差为 $n\Delta\theta = 2\pi n/N$(参见习题 7.3 ~ 习题 7.5)。磁控管有两个最普通的模式:一个是 π 模,相邻谐振腔的相位相反($n = N/2, \Delta\theta = \pi$);另一个是 2π 模,相邻谐振腔的相位相同($n = N, \Delta\theta = 2\pi$)。图 7.6 给出了 A6 磁控管($N = 6$)里的电场分布示意图。如要进一步了解磁控管里的模式结构,可以参见 Treado 的论文[21]。

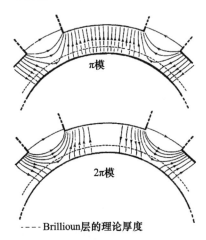

图 7.6　π 模和 2π 模的电场分布

(源自 Palevsky A and Bekefi G. Phys. Fluid,22,986,1979)

磁控管的色散方程是给定模的频率(ω_n)与模数 n 或谐振腔间的相位差($\Delta\theta$)的关系。对于磁控管或 CFA,求色散方程的方法通常是数值计算或采用 Collins 的书中给出的解析方法[11]。本书的 4.4.2 节对磁控管的色散方程进行了详细的论述。图 7.7 给出了 A6 磁控管的色散关系。这里的 A6 磁控管的参数是[15]:谐振腔数 $N = 6$,阴极半径 $r_c = 1.58\text{cm}$,阳极半径 $r_a = 2.11\text{cm}$,阳极谐振腔宽度 $\Psi = 20°$,谐振腔底部延伸到 $r_d = 4.11\text{cm}$(沿半径方向从器件中心开始测量)。低次模里频率最高的是 π 模,它的频率约为 2.3 GHz。同一组里的其他模都是双频简并的。2π 模是二次模里频率最低的模。通向原点的直线的斜率是该模的相速度。值得注意的是,A6 磁控管的 π 模和 2π 模具有相同的相速度。

但是,由于它们具有不同的 Buneman–Hartree 条件和不同的场分布,实际设计上很容易将它们区分。

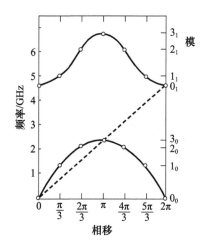

图 7.7　A6 磁控管的色散关系 $f_n = \omega_n(\Delta\theta)/2\pi$

(π 模和 2π 模的角向相速度恰好相等)

Collins 书中色散曲线的图解显示,π 模的频率略低于阳极谐振腔的深度 $L_a = r_v - r_a$ 近似等于 $\lambda/4$ 所对应的频率,其中 λ 为自由空间中的波长,因此,有

$$f_\pi = \frac{\omega_\pi}{2\pi} = \frac{c}{\lambda} \approx \frac{c}{4L_a} \tag{7.3}$$

对于 A6 磁控管,式(7.3)给出 $f_\pi \approx 3.75\text{GHz}$,它比实际值大约高出 60%。这个经验法至少在大概估计工作频率时是有用的。另外,它显示了影响 π 模频率的主要参数。

磁控管还具有轴向模式结构,特别是当谐振腔的两端有导体端帽短路时。即使没有端帽,如果谐振腔的长度不远大于宽度,轴向模式也是存在的。在这种情况下,受轴向模式的影响,谐振频率为

$$(f_n^g)^2 = (f_a^0)^2 + \left(\frac{gc}{4h}\right)^2, g = 1, 2, 3, \cdots \tag{7.4}$$

式中:h 为谐振腔长度。显然,在 $h > \lambda$ 的情况下会产生模式竞争的问题。典型的谐振腔长度约为 0.6λ,尽管 X 波段磁控管里也有 $h > 2\lambda$ 的实例[22]。轴向模式间的竞争问题经常在实验中影响微波的输出功率。最常见的现象是不同频率的微波混合时产生的拍频 $\Delta f = f_n^{g+1} - f_n^g$。

根据式(7.3)和式(7.4),磁控管的尺寸与工作频率 f 成反比,即与自由空间波长 λ 成正比。通过图 7.8 可以大致比较从 1GHz 到 10GHz 的不同频率用磁控

管的大小。表7.1列出了几种磁控管的参数[21,23-24]，包括阴极半径 r_c、阳极半径 r_a、阳极谐振腔半径 r_v、谐振腔长度 h 和波长 λ，以及式(7.3)给出的 π 模频率（见习题7.6）。对于非倒置磁控管（即 $r_c < r_a$），典型的 r_c 为波长的 1/8～1/5，除了少见的 PI 的 L 波段磁控管 $r_c = 0.05\lambda$；r_a 的范围为波长的 1/6～1/3，最大的是 PI 的 X 波段磁控管，而最小的是 PI 的 L 波段磁控管。式(7.3)给出的 π 模频率总是偏大，在几个 MIT 磁控管中高达 60%，在 PI X 波段器件中低至 6%。谐振腔的长度通常小于波长，但 PI 的 X 波段器件的长度接近波长的 2 倍。表7.1 中同时列出了几种倒置磁控管（$r_c < r_a$）的尺寸，这些器件将在后文中讨论。

表7.1 各种磁控管的尺寸以及式(7.3)的结果（仅限于非倒置磁控管的 π 模）与实际的工作频率的比较

	f/GHz	λ/cm	r_c/cm	r_c/λ	r_a/cm	r_a/λ	r_v/cm	f_π/GHz（式(7.3)）	f_π/f	h/cm	h/λ
MIT A6[①],2π	4.6	6.5	1.58	0.24	2.1	0.32	4.11	NA	—	7.2	1.11
MIT A6[①],π	2.34	12.8	1.58	0.12	2.1	0.16	4.11	3.73	1.59	7.2	1.11
MIT D6[①]	4.1	7.3	.88	0.26	2.46	0.34	4.83	NA	—	1.88	1.15
MIT K8[①]	2.5	12.0	2.64	0.22	4.02	0.34	6.03	3.73	1.49	2.64	0.60
LLNL[①],2π	3.9	7.7	1.58	0.21	2.11	0.27	4.25	NA	—	7.2	0.94
PI[②]	1.1	27.0	1.27	0.05	3.18	0.12	8.26	1.47	1.34	20	0.74
PI[③]	2.8	11.0	1.26	0.12	2.1	0.19	4.20	3.57	1.28	7.0	0.64
PI[④]	8.3	3.6	0.67	0.19	1.35	0.39	2.20	8.82	1.06	6.0	1.67
倒置磁控管											
MITM8[①]	3.7	8.1	4.26	0.526	2.9	0.358	1.28	NA	—	5.1	0.59
MITM10[①]	3.7	8.1	4.64	0.573	3.8	0.469	2.55	NA	—	4.6	0.30
NRL[①]	3.2	9.4	21.3	2.27	19.4	2.06		NA	—	5.1	0.54
SNL[①]	3.1	9.7	6.79	0.700	5.22	0.538	3.68	NA	—	9.2	0.95

注：① 参考文献[21]；② 参考文献[23]；③ 参考文献[23]；④ 与 James Benford 联系；数据来自 MIT、LLNL、PI（现在的 Tian PSD）、NRL 和 SNL。

图7.8　L波段、S波段和X波段的磁控管(与1美分的硬币相比较)
(源自 Courtesy of L-3 Communications Pulse Sciences,
前身为 Physics International,San Leandro,CA)

在所有磁控管里,模式竞争都是一个重要的问题,其原因是每个模式都是从布里渊层的本底噪声开始成长起来的。获得高功率的关键在于避免模式竞争,即实现单一模式振荡(Bosman等人研究表明,当电压脉冲的上升时间小于腔填充时间(约8ns)时,可以避免A6磁控管中的模式竞争[25])。在A6磁控管里,由于只有6个谐振腔,各个模式的频率和相速度 ω_n/n 相差较大,因此可以适当避免模式竞争。但对于谐振腔数目更多的情况,就有必要采用比较复杂的阳极结构(如图7.9所示旭日型谐振腔)[26]在频率上区分π模和其他模式,以避免模式竞争(耦合环虽然常用于传统磁控管,也可能在高功率特别是短脉冲上使用[27])。

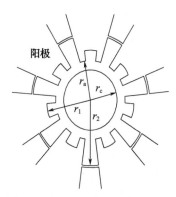

图7.9　阳极谐振腔深度交替变化的旭日型磁控管
(源自 Lemke R W,et al. Phys. Plasmas,7,706,2000)

我们还注意到,正如参考文献中指出的,任何具有交替变化谐振腔特征的结构都构成了旭日型磁控管,包括耦合来自其他腔的输出(即使谐振腔的尺寸相同)。

图7.10给出了图7.9所示旭日型磁控管的色散关系[26]。这个器件的主要

参数为 $r_c=7.3\text{cm}, r_a=9.7\text{cm}, r_1=12.5\text{cm}, r_2=16.2\text{cm}$；14 个谐振腔具有相同的宽度角 $10.3°$。图中的虚线是磁控管的 14 个谐振腔具有相同深度 $r_a=(r_1+r_2)/2=14.35\text{cm}$ 时的色散关系。交替变化谐振腔深度的效果包括以下几个方面。第一，结构的周期性发生了变化，即从 14 个完全相同的谐振腔变为 7 对谐振腔。第二，$n=7$ 的模式可以看成是 14 个谐振腔的 π 模（相邻谐振腔的电场方向相反），也可以看成是 7 个谐振腔的 2π 模（同样深度的谐振腔里的电磁场相位相同）。第三，$n=14$ 的磁控管色散曲线分离为两个部分：当 $r_1 \to r_2$ 时，两个旭日曲线合并成 $n=14$ 的曲线。计算机模拟结果显示，上方的 $n=7$ 模式的微波效率最好，上方 $n=6$ 会产生模式竞争；当 r_2/r_1 较大时，下方的 $n=3$ 和 $n=4$ 之间的模式竞争也会带来问题。除了这个模式竞争以外，还有"零角向谐波"的问题，它也对输出功率产生影响。我们将在 7.5 节讨论这个问题。

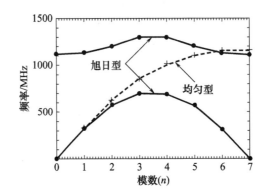

图 7.10　图 7.9 所示旭日型磁控管的色散关系，具体参数在文中给出
（源自 Lemke R W, et al. Phys. Plasmas, 7, 706, 2000）

7.3.2　工作电压与外加磁场

如前文所述，对于给定磁控管电压，磁场强度必须足够大以阻止电子跨越阴阳极间隙，而同时又不能过大使得电子旋转太慢，失去与谐振腔（由耦合互作用空间和阳极腔形成）模式的共振（式(7.1) 和式(7.2)）。

在 4.7 节里已经给出阻止电子跨越阴阳极间距的临界磁场（也称 Hull 截止磁场，见习题 7.8），其完全沿轴向时的表达式为[28-29]

$$B^* = \frac{mc}{ed_e}(\gamma^2-1)^{1/2} = \frac{mc}{ed_e}\left[\left(\frac{2ev}{mc^2}\right)+\left(\frac{ev}{mc^2}\right)^2\right]^{1/2}$$
$$\to B^*(\text{kG}) \approx \frac{0.17}{d_e(\text{cm})}\left[\frac{2V(\text{MV})}{0.511}+\left(\frac{V(\text{MV})}{0.511}\right)^2\right]^{1/2} \quad (7.5)$$

式中：m 和 d_e 分别为电子的质量和电荷；c 为光速，并且利用了

$$\gamma = 1 + \frac{ev}{mc^2} = 1 + \frac{v(\text{MV})}{0.511} \tag{7.6}$$

式中：v 为阳极电压；d_e 为同轴结构的等效阴阳极间距，即

$$d_e = \frac{r_a^2 - r_c^2}{2r_a} \tag{7.7}$$

在 $B_z > B^*$ 的情况下，电子被局限在所谓布里渊层的电子云的范围内进行角向漂移。当 $B_z \to B^*$ 时，电子层的表面接近阳极。当磁场增强时，电子层被局限在离阴极越来越近的范围内。值得注意的是，尽管式(7.5)考虑了空间电荷效应和电子层的抗磁效应，它和单电子的拉莫尔(Larmor)半径等于 d_e 所得到的结果是完全一样的。

在磁控管里，外加电压产生的电场主要是径向的 E_{r0}。磁场是两个成分的叠加，其中一个是轴向的外加磁场，它受电子层的抗磁作用影响而分布有所变化；另一个成分是磁控管电流自身产生的角向磁场，磁控管电流包括阴极上的轴向电流和轮辐上的径向电流。此外，对于透明阴极（稍后将介绍）的情况，每个发射极上的轴向电流也很重要。当从阴极末端流出的电流最小化且轴向电流产生的方位角磁场相对较小时，磁场的方向基本为轴向。从式(7.2)可知，电子的漂移速度主要为角向，其大小为 E_{r0}/B_z，与 B_z 成反比。因此，对于给定电压，必然存在 B_z 的最大临界值，超过该值以后电子的漂移速度就不能与阳极结构电磁波的相速度实现共振。这个条件被称作 Buneman - Hartree 条件，对于轴向磁场的相对论磁控管，忽略轴向的几何变化时，它可以表示为

$$\frac{ev}{mc^2} = \frac{eB_z\omega_n}{mc^2 n}r_a d_e - 1 + \sqrt{1 - \left(\frac{r_a\omega_n}{cn}\right)^2} \tag{7.8}$$

式中：ω_n 为第 n 个角向模式的频率(rad/s)。对于给定磁控管电压，式(7.8)给出了得到高功率微波输出的磁场范围的上限；反之，如果给定磁场，式(7.8)给出了电压范围的下限(见习题7.9和习题7.10)。

当轴向电流 I_z 产生的磁场不能忽略时，长阴极的 Buneman - Hartree 条件变为

$$\frac{ev}{mc^2} = \frac{eB_z\omega_n}{mc^2 n}r_a d_e - 1 + \sqrt{(1+b_\varphi^2)\left[1 - \left(\frac{r_a\omega_n}{cn}\right)^2\right]} \tag{7.9}$$

其中

$$b_\varphi = \frac{I_z(\text{kA})}{8.5}\ln\left(\frac{r_a}{r_c}\right) \tag{7.10}$$

这是一个无量纲量。如果由径向电流引起的磁场分量与 B_z 相当，这个表达

式还可以进一步修正以考虑到对 b_φ 的影响,尽管其随轴向位置而变化。

图 7.11 描绘了 $B_z - V$ 参数空间里磁控管的工作范围。对于给定电压,如果磁场太弱,电子就会被直接损失到阳极;如果磁场太强,振荡就会被截止。只有在由式(7.5)给出的 Hull 截止条件和由式(7.8)或式(7.9)给出的 Buneman - Hartree 条件之间的区域,才有可能发生振荡。通常,Buneman - Hartree 左侧附近区域的效率较高。

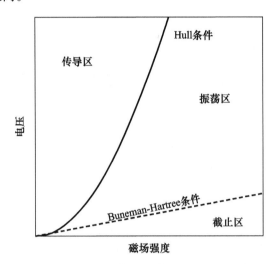

图 7.11 $B_z - V$ 参数空间中磁控管的工作范围

Lau 等[30]用传统的单粒子模型和布里渊流模型重新研究了圆柱形光滑孔相对论磁控管中的 Buneman - Hartree 条件。仅在平面磁控管的极限下,这两个模型对 Buneman - Hartree 条件给出了相同的结果。当 $r_a/r_c = 1.3$ 时,这两种模型的差异就变得非常明显。当 $r_a/r_c = 4$ 时差异很大,且在给定电压下,布里渊流模型的 Buneman - Hartree 磁场超过单粒子模型的 4 倍。无论电压是相对论的还是非相对论的,这种差别总是存在的。

最后,Fuks 和 Schamiloglu[31]描述了圆柱形光滑圆孔相对论磁控管中的单流状态,其中电子不仅在方位方向上运动,而且在轴向上运动。这对于研究相对论磁控管、MILO 和同轴传输线是有用的。他们推导了二维电子运动、一维方位角运动和轴向运动的磁绝缘条件,以及这些流与 M 型微波源波的同步性。给出了磁控管的产生阈值与二维电子运动的关系。这些关系表明,当包含二维电子运动时,较厚的电子轮毂需要更强的磁场来维持绝缘。结果还表明,在无轴向电流的情况下,这些关系简化为熟悉的 Hull 截止,在非相对论电压下,这些关系简化为 Buneman - Hartree 条件。

7.3.3 磁控管的特性

在磁控管里,电子和电磁场的相互作用是非线性的。通过经验或数值模拟能够确定的参数:①工作频率;②输出功率 P;③转换效率 η,即微波输出功率 P 与输入电功率 $P_{PP}=VI$ 之间的比值;④联系工作电流 I 与工作电压 V 的参数。

为了理解这些和其他磁控管参数,请考虑表 7.2[21,23,32-34],其中包含了相对论磁控管的代表性参数值。表中的大多数磁控管是相对论磁控管,因为它们的工作电压超过 500kV。工作电流的分布很广,与之对应的工作阻抗从 10Ω 变化到数百欧姆。同样,外加磁场的变化范围也很广,从 0.2 T 到超过 1 T。部分器件的输出功率达到数吉瓦。早期的转换效率大致为 30%。然而,最近由透明阴极驱动的 A6 MDO 的转换效率超过 60%[34]。部分器件为倒置磁控管,即 $r_a < r_c$。NRL 的磁控管在尺寸上比其他器件大很多。

表 7.2 磁控管的部分实验结果

磁控管	f /GHz	V /MV	I /kA	$Z=V/I$ /Ω	B/T	P/GW	t/ns	E/J	η/%	N	模式
MIT A6[21]	4.6	0.8	14	57	1.0	0.5	30	15	4	6	2π
MIT D6[21]	4.1	0.3	25	12	0.49	0.2	30	6	3	6	2π
MIT K8[21]	2.5	1.4	22	64	0.54	0.05	30	1.5	0.2	8	π
LLNL[21]	3.9	0.9	16	56	1.6	4.5	16	72	30	6	2π
SRINP 1[32]	2.4	1.1	4	275	1.2	2.0	50	100	45	6	π
SRINP 2[32]	2.4	0.45	6	75	0.4	0.8	300	240	30	6	π
IAP 1[32]	9.1	0.6	7	86	0.6	0.5	20	10	12	8	π
IAP 2[32]	9.2	0.95	40	24	1.0	4.0	15	60	11	8	π
PI[23]	1.1	0.8	34	24	0.85	3.6	10	36	13	6	π
PI[32]	2.8	0.7	20	35	1.0	3.0	20	60	20	6	π
PI[32]	8.3	1.0	30	33	1.0	0.3	10	3	0.1	6	π
UNM A6[33]	2.9	0.26	5	52	0.5	0.14	12	1.7	10.8	6	π
UNM A6 MDO[34]	2.57	0.36	3.17	97	0.51	0.85	30	26	63.5	6	$4\pi/3$
倒置磁控管											
MIT M8[21]	3.7	1.7	4	425	0.46	0.4	30	12	12	8	π
MIT M10[21]	3.7	1.6	9	178	0.7	0.5	30	15	3	10	π

续表

磁控管	f/GHz	V/MV	I/kA	$Z=V/I$/Ω	B/T	P/GW	t/ns	E/J	η/%	N	模式
NRL[21]	3.2	0.6	5	120	0.25	0.5	30	15	17	54	π
SNL[21]	3.1	1.0	10	100	0.3	0.25	50	12	3	12	

来源：数据来自 MIT、LLNL、SRINP、IAP、PI、NRL 和 SNL。
注：参数分别为（由左向右）频率、电压、电流、阻抗、磁场强度、输出功率、脉冲宽度、脉冲能量、效率、阳极谐振腔数和工作模式。

表 7.3　新墨西哥大学的 A6 磁控管与 A6 MDO 的实验与模拟结果比较

	磁控管	f/GHz	V/MV	I/kA	$Z=V/I$/Ω	B/T	P/GW	t/ns	E/J	η/%	N	模式
实验结果	UNM A6	2.9	0.26	5	52	0.5	0.14	12	1.7	10.8	6	π
	UNM A6 MDO	2.57	0.36	3.71	97	0.51	0.85	30	26	63.5	6	4π/3
模拟结果	UNM 理想 A6	4	0.26	10	26	0.45	0.33	12	4	14	6	2π
	UNM 形变 A6	2.9	0.26	5.4	48	0.51	0.15	12	1.8	10.7	6	π
	UNM MDO	2.58	0.35	2.58	136	0.47	0.64	30	19	71.1	6	4π/3

粒子模拟工具的使用极大地推动了高功率微波领域的发展，该技术被称为虚拟样机（见第 5 章）。表 7.3 比较了来自新墨西哥大学（UNM）的 A6 磁控管和透明阴极驱动 MDO 的模拟及实验。表 7.2 和表 7.3 中 UNM A6 磁控管的实验数据与理想的模拟结果不同。原因是相互作用腔形变（由于法兰焊接，截面略呈椭圆形）。当模拟中包括这种失真时，结果与实验相符。

实际的工作频率略低于 7.3.1 节讨论的器件冷频率。MIT 的 A6 磁控管是一个较好的例子[15]，它的 π 模和 2π 模的冷频率（计算和实测）与热频率（有电子情况）作了比较（见表 7.4）。计算与实测频率的差小于 3%，这一点与阳极的长度为 7.2 cm 有关，因为它大于 2π 模的波长和 π 模的半波长。

输入功率 P 是电压 V 和电流 I 的乘积。微波的输出功率与输入电功率成正比，比例常数是 η，即

$$P = \eta VI \tag{7.11}$$

而阻抗 Z 是电压与电流之比 $Z = V/I$，因此可以得到

$$P = \eta \frac{V^2}{Z} \tag{7.12}$$

表7.4 对于A6磁控管的π模和2π模,计算得到的"冷"频率、测量得到的
"冷"频率和工作状态的"热"频率之间的比较

	π	2π
计算"冷"频率/GHz	2.34	4.60
实测"冷"频率/GHz	2.41	4.55
实测"热"频率/GHz	2.3	4.6

工作频率在 1.07~3.23GHz,工作电压在 220~500kV 的4个磁控管得到的实验结果显示,输出功率 P 与磁控管电压的关系为 V^m,其中一个器件的 m 在 2.46±0.35 之间,而另一个器件的 m 在 2.74±0.41 之间[35]。因此,对于非相对论电压的 V<500kV,如果 η 接近常数,式(7.11)意味着,对于那些磁控管,有

$$I \approx KV^{3/2}, V<500\text{kV} \tag{7.13}$$

$$P \approx \eta KV^{3/2}, V<500\text{kV} \tag{7.14}$$

式(7.13)在形式上与非相对论 Child-Langmuir 二极管的表达式相同(见4.6.1节),其中 K 是导流系数。这个结果有些令人惊奇,因为磁控管里的电子运动受到磁场的强烈影响,而 Child-Langmuir 二极管由于没有轴向磁场,电子的运动假定是完全径向的。这表明,磁控管里由微波场产生的径向电流主要是受到辐条中空间电荷的限制。

下面进一步仔细分析磁控管里的径向电流。这个电流在轴向外加磁场强度超过式(7.5)给出的 Hull 临界磁场的情况下也是存在的。没有谐振腔时电流与磁场的关系如图 7.12 所示[36]。与之相对照,A6 磁控管的电流与磁场的关系如图 7.13 所示[15]。当使用光滑阳极(无谐振腔)时,阴阳极间隙内的微波信号非常弱,二极管电流(用 $B_z=0$ 时的 Child-Langmuir 电流归一化)在磁场接近 B^* 时迅速下降并逐渐消失。图 7.12 中的实线是理论值,数据点是采用不同阴阳极间距 $r_a - r_c$ 得到的实验结果。定性地说,电流随着 B_z 的增加而降低的原因,是由于电子轨道在磁场的影响下发生偏转使电子跨越间隙所需要的时间增加。实验结果与理论曲线的偏差,主要起因是由于二极管里的轴向电流,它产生的角向磁场使总的磁场分布发生变化。

从图 7.13 所示带阳极的 A6 磁控管的电流与 $I-B_z$ 的关系可以看出强微波电磁场的显著影响。对于给定电压和阴阳极间距,当电压超过 $B^*=49\text{kGs}$ (0.49T)时,电流并不迅速降到零点,而是随着 B_z 的上升而不断地下降。但这并不意味着 $B_z > B^*$ 的条件与磁控管或 CFA 无关。事实上,这个器件工作中电流是由非平衡状态的辐条结构所携带的。

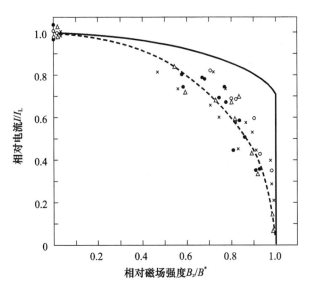

图 7.12　光滑磁控管电流 I 与 $B_z=0$ 时的 Child – Langmuir 电流 I_L 之比。实现忽略了阴极电流的理论值,数据点是在不同间隙下得到的实验结果。虚线是数据点的二次近似

(源自 Orzechowski T J Bekefi G. Phys. Fluids,22,978,1979)

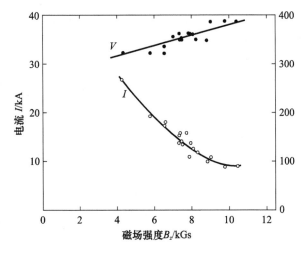

图 7.13　MIT A6 磁控管的电流和电压与 B_z 的关系

(源自 Palevsky A and BelefI G. Phys. Fluids,22,986,1979)

图 7.14 所示为 A6 磁控管的微波输出功率与 B_z 的关系,从图中可以明显看到输出功率在最佳磁场(约 0.76T)附近的峰值(约 900MW)。Hull 曲线和 Buneman – Hartree 曲线之间的 A6 磁控管的工作参数范围如图 7.15 所示。在式(7.5)的 Hull 临界条件与式(7.8)的 2π 模 Buneman – Hartree 条件之间的磁场

范围内,最大输出功率发生在靠近 Buneman – Hartree 条件的区域[20]。A6 磁控管的数值模拟结果显示,对于频率较低的 π 模,当磁场强度上升时,输出效率最高的电压从 Buneman – Hartree 电压向上移动。这种现象的原因是 Buneman – Hartree 电压下的电子层较薄,因此它与电磁波的相互作用较弱。在较高的电压下,随着电子层厚度的增加,耦合效率也有所提高。

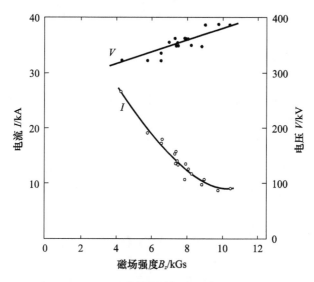

图 7.14　MIT A6 磁控管的输出功率与 B_z 的关系
(源自 Palevsky A and BelefI G. Phys. Fluids,22,986,1979)

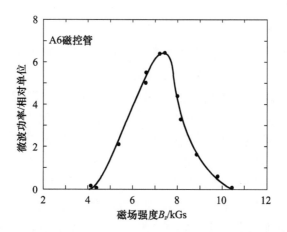

图 7.15　MIT 的 A6 磁控管 2π 模($n=6$) 的 Buneman – Hartree 曲线,图中的黑点表示峰值功率的工作点。对于磁场范围 0.4~1.0T,最大输出功率所对应的电压由虚线表示
(源自 Palevsky A and BelefI G. Phys. Fluids,22,986,1979)

7.3.4 磁控管设计原理小结

通过本章得到的关系式,可以计算出与磁控管的工作状态有关的许多基本参数。对于给定的磁控管阴阳极半径和谐振腔结构,通过使用文献中程序得到的色散关系,可以求出设计模式的工作频率。有了模式和频率之后,在 $V-B_z$ 参数空间里可以找到 Hull 绝缘条件与 Buneman – Hartree 临界条件之间的磁控管工作区域。对于给定的磁场强度,最佳工作电压略高于 Buneman – Hartree 电压,而它与 Buneman – Hartree 电压之间的差随着磁场的上升而增加。如果在实验前需要知道器件的阻抗(或低电压下的导流系数)、效率和输出功率,就必须通过经验(也许是已知设计的小实验和电流测量)或经过实验归一化的数值模拟来确定。实际上,通常阻抗在 $50\sim200\Omega$ 的范围,而效率应在 $20\%\sim30\%$,从这些参数可以粗略地估算微波的输出功率。已证明采用新型阴极拓扑结构可以显著地提高效率,而且虚拟样机的使用对合理的设计是必不可少的。

7.4 工作特性

表 7.5 比较了传统磁控管和相对论磁控管的典型工作参数。尽管 60MW 的旭日型磁控管也是基于传统技术的[37],但是大多数传统大功率脉冲磁控管的典型输出功率大约为 5MW。输出功率 5MW 的传统磁控管的工作电压为 50kV 或以下,工作电流约 200A,因此它们的工作阻抗为 $200\sim250\Omega$,导流系数① K 约为 $20\times16^{-16}\mathrm{A/V}^{3/2}$。与之相比,采用二次电子储备式阴极的 60MW 磁控管的工作电压约为 120kV、工作电流约为 800 A,因此它的阻抗 $Z\approx150\Omega$,而导流系数与其他传统磁控管基本相同。回到表 7.2 可以看出,相对论磁控管的电压大约要高 1 个数量级,而电流要高 1~2 个数量级。阻抗分布于 30Ω 以上的较大范围内,其低端正好与脉冲功率发生器匹配。除了工作电压有量级差别以外,相对论磁控管与传统磁控管在电流上的差别更大,而且更重要。大电流的产生机制主要是冷阴极的爆炸式发射。遗憾的是,爆炸式发射的同时产生阴极等离子体,其膨胀直接导致阴阳极间距以约 $1\mathrm{cm/\mu s}$ 的速度闭合。由于这个原因,如果没有特殊措施处理,通常脉冲宽度被限制在 100ns 量级。然而,对于传统磁控管来说,脉冲宽度通常受到阳极加热的限制。与较高工作电压和工作电流一致的是,相

---

① 导流系数的单位通常是 pervs,它的量纲是 $\mathrm{A/V}^{3/2}$,也可以用 microperves($=10^{-6}$perves)。

对论磁控管的输出功率能比传统磁控管高出 100 倍,达到吉瓦量级,尽管是因为在使用新型阴极拓扑时它们的效率相当。

表 7.5 传统磁控管和相对论磁控管的典型工作参数

参数	传统磁控管	相对论磁控管
电压	100kV	500kV
电流	约 100A	5~10kA
阴极过程	热电子发射和二次发射	爆发式发射
脉冲持续时间	约 1μs	约 100ns
上升时间	200kV/μs	约 100kV/ns
功率	10MW	约 1GW
效率	约 50%	20%~30%

7.3 节讨论了有关磁控管设计的理论方法,例如阴极和阳极的尺寸、工作电压和磁场。下面讨论几种典型的磁控管的具体设计和工作特性,包括单一固定频率磁控管、频率可调磁控管和重复频率磁控管。

7.4.1 固定频率磁控管

图 7.16 给出了典型的相对论磁控管的截面图[38]。磁场线圈和图下方的高压馈电决定了磁控管的体积和质量。在实验室里通常采用脉冲电磁线圈,但是高功率的重复频率磁控管需要使用水冷式或超导磁体。采用永久磁铁的相对论磁控管在原理上是可行的[5],但到目前为止还没有见到有关的实验数据发表。

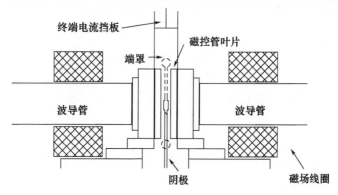

图 7.16 典型的相对论磁控管截面图。下侧是功率馈入。磁控管的对称轴与
阴极杆方向一致。外围是环绕形的磁场线圈

(源自 Lopez M R,et al. IEEE Trans. Plasma Sci. ,30,947,2002)

阴极的结构必须有利于电子的爆炸式发射。表面等离子体的形成必须迅速而均匀，并能够维持径向空间限制电流所需要的电流密度（kA/cm^2 量级）。另外，阴极的设计必须尽可能提高径向电流与轴向电流的比，因为轴向电流对微波的产生没有贡献。有很多阴极材料和结构被研究过，这些材料被用于图 7.16 所示阴极杆上略微凸起的部位。另外，如在阴极表面放置一个或多个垫圈，并使其锋利的边缘位于谐振腔的中部，可以将输出功率提高近一个量级。这个现象由 Craig 等首先提出[39]，Benford 等进行了定量测量[24]。之后，Saveliev 等系统性地研究和比较了不同种类的磁控管阴极：①表面为绒布上覆盖不锈钢网、碳纤维、不锈钢网和光滑不锈钢的圆筒形阴极；②碳纤维圆盘阴极；③多针阴极[40]。他们发现不同阴极对相对论磁控管的性能会产生显著的影响。从输出功率和脉冲能量上看，在绒布上覆盖不锈钢网的阴极的特性最好。绒布上出现明显的损伤，尽管其工作性能还可以接受。作者认为，在权衡寿命、功率和脉冲能量以后，没有绒布的不锈钢网可能是最好的折中选择。

尽管 Phelps 在早期的实验里使用双向输入电功率的方法避免了终端损失[41]，不过更普遍的方法是采用图 7.16 所示的端帽。从图中可以看到端帽是圆形的，主要是为了减小表面的电场强度。实验时可以在端盖上涂一层甘油树脂，这样可以抑制电子的发射。但遗憾的是甘油树脂涂层很容易被损伤，经常需要补充。Saveliev 等的结果证实端帽的使用可以将转换效率几乎提高 1 倍，即可以将 L 波段旭日型磁控管的效率提高到 24%，使输出功率超过 $500MW$[40]。Lopez 等也发现，通过使用端帽，轴向电流损失从总电流的 80% 下降到 12%。他们使用了一种改进型 A6 磁控管[38]，它的铝制阴极表面涂有甘油树脂，但不包括黏着 1mm 碳纤维的谐振腔中部区域。双端帽还可以起到其他的作用，包括确定模式结构、抑制轴向模式竞争和增强谐振腔中部的电场。

Leach 等[4]发现，在半径超过阴极半径的 A6 磁控管中，在抛光石墨端盖上使用相对薄的介质涂层可以将泄漏电流从超过 1kA 降低到约 10A。如果来自具有介质涂层的端盖的环形电子泄漏电流没有完全被抑制，那么放置在端盖内的永磁体就有可能使这种流靠近阴极边缘，否则就只能不放置永磁体以避免电子轰击真空窗口。

最后要注意，轴向电流是无法消除的，因为轴向电流完成了辐条中径向定向电流的回路，并且该电流产生了方位磁场和轴向 $E_r \times B_\theta$ 电子漂移。然而，离开阴极末端的轴向流动，在径向辐条流动在内的回路之外是一种损失，应该被抑制。

相对论磁控管的微波提取方法主要有两种。最常用的是径向提取法，它通过一个或多个谐振腔的开口将微波引入波导管。Sze 等[42]测量了输出微波特性与谐振腔开口个数的关系。他们发现微波频率和模式与开口个数无关,但存在最佳的开口个数达到高输出功率。图 7.17 所示为 A6 磁控管的输出峰值功率与开口数的关系。从图中可以看到输出功率在 3 个开口处出现一个最大值,它与 6 个开口时的功率基本相同。随着开口数的增加,每个开口的输出功率单调下降,4 个开口之后基本保持不变。谐振腔的 Q 值(见第 4 章)随着开口数的增加而下降,而电磁场的强度随着 Q 值的下降而减弱。因此,可以认为 3 个开口时谐振腔内的电磁场强度与微波提取之间的关系达到了最佳状态。值得注意的是,这种每隔一个谐振腔做一个开口的结构实际上构成了旭日型磁控管结构[26]。

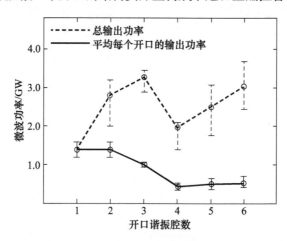

图 7.17 Physics International 公司的 A6 磁控管的输出功率与开口数的关系
(源自 Sze H, et al. IEEE Tran. Plasma Sci. ,PS – 15,327,1987)

轴向微波提取法有以下两种方式:Ballard 等采用模式转换器从倒置磁控管提取微波[43];Kovalev 等[44]采用锥形变换结构将磁控管谐振腔在轴向延长并逐渐转变成波导管。后者的方法被称作衍射耦合,它利用结构的缓慢变化将磁控管的射频阻抗转换成自由空间阻抗,如图 7.18 所示。利用这种有 8 个阳极谐振腔的 9.1GHz 磁控管,他们得到了超过 500MW 的输出功率,转换效率为 13% ~ 15%。Daimon 和 Jiang[45]使用粒子模拟证明了 Kovalev 等人的设计中存在缺陷。实验中,输出天线的直径低于截止值,所以他们测量的是消逝模,而不是辐射模。Fuks 和 Schamiloglu[46]进一步优化了 Daimon 和 Jiang 的设计,并使用透明阴极在粒子模拟中获得了 70% 的效率。以 Fuks 和 Schamiloglu 的设计为基础[3],来自国防科技大学(NUDT)的研究人员率先公布了最近的实验结果[47-49],对 MDO 进行了优化。在实验中,他们获得了大约 34% 的效率。使用图 7.19 所示的 MDO,尽管实验参数没有得到优化[34],Leach 仍将效率提升至了 63%。这些实验仍在进行中。

图7.18 利用锥形结构的轴向微波提取　　图7.19 在新墨西哥州大学S波段MDO
在实验中获得了63%的效率
（由S. Prasad 博士提供）

Benford 和 Sze 直接比较了 X 波段磁控管的微波轴向提取和径向提取[50]。他们使用的六腔磁控管的长度约为真空波长的 2 倍，因此存在轴向模式竞争的问题。采用径向提取，他们的结果在一个开口时很稳定，但在多个开口时稳定性较差。采用类似于 Kovalev 等的轴向提取法时，实验结果的微波效率从径向提取的 1% 以下提高到 2%，并获得稳定的超过 350MW 的微波输出。

径向提取和轴向提取得到的微波场分布有很大区别，因为它们的模式不同。通过矩形波导径向提取产生 TE_{10} 的辐射模式，且功率分布光滑，呈线性极化。而轴向提取的模式为 TM_{np}，其中 n 和 p 分别是轴向和径向模数。由于这些模式的中心电场为零，因此，其应用受到限制，可以采用模式转换器转换成更有用的模式[51]。

图 7.16 没有包括实验或更成熟的系统中使用的诊断系统。进入磁控管的总电流通常采用磁控管入口处环绕阴极的 Rogowski 线圈测量。下游阴极端帽的第二个 Rogowski 线圈可以测量轴向损失电流。方向耦合器用于测量功率，外差或零差系统用于测量频率和带宽，鉴相器用于测量相位关系。Close 等在 A6 磁控管的输出波导管里，利用氢元素的 Balmer 线的 Stark 效应测量了电场强度[52]。他们的结果为 100kV/cm，与功率测量结果相吻合。Smith 等直接使用鉴相器测量了相邻谐振腔间的相位差[53]。

7.4.2 频率可调磁控管

当采用机械式的方法改变磁控管的频率时，必须至少改变一个关键性的设计参数。Spang 等[54]在它们的早期实验里证明,通过变化改进型 A6 磁控管的阴极半径,可以在相当大的范围内改变它的工作频率。阴极半径从 0.54cm 变化到 1.52cm,使 2π 模的工作频率从 4GHz 上升到 4.6GHz,即围绕中心频率 4.3GHz 的 7% 的可调范围。4.6GHz 的峰值输出功率为 700MW,转换效率为 15%。π 模的工作频率也发生了变化,但变化范围较小(见习题 7.11)。遗憾的是,用这种方法改变频率必须在实验中更换阴极。

采用旭日型磁控管结构可以让重复频率系统的工作频率在脉冲之间发生变化。在开发频率可调磁控管以前,不少人研究了高功率的窄带旭日型磁控管。Treado 等基于传统技术研制了 14 腔的旭日型 60MW 磁控管[37]。当向较低功率的磁控管进行注入锁定时,得到的 60MW 磁控管的带宽为 800kHz(以 2.845GHz 为中心的半高宽)。Lemke 等对 14 腔和 22 腔旭日型相对论磁控管进行了数值模拟[26]。

Levine 等研制了一系列高功率的 10 腔旭日型磁控管,它们采用机械方法实现频率可调,工作于 L 波段和 S 波段[55]。阳极的结构比较特殊(图 7.20),它是由一块不锈钢材料利用放电法加工而成,所以不存在接口和缝隙。磁控管采用陶瓷绝缘材料和冷泵真空系统,在热处理后真空度可以达到 10^{-8}Torr(1Torr = 133.322Pa)。阳极结构是 5 对完全相同的谐振腔,通过改变其中 5 个狭窄的谐振腔深度可以调整磁控管的工作频率。这些谐振腔的两个侧壁相互平行,因此频率调整是通过移动内部的导电滑块实现的。但改变谐振腔深度的同时必须改变磁场强度。从图中可以看到阳极上的圆孔,通过这些圆孔的拉杆改变滑块的位置。L 波段磁控管的频率可调范围是 24%,中心频率为 1.21GHz。S 波段磁控管的频率可调范围是 33%,中心频率为 2.82GHz。由图 7.20 可见,通过两个开口从磁控管提取微波,提取腔不是具有平行侧壁的调谐谐振腔。Arter 和 Eastwood 的数值模拟结果显示,即使增加提取端口,总输出功率[56]也基本不变。

图 7.20 机械调谐式旭日型磁控管的阳极(照片由 L-3 通信脉冲科学公司
(前身为物理国际公司),圣莱安德罗,加利福尼亚州提供)

最近，NUDT 的研究人员根据模拟结果提出了一种可调的 MILO[57]，可通过机械调整 MILO 叶片的半径来实现调谐。在 430kV、40.6kA 电子束的驱动下，在 1.51GHz 处获得 3.0GW 的峰值输出功率，功率转换效率为 17.2%。当波导外径为 77~155mm 时，3dB 可调谐频率范围（相对输出功率大于峰值输出功率的一半）为 0.825~2.25GHz，3dB 调谐带宽为 92%，可满足大规模调谐和大功率输出的要求。

NUDT 的研究人员还展示了一种频率捷变的 MDO，通过向腔体叶片加载陶瓷介质来实现调谐[58]（需要打开 MDO，插入介质并恢复真空条件）。在电压为 605kV、阻抗为 80Ω、温度为 0.3T 的实验条件下，当叶片中使用总厚为 0.9cm 的 95% 氧化铝陶瓷时，A6 型 MDO 的辐射功率为 1.98GHz，功率为 200MW。与不加陶瓷、在 3.72GHz 获得的 240MW 的相比，展示了从 S 波段到 L 波段的频率捷变（离散的、不连续的）。

7.4.3　重复频率的高平均输出功率磁控管

早期的单次脉冲实验目的是探索相对论磁控管的物理机制和工程问题。但转向重复频率工作又带来一些新的工程和物理问题。在工程方面，首先是需要有足够高功率的初级电源和连续或重复脉冲的磁场。另外，需要设计一个脉冲系统提供所需开关速度的高电压和大电流。关于初级电源，重要的参数是脉冲功率的占空比 D_{PP} 和从初级电源到输出微波的系统综合转换效率 η_{SYS}。占空比的表达式为

$$D_{PP} = R\tau_{PP} \tag{7.15}$$

式中：R 为脉冲的重复频率；τ_{PP} 为脉冲的时间宽度。

需要注意的是式(7.15)出现的 τ_{PP}，而不是微波的脉宽 τ，二者的差别是由于各种原因引起的微波脉冲缩短（即微波输出脉宽小于 τ_{PP}）。系统综合效率是以下各个阶段的效率的乘积：初级电源、脉冲功率、微波的产生和提取和天线。对于辐射功率 P，所需的初级电源功率为

$$P_{PRIME} = \eta_{SYS}D_{PP}P = \eta_{SYS}R\tau_{PP}P \tag{7.16}$$

由于 η_{SYS} 是多个效率的乘积，因此即使磁控管的微波转换效率能够达到 30%~40%，系统的综合效率可能只有百分之几。

在物理方面，磁控管的重复频率工作带来两个主要问题，即二极管的恢复问题和电极的烧蚀问题。电极的爆炸式电子发射和电子能量在电极表面的沉积都会导致等离子体的形成和大量中性粒子的产生。在重复频率工作的情况下，所有这些都必须在下一个脉冲到来之前清除干净。系统必须尽可能干净，工作于高真空，抑制表面杂质和等离子体的形成。磁控管采用整块的金属阳极、冷泵真空系统（为提高排气速度）和陶瓷绝缘材料，都是为了这个目的。

第二个主要问题是电极的烧蚀。针型阴极和纤维增强型阴极在某种程度上可以改善阴极的寿命。但是磁控管的阳极存在着不可避免的烧蚀问题,因为谐振腔里总会有电子的能量沉积(见习题7.7)。当平均功率较高时,阳极和轴向损失电子的收集极需要采用水冷。下面通过一个具体的例子来考虑阳极的烧蚀现象。通常的耐高温金属中700keV的电子能量沉积率约为6(cal/g)/(cal/cm²)(1cal=4.1868J)。以S波段磁控管为例,5kA、60ns的脉冲电子电流使50cm²的阳极表面的热能提高6cal/g。如果忽略热传导和热辐射,10个脉冲后的阳极表面温度就达到熔点,随后就有可能发生融蚀。

两家美国公司(通用原子公司[59]和美国应用分析公司[54])分别研制了重复频率为1Hz和2Hz的磁控管。其中后者采用了水冷式阳极叶片、重复频率Marx发生器和脉冲电磁线圈。虽然开发目标是10Hz,但由于磁控管结构中意外的涡流电流损失,磁场线圈的驱动功率使重复频率被限制在2Hz以下。在它们的改进型A6磁控管(2π模,4.6GHz)中,5000次脉冲以后的阳极表面可以看到明显的烧蚀,但是工作状态没有很大变化。而金属阴极则必须每1000~1500次脉冲后更换一次。另外,脉冲功率发生器的火花开关必须每2000~5000次脉冲后清洗一次。由俄罗斯托木斯克工业大学的核物理研究院研发的紧凑型直线感应加速器(见第5章)[60]后来由美国的Physics International公司改良(现在的L-3 Communications – Pulse Sciences,位于加利福尼亚州圣里安德鲁)[61],可以为磁控管提供高重复频率的脉冲功率,实验上的重复频率高达1000Hz,但由于受到初级储能的限制仅限于5个脉冲的脉冲串。感应式的电压叠加方法使系统可以做得相对紧凑,因为决定系统体积和质量的高压只出现在负载上。另外,用磁开关取代火花隙改善了开关的寿命和稳定性。图7.21[60]是托木斯克研究小组研制的由直线感应加速器驱动的磁控管系统的示意图,从图7.22中可以看出系统的紧凑性。重复频率为50Hz,磁控管的工作参数是4kA、300kV和60ns,输出峰值功率为360MW。三脉冲的脉冲串实验利用脉冲磁场的平顶部分达到了160Hz的重复频率。报道的实验平均输出功率达到了1kW。

在托木斯克研究小组的实验结果发表了5年之后,Physics International公司也建造出紧凑型直线感应加速器(compact linear induction accelerator,CLIA),并用它驱动了6腔的1.1GHz磁控管[23]。图7.23所示为脉宽100ns的CLIA。虽然采用Marx发生器和水介质脉冲形成线时的单次脉冲L波段磁控管的输出功率达到了3.6GW,使用CLIA时输出功率却有所降低,原因是25Ω的磁控管阻抗与75Ω的电源阻抗不匹配。之后的改造工作包括距表面3mm的冷却通道和使用冷泵取代扩散泵以降低污染(真空度4×10^{-6}Torr)。表7.6归纳了4种工作参数下的实验结果。随着重复频率的上升,虽然峰值输出功率有所下降,但平均功率有所上升。另外,尽管 5 脉冲的脉冲串实验达到了 1000Hz 的重复频率,这个频率远高于系统能够连续工作的水平。系统的重复工作稳定性很好,而且对于这个频率较低、尺寸较大的磁控管(r_c 和 r_a 分别为 1.27cm 和 3.18cm,相比之下,2.3GHz 的 π 模 A6 磁控管的这些尺寸为 1.3cm 和 2.1cm),没有观察到脉冲缩短现象。

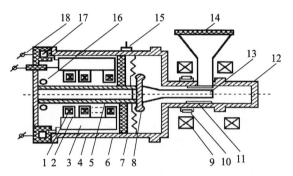

图 7.21 托木斯克研究小组研制的由直线感应加速器驱动的磁控管系统

1—强磁性铁芯;2—磁化绕线;3—DFL;4—容器;5—阴极;6—螺旋线;7—绝缘子;8—防护罩;9—磁场线圈;10—磁控管电流测量用探头;11—相对论磁控管阳极;12—漂移管;13—阳极;14—微波输出用天线;15—复位用电路;16—总电流测量用 Rogowski 线圈;17—多通道放电;18—DFL 用高压馈入。

(源自 Vasil'yev V V, et al. Sov. Tech. Phys. Lett,13,762,1987)

图 7.22 托木斯克研究小组的直线感应加速器和磁控管系统

图 7.23 采用 10 个脉冲形成线的感应叠加器(100ns 紧凑型直线感应加速器)

从 L 波段磁控管的实验结果还可以看到一种现象,即阳极的烧蚀程度随着工作频率的上升而逐渐变得明显,大概是因为阳极的尺寸逐渐减小,而电流却基本保持不变的缘故。较大的低频 L 波段磁控管在数百次脉冲(单次系统)和数千次脉冲(CLIA)后也看不出明显的烧蚀迹象。但 Spang 的 4.6GHz 磁控管在 5000 次脉冲后阳极烧蚀就很明显[54],尽管工作状态基本没有变化。Kovalev[22] 和 Benford 与 Sze 的 X 波段磁控管的烧蚀现象更加严重[50]。

7.5 主要研究课题

相对论磁控管的主要工作参数包括：
(1) 峰值功率；
(2) 转换效率；
(3) 脉冲宽度或脉冲能量；
(4) 重复频率或平均功率；
(5) 使用寿命。

这些参数中目前最活跃的研发领域是峰值功率、效率和频率（通过频率捷变和模式切换）。高峰值功率相对论磁控管的新兴应用证明了这一点，如 Boeing CHAMP 系统（见第 3 章）。由于研究人员认为 100ns 的脉冲持续时间对于这种应用是足够的，脉冲缩短不再是这类磁控管的活跃研究领域。

表 7.6 紧凑型直线感应加速器上得到的磁控管峰值和平均输出功率

重复频率/Hz	峰值功率/MW	平均功率/kW	脉冲次数
100	1000	4.4	50
200	700	6.0	100
250	600	6.3	100
1000①	600	25	5

注：① 根据 5 次脉冲串中的第三个脉冲。

7.5.1 峰值功率：锁相多源

虽然磁控管和 CFA 的紧凑结构从系统观点上看十分有利（不同于线性束源，束收集和微波的产生发生在同一区域，电子束在互作用区再循环），但随着功率和功率密度的提高，阴阳极间隙的变化和阳极的烧蚀现象带来了紧凑结构的负面影响，特别是对于高频器件。解决这个问题的方法之一是同时采用多个器件，它们可以是像 CFA 的功率放大器阵列或多个磁控管的锁相阵列。前者的问题是现在还没有开发出高功率的 CFA，传统的 CFA 只达到 20dB 的增益，因此需要较高的输入功率。由于这个原因，主要的研究精力都集中在锁相磁控管上（见第 4 章），包括弱耦合$\lfloor \rho = (P_i/P_o)^{1/2} \mathrm{N1} \rfloor$，其中 P_i 和 P_o 分别代表磁控管的微波输入和输出功率，强耦合（ρ 约为 1）。

MIT 的 Chen[62]和 Varian(现在的 CPI)的 Treado[37]研究了弱耦合的相位锁定(注入锁定)。MIT 的实验采用了一个 1MW 的传统器件对 30MW、300ns 的相对论磁控管进行耦合。相位锁定所需要的时间比较长,因为它与 ρ 成反比。但是,实验结果证明,传统磁控管的确可以对多个相对论磁控管进行相位控制。Chen 还通过对锁相的范德波尔(vah der Pol)处理补充一个虚拟项(具有立方的复位力)研究了非线性频移的效应[63]。Treado 等采用传统技术用 3MW 磁控管对 60MW 磁控管进行了锁相实验[37]。

国际物理研究小组研究了强耦合锁定。他们将多个磁控管通过波导管连接起来,如图 7.24 所示[64]。强耦合的方法可以缩短锁定所需要的时间,并且降低对器件间工作频率一致性的要求。后者对于由多个振荡器组成的阵列十分重要[65]。计算得到的锁相时间为纳秒量级。图 7.25 所示为 $\rho=0.6$ 的 1.5GW 锁相实验中得到的鉴相器输出波形[64],从这个结果得到的锁相时间约为 10ns。由于相位关系的重复性很好,因此这个结果不仅仅是频率锁定,而且是相位锁定。这个现象具有很重要的实际意义,因为输入端的相位控制

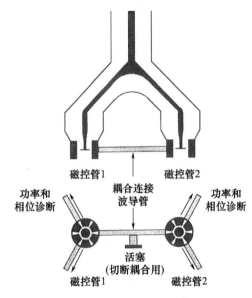

图 7.24 两个磁控管的锁相实验
(源自 Benford J,et al. Phys. Rev. Lett. ,62,969,1989)

已不能起作用,实验还采用了另一个验证锁相的方法。将两个磁控管的输出通过两个天线在电波暗室里叠加,测量到了 4 倍的功率密度(相对于一个磁控管的结果)。

Woo 等[65]求出了连接振荡器的波导管长度应满足的要求,即

$$\Delta\omega = \frac{2\omega\rho|\cos\omega\tau_c|}{Q} \tag{7.17}$$

式中:τ_c 为波导中电磁波的传播时间。这个关系是 Adler 条件(见第 4 章)的扩展。对于满足 $\omega\tau_c=n\pi/2$(n 为奇数),不可能发生锁相。因此,有一些波导长度是不利于锁相的。两个振荡器间的相差可以有两种,即 0 或 π。在 Benford 等[64]的实验结果里,观察到的相差是 π(图 7.25)。

Physics International 的研究小组还研究了锁相阵列的不同几何结构[66]。他们发现最好的几何结构是图 7.26 所示的连接方法。计算得到的锁相时间和两个磁控管的情形基本相同。7 个磁控管的锁相实验得到了 3GW 的总输出功率。

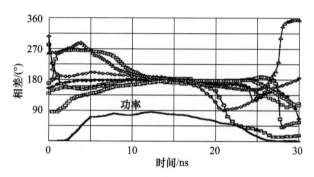

图 7.25 两个锁相磁控管实验中测量到的 7 个连续脉冲的相差,最下面的波形是输出功率
（源自 Benford J,et al. Phys. Rev. Lett. ,62,969,1989）

图 7.26 Physics International 的七磁控管锁相阵列（在所有锁相实验中，这个系统取得了最好的结果）
（源自 Levine J,et al. Proc. SPIE,1226,60,1990）

1. 效率:透明阴极和其他新型阴极拓扑结构

在过去的十年中,由于新的阴极拓扑结构,相对论磁控管效率得到了显著提高（见 Fleming 等[2]）。

Fuks 和 Schamiloglu 提出了一个新的方法。为提高磁控管的功率和效率,提出了所谓透明阴极磁控管,用固定在同一半径上的竖条平行细棒代替传统的圆筒阴极[3,25,33-34,67]。这种阴极与通常的边界条件（在阴极表面的角向射频电场为 0)不同,在电子发射的地方,角向电场分量更大,引起更快、更强的轮辐形成,从而产生更高的输出功率和转换效率。图 7.27 显示了 A6 磁控管三个版本的单元内粒子模拟结果,一个版本采用实心阴极,另一个版本使用阴极激励[2],第三个版本使用 6 个发射极的透明阴极。很明显,透明阴极形成轮辐最快,运行的功率最高。结果已经在实验中得到了验证[33]。只要适当选择外加磁场,并使透明阴极在角向上达到最佳性能,就可以完全消除模式竞争[25]。

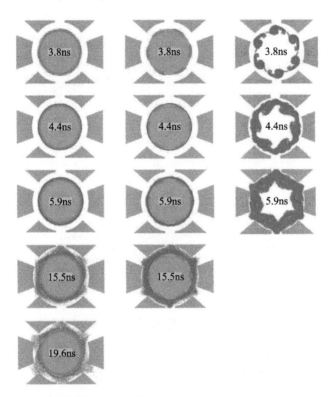

图 7.27　在 $r-\theta$ 平面上对实心阴极(左)、具有 6 个离散发射区域的阴极(中)和 6 发射极的透明阴极(右)驱动的 A6 相对论磁控管进行了 MAGIC 粒子模拟。所有 3 个阴极的参数都是相同的。(由 S. Prasad 博士提供)

透明阴极的成功可以归功于阴极自洽地提供了三种激励方式[2]:阴极激励、电激励和磁激励,后者归因于每个发射器周围的自磁场(由于从阴极流出的纵向电流)(见习题 7.13)。

最近,Fuks 和 Schamiloglu 提出了一种没有物理阴极的 A6 磁控管[68-69]。电子束从 A6 磁控管相互作用区的上游轴向注入。尺寸的选择使得在物理阴极将位于的轴向位置处形成虚拟阴极。初步的粒子模拟结果表明,使用这种配置的效率接近 80%。这种类型的磁控管的附加好处是,由于没有物理阴极遭受离子反向轰击,脉冲缩短将被最小化,阴极寿命将显著延长。这一配置目前正在积极研究中。

2. 效率:轴向损失电流抑制和轴向提取

实际上,式(7.11)所定义的综合转换效率是多个部分效率的乘积:①微波产生效率 η_μ;②从器件向外部的微波提取效率 η_{ex};③模式转换效率 η_{mc}(如果在磁控管和天线之间使用了模式转换器);④天线的耦合和辐射效率 η_a。因此,有

$$\eta = \eta_\mu \eta_{ex} \eta_{mc} \eta_a \tag{7.18}$$

如果没有模式转换器,可令 $\eta_{mc} = 1$。

首先考虑 η_μ。因为对微波的产生有贡献的是径向电流,所以轴向的电流损失会降低转换效率。实际上,如果定义 $\eta_e = P/(VI_r)$,其中,I_r 是总电流中的径向成分($I = I_r + I_z$,I_z 是轴向电流),可得(见习题7.14)

$$\eta_\mu = \eta_e \left(\frac{I_r}{I} \right) \tag{7.19}$$

目前,轴向电流的起因是阴极终端不可避免的电流损失和相互作用区域里电子的轴向漂移。遗憾的是,这些因素之间具有相互增强的作用,因为轴向电流增强角向磁场,从而加剧由角向磁场和径向电场产生的轴向 $E_r \times B_\theta$ 漂移。微波的输出功率随轴向电流的变化如图7.28所示[24]。采用如图7.16所示的端帽(通常是球形),可以降低阴极终端表面的电场和相应的场发射损失,从而降低阴极终端的电流损失。尽管如此,相对论磁控管中较高的工作电流总会产生很强的角向磁场和随之带来的轴向电子漂移损失。

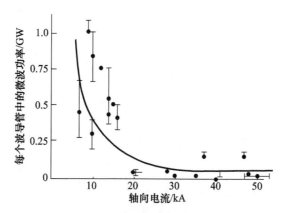

图7.28 微波功率随着轴向电流损失的增加而降低
(源自 Benford J,et al. IEEE Trans. Plasma Sci. ,PS – 13,538,1985)

倒置磁控管,由于它的阳极在内侧,而外侧的阴极接地,因此终端的电流损失不会带来能量损失,原因是轴向漂移的电子最终回到阴极。早期的倒置磁控

管研究在 MIT[52]、Stanford[43] 和 NRL[70] 取得了一些结果,但输出功率都很低。MIT 的研究提出了微波的径向提取方法,但由于它必须通过电子层,因此效率必然受到限制。Ballard 提出倒置磁控管的谐振腔中电磁场强度低于普通的磁控管[71]。另外,托木斯克研究小组的研究发现,在相同的电场强度下,倒置的同轴二极管的电压脉冲宽度是普通二极管的 3~4 倍。他们的倒置磁控管的输出脉冲宽度基本与电压脉冲相同(图 7.29)[72]。但是在 900ns 的脉冲时间内,随着电压的变化,模式也发生了变化。这个现象基本可以用间隙缩短模型来解释。脉冲时间内的频率变化为 30%。因此,尽管这个实验得到了最长的脉冲宽度,但它的结果同时也显示了高功率器件的阻抗和电压控制与长脉冲和单一模式之间的复杂关系。

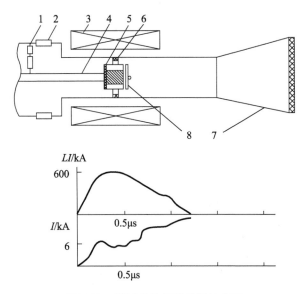

图 7.29 倒置磁控管的长脉冲实验

主要设备构造有:1—分压器;2—分流器;3—磁场线圈;4—阳极棒;5—阳极;
6—阴极;7—天线;8—输出耦合器。

(源自 Vintizenko, I. I. et al., Sov. Tech. Phys. Lett., 13, 256, 1987.)

微波效率,特别是微波的产生效率 η_μ 及其电子的 η_e 是影响器件寿命的重要因素。电子动能的一部分被转换成微波能量,而剩余的能量则沉积在阳极上。与传统磁控管不同的是,相对论磁控管中的高能电子具有很强的穿透能力,它们能够在阳极叶片的内部产生损伤,甚至造成表面的熔化或脱落。表面脱落是不均匀的,因为电子的旋转使损伤集中在阳极叶片的一侧。磁控管的径向尺寸与频率 f 成反比,所以接受电子能量沉积的电极面积与 f^2 成反比,因此频率对磁控管的寿命也有影响。在前文中曾经提到,较大的 L 波段磁控管工作数千次脉冲以后也没有出现阳极烧蚀,C 波段磁控管(4.6GHz)在 5000 次脉冲后呈现出明显的烧蚀现象,而 X 波段磁控管的烧蚀则相当严重。如今,很多特殊材料(如 Elkonite™钨铜烧结合金、钨等)已被应用于电气工业的高功率电极上提高寿命,这些材料在 HPM 方面的应用还有待进一步研究。

7.5.2 频率捷变和模式切换

如前所述,磁控管的频率捷变可通过机械调整腔体深度来实现,这可以使得频率持续变化。也可以通过插入陶瓷介质来实现频率捷变,陶瓷介质的不同厚度可以引起运行频率的离散变化,尽管需要打破真空环境来改变。

最近,UNM 的研究人员提出,当轴向磁场的值接近分隔两种模式的临界值时,可以在 MDO 中使用适度的功率级注入信号来改变器件的工作模式[73-75]。粒子模拟表明,在带有透明阴极的吉瓦输出功率的 A6 MDO 中,300kW 的输入信号足以切换相邻模式,而对于最初的由透明阴极驱动的、带有径向抽取的 A6 磁控管配置,则需要 30MW。这可以用一个鞍点隔开两个谷的机械类比来解释(刘美琴等[73],见图 2)。一个停在鞍点一侧的球,当受到轻微扰动时,很容易滚到谷底(类似于需要 300kW 输入信号进行模式切换的磁控管)。一旦球停在谷底,就需要更大的功率将球推到鞍点,才能使球滚动到相邻谷底(类似于磁控管需要 30MW 的输入信号进行模式切换)。在分隔两种模式的临界磁场附近运行的磁控管类似于鞍点。频率捷变为该高功率微波源增加了额外的功能性。图 7.30 说明了工作模式与外加磁场的关系。磁场越接近临界场,实现模式切换所需的注入信号越弱。

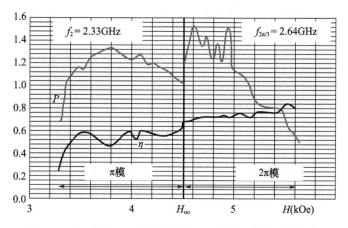

图 7.30 相对论 MDO,输出功率 P 和效率 η 随磁场的变化

7.6 物理极限

本节将探讨磁控管三个参数的物理极限,包括输出功率、转换效率和工作频率。

7.6.1 输出功率极限

磁控管的单机输出功率的极限与式(7.5)给出的 Hull 条件有关。微波的磁场和外加磁场都是轴向,因此在电磁场的一个周期内必然出现微波磁场与外加磁场方向相反的情况。这时,如果微波磁场的强度足够高,总磁场就可能低于绝缘条件的 B^*,因而造成电子的损失。电子撞击阳极的损失增加就会降低产生的射频功率。

Lemke 等[26]对旭日型磁控管进行数值模拟,研究了这一现象。对于旭日型磁控管或其他具有偶数谐振腔的磁控管,都存在所谓零次谐波问题。为理解这个问题,考虑周期性阳极结构中电磁场的级数表达式①,即

$$B_{zn} = \sum_{m=-\infty}^{\infty} A_m F_m(r) e^{iM(m,n)\theta} e^{-i\omega t} \tag{7.20}$$

式中:A_m 为第 m 次空间谐波的振幅;$F_m(r)$ 为描述径向变化的函数。对于工作于 n 次模的旭日型磁控管,有

$$M(m,n) = n + m\left(\frac{N}{2}\right) \tag{7.21}$$

式(7.20)的级数代表不同次数的谐波。当 $m = -2n/N$ 时,对于偶数的 N(旭日型磁控管的 N 总是偶数)和整数的 m,存在特定的谐波,它的空间变化与 θ 无关,就像外加磁场一样。在半个周期里它与外加磁场方向相同,而在另半个周期里它使绝缘磁场减弱。在上面提到的文献中,作者研究了 $N=14$ 的磁控管,并证实零次谐波的强度与两种谐振腔的深度比有关。另外,他们还发现微波转换效率随着零次谐波的增强而下降。图 7.31 是数值模拟得到的磁控管的 V - B_z 参数曲线。图中的圆点表示最佳工作点,通过这个点的横线表示零次谐波造成的磁场变化范围。可以看到这个变化范围跨越了 Hull 绝缘条件。它的影响清楚地反映在图 7.32 所示的电子沉积到阳极的功率上。注意到,在射频磁场的

---

① 这是弗洛凯定理在角向对称系统中的应用,就像第 8 章中切伦科夫器件的 SWS 用轴对称系统的弗洛凯定理来描述一样。

零次谐波抵消外加绝缘磁场的半周期中,到达阳极的电子沉积功率明显增大,说明在短时间内绝缘受到了破坏。

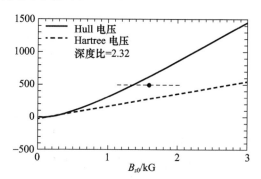

图 7.31　旭日型磁控管 π 模的工作范围,$N=14$,$r_c=7.3\text{cm}$,$r_{a1}=12.5\text{cm}$,$r_{a2}=16.2\text{cm}$,阴极长度 $L_c=20.8\text{cm}$,工作频率为 1.052GHz

(源自 Lemke R W,et al. ,Phys. Plamas,7,706,2000)

微波磁场振幅的临界条件大约为

$$\Delta B_{RF} \leq \frac{1}{2}(B^M - B^*) \tag{7.22}$$

式中:B^M 为最佳条件的外加轴向磁场强度,即图 7.32 中的圆点,它比 Buneman – Hartree 磁场 B_{BH} 略小一些。输出功率与 B_{RF} 成正比,因此与 Buneman – Hartree 和 Hull 条件的横向间距的平方成正比。所以高输出功率的条件是高场强,即高 B_z 和高电压。Palevsky 和 Bekefi[15] 及 Ballard[71] 的结果显示,2π 模和 A6 磁控管输出极限约对应于微波电场强度 750kV/cm 或约 3GW 的输出功率。

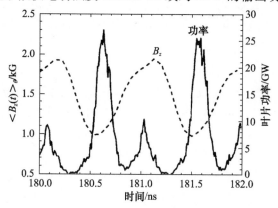

图 7.32　入射到阳极上的叶片功率和对 θ 平均了的 B_z,它包括恒定的外加磁场和随时间变化的零次谐波场

(源自 Lemke R W,et al. Phys. Plasmas,7,706,2000)

Sze 等[42]导出了非线性磁控管模型并预测饱和功率水平为

$$P_{\text{sat}} = \frac{\omega_n}{Q_L} W_{\text{NL}}(1-X) \quad (7.23)$$

式中：W_{NL}为电磁波能量的饱和值；$X = \omega_n/2Q_L\Omega$，其中 Q_L 是工作状态的磁控管 Q 值，Ω 是不稳定性的成长率，Sze 等采用的磁控管不稳定性增长率为

$$\Omega = \frac{\omega_c}{16} \quad (7.24)$$

式中：ω_c 为回旋频率。W_{NL} 也可以表示为相互作用区域内的磁场能量的体积分，所以 Sze 等的表达式可以直接和式(7.22)比较。Sze 等比较了式(7.23)和 A6 磁控管的实验结果[42]，并取得了很好的一致性。从式(7.23)可以看到，存在一个最佳条件 $Q_L = \omega_n/\Omega$，除了 Sze 等的多波导管提取实验以外，还没有针对 Q 值优化的实验研究。由于 $P \propto (B_{\text{RF}})^2 V_{\text{res}}$（其中 V_{res} 是谐振腔体积），所以有 $P \propto \lambda^2$，这一点已经得到实验证实[23]。

由于单磁控管的输出功率存在上限，而且微波的脉冲缩短问题还没有完全解决，因此至今从单相对论磁控管得到的单脉冲微波能量不超过数十焦。只有一个例外，苏联的托木斯克[72]研究小组曾经报告过 140J 的实验结果。因为很多应用需要较大的辐射能量，未来的磁控管研究将集中在脉冲宽度的延长和多个磁控管的锁相工作。

7.6.2 效率极限

传统磁控管在发展阶段，其微波转换效率得到了稳定的增长，优化设计后的效率可以高达 80%～90%。而相对论磁控管在这阶段的发展阶段中，特别是通过使用新的阴极拓扑和之前描述的虚阴极变体的微波效率，已逐渐接近这些值。

Ballard 估算了电子效率 η_e 的上限[43]。在到达阳极的时候，直流电势中未能转化为射频能量的部分表现为沉积在阳极上的电子动能。因此，有

$$\eta_e = 1 - \frac{(\langle \gamma_a \rangle - 1)mc^2}{eV} \quad (7.25)$$

式中：$\langle \gamma_a \rangle$ 为电子到达阳极时的平均相对论因子。Slater 得到了一个较保守的非相对论结果。他假定在最坏的情况下，电子到达阳极时的速度是 $E \times B$ 漂移速度与同一方向拉莫尔(Larmor)回旋速度的总和[76]，因此得到

$$\eta_e^{\text{nr}} = 1 - \frac{2V^*}{A^{*2}} \quad (7.26)$$

Ballard 将式(7.29)一般化为相对论形式,求解$\langle\gamma_a\rangle$后得到

$$\eta_e = 1 - \frac{2V^*}{A^{*2} - V^{*2}} \tag{7.27}$$

式中

$$V^* = \frac{eV}{mc^2}, A^* = \frac{eB_z}{mc}d_e \tag{7.28}$$

比较式(7.26)和式(7.27)可以看出,非相对论的最大效率总比相对论情况下得到的结果大一些。

图 7.33 将式(7.27)的 Ballard 表达式与实验结果[21]进行了比较。显然,实验得到的转换效率比理论值要低一些,大约是理论值的 1/2 以下。对于磁控管来说,影响效率的一个重要因素是电子的轴向损失,如式(7.19)所示。阴极末端的损失可以适当地加以控制,但是当磁控管电流较大时,由 $E_r \times B_\theta$ 漂移所导致的轴向电子流会很大,从而将大量的电子过早地从谐振腔排出。电子在被排出谐振腔前与电磁波发生足够相互作用的基本判据为

$$\tau_\theta \leqslant \tau_z \tag{7.29}$$

式中:τ_θ 和 τ_z 分别是电子在圆周方向和轴向的飞行时间。由于两个漂移运动都是 $E \times B$ 作用力的结果,式(7.29)可以用实用单位表示为

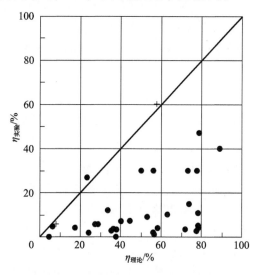

图 7.33 式(7.27)的理论效率与实验结果的比较(经许可,一些数据来自 Treado T. Generation and Diagnosis of Long – and Short – Pulse, High – Power Microwave Radiation from Relativistic Rising – Sun and A6 Magnetrons, PhD thesis, University of North Carolina, Chapel hill, NC, 1989. 标有"＋"的两个数据点由 UNM S. Prasad 博士提供)

$$I(\text{kA}) \leq 0.08 B_z(\text{T}) h(\text{cm}) \tag{7.30}$$

式中:h 为磁控管的轴向长度。例如,对于 A6 磁控管,外加磁场为 0.45T 时,式(7.30)的临界电流为 24kA。而由 Benford 等观察到的实验结果为 15~20kA[24]。这个现象可以从图 7.28 中看到,当外加磁场强度不变时,输出功率随着轴向电流的增加而减小。因此,对于磁控管来说存在一个最低工作阻抗。将式(7.30)与式(7.8)结合以后得到 S 波段磁控管的阻抗 $Z > 16\Omega$。Lovelace 和 Young 为了考虑轴向电流的影响导出了式(7.9),然而,只有有限的实验结果能够证实它在高功率下的实用性[77]。

图 7.33 中的低效率还有其他两个原因:一个是微波的提取方法,这是一个尚未完全探索的问题;另一个是微波输出的效率问题,包括天线耦合和模式转换等。另外,与电极等离子体的非线性相互作用也可能造成能量损失,虽然这个相互作用过程尚不清楚。最后,目前阶段的谐振腔本身可能没有达到最优化设计,就像早期的传统磁控管一样。

当使用新的阴极拓扑(如透明阴极)时,效率的显著提高可以归因于三种效应。首先,正如前面所讨论的,我们有透明阴极提供的三种类型的激励:阴极激励、电激励和磁激励。其次,负责将电子扫入轮辐的一阶角向电磁波电场,在透明阴极的情况下要比传统的实心阴极强得多。最后,正如前面提到的,并不是所有的电子都被适当地相移,以将它们的能量释放到微波中,这些被认为是损耗。使用透明阴极可以通过阴极激励效应减少这种相态较差的电子数量。

看来相对论磁控管很快就会显示出可与常规磁控管相媲美的效率。

7.6.3 频率极限

相对论磁控管已被证明可以扩展到 X 波段[22,50]。在使用 MDO 变体的实验中,X 波段的效率相对较差,由于器件很小,阳极的损伤严重地影响使用寿命。尽管如本章所述,在这个实验中设计是有缺陷的[44]。

另一个不利因素是外加磁场与波长或频率的关系,即高频器件需要较高的磁场强度。为了看到这一点,可以将 Buneman-Hartree 关系重写为

$$V_{\text{BH}} = \frac{\pi B_{\text{BH}} r_a^2}{n\lambda} \left(1 - \frac{r_c^2}{r_a^2}\right) - \frac{mc^2}{e}\left(1 - \sqrt{1 - \beta_{\text{ph}}^2}\right) \tag{7.31}$$

式中:$\beta_{\text{ph}} = v_{\text{ph}}/c, v_{\text{ph}} = r_a \omega_n/n$ 是磁控管工作模式的角向旋转速度。在右侧的第二项远小于第一项,而且 π/n 可以近似表示为 1 的条件下,式(7.31)可以写成

$$V_{\text{BH}} = \frac{B_{\text{BH}} r_a^2}{n\lambda}\left(1 - \frac{r_c^2}{r_a^2}\right) \tag{7.32}$$

因此,对于给定的电压和半径比,有

$$\frac{B_{BH}r_a^2}{\lambda} \approx 常数 \tag{7.33}$$

因为 r_a 约为 λ,所以有 $B_{BH} \propto 1/\lambda$,即磁场强度随着频率的上升而增强。同时,阳极块变得更小,间隙排列更加困难,而且阳极的加热和烧蚀就更加严重。X 波段磁控管本身已经很小(见图 7.8),因此进一步的高频化看来十分困难。

7.7 磁绝缘线振荡器

磁绝缘线振荡器(MILO)可以看成是直线形的磁控管,它利用高功率传输线的自磁场使从阴极发射的电子不能直接越过间隙。因此,它是自绝缘型。电子在电场和磁场的作用下沿轴向漂移。

MILO 的阳极具有慢波结构,从而使阴极附近漂移的电子与轴向传播的电磁场发生相互作用并产生微波。MILO 可以是同轴型或平面型。在同轴型的情况下,电场是径向,磁场是角向,而电子在轴向漂移。为达到磁绝缘,轴向电流必须大于所谓的顺位电流,即

$$I_z > I_p(A)8500\gamma G\ln(\gamma + \sqrt{\gamma^2 - 1}) \tag{7.34}$$

式中:γ 为由式(7.6)定义的相对论因子;G 为几何因子,对于同轴圆筒等于 $[\ln(b/a)]^{-1}$(其中 b 和 a 分别为外筒和内筒半径),对于平行平板它等于 $W/2\pi d$(其中 W 和 d 分别为宽度和间隔)(见习题 7.15)。

因为式(7.34)右侧的对数部分变化缓慢,所以 I_p 近似于 γ 成正比。因此,对于 1MV 附近的电压,磁绝缘线阻抗的上限几乎与电压无关:$Z_p = V/I_p \approx 23G^{-1}\Omega$。和二极管一样,磁绝缘状态下的 MILO 也必须有负载阻抗。如果负载电流太小,负载上游端的发射电流就会增加,使电流达到式(7.34)的数值。从这一点来看,式(7.34)对于 MILO 来说相当于磁控管的 Hull 条件(式(7.5))。

因为磁场和电场由同一脉冲功率源产生,所以它们之间的比值是电压的缓变函数。轴向漂移的电子速度为

$$\frac{v_d}{c} = \frac{Z_p}{Z_0} \tag{7.35}$$

式中:Z_0 为无电子时的传输线阻抗(见习题 7.16 和习题 7.17)。因为漂移速度与 Z_p 成正比,而它又与电压基本无关,所以 MILO 具有一定的漂移速度[①],无须

[①] 由于空间电荷力,v_d 存在径向变化,因此缺乏调谐灵敏度的特性只是一阶近似,但已经在实验中被观察到。

像磁控管那样进行调谐。磁场强度自动地随电压变化,以保持固定的漂移速度。MILO 的另一个很实用的特点是不需要外加磁场,这样就省去了相关的线圈、电源和冷却系统等,同时还有利于设计具有较大断面的振荡器。这一点和高输出功率可能是 MILO 最吸引人的特点。

从 20 世纪 90 年代到 21 世纪这十年间,MILO 的发展主要有两个基本方向。一个方向是如图 7.34[79]所示器件的设计优化,称为被"硬管 MILO"(HTMILO)。在这个 MILO 中,电子从直径为 11.43cm 的阴极表面的天鹅绒发射出来。天鹅绒的作用是通过降低阴极发射的阈值缩短 MILO 的启动时间,同时改善阴极表面的发射均匀性。外导体是阳极同时也是谐振腔,它的直径为 28.575cm。最左边的两个空腔是截止腔,它们由 3 片内直径为 15.24cm 的叶片构成,其作用是将微波反射不让它进入脉冲功率源。另外,截止腔段的低阻抗可以为下游提供较大的电流。MILO 的慢波结构由 4 个空腔构成,它们之间的叶片内直径为 17.145cm。最外侧叶片的内直径为 17.780cm,它同时也起到衔接同轴形输出段的作用。叶片的间隔一律为 3.81cm。同轴形微波输出段的外导体直径为 28.575cm,内导体外直径为 20.955cm。而输出段内导体的内侧表面具有石墨涂层,它与覆盖天鹅绒的阴极之间构成 500kV、60kA 的磁绝缘传输线(MITL)。微波输出通过一段 TM_{01} 圆形波导送到 Vlasov 天线。硼硅酸玻璃的天线罩能够保证内部 $3×10^{-6}$ Torr 的真空度。Rogowski 线圈用来测量来自脉冲功率系统(500kV、50Ω、300ns)的电流,X 射线 PIN 二极管用来观察叶片受电子轰击时产生的韧致辐射,B-dot 探头用来测量不同位置的电流。微波测量采用了 S 波段微波探头,目的是降低与 1.2GHz 高功率 L 波段微波输出的耦合。从 HTMILO[79]的数值模拟结果(图 7.35)可以看到对应于 π 模的电子辐条结构,它符合这种将磁控管直线化的器件结构。

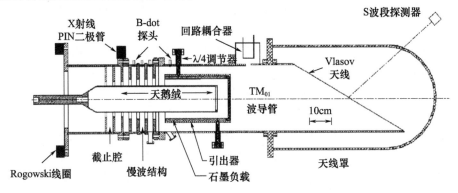

图 7.34　Haworth 等研制的同轴形"硬管"MILO

(源自 Haworth M D,et al. IEEE Trans. Plasma Sci. ,26,312,1998)

第 7 章 相对论磁控管与磁绝缘线振荡器

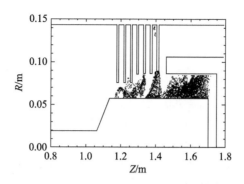

图 7.35 采用二维 PIC 软件 TWOQUICK 得到的 HTMILO 的电子分布
(源自 Haworth M D, et al. IEEE Trans. Plasma Sci. ,26,312,1998)

该研究组对 MILO 设计的优化过程,展示了器件优化迭代的提高,是逐步从明显的到微妙的改进。图 7.34 所示的系统是在其 3 年前的初期设计(1.5GW、70ns)[80]的基础上经过多次改进的结果。这些改进的主要目的是提高输出功率和脉冲宽度:①将采用弹簧片的 RF 接口全都改为不锈钢焊接结构;②将支撑微波输出段内导体的支柱改为 1/4 波长棒;③将真空度提高了一个数量级。然而,最初的实验结果并没有观察到任何改善。通过结合实验和数值模拟的结果,工作人员对设计又进行了进一步的改进。由于在截止腔附近观察到了较大的电流损失,图 7.34 中阴极的锥形部被向右移到了截止腔和 MILO 慢波谐振腔之间的位置。这个改进以及上述的三项改进,使输出功率上升到了近 2GW。同时,脉冲宽度也增加到了约 175ns,这是考虑到 MILO 启动时间后所能够得到的最大时间。但是这个实验结果的脉冲长度和功率的重复性是不能接受的,而且对较短阴极改进设计的进一步计算机模拟的结果表明问题可能来自 1/4 波长棒处的击穿和 MILO 提取端。进一步的计算机模拟提出:①需要设计新的内导体支撑和阴极末端的天鹅绒与金属的界面;②需要将 MITL 负载段内的阴极长度减至维持磁绝缘所需的最小值;③需要将同轴形微波输出段的内径减小至 19.30cm;④需要增加最后一个 MILO 叶片与同轴段的入口时间的距离。尽管还没有实验结果,但数值模拟结果显示输出功率可以进一步提高到 3.2GW。

当脉冲功率的时间宽度从 300ns 增加到 600ns 时,出现了有关长脉冲输出的新问题。微波辐射会在脉冲时间内突然消失,然后再次出现。实验和计算结果显示其原因可能来自截止区域与 MILO 区域交界处的绝缘问题,尽管电流值足以满足磁绝缘条件[81-82]。磁绝缘电流的定义来自单纯的电子流模型,但是从模拟结果可以看出阳极等离子体的形成可以破坏磁绝缘。解决这个问题的方案是改变该处阴极的形状以降低电场强度和电子流动,从而抑制阳极等离子体的形成[80]。

另一个 MILO 发展的主要方向是设法解决两个 MILO 的基本缺点:①为达到磁绝缘而不可避免的能量损失问题;②对于轴向群速度为零的 π 模的微波提取问题。为解决后一个问题,早期的尝试采用了两段连接的结构,前段工作于 π 模并起到决定频率和调制电子的作用,而后段则工作于具有正的群速度的 π/2 模[83]。遗憾的是,它的效果并不明显,其原因主要有两个:一是因为 π/2 模的群速度仍然很小;二是由于后段倾向于跳跃到自身的 π 模振荡。解决这个问题的方案是图 7.36 所示的锥形 MILO[84]。

锥形 MILO 的特点是上游的三个空腔构成一个驱动段,它以 π 模对电子进行调制并决定振荡频率。不过文献中强调驱动段的作用不仅是对电子的预调制,因为实际上有很多电子是从下游的阴极发射的。下游从缓变锥形段到陡变锥形段,微波的群速度是增加的,目的是将微波能量输出,但同时又不破坏漂移电子与电磁场的耦合。在器件内安装一个负载二极管可以进一步从电子流中提取能量;回收间隙下游的高能电子流可以显著提高微波输出功率。计算机模拟和实验结果显示输出功率可以超过 1GW,效率水平达 4%~5%,但模拟结果也指出可能的效率会超 10%。

MILO 的优点是它可以工作于较低的阻抗,因此能够在相对低的电压下得到较高的功率,特别是对于阳极半径和阴极半径接近(式(7.34)几何因子 G 中的 a 和 b)的大型系统中。因此,MILO 能够较好地与低阻抗脉冲功率源匹配,包括水介质成形线和爆炸式磁通压缩发生器。桑迪亚国家实验室的 Clark 等研制了工作频率为 0.72GHz、1.4GHz 和 2.6GHz[85]的 MILO。输出功率超过 1GW,脉冲宽度达到了数百纳秒。击穿和等离子体的形成导致了双极性的电流损失,并最终限制脉冲宽度。由于不需要外加磁场,因此系统设计与制作得到了相应的简化。

MILO 的局限性在于它的低效率。它可以归结于两个原因,其中一个是系统的固有因素,即磁绝缘的前提是一定的电流损失。因此,通过省去外加磁场而简化系统的代价是需要给二极管提供更多的能量,因为磁场强度与电流成正比,而功率是电压与电流的乘积。低效率的第二个原因是微波提取的效率问题,主要是因为从群速度为零的 π 模提取功率十分困难。曾经有人尝试径向提取,但没有得到满意的结果。

MILO 转换效率可写为[86]

$$\eta_c = 0.32[1 - (I_{cr}/I_t)] \times 100 \tag{7.36}$$

式中:

$$I_{cr} = \frac{4\pi mc^3 \sqrt{\gamma^2-1}}{e\ln(b/a)} \tag{7.37}$$

I_t 为总(阳极)电流。可通过将转换效率和提取效率 η_e 相乘来计算总效率,以获得

$$\eta_T = \eta_c \eta_e \tag{7.38}$$

Eastwood 等对 MILO 进行了窄化。图 7.36 中的设计用于改变设备末端的群速度,以改进提取。MILO 区域内,负载二极管所在位置旨在回收沿线磁绝缘流中的部分能量。

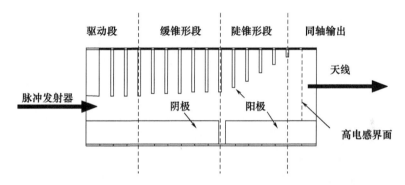

图 7.36　锥形 MILO,这个同轴结构中部的阳极通过高电感与外导体相连
(源自 Eastwood J W, et al. IEEE Trans. Plasma Sci. ,26,698,1998)

虽然伊斯特伍德等估计高达 40% 的输入功率可转换为微波,且据模拟预测效率超过 10%,但实验中测量出的效率只在几个百分点左右。然而,基于爆炸性通量压缩发生器(见第 2 章和第 5 章)的主功率和脉冲功率系统能量丰富,如果使用可提供足够的电压和较短的上升时间,则或许可以兼顾简单与效率。注意到高能炸药的化学能量密度约为 4 MJ/kg。

在过去的十年中,在国防科技大学、西北核技术研究所和中国工程物理研究院应用电子研究所,MILO 的研究得到了极大的发展。他们的研究方向为:提高 MILO 的效率[87]、产生双频率(见第 4 章)[88]、实现频率捷变[57,88]、扩展到 X 波段[90]、采用新型阴极[87,91-93]、提高脉冲重复率[94]和研究 HEM_{11} 输出模式的产生[95]。尽管密集的研究活动正在进行,MILO 的电子效率仍在 10% 左右。一个值得注意的例外是西北核技术研究所的工作,在使用图 7.37 所示的新型拓扑阴极的模拟中,产生了 20% 的效率[93],实验结果尚未公布。

最后,也许提高 MILO 效率的一条途径是将真实的表面物理模型整合到粒子模拟中。Rose 等[96]已在他们的 LSP 代码研究中这样做了。如图 7.38 所示,等离子体发射对输出微波功率和持续时间的影响是巨大的。

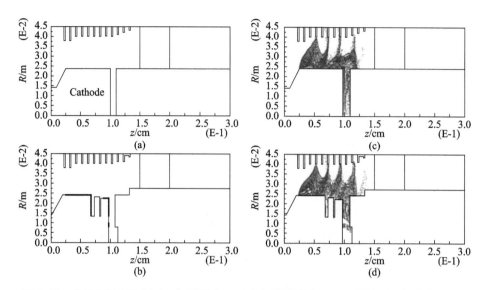

图 7.37 常规阴极 MILO(a)、分离阴极 MILO(b)、常规阴极 MILO 的粒子空间分布(c)和分离阴极 MILO 的粒子空间分布(d)

(源自 Zhang,X. et al. ,Rev. Sci. Instrum. ,86,024705,2015)

7.8 正交场放大器

为了完整起见,这里对正交场放大器(CFA)进行简单介绍。到目前为止还没有 CFA 作为高功率微波源被研制出来,虽然曾经有过设计输出为 300MW 的器件[18]。这个圆筒形器件具有 Feinstein 和 Collier 提出的同轴型结构。它的尺寸较大,阳极半径刚刚超过 10.5cm,具有 225 个阳极空腔。设计工作模式为 $5\pi/6$,增益为 17~20dB,对应于 50~100 的放大比。因此,它需要 3~6MW 的输入功率以达到全功率输出(工作频率为 11.4GHz)(见习题 7.2)。

7.9 小 结

相对论磁控管在 L 波段到 X 波段的频率范围内得到了较好转换效率的高功率输出。低频率器件的功率可达吉瓦级,效率超过 40%,而频率较高时的功率为数百兆瓦,效率不到 10%。有关技术已相对成熟,而且人们对谐振腔的设计方法也已基本掌握:谐振腔本身的频率和模式由已知的色散关系决定,并可以通过计算机模拟进行更精确的调整。电压和外加磁场的实验值可以近似地由 Hull 截止和 Buneman-Hartree 共振条件来合理预测。通过使用新的阴极拓扑，相对论磁控管的效率正在接近非相对论磁控管的效率。阳极腐蚀限制了寿命，且这一问题随着频率的增加不断凸显。从电极放出的等离子体已被确定为限制脉冲长度的主要因素，因此，通过解决这一问题，在提高高功率下每个脉冲的可用能量方面取得了进展。此外，还证明了相对论磁控管以至少 1kHz 的重复频率运行的可行性。

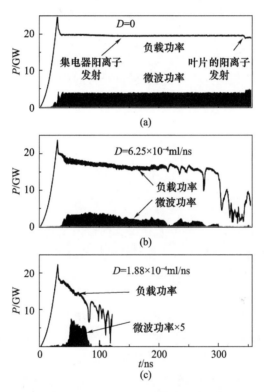

图 7.38 (a)无阴极等离子体($D=0$);(b)阴极等离子体发射 $D=6.25\times10^4$ ml/ns; (c)$D=1.88\times10^{-4}$ ml/ns 三种情况下电负载和微波辐射输出功率(P)的模拟结果对比。D 是规定的电荷中性的解吸速率，来自导电表面的热等离子层。
(源自 Rose, D. V. et al., Phys. Plasmas, 20, 034501, 2013)

磁控管中微波的产生本质上依赖于流向阳极的径向电流，反过来又会使得电子轴向漂移出相互作用区。因此，输出功率从根本上受到磁控阻抗下限(几十欧)的限制。因此，进一步增加功率，要么需要在高压下运行单磁控管，要么需要再进行多磁控管的锁相操作。虽然后一种方法并不是最优的，但在几吉瓦的功率条件下这一原理已经得到了验证。

MILO 可保证在一个简化的配置获得非常高的功率,消除了因增加单独的磁体线圈带来的复杂性。原则上,人们可以通过建造大直径阴极来增大功率,同时保持相对较小的阳极-阴极间距。对脉冲缩短原因的研究使脉冲长度得以延长到几百纳秒。中国最新的研究已使 MILO 效率达到 10%,一种使用新型阴极拓扑的设计在模拟中效率达到了 20%。微波提取是一个限制因素,但也许更重要的是,绝缘磁场是由高电压(器件的工作电压)下流动的电流产生的,这是一个基本的限制。然而,由于其结构简单、工作机制稳固、工作阻抗低以及对时变电压源的耐受性,MILO 非常适合于采用能量丰富的低阻抗爆炸磁通压缩发生器提供主功率的系统。

最后,CFA 是为高功率而设计的,但尚未有实际运行的案例。交叉场器件的未来发展可能集中在如下几个方面:将脉冲持续时间推向微秒、对如此长脉冲持续时间的模式控制、重复操作以及多个单元的锁相。当然,实际的研究将由驱动源需求的实际应用决定。

习 题

7.1 忽略间隙缩短效应和微波源阻抗的时间变化,将 MILO 和磁控管分别看成是稳定的 10Ω 和 100Ω 负载。它们由同样的脉冲功率源驱动。如果脉冲功率源可以看成是一个 1MV 的电压源和一个电阻 Z_{pp} 的串联,描绘微波源的输出功率与 Z_{pp} 的关系。

7.2 如果作为放大器的 CFA 具有 20dB 的增益,则需要多少输入功率才能达到 1GW 的输出功率?

7.3 对于同轴型的磁控管(包括 CFA),工作频率是角向模数 n 的函数。

(1)对于具有 N 个阳极谐振腔的磁控管,如果工作模是 π 模,求 n。

(2)对于具有 N 个阳极谐振腔的磁控管,如果工作模是 2π 模,求 n。

7.4 (1)若要设计工作于 $7\pi/12$ 模的 CFA,求阳极叶片数 N 的最小值和第二个最小值。

(2)求分别于 $7\pi/12$ 模最小 N 值和第二个最小 N 值对应的模数 n。

7.5 相邻模之间的频率间隔 $\Delta\omega_n$ 对于确保稳定工作在一个给定的模式(由模数 n 决定)是十分重要的。

(1)在工作频率为 ω_π 的 π 模附近,对于模数的变化 Δn,求 $\Delta\omega_n$ 与阳极叶片数 N 的关系。

(2)在工作频率为 $\omega_{3\pi/2}$ 的 $3\pi/2$ 模附近,对于模数的变化 Δn,求 $\Delta\omega_n$ 与阳极

叶片数 N 的关系。

7.6 估算从 L 波段到 X 波段的不同频率的磁控管的尺寸。但并不像 4.4.2 节那样推导和求解色散方程,而是采用表 7.1 的数据和式(7.3)的经验方法。

(1)令 $r_a = A\lambda$,其中 A 对于 $1 \sim 10\text{GHz}$ 的频率范围,根据表 7.1 的数据,选择 A 的数值(这个选择具有一定的自由度)。

(2)对于你选择的 r_a 和 $1 \sim 10\text{GHz}$ 的频率范围,根据式(7.3)估算 r_v(见图 7.1)。

(3)假定 $h = 0.9\lambda$,对于 $1 \sim 10\text{GHz}$ 的频率范围,估算磁控管的长度。

(4)假定 $N = 6$ 的阳极谐振腔的开口宽度为 $\psi = 20°$(见图 7.1)。进一步假定阳极叶片的外半径为 $r_b = r_v + 0.3\text{cm}$。估算不锈钢阳极的质量(使用不锈钢密度 $7.9 \times 10^3 \text{kg/m}^2$)。

7.7 (1)如果输出功率为 1GW 的磁控管的功率效率为 25%,而且假定所有阴极发射的电子都到达阳极,求阳极上的沉积功率。

(2)如果 20% 的电子沿轴向漂移出磁控管区域,求阳极上的沉积功率。

7.8 工作于 $f = 2.8\text{GHz}$ 的 S 波段磁控管,$r_c = 1.26\text{cm}$,$r_a = 2.1\text{cm}$。求工作电压分别为 70kV 和 MV 时的 Hull 场强。

7.9 工作于 $f = 2.8\text{GHz}$ 的 S 波段磁控管,$r_c = 1.26\text{cm}$,$r_a = 2.1\text{cm}$。在工作电压 $500\text{kV} \sim 1\text{MV}$ 的范围内,描绘它的 Buneman-Hartree 曲线。假定没有轴向电流损失。

7.10 对于表 7.1 和表 7.2 的 MIT A6 磁控管,假定磁场强度为 1T,求由 Hull 和 Buneman-Hartree 条件决定的工作电压范围。假定没有轴向电流损失。

7.11 Spang 等的磁控管[34]显示,当工作于 2π 模时,工作频率随阴极半径 r_c 发生显著变化。但是当工作于 π 模时,频率却随半径变化很小。定性地解释这一现象。

7.12 一个 L 波段磁控管的工作阻抗为 25Ω。它由输出阻抗为 25Ω 的 Marx 发生器/水介质成形线脉冲功率发生器驱动。当脉冲功率发生器的开路输出电压为 2MV(即磁控管上的电压为 1MV)时,得到的输出功率为 3.6GW,求磁控管的效率。如果开路电压同样为 2MV,使用阻抗为 75Ω 的直线感应加速器得到的输出功率会比上述系统降低多少?假定效率不变。

7.13 (1)描述 N 型透明阴极如何提供磁激励;(2)推导出单个发射体产生的自磁场表达式;(3)估算 A6 磁控管中六发射体透明阴极自磁场的典型值。

7.14 证明式(7.23)。

7.15 (1)同轴型 MILO 的内导体和外导体半径分别为 5.7cm 和 8.7cm,描绘其最小绝缘电流与电压的关系。假定在电压 $500\text{kV} \sim 2\text{MV}$ 的范围内,电子运动符合式(7.38)的顺位流模型。

(2) 对于同一个 MILO,描绘同一电压范围内的顺位流阻抗 Z_p。

(3) 利用式(7.38)估算电子的漂移速度。

7.16 同轴型 MILO 的内导体和外导体半径分别为 5.7cm 和 8.7cm,工作电压为 700kV。利用式(7.39)的顺位流模型,计算电子的漂移速度。对于 π 模 2GHz 的工作频率,估算阳极叶片的间距。

7.17 对于习题 7.16 的 MILO,工作电压为 700kV。假定 MILO 的终端是内外导体间的圆形平面阳极和平面阴极。如果 700kV 的电压出现在这个阴阳极间隙上,并且阴极表面的电子发射是均匀的空间电荷限制电流,求满足顺位流电流 I_p 条件的阴阳极间距。

参考文献

[1] Gilgenbach, R. M. et al., Crossed Field Device.

[2] Fleming, T. P. et al., Virtual prototyping of novel cathode designs for the relativistic magnetron, Comput. Sci. Eng.,9,18,2007 (and references therein).

[3] Fuks, M. I. and Schamiloglu, E., 70% efficient relativistic magnetron with axial extraction of radiation through a horn antenna, IEEE Trans. Plasma Sci.,38,1302,2010.

[4] Leach, C., prasad, S., Fuks, M., and Schamiloglu, E., Suppression of leakage current in a relativistic magnetron using a novel design cathode endcap, IEEE Trans. Plasma Sci.,40,2089,2012.

[5] Leach, C., Prasad, S., Fuks, M., and Schamiloglu, E., Compact A6 magnetron with permanent magnet, in Proceedings of the IEEE International Vacuum Electronics Conference, Monterey, Ca,2012,p. 24.

[6] Boot, H. A. H. and Randall, J. T., The cavity magnetron, IEEE Proc. Radiolocation Conv.,93,928,1946.

[7] Boot, H. A. H. and Randall, J. T., Historical notes on the cavity magnetron, IEEE Trans. Electron Dev.,23,724,1976.

[8] Alekseev, N. F. and Malairov, D. D., Generation of high – power oscillations with a magnetron in the centimeter band, Proc. IRE,32,136,1944.

[9] Megaw, E. C. S., The high – power pulsed magnetron: a review of early developments, IEEE Proc. Radiolocation Conv.,97,977,1946.

[10] Phelps, S., The Tizard Mission: The Top – Secret Operation that Changed the Course of World War II, Westholme publishing, LLC, Yardley, PA,2010.

[11] Collins, J. B., Microwave Magnetrons, McGraw – hill, New York,1948.

[12] Feinstein, J. and Collier, R., A class of waveguide – coupled slow – wave structures, IRE Trans. Electron Dev.,6,9,1959.

[13] Okress, E., Cross-Field Microwave Devices, Academic Press, New York, 1961.

[14] Bekefi, G. and Orzechowski, T., Giant microwave bursts emitted from a field emission, relativistic-electron-beam magnetism, Phys. Rev. Lett., 37, 379, 1976.

[15] Palevsky, A. and Bekefi, G., Microwave emission from pulsed, relativistic e-beam diodes. II. the multiresonator magnetron, Phys. Fluids, 22, 986, 1979.

[16] Clark, M. C., Marder, B. M., and Bacon, L. D., Magnetically insulated transmission line oscillator, Appl. Phys. Lett., 52, 78, 1988.

[17] Eastwood, J. W., Hawkins, K. C., and hook, M. P., The tapered MILO, IEEE Trans. Electron Dev., 26, 698, 1998.

[18] Eppley, K. and Ko, K., Design of a high power cross field amplifier at X band with an internally coupled waveguide, Proc. SPIE, 1407, 249, 1991 (available online from the Stanford Linear accelerator Center SPIRES database: SLaC-pUB-5416).

[19] Lau, Y. Y., in Granatstein, V. L. and Alexeff, I., eds., High-Power Microwave Sources, Artech House, Norwood, MA, 1987, p. 309.

[20] Lemke, R. W., Genoni, T. C., and Spencer, T. A., Three-dimensional particle-in-cell simulation study of a relativistic magnetron, Phys. Plasmas, 6, 603, 1999

[21] Treado, T., Generation and Diagnosis of Long-and Short-Pulse, High-Power Microwave Radiation from Relativistic Rising-Sun and A6 Magnetrons, PhD Dissertation, University of North Carolina, Chapel Hill, NC, 1989.

[22] Kovalev, N. F. et al., High-power relativistic 3cm magnetron, Sov. Tech. Phys. Lett., 6, 197, 1980.

[23] Smith, R. R. et al., Development and test of an L-band magnetron, IEEE Trans. Plasma Sci., 19, 628, 1991.

[24] Benford, J. et al., Variations on the relativistic magnetron, IEEE Trans. Plasma Sci., 13, 538, 1985.

[25] Bosman, H., Fuks, M., prasad, S., and Schamiloglu, E., Improvement of the output characteristics of magnetrons using the transparent cathode, IEEE Trans. Plasma Sci., 34, 606, 2006.

[26] Lemke, R. W., Genoni, T. C., and Spencer, T. A., Investigation of rising-sun magnetrons operated at relativistic voltages using three-dimensional particle-in-cell simulation, Phys. Plasmas, 7, 706, 2000.

[27] Prasad, S., Galbreath, D., Fuks, M., and Schamiloglu, E., Influence of implementing straps on pulsed relativistic magnetron operation, in Proceedings of the IEEE International Vacuum Electronics Conference, Monterey, CA, 2010, p. 379.

[28] For a derivation of the relativistic hull field and references to earlier derivations, see Lovelace, R. V. and Young, T. F. T., Relativistic Hartree condition for magnetrons: theory and comparison with experiments, Phys. Fluids, 28, 2450, 1985.

[29] Maurya, S., Singh, V. V. P., and Jain, P. K., Characterisation of resonant structure of relativistic magnetron, IET Microw. Antennas Propag., 6, 841, 2012.

[30] Lau, Y. Y. et al., A re-examination of the Buneman-Hartree condition in a cylindrical

smooth – bore relativistic magnetron, Phys. Plasmas, 17, 033102, 2010.

[31] Fuks, M. I. and Schamiloglu, E., Two – dimensional single – stream electron motion in a coaxial diode with magnetic insulation, Phys. Plasmas, 21, 053102, 2014.

[32] Benford, J., Relativistic magnetrons, in High – Power Microwave Sources, Granatstein, V. L. and Alexeff, I., eds., Artech House, Norwood, MA, 1987, p. 351.

[33] Prasad, S., Fast Start of Oscillations in a Short – Pulse Magnetron Driven by a Transparent Cathode, PhD Dissertation, University of New Mexico, Albuquerque, NM, 2010.

[34] Leach, C., High Efficiency Axial Diffraction Output Schemes for the A6 Relativistic Magnetron, PhD Dissertation, University of New Mexico, Albuquerque, NM, 2014.

[35] Price, D. and Benford, J. N., General scaling of pulse shortening in explosive – emission – driven microwave sources, IEEE Trans. Plasma Sci., 26, 256, 1998.

[36] Orzechowski, T. J. and Bekefi, G., Microwave emission from pulsed, relativistic e – beam diodes. I. the smooth – bore magnetron, Phys. Fluids, 22, 978, 1979.

[37] Treado, T. A. et al., high – power, high efficiency, injection – locked, secondary – emission magnetron, IEEE Trans. Plasma Sci., 20, 351, 1992.

[38] Lopez, M. R. et al., Cathode effects on a relativistic magnetron driven by a microsecond e – beam accelerator, IEEE Trans. Plasma Sci., 30, 947, 2002.

[39] Craig, G., Pettibone, J., and Ensley, D., Symmetrically loaded relativistic magnetron, in Abstracts for IEEE International Plasma Science Conference Record, IEEE, Montreal, Canada, 1979.

[40] Saveliev, Yu. M. et al., Effect of cathode endcaps and a cathode emissive surface on relativistic magnetron operation, IEEE Trans. Plasma Sci., 28, 478, 2000.

[41] Phelps, D. A. et al., Rep – rate crossed – field HPM tube development at general atomics, in Proceedings of HPM 5, West point, NY, 1990, p. 169.

[42] Sze, H. et al., Operating characteristics of a relativistic magnetron with a washer cathode, IEEE Trans. Plasma Sci., pS – 15, 327, 1987.

[43] Ballard, W. P., Self, S. A., and Crawford, F. W., A relativistic magnetron with a thermionic cathode, J. Appl. Phys., 53, 7580, 1982.

[44] Kovalev, N. F. et al., Relativistic magnetron with diffraction coupling, Sov. Tech. Phys. Lett., 3, 430, 1977.

[45] Daimon, M. and Jiang, W., Modified configuration of relativistic magnetron with diffraction output for efficiency improvement, Appl. Phys. Lett., 91, 191503, 2007.

[46] Fuks, M. and Schamiloglu, E., 70% efficient relativistic magnetron with axial extraction of radiation through a horn antenna, IEEE Trans. Plasma Sci., 38, 1302, 2010.

[47] Li, W. et al., Experimental demonstration of a compact high efficient relativistic magnetron with directly axial radiation, Phys. Plasmas, 19, 013105, 2012.

[48] Li, W. et al., Effects of the transparent cathode on the performance of a relativistic magnetron with axial radiation, Rev. Sci. Instrum., 83, 024707, 2012.

[49] Li, W. et al. , Experimental investigations on the relations between configurations and radiation patterns of a relativistic magnetron with diffraction output, J. Appl. Phys. , 113, 023304, 2013.

[50] Benford, J. and Sze, H. , Magnetron research at physics International Company, in Proceedings of the 3rd National Conference on High – Power Microwave Technology for Defense Applications, Kirtland aFB, albuquerque, NM, 1986, p. 44.

[51] Fuks, M. I. et al. , Mode conversion in a magnetron with axial extraction of radiation, IEEE Trans. Plasma Sci. , 34, 620, 2006.

[52] Close, R. A. , Palevsky, A. , and Bekefi, G. , radiation measurements from an inverted relativistic magnetron, J. Appl. Phys. , 54, 7, 1983.

[53] Smith, R. R. et al. , Direct experimental observation of π – mode operation in a relativistic magnetron, IEEE Trans. Plasma Sci. , 16, 234, 1988.

[54] Spang, S. t. et al. , Relativistic magnetron repetitively pulsed portable HPM transmitter, IEEE Trans. Plasma Sci. , 18, 586, 1990.

[55] Levine, J. S. , Harteneck, B. D. , and price, h. D. , Frequency agile relativistic magnetrons, Proc. SPIE, 2557, 74, 1995.

[56] Arter, W. and Eastwood, J. W. , Improving the performance of relativistic magnetrons, in Digest of Technical Papers: International Workshop on High – Power Microwave Generation and Pulse Shortening, Defence evaluation and research agency, Malvern, 1997, p. 283.

[57] Fan, Y. – W. et al. , A tunable magnetically insulated transmission line oscillator, Chin. Phys. B, 24, 035203, 2015.

[58] Li, W. et al. , Frequency agile characteristics of a dielectric filled relativistic magnetron with diffraction output, Appl. Phys. Lett. , 101, 223506, 2012.

[59] Phelps, D. A. et al. , Observations of a repeatable rep – rate IREB – HPM tube, in Proceedings of the 7th International Conference on High – Power Particle Beams, 1988, p. 1347.

[60] Vasil'yev, V. V. et al. , Relativistic magnetron operating in the mode of a train of pulses, Sov. Tech. Phys. Lett. , 13, 762, 1987.

[61] Ashby, S. et al. , High peak and average power with an L – band relativistic magnetron on CLIA, IEEE Trans. Plasma Sci. , 20, 344, 1992.

[62] Chen, S. C. , Bekefi, G. , and Temkin, R. , Injection locking of a long – pulse relativistic magnetron, Proc. SPIE, 1407, 67, 1991.

[63] Chen, S. C. , Growth and frequency pushing effects on relativistic magnetron phase – locking, IEEE Trans. Plasma Sci. , 18, 570, 1990.

[64] Benford, J. et al. , Phase locking of relativistic magnetrons, Phys. Rev. Lett. , 62, 969, 1989.

[65] Woo, W. et al. , Phase locking of high power microwave oscillators, J. Appl. Phys. , 65, 861, 1989.

[66] Levine, J. , Aiello, N. , and Benford, J. , Design of a compact phase – locked module of relativistic magnetrons, Proc. SPIE, 1226, 60, 1990. Levine, J. et al. , Operational characteristics of a phase – locked module of relativistic magnetrons, Proc. SPIE, 1407, 74, 1991.

[67] Fuks, M. and Schamiloglu, E. , Rapid start of oscillations in a magnetron with a "transparent" cathode, Phys. Rev. Lett. ,96,205101,2005.

[68] Fuks, M. and Schamiloglu, E. , Magnetron with virtual cathode, in Abstracts for IEEE International Plasma Science Conference Record, IEEE, San Francisco, CA,2013.

[69] Fuks, M. and Schamiloglu, E. , High efficiency relativistic magnetron with diffraction output operating with a virtual cathode, in Abstracts for IEEE International Plasma Science Conference Record, Ieee, Belek, antalya, turkey,2015.

[70] Black, W. M. et al. , A hybrid inverted coaxial magnetron to generate gigawatts of pulsed microwave power, in Technical Digest,1979 International Electron Devices Meeting, Washington, DC,1979, p. 175. Black, W. M. et al. , a high power magnetron for air breakdown studies, in Technical Digest,1980 International Electron Devices Meeting, Washington, DC,1979, p. 180.

[71] Ballard, W. P. , Private communication to Benford, J. N.

[72] Vintizenko, I. I. , Sulakshin, A. S. , and Chernogalova, L. F. , Generation of microsecond - range microwave pulses in an inverted relativistic magnetron, Sov. Tech. Phys. Lett. ,13,256,1987.

[73] Liu, M. et al. , RF mode switching in a relativistic magnetron with diffraction output, Appl. Phys. Lett. ,97,251501,2010.

[74] Liu, M. et al. , Frequency switching in a relativistic magnetron with diffraction output, J. Appl. Phys. ,110,033304,2011.

[75] Liu, M. et al. , Frequency switching in a 12 - cavity relativistic magnetron with axial extraction of radiation, IEEE Trans. Plasma Sci. ,40,1569,2012.

[76] Slater, J. , Microwave Electronics, Van Nostrand, New York,1950, p. 309.

[77] Lovelace, R. V. and Young, T. F. T. , Relativistic Hartree condition for magnetrons: theory and comparison with experiments, Phys. Fluids,28,2450,1985.

[78] Creedon, J. , Relativistic Brillouin flow in the high ν/γ diode, J. Appl. Phys. ,46,2946,1975.

[79] Haworth, M. D. et al. , Significant pulse - lengthening in a multigigawatt magnetically insulated transmission line oscillator, IEEE Trans. Plasma Sci. ,26,312,1998.

[80] Calico, S. E. et al. , Experimental and theoretical investigations of a magnetically insulated line oscillator (MILO), Proc. SPIE,2557,50,1995.

[81] Haworth, M. D. , Luginsland, J. W. , and Lemke, R. W. , Evidence of a new pulse - shortening mechanism in a load - limited MILO, IEEE Trans. Plasma Sci. ,28,511,2000.

[82] Haworth, M. D. et al. , Improved electrostatic design for MILO cathodes, IEEE Trans. Plasma Sci. ,30,992,2002.

[83] An unreferenced design by Ashby mentioned in the next reference.

[84] Eastwood, J. W. , Hawkins, K. C. , and Hook, M. P. , the tapered MILO, IEEE Trans. Plasma Sci. ,26,698,1998.

[85] Clark, M. C. , Marder, B. M. , and Bacon, L. D. , Magnetically insulated transmission line oscillator, Appl. Phys. Lett. ,52,78,1988.

[86] Dwivedi, S. and Jain, P. K., Design expressions for the magnetically insulated line oscillator, IEEE Trans. Plasma Sci.,41,1549,2013.

[87] Fan, Y. - W. et al., Recent progress of the improved magnetically insulated transmission line oscillator, Rev. Sci. Instrum.,79,034703,2008.

[88] Fan, Y. - W. et al., A dielectric - filled magnetically insulated transmission line oscillator, Appl. Phys. Lett.,106,093501,2015.

[89] See Ju, J. - C. et al., Proposal of a GW - class L/Ku dual - band magnetically insulated transmission line oscillator, Phys. Plasmas,103104,2014 and references therein.

[90] Ju, J. - C. et al., An improved X - band magnetically insulated transmission line oscillator, Phys. Plasmas,16,073103,2009.

[91] Zhang, X. et al., Preliminary investigation of an improved metal - dielectric cathode for magnetically insulated transmission line oscillator, Rev. Sci. Instrum.,86,024705,2015.

[92] Liu, L. et al., Carbon fiber - based cathodes for magnetically insulated transmission line oscillator operation, Appl. Phys. Lett.,91,161504,2007.

[93] Xiao, R. et al., High efficiency X - band magnetically insulated line oscillator with a separate cathode, Phys. Plasmas,17,043109,2010.

[94] Fan, Y. - W. et al., Repetition rate operation of an improved magnetically insulated transmission line oscillator, Phys. Plasmas,15,083102,2008.

[95] Dong, W. et al., HEM_{11} mode magnetically insulated transmission line oscillator: Simulation and experiment, Chin. Phys. B,21,084101,2012.

[96] Rose, D. V. et al., Electrode - plasma - driven radiation cutoff in long - pulse, highpower microwave devices, Phys. Plasmas,20,034501,2013.

第8章 返波振荡器,多波切伦科夫发生器,O型切伦科夫器件

8.1 引 言

O型切伦科夫器件主要包括相对论返波振荡器(BWO)和相对论行波管(TWT),它们分别是传统 BWO 和 TWT 适用于高电压和大电流后的产物。在工作过程中,它们均依赖于某种慢波结构(SWS),其作用是将器件中轴向传播的微波相速度降低到略低于电子束的速度,从而低于光速。这样,电子在这些器件中会产生辐射,其辐射方式类似于高于局部光速的电子在通过介质时产生的切伦科夫辐射。这一类器件被称作 O 型器件主要是因为电子沿着引导它们通过器件的轴向磁场移动,而不是像磁控管等 M 型器件那样穿过磁场。

通常,相对论 BWO 或 TWT 中的 SWS 由一个半径沿轴线周期性变化的波导组成,在某些情况下,这种变化既是轴向的也是角向的。然而,人们也可以用等离子体填充光滑的波导,构造出一种称为等离子体切伦科夫微波激射器(PCM)的装置。或是插入一种高折射率材料作为波导内表面的衬垫或轴上的杆,在这种情况下,这种装置被称为介质切伦科夫微波激射器(DCM)。在一些情况下,具有轴向变化壁半径的设备已填充了等离子体,这种设备通常被称为等离子体填充 BWO。尽管这是以更复杂、与时间相关的等离子体现象为代价,但等离子体填充既可以通过为大电流束流提供空间电荷中和来实现更高的电流运行,也可以实现束流、结构、等离子体相互作用。

通过在相互作用区的末端增加谐振腔,或将 SWS 分成两部分,开发了更加复杂的 SWS,进而调整场与电子之间的相互作用。对于将 SWS 分成两部分的情况,两个慢波段由光壁漂移段分隔,但该漂移区段不切断两个慢波段之间的波传播。采用这类方法的器件包括大直径多波切伦科夫发生器(MWCG)、多波衍射发生器(MWDG)和相对论衍射发生器(RDG),和工作在 X 波段及以上频率的高压和强磁场器件。该类器件还包括中国最近开发的在较低的电压和磁场下运行的过模慢波高功率微波发生器。对于在相互作用区末端增加谐振腔的情况,一

个感应谐振腔将两个慢波结构分开,以更好地形成输出端的束流调制,我们将这类器件称为速调型反波振荡器(KL-BWO)。

代表性的高功率微波源 BWO 和多波器件参数如表 8.1 所示。表中给定的参数不是来自单个器件,而是广泛代表了各类器件的功能。由于这类器件的工作阻抗范围为 70~120Ω,因此为得到几吉瓦的微波输出功率,工作电压通常接近或超过 1MV 的电压。目前已经证实了工作频率为 L 波段到 60GHz 的 BWO 以及它的衍生产品,其输出功率可达吉瓦以上。其中具有最高输出功率的 X 波段 MWCG 器件,可产生高达 15GW 的峰值功率。近来,在功率水平超过 5GW 的器件性能方面有了新的进展,例如每个脉冲的能量为数百焦,且输出的脉冲更平坦、更长。即使使用模式转换器将这些器件的工作模式转换为平面波的 TE_{11} 模式输出,这些功率水平也是可以实现的。

表 8.1 O 型切伦科夫振荡器的代表性参数

源参数	微波源			
	BWO	速调型 BWO	MWCG	MWDG,RDG
频率范围/GHz	1~10	3~10	10~35	13~60
峰值功率/GW	6	6.5	15	4.5
脉冲宽度/ns	约 20	38	约 100	700
单个脉冲输出能量	100	250		
转换效率/%	30	<50	48	10~20
重复频率/Hz	200	100	NA	
频率可调范围/MHz	300	—	150	NA
电压/MV	0.5~1	0.5~1.2	1~2	1~2
阻抗/Ω	50~120	65~110	100~140	75~100
磁场强度/T	3~4	约 2.2	约 2.5	约 2.8

MWCG、MWDG 和 RDG 都具有较大的截面,直径一般在 10 个波长以上。它们的优点是输出功率高、脉冲宽度长和输出脉冲能量高,但缺点是体积大,而且需要一个沉重而庞大的磁场线圈及其电源系统。

尽管吉瓦级 KL-BWO 在模拟中的转换效率约为 70%,但对于工作在 S 波段和 X 波段(参见波段定义公式)的相对紧凑型 BWO,其输出功率可达吉瓦级,转换效率为 20%~40%,机械式调谐频率可以超过 10%。BWO 已被应用于室外的吉瓦级雷达(见第 3 章),而且在实验室里可以在脉宽 45ns,工作频率 200Hz 条件下稳定重复运行。然而,由于器件尺寸较小,单脉冲的输出能量和平均功率的输出能力都可能成为问题。

TWT 放大器相对不太为人所关注,但实际上它们已显示出 35~45dB 的良好增益,而且输出功率可达400MW~1GW,效率在25%以上。然而,旁带控制和振荡抑制等问题尚未完全解决。

8.2 发展历程

鲁道夫·考夫纳(Rudolf Kompfner)在第二次世界大战期间为英国微波管界工作时发明了TWT[1],BWO也于战后不久问世。大约25年以后,康奈尔大学的John Nation采用强流相对论电子束技术设计了输出功率约10MW、效率为0.05%的BWO[2],该BWO的出现标志着高功率微波时代的开始。之后不久,Moskow的Lebedev研究所和Nizhny Novgorod的应用物理研究所的研究小组成功地研制了第一台真正的高功率微波源X波段相对论BWO,其脉宽10ns、功率400MW[3-4]。一年之后,康奈尔大学设计了一台类似的BWO,其输出功率提高到了500MW[5],从此开始了追求高输出功率的竞赛。

在这个早期阶段,发展主要分为两个研究方向。在托木斯克的大电流电子技术研究所(IHCE)、莫斯科的电波工程与电子技术研究所(IREE)以及莫斯科国立大学等单位的努力下,出现了一系列输出功率越来越高的微波源,他们将IHCE非常大且功率强劲的单次GAMMA脉冲功率发生器[6]与大型过模设备(其直径上有多个自由空间波长)相结合,其中SWS被分为调制和输出区两段,它们之间由适当半径的漂移空间隔开,以免阻碍信号辐射在两个区段之间的传播。最开始是表面波振荡器(SWO)[7]和相对论衍射发生器(RDG)[8-9],接着出现了MWCG[10]和MWDG[11],以及双段RDG。总之,这些设备在9~60GHz频率间可达到吉瓦级功率的微波输出[12-14]。在最高功率实验中,X波段的MWCG将15GW耦合到其输出波导中。

第二个研究方向是对最初的BWO进行持续改进,相关工作由IHCE的另一个小组、应用物理研究所、新墨西哥大学和马里兰大学共同进行。这些研究所和大学里的研究成果包括:通过调整慢波结构的轴向变化[15]或者改变器件输入端反射器的位置来改善微波的转换效率[16-17];降低[18]或消除[19]器件的工作磁场;实现了重复频率运行[20]。在SINUS系列之一的脉冲功率发生器的驱动下,这个微波源已被应用于吉瓦级雷达[21-22]。这样的组合对于可移动式系统RANETS-E也十分有意义,该系统正在受到对500MW级微波武器[23]感兴趣的人们的关注。实际上,已经在2.5节里将它作为超系统介绍过。

在过去的十年里,西安的西北核技术研究院(NINT)、绵阳的中国工程物理研究院(CAEP)的应用电子研究所(IAE)、长沙的国防科技大学(NUDT)和成都的电子科技大学(UESTC)在吉瓦级微波源上涌现出了一股创新热潮。NINT 的研究人员在以下三个方向上正在寻求发展：

(1) 双模 BWO，在 SWS 的上游端使用模式转换反射器，将耦合到束流的 TM_{01} 反向模转换为 TM_{02} 前向模，以降低前向模在壁上产生的场强[24]。

(2) 由感应式腔体分隔两个慢波段的一种 KL-BWO，其基本特征是电感腔将两个慢波段分开，在输入和输出端添加额外的腔体，以改善束流调制并减少输出端场强以防止击穿[25]。该器件的数值模拟输出功率为 10GW，转换效率达 70%。

(3) 两类设备的锁相：通过从输出端注入的信号来启动 BWO 的相位锁定[26]，以及在器件的波束注入端注入锁定信号的 KL-BWO[27]。

在国防科技大学，研究人员称 IHCE 多波器件的更短、更低电压和更低磁场的版本为过模切伦科夫型 HPM 发生器，它在两个慢波部分之间的光壁漂移部分采用了较老设备[28-29]。在快速成型和制造领域，国防科技大学还探索了用金属化塑料建造 BWO[30]。

在电子科技大学，研究者们对双频 BWO 进行了模拟研究[31]。另外，在 IAE，实验证明了 5.4GW 过模 X 波段 BWO，其脉冲重复频率为 30Hz(证明了单次发射功率为 6GW)[32]。

相对论 TWT 放大器并没有像 BWO 那样受到重视，其部分原因是驱动电子束的特性使得系统很难避免发生振荡。但尽管如此，康奈尔大学研制了两种完全不同设计的 X 波段放大器。前者在数百兆瓦的输出条件下取得了 45% 的显著转换效率[33]，并演示了一种由 BWO 驱动的双行波管主控振荡器/功率放大器(MOPA)阵列，旨在另一个放大器中产生锁相和高功率输出[34]。IAP 与 UNM 合作，在 TE_{11} 输出模式下产生了 1.1GW 的 45dB 增益[35]。

PCMs[36] 和 DCMs[37-38] 的功率水平已经达到数百兆瓦。然而，在本书中我们并没有对 PCM 和 DCMs 进行集中讨论。原因是前者 PCM 中的固体结构比等离子体稳定，后者 DCMs 中介质材料的 SWS 比金属材料更容易受伤。

8.3 设计原理

本章我们重点介绍使用了 SWS 的切伦科夫器件，其目的是将电磁波的轴向相位速度降低至低于光速 c。在这方面，请参阅图 8.1。当图中所示的电磁波的相速度与漂移电子的相速度相等时，相同数量的电子在电磁波的局部相位下做加速或减速运动，从而引起电子束群聚但没有净能量交换。然而，如果电子的初始速度略大于电磁波的相速度，则减速的电子数目大于加速的电子，这样在群聚的同时出现从电子束向电磁波的净能量转移。因此,这就是切伦科夫效应的本质:电子以比局部光速更快的速度产生电磁辐射,通过电子束群聚来增强辐射波的相干性。

图 8.2 为切伦科夫器件的基本结构。在强轴向磁场的引导下,电子束进入慢波结构,在慢波结构 S 中,电子束的动能转移到电磁场从而产生微波辐射。在通过慢波结构以后,电子束扩散并被收集极吸收。

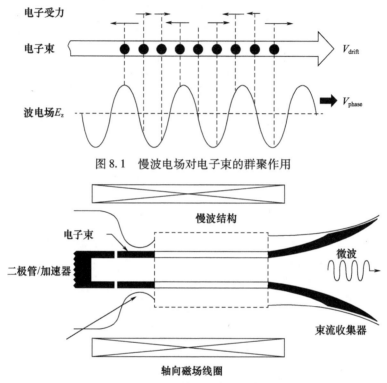

图 8.1 慢波电场对电子束的群聚作用

图 8.2 O 型切伦科夫器件的基本结构(慢波结构的例子如图 8.3 所示)

(1)电子束是微波能量的来源,它决定输出功率,而且在很大程度上决定输出的脉冲宽度。

(2)磁场线圈的作用是产生引导束流穿过器件的磁场,它可能影响微波产生的共振条件,而且影响系统的能耗。

(3)截止波导部分限制或阻止微波到达阴极并影响束流电子的发射(将讨论其他方法)。

(4)慢波结构是电子与电磁场发生相互作用的地方,它决定微波的频率、输出模式以及最终的输出功率和能量的极限。

(5)电子束收集极是系统冷却和 X 射线屏蔽的主要对象,也是回流等离子体的潜在来源,必须防止其进入相互作用区域而限制功率。

图 8.3[39]给出了一些慢波结构的例子。第一种是具有正弦波纹的壁,其壁半径在平均半径附近呈正弦变化。然而,通常情况下,许多周期性的壁半径变化效果良好。在第二种情况下,壁两侧的轴向狭缝打破了方位对称性,并选择了方位变化的场。在第三种情况下,施加在壁半径上的螺旋形变化选择了旋转极化。

(a) 正弦波纹壁　　(b) 带夹缝的正弦波纹壁　　(c) 螺旋形波纹壁

图 8.3　慢波结构的例子(源自(b) Aleksandrov A F, et al. Sov. Phys. Tech. Phys. ,26, 997,1981;(c) Zaitsev ,N. I. et al. ,Sov. Tech. Phys. Lett. ,8,395,1982;(d) Bratman, V. L. et al. ,IEEE Trans. Plasma Sci. ,15,2,1987)

O 型切伦科夫器件的基本设计流程如图 8.4 所示,图中右侧的灰色方框显示流程的顺序。

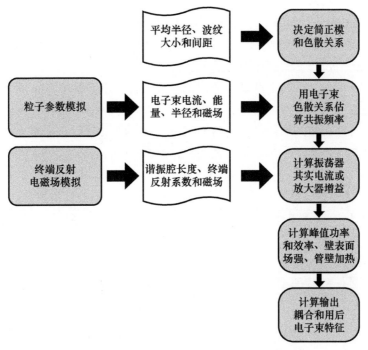

图 8.4　O 型切伦科夫器件的基本设计流程

(1)最初的两个步骤是相互关联的。对于最简单的器件设计,在可以接受的误差范围内,根据 SWS 的尺寸和电子束参数估算工作频率并决定器件的种类(如 BWO、TWT 或 SWO 等)。因此,在 8.3.1 节中只考虑没有电子束的 SWS,而在 8.3.2 节中引入电子束的影响。

(2)器件类型可以分为两大类,即振荡器和放大器,其中振荡器相对普遍。对于振荡器,存在一个由起振条件决定的最低束流,称为起振电流 I_{st}。其大小取决于 SWS 的平均半径和长度、壁的起伏深度与形状以及终端的反射系数。显然,它还依赖于电子束的参数,如电流、电子能量和截面分布等;有时也受电子束的脉冲波形影响。最后,磁场强度也十分重要,虽然多数情况下它由于足够强其影响被忽略,除非工作频率正好使回旋共振与切伦科夫机制发生竞争。起振电流的重要性包括两个方面。首先,为产生振荡,电子束电流必须大于这个临界值。另外,同样重要的是 I_{st} 的大小与非线性不稳定性的产生有关,它通常是 I_{st} 的数倍。我们将在 8.3.3 节将探讨这些问题以及放大器的增益问题。

(3)振荡器的输出功率,以及放大器的线性度和饱和功率都需要在设计阶段通过数值模拟来把握。即使在优化阶段,数值计算对于理解和改善实验结果也是十分重要的。壁表面的场强和热负载可以根据已知的模式通过解析方法来估算。这些将在 8.3.4 节论述。

(4)这些器件的输出耦合方法基本上都通过收集极对微波进行轴向提取。BWO 和 MWCG 的输出模通常类似于 TM_{01}。MWDG 和 RDG 的输出模则更为复杂,至少有一种 TWT 的设计输出是 TE_{11} 模。

图 8.5 中给出了两个更复杂的切伦科夫器件。由于图 8.5(a) 中两个 SWS 之间的漂移段不能阻止工作模式的电磁波在这两个部分传播,因此我们将这类器件称为分段未切断切伦科夫振荡器(SUSCO)。图 8.5(b) 所示的结构,其特点是在两个部分之间有一个调制腔,该调制腔本质上是电感的,它主要在传统速调管的倒数第二个空腔中起作用。这种器件的发明者将其称为速调型 BWO(KL-BWO)。这些更复杂的切伦科夫器件的设计主要依赖于计算机模拟。然而在这些器件中,影响基本工作频率的因素与 SWS 的相同,并且启动电流和远高于启动电流产生的非线性不稳定性的概念在本质上是类似的。

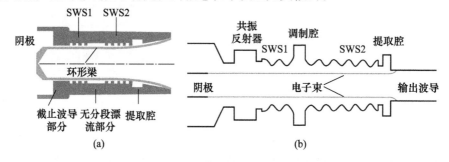

图 8.5 两段切伦科夫振荡器取得了突出的成就
(a)分段未切断切伦科夫振荡器(SUSCO);(b)速调型 BWO。
(源自 Xiao,r. et al.,J. Appl. Phys.,105,053306,2009.)

8.3.1 慢波结构:尺寸与频率

O型切伦科夫器件的工作频率 ω_0 和波数 k_{z0} 取决于 $\omega-k$ 空间中 SWS 的色散曲线与所谓"束线" $\omega=k_z v_b$ 的交点。因此,理解 SWS 的色散特性对于以下几个方面都是非常重要的:①估算工作频率;②设计 SWS 的尺寸;③确定输出模式;④区别不同类型的 O 型器件。作为近似处理,SWS 的色散关系与无电子束时的冷腔结构非常接近,进而我们可以将 SWS 和电子束分开考虑。因此,下面我们将首先考虑无电子束时的 SWS 色散关系。

在 4.4.1 节里曾经考虑过具有周期性轴向变化的慢波结构的色散关系。这些慢波结构主要是轴向波导管半径 r_w 上的周期性变化,当然也可以利用如图 8.3(c)那样的螺旋形。对于 O 型切伦科夫器件来说,决定工作频率的两个重要参数是轴向变化的周期 z_0 和 SWS 的平均半径 r_0。

$$r_w(z)=r_w(z+z_0) \tag{8.1}$$

如果器件的结构只在轴向发生变化,那么半径的周期性变化结果,使 SWS 简正模的角频率 ω 随轴向波束 k_z 发生周期性变化,即

$$\omega(k_z)=\omega(k_z+nh_0)=\omega(k_n) \tag{8.2}$$

式中:n 为任意整数;且有

$$h_0=\frac{2\pi}{z_0} \tag{8.3}$$

对于大部分 k_z 数值来说,SWS 内壁形状的细节对决定 $\omega(k_z)$ 曲线的形状不起主要作用。除了在光滑波导管的空间谐波(如下式给出的 TM 模)色散曲线的交点附近,SWS 的色散关系可以近似由下式给出,即

$$\omega^2=k_n^2C^2+\omega_{co}^2(0,p) \tag{8.4}$$

其中

$$\omega_{co}(0,p)=\frac{\mu_{0p}c}{r_0} \tag{8.5}$$

式(8.5)中的 μ_{0p} 是贝塞尔函数 J_0 的第 p 个根。在这些曲线的交点附近,对于不同的指数 n 和 p,曲线的形状发生相应的变化,以满足连续的、周期性的 $\omega-k_z$ 关系(参见习题 8.2 和习题 8.3)。

以图 8.5 所示的 SWS[40]为例,最低次模的色散关系随着波纹深度的变化如图 8.7 所示。这个曲线十分重要,因为大多数器件(虽然不是所有的器件)都工作于最低次模。首先注意到的是,对于在 0 和 $2\pi/z_0$ 附近的 k_z,大约有 1/2 的曲线范围不受波纹深度的影响;其次,另一半的色散曲线,即 $k_z z_0=\pi$ 附近随着波

纹深度的增加而逐渐被压缩。作为对式(8.4)的验证,考虑可传播频带的低截止频率,即 $k_z=0$。由于平均半径 $r_0≈4.5$cm,考虑波纹的影响后从式(8.4)和式(8.5)得到 $f(k_z=0)=\omega_{co}/2\pi≈2.5$GHz,这个结果与图 8.7 正好吻合。下一步考虑 $k_z z_0=\pi$ 处的频率上限,令 $k_n=\pi/z_0$,则得到 $f_{max}(k_z=\pi/z_0)≈11$GHz。可见,SWS 的波纹结构使频率明显降低,而且随着 a 的数值从 0.1cm 增加到 0.4cm,频率从 9GHz 下降到 7.3GHz。总之,r_0 决定频带的频率下限,而 z_0 是决定频带的频率上限。但这个关系对于高次模就要变得更加复杂,因为必须考虑相邻模式和光滑波导模之间的确切联系才能得到相应的色散曲线。

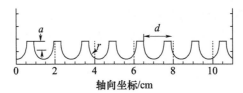

图 8.6 马里兰大学考虑的 BWO 慢波结构形状,其中 r 是圆弧半径,a 是直线部分的深度,d 是轴向周期(源自 Vlasov A N, et al. IEEE Trans. Plasma Sci. ,28,550,2000)

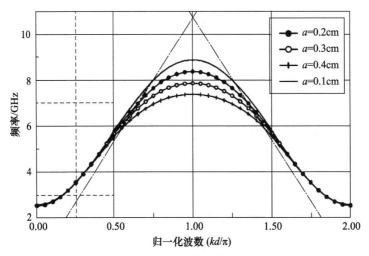

图 8.7 对应于图 8.5 所示慢波结构,计算得到的最低次似 TM_{01} 模的色散曲线(4 个曲线对应于 4 个不同的 a 值,$r=0.5$cm,$d=1.4$cm,从轴心到最近的壁之间的距离为 4.2cm)
(源自 Vlasov A N, et al. IEEE Trans. Plasma Sci. ,28,550,2000)

4.4.1 节对于这类器件的色散关系有更多的描述。这里需注意的是不同模式的可传播频带可能发生频率重叠,尽管它们的色散曲线不存在交点。另外,还需要注意,对于给定的 SWS 模式,电场和磁场的横向变化可能仅与 k_z 有关;这些变化与最接近的光滑波导模相似,尽管在给定的 SWS 色散曲线上光滑波导模可能随 k_z 发生变化。

8.3.2 引入电子束:不同器件中的共振相互作用

系统中引入电子束以后,共振相互作用的结果产生微波输出。在本节里,我们将讨论如何估算相互作用的频率,由此可以区分不同的器件类型(BWO、TWT、MWCG 等)。

在没有电子束时,麦克斯韦方程是线性的,而且冷腔 SWS 的色散关系是准确的,条件是假定它可以被认为是无限长的。由于电子束的引入,方程组变成非线性的。不过仍然可以假定微波电磁场足够弱,以至于它对电子束的扰动程度很小,这样有助于确定器件工作的临界条件。SWS 与电子束耦合状态的色散关系取决于以下因素:

(1) SWS 波纹变化的形状 $r_w(z)$,它决定无电子时 SWS 的 $\omega - k_z$ 色散曲线。

(2) 轴向外加磁场的强度,它决定电子回旋波对束 - 波相互作用的影响程度。

(3) 电子束的特性,包括它的横截面尺寸、电流 I_b 和电子动能 $(\gamma_b - 1)mc^2$,它决定电子束的快空间电荷波和慢空间电荷波的特性(注:所谓的快和慢有时会引起混淆,这两个空间电荷波都是慢的,它们的相速度都小于 c,但这里我们沿用惯例)。空间电荷波与 SWS 模相互作用的结果使电子束的能量转变成电磁场,从而产生微波能量输出。

有关 SWS 和电子束的色散关系,请参见参考文献[41-44]。

快空间电荷波和慢空间电荷波的色散曲线分别位于下式表示的"束线"的上方和下方(参见习题 8.4 和习题 8.5),即

$$\omega_{co}(0,p) = \frac{\mu_{0p}c}{r_0} \tag{8.6}$$

这些空间电荷波的色散曲线 $\omega(k_z)$ 与束线的间距(实际上在 HPM 器件中,当束流较大时,上下偏离是不对称的)取决于电子束的电流和电压(参见习题 8.6)。当外加磁场非常强时,半径为 r_b 的很薄的环形电子束对色散关系的影响由下式表示,即

$$\alpha = \frac{\pi I_b}{\beta_b \gamma_b^3 I_A} \tag{8.7}$$

式中:$\beta_b = v_b/c$,是归一化电子速度;$I_A = 17.1 \text{kA}$。应注意 α 随 γ_b 的增加急速下降,其变化率接近实心电子束的轴向等离子体频率。

在没有电子束的情况下,冷腔 SWS 的色散关系只存在对应于实数 k_z 的实数 ω 函数。但是在考虑电子束以后,就出现了复数的 ω 和 k_z。当 ω 具有正的虚部

时,波幅就会随时间增长;当k_z的实部和虚部符号相反时,波幅就会随空间增长。原则上,ω和k_z的复数值由SWS两端的边界条件决定,将在下一节讨论这个问题。

图8.8是考虑了电子束影响的一个例子。它描绘了SWS里存在参数为$I_b=8\text{kA},\gamma_b=1.91\text{cm},r_b=0.5\text{cm}$的电子束时的色散关系。SWS的波纹形状为

$$r_w(z)r_0 + r_1\sin(h_0 z) \tag{8.8}$$

式中:$r_0=1.3\text{cm};r_1=0.1\text{cm};z=2\pi/h_0=1.1\text{cm}$(参见习题8.1)。图中假定$k_z$为实数,当然这里要强调在实际问题中采用边界条件来求解方程组,并确定ω和k_z的准确复数值。注意图中的束线,当它从右端出去以后又在同样频率的地方从左端进来。快空间电荷波和慢空间电荷波的色散曲线分别在束线的两侧。可以看到,快空间电荷波的色散曲线不与SWS的色散曲线存在交点,相反随着波数的增加两者相互转换。但是慢空间电荷波与SWS的色散曲线相交,说明交点附近会发生产生微波的不稳定性相互作用。实际上,它们并不是真正相交,因为图8.8显示了ω的实部随波数的变化。如果考虑复数频率,会发现它分为虚部符号与实部符合相反的复共轭。图8.9所示ω虚部的大小,被称为波数实值不稳定性的增长率。可以看到不稳定性只存在于慢空间电荷波与SWS色散曲线的交点附近一个很小的频率范围内。类似的不稳定性也可以在高频的交点附近观察到,尽管随着频率的实部的增加,增长率有所下降。

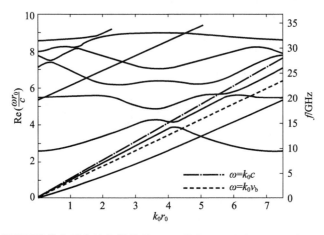

图8.8 薄的圆筒状电子束的色散关系。$I_b=8\text{kA},\gamma_b=1.91\text{cm},r_b=0.5\text{cm}$,正弦波纹的SWS参数为$r_0=1.3\text{cm},r_1=0.1\text{cm},z_0=1.1\text{cm}$。为与文献中的符号保持一致,$k_0$是前文中的$k_z$。左边和右边的数值分别为无量纲和有量纲的频率。(源自Swegle J A,et al. Phys. Fluids,28,2882,1985)

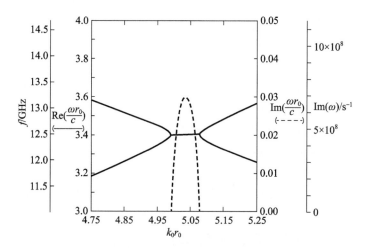

图 8.9　图 8.7 中的最低次共振点附近 ω 的实部(实线)和虚部(虚线)
（源自 Swegle J A, et al. Phys. Fluids, 28, 2882, 1985）

图 8.10 所示的三条束线，它们分别代表三个具有不同轴向速度的电子束。其中速度最低的束线($v_b = v_{z1}$)与最低次频率结构模相交于点 1(BWO)，此处有 $v_g < 0$。这里发生返波管相互作用，其中返波(backward wave)一词的来源就是由于结构模的能量传播方向与电子束的方向相反。从图中还可以看到，同一个束线与下一个高频结构模相交于点 2(TWT)，此处有 $v_g > 0$。因此，发生在这里的共振相互作用可以用于设计 TWT，它的微波能量传播方向与电子束相同。

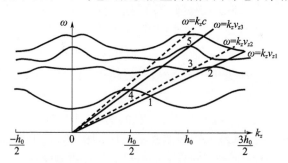

图 8.10　对于三种电子束速度 $v_{z1} < v_{z2} < v_{z3}$，它们与慢波结构色散曲线的共振关系
（对于图中的焦点：1 是 BWO, 2 是 TWT, 3 是 RDG, 4 是 SWO,
5 是 Wood 奇异点。注意：4 处在光速线 $\omega = k_z c$）

图 8.9 中的虚线所代表的束线($v_b = v_{z2}$)与第二通带相交于点 3(RDG)，此处有 $k_z = h_0$。相对论衍射发生器(RDG)的定义是由这些交点定义的，这些点在 SWS 模式中有 $v_g = 0$，但不包含下文介绍的点 4(SWO)所代表的特殊情况。实际上，图中的 RDG 共振点支持的是 2π 模，因为间隔为 z_0 的 SWS 区间之间的相变

化为 $k_z z_0 = 2\pi$。

对于较高的电子能量,如 $v_b = v_{z3}$,束线与最低通频带模相交于点 4(SWO)。这里的 π 模(即 $k_z z_0 = \pi$)相互作用可以在式(8.4)和式(8.6)中的 n 和 n' 同时等于 0 时发生,条件是最低通频带模的峰值位于光速线 $\omega = k_z c$ 的下方。这时轴向电场具有表面波的特性,即最大值出现于管壁附近,而在远离管壁处消失(为得到这个结果,必须求解麦克斯韦方程和色散方程得到 SWS 中的轴向场。色散关系表明,对于 $\omega < k_z c$,场的轴向分量主要由贝塞尔函数 I_0 决定,它随半径的变化近似于函数 $\exp(k_\perp r)$)。因此,利用"SWO"相互作用点的振荡器被称作表面波振荡器。定性地说,为获得 SWO 工作点,SWS 的波纹深度必须足够大,以使最低色散曲线的峰值低于光速线。有关正弦波纹 SWS(式(8.8))的推导显示,它的最低色散曲线的峰值低于光速线的条件为

$$r_1 > 0.3 \frac{z_0^2}{r_0} \tag{8.9}$$

式中:$r_0 \gg 0.6 z_0^2$。

最后,$v_b = v_{z3}$ 的束线与第三条 SWS 色散曲线相交于点 5(WA),这是一个高次的 2π 模。虽然它也能支持 RDG 相互作用,但它与"RDG"点的 2π 模有本质的区别,因为"WA"是色散曲线上一个特殊的点,文献中称它为 Wood 奇异点。在这里,SWS 色散曲线是相邻的两个 TM_{01} 光滑波导模相交的结果,它们分别对应于式(8.4)中的 $n = 0$ 和 $n = -2$,而且都有 $p = 1$。与之相对照,"RDG"点是由 TM_{02} 模在截止频率(即 $\omega \approx \omega_{co}(0,2)$)附近对应于 $n = -1$ 的空间谐波的结果。由于"WA"处的 SWS 曲线在光速线以下,所讨论的模式为表面波,因此它的场分布与"SWO"相似,而不是体积波模式,类似于 $v_b = v_{z2}$ 时"RDG"相关的场。正因如此,电子束向衍射辐射的能量转换效率较高[45],这成为 RDG 的一个优点。

多波器件(MWCG 和 MWDG)与其他器件有以下不同之处。首先,它们采用过模 SWS(即直径远大于波长);其次,它们的 SWS 是分段的,之间至少两部分是由漂移段隔开,该漂移段不切断两部分之间的传播(这里特别强调 SWS 分段之间是不截止的,以区别历史上曾经出现的采用截止漂移段分离不同 SWS 的尝试)。此外,一些学者还声称它们也是通过高束流电压和高磁场强度来区分的。对于 MWCG 的特殊情况,复合 SWS 的每段截面具有类似于 SWO 的色散曲线。另外,在 MWDG,各段 SWS 的结构不一样,例如,第一段可以具有 BWO 的特性(交点处有 $v_g < 0$),而第二段却是 $3\pi/2$ 模的 RDG($v_g = 0$)。

相互作用点处 v_g 的符号对于决定器件的性质起关键的作用。当 $v_g < 0$ 时(如 BWO),系统自身的反馈机制使它可以在没有外部驱动信号的状态下产生振荡,条件是电子束流超过临界值。这个临界值被称作启动电流(I_{st}),将在下一小

节详细讨论。对于 $v_g=0$ 的器件(如 SWO、MWCG、RDG 和 MWDG),因为电磁场能量不发生流动(相当于 SWS 里存在一个驻波模,虽然端部存在微波输出),SWS 等效于一个高 Q 谐振腔。因此,这些器件也只能以振荡器形式工作,只要满足 $I_b > I_{st}$ 的条件。

当 $v_g > 0$ 时,电磁场能量向下游流动,因此在没有终端反射的情况下,理想器件的工作方式只能是 TWT,即对上游输入的微波信号进行放大。这里特别强调"理想器件",是因为在实际装置中总存在两个主要的非理想因素的影响:①由强流电子束所产生的高增益,使噪声也以超辐射的模式被放大输出;②输出端的反射可能产生足够的反馈,以至于当电流超过某个临界值时 TWT 变成振荡器。因此,放大器设计的困难之处在于避免自发振荡的同时争取尽可能大的增益。这里增益的定义是输出微波功率 P_{out} 与输入功率 P_{in} 的比,即

$$P_{out} = G P_{in} \tag{8.10}$$

实际上存在无数个可以导致微波输出的共振点。当然,有不少方法可以用来提高某一个共振点的相对优势,从而可以得到单一频率的高功率输出。这样的做法被称为模式选择。在多数情况下,频率最低的模式倾向于占主导地位;最早的相对论 BWO 工作于最低次的 TM_{01} 模[3]。而一年后发表的康奈尔大学小组的结果显示[5],延迟线诊断到最低的两个模同时存在于同一个脉冲。这个现象是可以抑制的。前面曾经提到,当共振点处有 $v_g=0$ 时(如 SWO、MWCG、RDG 和 MWDG),SWS 实际上就像是一个高 Q 谐振腔,因此允许优先选择这些共振模式[46]。另外还有两种做法:①通过控制电子束半径并利用回旋共振吸收使 TM_{02} 模优于 TM_{01} 模[47];②通过在谐振腔的两侧开狭缝来控制角向场分布的变化[48]。

8.3.3 启动电流与增益

首先考虑产生振荡所需要的启动电流 I_{st}。它的计算通常比较复杂,文献中较详细地考虑了以下几种情形。

(1)低电流 BWO(即对于式(8.7)有 $\alpha^{1/3} \ll 1$),外加磁场强度无穷大,理想终端边界条件:电子束入射端全反射、微波输出端无反射[49-51]。

(2)BWO,外加磁场强度无穷大,具有一般性反射系数的终端边界[52-53]。

(3)BWO,磁场强度有限,接近回旋共振点,一般性边界反射系数[54]。

(4)SWO,外加磁场强度无穷大,一般性边界反射系数[46]。

这里不对计算的过程给予详细描述,因为它超出了本书的范围,但是理解其中的概念是非常重要的。色散关系给出的是 ω 与 k_z 之间一对一的关系,但却不

能同时决定它们的数值。事实上,对一个工作于某个固定频率的器件来说,该频率对应于某一波束与 SWS 共振,同时还存在其他的非共振模式(远离束线与 SWS 色散线的交点)。这些模式具有与共振点相同的 ω,但 k_z 不一样,它们由终端的反射系数线性耦合到共振模式。以图 8.11 为例[52],处于共振点的 BWO 模与另一个具有相同 ω,但不同 k_z 的前向波模式相耦合。这样,有限长 SWS 两端的边界条件加上色散关系,便可以决定三个参数,ω、k_+ 和 k_-。通常三个参数都是复数,而启动电流则是能够使波幅随时间增长的 I_b 的最小值。换句话说,如果波幅随时间的变化关系可以表示为 $\exp(i\omega t)$,那么对于 $I_b < I_{st}$ 时,ω 的虚部为正,而当 $I_b < I_{st}$ 时,ω 的虚部为负(波幅随时间指数增长)。

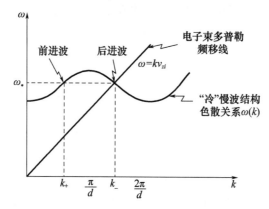

图 8.11 $k_z = k_-$ 时,最低阶类似 TM_{01} 的 SWS 模式、反向波与波束模式以及与谐振腔频率相同但波束为 k_+ 的正向波之间的共振相互作用示意图(源自 Levush, B. et al., IEEE Trans. Plasma Sci., 20, 263, 1992)

当电子束电流增加并超过 I_{st} 时,会出现多个不同的启动电流[49]。最低的 I_{st1} 对应于一个轴向模,它的轴向结构由多个具有不同 k_z 的波叠加而成。超过第二个启动电流 I_{st2} 后,另一个具有略微不同的频率和轴向结构的模加入进来。当电流超过 I_{st3} 时,又会出现第三个具有不同频率和结构的模。这样随着电子束电流的增加,会不断加入新的模式。在由 Swegle 给出的具有一定局限性的假定下[49](低电流、强磁场、理想边界条件)可以得到 $I_{st2} = 0.63 I_{st1}$ 和 $I_{st3} = 14.4 I_{st1}$。

当 SWS 终端的反射系数为一般性数值时,启动电流随谐振腔的长度 L 发生周期性变化。特别是当计算考虑输出端的反射时,启动电流的数值总比假定无反射的理想条件要低,尽管对于部分 L 的数值,相互作用空间内耦合波干涉的结果会使 I_{st} 增加。由于 SWO 的谐振腔具有较高的 Q 值,它的启动电流一般低于 BWO。总体上看,I_b 和 γ_b 随时间的变化会使启动电流上升。

当外加磁场强度不是非常高时,I_{st} 的数值和器件的工作特性会受到切伦科夫增幅机制与快回旋空间谐波吸收机制之间竞争的严重影响[54]。这个效应在共振磁场 B_res 附近最明显,它的定义是在这个磁场下,快回旋波的第 -1 个空间谐波与相同频率的切伦科夫机制发生共振,从而出现竞争。因此,如果 ω_0 和 k_{z0} 是 SWS 与电子束发生切伦科夫共振时的频率和波数,则有

$$\omega_0 \approx (k_{z0} - h_0)v_\text{b} + \Omega_\text{c} = (k_{z0} - h_0)v_\text{b} + \frac{eB_\text{res}}{m\gamma_\text{b}} \tag{8.11}$$

因为切伦科夫共振发生于式(8.6)的束线 $n' = 0$,所以可以得到

$$B_\text{res} \approx \frac{2\pi m\gamma_\text{b}v_\text{b}}{ez_0} \tag{8.12}$$

共振磁场附近的情况比较复杂,通常 I_st 有所上升,大电流时相互作用的稳定性受到影响,而且在一定条件下回旋吸收会停止器件的工作。另外,还必须注意到快回旋频率的高次空间谐波也可能发生共振,因此式(8.12)实际上对应于多个共振磁场的数值。

虽然只有 I_b 超过 I_st 才能产生振荡,但是超过太多也可能出现不利。Levush[52]等使用与 Swegle[49]不同的假定和推导,得到的结果显示,当 I_b 大幅度超过 I_st 时,两个非线性的不稳定性会改变并损害 BWO 的输出特性。图 8.12 是不稳定性领域的二维无量纲参数图,横轴是用 v_b/ω_0 归一化的 SWS 长度 L(其中 ω_0 是工作频率),而纵轴则与系统的长度和电子束电流除以 $N = L/z_0$ 的立方成正比(I_b 的归一化参数比较复杂。为方便起见,有兴趣的读者可以参考 Levush 等的文献)。图中以下参数是固定的:①两个终端的复数反射系数的乘积;② v_b;③共振点的 SWS 波的群速度。可以看到图中存在这样的区域:①单一工作频率区域;②交叉激励不稳定性区域;③过群聚不稳定性区域。

对于 $I_\text{b} > I_\text{st}$,交叉激励不稳定性的参数空间从单一频率区域下界的顶点向上扩展 $I_\text{b} > I_\text{st}$。从基本物理观点来看,发生这个现象的原因是当归一化长度 $L\omega_0/v_\text{b}$ 增加时,伴随着系统从一个低次模向另一个低次模的转变,顶点附近的 I_st 迅速发生变化。这个不稳定性的起因是轴向模式转变区域附近竞争模的启动电流的非线性下降。它可以从图 8.13 所示的结果看到,系统的振荡起始于一个低频模,然后跳跃到一个频率略高一点的另一个轴向模;与此同时,系统的输出有所提高。交叉激励不稳定性已经在实验中被观察到[55]。

过群聚不稳定性是由于很强的电子群聚产生的非线性效应,它发生于 I_b 远超过 I_st 的情形。其结果使主振荡模同时存在一个频率略低的旁带(类似于速调管和其他 O 型微波源的特性)。这个旁带对输出信号产生强烈的调制。Levush[52]等指出,当电流非常大时(如 I_b 约为 $30I_\text{st}$,微波电场可能强到足以让电子反向运动。

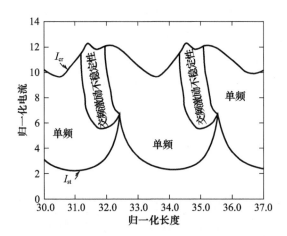

图 8.12 在归一化长度和归一化电流参数空间中 BWO 的工作区域，假定终端的综合反射系数为 0.7

（源自 Levush,B. et al. ,IEEE Trans. Plasma Sci. ,20,263,1992）

根据经验，为避免产生频率跳跃和旁带形成的非线性不稳定性，应该将这一类振荡器的工作参数 I_b 定在 I_{st} 的 3～5 倍。如果 I_b 超过 $30I_{st}$，那么就会在很宽的频谱里表现出不确定的工作状态。

虽然在多波切伦科夫振荡器和 KL–BWO 等分段器件中，对启动电流进行解析计算并不容易，但启动电流或其他振荡阈值条件的概念仍然适用，当电流远高于启动振荡电流时，非线性不稳定性仍然存在。

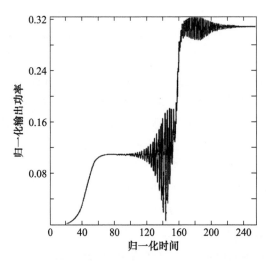

图 8.13 BWO 运行期间交叉励磁不稳定时，作为时间函数的输出功率

（源自 Levush,B. et al. ,IEEE Trans. Plasma Sci. ,20,263,1992. W）

如8.3.2节所述，启动电流的问题不适用于放大器，因为放大器的设计目标之一是避免产生振荡。放大器的重要参数是增益，它是由式(8.10)定义的输出与输入功率之比。当输入功率较低时，G 近似为常数，它可以通过将实数 ω（因此不会出现振荡）代入色散关系并计算复数 k_z 而近似求得。在电子束与SWS的TWT相互作用点附近，如果场的空间函数为 $\exp(ik_zz)$，则 k_z 的虚部 $\mathrm{Im}(k_z)$ 为负，从而使场的振幅随空间指数增长。由于功率与电场振幅的平方成正比，对于较小的 P_{in} 和 SWS 长度 L，有

$$B_{\mathrm{res}} \approx \frac{2\pi m \gamma_{\mathrm{b}} v_{\mathrm{b}}}{e z_0} \tag{8.13}$$

随着 P_{in} 的增加，P_{out} 开始出现饱和，并接近一个最大值。这个最大值取决于电子束电流 I_{b}、电子束加速电压和器件的效率。

8.3.4 峰值输出功率：数值模拟的作用

没有一个解析理论能够给出振荡器的输出功率或者放大器的饱和输出功率。为了得到这些参数，或者对正在设计和调试的器件进行优化，必须进行数值模拟。然而，在考虑电子束向微波的功率转换以前，首先分析作为微波能量源的电子束。考虑电子束电流与电压的关系，或准确地说考虑通过SWS时电子束电流 I_{b} 与电子能量 $(\gamma_{\mathrm{b}}-1)mc^2$ 的关系。第4章里曾经讲过，电子束的空间电荷效应会使 γ_{b} 低于不考虑空间电荷效应时的 $\gamma_0 = 1 + eV_0/mc^2$，其中 V_0 是电子束二极管的电压。对于一个薄的圆筒状电子束，γ_{b} 是 γ_0、I_{b}、r_{b} 以及用平均半径 r_0 近似的壁半径的函数。因为电子的动能随着电流的上升而减小，所以电子束的最大功率是这些参数的非线性函数；式(8.14)是 Vlasov[40] 等给出的电子束最大功率的表达式，即

$$P_{\mathrm{b,max}}(\mathrm{GW}) = \frac{4.354}{\ln(r_0/r_{\mathrm{b}})} W(\gamma_0) \gamma_0^2 \tag{8.14}$$

其中非线性函数 $W(x)$ 如图8.14所示。值得注意的是，$P_{\mathrm{b,max}}$ 只依赖于二极管电压以及壁与束的半径比。当电子束接近壁时，空间电荷限制电流趋向无穷大。但实际上由于束壁间磁场强度是有限的，所以必须让电子束和壁之间保持一定的距离，以减小电子的损失（参见习题8.7）。另外，还应该注意到当电子束接近壁表面时，那些具有较强的轴向表面场的微波源（如有关图8.10的讨论中提到的SWO、MWCG以及工作点接近Wood奇异点的RDG）里会发生很强的束场相互作用，因为这些器件里的场主要集中在壁附近。

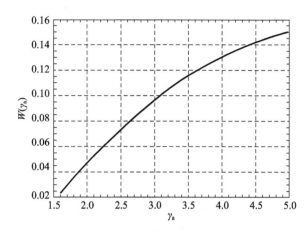

图 8.14 用数值方法计算了具有无限轴向磁场的 BWO 的信号随时间的变化。
垂直轴是通过对微波信号的径向分量积分来计算的
(源自 Swegle, J. a. et al., Phys. Fluids, 28, 2882, 1985)

为了理解在实际问题中式(8.14)是如何应用的,可以考虑以下例子。对于 20% 的器件转换效率需要 5GW 的电子束功率产生 1GW 的微波。假定无箔电子束二极管的半径比 r_0/r_b 为 1.2,利用式(8.14)和图 8.14,可以得到 5GW 的电子束功率需要大于 500kV 的电压(或 γ_0 略大于 2)。如果为简单起见,忽略空间电荷效应,即假定 $\gamma_b \approx \gamma_0$,电子束电流至少需要达到 10kA,束流功率才能达到 5GW(因为 $P_b \approx V_0 I_b$),而且二极管的工作阻抗 $Z \approx V_0/I_b$ 近似于 50Ω。考虑到 5GW 是这个二极管电压能够给出的最大功率,如果希望设计一个工作阻抗为 100Ω 的 BWO,那么根据 $P_b \approx V_0 I_b = V_0^2/Z$ 得到的电压约为 707kV。这两种二极管都向 BWO 的输出电子束为 5GW。而 500kV、50Ω 的电子束与 707kV、100Ω 的电子束之间的区别在于前者的功率是对 500kV 电压的优化最大值,而后者在电子束功率上并没有达到最大。从这个意义上可以说较低的阻抗对应于较高的电子束功率。但是,较低的电子束阻抗并不一定是 BWO 的最佳工作阻抗。

图 8.15[43]是使用 2.5 维 PIC 程序(MAGIC)得到的有关 BWO 的大信号行为的计算结果。具有正弦波形波纹 SWS 的 BWO 输出信号可以用从中心到管壁的径向电场积分表示。波形上的第一个跳跃是上升时间为 0.2ns 的由电子束注入引起的静电效应。随后信号的振幅开始呈指数型增长,其增长率大约为 1ns^{-1},直到约 7.5ns 时出现饱和。在此之后,信号的振幅出现强烈的调制,过群聚引起较低频率的旁带增长。图 8.16 所示为 $t = 10$ns 时相空间中的电子分布,它显示了微波电场对电子的轴向动量的显著影响。在 SWS 的输入端附近,电子的轴向动量受到强烈调制,导致电子束的群聚。当电子束沿 SWS 传输时,一部

分电子被微波的强大势阱捕捉,以至于大约在 z=15cm 以后,可以观察到很多轴向动量较低的电子。被捕捉的电子与微波之间发生周期的能量交换,但净能量转移并不多,因此它们可以调制微波信号的振幅。总体而言,在 SWS 中传输足够长的距离后,与入口 z=0 处的数值相比,动量减少的电子多于增加的电子。能量守恒定律说明有一定的能量被微波吸收。图 8.15 和图 8.16 是在轴向磁场强度穷大的假定下得到的;其他使用有限磁场的数值模拟结果显示,电子会在半径方向运动,以至于一部分电子由于碰在 SWS 的壁上而损失。

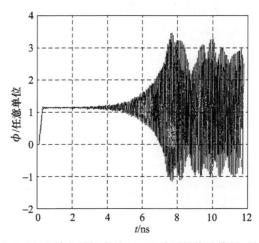

图 8.15 对于无穷大轴向磁场中的 BWO,采用数值计算得到的输出信号,纵轴表示的是微波信号的径向积分

(源自 Swegle J A,et al. Phys. Fluids,28,2882,1985)

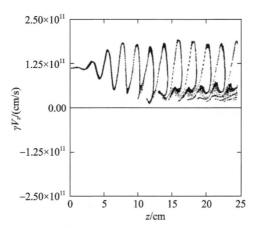

图 8.16 长度 25cm 的慢波结构中的电子动量与位置的相空间分布

($t=10$ns,输出如图 8.15 所示)

(源自 Swegle J A,et al. Phys. Fluids,28,2882,1985)

另一个 PIC 程序 TWOQUICK 是用来研究 BWO 中 SWS 前后插入直筒形漂移管的作用,如图 8.17 所示[17]。当上游的漂移管长度 L_1 从 0mm 增加到 40mm 时,微波效率的变化如图 8.18 所示,可以看到效率变化呈周期性起伏,而且最大值约是最小值的 5 倍。尽管图中没有表示,但实际上频率也发生了类似的变化,从 1mm 处的 9.7GHz 到 6mm 处的 9.4GHz 以及 17mm 处的 9.63GHz。数值模拟的结果可以帮助解释图 8.18 中所看到的现象,特别是在调整束流和 RF 电压之间的相位差过程中,SWS 的非共振空间谐波的作用,这个现象也在其他文献中受到关注[16,56]。这项技术已经普遍用于对 BWO 输出功率和效率的优化,也被用于提供机械可调谐性。例如,基于这项工作,设计了一台输出功率 670MW 和转换效率 25% 的 X 波段 BWO。

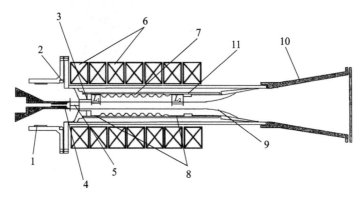

图 8.17 新墨西哥大学的 BWO,被用来研究慢波结构的前移和后移效果
1—电容分压器;2—Rogowski 线圈;3—截止颈;4—阴极;5—阴阳极间隙;6—磁场线圈;7—慢波结构;
8—直筒漂移段,长度 L_1 和 L_2 可调;9—电子束;10—输出喇叭天线;11—反射环。
(源自 Moreland L D,et al. IEEE Trans. Plasma Sci. ,24,852,1996)

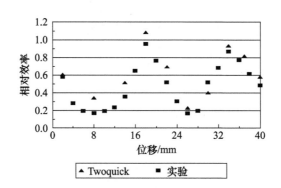

图 8.18 通过改变图 8.16 中的 L_1 得到的慢波结构的移动对 BWO 的功率效率的影响,
包括采用 Twoquick 得到的计算结果和实验结果
(源自 Moreland L D,et al. IEEE Trans. Plasma Sci. ,24,852,1996)

正如我们将在此章接下来部分的阐述那样,计算机模拟已经成为一个交互元素,即可以通过计算机模拟优化当前的系统。

8.4　工作特性

在本节中,我们考虑四种不同类型信号源的运行特点:①单段 BWO,包括 SWO 或 π 模式 BWO;②KL-BWO;③大直径 SUSCO,包括多波器件和来自中国的新过模源;④行波管。前三种代表了迥异的源构建方法。BWO 的发展集中在优化千兆瓦系统上,该系统采用紧凑的设计方案,可重复运行,并可带到现场。KL-BWO 牺牲了设计的复杂性,换来了在每脉冲功率和能量方面更开放的性能目标。多波器件开发人员最初的目标是从 10GHz 到 60GHz 的频率范围内最大限度地提高每个脉冲的峰值功率和能量,几乎不考虑系统的体积和质量。许多最重要的早期工作都是在一个巨大的试验台上完成的,为工作提供了很大的(但不是无限的)灵活性。最近,尽管采用了类似的两段式设计,一些工作在较低电压和磁场下的器件重新引起了人们对此类器件的兴趣。行波管的研究仍在进行中。虽然 KL-BWO 的某些特性至少可以替代窄带宽的放大,但行波管提供了一些独特的功能,例如通过内模转换器可以获得近平面波输出,以及 MOPA 阵列的长期可能性:这种阵列可以提供高功率,而不会对任何一个源施加超出其限制的压力。在表 8.2 中,我们比较了前三个系统取得的一些主要成果。

表8.2　在 GAMMA 上取得的 MWCG 和 DRG 的脉冲功率参数和微波参数与 SINUS 上取得的 BWO 的结果比较

电子束发生器	GAMMA (IHCE)	GAMMA (IHCE)	SINUS 型 (NUDT)	SINUS-7 (IHCE)	TPG-2000 (NINT)
电压	2.1MV	1.5MV	0.9MV	1.2MV	1.1MV
电流	15kA	20kA	14kA	15kA	16.4kA
阻抗	140Ω	75Ω	64Ω	80Ω	67Ω
脉冲长度	1μs	2.5μs	50ns	45ns	65ns
慢波结构					
直径	14cm	11.8cm	8.4cm	8.4cm	约10cm
周期	1.5cm	7mm	1.2cm	4.6cm	约3.3cm
全长				21cm	约32cm
磁场强度	2.45T	2.8T	0.75T	2.5T	约2.2cm

续表

微波源	MWCG	RDG	体积过大 SWS 下一代	BWO	KL-BWO
频率	9.52GHz	45GHz	9.57GHz	3.6GHz	4.26GHz
功率	15GW	2.8GW	3GW	5.3GW	6.5GW
持续时间	60~70ns	700ns	约25ns	25ns	38ns
脉冲能量		520J	约75J	100J	230J
效率	48%	9%	25%	30%	36%

我们注意到,考虑到历史原因,以及托木斯克的超大型伽马加速器已经退役,本章中的源主要与来自 IHCE 和俄罗斯叶卡捷琳堡电子物理研究所的 SINUS 系列脉冲功率发生器[57],以及来自中国西安交通大学和南京理工大学的基于 SINUS 的 TPG 发电机[58]有关。当电压低于 1MV(影响这些脉冲功率器件的径向尺寸)且脉冲长度为几十纳秒(影响这些器件的长度)时,这些设备非常紧凑。如图 8.19 所示的 UNM 的 SINUS-6 发电机,它提供 700kV、7kA、20ns 的电子束脉冲[59]。这些设备基本由特斯拉变压器充电的集成充油脉冲形成线(PFL)组成,其输出通过触发的流动气体开关切换到负载。SINUS 和 TPG 发生器之间的关系,以及本章中的切伦科夫器件确实带来了几个设计挑战。

图 8.19 新墨西哥州大学(阿尔伯克基市)的 SINUS-6 加速器
(写有"SINUS-6"的圆筒内是 Tesla 线圈和脉冲形成线,它上方的圆筒内
是触发脉冲形成线与传输线之间的火花隙开关的脉冲发生器)

首先,本章中 BWO 和其他器件的阻抗(60~70Ω 到 100Ω 以上)与脉冲功率发生器的输出阻抗不太匹配,从最小体积存储能量的观点来看,输出阻抗应介于 20Ω(最佳值)和约 40Ω(折中值)之间,折中值使垂直于中心导体的电场最小

化,并在增加的脉冲功率体积和提高负载功率耦合效率之间取得平衡。若能接受功率耦合效率降低,另一种选择是如使用 SINUS - BWO 组合的 NAGIRA 雷达系统那样,采用锥形传输线(见问题 8.11);然而,这些锥形传输线的长度大约是发电机 PFL 的 3 倍。这导致了二次设计的挑战:因为 PFL 和锥形传输线的长度都与脉冲长度成正比(参见问题 8.12),脉冲长度接近 50~100ns 的器件长度管理成为了难题。除了通过取消锥形传输线来接受可能的效率损失之外,设计替代方案包括使用螺旋缠绕 PFL[60]来缩短脉冲功率发生器的长度,或者 PFN 与 PFL[61]串联,相比 PFL 都可以以更紧凑更复杂的配置提供更长持续时间的电压输出。第三个挑战在于,为增加微波输出功率,PFL 的直径和质量随着电压的增加而增加。高压 SINUSE - 7[57]型和 TPG - 2000[62]比 SINUSE - 6 型大得多(参见习题 8.13)。

无论如何,SINUS 和 TPG 发电机有着其他替代方案,包括来自叶卡捷琳堡电物理研究所[53]的感应储存机[63],或是单次爆炸驱动的发电机[64]。

8.4.1 返波振荡器

高功率返波振荡器(BWO)相对紧凑,且只有一个 SWS。因此与本章中的其他器件相比它们的设计相对简单。这种类型的 BWO 已经在非常紧凑的微波源中产生了千兆瓦级的输出:X 波段器件[65]中的 BWO 功率为 3GW,S 波段器件中的 BWO 功率为 5GW[66]。这两种 BWO 都是由 SINUS - 7 机器驱动的:X 波段 BWO 具有 1MV、14kA 的电压和电流脉冲;S 波段 BWO 具有 1.2MV、15kA 的电压和电流脉冲。尽管它被 BWO 的磁铁限制在亚赫兹发射率,X 波段的 BWO 一直重复使用。输出功率的脉间标准偏差为 3%。SWS 和反射器之间有一个光壁漂移区,通过控制光壁漂移区的长度来提高输出功率,提出了一种技术来优化波的共振后向空间谐波和场扩展中的非共振前向空间谐波之间的相位关系[16-17,56]。5GW 的 BWO 使用截止波导部分作为反射器,但 3GW 的 BWO 使用俄罗斯实验中使用的谐振反射器。谐振反射器由位于阴极和慢波之间的光壁波导的一小段组成,其半径有显著的阶跃增加。优化后的器件长度实际上相当短: $6z_0 = 9.7cm$(是真空输出波长的 3 倍),并且辐射出类似 TM_{01} 的输出模式。3GW、9.4GHz 的脉冲持续 6ns,每个脉冲辐射约 20J。器件配置以及脉冲长度与输出功率的关系如图 8.20 所示。对 1998 年实验数据的拟合表明,无论输出功率如何,当脉冲缩短到 20J 左右时,每脉冲的能量受到明显限制。作者指出,在 3GW 时,光滑壁波导的壁场峰值约为 1.5MV/cm,之前的工作显示,当场强为 1MV/cm 时,壁击穿发生在约 10ns 内。

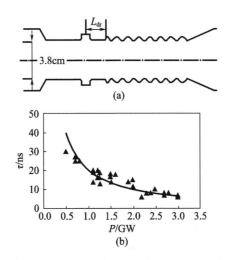

图 8.20　(a)单模 X 波段 BWO 的配置,产生 3GW、6ns 的输出脉冲和;
(b)该装置的微波脉冲持续时间与输出功率的关系。
(源自 Gunin, A. V. et al. , IEEE Trans. Plasma Sci. ,26,326,1998)

5GW 的 S 波段器件(被称为谐振 BWO)和 3GW 的 X 波段器件(被称为谐振反射器 BWO(RR - BWO))的命名有一些不清晰之处。在所谓"谐振 BWO"中,基于调整前向波和后向波之间的相位,在截止波导反射器和 SWS 之间的光壁部分存在谐振长度。在谐振反射器 BWO 中,图 8.20(a)中显示了谐振长度 L_{dr},但术语涉及二极管和微波相互作用区域之间的谐振反射器。

由于这些器件中的相互作用区、共振和共振反射器具有较高的品质因数(Q),因此 BWO 可以被设计得相当短。在 S 波段器件中,SWS 仅为 2.5λ,λ 为辐射输出的自由空间波长,而光壁插入物的长度增加了约 0.7λ。在峰值输出功率为 5.3GW 时,效率约为 30%、脉冲宽度为 25ns、单次峰值能量约为 100 J。值得注意的是,电子束功率范围为 5~19GW 时,效率变化相当恒定。该 S 波段器件的 SWS 平均直径约为一个自由空间波长。

减小 BWO 壁上电应力的一种方法是增加 SWS 的直径。中国 IAE 在 X 波段(8.45GHz)RR - BWO 的设计中就是这样做的。直径 D 大约是输出自由空间波长(λ 约 3.6cm)的 1.5 倍[32]。IAE 的 BWO 在 1.05MV、21kA 束流和 5 T 强引导磁场的单次激发模式下,在大约 18ns 的脉冲内产生 6GW 的输出,效率约为 28%,在 30Hz 的频率下,产生了 1s 的重复输出,输出功率为 5.4GW。

NINT 的一种更具创新性的方法已经在计算机模拟中得到了探索,但尚未得到测试:一种过模(D/λ 约 2.3)双模 BWO,其中位于相互作用区二极管端依赖于模式的反射器。反射器将场强集中在墙壁附近的后向 TM_{01} 模转换为场强集中在相互作用区中心的前向 TM_{02} 模[24]。其结构和冷腔结构(即无束流)的色散关系如图 8.21 所示。因为后向波向前反射,图 8.21(a)中的模式转换器和反射器成为模转换发生的地方。图 8.21(b)中的色散关系表明,TM_{01} 模在色散曲线上的 π 点处是共振的,TM_{02} 模在相同频率处是前向波(用图中的记法表示,具有正的群速度,$v_{gr}=\partial\omega/\partial k_0>0$)。模拟结果表明,在 0.92MV、12.8kA 束流条件下,获得了 5.6GW 的 9.96GHz 辐射,效率为 48%。90% 以上的输出是在 TM_{02} 模下,作者声称调整输出腔可以使 TM_{02} 模的含量提高到 98%。更重要的是,壁上的最大电场为 1.8MV/m,相比之下,俄罗斯用 5GW BWO 得出的结果超过了 2.3MV/m,且未显示出存在脉冲缩短[67]。

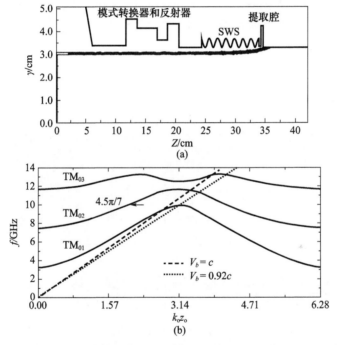

图 8.21 (a)来自 NINT 计算机模拟中双模 BWO 结构和尺寸;(b)SWS 冷结构(无波束)色散曲线,与束线及光线重叠(转载经肖博士的同意,《应用物理》,104,093505,2014,AIP 出版有限责任公司)

8.4.2 分段隔离切伦科夫振荡器

该部分包括两种类型的源,它们的配置方式大致相同:两个慢波部分由一个漂移段隔开,该漂移段不会切断两者之间的辐射传播。在这一点上,这些分段的器件未被切断。考虑到微波是由切伦科夫相互作用产生的,我们采用了通用名称"SUSCO"。

IHCE 的多波和衍射发生器最初是在 20 世纪 80 年代末开发的,在开篇的章节中我们称之为 HPM 发展的黄金年代。当时峰值功率和脉冲能量的开发优先考虑尺寸和能量的实际需求,而尺寸和能量决定性能的边界。在早期获得的主要成就中,对这些器件进行测试的平台是 Gamma 装置[68],这是一种大型的、由 Marx 驱动的单次脉冲功率机器,能够在输出受到干扰时产生 1μs 的电压脉冲,并且当 Marx 电容器刚刚通过二极管和任何泄漏路径放电时,在停机模式下可以产生持续时间长达 15μs 的脉冲。电子束总能量高达 140kJ。它高 6.5m,占地面积 4.7m×4.7m。

图 8.22 是从下方拍摄的一张照片,显示了 Gamma 装置大约 1m 长的微波相互作用区的外部,磁场线圈缠绕在 SWS 周围。SWS 本身的内径约为 15cm,左侧输出窗口直径为 120cm。右边的大圆形结构是电子束二极管区域的末端,电子束二极管区域位于机器上方馈入的长阴极柄的末端。Gamma 装置后来被关闭,随后的 MWCG 实验使用的是 SINUS-7M[69],是一台脉冲更短、电压稍低的机器。

图 8.22 Gamma 装置上的高功率微波实验系统(俄罗斯托木斯克市的大电流电子技术研究所)。在中心区域,SWS 外部的磁场线圈由金属条固定。相互作用区域的右侧是电子束加速器 Gamma。图片左侧是微波输出的喇叭天线,在它后面电子束被收集在锥形波导中。

在厘米和毫米波段,千兆瓦输出功率的峰值功率和频率范围令人印象深刻:MWCG 在 9.4GHz 时为 15GW[12];MWDG 在 17GHz 时为 0.5~1GW[10];在 31GHz 下,类似于 TWT 的超辐射模式下工作的 MWCG 为 3GW[70];在两段 RDG 中,在 46GHz 时为 3.5GW,在 60GHz 时为 1GW[14]。在产生这些最后结果的一系列激发中,以较低的功率产生持续时间高达 700ns 的脉冲,并且辐射高达 350J 的脉冲能量。这些器件的效率同样令人印象深刻,据称,15GW 的 MWCG 的峰值效率达到了50%[①]。

如图8.23所示,这些器件使用两个(或更多)慢波部分,它们由一个漂移段隔开,每个部分的长度与其直径大致相当。基本上,上游部分起调制腔的作用,下游部分是聚束束流辐射的提起段;驱动束流不足以单独在任一部分启动振荡,但总体上超过I_{st}。在MWCG中,每个区段在π模式下运行(参见问题8.8),就像低于其单独启动条件的SWO,而在MWDG中,上游区段在反向波模式下运行,而下游区段在3π/2衍射模式下运行(之所以这样命名,是因为$v_{gr} \approx 0$,因此能量的产生过程更接近衍射而不是传播)。在RDG中,每个区段在相同的(通常为2π)衍射模式下运行。这些源的横截面很大,实际上直径D可达13个自由空间波长。大直径降低了SWS的平均功率强度,提高了SWS的整体功率处理能力。MWDG和RDG的操作模式进一步降低了壁上的磁场,因为它们是场最大值更靠近轴线的体积模式(除了那些以特殊伍德异常模式操作的器件)[②]。1999年的综述论文[69]详细讨论了结构参数——各慢波段的长度、中间漂移管的长度和波纹参数以及磁场和环束与壁间的间距在优化-7M的MWCG性能中所起的作用。值得注意的是,讨论了三段结构的使用和原理,以及最佳引导磁场和离壁的束流间距之间的明显反比关系。

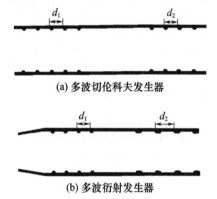

(a) 多波切伦科夫发生器

(b) 多波衍射发生器

图8.23 MWCG($d_1 = d_2$);(b)MWDG(或RDG)的双段SWS的结构示意图
(电子束从左端入射,通常两段SWS的长度不一样)

---

① 在许多情况下,Gamma装置上输出功率的概念不是很明确。比如,有时它是从微波源进入通往天线的波导管中的功率,而另一些实验中它却是实际辐射的微波功率。显然,要得到尽可能高的辐射功率,必须同时改善微波源和天线的工作特性。在有些实验里,天线的效率只有50%,它严重影响辐射功率。这里我们并不是要解释每种源的概念,而是告知读者,假定引用的功率水平在任何情况下都非常接近天线性能优化后的辐射值。

② 关于模式图的这一点超出了我们的范围,因为它涉及每个空间谐波在组成模式场的表达式中的相对权重,关于这一点在MWDG和RDG参考文献中进行了讨论。

D/λ 较大将对器件中的模式控制造成困难。这些模式的紧密间距、SWS 相对于其直径的短小以及强流电子束对系统色散特性的影响,使得所有具有相同频率和相似 k_z 值的模式的多波工作成为可能。然而,由多个部分提供的模式控制导致信号的频谱宽度非常窄:在 9.4GHz,D/λ 约为 5 的 5GWMWCG[71]中,频谱宽度为 0.2%~0.5%;在 35GWz 和 1.5GW 条件下,D/λ 约为 13[70],频谱宽度为 0.5%。与无波束时 SWS 的单模之间的间距相同或较小。

实验观察到峰值功率和脉冲宽度均随 D/λ 的增加而显著增加。在 9.4GHz 的 MWCG 中,当 $D/\lambda=3$ 时,输出功率和脉冲宽度分别为 5GW 和 30~50ns[72],当 D/λ 增大到 5 时,功率和脉冲宽度均增加到 15GW 和 60~70ns,同时效率也提高了。然而,因为实验的原始几何形状,特别是提供轴向磁场的螺线管的直径阻止了 D 的进一步增加,所以随后的 MWCG 实验在 D 相同的情况下以 31GHz 和 35GHz 进行。在更高的频率和更小的 λ 值下,有可能证明 $D/\lambda=13$ 时,能产生千兆瓦级的微波输出。由于这些更高频率的结果作为在 D/λ 的大值下的模式控制的演示,对直径更大的 38cm 的结构进行了一系列的初始实验[73]。在这个较大的直径下,伽马(GAMMA)能够在 500~600ns 的脉冲宽度、1.3~1.6MV 的电压下产生 60~70kA 的电流。此外需要一个 4MJ 的 Marx 组来为螺线管场线圈供电,提供高达 2.25T 的引导磁场。不幸的是,系统在没有优化新配置的情况下关闭了。然而,我们注意到工作束阻抗接近 25Ω,远低于此类器件的典型值 100Ω。另一个参数线性束流密度 $I_b/2\pi r_b$,大约是 15GW 的 MWCG(表 8.2)的 2 倍,后者的效率为 48%,但 2.8GW 的 MWCG 的效率仅为 9%。

表 8.2 中的高频器件使用非常小的壁周期 Z_0。通常情况下,这些器件中的大轴向磁场应该是近似无穷大的。然而,在式(8.12)中,我们看到快回旋波效应的共振磁场为 $1/Z_0$。因此,在较高的频率和较小的 Z_0 值下,很难在远高于谐振值的磁场下工作,因此磁场成为工作频率的重要决定因素。在 Bugaev 等[14]对 RDG 的研究中[14],磁场是频率的重要决定因素。尽管在数百纳秒以上的脉冲过程中输出频率有相当大的变化,在 2.3~2.4T 之间,输出频率主要在 9~11.3mm 范围内。在 2.5T 的中间场中,输出不稳定,频率含量接近 7.2mm 及 9~10mm。在 2.6~2.8T 的高场强下,信号集中在 6.5~6.8mm 范围内。当电场为 2.8T、电压为 1.5mV、电流为 20kA 左右时,获得了最长的脉冲和最大的脉冲能量。在 46GHz 下,在 700ns 中产生了 (2.8 ± 0.8)GW 的功率,脉冲能量为 520J。在微波输出脉冲过程中,束流不断上升,电压不断下降。当我们在下一节讨论脉冲长度问题时,将回到这个主题。

自 2004 年以来[28],国防科技大学的研究人员一直在探索与多波器件结构相近的器件,根据以下 3 个因素,他们将其与多波器件进行区分:①使用输出腔,

增加相互作用区的 Q，并允许更短的慢波部分；②在更低的电压下工作，电压大约在 500kV 以上、1MV 以下；③磁场更低，多波器件中的磁场一般为 2T 或更高。如图 8.5(a) 所示，一台 D/λ 约为 2.7 的 X 波段发生器（频率约 9.7GHz），虽然慢波部分有方壁变化而不是圆壁变化，但工作在 450～900kV 的单次激发模式下，磁场随电压增长（0.5～0.75T）也跟着增长[74]。输出功率在 0.5～3.0GW 之间变化，在整个电压范围内效率大致稳定在 25%。在 1.5GW 水平下，100Hz 频率的稳定、重复工作是可能的；在更高的功率水平下，输出是不稳定的。最近的发展似乎是针对 Ku 波段[75]和 Ka 波段[76]（分别为 13.8GHz 和 33.1GHz，D/λ 约为 3.5 和 4.4）的千兆瓦级运行。

8.4.3　KL－BWO

图 8.5(b) 显示了 KL－BWO 的基本配置[77]。初步模拟表明，两个 SWS 之间的空腔具有感应效应，类似于速调管中的倒数第二个空腔。它加速较慢的电子并使较快的电子减速，从而制约电子束的扩散。通过第二个 SWS 保留电子束，以实现比 RR－BWO 更高效的功率提取。提取腔还在器件末端附近产生一个较强的轴向磁场，以便更有效地从聚集的电子束中提取能量[78]。在 TPG－2000 机器上使用如图 8.5(b) 所示的装置进行实验，使用 1.1MV、16.4kA 的束流和 2.2T 的引导磁场[62]，能够在 38ns 的脉冲中获得频率为 4.26GHz，能量高达 2MV、6.5GW 的输出功率。该器件有一个专门设计的输出窗口，以防止真空侧击穿；还有一个装满六氟化硫的袋子防止大气侧击穿。利用仿真和实验获得的输出功率和功率效率的曲线图如图 8.24 所示。两图中电压范围不同，但规律较一致。请注意，效率在较低的功率时达到峰值，并且功率随着电压的增加而增大，最大达到约 8GW。然而，参考文献中的二极管电压和电流以及微波输出的其他曲线图似乎表明，在较高的电压和输出功率下，会出现二极管的阻抗崩溃以及脉冲缩短现象。这种脉冲缩短实际上可能源于二极管相关的问题。

器件设计的持续改进已经在一系列计算机模拟中得到了检验。为了将输出腔处的电场降低以避免发生击穿，设计了一对用于分布场的输出腔，使用 1.2MV、17.3kA 的束流可以实现 10GW 的输出，效率为 48%[79]。为了进一步降低输出处的电场，接下来将对分布式提取进行探索，即在以通常的方式进行轴向提取的同时，从两个输出腔中更靠近二极管的那个进行同轴提取[80]。在较低电压、770kV 和 9.5kA 的电流下，以 70% 的效率提取了 5.1GW（轴向 3.3GW，同轴 1.8GW），用于下游合并。同样的模拟显示，轴向电场的降低可能导致击穿，从 2.26mV/cm 降至 1.28mV/cm，从而为功率的进一步提高提供了更大的空间。事实上,双输出腔和分布式输出并不是该器件的唯一改进方式。在二极管和谐振反射器之间还具有两个预调制腔,这两个预调制腔甚至在束流调制过程进入谐振反射器和输出之间的相互作用区域之前就开始了[27-78]。总的来说,KL-BWO 的开发证明了当创新设计与计算机模拟的快速周转相结合时,较快的开发速度是可以实现的。

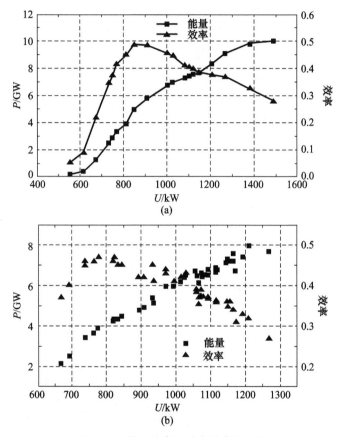

图 8.24 输出功率和功率效率的比较

(a)计算机模拟;(b)TPG-2000 脉冲电源发生器驱动的速调管 BWO 实验。

(源自 Xiao, R. Z. et al., Laser Part. Beams, 28, 505, 2010. Copyright Cambridge University press 2010. reprinted with the permission of Cambridge University press.)

8.4.4 行波管

前文曾经提到,TWT 没有像高功率切伦科夫振荡器那样受到重视,或许是因为控制这种由高功率电子束驱动的器件十分困难。有些器件受到旁带的影响,而另一些器件则困扰于对振荡的控制。以下的论述集中于:①康奈尔大学在一个两段的结构研究中使用了实心的笔形束,而不是通常使用的空心电子束①(但不像两段 MWDG 那样,微波可以在它们之间传播;分隔段阻止从一个部分传播到下一个部分,通常会吸收试图在两个部分之间传播的微波);②托木斯克(Tomsk)大学的大电流电子技术研究所、下诺夫哥罗德(Nizhny Novgorod)大学的应用物理研究所和新墨西哥大学联合研制的系统,它由返波放大器和行波放大器构成,分别具有不同的角向模式并通过模式转换器耦合。最后将简单介绍一下康奈尔大学研制的由一个高功率 BWO 和两个 TWT 构成的主振荡器/功率放大器(MOPA)系统。

Shiffler 等总结了康奈尔大学在断续结构中使用笔形束的工作是源于单级行波管[81]。最初的单级 X 波段行波管相当长,增益为 33dB,在增益曲线上的 3dB 点处带宽仅为 20MHz,并且受到 70MW 以上边带的困扰,使得相位控制成为问题。

由两段 SWS 组成的分离式放大器主要是为了防止在大电流下产生振荡。两个放大器包含两段 $22z_0$ 长度的 SWS 和一个锥形末端。中间是一节长度为 13.6cm、半径为 9mm 的 Poco 石墨制隔离器,它对微波的衰减为 30dB,但对电子束里的空间电荷波不产生影响,使它能够无衰减地进入第二节 SWS。平均每个脉冲时间内的输出功率为 400MW,转换效率为 45%,增益为 37dB。带宽与单级 SWS 的放大器相比大了许多,约为 20MHz。遗憾的是,旁带现象比较严重,它出现于各个输出功率水平。在最大功率时,旁带的功率约占总功率的 1/2。数值模拟显示这个系统的群聚长度较长,因此旁带现象的部分原因可以归于有限的长度和终端反射。值得注意的是,即使在输出功率 500MW 和脉宽 70ns 的实验条件下,没有观察到脉冲缩短现象。

由托木斯克大学、下诺夫哥罗德大学和新墨西哥大学[35]联合研制的较为复杂的放大器系统采用 800kV/6kA 的电子束,得到的输出功率为 1.1GW,增益 47dB,效率 23%。文献的作者提出了有关高功率微波源(特别是高功率微波放大器)设计的两个矛盾性问题。第一,为防止射频击穿,必须尽可能增大器件的横截面尺寸。但这样做的后果使输出的模式选择和控制变得困难。第二,必须达到 40~50dB 的放大器增益,才能使用 10~100kW 的传统微波发生器作为微波源。但是高增益意味着产生振荡的可能性很大,特别是相对论电子束总伴随着相对很强的噪声。他们对这些问题的答案是图 8.25 和图 8.26 所示的放大器系统。

---

① 这里的分式是指微波不能从一段 SWS 传向另一段,通常在中间区域被吸收。

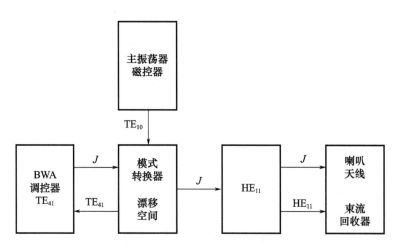

图 8.25 由应用物理研究所和新墨西哥大学研制的 1.1GW – TWT 的结构框图（J 表示电子束电流的方向）

（源自 Abubakirov E B,et al. IEEE Trans. Plasma Sci. ,30,1041,2002）

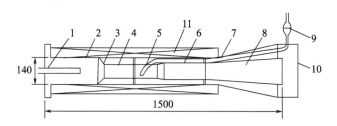

图 8.26 由应用物理研究所和新墨西哥大学研制的 1.1GW – TWT 的装置图（刻度单位为毫米）

（源自 Abubakirov E B,et al. IEEE Trans. Plasma Sci. ,30,1041,2002）

1—阴极；2—真空室；3—偶合圆锥；4—返波管放大器调制器；5—微波输入和电子束漂移段；
6—行波放大器；7—微波输入用方形波导；8—输出用圆锥形辐射天线；
9,10—输入和输出用微波窗口；11—磁场线圈。

先将 100kW、9.1 ~ 9.6GHz 的频率可调磁控管输出转换成 TE_{41} 模,然后用返波放大器对它进行预放大。工作于起振条件以下的返波放大器采用类似于图 8.3(c)所示的螺旋形 SWS,它的角向波纹指数为 $m' = 3$。预放大器的工作模是指数为 $m = 4$ 的 TE_{41} 回声壁模,它对电子束产生指数为 $n = m - m' = 1$ 的空间电荷调制,由此驱动下游 TWT 里的 HE_{11} 混合模。输出微波经模式转换后以近似于 Gauss 束的 TE_{11} 模通过喇叭天线辐射。预放大器的平均直径为 5.6cm（D/λ 约为 1.8）,而 TWT 放大器的平均直径为 6.46cm。轴向磁场强度可以达到 5T。最高增益能够达到 50dB,但仅限于很窄的参数范围。较为实际的增益是 43 ~ 44dB,它能够给出 35% 以上的效率,而且适用的工作参数范围很宽。

这个系统的工作状态可以让返波管高于振荡阈值（这时便不需要外部的磁控管），也可以让它低于振荡阈值（必须提供外部输入信号）。在反波管中，控制振荡阈值的是电子束半径，因为对于给定的电子束电流和电压，存在一个能够发生振荡的最小束半径。电子束小于这个半径时就不会发生振荡，而大于这个半径时电子束与 SWS 的耦合使返波管产生振荡。实际上存在一个比较复杂的问题，因为电子束的半径在 500ns 的脉冲时间内以 $1\sim 2\text{cm}/\mu\text{s}$ 的速度发生膨胀，所以即使开始时的工作状态是放大器，它有可能随着电子束半径的扩张并超过阈值而转变为振荡器。当返波管处于振荡器状态时，这种角向偏振系统的回旋共振磁场强度大约在 1.2T 附近。1.3GW 的高功率是在共振磁场以上的磁场强度下得到的，尽管共振磁场以下很窄的范围内也能得到 1GW 左右的输出。由于系统的偏振性，外加磁场的方向和强度都对它的工作状态产生影响（注意：式(8.12)给出的共振条件对这种偏振情况不能适用，因为它没有考虑螺旋偏振波）。

当这个系统工作在放大器状态时，可以在返波管的谐振频率附近 1% 的带宽内得到 47dB 的增益。通过调整磁场强度和电子束半径，带宽可以增加到 5%。实验中观察到了脉冲缩短现象：300MW(75J，束半径 2cm)时的脉宽为 250ns，而 1.1GW(77J，束半径 2.1cm)时的脉宽为 70ns。但作者提出的有关增加器件口径的建议还没有得到充分的验证。

最后，康奈尔大学的小组开展了一些有关图 8.27 所示[34,82]的典型 MOPA 系统的实验研究，这个系统包括一个相对论 BWO 和两个相对论 TWT。然而，遗

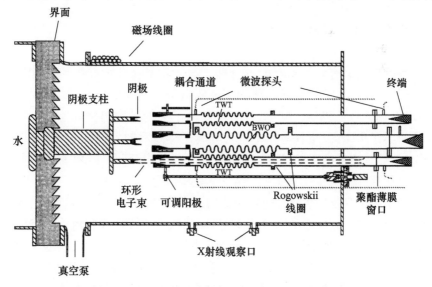

图 8.27　康奈尔大学的主振荡器/功率放大器(MOPA)实验的装置图
(源自 Butler J M and Wharton C B. Proc. SPIE,1226,23,1990)

憾的是由于一些技术问题,这个系统没有能够实现。尽管如此,在此简单介绍其基本概念。由 1 台脉冲功率发生器同时驱动 3 个二极管分别为 1 个 BWO 和 2 个 TWT 提供 3 个电子束。BWO 是主振荡器,而 TWT 则为功率放大器。这样做的优点是利用使脉冲功率系统能够在较低的输出阻抗下进行高压工作,因为通常 BWO 和 TWT 的典型工作阻抗接近 100Ω(比康奈尔大学的实心束 TWT 的阻抗还要高一个数量级)。两个 TWT 与 BWO 通过在上游相互连接的矩形波导管截面相耦合。BWO 中的类 TM_{01} 模转换成矩形波导管中的 TE_{01} 模,然后再转换成 TWT 中的类 TM_{01} 模。

8.5 主要研究课题

尽管这类器件已相对成熟,但存在以下 4 个主要研究课题:①脉冲缩短现象,这个问题存在于所有高功率微波器件中,只是程度有所不同;②将磁场强度降低到回旋共振磁场以下,长远目标是采用直流磁场或永久磁铁;③轴向改变 SWS 以提高器件效率;④多器件锁相问题。

除了以上四个方面外,对于还不太成熟的器件(如 DCM、PCM 和等离子体 BWO)还有很多其他的课题,将在最后简单提到这些器件。另外,TWT 也属于未成熟的器件,在这方面,他们属于研发问题,但已经对它作了比较详细的论述。

8.5.1 脉冲缩短现象

脉冲缩短现象有多种原因:①电子束二极管功率入口处的击穿;②二极管内的等离子体膨胀,其结果造成间隙的缩短或电子束半径的增长;③SWS 里的击穿;④SWS 内的束流稳定性问题,它关系到电子束的异常损失。另外还有三个因素这里不予考虑:束流收集器中产生等离子体过程时,等离子体泄漏到 SWS 中、输出波导管中的击穿以及高功率下辐射天线的击穿(尽管我们注意到,正如之前讨论的那样,在 NINT 的 KL – BWO 实验中,最后一点显然是需要考虑的)。

供电电源击穿是困扰脉冲电源行业的一大问题。多在一些实验中引起早期问题的还有一种比较微妙的击穿形式:无箔二极管的阴极或阴极馈电产生的寄生电流,这种寄生电流由无箔二极管产生,并向位于阳极电势的传输线的对壁发送[83]。解决这一问题的较直接方案是,通过调整电子发射面附近的磁场,使磁场场线截获阴极侧的屏蔽层,该屏蔽层是用来在电子泄漏到馈电或传输线的阳极侧之前捕获电子。

二极管中的等离子体运动,以及对间隙闭合和束流半径增长的影响更难处理。电子束是通过爆炸发射过程产生的,该过程在引出电子束的发射面上产生等离子体。这种等离子体受到轴向磁场的限制,它可以沿着磁场向阳极膨胀,导致缝隙关闭,或者穿过磁场,导致束流半径增大。第一种效应可能发生在图 8.28 中(取自 TPG-2000[62]上的 KL-BWO 实验)。请注意,图 8.28(b)中脉冲进入 30ns 后,阻抗崩塌,电流突然上升,电压下降,微波产生终止。我们注意到,图 8.28(b)中的电子束功率是图 8.28(a)中的 2 倍多,尽管很难确定崩溃是在二极管中还是在馈电中。

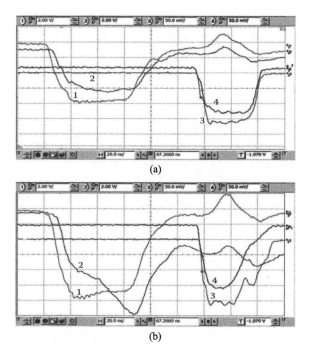

图 8.28 实验室电流来自实验中 TPG-2000 一个速调型返波振荡器的脉冲功率机器。(1 和 2)分别是波束电压和电流迹线,(3 和 4)分别是用喇叭内部和辐射场在线定向耦合器测量微波信号。迹线用于(a)820kV、11.4kA 和 4.4GW 的电压、电流和辐射功率,(b)1.2MV、18.7kA 和 7.4GW。时间校准为每部分 20ns(源自 Xiao, R. Z. et al., Laser Part. Beams,28,505,2010. Copyright Cambridge University press 2010. reprinted with the permission of Cambridge University press)

当电子束半径增大且接近壁时,束流与 SWS 的耦合发生变化。Abubakirov 等的行波管案例显示[35],耦合的增加导致增益提高,使得系统突然进入振荡,并且不能再有效放大输入信号。在振荡器中,耦合的增加可导致 I_{st} 降低,从而使比率 I_b/I_{st} 增长,直到非线性调制不稳定性之一的交叉激发或超束集不稳定性成为问题。最后，r_b 的增加可能会导致电子束流向 SWS 的入口环壁，加剧间隙闭合并导致束流终止。该问题可通过使用腔反射器来避免。实验表明，微波场穿透到 A – K 间隙区域会加剧交叉场的扩展[84]。

已经采取了两种基本方法来减少交叉场扩展。一种方法是随时间增加磁场强度，使等离子体在扩散到整个磁场时保持固定。实际上，这些研究人员"把磁场带到了等离子体中"[84]。另一种方法是降低阴极处等离子体的密度。在这方面，使用了由电阻镇流碳纤维阵列组成的多点阴极，使总等离子体密度远低于标准环形"饼干切割器"阴极表面的密度[85]。因此，阴极等离子体密度降低了两到三个数量级，产生了 8μs 的脉冲，但功率仅为 10MW。另一种降低等离子体密度的方法是使用圆盘阴极，而不是简单的"饼干切割器"阴极[86]。最近，阿尔伯克基空军研究实验室的一个研究小组探索了碳丝绒阴极的优越性能，包括 CSI 涂层和低氢变化，以及阴极整形在延长脉冲长度方面的重要性[87]。

慢波结构的击穿受到了极大的关注，它可以从慢波结构上的损坏痕迹看出。在对这一问题的广泛回顾中[88]，从壁面发射的等离子体，以及等离子体中离子驱动的双极扩散，被确定为脉冲缩短的主要原因。对壁上凹坑的观察表明，爆炸发射是壁上等离子体的一个源头。另一来源是 SWS 壁上吸附的气体。为了减小后者的影响，对一台 3GW、X 波段的 BWO 慢波结构进行了电化学抛光，并在真空系统中添加了液氮冷阱。结果，微波脉冲长度从 6ns 增加到 26ns，每个脉冲的能量从 20J 增加到大约 80J。在 8.4.3 节专门讨论 KL – BWO 发展的一系列论文中，特别关注在计算机模拟中观察到的壁上的峰值场，以便可以设计替代配置，并尝试保持或增强器件性能，同时将场强降低至低于估计的击穿阈值场强。

在计算机模拟中，电子可能会降低输出功率，但并不会终止脉冲。然而，当离子发射时，输出功率非常依赖于壁面电子发射的电流密度，当超过一定的电子电流密度时，微波发射停止。等离子体发射的位置很重要，BWO 的束流输入端离等离子体越近，对微波输出的影响就越大。输入端的等离子体损伤最大，部分原因可能是由于入口环壁对束流的拦截。因此，通过调整输入端反射器的位置来优化效率和功率的 BWO 最容易受到这种效应的影响。

为进一步确认 Korovin 等对该过程的描述[87]，还可以参考 Bugaev 等有关 RDG 的工作[14]。在后者的工作中，诊断显示在这些器件的输出端接收的电流随时间增长。此外，X 射线诊断显示，在电子束脉冲结束时，超出电子束的额外电流由携带与电子束相同或更多电流的低能电子组成。

在 MWCG 实验产生 10GW 或更高功率 X 波段辐射的过程中，可以清楚地看到微波脉冲期间的束流传输被终止[89]。尽管在没有产生微波时，相同电流和电压的电子束通过具有相同导向场、相同半径的光滑壁结构进行传播，但这种终止还是发生了。在 SWS 壁上观察到条纹状的损伤模式。据推测,电子束破裂成细丝,涉及微波场的 $E \times B$ 漂移将这些细丝驱使到壁上,然而对这一现象的理解尚不清晰。

增加 SWS 的直径明显有助于一个方面:固定微波功率时,壁处的最大电场降为 (D/λ^{-2})。关于该电场,我们注意到 3GW 的 BWO 壁处的最大电场约为 1.5MV/cm。根据 MWCG 实验相当有限的数据,较低的线性束流密度 $I_b/\pi D$ 比较高的值更可取,甚至可能存在一个最佳值[13]。15GW 实验中的值约为 0.35kA/cm。这是一个需要更多研究的领域。

8.5.2 使用弱磁场的返波振荡器

图 8.29[65] 给出了 3GW – BWO 的输出功率和脉冲宽度与磁场强度的关系。功率在磁场强度 2T 附近的下降是由式(8.12)给出的回旋共振现象产生的。输出功率的最大值出现在 3.7T 附近,因此从输出功率和脉冲宽度的角度来看,没有必要让外加磁场高于这个数值。低于回旋共振条件,在 1.4T 附近,输出功率有一个局部的最大值,尽管这时的输出功率低于 3.7T 时的功率。采用大直径的 SWS 和电子束(但功率较低)时,输出功率达到了 800MW,效率为 24%。这个实验是为了降低壁表面电场和提高功率及脉冲能量。然而,值得注意的是,采用这个大直径的器件,在小于回旋共振点的磁场下也能得到同等的输出功率。

采用大口径的 SWS 和电子束十分重要,因为当磁场低于回旋共振点时,电子束的质量以及电子的约束都可能出现问题。10GHz 的 BWO 的初步实验结果显示,在二极管附近 0.7T、SWS 中 0.5T 的磁场强度下,可以得到 500MW 的输出功率。这时的直流磁场线圈的消耗功率为 20kW。当口径较大时,这个器件需要精心控制才能得到它的类 TM_{01} 工作模式[90]。

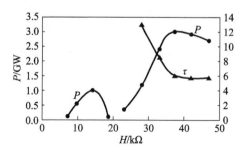

图 8.29　3GW 的单模 X 波段 BWO 的输出功率和脉冲宽度与磁场强度的关系
(源自 Gunin A V, et al. IEEE Trans. Plasma Sci., 26, 326, 1998.)

8.5.3 以提高效率为目的的轴向变化 SWS

在很多微波器件里,由于电子在相互作用过程中能量逐渐降低,沿轴向改变束与场的耦合关系可以适当提高转换效率。SWS 的轴向变化包括改变波的耦合[91]或改变它的相速[15]。属于前一种情况的比如由两个部分构成的正弦波纹 SWS,它们分别具有不同的波纹深度。电子束入口侧的波纹深度较浅,而出口侧的波纹深度较深。波纹较深地方的磁场较弱,以使电子束更接近内壁。优化后的结果使微波效率提高了将近 3 倍,从 11% 增加到 29%,得到的输出功率为 320MW。上述第二种方法是改变 SWS 中的相速,它的实验结果得到了 500MW 的功率和 45% 的效率。

8.5.4 多器件锁相

多个器件的锁相(参见 4.10 节)可能有两个目的。一方面,人们可以通过对 N 个器件进行相干相位调整,并进行功率组合,以 N 倍于单个器件的功率来驱动单个天线,从而解决单个器件的功率限制问题;另一方面,可以对 N 个器件进行相干相位调整,并将每个源的输出馈送到 N 个独立天线中的一个。在这种情况下,总辐射功率仍然是单个器件功率的 N 倍;然而,由于总孔径尺寸是单个孔径的 N 倍,聚焦强度比单个天线的聚焦强度大 $N \times N = N^2$ 倍(见 5.3.3 节)。

NINT 的研究人员检查了 KL-BWO 的锁相(8.4.3 节),方法是在二极管和谐振反射器之间的区域注入信号,该区域包围着微波产生区域该器件有一对提取腔,但只有轴向信号输出[27]。在没有实验的情况下,计算机模拟表明,在 30MHz 频带($4.30\text{GHz} \pm 15\text{MHz}$)上,对于大约 10GW 的输出(即从输入信号到输出的增益是三个数量级,或 30dB),大约 10MW 的输入信号能够确定频率以及输入信号和输出信号之间的相对相位。这种相位控制实际上只需要在 BWO 中振荡达到最大功率期间施加输入信号,之后即使在输入时被关闭,相位关系也保持不变。

此外,还进行了模拟,其中一个输入馈入到一个更复杂的 KL-BWO,其配置如图 8.30 所示。其特点是在输入信号馈送和约束微波产生区的谐振反射器之间增加了两个聚束腔[92]。从电子动量与长度的相空间图中(图 8.31),可发现位于谐振反射器上游约 30cm 的添加空腔所引起的束流电子的初始动量调制。

模拟结果表明,在二极管电压和电流分别为 1.19MV 和 16.9kA 的情况下,500kW 的注入功率可以控制 11.5GW 输出 4.275GHz 的相位,功率效率为 57%,比没有两个调制腔时提高了 10%。输出功率相对于输入功率的增益为 44dB。

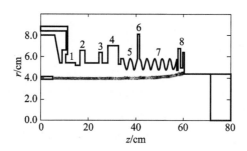

图 8.30 速调型相对论 BWO 的最高效率示意图。仅在本文模拟研究中获取。
(源自 Xiao,R. Z. et al., Appl. Phys. Lett., 102,133504,2013. Copyright 2013,aIp publishing LLC)

1—输入腔;2—第一预调制腔;3—第二预调制腔;4—谐振反射腔;5—SWS 1;6—调制腔;7—SWS 2;8—分布式能量提取器。

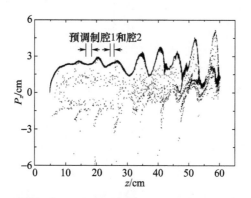

图 8.31 来自速调型 BWO 粒子模拟的电子大粒子动量与长度的相空间图
(源自 Xiao,R. Z. et al., Appl. Phys. Lett., 102,133504,2013. Copyright 2013,aIp publishing LLC)

在附加的模拟中,输入信号被简单地引导到具有谐振反射器的单慢波结构 BWO 的输出端,但没有提取腔或调制腔分离慢波结构。模拟表明,在电压和电流的上升时间建立相位和频率控制的条件[93]是输入功率比输出功率低 40~50dB(或者输出增益比输入增益高 40~50dB)。这种"启动"效应,即早期输入控制最终输出信号的相位和频率,在几百兆瓦的功率水平下通过实验得到了证实[94]。

8.5.5 其他 O 型器件：DCM、PCM 和等离子体加载返波振荡器

介质切伦科夫脉塞（DCM）和等离子体切伦科夫脉塞（PCM）在直筒形波导管里使用不同的 SWS。对于 DCM，慢波是通过介质套筒或介质棒实现的，其材料具有较高的介电常数（或折射率）。材料中光速的降低使这个 SWS 的色散曲线低于真空中的光速。式(8.4)变为

$$\omega^2 = k_n^2 \bar{c}^2 + \bar{\omega}_{co}^2(0, p) \tag{8.15}$$

在式(8.15)中，介质的存在使 $\bar{c} < c$，而且式(8.5)的截止频率随着光速的变化而变化。通常在频率和波数较高的条件下（参见习题 8.10），就可以实现电子束与 SWS 的相互作用。如 8.2 节所述，已经得到的输出功率超过 500MW。

等离子体切伦科夫脉塞采用等离子体层，并利用它的色散特性产生慢波作用。这里同样采用光滑波导管，利用低能电子束产生围绕高能电子束的环状等离子体区。另一种方法是在中心产生一个薄的棒状等离子体。如 8.2 节所述，利用 PCM 已经得到数百兆瓦的微波输出。

采用向 BWO 里填充等离子体的方法来提高 SWS 的束流极限是很早以前就采用的方法[95]。这样做的目的是让等离子体中和电子束的空间电荷，使入射电流可以超过真空 SWS 的空间电荷限制电流。另外，中和电子束的空间电荷有可能提高电子束的质量。早期的实验结果虽然得到了 600MW，但效率只有 6% ~ 7%。后来的 400MW[96] 的结果达到了 40% 的效率在等离子体辅助慢波振荡器（实验上只达到了数十兆瓦）里，轴向导向场被消除，理由是等离子体产生的空间电荷中和作用能够抑制电子束的径向扩散[97]。

8.6 基本极限

经过多年的努力，人们对这一类微波源取得了实质性的认识。这些器件所达到的输出功率、脉冲能量和转换效率在所有高功率微波源里是最高的，它们在 3 ~ 60GHz 的频率范围内达到了吉瓦级的输出功率。如果将这个频率范围向下扩展，便可以与 S 和 L 波段占优势的磁控管竞争，虽然随着频率的下降器件的尺寸会相应增大。对于必须填满整个体积的导向磁场磁铁的能量需求来说，尺寸的增加可能比整个系统的尺寸大得多。对于 O 型切伦科夫器件，尽管频率本身并不是直径的唯一决定因素，特别是对于过模器件截面尺寸有随频率减小而增大的趋势。根据图 8.6 和式(8.4)、式(8.5)，最低次模的通带是下限频率 $f \approx$

$11.5/r_0$ 以上,其中 f 和 r_0 分别以 GHz 和 cm 为单位。另外,最低次模通带的上限频率与 SWS 的周期有关,它随着 z_0 的增加而降低。因此,当频率降低时,器件半径和长度同时增加。

表 8.3 归纳了克服器件限制的两个重要方法的优点和缺点。输出功率、脉冲能量和转换效率的极限具有两个方面,即绝对极限和系统极限。绝对极限是指物理过程和技术方法所决定的固有约束,它不受系统的尺寸、体积或功率消耗等因素的影响。而系统极限则起因于特定的工作环境和条件,如可移动系统或电源功率有限的系统等。有关绝对极限的问题,我们在表 8.3 中列出:①通过增加 D/λ 提高输出功率、脉冲能量和束-波转换效率;②通过降低磁场强度减小系统的尺寸、质量和耗电量,而且有可能摆脱脉冲磁场的局限性。

表 8.3 克服器件限制的两种方法的优点和缺点

发展方向	优　点	缺　点
增加 D/λ	降低壁电场从而减小击穿概率。 低阻抗,既降低为获得必要的电子束功率所必需的电压,同时使源阻抗与脉冲功率更加匹配。 较低(相对于空间电荷限制电流),有利于改善电子束质量和约束其扩散	模态间距减小,模式控制变得更具挑战性。 存在最佳电流线密度 $I_b/2\pi r_b$,但尚未彻底研究。 电子束控制和束-波相互作用问题尚未彻底研究。 为了避免大电流时的非线性不稳定性,必须提高启动电流
降低 B	减小对于线圈的供电需求。 减小线圈的质量和体积,包括支撑结构。 可以使用非超导 DC 电磁线圈。 消除使用脉冲强场线圈时的制约	减小径向电子束控制。 输出功率仅在 B 的一个窄范围内达到最佳

增加 D/λ 可以改进这些器件的性能。但进一步增加多波器件的直径,会将器件性能推向极限。在 GAMMA 装置上得到的实验结果证实了 $D/\lambda = 13$ 的可行性。这个条件下的 X 波段 MWCG 的 SWS 直径达到 40cm。加上磁场线圈之后,系统的直径接近 1m。这样,磁场线圈的质量几乎决定整个系统的质量。另外,在长度不变的条件下,驱动磁场线圈的电源储能与 D^2 成正比。这些因素都是系统极限的例子。如果正如实验观察的最佳电流线密度 $I_b/2\pi r_b$ 的确是在 $0.3 \sim 0.5 \text{kA/cm}$ 的范围,那么最佳电流应该随 D 增加,而且在电压不变的条件下工作阻抗应随 $1/D$ 下降。较低的阻抗可以提高系统的总体效率,因为这样可以更好地与脉冲功率发生器匹配,或者可以通过消除与脉冲功率和源阻抗匹配的锥形变压器缩短系统的长度(参见习题 8.9)。增加电流会使非线性交叉激励不稳定性和过群聚不稳定性更加严重,因为它们与 I_b/I_{st} 有关。因此,有必要考虑提高启动电流,包括缩短 SWS 的长度或将它分成多段,抑制不稳定性的发展。

降低工作磁场可以改善很多系统极限问题,包括某些情况下的模式控制,但与此同时又增添了一些有关束流控制的新问题。因为很多系统使用超导线圈可以连续工作,但十分复杂,或者能够支持有限次重复运行的长脉冲磁场,所以降低工作磁场是很有吸引力的。

在脉冲缩短现象中,电子束的影响还不是很清楚。在这一类的器件里,爆炸式发射阴极是最基本的,因为只有这种阴极才能提供所需要的数千安的电流。但是阴极等离子体的运动可能带来严重的问题。二极管的短路和电子束半径的扩张最终会对脉冲长度产生固有限制,而且如前面看到的,它会影响高输出能量的 TWT 的工作,尽管低击穿、低温度等离子体阴极的新发展可能有助于解决这些问题。有关电子束在 SWS 中的损失问题,只有在对损失机理取得更进一步的认识之后,才能讨论它的极限问题。

最近,因设计、测试和仿真之间更加紧密地交互使得研究方法上有所发展,并导致切伦科夫器件开发的热潮重现。这种耦合导致了对具体问题的更多关注,如 KL-BWO 中高场浓度的提取区域的减少,实现了创新而不仅仅是渐进的改进。NUDT[98]通过使用金属化塑料部件建造 BWO,可以实现快速成型能力,从而很好地推进这一过程。

8.7 小　　结

O 型切伦科夫器件是最具多样化的高功率微波源之一。它能够在 30~60GHz 的频率范围内得到吉瓦级的微波功率。如果有必要,这个频率范围可以扩展到 L 波段。另外,使用 SINUS 和 TPG 系列脉冲功率器件的实验结果证明,O 型器件的重复频率可以高达 100Hz。在这样重复工作状态下,外加引导磁场的线圈是一个主要问题。即使超导线圈被用于长时间的操作,磁场子系统仍然是实现重要运行周期的一个因素。

最初的发展有两个方向,一种涉及大直径的 SWS,这些非常大的多波器件确实以某种方式扩展了边界,这可能仍然是未来研究的一个来源,另一个涉及引导磁场的减小。总体而言,为获得较大的输出功率和脉冲能量,必须采用大直径的系统,但这样就给模式控制带来了困难。此外,研究方法的进化改进,包括更大、更集中地利用设计、实验和模拟之间的相互作用以及更快的研究周期,导致了器件设计的革命性创新,尽管源的复杂性更高。事实上,在撰写本书时,这里所获得的优势还远远没有得到充分的探索。

这方面的工作主要集中于振荡器。这包括振荡器的相位锁定,同时使用束流的启动和预调制。此外,还开发了高功率行波管放大器,并且在中短脉冲宽度下可能非常有用。虽然受到在长脉冲宽度进入振荡趋势的困扰,但这也是很有希望实现的且输出功率已达到了1GW。

习 题

8.1 正弦波纹慢波结构的半径表达式为式(8.8)
$$r_w(z) = r_0 + r_1\sin(h_0 z)$$
式中:$h_0 = 2\pi/z_0$。对于$r_0 = 1.5\text{cm}$,$r_1 = 0.15\text{cm}$和$z_0 = 1.1\text{cm}$,绘制$r_w(z)$在$0 \leqslant z \leqslant 3z_0$的图形。

8.2 对于一个慢波结构,可以利用在一定波数k_z范围内的光滑波导的TM_{0p}模色散曲线近似地得到它的色散关系曲线(ω与k_z的关系)。在考虑慢波结构的色散关系以前,先考虑半径为常数r_0的圆形光滑波导中TM_{0p}模的色散曲线。圆形光滑波导的色散关系式为(式(8.4))
$$\omega^2 = k_n^2 c + \omega_{co}^2(0, p)$$
其中根据式(8.5)
$$\omega_{co}^2(0, p) = \mu_{0p} c/r_0$$
式中:μ_{0p}是以下方程式的解
$$J_0(\mu_{0p}) = 0$$
并且有
$$k_n = k_z + nh_0$$

(1) 求μ_{0p}的最小的4个值。

(2) 对于半径$r_0 = 1.5\text{cm}$的波导管,求最低的4个TM_{0p}模截止频率,$f_{co} = \omega_{co}/2\pi$。

(3) 在以下的k_z范围内,对于最低的4个TM_{0p}模,描绘式(8.4)的色散关系。
$$-\frac{3\omega_{co}(0,1)}{c} \leqslant k_z \leqslant \frac{3\omega_{co}(0,1)}{c}$$

(4) 对于光滑波导的TE_{0p}模,我们知道它们的色散关系在形式上与TM_{0p}模完全相同,除了截止频率由v_{0p}决定(而不是μ_{0p})其中v_{0p}是以下方程的解
$$J'(v_{0p}) = 0$$

(5) 对于半径为1.5cm的光滑波导,求最低的4个TE_{0p}模截止频率,$f_{co} = \omega_{co}/2\pi$。回到$TM_{0p}$模,求$k_z = \omega_{co}/c$时的$TM_{01}$模频率$f = \omega/2\pi$。求这个频率的自由空间波长,以及这个波在波导内的轴向波长。

8.3 考虑一个由式(8.8)描述的正弦波纹慢波结构,$r_0 = 1.75$ cm,$r_1 = 0.1$ cm,$z_0 = 12$ cm。在 $-3h_0/2 < k_z < 3h_0/2$ 的范围内,对于半径为 r_0 的光滑波导中最低的三个 TM_{0p} 模,描绘对应于 k_n 的表达式中 $n = -1, 0, 1$ 的三个空间谐波。然后采用 4.4.1 节中描述的方法,在同样的 k_z 范围内描绘慢波结构的色散曲线。每一个慢波结构 d 的模式都有连续的色散曲线。由于慢波结构的最低频率模式可以由光滑波导 TM_{01} 模的空间谐波近似,它有时被称为拟 TM_{01} 模。每一个模的色散曲线所覆盖的频率范围被称作通带。有时通带互相重叠,尽管慢波结构的色散曲线并不相交。

(1) 估算慢波结构的最低次类 TM_{01} 模的通带的低端频率,求对应的波数。

(2) 估算慢波结构的最低次类 TM_{01} 模的通带的高端频率,求对应的波数。

(3) 求第一个高次模的通带的频率范围,求通带中最低频率和最高频率的波数。

(4) 对于第三部分的第一个高次模的通带,在什么样的波数范围内慢波结构模具有 TM_{01} 模的特性?在什么样的波数范围内慢波结构具有 TM_{02} 模的特性?

8.4 回到问题 3 的慢波结构和我们为它描绘的色散曲线。下面考虑电子束的影响。

(1) 为了使电子束的束线 $\omega = k_z v_b$ 与第一个高次模(即比拟 TM_{01} 高一次的模)的色散曲线相交于 2π 点,求电子束的速度。2π 点的意思是波数满足 $k_z z_0 = 2\pi$,具有这样的波数的模在每个慢波周期内的相位变化为 2π。

(2) 求这个束线与慢波结构的类 TM_{01} 模的交点处的 ω 和 k_z。

8.5 慢波结构的最低次模在 $k_z = h_0/2$ 处的顶点接近于光滑波导 TM_{01} 模的 $n = 0$ 和 -1 空间谐波的交点。但是它低于这个交点,原因是慢波结构的最低次模与二次模之间的"间隙"。如果慢波结构波纹的波幅增加(即式(8.9)中的 r_1/r_0 变大),则这个间隙就会增大,因此上述顶点就会降低。

(1) 对于问题 8.3 所给的慢波结构($r_0 = 1.75$ cm,$r_1 = 0.1$ cm,$z_0 = 1.2$ cm)和轴向速度为 $v_b = 2 \times 10^{10}$ cm/s 的电子束,为了使束线与慢波结构曲线相交于顶点(像表面波振荡器那样),顶点必须下降多少?

(2) 求电子的动能 $(\gamma_b - 1)mc^2$,单位为 eV。

8.6 本章的大多数论述采用束线近似 $\omega = k_z v_b$ 处理了电子束与慢波结构的关系。这里实际上忽略了两个空间电荷波的区别(可以从图 8.7 看到)。为提高精确度(但又不至于精确求解色散关系方程式),通常将慢空间电荷波的色散关系近似为

$$\omega = k_z v_b - \omega_q$$

式中:ω_q 为电子束在慢波结构中的等效等离子体频率。与考虑慢波结构时忽略

电子束一样,考虑电子束的慢空间电荷波时忽略慢波结构,即先考虑光滑波导。

对于半径为 r_0 的理想导体圆形波导管中,半径为 r_b、电流为 I_b、电子动能为 $(\gamma_b - 1)mc^2$ 的电子束,求空间电荷波的色散关系。假定:(1)电子束由足够强的磁场引导,电子只有轴向运动速度,沿 z 方向;(2)所有变量与方位角 θ 无关,并且与 z 和 t 的关系为 $\exp[i(k_z z - \omega t)]$;(3)电磁场是 TM_{0p} 波,只存在 E_r、E_z 和 B_θ 分量。另外,假定电子束的参量可以表示为一个大的零次基本量与一个小的扰动之和。例如,电子速度可以写成 $v_b = v_{b0} + v_{b1}$,其中 $v_{b0} \gg v_{b1}$。因此,忽略所有扰动量的乘积。

(1)首先推导电子束内($0 \leq r \leq r_b$)和电子束外($r_b \leq r \leq r_0$)电场和磁场的表达式。选择以轴为界的场的解,而且满足理想导体的边界条件。

(2)使用牛顿定律($F = ma$)和麦克斯韦方程式,求电子束扰动量 v_{b1}、γ_{b1} 和 n_{b1}(密度)之间的关系。

(3)求解电子束内外的电场和磁场的关系,考虑电子束角向磁场和径向电场的不连续性。提示:因为电子束非常薄,只能对电流密度积分

$$\int_{r_b - \varepsilon}^{r_b + \varepsilon} j_b 2\pi r dr = I_b$$

式中:j_b 为电子束中的电流密度。

(4)得到的表达式便是色散关系。它只能用数值方法求解 ω 和 k_z 的关系,而且解将包含空间电荷波和电磁波导模。空间电荷模位于束线的两侧。前面提到的 ω_q 可以作为电子束参数和 k_z 的函数,用数值方法求得。

8.7 利用式(8.14)和图 8.13 中的信息,对于固定的电子束与管壁距离 $r_0 - r_b = 5mm$,描绘电压分别为(a)500kV、(b)1MV 和(c)1.5MV 时,电子束能够提供的最大功率与光滑壁半径 r_0 之间的函数关系。另外,对于每个电压,描绘电子束电流 I_b 和阻抗 (V/I_b) 与 r_0 之间的关系。这类器件的工作阻抗通常为 100Ω。

8.8 让我们一起讨论大口径 MWCG 的主要工作参数。首先决定以下设计参数:

① 电压 $V = 2MV$;

② 电子束电流密度 $I_b / 2\pi r_b = 0.4 kA/cm$;

③ 直径 $D = 2r_0$ 与自由空间波长 λ 之比 $D/\lambda = 10$;

④ 频率 $f = \omega / 2\pi = 10GHz$;

⑤ 磁场强度 $B = 2T$。

(1)计算电子速度 v_b,忽略电子束在慢波结构中的空间电荷效应(即简单地用电压计算 γ_b)。我们需要这些来做波束线。

(2)一个 MWCG 工作于最低频率类 TM_{01} 通带的顶点的 π 模。求能够使束

线相交于色散曲线顶点的慢波结构周期 z_0。注意：这是一个近似计算，精确值只有通过彻底求解色散关系才能求得。求 $n=0$ 和 $n=-1$ 的光滑波导 TM_{01} 模的空间谐波的交点与慢波结构色散曲线的顶点之间的距离。

(3) 如果电子束与平均壁半径的距离 r_0-r_b 为 6mm，对于固定的电流线密度，求束电流和阻抗 V/I_b。这个电流值是式(8.14)所允许的吗？

(4) 对于给定的慢波结构半径，假定磁场线圈紧挨着慢波结构，求单位长度的磁场能量。磁场的能量密度为 $B^2/2\mu_0$。

8.9 考虑一个由输出阻抗为 50Ω 的脉冲发生器驱动的 100Ω 的 BWO。BWO 上的电压为 1MV，它的微波转换效率为 25%。

(1) 求这个器件的输出功率。

(2) 为在 BWO 上产生 1MV 的电压，求脉冲功率发生器电压 V_{PP}。

(3) 虽然微波源的效率（微波输出功率与电子束功率之比）很重要，但系统的效率也不得不考虑。求从脉冲功率到微波输出的系统功率，即微波输出功率与脉冲输入功率之比。

8.10 介质切伦科夫脉塞(DCM)通过采用光滑波导和介质套筒的方法，达到降低电磁波简正模相速的目的，从而实现电磁波与电子束的相互作用。

(1) 对于半径为 4cm 的理想导体圆形波导，求 TM_{01} 模的截止频率（单位分别为 rad/s 和 Hz）。

(2) 现在假定一个相对介电常数 $\varepsilon=2$ 的介质套筒位于 $r=2$cm 和壁之间。对于这个变化了的波导管，推导 ω 和 k_z 之间的色散关系。证明它在形式上与没有介质套筒的波导色散关系相同，只是每个模的介质频率发生了变化。

(3) b(2) 得到的色散关系只有采用数值方法才能求解。在实际求得 TM_{01} 模的截止频率之前，可以将它表示为 ω_{co}。推导电子能力为 γ_0 的束线与介质波导的色散曲线相交的共振频率的表达式。

参考文献

[1] Kompfner, R., The invention of traveling wave tubes, IEEE Trans. Electron Devices, ED-23, 730, 1976.

[2] Nation, J. A., On the coupling of a high-current relativistic electron beam to a slow wave structure, Appl. Phys. Lett., 17, 491, 1970.

[3] Kovalev, N. F. et al., Generation of powerful electromagnetic radiation pulses by a beam of relativistic electrons, JETP Lett., 18, 138, 1973; ZhETF Pis. Red., 18, 232, 1973.

[4] Bogdankevich, L. S., Kuzelev, M. V., and Rukhadze, A. A., Plasma microwave electronics, Sov. Phys. Usp., 24, 1, 1981; Usp. Fiz. Nauk, 133, 3, 1981.

[5] Carmel, Y. et al., Intense coherent Cherenkov radiation due to the interaction of a relativistic electron beam with a slow-wave structure, Phys. Rev. Lett., 33, 1278, 1974.

[6] Bastrikov, A. N. et al., "GaMMa" high-current electron accelerator, Instr. Exp. Tech., 32, 287, 1989; Prib. Tekh. Eksp., 2, 36, 1989.

[7] Aleksandrov, A. F. et al., Excitation of surface waves by a relativistic electron beam in an irised waveguide, Sov. Phys. Tech. Phys., 26, 997, 1981; Zh. Tekh. Fiz., 51, 1727, 1981.

[8] Aleksandrov, A. F. et al., Relativistic source of millimeter-wave diffraction radiation, Sov. Tech. Phys. Lett., 7, 250, 1981; Pis'ma Zh. Tekh. Fiz., 7, 587, 1981.

[9] The orotron is similar to an RDG; see Bratman, V. L. et al., the relativistic orotron: A high-power source of coherent millimeter microwaves, Sov. Tech. Phys. Lett., 10, 339, 1984; Pis'ma Zh. Tekh. Fiz. 10, 807, 1984.

[10] Bugaev, S. P. et al., Relativistic multiwave Cerenkov generator, Sov. Tech. Phys. Lett., 9, 596, 1983; Pis'ma Zh. Tekh. Fiz., 9, 1385, 1983.

[11] Bugaev, S. P. et al., Relativistic bulk-wave source with electronic mode selection, Sov. Tech. Phys. Lett., 10, 519, 1984; Pis'ma Zh. Tekh. Fiz., 10, 1229, 1984.

[12] Bugaev, S. P. et al., Interaction of an electron beam and an electromagnetic field in a multiwave 10^{10} W Cherenkov generator, Sov. J. Comm. Tech. Electr., 32 (11), 79, 1987; Radiotekh. Elektron. 7, 1488, 1987.

[13] Bugaev, S. P. et al., Relativistic multiwave Cerenkov generators, IEEE Trans. Plasma Sci., 18, 525, 1990.

[14] Bugaev, S. P. et al., Investigation of a millimeter wavelength range relativistic diffraction generator, IEEE Trans. Plasma Sci., 18, 518, 1990.

[15] Korovin, S. D. et al., Relativistic backward wave tube with variable phase velocity, Sov. Tech. Phys. Lett. 18, 265, 1992; Pis'ma Zh. Tekh. Fiz., 18, 63, 1992.

[16] Korovin, S. D. et al., The effect of forward waves in the operation of a uniform relativistic backward wave tube, Tech. Phys. Lett., 20, 5, 1994; Pis'ma Zh. Tekh. Fiz., 20, 12, 1994.

[17] Moreland, L. D. et al., Enhanced frequency agility of high-power relativistic backward wave oscillators, IEEE Trans. Plasma Sci., 24, 852, 1996.

[18] Gunin, A. V. et al., Relativistic BWO with electron beam pre-modulation, in Proceedings of the 12th International Conference on High-Power Particle Beams, Markovits, M. and Shiloh J., eds., 1998, p. 849.

[19] Totmeninov, E. M. et al., Relativistic Cerenkov microwave oscillator without a guiding magnetic field for the electron-beam energy of 0.5MeV, IEEE Trans. Plasma Sci., 38, 2944, 2010.

[20] Gunin, A. V. et al., Experimental studies of long-lifetime cold cathodes for highpower microwave oscillators, IEEE Trans. Plasma Sci., 28, 537, 2000.

[21] Bunkin, B. V. et al., Radar based on a microwave oscillator with a relativistic electron beam, Sov. Tech. Phys. Lett., 18, 299, 1992.

[22] Clunie, D. et al., The design, construction and testing of an experimental high power, short-pulse radar, in Strong Microwaves in Plasmas, Litvak, A. G., Ed., Russian academy of Sciences, Institute of applied physics, Nizhny Novgorod, Russia, 1997, 886-902.

[23] Russia locks phasors and boldly goes..., Asia Times online, October 21, 2001, http://atimes.com/c-asia/CJ27ag03.html.

[24] Xiao, R. Z. et al., An overmoded relativistic backward wave oscillator with efficient dual-mode operation, Appl. Phys. Lett., 104, 093505, 2014.

[25] Xiao, R. Z. et al., Improved power capacity in a high efficiency klystron-like relativistic backwardwave oscillator by distributed energy extraction, J. Appl. Phys., 114, 213301, 2013.

[26] Song, W. et al., Inducing phase locking of multiple oscillators beyond the Adler's condition, J. Appl. Phys., 111, 023302, 2012.

[27] Xiao, R. Z. et al., RF phase control in a high-power high-efficiency klystron-like relativistic backward wave oscillator, J. Appl. Phys., 110, 013301, 2011.

[28] Zhang, J. et al., A novel overmoded slow-wave high-power microwave (HPM) generator, IEEE Trans. Plasma Sci., 32, 2236, 2004.

[29] Zhang, H. et al., Gigawatt-class radiation of tM01 mode from a Ku-band overmoded cerenkov-type high-power microwave generator, IEEE Trans. Plasma Sci., 42, 1567, 2014.

[30] Ge, X. et al., A compact relativistic backward-wave oscillator with metallized plastic components, Appl. Phys. Lett., 105, 123501, 2014.

[31] Tang, Y. F. et al., An X-band dual-frequency coaxial relativistic backward-wave oscillator, IEEE Trans. Plasma Sci., 40, 3552, 2012.

[32] Ma, Q. S. et al., Efficient operation of an oversized backward-wave oscillator, IEEE Trans. Plasma Sci., 39, 1201, 2011.

[33] Shiffler, D. et al., Gain and efficiency studies of a high power traveling wave tube amplifier, Proc. SPIE, 1226, 12, 1990.

[34] Butler, J. M. and Wharton, C. B., Twin traveling-wave tube amplifiers driven by a relativistic backward-wave oscillator, IEEE Trans. Plasma Sci., 24, 884, 1996.

[35] Abubakirov, E. B. et al., an X-band gigawatt amplifier, IEEE Trans. Plasma Sci., 30, 1041, 2002.

[36] Kuzelev, M. V. et al., Relativistic high-current plasma microwave electronics: advantages, progress, and outlook, Sov. J. Plasma Phys., 13, 793, 1987; Fiz. Plazmy, 13, 1370, 1987.

[37] Main, W., Cherry, R., and Garate, E., High-power dielectric Cherenkov maser oscillator experiments, IEEE Trans. Plasma Sci., 18, 507, 1990.

[38] Didenko, A. N. et al., Cherenkov radiation of high-current relativistic electron beams, Sov. Tech. Phys. Lett. 9, 26, 1983; Pis'ma Zh. Tekh. Fiz., 9, 60, 1983.

[39] Zaitsev, N. I. et al., Sov. Tech. Phys. Lett., 8, 395, 1982.

[40] Vlasov, A. N. et al., OvermodedGW-class surface-wave microwave oscillator, IEEE Trans.

Plasma Sci. ,28,550,2000.

[41] Kurilko,V. I. et al. ,Stability of a relativistic electron beam in a periodic cylindrical waveguide, Sov. Phys. Tech. Phys. ,24,1451,1979;Zh. Tekh. Fiz. ,49,2569,1979.

[42] Bromborsky,A. and Ruth,B. ,Calculation of tMon dispersion relations in a corrugated cylindrical waveguide,IEEE Trans. Microwave Theory Tech. ,Mtt-32,600,1984.

[43] Swegle,J. A. ,Poukey,J. W. ,and Leifeste,G. T. ,Backward wave oscillators with rippled wall resonators: analytic theory and numerical simulation,Phys. Fluids,28,2882,1985.

[44] Guschina,I. Ya. and pikunov,V. M. ,Numerical method of analyzing electromagnetic fields of periodic waveguides,Sov. J. Commun. Tech. Electron. ,37,50,1992; Radiotekh. Elektron. ,8,1422,1992.

[45] Bugaev,S. P. et al. ,Features of physical processes in relativistic diffraction oscillators near the 2π oscillation mode,Sov. J. Commun. Tech. Electron. ,35,115,1990;Radiotekh. Elektron. ,7,1518,1990.

[46] Miller,S. M. et al. ,Theory of relativistic backward wave oscillators operating near cutoff,Phys. Plasmas,1,730,1994.

[47] Abubakirov,E. B. et al. ,Cyclotron-resonance mode selection in Cerenkov relativistic-electron RF sources,Sov. Tech. Phys. Lett. ,9,230,1983;Pis'ma Zh. Tekh. Fiz. ,9,533,1983.

[48] Bratman,V. L. et al. ,Millimeter-wave HF relativistic electron oscillators,IEEE Trans. Plasma Sci. ,15,2,1987.

[49] Swegle,J. A. ,Starting conditions for relativistic backward wave oscillators at low currents,Phys. Fluids,30,1201,1987.

[50] Ginzburg,N. S. ,Kuznetsov,S. P. ,and Fedoseeva,T. N. ,theory of transients in relativistic backward-wave tubes,Radiophys. Quantum Electron. ,21,728,1978; Izv. VUZ Radiofiz. ,21,1037,1978.

[51] Belov,N. E. et al. ,Relativistic carcinotron with a high space charge,Sov. J. Plasma Phys. ,9,454,1983;Fiz. Plazmy,9,785,1983.

[52] Levush,B. et al. ,Theory of relativistic backward wave oscillators with end reflections,IEEE Trans. Plasma Sci. ,20,263,1992.

[53] Levush,B. et al. ,Relativistic backward-wave oscillators: theory and experiment,Phys. Fluids B,4,2293,1992.

[54] Vlasov,A. et al. ,Relativistic backward-wave oscillators operating near cyclotron resonance,Phys. Fluids B,5,1625,1993.

[55] Hegeler,F. et al. ,Studies of relativistic backward-wave oscillator operation in the cross-excitation regime,IEEE Trans. Plasma Sci. ,28,567,2000.

[56] Vlasov,a. N. ,Nusinovich,G. S. ,and Levush,B. ,Effect of the zero spatial harmonic in a slow electromagnetic wave on operation of relativistic backward-wave oscillators,Phys. Plasmas,4,1402,1997.

[57] Korovin, S. D., and Rostov, V. V., High-current, nanosecond, pulse-periodic electron accelerators using a Tesla transformer, Russian Phys. J., 19, 1177, 1996.

[58] Song, X. X. et al., A repetitive high-current pulsed accelerator—TPG700, in Proceedings of the 17th International Conference on High Power Particle Beams, Institute of Fluid physics, Caep, Xi'an, China, July 6-11, 2008, p. 75.

[59] Bykov, N. M. et al., High-current periodic-pulse electron accelerator with highly stable electron-beam parameters, Instrum. Exp. Tech., 32, 33, 1987.

[60] Korovin, S. D. et. al., Repetitive nanosecond high-voltage generator based on spiral forming line, in Proceedings of the IEEE Conference on Pulsed Power Plasma Science, Digest of Technical Papers, Vol. 2, 2001, p. 1249.

[61] Su, J. C. et al., An 8GW long-pulse generator based on Tesla transformer and pulse forming network, Rev. Sci. Instr., 85, 063303, 2014.

[62] Xiao, R. Z. et al., Efficient generation of multi-gigawatt power by a klystron-like relativistic backward wave oscillator, Laser Part. Beams, 28, 505, 2010.

[63] Luybutin, S. K. et al., Nanosecond hybrid modulator for the fast-repetitive driving of X-band, gigawatt-power microwave source, IEEE Trans. Plasma Sci., 33, 1220, 2005.

[64] Gorbachev, K. V. et al., High-power microwave pulses generated by a resonance relativistic backward wave oscillator with a power supply system based on explosive magnetocumulative generators, Tech. Phys. Lett., 31, 775, 2005; Pis'ma Zh. Tekh. Fiz., 31, 22, 2005.

[65] Gunin, A. V. et al., Relativistic X-band BWO with 3GW output power, IEEE Trans. Plasma Sci., 26, 326, 1998.

[66] Kitsanov, S. A. et al., Pulsed 5GW resonance relativistic BWT for a decimeter wavelength range, Tech. Phys. Lett., 29, 259, 2003; Pis'ma Zh. Tekh. Fiz., 29, 87, 2003.

[67] Klimov, A. I. et al., A multigigawatt X-band relativistic backward wave oscillator with a modulating resonant reflector, Tech. Phys. Lett., 34, 235, 2008.

[68] Bastrikov, A. N. et al., "GaMMa" high-current electron accelerator, Instr. Exp. Tech., 32, 287, 1989; Prib. Tekh. Eksp., 2, 36, 1989.

[69] Koshelev, V. I. and Deichuly, M. p., Optimization of electron beam-electromagnetic field interaction in multiwave Cerenkov generators, in High Energy Density Microwaves, Conference proceedings 474, phillips, r. M., ed., american Institute of physics, New York, 1999, p. 347.

[70] Bugaev, S. P. et al., Investigation of a multiwave Cerenkov millimeter-wave oscillator producing gigawatt power levels, Sov. J. Comm. Tech. Electron., 34 (4), 119, 1989; Radiotekh. Elektron., 2, 400, 1989.

[71] Bugaev, S. P. et al., Atmospheric microwave discharge and study of the coherence of radiation from a multiwave Cerenkov oscillator, Sov. Phys. Dokl., 32, 78, 1988; Dokl. Akad. Nauk SSSR, 298, 92, 1988.

[72] Bugaev, S. P. et al., Generation of intense pulses of electromagnetic radiation by relativistic

high – current electron beams of microsecond duration, Sov. Phys. Dokl. ,29,471,1984; Dokl. Akad. Nauk SSSR,276,1102,1984.

[73] Bastrikov, A. N. et al. , The state of art of investigations of relativistic multiwave microwave generators, in Proceedings of the 9th International Conference on HighPower Particle Beams, Mosher,D. and Cooperstein,G. , eds. ,1992,p. 1586.

[74] Zhang,J. et al. ,Studies on efficient operation of an X – band oversized slow – wave HPM generator in low magnetic field,IEEE Trans. Plasma Sci. ,37,1552,2009.

[75] Zhang, H. et al. , Suppression of the asymmetric modes for experimentally achieving gigawatt – level radiation from a Ku – band Cerenkov type oscillator,Rev. Sci. Instr. ,85,084701,2014.

[76] Wu, D. P. et al. , Mode composition analysis on experimental results of a gigawattclass Ka – band overmoded Cerenkov oscillator,Phys. Plasmas,21,073105,2014.

[77] Xiao,R. Z. et al. ,Efficiency enhancement of a high power microwave generator based on a relativistic backward wave oscillator with a resonant reflector,J. Appl. Phys. ,105,053306,2009.

[78] Xiao,R. Z. et al. ,Role of dc space charge field in the optimization of microwave conversion efficiency from a modulated intense relativistic electron beam,J. Appl. Phys. ,114,214503,2013.

[79] Xiao,R. Z. et al. , A high – power high – efficiency klystronlike relativistic backward wave oscillator with a dual – cavity extractor,App. Phys. Lett. ,98,101502,2011.

[80] Xiao, R. Z. et al. , Improved power capacity in a high efficiency klystron – like relativistic backward wave oscillator by distributed energy extraction,J. Appl. Phys. ,114,213301,2013.

[81] Shiffler, D. et al. , A high – power two stage traveling – wave tube amplifier, J. Appl. Phys. , 70,106,1991Shiffler,D. et al. ,Sideband development in a high – power traveling – wave tube microwave amplifier,Appl. Phys. Lett. ,58,899,1991.

[82] Butler,J. M. and Wharton,C. B. ,Proc. SPIE,1226,23,1990

[83] Kovalev,N. F. et al. , Parasitic currents in magnetically insulated high – current diodes, Sov. Tech. Phys. Lett. ,3,168,1977;Pis'ma Zh. Tekh. Fiz. ,3,413,1977.

[84] Aleksandrov, A. F. et al. , Broadening of a relativistic electron beam in Cerenkovradiation source, Sov. Tech. Phys. Lett. ,14,349,1988;Pis'ma Zh. Tekh. Fiz. ,14,783,1988.

[85] Burtsev, V. A. et al. , Generation of microsecond microwave pulses by relativistic electron beams,Sov. Tech. Phys. Lett. ,9,617,1983;Pis'ma Zh. Tekh. Fiz. ,9,1435,1983.

[86] Hahn,K. ,Fuks,M. I. ,and Schamiloglu,E. ,Initial studies of a long – pulse relativistic backward – wave oscillator using a disk cathode,IEEE Trans. Plasma Sci. ,30,1112,2002.

[87] Shiffler,D. et al. ,Review of Cold Cathode research at the air Force research Laboratory,IEEE Trans. Plasma Sci. ,36,718,2008.

[88] Korovin,S. D. et al. , Pulsewidth limitation in the relativistic backward wave oscillator, IEEE Trans. Plasma Sci. ,28,485,2000.

[89] Bugaev,S. P. et al. ,Collapse of a relativistic high – current electron beam during generation of high – power electromagnetic radiation pulses, Radio Eng. Electron. Phys. , 29 (3), 132,

1984; Radiotekh. Elektron. ,29,557,1984.

[90] Korovin, S. D. , Rostov, V. V. , and Totmeninov, E. M. , Studies of relativistic backward wave oscillator with low magnetic field, in Proceedings of the 3rd IEEE International Vacuum Electronics Conference,2002, p. 53.

[91] El'chaninov, A. S. etal. , Highly efficient relativistic backward - wave tube, Sov. Tech. Phys. Lett. ,6,191,1980; Pis'ma Zh. Tekh. Fiz. ,6,443,1980.

[92] Xiao, R. Z. et al. , Improved fundamental harmonic current distribution in a klystron - like relativistic backward wave oscillator by two pre - modulation cavities, Appl. Phys. Lett. , 102, 133504,2013.

[93] Song, W. et al. , Inducing phase locking of multiple oscillators beyond the adler's condition, J. Appl. Phys. ,111,023302,2012.

[94] Teng, Y. et al. , Phase locking of high power relativistic backward wave oscillator using priming effect, J. Appl. Phys. 111,043303,2012.

[95] Tkach, Yu. V. et al. , Microwave emission in the interaction of a high - current relativistic electron beam with a plasma - filled slow - wave structure, Sov. J. Plasma Phys. , 1, 43, 1975; Fiz. Plazmy,1,81,1975.

[96] Carmel, Y. et al. , Demonstration of efficiency enhancement in a high - power backward - wave oscillator by plasma injection, Phys. Rev. Lett. ,62,2389,1989.

[97] Goebel, D. M. , Schumacher, r. W. , and eisenhart, r. L. , performance and pulse shortening effects in a 200kV paSOtrON hpM source, IEEE Trans. Plasma Sci. ,26,354,1998.

[98] Ge, X. J. et al. , A compact relativistic backward - wave oscillator with metallized plastic components, Appl. Phys. Lett. ,105,123501,2014.

第9章 速调管与后加速相对论速调管

9.1 引 言

与其他器件相比,速调管的工作机制有两个特点。首先,速调管中的微波相互作用发生于几个不同位置的谐振腔里;其次,在谐振腔之间的漂移管内传播的电磁波发生截止,因此不存在谐振腔之间的电磁耦合。它们之间只通过谐振腔间漂移的电子束相互耦合。而后者(谐振腔间没有反馈的这个特点)也使它们成为最适合用作放大器的高功率微波器件[①]。

为引导漂移管内的电子束,需要一个外加磁场,所以速调管和后加速相对论速调管都属于 O 型器件。但与之相比,其他 O 型器件(如切伦科夫器件、自由电子激光或电子回旋器件等)中产生微波的共振相互作用发生在一个较大的空间里,或多个相互耦合的谐振腔里。速调管的特点是高功率和高效率,具有宽带的潜力,以及相位和振幅的稳定性。

所有真正的高功率速调管都是相对论器件,其电子束加速电压超过 500kV。但相对论速调管又分成两类,如图 9.1 所示,它们具有不同的束流阻抗以及与阻抗相关的群聚机制。高阻抗速调管的工作阻抗为 1kΩ 量级,它的工作方式与传统速调管十分相似,只是电压较高。这类高功率速调管多数是为正负电子对撞机中的 RF 直线加速器(RF linac)研制的。高阻抗速调管又进一步分弱相对论器件(工作电压接近 500kV)与强相对论器件(工作电压接近或超过 1MV)。另外,低阻抗速调管的工作阻抗接近或低于 100Ω,这种情况下,空间电荷起着很重要的作用,并成为导致电子束群聚的有效机制。

后加速相对论速调管(Reltron)与速调管相似,它也利用多个输出腔从群聚电子束中提取微波。但是它在以下两个方面与速调管有所不同:第一,它的电子束群聚机制与速调管有区别;第二,群聚后的电子束被再次加速并终止群聚,从而提高输出腔的能量提取。

---

① 第8章中吉瓦级的行波管和第11章中兆瓦级的回旋速调管也作为放大器使用;自由电子激光器也被用作吉瓦级的毫米波放大器。

表 9.1 所列为典型的速调管和 Reltron 工作参数。从表中可以看到以下几个特点：①这些器件作为高功率微波源具有相当高的转换效率；②高功率、高阻抗速调管适合 RF linac 中的特殊用途，但这类应用中的频率调谐性并未得到重视；③Reltron 在一定条件下不需要引导磁场。高阻抗速调管（尤其是弱相对论速调管）和 Reltron 是本章中讨论的最为成熟的器件。在美国的 Stanford 直线加速器中心（SLAC）和日本筑波的高能加速器研究机构（KEK），研制得到一系列的高性能速调管，最高输出功率约为 100MW，工作频率从 S 波段到 X 波段。如果多束速调管能够得到发展，这项技术的功率峰值有望达到吉瓦量级。有几种百兆瓦量级的 Reltron 已经在欧洲得到了商品化，它们的频率可以通过机械调谐或通过更换零件得到改变。然而，低阻抗速调管获得了最高的功率，它在 1.3GHz 的频率达到了 10GW。通过采用环状电子束和基于大电流的群聚机制，它作为吉瓦级高功率微波源显示了极大的潜力。

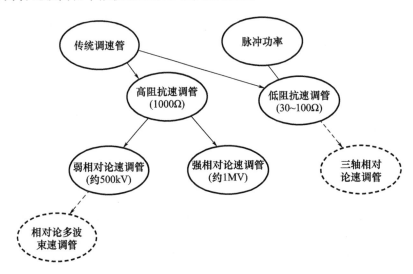

图 9.1　速调管的分类，包括研发类型（虚线）

表 9.1　速调管和 Reltron 的典型工作参数

工作参数	微波源			
	高阻抗速调管		低阻抗速调管	Reltron
	弱相对论速调管	强相对论速调管		
频率范围	2.856～11.4GHz	11.4～14GHz	1～3GHz	0.7～12GHz
峰值功率	150MW	10～300MW	10～15GW	600MW
转换效率	50%～60%	35%～50%	40%	40%
脉冲宽度	3μs	35ns	50～100ns	≤1μs

续表

工作参数	微波源			
	高阻抗速调管		低阻抗速调管	Reltron
	弱相对论速调管	强相对论速调管		
调谐范围	na	na	—	±15%
重复频率	60Hz	na	na	10Hz
输出模式	—	—	TM_{01}	TE_{10}
带宽	有限	有限	—	0.1%
电压	约500kV	约1MV	约1MV	约1~1.5MV
阻抗	约1kΩ	2~4kΩ	30Ω	约700Ω
磁场强度	0.2 T	0.5 T	1 T	—

9.2 发展历程

Russell Varian 和 Sigurd Varian 于1939年发明了速调管,从此利用束场相互作用的谐振腔取代了早期的分离元件 LC 振荡器[1]。Varian 兄弟命名的速调管,来源于希腊语中具有海浪冲刷之意的 klus - 或 kluzein($\kappa\lambda\nu\zeta\omega$),可能是由于最大群聚处电子密度的峰值具有相似之处。

20世纪40年代,作为雷达用大功率微波源,磁控管的性能远远超过速调管。但是到了50年代,在取得有关空间电荷波的理论认识以及同时发展的行波管的推动下,速调管得到了迅速发展。它的基本结构得到了改进,并出现了许多新的类型,如行波速调管混合放大器和扩展相互作用速调管等。它们都采用了多个输出谐振腔,从而提高了效率和带宽,并通过将相互作用区域的扩展达到减弱场强和在高功率下避免击穿的目的[2]。

到了20世纪80年代,通向高功率的道路分成了两条,即高阻抗速调管和低阻抗速调管。长期以来,高能物理研究的需求是高阻抗速调管发展的主要推动力,目标是开发能量越来越高的正负电子对撞机。其中的一个重要分支是所谓的 SLAC 速调管,这个名字的来源主要是因为它最早起源于1948年 Stanford 直线加速器中心(SLAC)开发的 S 波段速调管。当时,为 Stanford 的 Mark Ⅲ 直线加速器研制了30MW、1μs 的 S 波段速调管[3]。1984年 Stanford 加速器内的 S 波段速调管功率提高到了65MW,而当前2.856GHz 的速调管能够产生3.5μs、65MW 的输出,重复频率为180Hz。如果降低脉冲宽度,峰值输出功率可以达到100MW[4]。90年代中期,SLAC 和 KEK 的研究小组先后研制了几种不同的速调管,并在 S

波段达到了 150MW[5]。之后,在德国又被提高到了 200MW[6],而且在 X 波段也达到了 100MW(频率 11.424GHz 是 SLAC 速调管的 4 倍)。为减小被称作下一代直线对撞机(NLC)的 1TeV 加速器的耗电功率,出现了采用周期永久磁铁(PPM)聚焦系统的 75MW 速调管[7],它大幅度降低了以前采用磁场线圈的能耗。但是这方面的研究于 2004 年 8 月被迫停止,因为国际加速器技术评审委员会(ITRP)决定采用基于超导加速结构的 DESY 方式(采用较低频率、较低功率的速调管)作为未来的国际直线对撞机(ILC)的基本技术路线。这个决定对速调管的发展产生了一定的影响。

从 20 世纪 80 年代中期到 90 年代中期,有两个研究小组致力于发展强相对论电压下的高阻抗速调管。一个小组来自劳伦斯伯克利国家实验室(LBNL)和劳伦斯利弗莫尔国家实验室(LLNL),他们研究了 11.424GHz 的速调管,目标是取代 SLAC 和 KEK 的速调管。另一个小组来自俄罗斯杜布纳的联合核技术研究所(JINR)和普罗特维诺的布德克尔核物理研究所(BINP),他们研究了一个 14GHz 速调管,目的是驱动俄罗斯提出的正负电子对撞机(VEPP)。

低阻抗的相对论速调管起源于海军实验室(NRL)Friedman 与 Serlin 等人于 20 世纪 80 年代提出大电流相对论速调管放大器(RKA),它首先在 L 波段和 S 波段的较低频率,它们于 90 年代中期达到了 10GW 的输出功率。为了进一步提高功率,他们采用了三重同轴结构,即让环状电子束在同轴漂移空间里传输,这样可以在保持一定电流密度的同时增加电子束电流,而且三重同轴结构可以让漂移管的截止频率高于微波频率。虽然这种器件结构相当复杂且未完全开发,但位于阿尔伯克基科特兰空军基地的空军实验室(AFRL)、位于新墨西哥州的洛斯阿拉莫斯国家实验室(LANL)以及维吉尼亚的火箭研究组的研究人员在 90 年代后期还是继续进行了在 NRL 未完成的三重同轴结构 RKA 研究。尽管如此,中国绵阳、长沙与西安等地的研究所仍开展着同轴结构的 RKA 研究。

Reltron 起始于 20 世纪 90 年代早期类速调管的分离腔振荡器(SCO)研究。Reltron 利用 SCO 的低电压群聚机制,然后对群聚后的电子束进行加速。这种先群聚后加速(而不是通常的先加速后群聚)的方法利用低能电子束较容易产生群聚的特点。从加速后的群聚电子束提取微波的方法类似于速调管。Reltron 在德国、法国和以色列被用于进行微波效应研究。

9.3　设计原理

图 9.2 为速调管的结构示意图,主要组成部分包括:①电子束,其从阴极出

射后穿过器件,并最终到达电子束收集器;②由外置线圈产生并用于引导束流的轴向磁场;③由谐振腔与电子束漂移管组成的相互作用回路;④微波的输入和输出耦合器;⑤电子束收集器。每个谐振腔在漂移管一侧都有一个间隙。当电子束通过这个间隙时,电子会受到间隙处电场的加速或减速,这取决于它们通过时的场相位。微波输入信号会在首个谐振腔里激励共振电磁模,其在间隙内产生的电场对部分电子加速并对其他电子减速,而这同样取决于电子经过间隙时的场相位。在谐振腔之间的漂移空间里,较高速的电子能够赶上较低速的电子,因此形成电子束的群聚。但漂移空间的半径足够小,以至于电磁波不能在谐振腔之间传播。因此,谐振腔之间的信息交互只能通过电子束传递。发生群聚的电子束在下游的谐振腔中激励振荡模,它反过来又进一步增强电子的群聚。所以输入信号在下游的谐振腔中被放大,而在最后一个谐振腔里作为输出微波信号被提取。

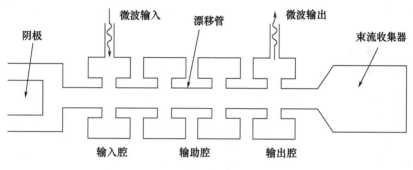

图9.2 常见速调管的结构示意图

9.3.1 电压、电流和磁场

电子束是速调管中微波的能量来源。这里用 I_b 和 V_0 分别表示电子束电流和加速电压。高阻抗速调管(如 SLAC 速调管)内通常采用具有圆形截面的笔形电子束。电子束电流通常足够低,因此电子能量($\gamma_b mc^2$)可以近似表示为

$$\gamma_b \approx \gamma_0 = 1 + \frac{eV_0}{mc^2} \tag{9.1}$$

而另一方面,低阻抗速调管通常采用细薄的环状电子束。由于电流较高,电子束的空间电荷效应在束壁间产生很强的电场。这个静电场产生的势能差降低电子的动能,使 γ_b 低于式(9.1)给出的数值。对于低阻抗速调管,γ_b 可以通过下式(参考式(4.119))求解得到,即

$$\gamma_b \approx \gamma_0 = 1 + \frac{eV_0}{mc^2} \tag{9.2}$$

式中:γ_0 的定义见式(9.1);$\beta_b = v_b/c = [1-(1/\gamma_b^2)]^{1/2}$。因子 I_s 和 α 与束流的截面有关,对于半径 r_0 的漂移管中平均半径为 r_b 的薄电子束,有

$$I_s = \frac{2\pi\varepsilon_0 mc^3}{e}\frac{1}{\ln(r_0/r_b)} = \frac{8.5}{\ln(r_0/r_b)}\text{kA} \tag{9.3}$$

$$\alpha = \frac{I_b}{I_s\gamma_b^3\beta_b} \tag{9.4}$$

对于式(9.2),将 γ_b 的求解范围局限于 $\gamma_0^{1/3} \leqslant \gamma_b \leqslant \gamma_0$。注意:当 $r_b \to r_0$ 时,$\alpha \to 0$,而且 $\gamma_b \to \gamma_0$,即当电子束接近壁表面时,束与壁之间的势能差趋于0。因此,可以通过让电子束靠近管壁来提高低阻抗速调管的工作电流和效率(见习题9.1~习题9.6)。

磁场强度必须足以将电子束局限在漂移管内,并且通过限制电子的径向运动保证其轴向轨道的直线性。对于高阻抗速调管的笔形束,所需要的引导磁场强度为[9]

$$B_z(\text{T}) = \frac{0.34}{r_b(\text{cm})}\left[\frac{I_b(\text{kA})}{8.5\beta_b\gamma_b}\right]^{1/2} \tag{9.5}$$

如文献中所述,式(9.5)给出的是将电子束局限于 r_b 以内所需要的场强。但实际上还必须考虑电子束中的 RF 电流,它可能高达 $4I_b$(对于 SLAC 的速调管)。因此,作为经验法则,实际需要的磁场强度应是式(9.5)所给值的 2 倍(参考习题9.7)。

9.3.2 漂移管半径

漂移管半径的决定条件是谐振腔内的电磁波传输模式必须在漂移管内截止。如第4章中所示,半径为 r_0 的圆形波导管中截止频率最低的是 TE_{11} 模,它由下式给出,即

$$f_{co}(\text{TE}_{11})\frac{\omega_{co}}{2\pi} = \frac{1}{2\pi}\left(\frac{1.84c}{r_0}\right) = \frac{8.79}{r_0(\text{cm})}\text{GHz} \tag{9.6}$$

式中:c 为光速。因为速调管的工作频率必须小于该频率值,即 $f < f_{11}$,所以漂移管的半径必须满足

$$r_0(\text{cm}) < \frac{8.79}{f(\text{GHz})} \tag{9.7}$$

因此,漂移管的半径必须随着工作频率的提高而减小。例如,工作频率为 1GHz 时的最大漂移管直径为 17.6cm,而 10GHz 时的直径为 1.76cm(参考习题9.8~习题9.10)。

9.3.3 速调管谐振腔

图 9.3 所示为典型的高功率速调管谐振腔。图 9.3(a) 和 (b) 中的谐振腔分别用于 SLAC 速调管和低阻抗速调管。速调管谐振腔的工作方式很像 LC 振荡器,如图 9.4 中的模型所示。假设电子束漂移管的谐振腔处有两个间距为 d 的平行金属网。它们之间的交变电场 $Ee^{-i\omega t}$ 在金属网上产生随时间变化的电荷 $q = CV = C(Ed)$,其中 C 是金属网间的电容量,V 是电压,这里假定 E 均匀分布。当金属网上的电荷发生变化时,谐振腔的壁上产生如图 9.3 所示的电流 I,并因此产生磁场 B。所以金属网之间的间隙相当于一个电容 C,而用于输送电流的谐振腔壁相当于一个电感 L,二者在电子束的驱动下形成 LC 振荡。

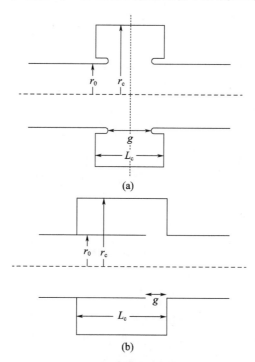

图 9.3 高功率速调管中的常用谐振腔
(a)SLAC 速调管中的谐振腔;(b)低阻抗速调管中的常用谐振腔。

当谐振腔的长度(图 9.3(b))较小时,即 $L_c < (r_c - r_0)$,它被称作药盒形谐振腔;而当 $L_c > (r_c - r_0)$ 时,谐振腔被称作同轴形谐振腔。对于后者,当 $L_c \gg (r_c - r_0)$ 时,它可以处理为特征阻抗为 $Z_0 = 60\ln(r_c/r_0)$ 的同轴传输线模型,其两端分别为短路(谐振腔的端部)和电容 C(开口间隙)。可以证明[10],对于较小的

间隙电容（$Z_0\omega C \ll 1$），谐振腔的长度近似为

$$L_c(\text{cm}) \approx (2n+1)\frac{\lambda}{4} = (2n+1)\frac{7.5}{f(\text{GHz})}, n=0,1,2,\cdots \quad (9.8)$$

式中：$\lambda = c/f$；最低次的轴向模 $n=0$（见习题 9.11）。

在设计谐振腔时，尺寸和材料的选择有时会面临多个相互冲突的设计规范。谐振腔的工作频率必须是它的谐振频率。它的品质因子 Q 必须足够低，才能使谐振腔具有足够的带宽（因为 $Q \approx f/\Delta f$，其中 Δf 为带宽），并在电子束的脉冲时间内形成振荡（因为 $Q \approx \omega E_s / \Delta P$，其中 E_s 是谐振腔内的储能，ΔP 为单周期的能量损失，它取决于腔壁能量损失以及用于建立间隙场的有效能量损失，或者为维持能量 E_s 的单周期输入能量，这种情况下 $Q \approx \omega \tau_B$，其中 τ_B 为谐振腔振荡的形成时间）。但 Q 值还必须足够高，从而使输入功率能够满足对电子束产生充分调制的要求。除了 Q 值外，设计谐振腔时还必须考虑壁附近和间隙处的场强，避免击穿。

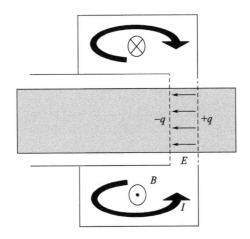

图 9.4 用 LC 振荡电路模型分析速调管的谐振腔

所需的谐振腔参数可以通过电磁场方程式求解得到，并通过某些近似实现解析求解。例如，对于图 9.3(a) 中位于谐振腔内侧与漂移管外侧的场，可以近似假设间隙内电场为常数 V_g/g 的条件解析求解，其中 V_g 为间隙电压[11]。传统的做法是将图 9.3(b) 所示谐振腔的特性表示为 L_c/r_0、g/r_0 和 r_c/r_0 的关系图，同时用 c/r_0 对频率进行归一化[12]。而现在的谐振腔设计通常使用数值模拟软件（如 SUPERFISH[13] 或 HFSS[14]）。

对于多腔速调管，可以分别对每个谐振腔的增益、效率或带宽进行优化[15]。为使增益达到最大，各谐振腔的频率应分别与所要求的信号频率一致。为使效率达到最大，需用一系列经过频率调谐的谐振腔对电子束产生群聚。同时在输

出腔之前采用一个或多个谐振频率高于 ω 的谐振腔(尤其倒数第二个腔)作为辅助腔,以让信号频率看起来是电感性的。这样,电压和电流的相对相位关系使群聚前方的电子受到减速,而使群聚后方的电子得到加速,从而使群聚得到增强。这个结果使输出腔里信号的幅度得到提高。最后,为使带宽达到最大,中间谐振腔相对于中心频率交替调谐,而且输出谐振腔设计为宽频带。这里的频率关系如图 9.5 所示。

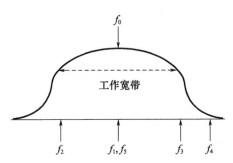

图 9.5　五腔宽带速调管放大器的调谐频率关系示意图
(频率 f_1 和 f_5 分别是输入腔和输出腔的频率,f_4 是辅助腔的频率)

对于高功率速调管,控制输出腔内的电场是很重要的问题,部分问题将在后面和各微波源关联讨论。但这里我们需要提及如下问题,输出腔中的电场可能超过击穿场强很多倍,所以提高耐击穿性能是输出腔设计的重要因素。其中一种设计思路是通过采用互作用扩展式或行波式的输出结构来降低输出段的场强(图 9.6)。前者采用具有大间隙的多个谐振腔取代传统速调管的单一谐振腔,后者采用常用的群聚腔体在电子束上产生信号电流,由此让微波能量提取在一个较长的行波区域中进行,它由图示的偶合谐振腔组成。注意:行波结构的一端由虚拟负载偶合,目的是减小反射和振荡,而输出微波通过另一端提取。

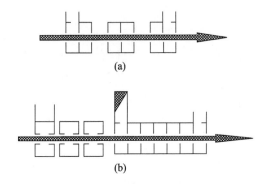

图 9.6　速调管中的互作用扩展结构和行波式结构

9.3.4 电子速度的调制、电子束的群聚和谐振腔的间距

谐振腔的间隙电场对电子速度产生调制,从而在谐振腔内的电子束下游形成电荷群聚。有趣的是,当间隙电压不是很高且群聚过程变得非线性时,群聚的发展过程主要由电子束的本征特性(即电子能量和速度以及电流密度和束流分布等)决定,而群聚的程度取决于由间隙电压决定的调制强度。本小节中,我们将考虑电子的速度调制和基于传统高阻抗速调管的束流群聚模型。

为理解传统速调管中随时间变化的间隙电场对电子速度的调制作用,这里先回到图9.4中的一维简化模型。忽略横向几何形状和横向电场的影响,并且忽略电子束空间电荷效应。时间 $t=t_1$,电荷量 $-e$、质量 m 的电子通过宽度为 g 的间隙。受到间隙电场的作用,它的速度从 v_b 变化为 $v_b + v_1$,因此有

$$v_1 = -\frac{eEg}{m\gamma_b^3 v_b} M e^{-i\omega[t_1+(\Delta t/2)]} \tag{9.9}$$

式中:$\gamma_b = [1-(v_b/c)^2]^{-1/2}$;$\Delta t = g/v_b$,为通过间隙所需要的时间,而

$$M \equiv \frac{\sin(\omega \Delta t/2)}{(\omega \Delta t/2)} \tag{9.10}$$

它是均匀电场条件下的调制因子,它对于每个电子都是相同的(见习题9.12和习题9.13)。M考虑了电子通过间隙时电场力的时间平均值,而且式(9.10)是假定电场均匀分布时的表达式。这里以下三点很重要:第一,调制的幅度与间隙电压 $v_g = Eg$ 成正比;第二,式(9.9)分母中的因子 γ_b^3 意味着电子能量的提高,电子速度的调制变得逐渐困难;第三,因子 $(g/v_b)M$ 是间隙通过时间 Δt 的正弦函数,其零点为 $\omega \Delta t = 2n\pi (n \geq 1)$。这意味着如果电子的间隙通过时间是电场振荡的一个周期,其速度将不会发生变化(见习题9.14,并考虑不同的调制因子)。

从电子束的速度调制向电荷群聚的转变是一个周期性过程。通过间隙之后,较快的电子追上较慢的电子,由此形成群聚。但是,随着电荷的聚集,空间电荷的排斥力逐渐产生减弱群聚的作用,这个过程就像压缩和释放弹簧一样。群聚形成的时间和位置取决于电子束中的快空间电荷波和慢空间电荷波的相互作用,它们在一维模型下的色散关系为

$$\omega = k_z v_b \pm \frac{\omega_b}{\gamma_b} \tag{9.11}$$

式中:"+"号和"-"号分别对应于快空间电荷波和慢空间电荷波;$\omega_b = (\rho_b e/\varepsilon_0 m\gamma_b)^{1/2}$,为电子束的相对论等离子体频率,其中 ε_0 为自由空间的介电常数,ρ_b

为电子束的电荷密度。如前文所述,ω_b 只与电子束的特性有关,而与调制的程度无关。在小信号的假定下(即线性范围内),这两个波的相互作用决定最大群聚点与谐振腔的距离,即

$$z_b = \frac{\pi \gamma_b v_b}{2\omega_b} \equiv \frac{\lambda_b \gamma_b}{4} \propto \frac{\gamma_b^{3/2} v_b^{3/2}}{J_b^{1/2}} \tag{9.12}$$

式中:$\lambda_b = 2\pi v_b/\omega_b$;$J_b$ 为电子束电流密度(见习题 9.15 和习题 9.16)。

当传播距离超过 z_b 之后,电子束的群聚逐渐较弱,并且在 $z = 2z_b$ 处完全消失。图 9.7 所示的阿普尔盖特(Applegate)曲线考虑了空间电荷排斥效应[16],通过电子的轨道说明了这一现象。式(9.12)显示群聚距离随着电子能量的上升而增加,随着电子束电流密度的上升而减小。当电子束由电压为 V_0 的 Child-Langmuir 二极管(见 4.6.1 节)产生时,可以在非相对论的条件下进一步简化。由于有 $\gamma_b \approx 1$,$v_b \propto \subset V_0^{1/2}$ 和 $J_b \propto V_0^{1/2}$。可以看出,当 V_0 较低时,z_b 几乎与 V_0 无关。而在强相对论的条件下,由于有 $\gamma_b \propto V_0$,$v_b \approx c$ 且 $J_b \propto V_0$,可以得到 $z_b \propto V_0$。

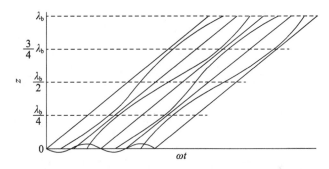

图 9.7 考虑了群聚电子束的空间电荷效应的 Applegate 曲线(模型是非相对论系统)

(源自 Gilmour A S,Jr. Microwave Tubes,Artech House,Dedham,MA,1986,p. 229)

关键是要将每一个谐振腔置于前一个谐振腔的最大群聚点。鉴于其重要性,考虑以下几种对传统高阻抗速调管调制和群聚的改进方法(下一小节将讨论低阻抗相对论速调管)。实际的速调管加速间隙没有金属网,而且电子束具有一定的径向分布,因此间隙的实际等效宽度由于等位线的变形而略有增加。在没有金属网(它能够使径向电场短路)的情况下,由于电子束具有一定的径向分布,式(9.10)的调制因子同时受到轴向和径向调制的影响,即 $M \to M_a M_r$,轴向因子 M_r 与具体的结构有关[17]。对于图 9.3(a)所示的谐振腔和半径为 r_b 的环状电子束,有

$$M_r = J_0(k_0 r_0) \frac{I_0(\theta_b)}{I_0(\theta_0)} \tag{9.13}$$

式中:$k_0 = 2\pi f/c$;$\theta_b = k_0 r_b/(\gamma_b \beta_b)$;$\theta_0 = k_0 r_0/(\gamma_b \beta_b)$。

在考虑空间电荷效应时,应注意管壁产生的镜像电荷,它使电子束的等离子体频率降低,即 $\omega_q < \omega_b$。不少文献就这个现象给出了计算结果[18-19]。等离子体频率降低的效应使式(9.11)中的 z_b 增加,从而增加速调管谐振腔的间距。

与降低等离子体频率来延长群聚距离 z_b 的情况相反,非线性效应的影响则倾向于减小谐振腔的间距,如图9.8所示。从图中可以看出,第一个谐振腔($z=0$)的作用使信号电流在式(9.12)给出的位置达到最大(用 ω_q 取代 ω_b)。置于 z_b 处的第二个谐振腔使调制进一步增强,从而使信号电流在较短的距离出现峰值。其原因是高间隙电压下调制过程的非线性,它产生的高能电子能够克服空间电荷的排斥力,可以在较短的距离内形成信号电流的峰值[20]。

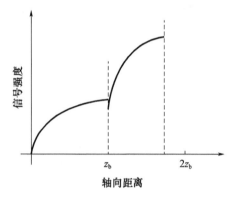

图9.8 第二个谐振腔下游的非线性群聚效应
(第一个谐振腔和第二个谐振腔的位置分别为 $z=0$ 和 z_b)

由于假定的轴向磁场足够强,因此上述讨论未考虑电子束的径向运动。但是,当磁场强度降低至布里渊(Brillouin)极限时(此时的磁场作用正好抵消空间电荷的扩散力),空间电荷的作用产生电子束的径向调制,其结果降低平均等离子体频率,从而增加谐振腔的间距[21]。

9.3.5 低阻抗相对论速调管中的电子束调制

低阻抗速调管中的电子束调制机制非常强,以至于这种器件通常仅由两个调制腔和一个输出腔构成。实际上,正如下面将看到的,两个谐振腔里的调制机制之间存在着本质性的差异。

第一个谐振腔中的群聚机制与传统速调管中的相似:间隙产生的速度调制激发电子束空间电荷波的相互作用,并决定发生群聚的距离。但是,重要的区别在于强流相对论电子束的快空间电荷波和慢空间电荷波的频率并不像式(9.11)所描述的那样对称地分布在束线 $\omega = k_z v_b$ 的上方和下方。Briggs 对长波导(即小 k_z)给出了波导截止频率以下的空间电荷波的色散关系[22],即

$$\omega = k_z v_b \left(\frac{1 \pm \alpha \mu}{1 + \alpha} \right) \qquad (9.14)$$

对于细薄的环状电子束,式(9.14)内的 α 由式(9.4)给出,且有

$$\alpha \mu = \frac{1}{\beta_b} \left(\alpha^2 + \frac{\alpha}{\gamma_b^2} \right)^{1/2} \qquad (9.15)$$

当系统的给定参数是电子束电流 I_b 和阴阳极电压 V_0 时,求解式(9.14)的同时必须对式(9.2)求解 γ_b 和 β_b。利用这些关系,可以得到第一个谐振腔下游最大群聚的位置,即[23]

$$z_b = \frac{\beta_b^2 - \alpha}{4(\alpha^2 + \alpha/\gamma_b^2)^{1/2}} \left(\frac{c}{f} \right) \qquad (9.16)$$

与传统高阻抗速调管的实心电子束的情形(式(9.12))相比,式(9.16)的不同之处在于它与频率 f 有关(见习题 9.17)。除此之外,虽然还存在其他一些差异,但低阻抗相对论速调管中的群聚过程的最独特之处在于两个空间电荷波的非对称频移,它将导致电子束电流和电压的振荡(AC)成分出现部分同相(而对于上节中的情况,它们的相位差达到 90°)。这个结果使电子束的部分直流(DC)能量被转换成 AC 动能,进而被转换成微波的电磁能。这种从 DC 向微波的能量转换过程在传统的高阻抗、低电流、低电压速调管中是不存在的。

第二个谐振腔的群聚机制更加独特。由首个谐振腔内的电子束群聚所激发的场作用显著改变电子束的动态过程,由此产生门控效应,并主要在腔体右侧产生了额外的群聚效应。为理解这个过程,在式(9.2)的右端增加一个代表电子能量调制的项:

$$\gamma_0 = \gamma_b + \frac{I_b}{I_s \beta_b} + \frac{|e|V_1}{mc^2} \sin(\omega t) \qquad (9.17)$$

可以看出,当调制振幅 V_1 超过以下阈值时,有

$$V_1 \sin(\omega t) > V_{th} \qquad (9.18)$$

其中

$$V_{th} = \frac{mc^2}{|e|} \left\{ \gamma_0 - \left[1 + \left(\frac{I_b}{I_{SCL}} \right)^{2/3} (\gamma_0^{2/3} - 1) \right]^{3/2} \right\} \qquad (9.19)$$

式(9.17)中 γ_b 和 β_b 的解不再存在(见习题 9.18)。式(9.19)中 I_{SCL} 是4.6.3 节中讨论的空间电荷限制电流,它是半径为 r_0 的漂移管中能够传输的最大电子束电流。对于半径为 r_b 的细薄环状电子束(见习题 9.22 和习题 9.23),有

$$I_{\text{SCL}} = \frac{8.5}{\ln(r_0/r_b)}(\gamma_0^{2/3} - 1)^{3/2} \tag{9.20}$$

当不等式(9.18)成立时,间隙出口处的电子束群聚得到增强[24]。第二间隙出口处产生的附加 AC 电流成分近似为 $I_{1,\text{exit}} = I_b(2/\pi)\lfloor 1 - (V_{\text{th}}^2/V_1^2)\rfloor$,其结果绘制于图 9.9 中。当 V_1 超过 V_{th} 时,第二间隙对 AC 电流的贡献迅速增加,然后趋近于最大值 0.64。间隙产生的附加速度调制进一步增强下游的束流群聚。

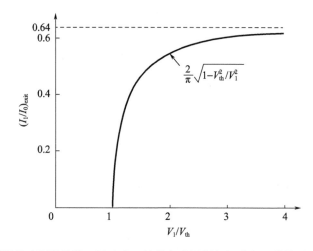

图 9.9 低阻抗速调管的第二间隙出口处的电流调制与间隙电压的关系(图中符号 I_1 对应于前文中的 I_b)(源自 Lau Y Y, et al. IEEE Trans. Plasma Sci.,18,553,1990)

9.3.6 速调管的电路模型

速调管谐振腔和漂移管的具体设计不可避免地要使用计算机模拟漂流管内电子束的动态过程以及腔体内场影响。然而,集中参数电路模型对于考虑谐振腔的性质和多腔速调管的参数分析也是很有用的。单个谐振腔的电路模型如图 9.10 所示。电感和电容与三个电阻并联:电子束电阻 R_b、谐振腔电阻 R_c 和外部电阻 R_e。这些电阻分别代表电子束耦合电阻、谐振腔壁电阻和谐振腔开口到外部微波吸收体之间的连接电阻。间隙电压的 AC 成分 V_1 与电子束电流的 AC 成分 I_1 之间的关系是欧姆定律,即

$$I_1 = YV_1 = \frac{1}{Z}V_1 \tag{9.21}$$

其中谐振腔阻抗 Z(或导纳 Y)是谐振腔并联阻抗的结果,即

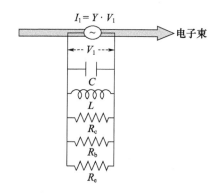

图 9.10　描述速调管谐振腔及其与电子束耦合关系的集中参数电路模型

$$Z = \frac{R}{1+iQ(\omega^2-\omega_0^2/\omega\omega_0)} = \frac{R}{Q\left[(1/Q)+i(\omega^2-\omega^2/\omega\omega_0)\right]} \quad (9.22)$$

式中：R 为 R_b、R_c 和 R_e 的并联阻抗。在式(9.22)中,谐振腔的电感和电容被共振频率 ω_0 和谐振腔品质因子 Q 取代,其中

$$\omega_0 = (LC)^{-1/2} \quad (9.23)$$

$$Q = \omega_0 \tau_{RC} = \omega_0 RC \quad (9.24)$$

式(9.22)右侧的以下因子是特性阻抗,即

$$Z_c \equiv \frac{R}{Q} \approx \frac{1}{\omega C} \quad (9.25)$$

对于给定谐振腔,它在没有电子束的情况下为常数[25]。式(9.22)的谐振腔阻抗在满足共振条件 $\omega = \omega_0$ 时达到最大值 R,它随频率变化的衰减速率取决于品质因子 Q 的值。

为概述多腔速调管的整体表现,我们将图 9.10 的模型归纳推广到图 9.11 中各腔的建模。第 m 个谐振腔的电感和电容表示为 L_m 和 C_m,与它们并联的是电子束电阻 R_{bm}、谐振腔电阻 R_{cm} 和外部电阻 R_{em}。具有并联电阻 R_{gen} 的电流源 I_{gen} 代表速调管的驱动源。它利用通过谐振腔阻抗的电流产生间隙电压 V_1。如果谐振腔与发生器的阻抗匹配,即 $R_{gen} = Z_1$,则有

$$v_1 = \frac{1}{2} I_{gen} Z_1 \quad (9.26)$$

而且注入第一个谐振腔的功率为

$$P_{in,max} = \frac{1}{2}\left|\frac{I_{gen}}{2}\right|^2 R_{gen} = \frac{1}{2}\left|\frac{V_1}{2Z_1}\right|^2 R_{gen} \quad (9.27)$$

考虑了电子束的飞行时间之后,这个电压在第二个谐振腔上产生以下的信号电流

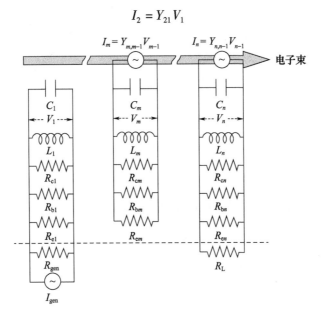

$$I_2 = Y_{21}V_1 \quad (9.28)$$

图9.11 多腔速调管的集中参数电路模型(腔1为输入腔,腔 m 是中间腔,腔 n 是输出腔)

高阻抗速调管中从腔 1 到腔 2 的互导纳 Y_{21},其在线性近似下可以表示为[26]

$$Y_{21} = i\frac{4\pi}{Z_0}\left[\frac{I_0(\text{kA})}{17}\frac{1}{(1+s)\beta_b\gamma_b}\right]^{1/2}\sin(k_b d)e^{i\omega d/v_b} \quad (9.29)$$

式中:$Z_0 = 377\Omega$,是自由空间阻抗;$s = 2\ln(r_0/r_b)$,且

$$k_b = \frac{2\omega}{3c}\left[(1+s)^{1/2} - s^{1/2}\right]\left[\frac{17}{I_b(\text{kA})}(\beta_b\gamma_b)^5\right]^{1/2} \quad (9.30)$$

通过类似于式(9.21)的关系,I_2 在第二个谐振腔内产生电压 V_2。这样依次对各谐振腔采用欧姆定律计算得到电压,并利用式(9.29)得到下一个谐振腔的电流,直到最后一个谐振腔。于是,这一系列计算的结果可以用第一个谐振腔的电压表示随后一个(或第 n 个)谐振腔的电流,即

$$I_n = Y_{n1}V_1 \quad (9.31)$$

假定负载电阻 R_L 与最后一个谐振腔匹配,即 $R_L = Z_n$,可以得到流向 R_L 的输出功率为

$$P_{\text{out}} = \frac{1}{2}\left|\frac{I_n}{2}\right|^2 R_L = \frac{1}{2}\left|\frac{Y_{n1}V_1}{2}\right|^2 R_L \quad (9.32)$$

联合式(9.27)与式(9.32),我们就可以推得线性工作区间内的速调管增益:

$$G = \frac{P_{\text{out}}}{P_{\text{in,max}}} = \frac{|Y_{n1}|^2 |Z_1|^2 R_L}{R_{\text{gen}}} \tag{9.33}$$

9.3.7 后加速相对论速调管的特性

后加速相对论速调管(Reltron)的基本概念是：先在低压状态下形成电子束群聚，然后将其加速至相对论速度[27]。从式(9.12)和式(9.16)可以看出，这样做可以使群聚变得更加容易。另外，调制后加速的束流中电子的速度基本相同（接近光速），以至于群聚中电子速度的差别不会产生显著影响。因此，可以认为低压状态下第一个腔体中形成的群聚被"冻结"在电子束中。由于相对论电子束不易减速，因此能量提取通常需要多个谐振腔，目的是减小每个谐振腔的间隙电压，从而降低击穿的概率。

除了群聚电子束的后加速特点外，Reltron 在群聚机制方面也有与其他器件的不同之处。Reltron 的电子束电流接近空间电荷限制电流，这一点与低阻抗速调管和分离腔振荡器（SCO）相似[28]。图 9.12 是 Reltron 的结构示意图，群聚谐振腔和它的 3 个简正模(0、π/2 和 π)如图 9.13 所示。群聚腔由两个药盒形腔体构成，它们通过磁场缝隙与第三个谐振腔耦合。电子束由包围的线网穿过这两个药盒式腔体。π/2 模很不稳定，所以当电子束通过时，电子束的一部分能量被转换成谐振腔里的电磁能。当电子束的电流接近空间电荷限制电流时，与低阻抗速调管相似的现象开始起作用，这时间隙内的振荡电场对电子束起到类似开关的作用。

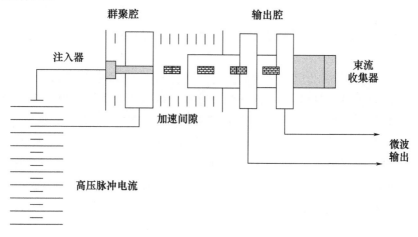

图 9.12 Reltron 的结构示意图
(源自 Miller R B, et al. IEEE Trans. Plasma Sci. ,20,332,1992)

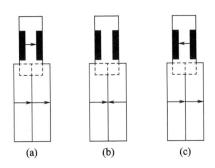

图 9.13 Reltron 群聚腔的最低次工作模

（源自 Miller R B,et al. IEEE Trans. Plasma Sci. ,20,332,1992）

(a)0 模;(b)π/2 模;(c)π 模。

9.4 工作特性

9.3 节中,我们从理论角度讨论了高功率速调管和 Reltron 的设计原则。本节讨论几种实际存在的具体器件的工作特性。这些实例主要选用以下三种器件:①采用笔形电子束,工作于相对论电压附近,峰值输出功率约为 100MW 的高阻抗速调管;②采用强流环状电子束,峰值输出功率超过 1GW 的低阻抗速调管;③输出功率为数百兆瓦,脉宽接近 1μs 的 Reltron。

9.4.1 高阻抗弱相对论速调管

有关高阻抗弱相对论速调管,SLAC 和 KEK 为满足 NLC 计划的需要,[29]在相位稳定性、可靠性和经济性方面花费了很多精力。其中有关经济性的因素包括速调管的制作费用和运行费用,后者主要受速调管效率和磁场线圈功率需求的影响。尽管 NLC 计划在国际直线对撞机(ILC)的竞争中落败,但 SLAC 和 KEK 的高功率脉冲管保持了传统微波管技术的最高功率纪录。为说明这类器件的特性,考虑以下两个具体实例:①SLAC 为 DESY 研制的 S 波段 150MW 速调管,它是输出功率最高的 SLAC 速调管;②SLAC 研制的 11.424GHz 速调管,它的电子束聚焦采用了周期性永久磁铁(PPM)以节省电磁线圈的能量消耗。

150MW 速调管的长度约 2.6m、质量约 300kg[6]。为 DESY 提供的首批微波管的主要参数如表 9.2 所列[30]。第一,注意到这种器件的电压很高,超过 500kV。第二,首次在这类微波管里采用的 M 型储备式阴极的电流密度不超过 6A/cm^2,这要求设计者必须将电子束的聚束比压缩到 40∶1,因为只有这样才能将束流注入直径为 13.3cm 的漂移管,后来的寿命问题使得器件转为使用钪酸盐阴极。第三,饱和增益很高,接近 55dB。设计者采用二维的 PIC 模拟,细致地调整了谐振腔的位置和工作频率,包括错开谐振腔的前 6 个高次模的频率以避免自振荡。尽管如此,为抑制微波管寄生振荡的影响,仍需要采取其他措施,包括将漂移管的铜材料替换为螺纹或喷砂不锈钢材料,以增加谐振腔间的信号衰减。第四,改进型的速调管采用了双室谐振腔(扩展相互作用结构),因此将微波转换效率从 40% 提高到了 50%。最后,由包裹速调管的 15kW 螺线管线圈产生 0.21 T 的磁场,它大概是约束电子束所需要的布里渊场临界值的 3 倍。

表 9.2 SLAC 为 DESY 研制的首个 150MW 的 S 波段速调管的主要参数

电子束电压	535kV
电子束电流	700A
电子束导流系数	$1.78 \times 10^{-6} A/V^{3/2}$
RF 脉冲宽度及重复频率	$3\mu s, 60Hz$
阴极电流密度	6A/cm(最大值)
阴极聚束比	40:1(13.3cm 漂移管直径)
RF 输出功率	150MW
谐振腔电场	<360kV/cm
饱和增益	约 55dB
效率	40%
工作效率	2.998GHz
螺线管聚焦磁场	$0.21T(3 \times B_r)$

在 DESY 的后续实验中,改进型速调管达到了 200MW 的输出功率和 1μs 的脉宽[6]。在将工作电压和电流分别提高到 610kV 和 780A 后,输出功率进一步得到提高,而这种情况就需要将引导磁场强度提高 6%。

考虑到 NLC 需要数千个速调管,为减小磁场线圈的能耗,SLAC 和 KEK 的研究人员着眼于研发带有 PPM 电子束磁聚焦系统的 11.424GHz 速调管。永久磁铁的极性交替反转,目的是减小所需的尺寸和质量[31],由此在轴向上产生周期性变化的磁场。为产生恰当的聚焦效果,磁场变化周期必须小于电子束上的等离子体波长(见式(9.12)前后的讨论和后文关于漂流管内二维效应修正的讨论)。采用永久磁铁的缺点是缺乏灵活性,因为使用电磁线圈时可以通过改变电流实现对磁场强度和空间分布的调整。

输出功率达到 50MW 和 75MW 的 PPM 速调管目前已经被设计和制作出来。它们的结构与图 9.14 相同,但图中所示为采用螺线管线圈的 75MW 速调管[32]。从左端开始,最初的三个谐振腔采用凹状空腔来提高特性阻抗 R/Q,而且它们的共振频率相互失调以增加速调管的带宽。在它们右侧的三个谐振腔采用药盒形空腔,其共振频率远高于工作频率,目的是增强群聚和提高输出功率,这在上节中已经讨论过。最后一个谐振腔实际上是圆盘加载的行波结构,它的单元数分别是 4 个(采用螺线管线圈时)和 5 个(采用 PPM 时)。这些行波单元将功率分散,从而降低电场强度并避免击穿。PPM 速调管多使用一个单元的原因是它的导流系数较低,因此与谐振腔的耦合较弱。图 9.15 所示为 SLAC 的 PPM 速调管[33]。

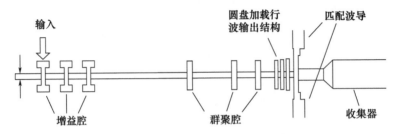

图 9.14　采用螺线管磁场线圈的 75MW 的 SLAC 速调管的结构示意图

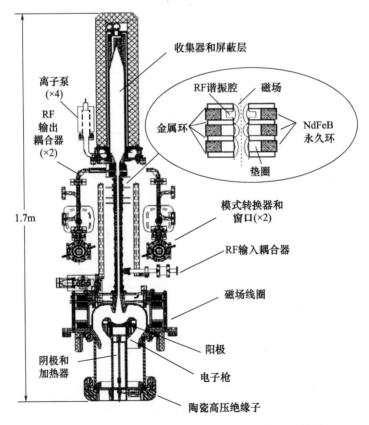

图 9.15　采用 PPM 聚束系统的 75MW 速调管(SP3 设计)

表9.3中列出了4个SLAC速调管的主要参数,包括一个S波段速调管和3个X波段速调管,其中两个采用电磁线圈,另外两个采用永久磁铁。表中的参数同时显示了这类器件的主要差异。第一,输出功率相对高2~3倍的S波段速调管的工作电压和电流较高,同样它的导流系数也较高。虽然电子束的功率较高,但同时存在一个问题:表9.3中的参数显示,尽管这些速调管的增益基本相同,但效率却随着导流系数的增加而有所下降。第二,因为漂移管的直径大致与工作频率成反比,所以X波段速调管中从阴极到漂移管的电子束直径压缩比相对较大,尽管它们的阴极电流密度相对较高。第三,在3个X波段速调管当中,PPM速调管的磁场强度是采用电磁线圈的速调管的1/2,意味着PPM速调管工作于布里渊极限附近。当然,还必须考虑到以下因素:线圈产生的磁场是近似均匀的,而永久磁铁产生的磁场强度与半径的关系为修正贝塞尔函数 $I_0(2\pi r/L)$,其中 L 是磁场的轴向变化周期。这个函数的轴心为1,然后随 r 增加,其变化近似于函数 $\exp(2\pi r/L)/(4\pi^2 r/L)^{1/2}$。由于抑制电子束扩散的磁场强度随着半径的增加而增强,因此这样的磁场分布更有利于束流稳定[34]。

表9.3 SLAC为DESY研制的改进型S波段150MW速调管和3个X波段SLAC速调管的比较(其中一个X波段速调管采用螺线管线圈,另外两个采用PPM聚束系统)

参量	DESY 150MW	螺线管 75MW	PPM 50MW	PPM 75MW
频率/GHz	2.998	11.42	11.42	11.42
电子束电压/kV	525	440	459	490
电子束电流/A	704	350	205	274
电子束导流系数/($\mu A/V^{3/2}$)	1.85	1.20	0.66	0.80
阴极电流密度/(A/cm^2)	5.04	8.75	7.39	7.71
阴极聚束比	40	129	144	98
轴向磁场/T	0.20	0.45	0.20	0.17
饱和增益/dB	约55	约55	约55	约55
效率/%	约50	约50	约60	约55

最后,以75MW的X波段速调管为例,考虑PPM技术的节能效果。假定工作参数为脉冲宽度 $\tau_p = 1.5\mu s$ 和重复频率 $R = 180Hz$。因此,平均微波输出功率为

$$\langle P_{\mu w} \rangle = P_{\mu w, peak} \tau_p R = 20.25 kW \tag{9.34}$$

平均电子束功率为

$$\langle P_{beam} \rangle = P_{beam, peak} \tau_p R = \frac{P_{\mu w, peak}}{\eta} \tau_p R \tag{9.35}$$

式中：η 为束波转换效率。具有高导流系数的电磁线圈式速调管的平均电子束功率为 40.5kW，而 PPM 速调管的平均电子束功率为 36.8kW。但电磁线圈额外需要 25kW 的功率[31]，所以如果忽略从电功率向电子束功率的转换效率，采用电磁线圈的速调管需要 65.5kW，而 PPM 速调管只需要 36.8kW。

9.4.2 高阻抗相对论速调管

工作电压高于 500kV 的相对论速调管还可用作双束加速器（TBA）[35]的驱动源。总体上，TBA 利用低电压、高电流电子束产生的微波驱动高能量、低束流的 RF 直线加速器。其核心思想是将通过速调管的电子束再利用，即对通过相互作用谐振腔的电子束进行再加速，在恢复它的能量和束流品质以后将其注入下一组谐振腔。有两个研究小组就 TBA 用速调管概念进行了不同程度的探索。一个是由美国劳伦斯·利弗莫尔国家实验室（LLNL）和劳伦斯·伯克利（LBNL）组成的小组（此前参与过 SLAC 的相关项目），另一个是来自俄罗斯普洛特维诺布德科尔（Budker）核物理研究所（BINP）与杜布纳（Dubna）联合核子研究所。在前者提出的最初概念中速调管以各驱动束为能量来源，而 150 个速调管分布在大约 300m 的总长度内，每个速调管的输出功率为 360MW。但后来，这两个小组的研究课题被迫中断，这里，我们将重点介绍其中最普遍的适用性发展。同时，我们也注意到，作为 ILC 的竞争对手，CLIC 中也计划采用不同的 TBA 实现方式（见 3.7 节），它具有的非速调管功率提取传输结构可从低能量光束中提取驱动能量[36]。

美国小组的首阶段工作是以使用标准速度调制技术激发速调管中的聚束过程为主[37-39]，如图 9.16 中工作频率为 11.42.GHz 的 SL-4。这种结构在 MOK-2 实验中使用（MOK 指的是多输出速调管），微波从辅助腔和最末腔同时输出。MOK-2 的谐振腔参数见表 9.4[38]。用于微波输出和进一步增强聚束的辅助腔是一个驻波谐振腔，带有直径为 11.4mm 的漂移管，并位于最后一个增益腔的下游 21cm 的位置。如表 9.4 所列，它的特性阻抗 R/Q 为 175Ω。为避免谐振腔中的击穿，它的输出被控制在 100MW 以下。最末腔是一个束流入射孔径为 14mm 的行波结构。它由 6 个 $2\pi/3$ 模的单元组成，其微波填充时间①约为 1ns，内部的电磁波群速度从入口处 $0.94c$ 连续变化为输出耦合器处的 $0.90c$ 左右（c 为光速）。设计工作参数如下：输出功率 250MW，电压 1.3MV，RF 电流（而不是 DC 电流）520A，这时行波结构中的最大场强在 40MV/cm 以下。实验中从行波结构

---

① 填充时间是结构的长度除以电磁波的群速度。

本身得到的最大功率为260MW。从两个输出腔得到的总输出微波功率为290MW，其中驻波结构的输出功率为60MW，行波结构的输出功率为230MW。这时的实验条件是：电压1.3MV，电子束电流600 A。因此，对于1kW的输入功率的增益约为55dB，转换效率约为37%。

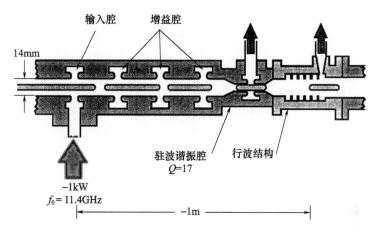

图9.16　MOK-2实验使用的SL-4相对论速调管
（源自 Allen M. A. et al. ,Part Accel. ,30,189,1990）

表9.4　MOK-2的谐振腔参数

谐振腔编号	谐振腔类型	轴向位置/cm	$f-f_0$/MHz	$Q^{(a)}$	$(R/Q^{(b)})/\Omega$
1	驱动型	0	4	315	160
2	增益型	28	-31	117	160
3	增益型	42	23	122	160
4	增益型	63	45	119	160
5	驻波输出	85	106	17	175
6	行波输出	99(c)	0	—	—
$f_0=11.424$GHz					

源自 Allen, M. a. et al. ,relativistic klystrons,Paper Presented at the Particle Accelerator Conference,SLaC-pUB-4861,Chicago,IL,1989
注：(a)无电子束的Q；(b)计算值；(c)到结构中心。

输出腔采用的行波结构使器件看上去像行波速调管。它的作用是减弱内部的电场强度，从而降低击穿的可能性，降低效果正比于结构长度。表9.5将长度为L的行波结构与间隙为g的单一谐振腔的主要参数和比例关系进行了比较[37]。从表中可以看到行波结构中电场的减弱和填充时间的缩短。但是，行波结构的混合EH_{11}电子束发散模的阻抗相对于单一谐振腔高约5倍。因此，器件设计时必须采取一定措施以避免电子束的发散问题和因此产生的脉冲缩短。

表9.5 工作频率11.424GHz 的行波输出结构与单一谐振腔的比较(g是单一谐振腔的间隙宽度，L是行波结构的长度，ΔV是电子束能量损失，v_g是行波结构中的群速度，$(R/Q)_\perp$是混合EM_{11}模的横向阻抗，它会导致电子束的发散和损失。

参数	单一谐振腔		行波结构	
	比例关系	数值	比例	数值
击穿功率	$1/g^2$	80MW	$4/L^2$	460MW[a]
表面电场[b]	$1/g$	190MV/m	$2/L$	80MW/m
平均电场[b]	$\Delta V/g$	75MV/m	$2\Delta V/L$	25MV/m
填充时间	$4Q/\omega$	2ns 达到95%	L/v_g	1ns 达到100%
$(R/Q)_\perp$	g	20W	L	100Ω

源自 allen, M. a. et al. , relativistic klystrons, Paper Presented at the Particle Accelerator Conference, SLaC - pUB - 4861, Chicago, IL, 1989

注：a—外推值；b—80MW 功率水平的电场。

图9.17 中的结构原本是用于双束直线对撞机(TB - NLC)的输出段，其在三段式行波输出结构的输出功率计划达到360MW[41]。通过直径为16mm 漂流管注入该输出结构的电子束具有600A 的DC电流和1120A 的RF电流。输出结构中的电场峰值为75MV/m，输出耦合采用一对波导管。

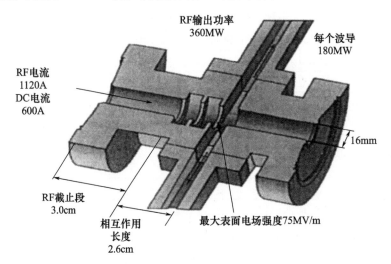

图9.17 双束直线对撞机(TB - NLC)中计划采用的速调管输出段
(源自 Houck T, et al. IEEE Trans. Plasma Sci. , 24, 938, 1996)

BINP 和 JINR 的工作[42]也已被中断。它的主要特点是较高的设计增益和较大的漂移管直径。高设计增益(超过80dB)的理由是速调管的微波源采用输出功率为1W 级的固体器件，而每个速调管的设计输出为100MW。设计工作电压和工作电流分别为1MV和250A,因此导流系数为$0.25\times10^{-6}A/V^{3/2}$,低于表9.3中的SLAC速调管。与采用环状电子束的3腔大电流速调管(不过仅有30dB的增益)相比,这个速调管具有1个输入腔、10个增益腔和1个具有22个单元的行波输出结构,总长度为70cm[43]。增益腔区域采用了PPM聚束,它的最大场强为0.4T,均方根场强为0.28T。输入腔和每个增益腔都是Q值为830的双间隙π模谐振腔。输出功率从行波结构的两端耦合出去。对于最大输出功率135MW,增益腔内最大表面电场强度的设计值为300kV/cm。设计增益为83dB,效率为54%。文献中发表的最大速调管输出功率为100MW。

对于直径为15mm的漂移管,最低的两个截止频率(TE_{11}模和TM_{01}模)分别为11.7GHz和15.3GHz。其中一个低于速调管的工作频率14GHz。因此,速调管的设计必须注意避免TE_{11}模引起的寄生振荡。阻止TE_{11}模在系统中的传播还有另外一个重要意义,因为它的电场趋于将电子引向管壁,其后果可能终止速调管的工作。为此,增益腔之间采用了由玻璃碳材料制成的有损波导管。另外,在第9个和第10个增益腔之间还插入了抑制TE_{11}模的特制滤波器。测量结果证明,有损波导管起到了阻止TE_{11}寄生振荡的作用。

9.4.3 低阻抗速调管

强流环状电子束速调管最早是被海军实验室(NRL)用作相对论速调管放大器(RKA)而发展起来的,其大致经过了四个发展阶段:①从20世纪80年代后期至90年代前期,基本设计方法得到了掌握,1.3GHz的输出功率达到了15GW;②20世纪90年代中期,间隙设计和输出耦合得到了改善;③从20世纪90年代中期到现在,三重同轴结构得到了尝试,目的是在满足漂移空间截止条件的同时实现大电流和低电压(参见习题9.25);④自21世纪中期以来,随着同轴RKA的进一步发展,其可在高增益模式下重复工作,或在大约100ns相对较长的脉冲下工作。除了NRL的工作以外,国际物理学公司(现在的L3 Communications公司)[45],洛斯·阿拉莫斯(Los Alamos)国家实验室[46]以及空军实验室(该实验室研发了一种称为相对论速调管振荡器的变体)[47]也开展了一系列工作。本章节中,我们将介绍NRL器件开发的两个初始阶段;后两个阶段将在下一节中描述。

在研究的第一阶段,RKA产生了频率1.3GHz、功率10GW的L波段和频率3.5GHz、功率1GW的S波段输出[48]。图9.18给出L波段RKA的结构示意图。第一个谐振腔的半径较大,以实现通过无膜二极管外侧的微波注入。另外,结构内还有个额外的聚束腔,电子束被同轴型输出转换器的中间导体吸收,与此同时通过导出间隙耦合的似TEM模被转换成TM_{01}输出模。表9.6比较了L波段器件和 S 波段器件的主要设计与工作参数。可以看到漂移管的半径与工作频率近似成反比,正如式(9.7)所示。与之相似,由于每个器件中的谐振腔具有同样的阻抗(如每个器件的输入腔的阻抗为 $Z_0 = 60\ln(r_a/r_c)\Omega \approx 50\Omega$,谐振腔的半径也与工作频率有关)。而另一方面,较大的 L 波段器件具有较高的工作电压和电流,而且阻抗较低。与 S 波段器件相比,电流的 RF 成分较大,而且输出功率几乎高一个数量级。

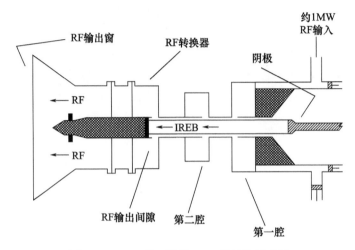

图 9.18　NRL 的 L 波段 RKA 的结构示意图
(源自 Serlin V and Friedman M. IEEE Trans. Plasma Sci.,22,692,1994)

表 9.6　工作于 L 波段和 S 波段的 NRL 低阻抗速调管的比较

		L 波段 (1.3GHz)	S 波段 (3.5GHz)
电子束	电子束电压/kV	1000	约为 500
	电子束电流/kA	35	约为 5
	电子束脉冲宽度/ns	160	120
	电子束平均半径/cm	6.6	2.35
	电子束厚度/mm	4	N/A
	漂移管半径/cm	7	2.4
第一谐振腔	估算间隙电压/kV	50	约为 25
	谐振腔阻抗/Ω	约为 50	50
	谐振腔长度/cm	N/A	19
	到电流最大值的距离/cm	39	12
	RF 峰值电流/kA	1.5	0.3

续表

		L 波段 （1.3GHz）	S 波段 （3.5GHz）
第二谐振腔	谐振腔阻抗/Ω	10	20
	谐振腔长度/cm	17	11
	到电流最大值的距离/cm	39	14
	RF 峰值电流/kA	17	5
	输出功率/GW	15	1.7
	微波脉冲长度/ns	N/A	40（三角形脉冲）
	功率效率/%	约为 40	约为 60

源自 Serlin, V. and Friedman, M., IEEE Trans. Plasma Sci., 22, 692, 1994

由于谐振腔的尺寸较大，它们可以支持很多微波模式，其中一部分的频率低于器件的工作频率。设计者对此采取了一系列措施。首先，输入腔和调制腔具有不同的阻抗和长度，目的是抑制竞争模（前面提到，为 DESY 研制的 150MW 的 SLAC 速调管具有参差的谐振腔频率）。输入腔的设计阻抗为 50Ω，而调制腔的阻抗为 20Ω（L 波段器件的这个阻抗后来被进一步降低）。

S 波段速调管的输入腔的长度约为 $(9/4)\lambda$，调制腔的长度约为 $(5/4)\lambda$（见式(9.8)）。两个谐振腔在径向上的设计宽度小于它们的长度，使得它们内部形成似 TELM 的振荡模。最初 L 波段器件输入腔的模式控制与轴向磁场的强度有关，原因是使用了非磁性不锈钢，它的磁导率 μ 随磁场发生微弱变化。谐振腔内壁表面的铜膜解决了这个问题。作为模式控制的方法，对于 S 波段速调管的 20Ω 谐振腔，在 3.5GHz 工作模的零场点安装了径向镍铬合金细线，它的作用是降低竞争模的 Q 值，而保持工作模的 Q 值基本不变。

第一个谐振腔下游的电子束群聚过程，以及随后的 RF 电流成分的产生基本符合线性理论的预测，对于 L 波段器件，有

$$I_1(\text{kA}) = 1.5\sin(0.04z) \tag{9.36}$$

图 9.19 是用示波器得到的电流波形。早期发表的小型低功率 L 波段速调管的实验结果表明，RF 电流幅值与第一谐振腔的输入微波功率的平方根成正比，因此与第一谐振腔中的间隙电压幅值成正比。

如 9.3.5 节中讨论的，当第二谐振腔的间隙电压超过式(9.19)的阈值时，新的机制对束流调制产生主要作用，它实际上让电子束上的空间电荷波停止传播，结果在间隙周围产生很强的束流调制。图 9.20 所示的计算机模拟显示了这个过程，这里的 600kV/16kA 的电子束直径为 12.6cm，厚度为 0.2cm[49]。在 L 波

段的实验中,$z=2.8cm$ 的第一间隙的驱动频率为 1.3GHz,$z=30cm$ 处得到 $I_1=2.6kA$。而在第二间隙下游仅 2cm 的位置,可达到 $I_1=5.4kA$,而 I_1 继续随距离增加,并在距间隙 34cm 的位置达到 12.8kA。

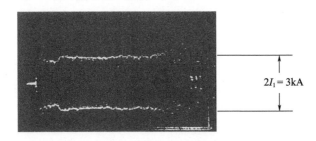

图 9.19 示波器测得的 RF 电流 I_1 波形,测量位置是第二间隙下游 I_1 的最大值处
(源自 Serlin V and Friedman M. IEEE Trans. Plasma Sci. ,22,692,1994)

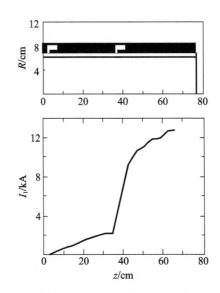

图 9.20 L 波段 RKA 谐振腔数值模拟使用的几何尺寸和计算得到的 RF 电流与距离的关系
(源自 Friedman M,et al. Rev. Sci. Instrum. ,61,171. 1990)

采用 20Ω 的第二谐振腔的初始实验中,I_1 的数值比预想的要低。这个现象被认为是谐振腔的束流负载效应引起的。将谐振腔阻抗降低到 10Ω,并允许谐振频率的机械调谐,使电流的 RF 成分提高到 17kA,如图 9.21 所示,功率为 6GW 的 L 波段 RKA。值得注意的是,电流的上升过程仍然比较缓慢。

图 9.22 中的输出信号上升比图 9.21 的 I_1 要快,但是它在 20ns 以后开始下降,虽然脉冲宽度约有 80ns。即使在这个较低的功率水平,转换器的端部(图 9.18)的电场强度接近 500kV/cm,而且转换器端部的时间积分摄影结果显

示该部位发生电子发射。当输出功率达到 15GW 时,转换器端部的电场强度达到 800kV/cm,这时的输出功率很不稳定。

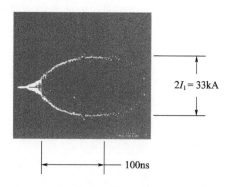

图 9.21　RF 电流 I_1 的示波器波形,测量位置是第二谐振腔下游 I_1 的最大值处
(源自 Serlin V and Friedman M. IEEE Trans. Plasma Sci. ,22,692,1994)

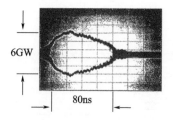

图 9.22　输出到空气中的微波输出信号的示波器波形
(源自 Serlin V and Friedman M. IEEE Trans. Plasma Sci. ,22,692,1994)

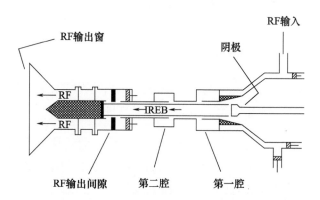

图 9.23　NRL 的 S 波段 RKA 的结构示意图
(源自 Serlin V and Friedman M. IEEE Trans. Plasma Sci. ,22,692,1994)

S 波段器件的最初实验结果令人失望,只有 150MW。但在输出间隙处增加了一个可调谐谐振腔之后(图 9.23),输出得到了明显改善。当这个谐振腔的频

率与工作频率完全一致时,输出功率达到了最大值 1.7GW。图 9.18 中,中间导体的左端突起部也对频率控制起很重要的作用(S 波段速调管也采用了,虽然在图 9.23 中没有显示)。这个突起物的高度和位置决定电磁波向上游和下游的反射系数[50]。采用图 9.24 所示的方法,可以将图 9.18 设计的 TM 模转换成更有用的 TM_{01} 模[51]。中间导体上的径向叶片逐渐延伸到外导体,并同时分向两侧慢慢变成长方形截面。这样的转换器曾经应用于 S 波段速调管[52]并工作于 20MW,但是当转换距离过短时出现了击穿。

在研究的第一阶段基本结束时,NRL 的研究小组就有关下一步的研究方向,整理出了 5 个主要问题[52]:①漂移管、电子束和轴向磁场的准直问题;②磁场的均匀问题;③谐振腔的束流负载效应问题;④真空度问题;⑤X 线辐射问题。有关磁场的均匀问题,它们给出了轴向磁场变化的最大容许幅度,即

$$\Delta B_z = 2B_z \left(\frac{r_0 - r_b}{r_b} \right) \tag{9.37}$$

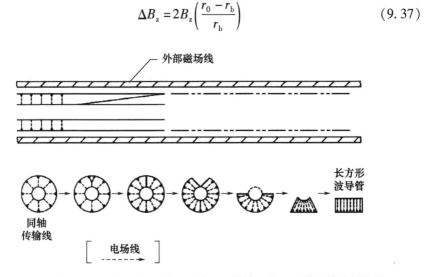

图 9.24　能够在相对论速调管的输出端将 TM 模转换成 TE_{01} 模的模式转换器

(源自 Serlin V,et al. Proc. SPIE,1407,8,1991)

他们注意到这个均匀性可以很容易在 DC 磁场的情况下实现,但对于脉冲线圈产生的磁场则必须考虑涡流、趋肤深度和磁场在材料中的进入深度等因素,而这些因素都与脉冲宽度有关。有关真空度问题,他们认为脉冲功率实验中惯用的 10^{-5}Torr 真空度对于高功率输出的条件是不够的,因为两个谐振腔和转换器区域都会发生击穿,而且电子束的传输会变得不稳定。相对论电子束产生的 X 射线剂量与 $V_0^3 I_b$ 成正比(其中 V_0 是加速电压),它的产生迫使实验装置要安装很厚重的防护材料,而且还因 X 射线轰击器壁引起的电子发射产生额外的击

穿问题。为降低X射线的剂量,在不降低功率的条件下可以在降低电压的同时增加电流,使剂量正比于 V_0^{-2} 减少。为实现这个目标,研究的第三阶段采用了三重同轴型速调管,该结构将在9.5节中介绍。不过,这里我们先介绍研究的第二阶段,它包括通过解决谐振腔的束流负载问题以及将电子束静电能向电子束动能转换的转换效率提高方法。

RKA研发的第二阶段的重点主要包括以下两个方面。一个方面是大幅增加了速调管间隙的宽度,并在间隙内采用轴向电场为反向的谐振腔场分布,如图9.25所示[53]。为防止间隙附近的静电势能产生变化,间隙里放入了多个金属圈,它们之间由很细的金属棒(具有一定的电感)连接。因此,间隙对于电子束的DC电流是短路的,而对它的RF成分却是敞开的。较宽的间隙有利于降低间隙电容和束流负载以及谐振腔的 Q 值,从而增加器件的带宽。间隙处的金属圈结构起到阻止径向电场而允许角向磁场通过的作用,后者在RKA的第二腔产生增强群聚的效应。通过实验比较发现,对于同样的电子束,较宽的间隙能够产生较大的RF电流,如表9.7所列。

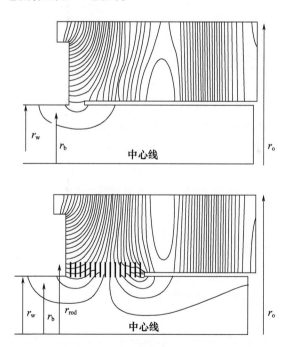

图9.25 采用SUPERFISH软件得到的电场线,上图是窄间隙,下图是宽间隙

(源自 Friedman, M. et al., Intense electron beam modulation by inductively loaded wide gaps for relativistic klystron amplifiers, Phys. Rev. Lett., 74, 322, 1995)

表9.7 宽间隙和窄间隙相对论速调管放大器的比较

		宽间隙	窄间隙
	电子束电流/kA	16	16
	二极管电压/kV	500	500
	光束平均半径/cm	6.3	6.3
	漂移管半径/cm	6.7	6.7
	金属圈内径/cm	6.7	—
	金属圈外径/cm	9.2	—
	金属圈厚度/cm	0.075	—
	金属圈数量	23	—
第一个腔	间隙宽度	10	约为2
第一个腔	Q	约为200	1000
第一个腔	RF电流/kA	4	5
第一个腔	带宽	±5MHz 减少 RF 电流20%	<1MHz 减少 RF 电流50%
第二个腔	间隙宽度/cm	10	约为2
第二个腔	Q	约为450	1000
第二个腔	RF电流/kA	>40	14
第二个腔	带宽	约为3MHz	—

源自:Friedman, M. et al., Phys. Rev. Lett., 74, 322, 1995

另一个方面是逐渐减小输出间隙内金属圈的内径,其目的是将电子束与管壁之间的部分静电势能转换为电子动能,从而进一步转换为微波能量而输出[54]。值得注意的是,采用这种方式的器件在较弱的磁场下能够得到更高的效率。磁场强度为0.3T时得到的功率效率为60%,能量效率为50%。而0.8T时的脉宽明显减小,因此降低了能量转换效率。这个现象的原因是,当磁场较弱时,失去能量后的低能电子被金属圈吸收,而当磁场较强时,它们继续传播并同时吸收微波能量。

9.4.4 后加速相对论速调管

后加速相对论速调管(Reltron)是一种紧凑型高功率微波源,它的转换效率为30%~40%,工作频率范围从UHF(700MHz)到X波段(12GHz)。改变频率的方法包括更换调制腔和利用输出部的基频或2~3倍的倍频[55]。图9.26所示为L波段Reltron,在L波段实验中,电压为250kV、电流为1.35kA的电子束经调制后再加速至850kV,输出功率和输出频率分别为600MW和1GHz。电子束向微波的功率转换效率约为40%,输出微波的脉冲能量约为200 J。图9.27是长脉冲L波段实验的结果。微波输出功率为100MW,脉冲宽度约为1μs(见习题9.26)。从图中可以看到,微波的输出时间比电子束的注入时间延迟了约200ns。这个延迟的原因是调制腔的填充时间 $\tau_f = Q/\omega$。在后续的实验中,L波段中继器中每个脉冲的能量在大约1μs的脉冲时间内增加到大约300J。实验中没有表现出明显的脉冲缩短,即便除去两个输出腔中限制漂移管的栅格;如图9.28中所示,栅格替换为"鼻锥",从而产生了一个无栅格的空腔[56]。

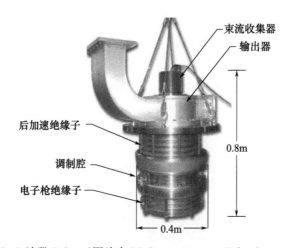

图9.26 L波段Reltron(图片由L3 Communicaitons Pulse Sciences 提供)

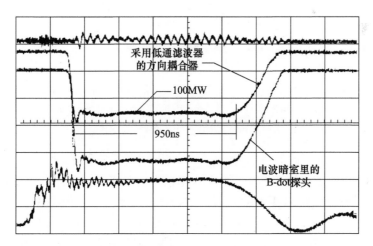

图9.27 L波段Reltron的长脉冲实验结果(图片由Titan Systems公司脉冲科学部 – L3 Communications脉冲科学提供),从上到下:微波源信号,微波功率,远场微波信号,驱动电压波形。横轴尺度是200ns/格

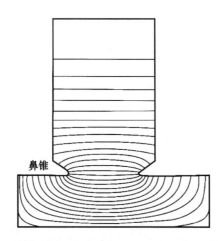

图 9.28 所谓的"鼻锥"配置,在 Reltron 中形成无网格输出空腔
(授权自 Miller,R. B.,IEEE Trans. Plasmas Sci.,26,330,1998)

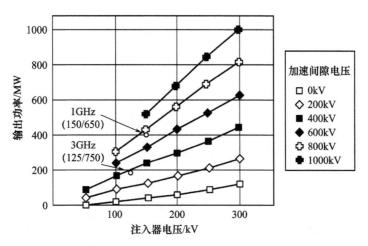

图 9.29 对于不同注入电压得到的 Reltron 输出功率的计算值和实验结果
(源自 Miller,r. B. et al.,Super – Reltron theory and experiments,
IEEE Trans. Plasma Sci.,20,332,1992)

在 3GHz 的 S 波段的实验中,电压为 200kV、电流为 1kA 的电子束经调制后再加速至 750kV。输出功率为 350MW,微波脉冲能量为 40J。进一步的实验验证了通过机械调谐可以实现工作频率 ±13% 的可调性,这里采用的是 1GHz 的调制腔的三次谐波和 3GHz 的输出腔。基于这些结果,图 9.29 大致给出了 Reltron 的参数关系[57]。图中描绘了输出功率与注入器电压和后加速电压的关系。Reltron 将作为商业化微波源继续得到发展,并在高功率微波效应试验设施中发挥作用。

9.5 研究进展与问题

本节的主要内容是有关高阻抗速调管和低阻抗速调管的革新性(而不是发展性)技术进展。在高阻抗领域中,已经出现了多束速调管,它采用多个独立的高阻抗二极管产生电子束,然后将它们注入同一个谐振腔。在低阻抗速调管领域中,研究的重点转向了大半径、大电流的三重同轴结构,并且,中国的研究人员的最新成果提高了我们将要描述的几个领域中同轴设备的技术水平。

9.5.1 高功率多束速调管和层状速调管

SLAC 的学者考虑了两个不同的设计方案,但还没有进入制作阶段。一个是吉瓦级多束速调管(GMBK)[58],它的发展方向是高功率;另一个是层状束速调管(SBK)[59],它被认为是传统笔形速调管的低成本替代品。GMBK 已经存在了一段时间,而且一些公司已经在出售兆瓦级的产品,其特点是低电压、高效率和宽频带。图 9.30 给出了一种吉瓦级 GMBK 的尺寸。10 个独立的电子束将从热阴极(需要约 10^8 Torr 的真空度)以大约 $40 A/cm^2$ 的电流密度发射,同时采用最先进的技术达到导流系数 1.4×10^{-6}(与表 9.3 的 SLAC 速调管相似)。该 GMBK 的设计电压为 600kV,总电流为 6.7kA,设计脉冲宽度为 $1\mu s$,重复频率为 10Hz。电子束通过 4 个共用的参差调制腔和 1 个各自独立的二次谐波调制腔来增强聚束。内部反馈和 30dB 的增益使速调管在 1.5GHz 的频率产生振荡,因此不需要任何输入信号。每个电子束分别采用独立的 PPM 聚束。设计输出功率为 2GW,转换效率为 50%。输出腔中的最大场强为 200kV/cm,这与以前的 SLAC 速调管基本相同。整个器件的设计长度为 1.5m,预计质量约为 82kg,均不包括电源和附属设备,如阴极加热器和真空泵等。

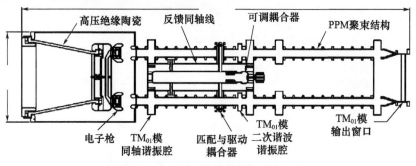

图 9.30　吉瓦级多数速调管的设计方案

GMBK 是传统速调管(SLAC)向实现真正的高功率微波性能发展的一个方向。而采用层状束的速调管是 100MW 级 SLAC 速调管向简单化和廉价化发展的途径。这种速调管采用平面形的带状电子束,其宽度远远大于厚度。20 世纪 30 年代末期,苏联就有人提出过电子层速调管的概念。虽然它具有能够降低阴极电流密度和谐振腔场强的优点,但它必须采用复杂的漂移管结构和过模谐振腔,同时还必须克服束流传输的困难。另外,能够产生电子层的电子枪至今仍是一个技术难题,而且目前还没有研制出面向高功率应用的成品,虽然也有报道过使用层状电子束的 7.5kW 扩展-相互作用的速调管[60]。然而,驱动 NLC 需要峰值功率为 150MW、平均功率为 50kW 和频率为 11.4GHz 的速调管,这实际也是要在漂移管中留有 1cm 孔径的笔束速调管,这个条件实在是过于苛刻,所以就有了如图 9.31 所示的双层层状速调管[59]。这个器件的特点是采用两个层状电子束,每个速调管产生 75MW 的 X 波段输出,从而给出 150MW 的总功率和 50% 的转换效率。每个速调管具有一个输入腔、两个增益腔、一个辅助腔和一个输出腔。电子枪的设计参数为 450kV/320A。阴极电流密度为 $5A/cm^2$,经过磁场压缩后提高到 $50A/cm^2$,电子束截面为 $0.8cm \times 8cm$,漂移管高度为 1.2cm。从图 9.31 可以看到,被称作"三件组合"的输入腔、增益腔和辅助腔之间紧密耦合,这个设计解决了单一谐振腔的耦合问题。另外,输出腔是由 5 个这样的谐振腔组成,而且每个输出腔的输出都是通过独立窗口耦合的。计算结果显示,间隔 5cm 的谐振腔隔绝系数为 50dB,而 MAGIC 的 PIC 模拟结果给出了 68dB 的器件增益。虽然电子枪的设计问题还没有完全解决,但考虑到多束速调管的复杂性和 150MW 笔形束速调管的技术风险,SBK 或双束 SBK 实验研究很有必要继续进行下去。

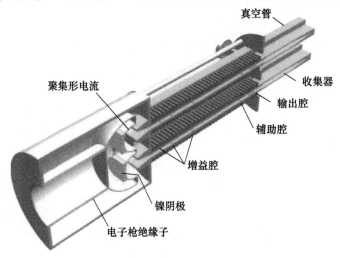

图 9.31　双电子层速调管的截面示意图

9.5.2 低阻抗环状束速调管——三轴配置

在低阻抗环状束速调管的前两个阶段的基础上，NRL 的研究小组提出了一个新的设计方案，即三重同轴速调管，它的特点是环状电子束在由内导体和外导体构成的圆筒形漂移空间里传输（见习题 9.24）[48]。图 9.32 是它的实验装置结构图[61]。这个结构与过去的（二重）同轴型结构相比具有两个主要优点：第一，在横向电磁（TEM）模式得到充分抑制的条件下，它们不对束流产生任何影响，只要内导体和外导体之间的距离小于微波的真空半波长，这个结构可以支持很大的电子束半径；第二，这个结构的空间电荷限制电流在理论上是同轴结构的 2 倍。一个薄的环状电子束的空间电荷限制电流的一般表达式为

$$I_{\text{SCL}} = I_{\text{s}} (\gamma_0^{2/3} - 1)^{3/2} \tag{9.38}$$

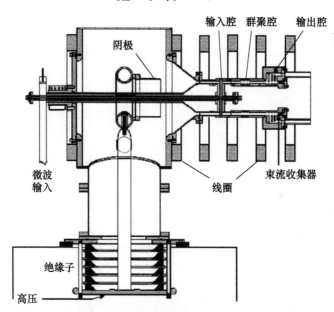

图 9.32 三轴同轴速调管的实验装置结构图

（源自 Pasour, J., Smithe, D., and Ludeking, L., an X – band triaxial klystron, High Energy Density and High Power RF, 6th Workshop, S. h. Gold and G. S. Nusinovich eds., American Institute of Physics Conference Proceedings 691, Berkeley Springs, WV, 2003, p. 141）

对于电子束半径为 r_{b}、漂移管半径为 r_0 的同轴型速调管，I_{s} 的表达式为式 (9.3)。然而，对于内导体半径为 r_{i}，外导体为 r_0 的三轴同轴速调管（见习题 9.27），有

$$I_\text{s} = 8.5\left[\frac{1}{\ln(r_\text{a}/r_\text{b})} + \frac{1}{\ln(r_\text{b}/r_\text{i})}\right](\text{kA}) \tag{9.39}$$

从实用角度上看,如果电子束的传输所需要的束和壁之间的距离 Δ 与电子束半径基本无关,则有

$$I_\text{SCL} \approx 8.5\left(\frac{2r_\text{b}}{\Delta}\right)(\gamma_0^{2/3} - 1)^{3/2}(\text{kA}) \tag{9.40}$$

式(9.40)显示,只要三重同轴速调管的半径足够大,在满足截止的条件下可以任意提高器件的工作电流。三重同轴速调管还有两个优点:①对引导磁场强度的要求较低,因此可以使用永久磁铁;②内导体的存在有助于抑制电子束不稳定性的发展。

从图9.32可以看出,高压脉冲发生器产生的负高压被加在中部的圆环和与之相连的筒状阴极上。在这个结构中,微波输入和内导体的支撑利用了阴极中部的空间。阴极发射级为CsI涂层碳纤维,可在400kV下产生4kA的波束,波束阻抗为100Ω,阴极半径为7.2cm。磁场强度从0.2T到0.3T的变化将电子束的半径压缩到 $r_\text{b} = 6.25\text{cm}$ 后注入漂移空间。漂移空间右端的束流收集器是内外导体之间的锥形石墨环。

输入信号通过同轴传输线被径向送入输入腔,它的半径取为 $1/4\lambda$ 的奇数倍,目的是在电子束的半径处出现轴向电场的最大值。图9.33给出了谐振腔结构和采用SUPERFISH软件得到的电场分布。对于9.3GHz的工作频率,谐振腔的半径为 $(7/4)\lambda$。为进一步控制振荡模,在谐振腔中零电场的位置上安装了很细的导电棒。这些导电棒还起到固定内导体和传导电子束回路电流的作用。输入腔下游的群聚腔是一个具有5个间隙的 π 模驻波结构,它们的间隔为1.3cm,深度为1/4波长(从中心轴到腔壁)。图9.34给出了群聚腔的结构和电场分布。图9.35(a)是具有4个间隙的输出腔。外侧的间隙将微波输出耦合到一个同轴传输线。间隙的间距逐渐变细,以便在电子束失去能量并减速时与电子束保持同步。内导体上的凹槽与外导体的间隙相对应。外导体间隙中的导电棒是为了控制振荡模,同时也起固定的作用。首先用SUPERFISH软件计算结构中的电场分布,然后利用PIC软件MAGIC优化从群聚电子束的微波提取效率。根据有关上游结构的计算结果,假定电子束的电流调制幅度为75%。MAGIG的结果显示,从440kV/5kA的电子束的微波提取效率为50%,输出功率为1.1GW。计算得到的电子能量的变化如图9.35(b)所示。从图中可以看出,大部分的能量损失发生在前三个间隙。输出间隙的最大电场400kV大约是Kilpatrick击穿场强的1/2。

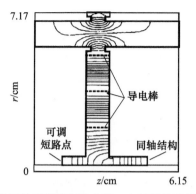

图9.33 图9.32所示三重同轴速调管的输入腔。电场线是采用SUPERFISH的计算结果。

（源自Pasour,J.,Smithe,D.,and Ludeking,L.,an X-band triaxial klystron,High Energy Density and High Power RF,6th Workshop,S. h. Gold and G. S. Nusinovich eds.,American Institute of Physics Conference Proceedings 691,Berkeley Springs,WV,2003,p. 141）

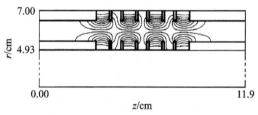

图9.34 图9.33所示的四间隙腔的模拟结果类似于三轴同轴速调管的五间隙驻波群聚腔

（源自Pasour,J. et al.,an X-band triaxial klystron,in High Energy Density and High Power RF,6th Workshop,Gold,S. h. and Nusinovich,G. S.,eds.,American Institute of Physics Conference Proceedings 691,Berkeley Springs,WV,2003,p. 141）

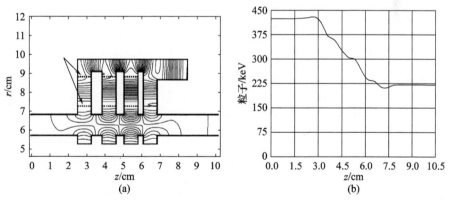

图9.35 图9.32所示三重同轴调速管的输出腔的MAGIC仿真模型及MAGIC给出的电子束能量变化曲线（初始条件是440kV/5kA的电子束,电流调制为75%）

（源自Pasour J,et al. High Engergy Density and High Power RF,6th Workshop,Berkeley Springs,WV,2003,p. 141）

实验中采用了商用 250kW 的磁控管作为输入信号源。第一腔产生的电流调制在下游 10cm 处达到最大,得到的输出功率为 300MW,从而使增益略超 30dB。对于 420kV、3.5kA 的电子束,效率约为 20%。增加电子束功率可以进一步提高输出功率,但会因微波脉冲尾端腐蚀而导致脉冲缩短。降低磁场强度可以适当增加脉冲宽度,这也意味着输出腔可能产生次级电子倍增效应。次级电子倍增效应曾在输入腔里出现,但表面的抛光和尖端部的处理解决了这个问题。在未来的实验装置中,次级电子倍增效应将可以避免,方法是采用表面抛光的铜制谐振腔,而不是青铜或黄铜制的谐振腔,改善真空度,或更好地设计束流收集器。研究者们期望对结构进行重新设计,采用脉冲磁场提高场穿透,甚至采用永磁体聚束,减少器壁对束流的拦截,进一步提高效率。

这些实验证明了三重同轴速调管在 X 波段高频运行时的理想特性。三重同轴结构可以采用与 L 波段同轴系统同样尺寸的大半径电子束(见表 9.6)。大约 100Ω 的工作阻抗与表 9.6 中的 S 波段同轴速调管接近,但是约为 L 波段速调管的 3 倍,所以 X 波段三重同轴速调管没有足够产生吉瓦级输出的电子束功率。而且最初的实验结果没有达到所需的转换效率。虽然文献的作者表示了对磁场分布和因此引起的束流传输问题的担忧,但多间隙群聚腔产生的总间隙电压是否能充分利用式(9.18)和式(9.19)所描述的群聚机制还不明确。尽管如此,多间隙谐振腔至少降低了电场强度,从而有助于避免击穿。

与同轴速调管相比,三重同轴器件中观察到的脉冲缩短现象几乎微不足道。当 Friedman 等 NRL 研究小组将他们的同轴速调管的输出功率提高到 15GW 时,输出脉冲的宽度缩短到 50ns,而且实验结果缺乏重复性,但在 6GW 的功率水平可以得到脉宽 100ns 的稳定输出。这样的脉冲缩短问题在所有高功率微波器件中是很普遍的。如前文所述,低阻抗环状束速调管的主要问题已经很明确。这些问题的一部分在工作阻抗较低的三重同轴结构中得到了解决。在保持一定的电子束功率的基础上,通过降低工作电压可以避免结构中的击穿问题,而且同时减少束流收集器产生的 X 射线辐射。另外,较大的电子束半径有效地降低了环状电子束的电流密度,有利于束流传输。以上所述的各种问题趋向于削弱脉冲的后部。而另一方面,谐振腔的束流负载问题趋向于削弱脉冲的前部。这个问题已经通过采用宽间隙得到解决,同时采取多间隙谐振腔也有利于解决该问题。虽然为获得所需的增益还需要另外增加谐振腔,高真空工作环境的必要性已经得到注意,但是到目前为止采用高真空度的实验系统还有待探索。

9.5.3 低阻抗环状束速调管——同轴配置

中国最近的研究已经回归到相对低阻抗(约 100Ω)、环形束速调管的同轴配置上,它们主要想在3个方面取得进展:①高功率下的重频运行,比如通过引入长相互作用聚束段使其表现为振荡器而非放大器;②在持续时间约100ns的脉冲中的高增益(大于60dB)运行;③单放大器的相位控制。

2007年,绵阳应用电子研究所(IAE)的研究人员研制得到脉冲重频为100Hz且峰值功率达到吉瓦级别的S波段四腔RKA[62]。该设备采用700kV、6.5kA的束流($Z=108\Omega$),产生1.2GW,脉宽为20ns,功率效率为27%的输出。这种2.95GHz放大器由600kW磁控管输入驱动,增益约为33dB。

在2008年BEAMS大会的一年时间后,该团队提出了一种基于类似原理,但功率更高的相对论扩展相互作用腔振荡器(REICO),只是没有如图9.36[63]所示的扩展相互作用聚束腔。如图9.36所示,该设备是双腔速调管的变体,带有三间隙的扩展相互作用聚束腔,这使得该设备能够像振荡器一样工作,不需要微波驱动信号。该设备工作在2.86GHz频率下,在初始腔体中以π模运行。最开始面临聚束腔的2/3 π模式竞争,但这可以通过增加间隙宽度来缓解。另外,通过改变输出腔和集束器的材料和尺寸也能避免击穿并降低输出腔的Q值,而在使用900V、16kA($Z=56\Omega$)的电子束后,则能得到脉宽为38ns(电子束脉冲为45ns)、重复频率为100Hz且辐射功率为4.1GW的输出。该设备的功率效率为26%,能量效率为22%,而平均功率则达到16kW,其与第1章中6kW的相对论磁控管以及40kW的FEL相当,这两种器件均在脉冲功率系统内采用磁开关。

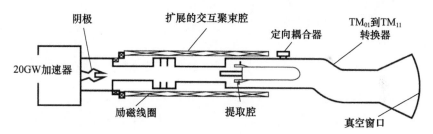

图9.36 应用电子研究所的相对论扩展相互作用腔振荡器

(源自 Huang,h. et al. ,high power and repetitively pulsed operation of a relativistic extended - interaction - cavity oscillator,《第17届高功率粒子束国际会议论文集》,中国绵阳流体物理研究所,2008)

目前,绵阳应用电子研究所的研究人员也在开发一种高增益、四腔同轴速调管放大器,其目标是研制一种可由低功率固态微波发生器驱动并通过阵列方式运行的设备,以克服单设备运行所面临的功率限制问题。最初的实验通过在输入和输出腔之间增加两个额外的谐振腔,来增强聚束和设备增益,由此产生1.2GW的功率输出[64]。后续实验通过对设备优化得到了更高的功率,而输出功率与输入功率的增益曲线如图9.37所示[65]。采用900kV、8kA的电子束($Z=$

113Ω)以及 1.38kW 的输入射频功率,则可在 2.86GHz 处得到脉冲宽度为 105ns 且功率为 1.9GW 的输出。在该输出功率级别下的增益为 61.4dB。注意,对于更高的输入功率,增益则会随之降低。实际上,61.4dB 是最大的线性增益,即使输入功率为 5kW 时可以得到 2.25GW 的功率输出。然而,在如此高的功率水平下,输出腔中的高电场实际上会产生回流电子,从而产生反馈回路,其结果是产生更短的输出脉冲,并在高于 2.93GHz 的频率处产生额外的频率成分。因此,1.9GW 是该设备的最大"干净"输出。而要达到该性能还需解决由两个中间增益腔的相互作用引起的第二个问题。最初,两个谐振频率非常接近的中间腔将建立一个共振反馈循环,并以高于漂移管截止频率的高频 TM_{02} 模工作。由于高频信号在漂流管内截止并无法传播,因此两个腔之间的漂移管内表面采用微波吸收材料,由此打破上述循环并消除 5.22GHz 处的输出竞争,并使其工作模式基本不受影响。

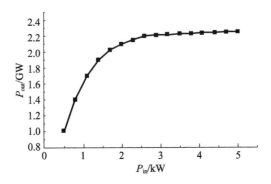

图 9.37　绵阳应用电子研究所的四腔高增益相对论速调管放大器的增益曲线

西安西北核技术研究所(NINT)利用计算机模拟初步研究了相对论速调管输入和输出信号之间的相位稳定性[66]。这些研究表明,与超过 1GW 输出功率相比,100MW 的高功率输入在消除寄生振荡、缩短产生锁相的间隔以及将锁相延长到脉冲末尾方面比 1MW 左右的小功率输入信号更有效。

长沙国防科技大学(NUDT)正在进行更广泛的锁相实验,尽管目前输出水平仍较低。实验采用相对论 BWO 向双腔 RKA 提供信号输入,电压和电流均由普通脉冲功率发生器提供[67]。系统的设计在早先的一篇论文中进行了描述[68]。两个 RKA 腔都有很宽的间隙,并装有由感应杆支撑的垫圈,以在轴向上平滑电子束的径向静电场。另外,施加在两个源(主振荡器 BWO 和功率放大器 RKA)的电压脉冲是相同的,而 BWO 的工作频率则表示为驱动电压的函数。在二极管电压为 530kV 时,BWO 在频率为 3.55GHz 时产生了 445MW 的总输出功率。大约 5% 的功率(约为 22MW)耦合到 RKA 的输入腔。然后,输入信号放大并在 RKA 上产生 230MW 的功率输出,该 RKA 的二极管电压为 530kV,电流为 4.1kA($Z=129\Omega$)。这种情况下,RKA 的增益相对于聚束腔处的输入信号约为 10dB,而功率效率约为 11%。

在这种低增益下,NUDT 的实验更接近于 NINT 的模拟结果。实验中采用强驱动信号(而非 IAE 中高增益四腔 RKA 的情况),输入功率将比输出功率小几个数量级。其关键问题是 RKA 能在多大程度上跟踪 BWO 的工作频率,以及两个设备在输出时保持恒定相位关系的能力,两者如图 9.38[67]所示。图 9.38(a)给出了两个设备可匹配的频率范围,为 3.545~3.563GHz;图 9.38(b)给出了 BWO 和 RKA 4 个随机选取的输出相位差,其对应的二极管电压为 540kV,工作频率为 3.55GHz。注意,锁相时间约为 40ns,在此期间相位关系变化不超过 ±15°,相位抖动为 ±11°。

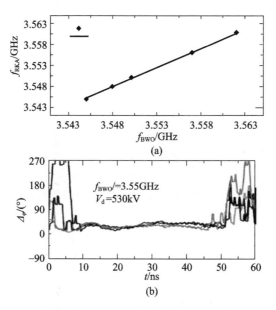

图 9.38 (a)BWO 主振荡器与 RKA 匹配的频率范围;(b)在二极管电压为 540kV,工作频率为 3.55GHz 的情况下,4 个随机选取的 BWO 与 RKA 之间的相位关系
(源自 Bai,X. et al.,Phys. Plasmas,19,123103,2012)

9.6 物理极限

速调管最大输出功率决定于两个主要因素:①能够从电子束获得的功率;②器件中的击穿条件所决定的输出功率。前者可以用转换效率 η 表示为

$$P_{\text{out}} = \eta V_0 I_b \qquad (9.41)$$

式中：V_0 和 I_b 分别为电子束二极管的电压和电子束电流。无论高阻抗速调管还是低阻抗速调管，微波转换效率都接近 50%。可以认为，这大致是高功率速调管的效率极限。但是应注意采用 PPM 聚束的高阻抗速调管的综合效率应该相对好一些，因为永久磁铁不像磁场线圈或超导磁铁那样需要电力驱动。

由于多种原因，为提高微波功率，通常倾向于提高式(9.41)中的电流，而不是电压。根据式(9.12)的简单模型，较低的电压意味着较短的群聚距离，即较短的器件长度。另外，较低的电压有利于降低脉冲功率系统的尺寸和避免击穿。最后，降低电压可以减少束流收集器等部位的 X 射线辐射，以及由速调管电路中产生的束流拦截。

9.6.1 笔形束速调管

速调管的电流与电压和其他器件设计细节有关。对于工作电压低于 500kV 的非相对论笔形速调管，通常用导流系数 K 表示电子束电流：$I_b = KV_0^{5/2}$。因此，式(9.41)可以重新写成

$$P_{\text{out}} = \eta K V_0^{5/2},\ V_0 < 500\text{kV} \qquad (9.42)$$

对于高阻抗、低导流系数的笔形束速调管，图 9.39 所示的 Thomson CSF（现在称为 Thales）速调管的实验数据显示其效率随着导流系数的增加而降低[69]。但文献同时指出，这个效率的降低可以通过增加群聚腔得到改善，虽然这样做会增加器件的长度和复杂性。

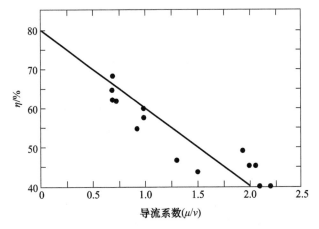

图 9.39　低阻抗、笔形束速调管的效率与导流系数的关系
（源自 Palmer R, et al. Part, Accel, 30, 197, 1990）

9.5.1 节讨论了两种能提高这类速调管输出功率的途径：多束速调管和层状束速调管。相比之下，前者的风险较小，原因是它在低电压和低功率条件下已经取得了实际经验。另外，即使采用层状电子束，为达到吉瓦级的输出，多束结构看来也是不可避免的。表 9.8 的左侧两列对 DESY 研制的 150MW 的 S 波段 SLAC 速调管和计划中的吉瓦级多束速调管（GMBK）进行了比较。工作电压比较接近，而且 GMBK 的单个电子束的导流系数实际上略低于低功率器件。通过采用 10 个独立的电子束，GMBK 的总电流可以提高 10 倍。如果假定转换效率可以达到 50%，GMBK 的输出功率可以达到 S 波段的单束速调管的 7 倍。

表 9.8 SLAC 速调管、NRL/RKA 以及它们的电流增强型 GMBK 和三重同轴 RKA 的参数比较

	SLAC/DESY S 波段	GMBK （计划）	RKA	三重同轴 RKA （计划）
频率/GHz	2.998	1.5	1.3	1.3
电子束电压/kV	525	600	1000	700
电子束电流/A	704	6700	30000	100000
导流系数/($\mu A/V^{3/2}$)	1.82	1.4[①]	30	171
电子束阻抗/Ω	746	90	33	7
轴向磁场/T	0.20		1.0	
峰值输出功率/GW	0.15	2.0	15.0	
饱和增益	约 55dB	36dB		
效率	约 50%	约 50%	约 50%	

注：①10 束中的每一束。

虽然多束结构增加器件的复杂性，但这项技术将继续在低功率水平得到发展，因为多束速调管已经被认为是高能正负电子对撞机[70]中驱动 S 波段超导加速腔的主要候选。

9.6.2 环状束速调管

对于工作电压在 500kV 以上的低阻抗环状束速调管，电流通常由阻抗（而不是导流系数）表示，即 $I_b = V_0/Z$。因此，有

$$P_{\text{out}} = \eta \frac{V_0^2}{Z}, V_0 \geqslant 500\text{kV} \tag{9.43}$$

在电压受到限制的条件下，提高功率的办法只有降低阻抗。表 9.8 中右侧

的两列给出了 15GW 同轴型速调管和计划中的高功率三重同轴速调管的主要参数。这些器件与笔形束速调管的主要区别在于：①电子束由爆炸式发射阴极产生；②从拓扑学角度看，环状束更接近于层状束。因此，不存在效率与导流系数的关系问题。可以看到，环状束速调管的导流系数实际上很高。

我们注意到中国的近期研究有一些不同的趋势。如果目标是在 100ns 左右的脉冲下产生几吉瓦的功率输出，那么 100Ω 左右的阻抗非常适合于大约 1MV：$V^2/Z \approx 10GW$ 的工作电压，这使得微波输出功率为 2.5～5GW 时可实现 25%～50% 的效率。在降低电流的情况下，也可以获得 100ns 的脉冲，产生 250～500J 的输出脉冲。当然，为了在电压下降时保留这些参数，阻抗必须下降得更快。

在提高环状束速调管的输出功率的同时，必须设法抑制造成脉冲缩短的各种内部过程，这样的努力包括以下 5 个方面。

(1) 在允许的电压（最好不高于 1MV）条件下，必须尽可能提高电流。理论上，三重同轴速调管的电流可以达到同轴器件的 2 倍。但实际上在满足给定束壁距离的条件下，三重同轴结构的极限电流可以更高。爆炸式阴极可以提供足够的电流，但它同时伴随着众所周知的间隙缩短问题。下一步的三重同轴速调管实验[61]考虑采用工作阻抗为 400Ω（300kV，750A）的热阴极电子枪，它的阴极电流密度为 8～10A/cm^2。但是这样的高阻抗不利于充分发挥这类器件的大电流特性。

(2) 漂移管中的电子束和磁场必须充分准直，而且磁场强度沿漂移管方向必须足够均匀。Friedman 等的文献[52]对这些问题有所讨论。准直的误差可能导致电子束的损失，而电子束的轰击可能产生管壁的气体释放，从而破坏器件里的真空度。同样，电子束收集器必须充分隔离以避免对漂移管造成污染。另外，还必须考虑收集器的 X 射线辐射。

(3) 必须解决谐振腔的设计问题。在环状束速调管研究的第二阶段中，对于同轴器件解决了群聚腔的容性负载问题和输出腔的静电势能转换问题。另外，谐振腔材料的改善和间隙边缘的圆滑处理对于抑制脉冲缩短起到了一定的作用。在三重同轴速调管实验中或 REICO 实验中，采用了多间隙的驻波谐振腔，从而达到了分配功率和减弱电场的目的。但同时也暴露了一个问题，即这样的谐振腔是否能够产生式(9.17)～式(9.19)所描述的群聚机制。

(4) 提高这类放大器的增益。增益越低，为达到给定的输出功率所需要的输入功率就越高。这类器件的典型增益 30dB（与之相比，笔形束速调管的增益为 50～60dB）所要求的输入功率将高于商品化微波源的能力。有关三重同轴速调管实验的文献中只是顺便提到了这个问题，并提出采用多个中间群聚腔的方法来提高增益，这样才能满足 10GW 级大型装置的需要。

(5)真空度问题,这个问题存在了很长时间,但一直没有在环状束速调管研究中受到重视。解决这个问题包括很多方面,例如,采用陶瓷材料取代塑料,改变真空排气技术;提高系统的清洁度,甚至包括采用放电清除技术等。提高真空度的效果还有待于进一步研究。

这类设备的可调性还没有得到关注。由输入腔、聚束腔和输出腔构成的"三腔"结构对参差调谐产生了限制。如果本征带宽不能满足应用的要求,也许有必要采用机械调谐或增加谐振腔。

9.6.3 后加速相对论速调管

如今的 Reltron 已经是能够产生数百兆瓦的紧凑型高功率微波源。工作频率可以通过更换关键部件改变频带,也可以通过机械调谐进行微调。在这个功率水平下,可以不需要引导磁场,或者当电流较大时可以采用永久磁铁。当重复频率较低(10Hz 以下)时,可以采用天鹅绒阴极。当然,更高的重复率似乎需要金属爆炸式发射阴极(天鹅绒的气体释放对它的重复频率产生限制),或者采用热发射式阴极,以及更换设备中腔体边界处的丝网。当重复频率远远超过 10Hz 时,钢丝网就会容易过热。

9.7 小　　结

高功率速调管和 Reltron 是最成熟的高功率微波源。传统速调管技术向相对论领域的延伸产生了 200MW 的 S 波段速调管。但引人注目的是采用 PPM 聚束技术的 X 波段 75MW 速调管,因为它省去了磁场线圈的电功率消耗。这些器件的未来发展方向是(简单化和廉价化)层状束调速管和(高功率化的)多束调速管。但这些努力现在处于停滞状态,部分原因是 2004 年国际直线对撞机(ILC)决定采用不同的技术路线,因而缺少直接的应用对象和经费支持。

低阻抗的环状束调速管在 L 波段取得了超过 10GW 的输出功率,并继续通过三重同轴调速管的途径向高功率和高频率发展。其主要基于两种方案:一种是采用三轴结构来提供更大的电流与更高的输出功率,以及延伸至更高频率的更好设备;另一种是采用同轴 RKA,这要求其具有两个或更多腔体,在高于吉瓦级别的每脉冲能量下达到更长的脉冲以及更宽的间隙。

不考虑由性能决定的功率和脉冲宽度问题,相对论速调管仍是目前最可靠的 HPM 源放大器,而对其容量极限的开发才刚刚开始。

习 题

9.1 阴阳极电压 $V_0 = 1\text{MV}$,漂移管半径 $r_0 = 5\text{cm}$,薄电子束半径 $r_b = 4\text{cm}$,描绘电子束电流 I_b 与电子的相对论因子 γ_b 之间的关系。

9.2 I_b 和 γ_b 的关系曲线有一个最大值,它对应于给定电子束加速电压 V_0 和电子束半径 r_b 的最大传输电流。推导最大电流的表达式。这个最大电流被称为空间电荷限制电流 I_{SCL},它是漂移管半径 r_0、电子束半径 r_b 和 $\gamma = 1 + eV_0/mc^2$ 的函数。

9.3 对于以下两种情况,计算空间电荷限制电流(见习题9.2)。
(1) $V_0 = 1\text{MV}, r_0 = 5\text{cm}, r_b = 3\text{cm}$;
(2) $V_0 = 1\text{MV}, r_0 = 5\text{cm}, r_b = 4\text{cm}$。

9.4 对于满足 $I_b < I_{\text{SCL}}$ 的电子束电流,式(9.2)给出两个 γ_b 值。哪一个(较大的还是较小的)γ_b 是物理上的真实解?解释其原因。

9.5 对于 $V_0 = 0.8\text{MV}, r_0 = 5\text{cm}$ 和 $r_b = 4\text{cm}$,描绘 γ_b、β_b、I_b 的关系。

9.6 如果 $I_b > 0$,则有 $\gamma_b < \gamma_0$。实际上,γ_b 随着 r_b 的减小而降低。电子的动能为 $(\gamma_b - 1)mc^2 < eV_0$,"失去"的动能哪里去了?

9.7 500kV 的电子枪产生的笔形电子束电流为 $I_b = 400\text{A}$,半径为 $r_b = 2\text{cm}$。为约束这样的电子束,需要什么样的磁场强度?为方便起见,假定 $\gamma_b = \gamma_0$。

9.8 在圆形漂移管(即圆形波导管)里截止频率最低的是哪个模?截止频率第二低的是哪个模?

9.9 对于以下频率,求电磁波被截止的最大圆形波导半径。
(1)1GHz;(2)3GHz;(3)5GHz;(4)10GHz。

9.10 在没有电子束的情况下,电磁波在圆形波导中的传输遵守色散关系为
$$\omega^2 = \omega_{co}^2 + k_z^2 c^2$$
其中,$\omega = 2\pi f, k_z = 2\pi/\lambda, \lambda$ 是波导中的轴向波长。令 $f = 1.3\text{GHz}$。假设你希望在10cm的长度内,1.3GHz 的电磁波衰减至少 30dB。假定波导管壁为理想导体(即忽略管壁的电阻损失),求满足这个衰减要求的波导半径。

9.11 假定特定阻抗为 Z_0 的同轴谐振腔的间隙容量 C 很小(即 $Z_0\omega C \ll 1$),对于以下频率,估算谐振腔长度的三个最小允许值:
(1)1GHz;(2)3GHz;(3)5GHz;(4)10GHz。

9.12 面状电子束通过窄间隙时的调制因子 M 由式(9.10)给出。假定间

隙为5cm,计算以下条件时的 M,假定 $\gamma_b = \gamma_0$:

(1) $V_0 = 200\text{kV}, f = 1.3\text{GHz}$;

(2) $V_0 = 500\text{kV}, f = 1.3\text{GHz}$;

(3) $V_0 = 500\text{kV}, f = 3\text{GHz}$;

(4) $V_0 = 500\text{kV}, f = 10\text{GHz}$。

9.13 两个平行平面的间距为 g,外加电压为 $V = V_1 e^{-i\omega t} = -Ege^{-i\omega t}$。对于通过这个间隙的大截面电子束,推导式(9.10)中的调制因子 M。假定电场不随间隙中的位置变化,而且调制引起的电子速度的变化远小于电子进入间隙时的速度 v_b。

9.14 低阻抗相对论速调管的研究人员发现,较大的间隙可以缓解谐振腔的束加载效应(这个效应降低脉冲前沿的微波输出)。由于间隙过大,间隙内的电场发生反向。当间隙内的电场如下变化时,求调制因子 M:
$$E(z) = E, 0 \leq z < g/2$$
$$E(z) = -E, g/2 \leq z \leq g$$

9.15 对于1.3GHz速调管中的500kV/300A的笔形束,即电子束的截面是半径为 r_b 的圆形,估算其群聚长度。作为近似计算,采用式(9.12)的简化一维结果,并忽略空间电荷对电子能量的影响,假定式(9.1)成立。假定电子束中的电荷密度不变。为确定电子束半径,有必要确定漂移管半径。为此,设漂移管 TE_{11} 模的截止频率为1GHz,并取笔形束与管壁间距为5mm。

9.16 问题15的电子束导流系数是 $K = 0.85 \times 10^{-6} \text{A/V}^{3/2} = 0.85 \mu V$。按照以上说明的方法,估算电压为300kV,而导流系数相同 $(0.85 \times 10^{-6} \text{A/V}^{3/2})$ 的电子束的群聚长度。

9.17 考虑 Friedman 等的低阻抗相对论速调管[源自 J. Appl. Phys. 64, 3353, 1988]。

9.18 对于电流为 $I_b = 5.6\text{A}$、电子能量为500keV、平均半径为 $r_b = 1.75\text{cm}$ 的环状电子束,漂移管的半径为 $r_0 = 2.35\text{cm}$。求电子束的相对论因子 γ_b 和归一化轴向速度 $\beta_b = v_b/c$。

9.19 对于上述电子束,用式(9.16)计算工作频率为 $f = 1.328\text{GHz}$ 的速调管的群聚长度。

9.20 对于以下参数(见表9.6),计算式(9.18)表示的低阻抗速调管独特调制机制的临界电压:

(1) $1\text{MV}, 35\text{kA}, r_b = 6.6\text{cm}, r_0 = 7\text{cm}$;

(2) $500\text{kV}, 5\text{kA}, r_b = 2.3\text{cm}, r_0 = 2.35\text{cm}$。

9.21 对于图9.10所示的谐振腔,利用图中的分离电路元件,推导式

(9.24)中品质因子 Q 的表达式。求式(9.22)的谐振腔阻抗下降到半峰值的频率的表达式(作为 ω_0 和 Q 的函数)。

9.22 假定谐振腔的参数如下:$f_0 = \omega_0/2\pi = 11.424\text{GHz}$,特性阻抗 $Z_c = R/Q = 27\text{W}$,品质因子 $Q_b = 230, Q_e = 300, Q_c = \infty$(假定谐振腔壁为理想导体)。

(1)求对应于 $f = 11.424\text{GHz}$ 的谐振腔阻抗。

(2)求对应于 $f = 11.4\text{GHz}$ 的谐振腔阻抗。

(3)在什么样的频率,复数阻抗的实数幅值 $|z|$ 等于 11.424GHz 时的 1/2?

(4)假定注入谐振腔的微波信号的上升时间近似等于谐振腔的 RC 时间常数,估算注入谐振腔的信号的上升时间。

9.23 对于很多速调管,为了提高输出功率和增益,设计者经常有意让辅助腔的谐振频率高于信号频率,如图9.5所示。这样可以使谐振腔阻抗对于电子束群聚呈电感性。这个方法在 Houck 等的文献中讨论过。考虑式(9.20)的谐振腔电压与电流关系,这里的阻抗由式(9.21)给出。假定(与文献相同)群聚头部的电子速度高于尾部。那么,为了让头部的电子减速和让尾部的电子加速,说明如何通过阻抗调整电压和电流的相位关系。

9.24 描绘环状电子束的空间限制电流与壁半径的关系。假定电子束与管壁之间的距离固定为 2mm,电压分别为 1MV、1.5MV 和 2MV。

9.25 设电子束向微波的功率转换效率为 30%,工作电流为空间电荷限制电流的 80%,电压为 2MV。假定环状束与管壁的距离为 2mm,描绘微波输出功率与管壁半径的关系。需考虑空间电荷效应对电子能量的影响。

9.26 在电压一定的条件下,为了提高功率,必须提高电流。由于电子束必须与管壁保持一定的距离,因此只能增加漂移管的半径。从速调管的基本原理出发,讨论增加漂移管半径可能引起的问题。

9.27 为了在增加束流的同时保证谐振腔间的截止,人们提出了采用中间导体的三重同轴速调管结构。下面求三重同轴结构的截止频率。为避免圆筒结构和贝塞尔函数,用平面模型近似,即假定内导体很接近外导体。

(1)对于间隔为 d 的无限大平面波导,推导三类基本电磁波(TEM、TE 和 TM)的简正模和色散关系。

(2)定性讨论 TEM 波的困难之处。如果可能,就这些波与电子束的耦合和产生轴向密度扰动进行讨论。

9.28 对于 Reltron,调制腔的填充时间使微波产生延迟。这个时间定义为从电子束的起始到微波信号达到平顶为止的间隔。对于图9.29中的情况,估算谐振腔的 Q 和这个效应引起的能量效率的降低。推导三重同轴速调管的空间电荷限制电流的表达式(9.38)和式(9.39)。

参考文献

[1] Varian,R. and Varian,S. ,A high frequency oscillator and amplifier,J. Appl. Phys. ,10,321,1939.

[2] Staprans, A. , McCune, E. , and reutz, J. , High power linear – beam tubes, Proc. IEEE, 61, 299,1973.

[3] Konrad,G. T. ,High power RF klystrons for linear accelerators,Paper Presented at the Linear Accelerator Conference,SLAC – PUB – 3324,Darmstadt,Germany,1984.

[4] Caryotakis, G. , "high – power" microwave tubes: In the laboratory and on – line, IEEE Trans. Plasma Sci. ,22,683,1994.

[5] Sprehn,D. ,Caryotakis,G. ,and Phelps,r. M. ,150MW S – band klystron program at the Stanford Linear Accelerator Center,Paper Presented at the 3rd International Conference on RF Pulsed Power Sources for Linear Colliders,SLAC – PUB – 7232,Hayama,Japan,1996.

[6] Choroba,S. ,Hameister,J. ,and Jarylkapov,S. ,Performance of an S – band klystron at an output power of 200MW,DESY Internal report M 98 – 11,Paper Presented at the 19th International Linear Accelerator Conference,Chicago,IL,1998.

[7] Sprehn, D. et al. , X – band klystron development at the Stanford Linear accelerator Center, Proc. SPIE,4031,137,2000,SLAC – PUB – 8346.

[8] Lau,Y. Y. ,Some design considerations on using modulated intense annular electron beams for particle acceleration,J. Appl. Phys. ,62,351,1987.

[9] Allen,M. A. et al. ,Relativistic klystron research for high gradient accelerators,Paper Presented at European Particle Accelerator Conference,SLAC – pUB – 4650,Rome,Italy,1988.

[10] Hamilton,D. R. ,Knipp,J. R. ,and Kuper,J. B. H. ,Klystrons and Microwave Triodes,McGraw – Hill,New York,1948,pp. 81 – 82.

[11] Shintake,T. ,Nose – Cone Removed Pillbox Cavity for High – Power Klystron Amplifiers,KEK Preprint 90 – 53,National Laboratory for High Energy Physics,Tsukuba,Japan,1990.

[12] Hamilton,D. R. ,Knipp,J. R. ,and Kuper,J. B. H. ,Klystrons and Microwave Triodes,McGraw – Hill,New York,1948,pp. 79 – 94.

[13] Halbach,K. and holsinger,R. F. ,SUPERFISH: A computer program for evaluation of RF cavities with cylindrical symmetry,Part. Accel. ,7,213,1976.

[14] HFSS is a commercial software package sold by ANSYS, http://www. ansys. com/Products/Simulation + Technology/Electronics/Signal + Integrity/ANSYS + HFSS(accessedAugust2014).

[15] Gilmour,A. S. ,Jr. ,Microwave Tubes,Artech House,Dedham,MA,1986,p. 229.

[16] Gilmour,A. S. ,Jr. ,Microwave Tubes,Artech House,Dedham,MA,1986,p. 216.

[17] Branch,G. M. ,Jr. ,Electron beam coupling in interaction gaps of cylindrical symmetry,IRE Trans. Electron Devices,ED – 8,193,1961.

[18] Branch, G. M. and Mihran, T. G. , Plasma frequency reduction factors in electron beams, IRE

Trans. Electron Devices, ED - 2, 3, 1955.

[19] Branch, G. M., Jr. et al., Space - charge wavelengths in electron beams, IEEE Trans. Electron Devices, ED - 14, 350, 1967.

[20] Gilmour, A. S., Jr., Microwave Tubes, Artech House, Dedham, MA, 1986, p. 228.

[21] Gilmour, A. S., Jr., Microwave Tubes, Artech House, Dedham, MA, 1986, p. 220.

[22] Briggs, R. J., Space - charge waves on a relativistic, unneutralized electron beam and collective ion acceleration, Phys. Fluids, 19, 1257, 1976.

[23] Friedman, M. et al., Externally modulated intense relativistic electron beams, J. Appl. Phys., 64, 3353, 1988.

[24] Lau, Y. Y. et al., Relativistic klystron amplifiers driven by modulated intense relativistic electron beams, IEEE Trans. Plasma Sci., 18, 553, 1990.

[25] Hamilton, D. R., Knipp, J. R., and Kuper, J. B. H., Klystrons and Microwave Triodes, McGraw - hill, New York, 1948, pp. 77 - 80.

[26] Lavine, T. L. et al., Transient analysis of multicavity klystrons, Paper Presented at the Particle Accelerator Conference, SLAC - PUB - 4719 [Rev], Chicago, IL, 1989.

[27] Miller, R. B. et al., Super - Reltron theory and experiments, IEEE Trans. Plasma Sci., 20, 332, 1992.

[28] Marder, B. M. et al., The split - cavity oscillator: A high - power e - beam modulator and microwave source, IEEE Trans. Plasma Sci., 20, 312, 1992.

[29] International Study Group, International Study Group Progress Report on Linear Collider Development (SLAC - Report - 559, 2000).

[30] Sprehn, D., Phillips, R. M., and Caryotakis, G., The design and performance of 150MW S - band klystrons, Paper Presented at the IEEE International Electron Development Meeting, SLAC - PUB - 6677, San Francisco, CA, 1994.

[31] Sprehn, D. et al., PPM focused X - band klystron development at the Stanford Linear Accelerator Center, Paper Presented at the 3rd International Conference on RF Pulsed Power Sources for Linear Colliders, SLAC - PUB - 7231, Hayama, Japan, 1996.

[32] Caryotakis, G., Development of X - band klystron technology at SLaC, Paper Presented at the Particle Accelerator Conference, SLAC - PUB - 7548, Vancouver, BC, 1997.

[33] SLAC, picture courtesy of George Caryotakis.

[34] Abdallah, C. et al., Beam transport and RF control, in High - Power Microwave Sources and Technologies, Barker, R. J. and Schamiloglu, E., Eds., IEEE Press, New York, 2001, p. 254.

[35] Sessler, A. and Yu, S., Relativistic klystron two - beam accelerator, Phys. Rev. Lett., 58, 2439, 1987.

[36] Braun, H. et al., CLIC 2008 Parameters, CLIC - Note - 764, European Organization for Nuclear Research—AB Department, Geneva, Switzerland, 2008.

[37] Allen, M. A. et al., Relativistic klystron research for linear colliders, Paper Presented at the

DPF Summer Study: Snowmas'88, High - Energy Physics in the 1990s, SLAC - PUB - 4733, Snowmass, CO, 1988.

[38] Allen, M. A. et al., Relativistic klystrons, Paper Presented at the Particle Accelerator Conference, SLAC - PUB - 4861, Chicago, IL, 1989.

[39] Allen, M. A. et al., Recent progress in relativistic klystron research, Paper Presented at the 14th International Conference on High - Energy Particle Accelerators, SLACPUB - 5070, Tsukuba, Japan, 1989.

[40] Allen, M. A. et al., Recent progress in relativistic klystron research, Part. Accel., 30, 189, 1990.

[41] Houck, T. et al., Prototype microwave source for a relativistic klystron two - beam accelerator, IEEE Trans. Plasma Sci., 24, 938, 1996.

[42] Dolbilov, G. V. et al., Experimental study of 100MW wide - aperture X - band klystron with RF absorbing drift tubes, in Proceedings of the European Accelerator Conference, Bristol, Vol. 3, 1996, p. 2143.

[43] Dolbilov, G. V. et al., Design of 135MW X - band relativistic klystron for linear collider, in Proceedings of the 1997 IEEE Particle Accelerator Conference, Vancouver, BC, 1997, p. 3126.

[44] Friedman, M. et al., Relativistic klystron amplifier, Proc. SPIE, 873, 92, 1988.

[45] Levine, J. S., High current relativistic klystron research at Physics International, Proc. SPIE, 2154, 19, 1994.

[46] Fazio, M. V. et al., A 500MW, 1μs pulse length, high current relativistic klystron, IEEE Trans. Plasma Sci., 22, 740, 1994.

[47] Hendricks, K. J. et al., Gigawatt - class sources, in High - Power Microwave Sources and Technologies, Barker, R. J. and Schamiloglu, E., Eds., IEEE Press, Piscataway, NJ, 2002, p. 66.

[48] Serlin, V. and Friedman, M., Development and optimization of the relativistic klystron amplifier, IEEE Trans. Plasma Sci., 22, 692, 1994.

[49] Friedman, M. et al., Efficient generation of multigigawatt RF power by a klystronlike amplifier, Rev. Sci. Instrum., 61, 171, 1990.

[50] Colombant, D. G. et al., RF converter simulation: Imposition of the radiation condition, Proc. SPIE, 1629, 15, 1992.

[51] Serlin, V. et al., Relativistic klystron amplifier. II. high - frequency operation, Proc. SPIE, 1407, 8, 1991.

[52] Friedman M. et al., Relativistic klystron amplifier. I. high power operation, Proc. SPIE, 1407, 2, 1991.

[53] Friedman, M. et al., Intense electron beam modulation by inductively loaded wide gaps for relativistic klystron amplifiers, Phys. Rev. Lett., 74, 322, 1995.

[54] Friedman, M. et al., Efficient conversion of the energy of intense relativistic electron beams in-

to RF waves, Phys. Rev. Lett., 75, 1214, 1995.

[55] Miller, R. B. and Habiger, K. W., A review of recent progress in Reltron tube design, in Proceedings of the 12th International Conference on High - Power Particle Beams, Haifa, Israel, 1998, p. 740.

[56] Miller, R. B., Pulse shortening in high - peak - power Reltron tubes, IEEE Trans. Plasma Sci., 26, 330, 1998.

[57] Miller, R. B. et al., Super - Reltron theory and experiments, IEEE Trans. Plasma Sci., 20, 332, 1992

[58] Caryotakis, G. et al., A 2GW, 1μs microwave source, in Proceedings of the 11th International Conference on High Power Particle Beams, Prague, Czech Republic, 1996, p. 406.

[59] Caryotakis, G., A sheet - beam klystron paper design, Paper Presented at the 5th Modulator - Klystron Workshop for Future Linear Colliders, SLAC - PUB - 8967, CERN, Geneva, Switzerland, 2001.

[60] Pasour, J. et al., Demonstration of a multikilowatt, solenoidally focused sheet beam amplifier at 94 Ghz, IEEE Trans. Electron Devices, 61, 1630, 2014.

[61] Pasour, J., Smithe, D., and Ludeking, L., An X - band triaxial klystron, in High Energy Density and High Power RF, 6th Workshop, Gold, S. H. and Nusinovich, G. S., Eds., American Institute of Physics Conference Proceedings 691, Berkeley Springs, WV, 2003, p. 141.

[62] Huang, H. et al., Repetitive operation of an S - band 1GW relativistic klystron amplifier, IEEE Trans. Plasma Sci., 35, 384, 2007.

[63] Huang, H. et al., High power and repetitively pulsed operation of a relativistic extended - interaction - cavity oscillator, in Proceedings of the 17th International Conference on High - Power Particle Beams, Institute of Fluid physics, Mianyang, China, 2008, p. 113.

[64] Wu, Y. A long pulse relativistic klystron amplifier driven by low RF power, IEEE Trans. Plasma SCI., 40, 2762, 2012.

[65] Wu, Y. et al., Gigawatt peak power generation in a relativistic klystron amplifier driven by 1kW seed - power, Phys. Plasmas, 20, 113102, 2013.

[66] Song, W. et al., Simulation studies of a relativistic klystron with strong input power, IEEE Trans. Plasma Sci., 36, 682, 2008.

[67] Bai, X. et al., Phase locking of an S - band wide - gap klystron amplifier with high power injection driven by a relativistic backward wave oscillator, Phys. Plasmas, 19, 123103, 2012.

[68] Bai, X. et al., Design and 3D simulation of a two - cavity wide - gap relativistic klystron amplifier with high power injection, Phys. Plasmas, 19, 083106, 2012.

[69] Palmer, R., Herrmannsfeldt, W., and Eppley, K., An immersed field cluster klystron, Part. Accel., 30, 197, 1990.

[70] Wright, E. et al., Test results for a 10MW, L - band multiple beam klystron for TESLA, in Proceedings of EPAC, Lucerne, Switzerland, 2004, p. 1117.

第10章 虚阴极振荡器

10.1 引 言

近年来,有关虚阴极振荡器的研究正逐渐复兴,并出现了新的发展方向。特别值得注意的是它有三种改进型器件:谐振腔型、可调谐型和同轴型虚阴极振荡器(Vircator)。这些改进型器件有望解决多年来困扰这类器件的两个主要问题,即低效率问题和间隙缩短问题。但即使虚阴极振荡器的效率不高,它对很多应用仍然很具有吸引力:虚阴极振荡器不需要配置外加磁场和慢波结构(SWS);另外,它的工作阻抗较低,因此可以实现低电压下的高功率运行,或充分利用像爆炸式脉冲发生器那样的低阻抗脉冲功率源。

虚阴极的产生是电子束的电流超过波导管或谐振腔的局部空间电荷限制电流的结果。虚阴极振荡器实际上包含几种不同的器件,它们利用与虚阴极有关的两个现象,即虚阴极振荡和电子往返运动。这几种器件包括 Vircator、反射三极管、反射三极管(Reditron)、同轴型 Vircator 和反馈型 Vircator(或 Virtode)。这些微波源可在 1~10GHz 频率范围内具备吉瓦级的输出能力;它们的结构相对简单,因为它们通常不需要外加磁场。另外,它们的工作阻抗比较低,因此可在低电压下得到高功率,而且适合采用低阻抗功率源,特别是紧凑型的爆炸式单次脉冲发生器。它们还具有良好的可调谐性,因为它们的工作频率只依赖于电子束的电荷密度,与环境基本无关。一个器件的输出频率可以在 2~3 倍的范围内连续变化。虚阴极的可调谐性使它常用于高功率微波效应实验,因为使用它可以较容易地改变频率并观察微波效应随频率的变化。采用不同的可调谐虚阴极振荡器可以连续覆盖从 0.5~10GHz 的频率范围[1]。出于这些原因,虚阴极振荡器作为最普遍的高功率微波源,活跃在具有高功率微波研究计划的所有国家中,包括美国、俄罗斯、法国、德国、英国、瑞典、中国和日本,以及新近从事高功率微波研究的国家,如印度、韩国等。在某种意义上,由于它们的简单性和灵活性,虚阴极往往成为高功率微波研究的起点。

尽管具备这些优点,但这些微波源多年来仍受到低效率问题的困扰。另外,它们对间隙缩短现象非常敏感,因为这造成二极管电流随时间增加,因此导致工作频率上滑,进而破坏谐振的平衡关系并造成输出下降(见习题10.1)。这些问题正在通过使用同轴型 Vircator 和反馈型 Vircator 得到逐步解决。

10.2 虚阴极振荡器的发展历程

根据 Birdsall 和 Bridges 的综述,二极管中带电粒子的 Child – Langmuir 关系可追溯到20世纪初期[2]。20 世纪60 年代和70 年代,超过空间电荷限制电流的强流粒子束被用来研究虚阴极,结果显示虚阴极是不稳定的,而且它的振荡频率和位置与实验条件有关。有关1987 年以前的理论和实验研究,可以分别参见 Sullivan 等[3]发表有关虚阴极振荡器基础理论及 Thode[4]发表有关虚阴极振荡器实验的两篇综述。

早期的实验多数采用反射三极管,其阴极接地,阳极接脉冲正高压。1977年,Mahaffey 等[5]首次利用虚阴极振荡器产生了微波。一年以后,俄罗斯托木斯克综合技术研究所(TPI)的研究小组也发表了他们的微波辐射实验结果[6]。1980 年,哈里·戴蒙德(Harry Diamond)实验室(HDL)利用反射三极管在 X 波段产生了吉瓦级的微波输出[7]。

到了20 世纪80 年代,Vircator 变得相对流行,它的阳极接地,阴极接脉冲负高压。劳伦斯利弗莫尔国家实验室(LLJVL)的 Burkhart 于1987 年发表的成果是4GW 和6.5GHz[8];HDL 的 Bromborsky 等于1988 年在6MV 的 AURORA 加速器上得到了功率9GW、频率低于1GHz 的微波输出[9];空军武器实验室(AFWL,现在的空军实验室)Platt 等于1989 年也得到了7.5GW 和1.17GHz 的实验结果[10]。

在此之后两项基本设计上的改进有效地提高了 Vircator 的微波效率。一项是洛斯·阿拉莫斯国家实验室(LANL)的 Kwan 和 Thode 提出的 Reditron。它的诞生是基于 Sullivan 的一个建议,使用一种特殊的阳极设计抑制了环状电子束的反射现象。因此,得到了3.3GW 和2.15GHz 的输出、较窄的频谱和约10% 的转换效率[11]。这个效率远高于当时除苏联外的其他实验结果。另一项是1991年由 LLNL 提出的双阳极结构,它通过调整(而不是抑制)反射电子的往返频率并使其与虚阴极振荡频率取得一致,同样获得了提高效率的效果[12]。

1987 年,Physics International 公司(PI,现在的 L – 3 Communicatins Pulse Sciences)的 Benford 等[13]和 Sullivan[3]分别研究了使用谐振腔的 Vircator,其结果证明虚阴极与谐振腔的相互作用可以抑制模式竞争,从而提高效率。1989 年,PI 的 Sze 等[14]以及 LANL 的 Fazio 等[15]采用谐振腔型 Vircator 对相对论磁控管的输出进行了5dB 的放大。1990 年,Prince 和 Sze 用 S 波段相对论磁控管对两个

Vircator 进行了锁相实验[14],而且 Sze 等采用两个相互锁相的谐振腔型 Vircator 产生了约 1.6GW 的总输出[16]。

1993 年,哈尔科夫物理技术研究所的学者发表了有关 Virtode(或反馈型 Vircator)的文章,它利用来自微波振荡区域的反馈信号,通过波导传输后作用到产生电子束的二极管区域[17]。不同可调谐器件的设计覆盖了从 S 波段到 X 波段的频谱,功率水平最高达 600MW,效率在 3%～17% 的范围内变化。最近,托木斯克的大电流电子技术研究所(IHCE)的 Kitsanov 等研制了一台 1GW 的 S 波段类似装置[18]。

1997 年,得州理工大学(Texas Tech University)的 Woolverton 等采用数值模拟的方法研究了同轴型 Vircator,它的虚阴极是通过向筒状阳极网内部径向入射大电流电子束产生的,实验结果也在不久之后发表[20]。这种同轴型 Vircator 也是目前研发最多的类型[19]。

改进型虚阴极振荡器出现于两个不同的发展时期。20 世纪 80 年代末至 90 年代初,人们构思并初步探索了反射三极管、侧向提取型、双阳极、谐振腔型 Vircator。在第一代的四种器件中,只有谐振腔型 Vircator 还在继续发展,并由 PI 公司进行部分版本的商品化;而反馈型 Vircator 和同轴型 Vircator 比较具有创新性,目前正处于积极的发展阶段。

10.3 虚阴极振荡器设计原理

如果注入到漂移管中的电子束电流 I_b 超过空间电荷限制电流 I_{SCL},就会形成虚阴极。虚阴极的形成伴随着两种现象:①虚阴极的位置以接近电子束等离子体频率 ω_b 的频率来回振荡;②一些电子穿过虚阴极继续传播,而另一些电子则被虚阴极反射回二极管区域,回到二极管区域的电子在二极管电压的作用下再次返回虚阴极,从而形成另一个振荡效应,即电子反射振荡。通常,虚阴极振荡与电子反射振荡的频率不同,但正如后文叙述的那样,它们可通过调谐而取得一致。

I_{SCL} 的表达式已在第 4 章和第 9 章中给出。式(4.120)和式(9.3)适用于薄的环状电子束,式(4.121)适用于均匀分布的柱状电子束,式(9.38)和式(9.39)适用于同轴圆筒之间的漂移空间。I_{SCL} 的一般表达式为

$$I_{SCL}(kA) = \frac{8.5}{G}(\gamma_0^{2/3} - 1)^{3/2} \tag{10.1}$$

其中 γ_0 与电子束二极管的阴阳极电压 V_0 的关系为

$$\gamma_0 = 1 + \frac{eV_0}{mc^2} = 1 + \frac{V_0(\mathrm{MV})}{0.511} \tag{10.2}$$

式中，G 取决于几何形状，例如，对于在半径为 r_0 的圆形漂移管内平均半径为 r_b 的薄环状电子束，有

$$G = \ln \frac{r_0}{r_b} (环状电子束) \tag{10.3}$$

而对于半径为 r_b 实心圆内均匀分布的电子束，有

$$G = 1 + \ln \frac{r_0}{r_b} (实心电子束) \tag{10.4}$$

（见习题 10.2、习题 10.3 和习题 10.5）。如果漂移空间是内半径 r_i 和外半径 r_0 之间的同轴型区域，那么对于半径为 r_b 的薄的环状电子束有

$$G^{-1} = \frac{1}{\ln(r_0/r_b)} + \frac{1}{\ln(r_b/r_i)} (环状电子束，同轴型漂移空间) \tag{10.5}$$

当 $I_b > I_{SCL}$ 时便出现虚阴极，它在阳极下游振荡，与阳极之间的平均距离约等于阴阳极间距。虚阴极振荡产生的电势波动导致透射电子束和反射电子束的束流调制。虚阴极振荡器的内部过程只有通过数值模拟才能清楚地看到。图 10.1 所示为实心电子束在圆筒形漂移空间里产生的虚阴极位置和电势随时间的变化[21]。位置振荡的主要频率成分是 10.4GHz，但同时包含许多其他频谱成分。可以看到，距离振荡的平均值略大于阴阳极间距，而虚阴极电势的平均值接近 V_0。

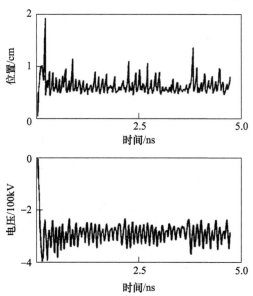

图 10.1 用数值模拟得到的虚阴极位置和电势随时间的变化

（电压为 270kV、电流为 7.3kA、半径为 1.25cm 的实心电子束通过间隙为 0.25cm 的二极管的阳极被注入到半径为 4.9cm 的漂移管中（源自 Lin, t. et al., J. Appl. Phys., 68, 2038, 1990））

图 10.2 是另一种虚阴极振荡器的数值模拟结果,它是用 PIC 法得到的电子在实际空间和相空间中的瞬态分布[4]。左侧的阴极是安装在圆柱形阴极杆上一个很薄的圆筒。值得注意的是,除了 $z=1.50\rm cm$ 处的阴极尖端外,阴极侧面也产生电子发射。从下图的相空间分布可以看到,电子的轴向动量(P_z)在 $z=2.25\rm cm$ 的阳极位置达到最大,然后随着它们离开阳极逐渐减速。可以看到,有一些电子在 $z=3.00\rm cm$ 的虚阴极附近停止运动(即 $P_z=0$),然后以负的轴向动量返回二极管间隙。由于在阳极薄膜中的能量损失,这些电子无法到达阴极。很多电子穿过虚阴极向漂移管下游传播,同时它们具有很宽的轴向动量分布。

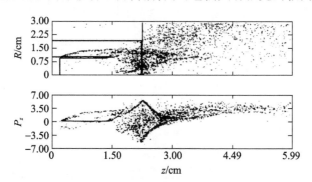

图 10.2 电子束在漂移空间中形成虚阴极时的实际空间分布(上图:半径-轴向距离)和相空间分布(下图:轴向动量-轴向距离)(没有外加磁场(源自 Thode, L. E., Virtual cathode microwave device research: experiment and simulation, in High Power Microwave Sources, Granatstein, V. L. and Alexeff, I., Eds., Artech house, Norwood, MA, 1987, p. 507))

虚阴极振荡的频率接近相对论等离子体频率,即

$$f_p = \frac{1}{2\pi}\left(\frac{n_b e^2}{\varepsilon_0 m \gamma_0}\right)^{1/2} = 8.98 \times 10^3 \left[\frac{n_b(\rm cm^{-3})}{\gamma_0}\right]^{1/2} (\rm Hz) \tag{10.6}$$

式中:n_b 为电子束通过阳极时的电子密度;$-e$ 和 m 分别为电子电荷和质量;ε_0 为自由空间的介电常数。采用实用单位,式(10.6)可以写为

$$f_p(\rm GHz) = 4.10 \left[\frac{J(\rm kA/cm^2)}{\beta \gamma_0}\right]^{1/2} \tag{10.7}$$

式中:$\beta = v_b/c = (1-1/\gamma_0^2)^{1/2}$,$v_b$ 是电子速度(见习题 10.4)。在非相对论情况下,$\gamma \cong 1$,且 $\beta \propto V_0^{1/2}$ 根据式(4.112),存在 $J \propto V_0^{3.2}/d^2$,因此有

$$f_{\rm VC} \propto \frac{V_0^{1/2}}{d}(\text{非相对论}) \tag{10.8}$$

在强相对论情况下,当 $\gamma_0 \propto V_0$,$\beta \cong 1$ 根据式(4.112)有 $J \propto V_0^2/d^2$,因此有

$$f_{\rm VC} \propto \frac{1}{d}(\text{强相对论}) \tag{10.9}$$

这个强相对论情况所需要的电压通常比在高功率微波系统中使用的电压要高很多。不过,至少可以看出,当二极管电压明显超出 500kV 时,振荡频率随电压的变化是很小的。除了虚阴极自身的振荡以外,被俘获在阴极和虚阴极之间的势阱中来回反射的电子也发生群聚,它们的辐射频率为

$$f_r = \frac{1}{4T} = \frac{1}{\left(4\int_0^d \mathrm{d}z/v_z\right)} \tag{10.10}$$

式中:d 为阴阳极间隙。采用实用单位,非相对论下的表达方式为

$$f_r(\mathrm{GHz}) = 2.5\frac{\beta}{d(\mathrm{cm})}(\text{非相对论}) \tag{10.11}$$

(见习题 10.6)。在相对论条件下,由于电子速度迅速接近于 βc,系数接近极限值 7.5(它对应的电子速度始终为 $v_b = \beta c$)。在非相对论的情况下,f_{VC} 和 f_r 是相似的,两个频率均属于微波范围,因此两种现象可能同时出现并互相竞争。通常 $f_{\mathrm{VC}} > f_r$,更为典型的关系是 $f_{\mathrm{VC}} \propto 2f_r$。正如后文将要讨论的那样,可以利用特殊结构来抑制或利用这种竞争关系。

无论是在非相对论的情况下还是在强相对论的情况下,振荡频率和电压的微弱关系与 d 的反比例关系都在早期的实验中得到证实[5]。后来 Price 等[22] 的实验结果又一次证实了在很宽的范围内频率与阴阳极间隙的反比例关系,如图 10.3 所示。他们使用的 Vircator 的输出频率可以在一个量级的范围内连续调谐,虽然当频率下降到 400MHz 时输出功率明显降低。

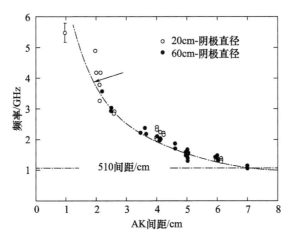

图 10.3　Vircator 的工作频率与阴阳极间距的关系(采用了两种阴极直径。微波提取用 WR - 510 波导的截止频率在图标识出(源自 Price, D. et al., IEEE Trans. Plasma Sci., 16, 177, 1988))

Woo 使用二维处理方法分析了箍缩电子束的电子等离子体频率[23],他基于以下测量结果:当电子束电流密度相对较低时电子束不发生箍缩,而是向管壁扩散;与此同时,在漂移管中央产生一个能够反射电子的势垒,即虚阴极;随着脉冲内的时间推移,他发现当箍缩现象开始发生时(径向与轴向电流密度相等时),开始产生微波输出;而当箍缩过于强烈时(径向电流远大于轴向电流时),微波辐射终止,这些观点被实验结果证实[24]。利用 Goldstein 等箍缩电子束二极管公式[25]与 Greedon 顺位流模型[26]相似的理论,他导出了一个与实验数据相吻合的电子束等离子体频率表达式,即

$$f_p(\text{GHz}) = \frac{c}{2\pi d}\ln[\gamma_0 + (\gamma_0^2 - 1)^{1/2}] = \frac{4.77}{d(\text{cm})}[\gamma_0 + (\gamma_0^2 - 1)^{1/2}] \quad (10.12)$$

这个关系在图 10.4 中已与大量实验数据进行了比较(见习题 10.7)。

在没有任何下游谐振腔结构的情况下,虚阴极振荡器的带宽主要受以下几个因素的影响:不稳定的电压、阴阳极间隙的缩短、横向电子能量的变化。因为频率与电压和间隙有关,所以带宽同样也取决于这两个量的变化。在非相对论情况下,利用式(10.8),可以得到

$$\frac{\Delta f_{\text{VC}}}{f_{\text{VC}}} = \frac{\Delta V_0}{2V_0} - \frac{\Delta d}{d} \quad (10.13)$$

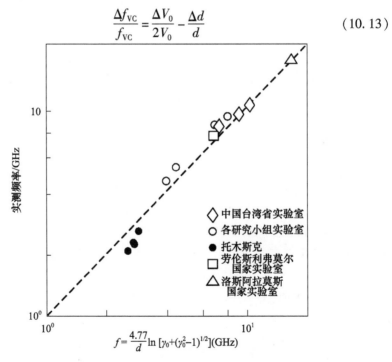

图 10.4 实验观测到的 Vircator 频率与 Woo 的计算结果的比较
(源自 Woo, W. Y., Phys. Fluids, 30, 239, 1987)

当二极管中的等离子体造成间隙缩短时,随着有效阴阳极间隙宽度 d 的变化($\Delta d < 0$),发生微波频率的啁啾,啁啾是在脉冲持续过程中频率逐渐上升的现象,与鸟的鸣叫声类似。工作频率越高,啁啾现象就越明显,因为间隙缩短的比例增大。啁啾现象会降低器件的效率和增益,其原因是:①对于给定的负载器件,增益与带宽的乘积是固定的;②频率的迅速变化使器件没有时间达到产生微波的最佳状态。因此,在下游导入谐振腔可以使增益和带宽得到明显改善。

由于电子能量的横向成分与虚阴极不发生相互作用,电子束温度(轴向和角向的电子速度分布)也会影响带宽。电子束温度是在阴极发射过程和穿过阳极膜过程中产生的。电子束温度会降低微波效率。输出功率随电子束温度的变化如图 10.5 所示,其中电子束温度是通过阳极厚度改变的[27]。

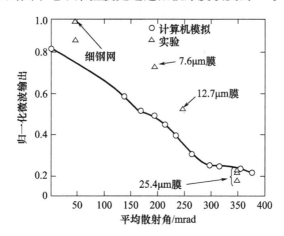

图 10.5　微波输出功率受阳极散射的影响而下降,这项工作得到了能源部利弗莫尔
国家实验室的资助(源自 Burkhart, S. et al. ,J. Appl. Phys. ,58,28,1985)

由于虚阴极振荡过程所激发的射频(RF)场分量是 E_z、E_r 和 B_θ,所以振荡模应该是 TM_{on}。优先模应该在截止频率附近,即低次模 $n \propto 2r_0/\lambda$。

只要能够超过空间电荷限制电流,无箔型二极管也可以用于虚阴极振荡器。对于无箔型二极管有 $\omega_p \approx \omega_c$(电子回旋频率)。由于轴向磁场的存在,通过改变磁场,可以很容易地对无箔型虚阴极振荡器的频率进行调谐。无箔型二极管还可以通过避免间隙缩短来提高阻抗的稳定性。

10.4　虚阴极振荡器的基本特征

虚阴极振荡器的工作频率范围是从 0.4~17GHz,低频装置尺寸较大。例如，Price 等使用了内径为 80cm 的装置，阴极直径为 60cm，获得的工作频率是 0.5GHz[22]。而另一种虚阴极振荡器的腔内径为 6cm，阴极直径为 2cm，它的工作频率是 17GHz[28]。低频器件一般使用天鹅绒覆盖的阴极。但是当它用于高频器件时，较小的二极管间隙和较高的电流密度使等离子体效应变得明显（见习题 10.1），脉冲持续时间通常比较短（约为 50ns），但托木斯克研究小组[29]以及 Coleman 和 Aurand[30] 研究了长脉冲虚阴极振荡器。Burkhart 报告了 4GW 的 C 波段器件[8]，Platt 等的报告是 7.5GW 和 1.17GHz[10]，而 Hurrlin 等所报告的功率超过了 10GW，频率低于 1GHz[31]。在高频领域，Davis 等[28] 获得了 0.5GW 的 17GHz 辐射。

图 10.6 所示为两种基本的 Vircator 结构，它们分别是轴向提取型和侧向提取型。轴向提取型 Vircator 中，电子束的空间电荷与电场的径向和轴向分量耦合，因此产生 TM 模辐射，它沿圆形波导传向扩口喇叭天线。早期的轴向提取型器件在 X 波段得到了吉瓦级的微波输出。

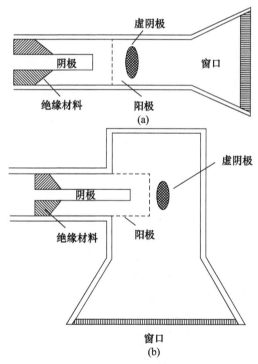

图 10.6　Vircator 的基本结构
(a)轴向提取型；(b)侧向提取型。

侧向提取型（或横向提取型）Vircator 可以实现 TE_{10} 模的微波输出。电子束通过矩形波导的宽壁注入并形成虚阴极。阴极和阳极之间的电场与波导管的窄壁平行。因此,虚阴极势阱的电场平行于波导 TE 模的电场。对于工作频率,矩形波导是过模的。但是侧面提取型 Vircator 的 TE_{10} 模纯度很高,输出功率中高次模的比例小于 10%。PI 的实验得到了数百兆瓦的输出,但效率仅约 0.5%[22,24]。这些尝试中最具魄力的是 20 世纪 80 年代后期陆军实验室(ARL)在极光(Aurora)装置上进行的实验,最佳结果是在 18 个输出臂中获得的 1kJ,效率为 0.6% 输出。脉冲较长,约 100ns,由多个尖锋组成。

图 10.7 是反射三极管的基本几何结构。反射三极管的阳极是高压馈入部的中心导体,因此它处于脉冲正电势。相比之下,Vircator 的中心导体是阴极,它处于脉冲负电势。图 10.8 所示为瑞典的 Grindsjön 研究中心的一种反射三极管。

Thodes[4] 在综述文章中阐述了轴向提取型 Vircator 的许多共同特征。

第一,典型的辐射波长为

$$D < \lambda < 2D \tag{10.14}$$

式中:D 为波导管直径。

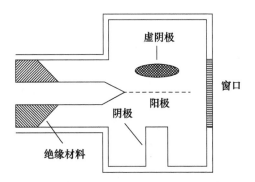

图 10.7 反射三极管的基本结构

图 10.8 瑞典 Grindsjön 研究中心的反射三极管的侧视图

第二,外加轴向磁场为零时输出功率最大。如果使用薄的阳极和约为 1kGs 的轴向磁场,微波辐射的功率会很低。这说明势阱中电子的二维运动对于产生微波非常重要;另外,托木斯克和利弗莫尔研究小组观察到了较强磁场(大于

5kGs)条件下的高输出功率,利弗莫尔研究小组的 Poulsen 等人认为[12],如果器件的最佳工作条件是 $B_z=0$,那么提高磁场强度的后果是让器件远离最佳工作条件,因而降低输出功率,但是最佳工作条件是与器件的结构相关的。

第三,如图 10.5 所示,如果阳极膜的散射超过 300mrad,增加阳极膜的厚度直接导致微波功率的减小。

第四,微波功率与阴阳极间隙有十分密切的关系。如果间隙太小,电子束发生箍缩因而停止微波输出。如果间隙太大并接近阴极与管壁的间隔,电子束就会被损失到管壁上。这些影响使高功率 Vircator 的频率调谐限制在大约 1 个倍频范围以内。

虚阴极振荡器在阳极中沉积大量能量,极易引发器件损坏,使其寿命缩短。可通过仔细选择阴极发射和阳极吸收的材料来降低这种影响。Liu 等的研究表明[32],与不锈钢及其他金属相比,在阴极中使用碳纤维可以大大降低等离子体的膨胀速度,具有 CsI 涂层的阴极也是如此,这种器件的间隙缩短速度远低于 1cm/ms。

TTU 提出了一种减少阳极上电子通量的设计,这种设计将电子汇聚于阳极空穴,可显著减弱电子第一次通过间隙时的发热现象,反射电子在阳极上沉积能量,计算结果表明,采用该方法可使阳极温升降低 50%[33]。

虚阴极振荡器的重频运行已被限制为约 100 个 1Hz 的脉冲到 10 个 10Hz 的脉冲。通常,阳极的故障模式是电极网熔化。TTU 结合热解石墨阳极在最近的一项实验使用了从固体石墨阴极伸出碳纤维的方法[34],在 100Hz 的脉冲下运行 1s,在 500Hz 的脉冲下运行 2s。热解石墨在长期重频运行中表现最好,碳纤维阴极的寿命接近 100000 次;CsI 涂层的碳纤维在脉冲开启的早期迅速降解,涂层消退;金属阴极迅速失效。他们的实验真空度约 10^{-9}Torr。

瑞典的一个研究小组发现,需要在阳极材料、阻抗变化、微波发射峰值和背景气体压力之间进行复杂的权衡。他们的实验在 10Hz 的脉冲下运行 1s,发现使用石墨阴极时的阳极网寿命比使用丝绒阴极时更长[35]。由于发射的阈值电场较低(阴阳极间距较大导致电场较低),丝绒阴极用于频率较低的虚阴极振荡器,但它的气体释放量高于石墨和金属阴极。他们的实验真空度约 10^{-6}Torr(见习题 10.8)。

10.5 双阳极型虚阴极振荡器

劳伦斯利弗莫尔国家实验室的研究人员发现,当虚阴极振荡的频率与电子反射振荡的谐振频率一致(即 $f_{VC}=f_r$)时,微波效率得到明显改善[12]。为实现这个条件,他们使用了图 10.9 所示的双阳极结构。通过改变决定 f_r 的电子飞行时间(见式(10.8)),可以使两个频率取得一致。图 10.10 所示的实验结果显示两个频率的共振条件使效率提高了一个数量级。他们在这个最佳条件下得到了 100J 的微波输出,但是同时发现这个共振条件非常苛刻。效率较高的带宽约为 50MHz,因此频率之间的差别不能超过 2%。在此情况下,微小的二极管间隙缩短都可能会破坏共振条件,作者们指出阴阳极间隙 100μm 的变化便可显著影响输出。

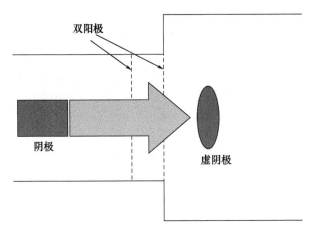

图 10.9　劳伦斯利弗莫尔国家实验室研究的双阳极 Vircator(两个阳极间的区域提高电子的反射周期,因此可以让反射频率与虚阴极振荡频率取得一致)

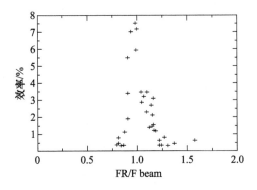

图 10.10　采用图 10.9 的结构得到的实验结果(图中 FR 为电子反射频率,F beam 为虚阴极振荡频率(源自 Poulsen P,et al. Proc. SPIE,1407,172,1991))

利弗莫尔研究小组对间隙缩短现象进行了详细研究。他们采用了一系列阴极方案,其中最成功的是场增强热辐射阴极。一个面积为 $6cm^2$、电流密度达 $200\sim300A/cm^2$ 的阴极在没有等离子体的影响下产生了微秒级脉冲。遗憾的是,这种阴极在可靠性方面还不能满足高效率、长脉冲微波源的需要。

10.5.1 反射三极管(Reditron)

一个解决虚阴极振荡和电子反射振荡之间竞争问题的途径是洛斯·阿拉莫斯国家实验室提出的 Reditron,它采取了完全消除反射电子的方法[11,28]。Reditron 的基本结构如图 10.11 所示[36],它采用薄的环状电子束和较厚的阳极。阳极上有一个圆形狭缝,电子束在外加磁场的引导下可以通过这个狭缝,入射到下游的漂移管并形成虚阴极;被虚阴极反射的电子束,由于电子的径向运动,不能通过狭缝返回二极管,而被阳极吸收。因为几乎不存在电子反射振荡,所以虚阴极振荡是唯一的微波辐射机制。而且往返运动电子束之间的双流不稳定性也基本不存在。当存在双流不稳定性时,来自二极管的电子束与返回来的电子束发生相互作用,其结果增加了它们的发散角和能量分散度。这样,电子在虚阴极作用下的反射位置变得模糊,因而降低虚阴极振荡的微波辐射效率。

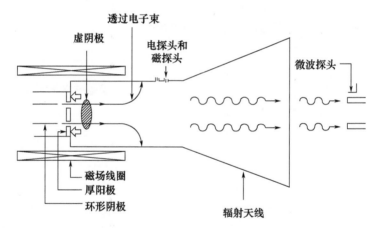

图 10.11 Reditron 的实验装置示意图
(源自 Davis,H. et al. ,IEEE Trans. Plasma Sci. ,16,192,1988)

图 10.12 所示为 Kwan 和 Davis 的数值模拟结果,它是 Reditron 结构中电子的实际空间和相空间分布。与图 10.2 相比可以看到[37],在没有外加磁场而且允许电子反射的条件下,电子束具有较宽的能量分布。图 10.12 的数值模拟结果预测效率为 10% ~ 20%,而且辐射带宽很窄(小于 3%);振荡频率为 ω_p。由于 Reditron 是一种轴向提取型器件,因此输出为 TM 模,数值模拟和实验的结果均表明典型的输出模为 TM_{01} 或 TM_{02}。

洛斯·阿拉莫斯国家实验室的 Davis 等人的实验证实了 Reditron 的主要特性[36]。在这些实验中,效率达到了 5.5% ~ 6%,相比之下,传统的 Vircator 只有

1%～3%。数值模拟得到的二极管电流和透射电流分别为19kA和12kA,非常接近实验中测到的21kA和12.5kA。电子束电流被确认等于空间电荷限制值I_{SCL}。实验中的器件阻抗为30～60Ω,计算结果预测功率为1.1GW,实测到的功率为1.6GW。在电子脉冲结束之前,微波功率消失。而当功率水平较低时,能观测到较长的脉冲持续时间,表明高功率时可能出现击穿。观察到的频率为2.4GHz,带宽为15MHz(小于1%)。实验装置的阳极狭缝与阴极的同心度是获得高功率输出的关键。有趣的是,最高输出功率时电子束半径刚好擦着狭缝的内侧,而不是在狭缝的中央。实验数据显示没有出现二极管的间隙缩短,也没有出现由阳极的离子辐射带来的双流现象;二极管的工作阻抗稳定。这些最初的实验结果证实,Reditron能够对虚阴极振荡器在效率、带宽和啁啾等方面的基本问题给予很大的改善。

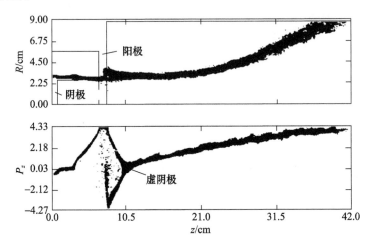

图10.12 从后加速相对论速调管(Reditron)实验系统的数值模拟结果可以看到虚阴极的形成、阳极对反射电子的吸收和透射电子束的传播
(源自 Kwan,T. J. and Davis,H. A. ,IEEE Trans. Plasma Sci. ,16,185,1988)

计算模拟结果表明存在进一步改善Reditron的可能性。洛斯·阿拉莫斯的研究小组指出,虚阴极振荡可以产生一个高调制的电子束,它的调制比可以高达100%,其频率与虚阴极振荡频率相同。[38]从这个电子束的微波功率提取,可以提高系统的输出功率和总体效率。一种简单的方法是使用反向二极管。在下游波导的中部设置一个中心导体,它与管壁相对隔离。电子束被这个导体吸收时,在内外导体之间产生一个电压,它以TEM波的形式沿同轴线传播。如果结构充分优化,可以在下游得到相当可观的辐射功率。在洛斯·阿拉莫斯研究小组的数值模型中,阻抗为50Ω的反向二极管被置于Reditron的下游。使用1.2MV的二极管,透射电子到达中心导体时的动能约为400keV,它的高调制电流的平均值为

9kA。计算结果给出的平均峰值功率为1GW,因此反向二极管的效率为28%。

另一个方法是在下游区域采用慢波结构。来自虚阴极振荡器的预调制电子束将引起调制频率上的电磁波增益[39],这种想法是由托木斯克的研究小组提出的[40],这样的下游提取可以提高整个虚阴极振荡器的微波效率。

10.6 谐振腔型虚阴极振荡器

虚阴极振荡器的一个主要缺陷是其下游区域的尺寸远大于波长。下游波导结构可以支持很多模,以至于当二极管的电压或间隙发生变化时(式(10.13)),总存在一个与虚阴极振荡器频率一致的波导模。简单的虚阴极振荡器不具备大多数微波装置所具备的一个基本特性,即反馈机制。反馈机制是让电磁辐射通过谐振腔结构对辐射源产生反作用,使它在谐振腔的共振频率上保持稳定。因此,将虚阴极振荡器置于谐振腔中可以改善它的基本特性。

虽然有很多种谐振腔结构可以考虑,但到目前为止仅有药盒式谐振腔在实验上得到研究。主要原因是它的结构简单,与 Vircator 几何形状相同,而且可以通过移动端壁的方法很容易地改变振荡频率。图 10.13 给出了国际物理小组(现在的 L-3 communications Pulse Sciences)用的横向提取型 Vircator 的装置结构[13]。在最初的实验中采用了可伸缩的铝制谐振腔。窗口的大小是在权衡考虑了微波提取和谐振腔 Q 值的条件下,凭经验决定的。图 10.13 所示的窗口取向有利于与矩形波导的 TE 模耦合。

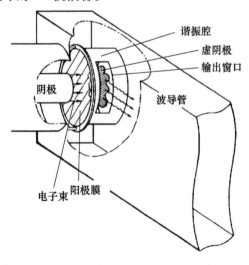

图 10.13 采用谐振腔的 Vircator(源自 Benford,J. et al. ,J. Appl. Phys. ,61,2098,1987)

圆柱形谐振腔中的振荡模通常是 TM 模,因为 E_Z 易于与虚阴极电场耦合,而 B_θ 便于通过壁上的输出狭缝向外部耦合。PI 小组发现最低频率 TM_{010} 模所需要的谐振腔尺寸非常小,以至于虚阴极被短路(而且不能通过改变长度对 TM_{010} 模进行调谐)[16]。实验结果表明,最合适的可调谐模是 TM_{011}、TM_{020} 和 TM_{012},但由多个输出口产生的扰动可能影响模的选择。

谐振腔对 Vircator 输出的影响如图 10.14 所示。采用谐振腔的 Vircator 的总输出功率为 320MW,与此相比,无谐振腔时的功率为 80MW。谐振腔的另一个显著特点是将带宽缩小至 1/3。早期实验中观察到的输出功率波形的尖峰结构得到了很大程度的改善,这个现象主要反映模式竞争。现在,谐振腔型 Vircator 已经被商品化。

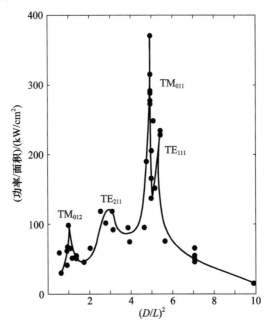

图 10.14　辐射微波功率密度与谐振腔形状的关系(模数在图中标识出
(源自 Benford,J. et al.,J. Appl. Phys.,61,2098,1987))

WOW 通过在圆柱波导轴向虚阴极振荡器中引入反射器来制作弱谐振腔。反射器是阳极箔片,对电子几乎是透明的,但对微波是不透明的,虚阴极在每个反射器上方形成。Champeaux 等[42]的数值模型中(法国,CEA),在下游利用半径逐渐减小的 5 个反射器获得了高达 21% 的效率,并在 S 波段获取了 2GW 的功率。

Jiang 等[43]提出了在谐振腔两侧注入电子束的方案(日本长冈科技大学),虚阴极在中心部位形成。透射电子束可与另一束反射电子相结合,提高输出效率,图 10.15 给出了这一方案的示意图,比标准虚阴极振荡器更对称,该谐振腔对电子束进行了基本调制,提取的微波为 TE_{11} 模。

如果调制频率与虚阴极谐振频率相同,在同轴型虚阴极振荡器的阴阳极之间放置圆柱形调制腔可提高输出效率[44]。

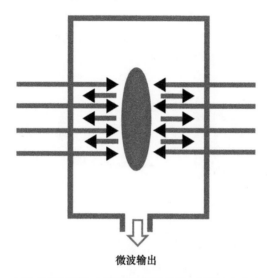

图 10.15　电子束从两侧注入谐振腔的示意图,虚阴极在中心区域形成,透射电子束可与反射电子束相结合以提高输出效率

10.7　反馈型虚阴极振荡器

从某种意义上来说,Virtode 和反馈型虚阴极振荡器(Vircator)强化了谐振腔型 Vircator 的反馈机制,从而进一步增加输出功率并减小带宽。谐振腔型 Vircator 利用谐振腔的窄带频率响应,与之不同的 Virtode 如图 10.16 所示,它将虚阴极区域的一部分微波信号直接反馈到阴阳极间隙[17]。图示装置的电子束电压范围为 450~500kV,电流为 14kA,外加磁场强度为 0.2~0.6T,它的作用是约束电子束和调谐输出频率。达到的最高功率水平为 600MW,转换效率为 3%~17%。无微波反馈时的输出功率至少减半。通过调节反馈回路的相位,功率输出可以改变 5dB。改变束流收集器的位置也可以影响输出频率。为了利用这一机制,用慢波结构取代了可移动的电流收集器。在这个结构中,进入二极管间隙的反馈回路被断开,但来自慢波结构的反向波提供了必要的反馈。这种工作模式下的功率达到了 500MW。

图 10.17 所示的反馈型 Vircator 在托木斯克的大电流电子技术研究所的 SI-

NUS-7装置和 MARINA 装置上分别进行了实验研究[45]。其中后者的装置是一台采用爆炸丝开关的紧凑型电感储能式脉冲发生器,用它得到了功率 1GW、频率 2GHz 的 50ns 输出脉冲。对于 1MV 的输入电压和 20kA 的输入电流,效率约为 5%,输出是 TE_{10} 模的准高斯波束。二极管中的离子辐射能够造成电子束的箍缩,如果只考虑从阴极表面实际被辐射的电子束电流,文献的作者认为有效效率为 8% ~10%,接近数值模拟的结果。

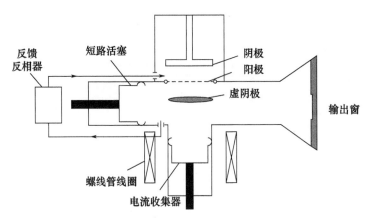

图 10.16 Virtode 的结构示意图(源自 Gadestski,P. et al.,Plasma Phys. Rep.,19,273,1993;Fiz. Plazmy,19,530,1993)

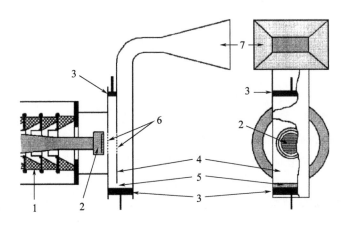

图 10.17 托木斯克的大电流电子技术研究所使用的反馈型 Vircator 的结构示意图
(源自 Kitsanov,S. A. et al.,IEEE Trans. Plasma Sci.,30,1179,2002)
1—高压脉冲发生器的输出部绝缘子;2—刃状结构的冷阴极;3—调谐活塞;
4—隔离壁;5—耦合狭缝;6—薄膜或网状窗;7—真空喇叭。

托木斯克的大电流电子技术研究所的研究小组使用 LTD(见 5.2.2 节)在 15Ω 下运行反馈型虚阴极振荡器,将其扩展到同轴的几何结构中[46],在 TE_{11} 模下提取到的效率高达15%,总带宽为15%,输出功率达300MW。

10.8 同轴型虚阴极振荡器

最初由得州理工大学开发的同轴型虚阴极振荡器(Vircator)是探索改进型虚阴极振荡器的新方法[47-48],它的基本结构如图10.18所示,其特点是圆柱形几何结构中径向汇聚的电子束。同轴型 Vircator 与传统 Vircator 相比具有三个优点:第一,阴阳极区域与阳极内的虚阴极区域之间不是由导体截然分开的,因此可以期望微波电磁场对电子束二极管的反馈作用;第二,正如可以从图10.2和图10.12中看到的那样,由于电子的运动是完全径向的,因此不存在轴向透射电流所带来的束流损失;第三,大面积二极管降低电流密度和阴阳极的电子束负荷,有利于延长装置的使用寿命(特别是对于重复频率装置)。

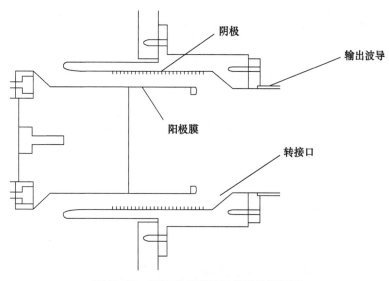

图10.18 同轴型虚阴极振荡器的侧视图

在最初的实验中,阴极和阳极的半径分别是 13.1cm 和 9.9cm,电子发射源是阴极表面 3cm 宽的带状天鹅绒,二极管电压为 500kV,峰值电流为 40kA,脉冲宽度为 30ns。对于约 18GW 的电子束功率,峰值微波输出功率为 400MW,因此效率约为 2%。但值得注意的是,微波功率的峰值时刻比电子束功率脉冲约晚 10ns。因此,峰值微波功率时刻的瞬间功率效率约为 10%,输出频率 2GHz 和输出的 TE_{11} 模具有很好的重复性。

目前,同轴型 Vircator 是一个非常活跃的国际性研究课题,虽然这种器件具备一定的优势,但还存在着几个难题有待解决:结构优化问题、调谐问题、准直难问题(特别是在重复频率的情况下),以及解决模 TE_{11} 和 TM_{01} 模之间的竞争问题。

实验表明,辐射机制主要来自虚阴极,而不是反射电子。Xing 将 Woo 在式(10.12)中给出的分析推广到同轴型虚阴极振荡器[49],频率的近似解为

$$f = \frac{4.77 \times 10^7}{r_c - r_a} \ln\left[\gamma_0 \sqrt{\frac{r_a}{r_c}} + \left(\gamma_0^2 \frac{r_a}{r_c} - 1\right)^{1/2}\right] \quad (10.15)$$

在非相对论情况下可以简化(请见习题10.9)为

$$f = 9.44 \times 10^4 \frac{(r_a/r_c)^{1/4}}{r_a - r_c} \sqrt{V_0} \quad (10.16)$$

这里 r_a 和 r_c 分别为阳极和阴极的半径;γ_0 为相对论因子;V_0 为阴极电压。该方程的形式类似于式(10.12),表明在间隙小于阴极半径的情况下,同轴型虚阴极振荡器频率与具有相同间隙的平面型产生的频率相似。

在提取微波的圆柱体中,TE_{11} 模是基模,具有很强的径向电场分量。但是,次高模 TM_{01} 的辐射模式是圆形且中空的,因此不适用于辐射到靶物质上。由于这两种模的增长率大致相同,模式竞争确会发生,因此有人通过阴极不对称来驱动 TE_{11} 模[49-52],阴极区正对面180°的是辐射面,其他曲面不辐射。实验表明,该技术具有良好的模式控制效果。

10.9 虚阴极振荡器的锁相

回到谐振腔型 Vircator,并考虑这些器件的锁相问题,因为它对于多源高功率微波很有意义。谐振腔型 Vircator 下一个合乎逻辑的步骤是向谐振腔中输入外部信号。Price 等[14]向 Vircator 的谐振腔里注入了来自相对论磁控管的 100~300MW 的信号。这里驱动 Vircator 和磁控管的是同一台脉冲功率发生器。注入的结果使 Vircator 的输出功率从 100MW 上升到 500MW。这个实验中最引人注目的现象是磁控管脉冲信号所产生的频率牵引效应。当 Vircator 单独工作时,二极管的间隙缩短效应使频率缓慢下降,其程度与 Woo 的二维模拟结果相吻合。当 2.85GHz 的磁控管信号注入时,原本 2.3GHz 的 Vircator 频率在大约 10ns 的时间内被牵引到磁控管频率。当然,这时注入信号必须非常强。

Didenko 等将传统磁控管产生的微波脉冲注入到一个反射三极管中,并观测到了约 100MHz 的频率牵引现象。这个结果与驱动型非线性振荡器模型吻合[53]。Fazio 等[15]也得到了类似的结果,他们将功率大致相等的速调管信号注入到一个 Vircator 时,观察到了 250MHz 的频率牵引现象;他们同时还讨论并提

出了增益和线性响应问题,所以这个实验可以看成是增益为 4.5dB 的虚阴极放大器。PI 的研究小组也研究了使用磁控管驱动 Vircator 的过程[14],他们使用 140MW 的驱动功率,在线性放大模式下得到了 500MW 的输出功率。

外部信号对 Vircator 的锁相实验结果表明,Vircator 能以多源阵列方式工作,像磁控管等其他振荡器那样[14]。为说明这个问题,使用 Adler 不等式(见 4.10 节),它是能够允许锁相的两个振荡器之间相位差必须满足的条件。重要的参数是输入功率 P_i 和输出功率 P_o 之间的比率,即

$$\rho = \left(\frac{P_i}{P_o}\right)^{1/2} \quad (10.17)$$

当振荡器之间的相位差足够小时,出现锁相,即

$$\Delta\omega \leqslant \frac{\omega_0 \rho}{Q} \quad (10.18)$$

式中:Q 为振荡器的品质因子(见第 4 章,这里假设是相等的);ω_0 为两个振荡器的平均频率。

如图 10.19 所示,磁控管驱动的 Vircator 满足式(10.18)。另外,存在一个被称作耦合振荡的中间状态,其中虚阴极振荡器的功率输出受到两个振荡器之间差频的调制。另外,存在一个被称作耦合振荡的中间区域,其中 Vircator 的功率输出受到两个振荡器之间差频的调制。Price 和 Sze 的关于锁相关系稳定性的理论分析表明,Adler 不等式对于锁相来说是必要的,但不是充分条件[54]。稳定的锁相状态只能在有限的参数空间中实现,稳定区域出现于 $\rho \leqslant 1$。Adler 平面的其他部分是不稳定的或不可锁定的。因此,过度驱动一个谐振器会产生不稳定谐振,以至于无法观测到锁相状态,而且会降低系统总功率。

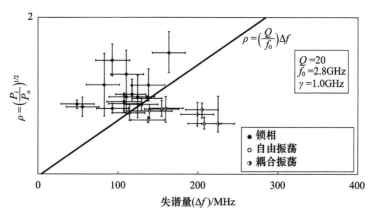

图 10.19　Vircator 与外部磁控管之间锁相的 Adler 关系(图中可以看到锁相、非锁相和耦合振荡(源自 Price, D. et al., J. Appl. Phys., 65, 5185, 1989))

Sze 等[16]验证了两个谐振腔型 Vircator 之间的相互锁相,如图 10.20 所示。阴极杆被分成两根,它们同时驱动两个完全相同的谐振腔型 Vircator。谐振腔的共振频率可以通过滑动端壁调谐。当二极管电流超过 40kA(约为空间电荷限制电流的 5 倍)时,开始有微波输出。两个 Vircator 之间的耦合通道长度为 $(7/2)\lambda_g$,其中 λ_g 是 2.8GHz 的波导波长。耦合通道里有一个插棒,它插入时可完全阻止谐振腔间的耦合,谐振腔共振频率的调谐精度约为 20MHz。当耦合通道里无插棒时,在不到 10ns 的时间内,谐振腔相互耦合并锁相。脉冲间的相对相位角变化在 ±25°以内。有证据表明模式竞争对锁相过程有不利影响,然而,实验证实了 Vircator 可在 1.6GW 的功率水平,实现为时 25ns 的相位锁定。

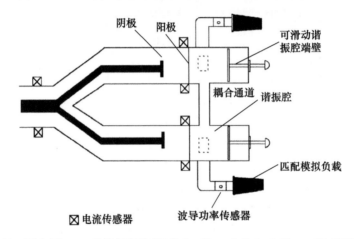

图 10.20 两个 Vircator 的锁相实验(源自 Sze H, et al. J. Appl. Phys., 67, 2278, 1990)

10.10 虚阴极振荡器的应用及局限

由于简单、坚固、可调、多功能和高功率的特性,虚阴极振荡器总有用武之地。宽泛的可调性使虚阴极振荡器对微波效应测试和模拟来说是十分必要的;但从现场操作的角度来看,效率低使其吸引力大大降低,因为所需的功率和能量越大,体积和质量也就越大。然而,在爆炸式磁通压缩发电机驱动的应用中,考虑到这种电源的高能特性,效率低的问题可被忽略;相反,这些器件的阻抗低可能会使它们与这些单脉冲发生器的电气匹配较为顺利,举例可见图 5.9 和图 5.11。

几十年来,虚阴极振荡器一直用于室内测试,以了解和评估微波对电子设备的影响。例如,密苏里大学的双重虚阴极振荡器的测试设备[55]。

最近出现了两种以虚阴极振荡器为特色的现场设备,使得在室外条件下进行测试成为可能,还能适用因太大而不适合室内测试的场合。一种是可使用磁通压缩进行单次测试,另一种是可使用紧凑型Marx脉冲功率装置进行重复测试。

COMSED 2由TTU脉冲功率和电力电子中心研发,使用螺旋磁通压缩发生器驱动虚阴极振荡器[56-57]。磁通压缩机驱动储能电感,保险丝在电流通过后蒸发,熔断器开路产生感应电压尖峰,导致峰值间隙闭合,将300kV的电脉冲传导到反射三极管,在几吉赫处产生超过180MW的输出功率。

BoforsHPM断电系统是由BAE系统公司在瑞典的博福斯生产的,由紧凑型电池驱动,一台以额定电压600kV为Marx脉冲功率装置充电[58,59]。Marx装置采用感应充电方式,以避免充电过程中的电阻损耗。该系统可在单次模式下工作,也可在10Hz的重频下运行1s。该虚阴极振荡器在L波段和S波段工作,功率为几百兆瓦,整个系统可对商用设备进行现场测试,也可用于对建筑物的辐射。输出可选择性地连接到增益为15~25dB的锥形喇叭天线,总质量不到500kg,长度略大于2m,外径为0.5m,非常便携,图10.21给出了整个系统的照片。

图10.21 博福斯高功率微波停电系统:脉冲发生器,Vircator,喇叭天线

俄罗斯重载Astrofizika – Omega军车是一种基于虚阴极振荡器的武器系统[60]。据称,其有效射程可达15km,工作原理是使飞机雷达和导弹导引头等基于半导体的电子设备内的p – n桥过饱和,导致航空电子设备失能几分钟或几天,具体时间取决于受攻击的电子设备类型。该系统相当大,而且可能非常昂贵,目前尚无进一步的细节报道。

上述两则实例表明,虚阴极振荡器已经在许多应用中被接受,并可能继续用于电子效应类的装备研制。

虚阴极振荡器如今正在经历一场复兴,新出现的辐射源类型激发了人们的研究兴趣,并为解决虚阴极振荡器的效率问题提供了新思路。

习 题

10.1 当电子束向微波的转换效率为 η 时,微波的输出功率可以写成:
$$P = \eta VI = \eta VJA$$
二极管间隙中的等离子膨胀速度 v_p 使间隙随时间变化:
$$d(t) = d_0 - v_p t$$
其中,d_0 是初始间隙宽度。假定等离子体温度是由通过它的电流产生欧姆加热效应决定的,则有
$$T_p = \rho J^2$$
式中:ρ 为电阻率。当等离子体发生明显膨胀时,共振条件遭到破坏,因而微波停止输出。因此,微波脉冲的时间宽度近似等于阴极等离子体通过间隙所需要的时间,即
$$\tau_\mu \propto \frac{d}{v_p} \propto d\sqrt{m_p/T_p}$$
式中:T_p 为等离子体温度;m_p 为温度最高的离子质量,它的运动决定导电表面的位置,通常取决于氢离子。假定二极管满足 Child - Langmuir 定律(式(4.108)),利用这些关系,推导微波功率和脉冲宽度的关系式:
$$P_\mu \propto \frac{1}{\tau_\mu^{5/3}}$$
然后求脉冲能量的关系式,同时讨论脉宽与输出能量间的关系。

10.2 当电压在 100kV~3MV 的范围内变化时,对于 $r_0/r_b = 2.0$ 和 $r_0/r_b = 1.25$,画出实心束和环状束的 I_{SCL} 与电压间的函数关系,然后对于三重同轴结构中的环状束考虑 $r_b/r_i = 3.33$ 的情形。

10.3 电子束与管壁间的距离固定为 5mm,假定电压为 1.5MV,画出管壁半径 1~5cm 范围内 I_{SCL} 的变化曲线。

10.4 将电流为 30kA、电压为 1MV、半径为 3cm 的实心电子束注入到虚阴极振荡器的影响区域,估算虚阴极振荡器的振荡频率。

10.5 将一个电流为 20kA、电压为 2MV、半径为 2cm 的实心电子束注入圆形波导管,当波导半径逐渐增加时,什么样的半径开始出现虚阴极?什么样的半径使电子束电流等于 $2I_{SCL}$?

10.6 推导式(10.11)。

10.7 利用式(10.12),假定阴阳极间距为 2cm,画出虚阴极振荡器频率与

二极管电压的关系曲线。

10.8 有几个因素竞相破坏阳极：材料中的电子散射、电子沉积诱导加热、电流传导诱导加热，其中加热将引起拉力，这些都会导致网格变形。定义阳极材料"品质因子"，用于评估阳极在电子束重复脉冲下的耐受性。品质因子 Q 是屈服强度，定义为杨氏模量 Y 与加热因子的密度 ρ、电阻率 η 和原子序数 A 之比，$Q = 100Y/\rho A\eta$。比较钼、钨、钛和钢四种金属材料的 Q，通过这种方法，确定实验中的最佳材料。

10.9 (1) 对于 Jiang 等的实验[47]，根据相对论式(10.15)计算同轴虚阴极振荡器的理论频率（Jiang 等的实验参数：阳极半径为 98mm，阴阳极间距为 33mm，二极管电压为 500kV）。

(2) 推导式(10.16)。

(3) 使用式(10.16)计算同轴虚阴极振荡器的理论频率。

参考文献

[1] Benford, J., High power microwave simulator development, Microwave J., 30, 97, 1987.

[2] Birdsall, C. K. and Bridges, W. B., Electron Dynamics of Diode Regions, Academic Press, New York, 1966.

[3] Sullivan, D. J., Walsh, J. E., and Coutsias, E. A., Virtual cathode oscillator (Vircator) theory, in High Power Microwave Sources, Granatstein, V. L. and alexeff, I., Eds., Artech House, Norwood, Ma, 1987, p. 441.

[4] Thode, L. E., Virtual cathode microwave device research: Experiment and simulation, in High Power Microwave Sources, Granatstein, V. L. and alexeff, I., Eds., Artech House, Norwood, Ma, 1987, p. 507.

[5] Mahaffey, R. A. et al., High-power microwaves from a non-isochronic reflexing system, Phys. Rev. Lett., 39, 843, 1977.

[6] Didenko, A. N. et al., The generation of high-power microwave radiation in a triode system from a heavy-current beam of microsecond duration, Sov. Tech. Phys. Lett., 4, 3, 1978.

[7] Brandt, H. et al., Gigawatt Microwave Emission from a Relativistic Reflex Triode, harry Diamond Laboratories report HDL-TR-1917, Adelphi, MD, 1980.

[8] Burkhart, S., Multigigawatt microwave generation by use of a virtual cathode oscillator driven by a 1-2MV electron beam, J. Appl. Phys., 62, 75, 1987.

[9] Bromborsky, a. et al., On the path to a terawatt: high power microwave experiments at aurora, Proc. SPIE, 873, 51, 1988.

[10] Platt, R. et al., Low-frequency, multigigawatt microwave pulses generated by a virtual cathode oscillator, Appl. Phys. Lett., 54, 1215, 1989.

[11] Kwan, T. J. T. et al. , Theoretical and experimental investigation of Reditrons, Proc. SPIE, 873, 62, 1988.

[12] Poulsen, P. , Pincosy, P. A. , and Morrison, J. J. , Progress toward steady – state, highefficiency Vircators, Proc. SPIE, 1407, 172, 1991.

[13] Benford, J. et al. , Interaction of a Vircator microwave generator with an enclosing resonant cavity, J. Appl. Phys. , 61, 2098, 1987.

[14] Sze, H. , price, D. , and Fittinghoff, D. , Phase and frequency locking of a cavity Vircator driven by a relativistic magnetron, J. Appl. Phys. , 65, 5185, 1989.

[15] Fazio, M. V. et al. , Virtual cathode microwave amplifier experiment, J. Appl. Phys. , 66, 2675, 1989.

[16] Sze, H. , Price, D. , and Harteneck, B. , Phase locking of two strongly – coupled Vircators, J. Appl. Phys. , 67, 2278, 1989.

[17] Gadetskii, N. P. et al. , The Virtode: a generator using supercritical REB current with controlled feedback, Plasma Phys. Rep. , 19, 273, 1993; Fiz. Plazmy, 19, 530, 1993.

[18] Kitsanov, S. A. et al. , S – band Vircator with electron beam promodulation based on compact pulse driver with inductive energy storage, IEEE Trans. Plasma Sci. , 30, 1179, 2002.

[19] Woolverton, K. , Kristiansen, M. , and Hatfield, L. L. , Computer simulations of a coaxial Vircator, Proc. SPIE, 3158, 145, 1997.

[20] Jiang, W. et al. , High – power microwave generation by a coaxial Vircator, Proceedings of the 1999 IEEE International Pulsed Power Conference, Monterey, Ca, 1999, p. 194.

[21] Lin, T. et al. , Computer simulations of virtual cathode oscillations, J. Appl. Phys. , 68, 2038, 1990.

[22] Price, D. et al. , Operational features and microwave characteristics of Vircator II, IEEE Trans. Plasma Sci. , 16, 177, 1988.

[23] Woo, W. – Y. , two – dimensional features of virtual cathode and microwave emission, Phys. Fluids, 30, 239, 1987.

[24] Sze, H. et al. , Dynamics of a virtual cathode oscillator driven by a pinched diode, Phys. Fluids, 29, 3873, 1986.

[25] Goldstein, S. A. et al. , Focused – flow model of relativistic diodes, Phys. Rev. Lett. , 33, 1471, 1974.

[26] Creedon, J. M. , Relativistic Brillouin flow in the high ν/γ diode, J. Appl. Phys. , 46, 2946, 1975.

[27] Burkhart, S. , Scarpetti, R. , and Lundberg, R. , Virtual cathode reflex triode for high power microwave generation, J. Appl. Phys. , 58, 28, 1985.

[28] Davis, H. A. et al. , High – power microwave generation from a virtual cathode device, Phys. Rev. Lett. , 55, 2293, 1985.

[29] Zherlitsyn, A. G. et al. , Generation of intense microsecond – length microwave pulses in a virtual – cathode triode, Sov. Tech. Phys. Lett. , 11, 450, 1985.

[30] Coleman, P. D. and Aurand, V. F. , Long pulse virtual cathode oscillator experiments, in Proceedings of the 1988 IEEE International Conference on Plasma Science, Seattle, Wa,

1988,p. 99.

[31] Huttlin,G. et al. ,Reflex – diode HPM source on Aurora,IEEE Trans. Plasma Sci. ,18,618,1990,and references therein.

[32] Liu,L. et al. ,Efficiency enhancement of reflex triode virtual cathode oscillator using carbon fiber cathode,IEEE Trans. Plasma Sci. ,35,361,2007.

[33] Lynn,C. F. et al. ,Focused cathode design to reduce anode heating during Vircator operation,Plasma Phys. ,20,10,103113 – 1,2013.

[34] Parson,J. M. et al. ,Frequency stable vacuum – sealed tube high – power microwave Vircator operated at 500 hz,IEEE Trans. Electron Dev. Lett. ,99,1,2015.

[35] Elfsberg,M. et al. ,Experimental studies of anode and cathode materials in a repetitive driven axial Vircator,IEEE Trans. Plasma Sci. ,36,688,2008.

[36] Davis,H. et al. ,Experimental confirmation of the Reditron concept,IEEE Trans. Plasma Sci. ,16,192,1988. Davis,H. ,enhanced – efficiency,narrow – band gigawatt microwave output of the Reditron oscillator,IEEE Trans. Plasma Sci. ,18,611,1990.

[37] Kwan,T. J. and Davis,H. A. ,Numerical simulations of the Reditron,IEEE Trans. Plasma Sci. ,16,185,1988.

[38] Kwan,T. et al. ,Beam bunch production and microwave generation in Reditrons,Proc. SPIE,1061,100,1989.

[39] Madonna,R. and Scheno,P. ,Frequency stabilization of a Vircator by use of a slow – wave structure,in Proceedings of the 1990 IEEE International Conference on Plasma Science,Oakland,Ca,1990,p. 133.

[40] Zherlitsin,A. ,Melnikov,G. ,and Fomenko,G. ,Experimental investigation of the intense electron beam modulation by virtual cathode,in Proceedings of BEAMS'88,Karlsruhe,Germany,1988,p. 1413.

[41] Fazio,M. ,hoeberling,R. ,and Kenross – Wright,J. ,Narrow – band microwave generation from an oscillating virtual cathode in a resonant cavity,J. Appl. Phys. ,65,1321,1989.

[42] Champeaux,S. et al. ,3D PIC numerical investigations of a novel concept of multistages axial Vircator for enhanced microwave generation,IEEE Trans. Plasma Sci. ,in press,2015.

[43] Jiang,W. et al. ,Experimental and simulation studies of new configuration of virtual cathode oscillator,IEEE Trans. Plasma Sci. ,32,54,2004.

[44] Yang,Z. et al. ,Numerical simulation study and preliminary experiments of a coaxial Vircator with radial dual – cavity premodulation,IEEE Trans. Plasma Sci. ,41,3604,2013.

[45] Kitsanov,S. A. et al. ,S – band Vircator with electron beam premodulation based on compact pulse driver with inductive energy storage,IEEE Trans. Plasma Sci. ,30,1179,2002.

[46] Kovalchuk,B. M. et al. ,S – band coaxial Vircator with electron beam pre – modulation based on compact linear transformer driver,IEEE Trans. Plasma Sci,38,2819,2010.

[47] Jiang,W. et al. ,High – power microwave generation by a coaxial virtual cathode oscillator,

IEEE Trans. Plasma Sci. ,27,1538,1999.

[48] Jiang,W. ,Dickens,J. ,and Kristiansen,M. ,Efficiency enhancement of a coaxial virtual cathode oscillator,IEEE Trans. Plasma Sci. ,27,1543,1999.

[49] Xing,Q. et al. ,Two – dimensional theoretical analysis of the dominant frequency in the inward – emitting coaxial Vircator,IEEE Trans. Plasma Sci. ,34,584,2006.

[50] Shao,H. et al. ,Characterization of modes in a coaxial Vircator,IEEE Trans. Plasma Sci. ,34, 7,2006.

[51] Mueller,C. et al. ,Proof of principle experiments on direct generation of the TE11 mode in a coaxial Vircator,IEEE Trans. Plasma Sci. ,38,26,2010.

[52] Zhang, Y. et al. , Numerical and experimental studies on frequency characteristics of TE_{11} mode enhanced coaxial Vircator,IEEE Trans. Plasma Sci. ,39,1762,2011.

[53] Didenko,A. et al. ,Investigation of wave electromagnetic generation mechanism in the virtual cathode system,in Proceedings of BEAMS'88,Karlsruhe,Germany,1988,p. 1402.

[54] Price, D. and Sze, H. , Phase – stability analysis of the magnetron – driven Vircator experiment,IEEE Trans. Plasma Sci. ,18,580,1990.

[55] Clements, K. R. et al. , Design and operation of a dual Vircator HPM source, IEEE Trans. Dielectr. Electr. Insul. ,20,1085,2013.

[56] Young, A. et al. ,Stand – alone FCG – driven high – power microwave system,in Proceedings of the IEEE International Pulsed Power Conference,Washington,DC,2009,p. 292.

[57] Elsayed,M. et al. ,COMSeD 2 – recent advances to an explosively driven high power microwave pulsed power system,in Proceedings of the IEEE International Pulsed Power Conference, Chicago,IL,2011,p. 532.

[58] Karlsson,M. U. et al. ,Bofors HPM Blackout – a versatile and mobile L – band highpower microwave system,in Proceedings of the IEEE International Pulsed Power Conference,Washington,DC,2009,p. 499.

[59] Anderson,J. et al. ,Frequency dependence of the anode – cathode gaps facing in a coaxial Vircator system,IEEE Trans. Plasma Sci. ,41,2757,2013.

[60] Stuyagin, I. , The Opposite of Air Power, Royal Services Institute for Defence and Security Studies,London,2013.

第11章 回旋管、电子回旋脉塞和自由电子激光

11.1 引 言

本章主要介绍两类窄带微波源:回旋管和电子回旋脉塞(ECM),以及自由电子激光(FEL)。这两类微波源在毫米和亚毫米波长范围内都显示出高功率能力。在本书中我们主要关注前者,其发展的主要方向是应用于磁约束等离子体加热的连续波设备;此外,毫米波能力还为主动拒止系统(ADS)的非致命性杀伤系统带来了一个副产品(见第3章)。作为微波源,自由电子激光在过去受到了相当大的关注,技术基础的发展较为扎实,但在近些年作为微波源其关注度不高。我们在这里对早期版本中的内容进行了总结,希望将读者引向更详细的讨论。

回旋管在数兆瓦的功率(连续波)水平是很成熟的高平均功率微波源,可用于解决频率为100GHz及以上的电子回旋共振下聚变等离子体的加热问题(见第3章)。事实上,回旋管和速调管是唯一能够连续工作于兆瓦级的微波源。ECM的一种变型是回旋速调管,在X波段以上,100MW级以上功率可能取代高功率速调管。另外一种变型是回旋自共振脉塞(CARM),它具有高功率和高频率的潜力,而且它的频率与电子束能量的关系是线性的,不像自由电子激光是二次的,也不需要复杂的摇摆磁场。但所有这些微波源在吉瓦级水平都尚未成熟,与同样频率范围的其他源相比,在研究的广度和深度上都存在不足。

FEL在所有高功率微波源中是灵活性最大的,但它同时也可以说是最复杂的。它的工作频率几乎没有限制,尽管随着频率的提高所需要的电子束能量迅速上升。一些引人注目的实验结果中,自由电子激光工作频率超过100GHz,功率达到吉瓦级,重复频率超过1kHz。

在本书中讨论这些微波源的主要动机是想强调它们高频率的优点,而不是缺点。如果今后的应用倾向于需要更高的工作频率,那么回旋管或ECM以及FEL在这一领域的重要性将会提高。

11.2 回旋管与电子回旋脉塞

回旋管和相关类别的 ECM（包括回旋速调管和 CARM）都是利用围绕磁力线旋转的电子横向能量。虽然已在实验中对产生 100MW 的相对论回旋管进行了探索，但回旋管发展的主要驱动力是将其应用于磁约束聚变研究；在磁约束聚变中它们将在 100GHz 以上工作，并提供兆瓦级别的长脉冲（几秒钟到连续的）源，用于电子回旋共振加热、电流驱动和不稳定性抑制[1]。多年以来，峰值功率高达 100MW 的高功率回旋速调管一直在开发中，以作为正负电子对撞机射频加速器的 X 波段微波功率的替代源。CARM 为自由电子激光提供了另一种选择：通过使用更高能量的电子束来提供相对论频率上移，从而在高频下达到高功率。其他 ECM 变种如回旋 BWO、回旋行波管、大轨道回旋管、潘尼管和磁控管，均不以产生真正的高功率微波输出为目标。

11.2.1 回旋管和电子回旋脉塞的发展历程

20 世纪 50 年代后期，三位学者开始对电子回旋脉塞相互作用的微波产生进行了理论研究[2-3]。他们分别是澳大利亚的 Richard Twiss[4]、美国的 Jurgen Schneider[5] 和苏联的 Andrei Gaponov[6]。在这类器件的早期实验中，曾经有过关于微波产生机制的争论，包括产生角向电子群聚的快波相互作用和产生轴向电子群聚的慢波相互作用的相对关系问题[2-3]。20 世纪 60 年代中期在美国[7]（首次提出了电子回旋脉塞这一概念）和苏联取得的实验结果，证实了在产生微波过程中具有角向群聚的快波 ECM 共振的支配性作用[8]。

回旋管是第一个得到重点发展的 ECM。直到现在，磁约束聚变等离子体的电子回旋共振加热、电流驱动和不稳定性控制对高平均功率、连续或长脉冲的毫米波源的需求，仍是驱动回旋管发展的主要动力。如其他文献所述[9-10]，早期在输出功率方面的进展主要是 20 世纪 70 年代以来在苏联时期进行的以下两个方面改进的结果：一个是磁控注入电子枪（MIG）[11]，它产生的电子束在具有一定的横向能量同时避免能量分散；另一个是锥形的开口式波导谐振腔，它使谐振腔内的场分布得到优化，从而提高转换效率。[12] 如今，输出频率超过 140GHz 的兆瓦级回旋管采用了极高次模的谐振腔和复杂的模式控制技术，包括使用同轴插片，能够产生准光学输出耦合的新式内部模式转换器，为提高效率的减压收集器；高强度、低损失、高热导率的能够承受兆瓦级输出功率的人造金刚石输出窗。[13]

在 BWO 采用了相对论电子束后不久,便出现了相对论电子束驱动的回旋管。相对论回旋管总输出功率的最高纪录是海军实验室(NRL)和康奈尔(Cornell)大学联合研究的结果。1975 年,他们将 8~9GHz 之间几个频率的贡献进行综合,输出超过了 1GW。[14] Gold 等数年来在 NRL 研究了一些真正的高功率微波相对论回旋管,我们将在 11.2.3 节中讨论。他们的研究成果包括在回音壁器件中取得了频率约 35GHz、功率为数百兆瓦的输出。

输出功率接近 100MW[15] 的 X 波段回旋速调管可能在下一代直线对撞机(NLC)的应用中取代速调管。但是,随着 2004 年 NLC 计划的搁浅,其发展趋势可能受到影响。未来的国际对撞机计划采用较低频、较低功率的微波源。

回旋自共振脉塞利用相对论电子束产生的大幅度的多普勒频移,可以同时实现输出的高频率和高功率。下诺夫哥罗德(Nizhny Novgorod)的应用物理研究所的研究人员于 20 世纪 80 年代初期首次进行了有关这些微波源的实验[16-17]。但到目前为止,它们仍处于开发阶段,有待进一步发展。

这一类微波源中的另外两种器件是准光腔回旋管和磁旋管。曾经被认为具有高功率的潜力,但都尚未完全成熟。准光腔回旋管的特点是具有很大的谐振腔。它的侧面开放,两端的反射镜形成类似于激光器的法布里-珀罗(Fabry - Perot)共振腔。其目的是避免传统回旋管中的壁加热问题。这些微波源最早于 1967 年[18] 由苏联提出,后来于 20 世纪 80 年代前期在美国得到详细研究[19]。海军实验室、瑞士洛桑联邦理工学院(Ecole Polytechnique Federale de Lausanne)和耶鲁大学都对这类源进行过研究。磁旋管[20] 是对早期的偏调管(gyrocon)[21] 改进而来的大轨道器件,它最早是为了驱动新西伯利亚(Novosbirsk)的布德科尔(Budker)核物理研究所的 VEPP-4 加速器而开发的。这些微波源的相互作用机制预示着很高的效率。但是,尽管这些器件具有在吉赫级的频率范围达到数十兆瓦功率的可能性,到目前为止还没有实现。

11.2.2 回旋管和电子回旋脉塞的设计原理

回旋管的基本结构,如图 11.1 所示的简易轴向提取输出微波,主要部分包括产生电子束的电子枪和二极管,外加磁场及其轴向分布,相互作用区域或谐振腔,电子束收集器和微波提取区域。图中结构采取的是轴向提取,但正如后文将要看到,采用模式转换器的侧向提取更为普遍。ECM 要求电子束必须具备一定的垂直速度分量。相互作用区域入口处的速度分量比 $\alpha = v_{0\perp}/v_{0z}$ 是直接影响器件性能的重要参数。在电子束离开阴极向下游传播过程中,由于磁场强度的逐渐增加,它受到绝热压缩,结果使电流密度增加,而且 $v_\perp$ 与 $B_{0z}^{1/2}$（外加轴向磁场强度的平方根）成比例增加,原因是电子的磁矩守恒：

$$\mu = \frac{(1/2 m v_\perp^2)}{B_{0z}} \tag{11.1}$$

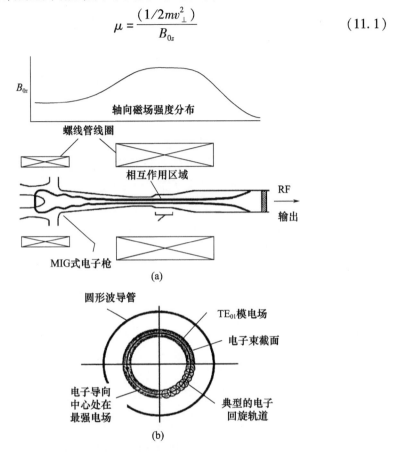

图 11.1　(a)具有轴向提取和轴向磁场剖面的回旋管原始结构；
　　　　(b)显示回旋管内一些样本电子轨道的电子束截面。

(源自 Baird, J. M., Gyrotron theory, in High - Power Microwave Sources, Granatstein, V. L. and alexeff, I., eds., artech house, Norwood, Ma, 1987, p. 103)

从直观上肯定希望 $v_\perp$ 越大越好,但实际上在磁压缩过程中,如果 $v_\perp$ 过大,v_z 就会降到 0,这样电子就会被所谓的"磁镜效应"反射(见习题 11.1)。

对于长脉冲或连续工作的回旋管,最常见的电子束源是 Baird[54] 详细论述的磁控注入电子枪(MIG)。在相对论回旋管和 CARM 中,电子束通常由爆炸式发射阴极产生,它的垂直速度分量较小。在电子发射以后,可以通过以下的方法提高其旋转动能：一种方法是让电子束像自由电子激光那样通过磁场摇摆器,但它必须足够短以避免引入竞争振荡模式；另一种方法是采用磁场线圈产生一个非绝热磁场分布,这样可以提高电子的垂直速度分量。

在相互作用区域内,电子的运动可以划分为3个成分:沿着磁场以速度v_z的漂移运动,由电子束的自身电场产生的$E \times B_0$漂移使整个电子束围绕系统的磁轴慢速旋转,以及每个电子以速度$v_\perp$围绕各自的引导中心的拉莫尔(Larmor)回旋运动。电子束的最小厚度是电子的拉莫尔半径,即

$$r_L = \frac{v_\perp}{\omega_c} \tag{11.2}$$

式中:ω_c为电子回旋频率,即

$$\omega_c = \frac{eB}{m\gamma} \tag{11.3}$$

式中:γ为考虑电子全速度的相对论因子(见习题11.2和习题11.3)。图11.1(b)描绘了电子在束流截面上的旋转运动。

在大多数情况下,ECM 共振相互作用将谐振腔横电(TE)模和电子的拉莫尔回旋波相耦合。与横磁模(TM)的耦合也能产生信号增益,但与 TM 模耦合的相对论回旋管的增益相对于 TE 相互作用降低 β_z^2 倍,以至于在弱相互作用器件中 TM 相互作用通常被淹没。不过采用具有高 Q 值的 TM 的特殊谐振腔,可以制作相对论 TM 模回旋管[23]。

TE 场对电子束的作用如图 11.2 所示[24]。图中的电子在 $x-y$ 平面上以 ω_c 的角频率逆时针旋转(这里忽略电子的轴向运动,因为在物理上它不重要)。初始状态如图 11.2(a)所示,电子的旋转相位在半径 r_L 的圆周上均匀分布。角频率为 ω_0 的 TE 电场首先使电子 1、2 和 8 减速,使它们失去能量而回旋半径减小。由于相对论因子 γ 与回旋角频率 ω_c 成反比(见式(11.3)),失去能量的电子的回旋频率有所增加。另外,电子 4、5 和 6 被电场加速,它们的回旋半径增大,回旋频率下降。这样,经过数周期的时间以后,电子就会在回旋相位上发生群聚。这个电子回旋频率与电子能量有关的现象基于相对论效应,但它对数万电子伏的电子能量也是非常重要的。如果 $\omega_0 = \omega_c$,那么被加速的电子与被减速的电子数量相等,这样就不会发生电子束与电磁场的净能量交换。但如果电场的振荡频率大于电子的回旋频率,即 $\omega_0 > \omega_c$,这时的情况如图 11.2(b)所示,失去能量的电子多于得到能量的电子,其结果使电磁波得到增幅。在考虑 v_z 后的一般性条件下,电子的角向和轴向群聚同时发生。但是,正如后面将要看到,这个情况在一定条件下得到了简化。不少文献报道了回旋管的数学处理方法和 ECM 的不稳定性问题(例如,Gaponov 等[10]有关苏联时期的理论研究的文献和其他论文[24,25-28])。

另一个微波产生机制是威贝尔(Weibel)不稳定性会参与竞争,而且当相互作用区域内的电磁模的相速度小于光速时它能够主导 ECM 不稳定性[29]。有些

器件采用某种形式的谐振腔负载降低波速,从而可以利用 Weibel 不稳定性产生微波[30]。但是,以下集中讨论 ECM 相互作用起主要作用的快波源。

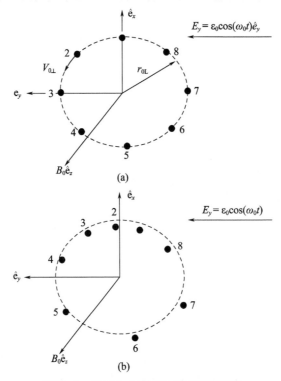

图 11.2 通过 8 个测试电子看群聚现象
(a)初始状态的电子分布均匀,围绕同一导向中心进行拉莫尔回旋;
(b)经过数周期后,电子开始发射群聚。

(源自 Sprangle P and Drobot A. T. , IEEE Trans. Microwave Theory Tech. , Mtt − 25 ,528 ,1977)

为估算工作频率和区别器件种类,采用谐振腔简正模的简化色散曲线(典型的例子是由式(4.21)给出的光滑波导的色散曲线),以及电子束的快回旋波:

$$\omega = k_z v_z + s\omega_c, s = 1, 2, 3, \cdots \quad (11.4)$$

式中:k_z 和 v_z 分别为轴向波数和轴向电子漂移速度;s 为相互作用谐波的整数(见习题 11.4)。

事实上,电子束的空间电荷和非零的 $v_\perp$ 将快回旋波分成正能量波和负能量波(正如切伦科夫器件中束线被空间电荷分为两个,见第 8 章),其中频率较高的是负能量波,它与谐振腔电磁模的相互作用产生微波。因此,它们的作用使输出频率略高于式(11.4)给出的数值(切伦科夫微波源与之不同,它的相互作用发生在束线以下)。快回旋波与谐振腔模的交点决定 ECM 的种类。具体例子如图 11.3 所示。

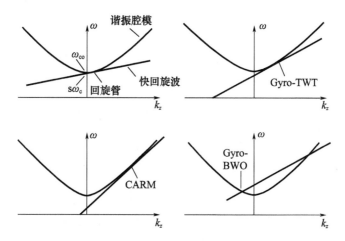

图 11.3 非耦合谐振腔模的色散曲线,其中 $\omega^2 = \omega_{co}^2 + k_z^2 c^2$, ω_{co} 是工作模的截止频率;另一个是电子束的快回旋波,其中 $\omega = s\omega_c + k_z v_z$, ω_c 是回旋频率, s 是谐波数。

前向波相互作用中,电磁波群速度在共振时为正的器件可以分为三类:回旋管的工作点靠近截止;回旋 TWT 在共振点具有较大的 k_z 和较大的前向群速度;CARM 具有较大的 k_z 和工作频率的多普勒上移(见习题 11.5)。增益达到最大的条件是快回旋模与电磁模的色散曲线相切,这时电磁波的群速度与电子束的漂移速度基本相等。因此,大多数情况下回旋管倾向于采用轴向能量较低的电子束。另外,效率最高的条件是回旋频率低于共振线,这时快回旋模的色散线实际上略低于图示的线。

历史上的回旋管大多工作于图 11.4[31] 所示的三个模式之一:TE_{0p}、TE_{1p} 或 TE_{mp} ($m \gg p$)。其中最后一个被称作回音壁模,因为它的场主要分布于腔壁附近,很像声学中的回音壁模。角向均匀的 TE_{0p} 模具有最小的壁电阻损失(图 4.8)。但遗憾的是,高次的 TE_{0p} 模具有模式竞争的问题,特别是与 TE_{2p} 模之间的竞争关系[32-34],因此较难应用于高功率。这种情况下进行模式选择的一个方法是采用复合谐振腔。它由两个分别具有不同半径的部分组成,这样工作频率被限定为两个部分都支持的共振频率[35]。但其缺点是较大半径的腔中束流与腔壁之间在径向的分离并导致束流能量和空间电荷降低。另一个控制工作模的方法是在圆筒形谐振腔壁上开轴向狭缝,开槽处场不为零的模式将会有衍射损失,通过制造其他模式的衍射损失提高 TE_{1p} 模的竞争力[36]。这个方法的缺点是这些模具有较大的欧姆壁损失,而且它们的峰值电场出现在谐振腔中心附近,以至于为了获得较好的束场耦合必须提高束与壁的距离,但与此同时空间电荷效应降低电子束的动能。另外,当 $p \gg 1$ 时,TE_{1p} 模变得几乎频率简并。最后,由于狭缝固定的原因电场不能旋转,因此影响与电子束的耦合并降低效率。

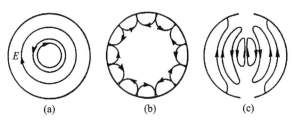

图 11.4 回旋管的三个基本工作模
(a) TE$_{on}$模；(b) 回音壁模 TE$_{mp}$($m \gg p$)；(c) TE$_{1n}$模。

(源自 Granatstein, V. L., Gyrotron experimental studies, in High-Power Microwave Sources, Granatstein, V. L. and alexeff, I., eds., artech house, Norwood, Ma, 1987, p. 185)

近年来，回旋管设计者的注意力转向了高次的回音壁模，目标是开发工作频率超过 100GHz 的兆瓦级回旋管。例如，麻省理工学院（MIT）正在研制的兆瓦级回旋管可以在两个频率上实现脉冲工作：一个是利用 TE$_{22,6}$模产生 110GHZ 的低频，另一个是用 TE$_{24,7}$模产生 125GHz 的高频[37]。另外，德国卡尔斯鲁厄研究中心（现在的卡尔斯鲁厄理工学院，KIT）在 2004 年研发了一台 165GHz 的回旋管作为 170GHz/2MW 回旋管的样机，它利用的是同轴形相互作用区域中的 TE$_{31,17}$模[38]。事实上，位于巴西的圣约瑟·达斯·坎伯斯的国家空间技术研究所等离子体物理实验室（INPE）曾经考虑采用 TE$_{42,7}$模设计 280GHz/1MW 的器件（见 Dumbrajs 和 Nusinovich[1]）。然而近来印度技术学院和德国卡尔斯鲁厄理工学院 KIT 研究考虑在未来为 238 GHZ 兆瓦级回旋管中采用 TE$_{49,17}$和 TE$_{50,17}$模[39]。在直径为波长的 20~30 倍的谐振腔中利用高次模的主要动机是避免谐振腔壁的热负载，目标是将它限制在 2~3kW/cm^2 的范围[13]。显然，谐振腔必须足够大以有足够的壁面积来承受高功率负荷，于是高工作频率自然需要高次的工作模。在这方面，回音壁模有几个优点[40-42]。因为较强的电场集中在壁附近，所以电子束也必须位于壁附近，才能得到较好的耦合。这样做可以抑制空间电荷的影响并降低电子速度的分散，从而提高效率。但另一方面，这需要一个较大的电子束半径，而且必须精心设计才能尽量避免电子的壁损失。另一个优点是这种情况下的模式竞争得到缓和，原因是：①与场强集中在腔体中部的体积模的耦合较弱；②与其他回音壁模的频率间隔较大。

ECM 中的饱和过程主要是两个竞争现象的结果：回旋能量的消耗和相位俘获[24]。当 $v_\perp$ 较小时，回旋能量的消耗起主要作用。一旦电子的垂直速度分量小于振荡阈值，电磁波便停止增长。当 $v_\perp$ 较大时，随着微波场强的增幅，相位俘获成为主要的饱和机制。为说明这一点，需回到本节开始部分有关 ECM 相互作用的讨论。一些电子被微波电场加速，而另一些被减速。在相互作用初始阶段，微波频率高于电子回旋频率,所以更多的电子被减速。但是电子在减速的同时也改变它们的相位,被俘获的电子逐渐到达这样的状态,以至于进一步的相互作用会导致电子的再次加速。这时,由于部分电子开始从电磁场获得能量,微波便停止增长,这个现象被称作相位俘获[24]。图11.5(来自文献)给出了微波产生效率与初始相对论因子之间的关系的数值计算结果。文献的作者假定所有电子具有同样的轴向速度,这样可以进行坐标系变换,在运动坐标系中,电子只有回旋速度 $\gamma_{0\perp} = (1-\beta_{0\perp}^2)^{-1/2}$,其中 $\beta_{0\perp}$ 是 $v_\perp/c$ 的初始值。图中还分别描绘了基于回旋能量消耗和相位俘获机制的近似效率曲线。产生微波的最小临界值是 $\gamma_{0\perp,\mathrm{crit}}$,$\omega_0$ 是信号频率,$\Delta\omega$ 是最大增益对应的信号频率与 ω_c 之间的差。在两个饱和机制的综合作用下,效率的最大值出现于适中的回旋能量处。

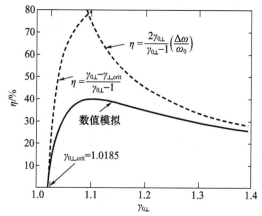

图 11.5　在以电子轴向速度运动的坐标系中计算得到的回旋管效率 $v_z=0$。
左侧虚线是假定回旋能量消耗是主要饱和机制的解析近似结果,
右侧虚线是假定相位俘获为主要机制的结果
(源自 Sprangle, P. and Drobot, A. T., IEEE Trans. Microwave Theory Tech., Mtt-25, 528, 1977)

垂直效率 $\eta_\perp$ 是一个常用的参数,指垂直于磁场的电子动能向微波的转换效率。必须把它与总电子能量效率 η_e 区分开来。通过向实验室坐标系的洛仑兹(Lorentz)变换,可以用 $\eta_\perp$ 表示 η_e,即

$$\eta_e = \frac{\gamma_0(\gamma_{0\perp}-1)}{\gamma_{0\perp}(\gamma_0-1)}\eta_\perp \tag{11.5}$$

其中,$\gamma_0 = (1-\beta_{0\perp}^2-\beta_{0z}^2)^{-1/2}$。对于弱相对论电子束(电子能量远小于500keV),式(11.5)可以近似写成

$$\eta_e \approx \frac{\beta_{0\perp}^2}{\beta_{0\perp}^2+\beta_{0z}^2}\eta_\perp = \frac{\alpha^2}{1+\alpha^2}\eta_\perp \tag{11.6}$$

其中,$\alpha = \beta_{0\perp}/\beta_{0z} = v_{0\perp}/v_{0z}$。

提高这类器件微波效率的两种基本方法是沿轴向逐渐改变谐振腔的半径或磁场强度[43]。两种方法的基本思想是一致的，即首先在略低于最佳条件的状态下让电子束产生群聚以提取最多的能量，然后将群聚的电子束传输到可以更有效地将其能量释放给微波的区域。对于改变腔体半径的情况，最大场强出现在下游的出口附近，这里电子束已充分群聚。在采取改变磁场强度的方法时，谐振腔入口处的磁场强度略低于共振条件，因此在群聚的同时并不发生明显的能量提取。但随着电子束向谐振腔下游的传播，磁场强度上升到共振条件，这样可以高效地从电子束的群聚提取微波能量。

由于现代回旋管内部具有很高的工作功率，因此通常采用减压式收集器，它的作用包括提高效率、降低腔体和收集器上的热负荷和减小 X 射线辐射[13]。减压式收集器位于谐振腔的下游，它收集通过器件的电子束并将部分剩余动能转换为电能在系统中循环利用。最近采用这种收集器的兆瓦级回旋管的微波效率通常可以达到50%（见习题11.6）。

11.2.3　回旋管和电子回旋脉塞的工作特性

本节中，首先，考虑在 NRL 开发的长脉冲或连续运行的兆瓦级回旋管和相对论回旋管；然后，从高功率微波的角度简要考虑两个变体，即 CARM 和回旋速调管。

1. 高平均功率回旋管

高平均功率回旋管的发展速度令人惊叹。这里只考虑美国加利福尼亚州帕洛阿尔托（Palo Alto）的通信和电力工业局（Communications and Power Industries, CPI）研制的回旋管，并对比 1996 年文献中描述的 110GHz 回旋管[44]和 2004 年的 140GHz 回旋管[45]，以及正在研发的 170GHz 回旋管[46]。图 11.6 为回旋管 VGT-8115 的原理图，频率为 110GHz。表 11.1 对三种回旋管进行了比较。与表中的其他三个回旋管一样，图中的设备带有降压收集极以提高效率（表中的效率将降压收集极考虑在内）、圆柱形相互作用腔和内模转换器（将腔模转换为通过菱形窗口径向提取的高斯模）。110GHz 回旋管中的模式转换器是下诺夫哥罗德应用物理研究所（IAP）开发的杰尼索夫（Denisov）转换器，效率为95%，而早期的弗拉索夫（Vlasov）转换器效率为80%。

VGT-8115 是为通用原子公司（GA）的 D-III 托卡马克开发的，它代替了没有降压收集器的 VGT-8110。VGT-8140 将在中国的 EAST 机器（实验先进超导托卡马克）上使用，类似的 140GHz 的版本将在德国的 Wendelstein 7-X stellerator 上使用。截至 2014 年,VGT-8170 仍在开发中。VGT-8170 重新设计了阴极和腔后束流隧道,以解决一直以来限制设备性能的问题[47]。

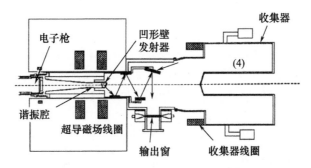

图 11.6　CPI 于 1996 年发表的 110GHz 回旋管结构示意图
(源自 Felch,K. et al. ,IEEE Trans. Plasma Sci. ,24,558,1996)

表 11.1　CPI 公司研制的三种商用回旋管在磁聚变实验中的电子回旋加热和电流驱动中的工作参数

参数	回旋管		
	VGT-8115	VGT-8141	VGT-8170
频率/GHz	110	140	170
运行模式	$TE_{22,6,1}$	$TE_{28,7,1}$	$TE_{31,8,1}$
输出功率/MW	1.2	0.90	0.50①
脉冲长度	10s	30min	
电流加速电压/kV	94	80	70
电流/A	45	40	50
壁功率负载	0.8	0.3(在0.5MW)	
降压收集器效率	41%	38%	

注:① 指定输出功率为500kW,但目标为1MW(CW)。

正在开发的可持续运行的 170GHz 回旋管,为国际热核实验反应堆(ITER)[48]提供20MW加热(见3.6.1节)。ITER 由多方合作完成,在日本由原子能机构和东芝为主,在俄罗斯包括 Gycom 和 IAP,欧洲则由 KIT 主导。

卡尔斯鲁厄(Karlsruhe)小组的 1.5MW、170GHz 连续波回旋管(暂不含没有最终版本的降压集电极)的概念设计旨在 $TE_{36,10,1}$ 模上工作,其中最后一个模阶次系数对应相互作用区场的轴向变化。该模在轴向上没有节点,而高阶轴向节点数随着模阶次系数增加。电流和电压预计为50A 和 70~80kV,因此考虑到其他提取损耗,在没有降压收集极的情况下,效率约为38%。带有降压收集极的热核实验堆回旋管的效率将达到50%或更高[52]。速度比 α 约为 1.2,壁损将保

持在 $2kW/cm^2$ 以下。我们可以根据回旋管在模式的截止频率附近工作这一事实来估计相互作用区 r_0 的半径。根据表 4.3，得到：

$$r_0 \approx \frac{v_{np}c}{2\pi f} = 4.77 \frac{v_{np}}{f(GHz)} \tag{11.7}$$

因此，当频率为 170GHz 时，r_0 约为 2.16cm。此时，由于与竞争模 TE_{np} 的频率间隔很小，因此需要密切关注模式控制（见问题 11.7）。

当设定工作频率等于谐振回旋频率时，计算得到的磁场值为

$$B_{res} = \frac{2\pi m}{e} f\gamma = 0.0357 f(GHz)\gamma \tag{11.8}$$

而实际工作的磁场 B_0 比这个值略小。当频率为 170GHz、电压为 80kV 时，B_{res} = 7.03T。但是，为了与腔内的电子保持适当的相位，工作磁场 B_0 = 6.754T。

2. 相对论回旋管

1985 年以来的一系列文献详细描述了美国海军实验室（NRL）研制的 35GHz 相对论回旋管[53-56]。其中最近的实验装置如图 11.7 所示。在脉冲加速器 VEBA 上采用环形爆炸发射式阴极产生电子束。加速器电压和电流波形如图 11.8 所示。阴极电压为 1.2MV，发射电流为 20kA，但其中通过阳极孔隙的只有 2.5kA。因此，阳极实际上也充当了发射滤波器的作用。因为电子束离开二极管间隙时垂直速度分量 $v_\perp$ 非常小，所以以让它通过一个激励线圈并由此从垂直旋转模式获得回旋动能（图 11.7）。下游的回旋管谐振腔具有圆筒形结构，其直径

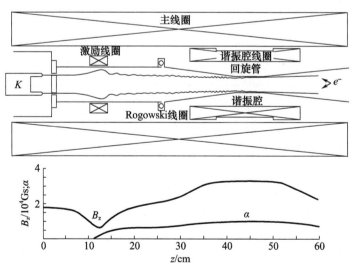

图 11.7 NRL 的 VEBA 脉冲加速器驱动的相对论回旋管
（源自 Black, W. M. et al., Phys. Fluids B, 2, 193, 1990）

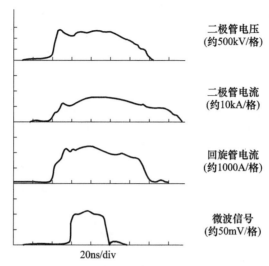

图 11.8　图 10.26 的实验使用的加速器和电子束的电压和电流波形
（源自 Black W M, et al. Phys. Fluids B, 2, 193, 1990）

为 3.2cm，不考虑电子束时的 TE_{62} 模 Q 值为 180。谐振腔的下游是斜角为 5°的输出圆锥形过渡段连接到长度为 120cm、出口直径为 14cm 的漂移管。之后是一段 1m 的喇叭形输出管，它的窗口直径为 32cm。采用这个结构，在 3.2T 的外加磁场的条件下，得到了 250MW 的输出功率和 14% 的转换效率。输出微波的脉冲宽度约为 40ns，这说明微波输出大约发生在 VEBA 的电压和电流波形的平顶时间内。

NRL 的实验研究从 20 世纪 80 年代中期开始。在第一阶段的实验中，爆炸发射式阴极产生的 350kV/800A 电子束穿过磁场并获得一定的横向动能，之后电子束受到磁场的绝热压缩。虽然得到了 20MW 的输出功率和 8% 的转换效率，但实验条件限制了进一步改善的可能性[53]。在第二阶段的实验中[54-55]，采用无膜二极管产生了 900kV/1.6kA 更高功率的电子束，并将其通过磁场摇摆器以提高 $v_\perp$，然后通过磁压缩将它进一步提高。得到的 TE_{62} 模输出为功率 100MW 和效率 8%。另外，如图 11.9 所示，通过调整谐振腔磁场，可以实现回音壁模 $TE_{n2}(n=4\sim10)$ 的逐步调谐。低压放电管中气体击穿的照片证实了与预期电磁模相应的场分布。同一实验还采用在谐振腔的两侧开狭缝的方法抑制了回音壁模，结果得到了 TE_{13} 模的输出 35MW。这个结构的缺点是电子束的品质比较差。之后采用图 11.7 所示的实验装置，他们得到了 250MW 的输出功率和 14% 的效率[93]。相关研究的另一个特色是一系列的数值模拟（采用单一谐振腔模），目的是观测回旋管对电子束电压变动的反应（假定电流随 $V^{3/2}$ 变化）。计算模拟了不同磁场对应的微波功率包络和实际观测到的电压时间变化（即脉冲时间内电压不是常数），其结果显示了电压变化对输出功率的影响。与磁场强度有关，不同的输出峰值出现在电压波形的不同位置,而且在一定的条件下会发生微波输出的终止。

在有关阶梯式频率调谐回旋管的讨论中,有必要将工作于相对低次的回音壁模的 NRL 回旋管与工作于高次模的 MIT 回旋管进行比较[57]。后者的数据如图 11.10 所示。虽然它与图 11.9 所示的参数关系不同,但从图中可以看到 TE_{mp} 模(m 和 p 分别是角向和径向变化指数)频率调谐的复杂性。通过改变磁场强度,m 的数值高至 25,$p = 2 \sim 4$,而且频率发生重叠(虽然磁场强度不同)。

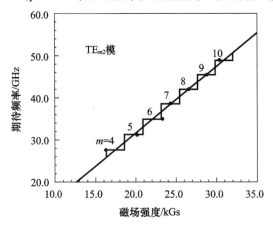

图 11.9　NRL 相对论回旋管通过改变谐振腔磁场对 TE_{m2} 回音壁的频率调谐。黑点为实验数据,直线式数据的拟合。"阶梯"是计算得到的每一个模对于给定电子束电流的磁场范围

(源自 Gold, S. h. et al., Phys. Fluids, 30, 2226, 1987)

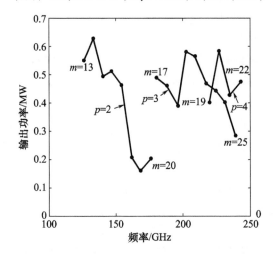

图 11.10　MIT 回旋管的 TE_{mp1} 模的频率调谐时的输出功率,工作模是通过振腔磁场改变的

(源自 Kreischer, K. e. and temkin, r. J., Phys. Rev. Lett., 59, 547, 1987)

最近,在 110~140GHz 的频率范围内对回旋管进行阶跃调谐对于抑制托卡马克聚变参数下的等离子体不稳定性已经变得很有吸引力,尤其是超宽带钻石输出镜和快速可调超导磁体的发展[48]使该方法的可用性得到了明显增强。GYCOM/IAP 团队与马克斯-普朗克(Max-Planck)等离子体物理研究所(德国,加兴)以及 KIT 合作开发了一种大约 1MW 的回旋管,能够在 4 种频率下(105GHz,117GHz,127GHz,140GHz)产生 10s 的脉冲。第二种方法使用了更复杂的窗口技术,KIT 小组一直在开发一种回旋管阶,可在 112~166GHz 之间的 9 个频率上进行调节。

3. 回旋自共振脉塞

从图 11.3 可以看到,CARM 是具有在较高电子能量,即较高的 v_z 和较高的相速的 ECM 相互作用,其重要特征是自共振。为了理解这个概念,考虑电子失去能量时的回旋波色散。对 $s=1$ 的式(11.4)求导,可以得到当能量从电子束向电磁场转移时共振频率随时间的变化率,即

$$\frac{d\omega}{dt} = k_z \frac{dv_z}{dt} + \frac{d\omega_c}{dt} = k_z \frac{dv_z}{dt} - \omega_c \left(\frac{1}{\gamma} \frac{d\gamma}{dt}\right) \tag{11.9}$$

采用运动方程决定 $v_z = p_z/m\gamma$ 和 $\gamma = [1 - \vec{p} \cdot \vec{p}/(mc)^2]^{1/2}$ 的导数,因此得到

$$\frac{d\omega}{dt} = \frac{e\omega}{\gamma mc^2} v_\perp \cdot E_\perp \left[1 - \left(\frac{k_z c}{\omega}\right)^2\right] \tag{11.10}$$

式中:$E_\perp$ 为 TE 波的电场分量。因此,$d\omega/dt$ 当相速 ω/k_z 趋近光速时趋近于 0。这样,当电子向微波提供能量时,$k_z v_z$ 项的减小被 ω_c 的增加所补偿,原因是它与 γ 成反比[27,58-59]。从另一个角度可以将这个现象看成是轴向和角向群聚的相互抵消(分别通过 v_z 和 γ 的变化)。因此,即使电子失去能量,它们也能够继续保持共振条件。与之相比,对于回旋管($k_z \approx 0$),角向群聚的能量损失没有补偿。类似于 FEL 的计算结果显示,CARM 的基本电子振荡频率(这里的 ω_c)受到与 γ^2 成正比的强烈的多普勒上移,而注意到回旋频率本身与 γ^{-1} 成正比,所以 CARM 中的频率上移量只与 γ 成正比。

图 11.11 所示的 CARM 是应用物理研究所(IAP)研制的高功率器件,是这种类型的第一个高功率器件[17]。早期实验采用谐振腔最低次 TE_{11} 模得到的波长是 4.3mm。为降低波长,图中的 CARM 采用了 TE_{41} 模,从而得到了波长为 2mm 的输出。电子束由电压为 500~600kV、电流约为 1kA 的脉冲功率发生器产生。从无膜二极管的阴极到相互作用谐振腔,整个系统浸没于 2T 的外加脉冲磁场中。为提供电子的垂直速度分量,在二极管下游设置的三个开槽的铜环构成磁场摇摆器,它们的间距等于电子的拉莫尔节距。用这种方法得到的 $\beta_\perp$ 为 0.2~0.4,其分散度为 0.05。谐振腔的相互作用区域一端具有布拉格(Bragg)反

射镜[60],这个谐振腔模的衍射和电阻品质因子 Q_s 值分别为3000和1000。对于 $\beta_\perp = 0.2$,计算得到的启动电流为300A,效率的计算值为4%。实验中测到的启动电流约为500A,得到的输出功率为10MW,效率为2%。当束电流小于启动电流时,基本没有微波输出。

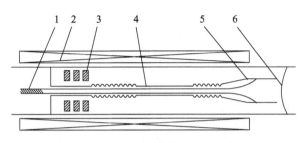

图 11.11 应用物理研究所的 CARM
1—阴极;2—脉冲轴向磁场线圈;3—带狭缝的铜环;4—带波纹壁布拉格反射镜的谐振腔;
5—电子束收集器;6—真空窗。

4. 回旋速调管

回旋速调管是使用 ECM 机制产生微波的回旋管和速调管结合的产物,速调管通过将电子束聚集在一组腔体中并从下游的电磁隔离腔体中提取输出来提高功率和效率。设计目标是实现输出腔内与预聚电子束相互作用所产生的高效率。回旋速调管与速调管的不同之处在于微波的产生机制,以及聚束发生在电子围绕其引导中心的旋转阶段。

为开发100 kW级毫米波雷达,人们曾经对回旋速调管投入巨大的精力。但后来的100MW级的高功率、高效率回旋速调管的开发目标主要是为了在高能正负电子对撞机方面的应用。这方面的工作主要集中在马里兰大学(UMD)。Lawson等[15]1998年的文献给出该组的最高输出功率为75~85MW,频率约为8.6GHz,效率接近32%,放大器增益约为30dB。器件的结构如图11.12所示。它具有同轴结构,内导体由两个很细的钨棒支撑,旨在截止谐振腔之间 TE_{01} 工作模的传播。另外,由掺碳硅酸铝(CIAS)和80% BeO/20% SiC 组成的陶瓷吸收材料被用来进一步阻止最低次 TE_{11} 模在谐振腔间的传播。X波段的这个模在漂移管中的额定衰减率为4.7dB/cm(见习题11.8)。表11.2给出了这个器件的主要参数。电子束的产生使用了由模拟软件 EGUN 设计的磁控注入电子枪(MIG)。数值模拟的结果显示,器件的效率随轴向速度分布幅度的上升而缓慢地单调下降。对于表中所给的分散度,效率的下降仅为1%。输出腔由内壁和外壁的半径变化形成,它右侧凸起部分的内径与上游漂移管的内径一致。输入腔的 Q 值由输入口的衍射 Q 和谐振腔的电阻 Q 的综合效应决定,而群聚腔的 Q 值由附近的陶瓷吸收材料所造成的损失决定。输出腔的 Q 值基本上由衍射 Q 决定,它可以通过右侧凸起部分的长度调整。

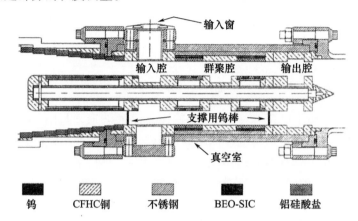

图 11.12　马里兰大学的 80MW 回旋速调管放大器的三腔结构示意图
（源自 Lawson, W. et al., Phys. Rev. Lett., 81, 3030, 1998）

表 11.2　图 11.12 所示马里兰大学回旋速条管的额定系统参数

磁场参数		输出谐振腔参数	
阴极轴向场/T	0.059	内半径/cm	1.01
输入强磁场/T	0.569	外半径/cm	3.59
群聚腔磁场/T	0.538	长度/cm	1.70
输出腔磁场/T	0.499	品质因子	135 ± 10
		冷谐振频率/GHz	8.565
		凸起部宽度/cm	0.90
输入谐振腔参数		电子束参数	
内半径/cm	1.10	电子束电压/kV	470
外半径/cm	3.33	电子束电流/A	505
长度/cm	2.29	平均速度比(α)	1.05
品质因子	73 ± 10	轴向速度散度/%	404
冷共振频率/GHz	8.566	平均电子束半径/cm	2.38
		电子束厚度/cm	1.01
漂移管参数		放大器实验结果	
内半径/cm	1.83	驱动频率/GHz	8.60
外半径/cm	3.33	输出功率/MW	75
输入腔到群聚腔距离/cm	5.18	脉冲长度/μs	1.7
群聚腔到输出腔距离/cm	5.82	效率/%	31.5
		增益/dB	29.7

续表

聚束谐振腔参数	
内半径/cm	1.10
外半径/cm	3.33
长度/cm	2.29
品质因子	75±10
冷谐振频率/GHz	8.563

图 11.13 给出了电压、电流和微波输出包络的波形。与图 11.7 和图 11.8 所示的脉冲驱动实验中得到的较高电压和电流相比,这些参数相对稳定。回旋速调管的电子枪由调制器驱动,由于阻抗不匹配的缘故,造成图 11.13 中电压下降。另外,波形上的噪声(特别是微波功率波形)主要来源于地线。

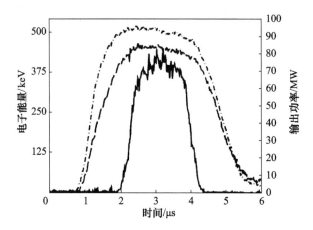

图 11.13　图 11.12 的回旋速调管实验的电压(虚线)、电流(点虚线)和微波输出(实线)波形
(源自 Lawson,W. et al.,Phys. Rev. Lett.,81,3030,1998)

之后,有关回旋速调管的工作主要集中于较高工作频率 17.1GHz 的器件[61]。提高频率的主要理由是减少直线正负电子对撞机所需微波源的数量。如果功率和脉冲宽度不变,提高频率可以使所需微波源的数量按 $1/f^2$ 的关系减少。在改进型的四腔设计中,输入腔的 TE_{011} 模工作于输出频率的一半,它下游的三个谐振腔的 TE_{021} 模工作于倍频的 17.1GHz。器件工作于回旋频率的二次谐波,这样可以缓解对磁场强度的要求。设计输出功率为 100MW,但是在最初的实验中电子枪出了一些小问题,限制了输出功率。

Lawson 在 2002 年的文献里讨论了有关这类器件工作频率缩放的一般性关系。他分析了 100MW 级的 Ku 波段(17GHz)、Ka 波段(34GHz)和 W 波段

(91GHz)器件[62]。他的结论是：由于受到很多因素的限制,回旋速调管的切合实际的工作频率不会超过 34GHz 的 Ka 波段。主要影响因素包括：阴极负荷,电子束的进一步磁压缩导致的轴向扩散,环形模的壁功率损失与 $f^{5/2}$ 成正比,加工误差和 W 波段的模式竞争等。

这类器件普遍应用的另一个问题是热阴极 MIG 的电子束不均匀性。表面温度和逸出功的变化可能导致电子束的不均匀性,进而使电子束的隧道产生无法预料的不稳定性。因此,马里兰大学的研究小组探索了空间电荷限制,而不是温度限制型的电子枪[63]。

NRL 的另一个样机实验采用了不同的回旋速调管,它强化了多源的锁相工作能力[64]。单腔器件中能够实现锁相的比带宽 $\Delta f/f$ 与谐振腔的外部 Q 值、输入的驱动功率 P_i 和输出功率 P_o 有关,并由阿德勒(Adler)不等式(式(10.18))给出。但理论分析显示,向回旋速调管的预群聚腔输入驱动信号可以使锁相带宽大于阿德勒不等式给出的数值。这个理论预测在如图 11.14 所示的原型实验中得到了验证[64]。可以看到,当注入第三个谐振腔时,锁相点很接近阿德勒曲线。另外,当注入到输入腔时(下方的图),对于给定带宽所需的功率低于阿德勒关系给出的数值。

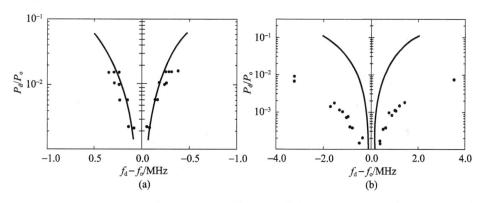

图 11.14　不同条件下的锁相带宽
(a)对外部 Q 为 1100 的谐振腔的直接注入;(b)对输出腔外部 Q 为 375 的三腔回旋速调管的注入。
(实线是阿德勒不等式的期待值)

11.2.4　电子回旋脉塞的发展前景

电子回旋脉塞的研究和开发继续由频率在 100～200GHz 范围内、功率在 1～2MW 级的回旋管主导,主要用于电子－回旋加速器加热和电流驱动(ECH&D)的磁约束聚变实验。俄罗斯、德国、法国、美国、日本、印度、中国的研究者们在过去十年中取得了令人瞩目的发展。这项工作取得的成就包括：在直径为数十个自由空间波长的腔体中使用和控制极高阶角向模；使用单级降压收集器将器件效率提高到50%以上；开发效率高达90%多的集成准光输出耦合器，使得输出与电子束收集分离；继续开发化学气相沉积（CVD）人造金刚石窗口，以获得透过高功率所需的强度、低损耗正切和热导率。最后一个因素尤其重要，因为输出窗的故障会破坏组件的真空，这不仅会影响组件的清洁度，还会破坏电子枪中的阴极。

展望未来，与 EC H&D 相关的研究已经确定了两个方向[65]。第一个方向是进一步开发阶跃可调回旋管，理想的频率步长为 2~3GHz，这需要沿着新的路线进一步开发窗口。第二个方向是 ITER 之后的下一个托卡马克项目 DEMO[66]，如果磁聚变研究和开发继续按目前的计划进行，DEMO 将需要大约 230GHz 和 290GHz 的频率用于稳态和脉冲状态，效率约为 60%，与目前的要求相比需增加 10%。第一个方向的研究正在推动带有中心导体的同轴回旋管的发展，该中心导体旨在通过增加束流半径来增加模间距并减少电子束能量的空间充电衰减。此外，中心导体还可以提供额外的调谐和能量回收选项[48]。截至 2014 年，KIT 正在开发的同轴回旋管产生的短脉冲功率水平超过 2MW；没有降压集电极的效率约为 30%，有降压集电极的效率约为 48%[67]。DEMO 项目也在推动相关研究，如最大限度地从电子束中提取能量，以及开发增强型、多级降压级电极，以回收更多没有转化为微波的束能。

回旋速调管由美国开发，是 X 波段放大器速调管的替代品。功率为 100MW，脉冲长度约为 1μs。在 Ku 波段和 Ka 波段（大致高达 35GHz）的更高频率上，它们的表现比速调管更好。与速调管一样，这些源的未来发展（至少在这个功率水平上）随着 NLC 概念的消亡以及 ILC 的崛起受到质疑。相比之下，ILC 对射频信号源的功率和频率要求更低。然而，在较低的功率水平下，雷达和其他应用可能会继续推动这种源的发展。截至 2007 年，一种频率更高、增益更高的回旋速调管放大器正在设计之中[68]。该放大器具有 6 个腔体（而不是 3 个），其增益设计为从表 11.2 中的约 30dB 提高到 78.3dB。效率将进一步提高到 37% 左右。后三个腔是倍频腔，以在 23GHz 频率左右产生输出。

CARM 为在高功率微波体系下生产高频源提供了一种可能性。然而，在这一点上它们仍不成熟，相关进展也不充分，这可能是对束质量要求过高导致的。

11.3　自由电子激光

自由电子激光（FEL）的输出频率范围几乎不受限制，因此它是吉瓦级高功率微波源中输出功率最高的器件,实现 140GHz、2GW 的重复频率输出,且效率达到百分之几十。当然,取得这个结果的代价是装置的尺寸和体积。由于 FEL 对电子束的品质要求很高,因此往往趋向于低电流、高电压的工作参数,而且它们的结构相对复杂。另外,相对紧凑的是低频大电流拉曼型 FEL,它需要轴向外加磁场。所有这些微波源都是放大器,而且他们作为可调谐的微波源,在 X 波段以上的频带可以替代相对论速调管和回旋速调管。相关的文献有很多,如 Freund 和 Antonsen 的文章。

11.3.1 发展历程

虽然早在 20 世纪 30 年代卡皮查(Kapitsa)和狄拉克(Dirac)就认识到可以利用多普勒(Doppler)升频的方法得到很高的辐射频率[70],而且随后的研究也证实了利用多普勒升频的波荡器辐射可以产生相干的毫米波输出[71],但 FEL 的真正发展始于 50 年代以后的两个阶段。

第一阶段:在帕洛阿尔托(Palo Alto)通用电气微波实验室工作的罗伯特·菲利普斯(R-M.Phillips)研究了荡注管(ubitron)[72],它是一种采用永磁波荡器的器件。这项工作催生了数台兆瓦级器件,包括工作频率在 2.5~15.7GHz 的范围放大器和振荡器。

第二阶段:斯坦福(Stanford)的学者利用来自直线加速器的高能量、低电流的电子束研制了他们称为自由电子激光的装置。Madey 于 1971 年首次提出了这个概念[73],随后于 1976 年研制成 10.6μm 的放大器[74]。一年之后便出现了 3.4μm 的激光振荡器[75]。

20 世纪 70 年代,微波和毫米波领域的研究不断发展,包括 NRL、哈尔科夫理工学院(Khar'kov Physico-Technical Institute)、列别杰夫(Lebedev)研究所、应用物理研究所 IAP 和哥伦比亚(Columbia)大学在内的多个研究小组获得的十兆瓦级的输出功率。到了 80 年代,NRL 和 MIT 着重于研究大电流 FEL。而劳伦斯·利弗莫尔国家实验室(LLNL)则相对注重于利用高能电子束的装置,他们先后实现了 1GW/35 GHZ 和 2GW/140GHz,其中后者是到目前为止以功率频率平方积 Pf^2 值为亮度的最高结果。我们将在后面详细描述后一个实验,其中还包括 1GW 脉冲的数千赫重复频率输出。

LLNL 的实验中断后,但俄罗斯新西伯利亚(Novosibirsk)的布德科尔核物理研究所持续开展了有关百兆瓦级毫米波辐射的研究。参加这项工作的还有应用物理研究所(IAP)。另外,应用物理研究所(IAP)利用 SINUS-6 装置研究了一种新型 FEL,它的功率输出为十兆瓦级。

11.3.2 自由电子激光器的设计原理

FEL 的基本结构如图 11.15 所示。z 轴方向速度分量为 $v_z = v_0$ 的电子束被注入周期为 λ_w 的摇摆磁场①。在中心轴上,摇摆磁场的 y 分量让电子在 x 方向来回摆动。这个反复运动的波数 k_w 和摇摆频率 Ω_w 分别由下式给出,即

$$k_w = \frac{2\pi}{\lambda_w} \tag{11.11}$$

$$k_w = \frac{2\pi}{\lambda_w} \tag{11.12}$$

电荷的横向加速度产生前进方向的辐射。波数为 k_w、频率为 ω 的辐射波与摇摆器磁场泵浦之间的拍频产生一个势阱(被称为有质动力势阱[76]),它以 $\omega/(k_z + k_w)$ 的相速度运动,电子在势阱中群聚。这个群聚使辐射具备了相干性。

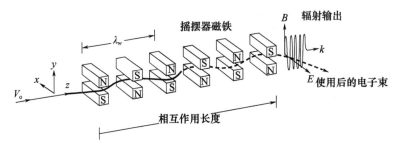

图 11.15 FEL 的基本结构,在摇摆器的交变磁场中电子束来回振荡。
电子的振荡产生辐射。在辐射场和摇摆器磁场的综合作用下,
电子在有质动力势阱中发生群聚。

摇摆器的波长与输出的波长和频率之间的关系近似地由多普勒频率电子共振的色散曲线与电磁波简正模的色散曲线的共振相互作用条件决定。其中电子束是被摇摆器频移了的电子束慢空间电荷波。作为第一步近似,假定电子密度很低,于是可以用摇摆器频移的束线近似表示空间电荷波,即

$$\omega = (k_z + k_w)v_z \tag{11.13}$$

为方便起见,将电磁波的色散曲线用沿 z 轴传播的自由空间电磁波的色散关系表示,即对于 $\omega \gg \omega_c$ 忽略截止效应,则

$$\omega = k_z c \tag{11.14}$$

在式(11.13)中,摇摆器频移是通过 k_z 加上 k_w 表示的,而且忽略了快空间

---

① FEL 的交变磁场区域有时也被称作波荡器,这里我们统一使用 wiggler。

电荷波与慢空间电荷波之间的区别,与低电子密度的假定相符。联立式(11.13)和式(11.14)可以解得共振发生时的频率和波数,即

$$\omega_{\text{res}} = (1+\beta_z)\frac{\Omega_w}{1-\beta_z^2} \tag{11.15}$$

式中:$\beta_z = v_z/c$。利用相对论因子 γ 的定义,可以得到

$$1-\beta_z^2 = \frac{1}{\gamma^2}(1+\beta_x^2\gamma^2) \tag{11.16}$$

式中:考虑到摇摆器使电子在 $x-z$ 平面运动,$\beta_x = v_x/c$。这个横向摇摆速度可以从以下的运动方程求得,其中摇摆器磁场与时间无关,$\text{d}/\text{d}t = v_z(\text{d}/\text{d}z)$,并假定平面摇摆器的 y 方向磁场分量为 $B_w\sin(k_wz)$,即

$$v_z\frac{\text{d}(\gamma\beta_x)}{\text{d}z} = \frac{e}{mc}v_zB_w\sin(k_wz) \tag{11.17}$$

这个方程可以直接通过积分求解,其结果与 z 的依赖关系为 $\cos(k_wz)$。这里不把它代入式(11.16),而是其使用平均值,即利用 $\langle\cos^2(k_wz)\rangle = 1/2$,有

$$\langle\gamma^2\beta_x^2\rangle = \frac{1}{2}\left(\frac{eB_w}{mck_w}\right)^2 \equiv \frac{1}{2}a_w^2 \tag{11.18}$$

最后,利用自由空间波长中 $k_z = 2\pi/\lambda$,及 $k_w = 2\pi/\lambda$,式(11.16)~式(11.18)联立后可以得到 FEL 的输出特征波长的表达式,即

$$\lambda = \frac{\lambda_w}{\beta_z(1+\beta_z)\gamma^2}\left(1+\frac{1}{2}a_w^2\right) \approx \frac{\lambda_w}{2\gamma^2}\left(1+\frac{1}{2}a_w^2\right) \tag{11.19}$$

在这个表达式中假定电子能量很高,因而将 β_z 近似为 1。但必须注意在能量较低的微波实验中,这个假定可能会带来误差。以上推导是针对平面摇摆器的,但对于螺旋式摇摆器也有同样的关系,只是 a_w^2 项没有系数 $1/2$,而且 B_w 代表磁场的最大值。式(11.19)是一个很重要的关系,因为它给出了输出波长与 γ、λ_w 和 a_w^2 之间的关系。可以看出,输出频率强烈依赖于电子能量,其关系为 γ^2,所以器件的工作状态对电子束的能量分散度很敏感。能量不等于共振能量的电子对主输出频率的微波没有贡献。因此 FEL 要求电子束具有尽可能低的发散度。这个要求随着工作波长的缩短变得更加严格。

式(11.19)的推导过程忽略了高功率微波 FEL 的三个重要特性:①参与相互作用的电磁简正模实际上是波导或谐振腔的简正模(见习题 11.9);②电子束的空间电荷效应;③很多器件采用轴向外加磁场。关于第一个问题,我们注意到,FEL 中的电子束可以与 TE 模或 TM 模发生相互作用。实际上,电流较高时,电子束的横向位移与 TE 模和 TM 模式耦合。一般情况下,受摇摆器的作用上移的束线与波导模的双曲形色散曲线相交于两点,如图 11.16 所示。实验室已经

证实了这两个共振点的存在[77]。实验得到的上方共振频率与电子能量和摇摆器磁场的关系如图 11.17 所示[78]。在图 11.17(a)中,将计算得到的 TE_{11} 模和 TM_{01} 模频率与 NRL 得到的测量结果进行了比较。图 11.17(b)为分辨率为 1GHz 的毫米波掠入射光谱仪测得的不同频带的功率。可以看到,当摇摆器磁场强度上升时,最大功率向低频移动,这个结果与式(11.19)吻合。

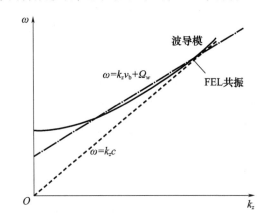

图 11.16　波导模($\omega^2 = k_z^2 c^2 + \omega_{co}^2$,与光线 $\omega = k_z c$ 渐进)和摇摆器频移束线(式(11.13))的非耦合色散曲线

有关 FEL 的高频模和低频模之间的选择问题,文献中已有论述[79]。如果 $\Omega_w > \omega_{co}$ 对应低频共振点的波导模的群速度为负,这可能会产生问题,因为与负群速度的模的相互作用会产生绝对不稳定性,它可以在原地成长到很大幅度[80]。解决这个问题的办法是改变摇摆器频率,让它低于截止频率,并保持摇摆器的长度小于临界长度,从而防止振荡超过启动电流阈值[81](见习题 11.10)。在很多情况下,低频的绝对不稳定性与 FEL 相互作用相比增长较慢,因此对于短脉冲器件不产生问题[82]。

因为很多微波频带的实验采用强流电子束,所以空间电荷效应在这一频带显得格外重要。根据空间电荷和摇摆器效果的作用程度,FEL 的工作方式可以分为三种类型:康普顿(Compton)型、拉曼(Raman)型和强泵浦或高增益康普顿型[83]。康普顿型的电子束电流和空间电荷都很低,单粒子的相干辐射起主要作用,器件增益较低。康普顿型工作方式最适合于采用高能电子束的实验,电子束工作波长远小于微波波长。拉曼型适用于强流电子束实验,空间电荷效应决定相互作用过程。在这种情况下,受摇摆器频移的快空间电荷波和慢空间电荷波的频率分别位于式(11.13)给出的频率的两侧,其中低频侧发生相互作用。强泵浦型适合于其他强流电子束的情形,其强摇摆器场的作用能够压倒空间电荷效应。

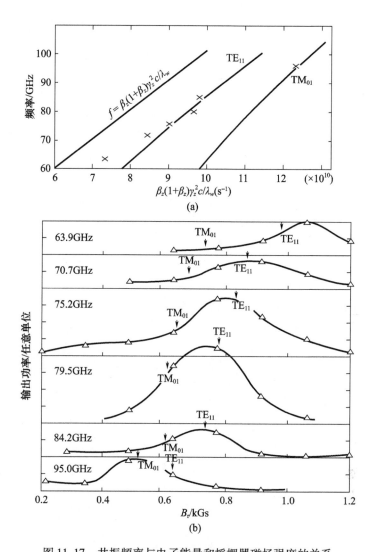

图 11.17 共振频率与电子能量和摇摆器磁场强度的关系
(a)实线:计算得到的 TE_{11} 和 TM_{01} 波导模共振频率(图中的"X"是文献中的实验工作点);
(b)6 个探测器频带中得到的 FEL 输出功率(任意单位)与摇摆器磁场 B_r 的关系。
(源自 Gold, S. h. et al., Phys. Fluids, 26, 2683, 1983)

外加的轴向磁场 B_z 有助于 FEL 中强流电子束的传播。它同时对电子的轨道产生重要的影响,因此决定器件的输出。单电子轨道的计算结果显示它们可以分为两类,即第 I 类和第 II 类[84]。对于这两类轨道,垂直于 z 轴的摇摆速度分量为

$$v_w = \frac{\Omega_w}{\gamma(\Omega_0 - \Omega_w)} v_z \tag{11.20}$$

式中:$\Omega_0 = eB_z/m\gamma$。两类轨道间的区别在于v_z与B_z的依赖关系,如图 11.18 所示[85]。图中的曲线是针对螺旋形摇摆器的计算结果,并比较了理想摇摆器(只考虑中心轴磁场)和实际摇摆器(考虑中心轴以外的磁场变化)的两种情形。第一类轨道存在于较弱的磁场范围,那里有$\Omega_0 < \Omega_w$,而且具有较高的轴向速度,它随着B_z的降低而减小,直到当满足$\Omega_0 = \Omega_w/(1 - v_w^2/v_v^2)$时轨道变得不稳定。理想的第二类轨道存在于所有$B_z$为正的区域,它的轴向速度随轴向磁场而增加,而且只有在强磁场下其数值才较大。两类轨道都不出现共振$\Omega_0 = \Omega_w$,但可以接近它,这时根据式(11.20),横向摇摆速度变得很大而且 FEL 的增益也上升[86-87]。另一个有趣的特点是,对于较小的B_z,第二类轨道的电子具有负质量的特性,即轴向速度实际上随着磁场强度的下降而上升:$\partial\beta_z/\partial\gamma < 0$。但是当轴向磁场上升时,导数的符号最终会改变。当磁场较弱时,第二类轨道的电子束与电磁波的相互作用比较复杂,同时空间电荷相互作用和变形回旋波相互作用都会使波增长[86]。实验结果显示,如果将轴向磁场反向,输出功率还能够提高。这时轴向场中电子的回旋运动方向与摇摆器场中的运动方向相反(因为$\Omega_0 < 0$,所以不会有摇摆场回旋共振)[88]。

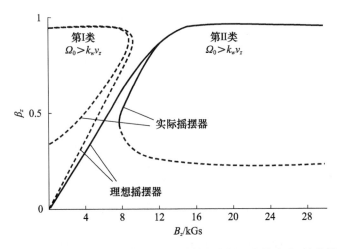

图 11.18 第Ⅰ类和第Ⅱ类电子轨道的β_z随轴向磁场强度的变化,计算模型包括理想摇摆器和实际摇摆器,考虑了中心轴以外的磁场变化

FEL 电磁波的成长伴随着对电子束动能的消耗。信号与泵浦摇摆器场的拍频产生相速为$\omega/(k_z + k_w)$的有质动力势。随着电子失去能量和有质动力势阱深度的增加,电子的轴向速度下降到有质动力势的相速度,因而导致部分电子被势阱俘获。图 11.19 所示的相空间示意图描绘了这个过程[89]。俘获表现在电子在有质动力势阱底部的盘旋。俘获电子的轴向速度以有质动力波或空间电荷

波的相速为中心振荡。这个周期性运动被称为同步振荡,它满足非线性摆动方程[76]。图 11.20 显示了电子捕获对饱和信号饱和的影响:可以看到信号达到最大值后的波动[90]。这是由于电磁波与被俘获电子之间的周期性能量交换,在同步振荡周期的任意时间,较快的一方从另一方吸收能量。

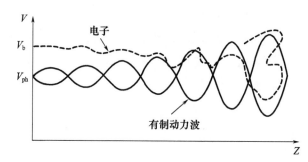

图 11.19　FEL 的想空间电子分布示意图,从图中可以看到电子的
能量损失和被有质动力势阱的俘获

(源自 Pasour, J. a. , Free – electron lasers, in High – Power Microwave Sources,
Granatstein, V. L. and alexeff, I. , eds. , artech house, Norwood, Ma, 1987)

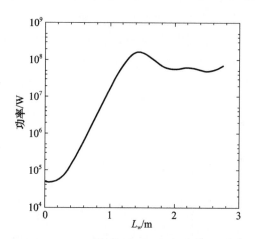

图 11.20　随着与 FEL 放大器输入端的距离的变化,微波信号从成长到饱和。注意的是
0.4~1.4m 范围的小信号或线性区域中的指数增长,随后进入最大值的饱和状态
(源自 Orzechowski, t. J. et al. , Nucl. Instrum. Methods, a250, 144, 1986)

即使在发生俘获之后,通过继续从被俘获的电子提取能量,可以进一步提高 FEL 的输出功率和效率,具体办法是降低有质动力势的相速,被俘获的电子也因此被减速,其动能被转换为电磁波能。另外,根据式(11.19),当电子 γ 的值降低时,可以通过降低摇摆器周期或摇摆器磁场强度使给定波长的电磁波保持增长。无论哪种情况,摇摆器的参数都发生变化时,称为渐变摇摆器。在有轴向磁

场的 FEL 中,摇摆器渐变会更加复杂,通过改变轴向磁场强度也可以提高输出功率。有关更详细的信息可以参见 Freund 和 Ganguly 的文献[91]。

由于渐变摇摆器通过提取俘获电子的能量来提高 FEL 的输出功率和效率,因此必须保证电子在这个过程中停留在被俘获的状态。电子脱离俘获状态的原因之一是渐变摇摆器的参数变化过快,另一个原因是边带不稳定性[92-94]。它是频率为 ω_0 的 FEL 信号与频率为 ω_{syn} 的捕获电子回旋振荡之间的非线性相互作用。其结果产生频率为 $\omega_0 \pm \omega_{\text{syn}}$ 的边带,它的成长削弱主信号的强度。边带与信号之间的频率间隔近似为[95-96]

$$\Delta \omega = \frac{k_{\text{syn}} c}{1 - v_z v_{\text{g}}} \tag{11.21}$$

式中:v_{g} 为 ω_0 的信号群速度,另外有

$$k_{\text{syn}} = \left(\frac{e^2 E_s B_w}{\gamma_z^2 m^2 c^3} \right)^{1/2} \tag{11.22}$$

式中:E_s 为微波电场的最大值;γ_z 为式(11.19)中 γ 的共振值(对于给定的 λ、λ_w 和 a_w)。图 11.21[97] 所示的例子是一个长的固定参数摇摆器中得到的信号和边带。图中较短波长的信号是 FEL 共振的输出,而较长波长的输出是实验观察到的两个边带信号中的一个。图中的虚线是通过计算得到的 FEL 相互作用的空间增长率与波长的关系。注意到强的边带信号的形成并不需要 FEL 相互作用

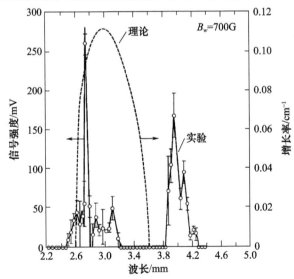

图 11.21 具有较强的边带的 FEL 输出频谱,波长较短的峰值是主信号,波长较长的是边带输出,虚线是计算得到的增长率

(源自 Yee, F. G. et al., Nucl. Instrum. Methods, a259, 104, 1987)

在边带波长具有增长率。图 11.22 给出了主信号和边带信号的峰值功率与摇摆器磁场强度的关系。从图中可以看到,对于 FEL 的输出存在一个磁场的临界值,它类似于固定束情况下的启动电流。另外,还可以看到,边带功率随摇摆磁场强度而增长。

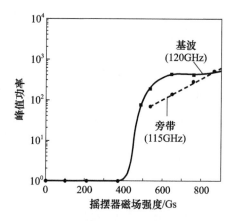

图 11.22 主信号和边带的输出功率随摇摆器磁场强度的变化
(源自 Yee, F. G. et al. , Nucl. Instrum. Methods, a259, 104, 1987)

11.3.3 自由电子激光器的工作特性

人们曾经开展了很多有趣的微波 FEL 实验,但我们仅讨论 LLNL 实验室的具有超高亮度(用 Pf^2 表征)的实验测试加速器(ETA),该加速器已被关闭。① 这项工作是与劳伦斯伯克利国家实验室(LBNL)的研究人员合作进行的,产生了 2GW/140GHz 这个令人瞩目的结果,这些实验因其规模和复杂性而引人瞩目[98]。产生电子束的是多腔长直线感应加速器,被称为 ETA,后来升级为 ETA Ⅱ。ETA 能产生 4.5MeV、10kA、30ns 的电子束[99]。然而对于所涉及的波长,LLNL 的 FEL 需要高品质、低发射度的电子束。为了通过降低发射度来提高束流质量,ETA 束流被送入一个发射选择器中,它是一个细长的波导管,作用是去除大半径和大发散角的电子。选择器的下游,转向磁铁和四极磁铁使电子束与平面摆动器匹配。摇摆器由脉冲为 1ms 的空心电磁铁构成,周期为 $\lambda_w = 9.8 \text{cm}$,总长度为 3m(后来增加到 4m)。工作频率 35GHz 时的最大磁场为 0.37T ($a_w = 2.4$),140GHz 时为 0.17T ($a_w = 1.1$)。摇摆器场在两个周期中独立变化,

---

① 读者可以参阅本书的早期版本,关于麻省理工学院微波光学速调管样机和俄罗斯布德尔核物理研究所和应用物理研究所共同合作的毫米波 FEL。

使得在逐渐变细的过程中 λ_w 保持不变。在最高输出功率水平下,对锥形线进行了经验优化。没有轴向磁场,电子束的横向聚焦依赖于四极子。微波的相互作用区域是横截面为 $3\times10\mathrm{cm}^2$ 的一个长方形的不锈钢波导。

LLNL 的 FEL,其输出功率优化的关键包括:第一,它尽量减小了电子的发射率和束流散度,因此有大量的电子被有质动力势阱俘获;第二,调整渐变摇摆器的参数,维持从俘获电子的能量提取。当电子束能量和 γ 降低时,相应改变 a_w,如式(11.19)所示,可以保持恒定波长的共振条件,显然,初期电子能量发散越小这种方法越有效,因为它减小了俘获电子群聚的热扩散。采用固定 λ_w 的渐变摇摆器使 LLNL/LBL 的 FEL 输出功率从 180MW 提高到 1GW,如图 11.23 所示[100]。经发射度滤波器进入摇摆器(即忽略发射度滤波器的电流)的电子束指标为 850A 和 3.5MeV,由这一电流计算的转换效率从没有渐变的 6% 提升到 35%。注意:前 120cm 范围内的线性增益是大致相同的,约 0.27dB/cm[90]。图 11.24 给出的是摇摆器的变化曲线(见习题 11.11)。值得注意的是,在非锥化信号的饱和处,有质动力势阱中的俘获电子数达到最大,在这之前摇摆器不发生任何变化。数值计算结果显示,75% 的电子被俘获,它们 45% 的能量被提取。

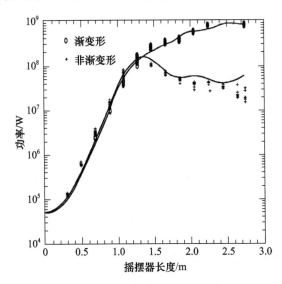

图 11.23　LLNL/LBL 的 FEL 的微波功率与摇摆器轴向长度的关系,
包括渐变摇摆器与非渐变摇摆器

(源自 Orzechowski,t. J. et al. ,Phys. Rev. Lett. ,57,2172,1986)

ETA II 被进一步改进为 ETA III,用于 140GHz 的实验[101]。它产生的电子束的参数为 6MeV 和 2kA,单次脉冲的最高输出功率达到了 2GW。50 个脉冲的脉冲序列实验达到了重复频率 2kHz。图 11.25 所示为从第 45 个脉冲的微波输出波形[102]。虽然系统的计算模拟结果得到了较高的功率,但由于当时的应用方向是微波托克马克实验(MTX)的等离子体加热,所以系统没有得到充分优化(见习题 11.12)。

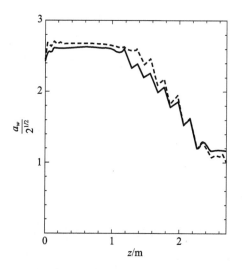

图 11.24　LLBL/LBL 的 FEL 的摇摆器磁场强度的轴向分布,分别由经验方法
(虚线)和理论方法(实线)优化

(源自 Orzechowski,t. J. et al. ,Phys. Rev. Lett. ,57,2172,1986)

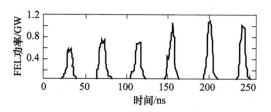

图 11.25　ETA Ⅲ 加速器驱动的 140GHz Livermore FEL 的实验结果,
它是 2kHz 重复频率 45 个脉冲串中的一部分

(源自 Lasnier,C. J. etal. ,Burst mode FeL with the eta – III induction linac,in Proceedings
of the 1993 Particle Accelerator Conference,1993,Washington,DC,p. 1554)

11.3.4　自由电子激光器的发展前景

FEL 可以产生吉瓦级脉冲毫米波高功率微波输出,这是一个非常独特的方案,但是目前还不存在这种输出的应用。尽管在 LLNL 出色的实验目的是加热离子体,但在兆瓦平均功率水平时,这种由昂贵且先进的磁开关构成的吉瓦级重

复频率脉冲系统因其体积和复杂性而缺乏竞争力。因此等离子体加热的重点努力方向仍然是开发长脉冲或连续回旋管。换言之，在实现高平均功率方面，高功率微波的复杂性使得快速脉冲的高峰值功率系统的性价比较低。尽管如此，FEL仍然具有被挖掘的潜力。比如，利用摇摆器磁场调控输出频率可以使脉冲内的频率快变。而且，如果粒子加速器研究界重新将注意力转到使用高频RF直线加速器缩短加速器长度上，那么FEL将会成为优秀的W波段(94GHz)源。

11.4 小　　结

除了连续工作或在超长脉冲中工作的高平均功率回旋管外，本章中的高峰值功率源在今天的高功率微波领域中已被边缘化。在一定程度上，边缘化是由某些设计者无法控制的因素导致的。

在高平均功率回旋管的国际研究领域，如今的开发竞争非常激烈。高度竞争的环境促使以下领域的技术迅速进步：在直径为数十个自由空间波长的腔体中使用和控制极高阶方位模；集成准光输出耦合器，使这项任务与束收集分离；以及CVD人造金刚石窗口，以获得透过高功率所需的强度、低损耗正切和导热系数。

在21世纪初，回旋速调管是作为速调管的竞争对手而开发的，用于需要X波段100MW级放大器的场合。然而，随着ILC技术的重大转变，这条发展线路的资金枯竭了。然而，如果可以在Ku波段和Ka波段找到HPM的应用，回旋速调管可能会是有用的技术解决方案。

自由电子激光可在毫米波领域提供无与伦比的峰值功率表现，但需要大型复杂系统输出吉瓦毫米波的实际应用场景极其有限。如果粒子加速器研究界回归高频概念，自由电子激光可能会在这方面产生竞争力。然而到目前为止，在HPM领域还没有推动这项技术的实际应用。

表11.3总结了本章中几种微波源的优点、缺点及主要成果。

表11.3　本章讨论的几种微波源优缺点比较及主要成果

微波源	优　点	缺　点	主要成果
回旋管	磁聚变的应用产生一个充满活力、有竞争力、资金充足的研究环境。高平均功率(1~4MW)、长脉冲连续波、频率超过100GHz，高效率	作为数百兆瓦或以上的高峰值功率脉冲源，研发水平低，除35GHz、94GHz、140GHz和220GHz附近外，高频会面临严重的大气衰减问题	可以在1~2MW、100~170GHz的长脉冲至连续条件下运行，可以提升到200GHz甚至更高；在高平均功率，长脉冲到连续波，超过100GHz的宽带上可调运行

续表

微波源	优 点	缺 点	主要成果
回旋速调管	在 X 和 K 脉冲运行中可以产生 100MW	缺乏高功率微波的应用阻碍了高峰值功率的发展	可以在 X 波段回旋速调管中产生 80MW
回旋自共振脉塞	通过与束能成正比的多普勒频率上移实现高频运行	不成熟；没有不可替代性；发展水平低	
自由电子激光器	理想的 HPM 放大器；几乎无限的频率范围,高功率运行；高效率	复杂；高频工作需要数兆伏的电子能量；要求更高的电子束质量；高频率受到明显的大气衰减的影响（除 35GHz、94GHz、140GHz 和 220GHz 附近）	140GHz 的单脉冲输出达到 2GW, 50 脉冲串的 2kHz 重复运行达到 1GW

习 题

11.1 回旋管磁场中电子的磁矩由式(11.1)给出：$\mu = (1/2mv_\perp^2)/B_{0z}$。我们假设如果磁场变化足够慢,那么这个量就是回旋管中的绝热不变量。正文中指出,在设计回旋管时,必须注意不要选择过大的 $v_\perp$ 值,因为可能会产生磁镜像。假设磁场沿回旋管的轴线从 $B_{0z1}(z=z_1)$ 增加到较大值 $B_{0z2}(z=z_2)$。还假设电子具有总动能 eV_0,其中 V_0 是电子枪中的加速电压。设 $v_\perp$ 为 $z=z_1$ 处的垂直速度分量,为防止 $z=z_2$ 处的 v_z 消失,推导 $z=z_1$ 处 $\alpha=v_\perp/v_z$ 的最大值表达式。假定电子的动能是守恒的。

11.2 对于 1T 的磁场,在忽略空间电荷的情况下,绘制束流电子的电子回旋频率与加速电压的函数图。

11.3 在半径为 5cm、长为 1m 的圆柱体中,0.5T 的磁场中储存了多少能量？

11.4 在回旋管中,300kV 电子束和半径为 3cm 的圆形波导的 TE_{62} 模之间需要什么磁场才能实现共振？

11.5 对于采用 2MeV 电子束的 CARM,求波导半径为 3cm 时,TE_{11} 模的共振频率为 50GHz 的磁场强度。

11.6 一个回旋管的设计要求为输出功率 1MW。如果通过使用减压收集器效率可以从 33% 提高到 50%,求谐振腔和电子束收集器功率损失的减少量。

11.7 在包括回旋速调管在内的速调管变形器件中,为阻止最低次 TE_{11} 模的传播,当半径减小到极限时,有时采用放入吸收体的方法。如果吸收体对这个模的衰减系数为 5dB/cm,当谐振腔之间的距离为 5cm 时,求这个区间的输入信号与输出信号之比。

11.8 重新估算 FEL 的工作频率。用波导模的色散曲线取代式(11.14)的光束线。忽略摇摆器的动态效应,重点考虑多普勒频率的摇摆器波与波导模之间的共振关系。推导考虑波导模截止频率的 FEL 频率表达式和低频的共振点表达式。

11.9 一个 2MeV 的电子束被注入到半径为 4cm 的圆形漂移管中,求能够避免 TE_{11} 模的返波相互作用的最低摇摆器周期。这个相互作用肯定带来问题,因为它产生的绝对不稳定性通常是难以控制的。

11.10 考虑工作频率为 35GHz 的 LLNL 的 FEL。已知输出频率、摇摆器波长 λ_w = 9.8cm 和 0.37T 的上游摇摆器振幅(a_w = 2.4),求输入电子能力并利用图 11.24 的数据估算产生微波以后的剩余电子能量。

11.11 在大型 ETA—II 线性感应加速器的驱动下,LLNL 的 140GHz 自由电子激光器在突发中产生峰值功率约为 2GW、持续时间为 20ns 的脉冲(见图 11.25),重复频率高达 2kHz。在这些参数下,这种自由电子激光器的平均输出功率是多少?

参考文献

[1] Dumbrajs, O. and Nusinovich, G. S., Coaxial gyrotrons: Past, present, and future (a review), IEEE Trans. Plasma Sci., 32, 934, 2004, and the references therein.

[2] Flyagin, V. A. et al., The gyrotron, IEEE Trans. Microwave Theory Tech., Mtt-25, 514, 1977.

[3] Hirshfield, J. L. and Granatstein, V. L., The electron cyclotron maser: an historical survey, IEEE Trans. Microwave Theory Tech., Mtt-25, 522, 1977.

[4] Twiss, R. Q., Radiation transfer and the possibility of negative absorption in radio astronomy, Aust. J. Phys., 11, 564, 1958. twiss, R. Q. and roberts, J. A., Electromagnetic radiation from electrons rotating in an ionized medium under the action of a uniform magnetic field, Aust. J. Phys., 11, 424, 1958.

[5] Schneider, J., Stimulated emission of radiation by relativistic electrons in a magnetic field, Phys. Rev. Lett., 2, 504, 1959.

[6] Gaponov, A. V., Addendum, Izv. VUZ Radiofiz., 2, 837, 1959. An addendum to Gaponov, A. V., Interaction between electron fluxes and electromagnetic waves in waveguides, Izv. VUZ Radiofiz., 2, 450, 1959.

[7] Hirshfeld, J. L. and Wachtel, J. M., Electron cyclotron maser, Phys. Rev. Lett., 12, 533, 1964.

[8] Gaponov, A. V., Petelin, M. I., and Yulpatov, V. K., The induced radiation of excited classical

oscillators and its use in high-frequency electronics, Izv. VUZ Radiofiz. ,10,1414,1967; Radiophys. Quantum Electron. ,10,794,1967.

[9] Baird,J. M. ,Gyrotron theory,in High-Power Microwave Sources,Granatstein,V. L. and Alexeff,I. ,eds. ,Artech house,Norwood,MA,1987,p. 103.

[10] Gaponov,A. V. et al. ,Some perspectives on the use of powerful gyrotrons for the electro n-cyclotron plasma heating in large tokamaks,Int. J. Infrared MillimeteWaves,1,351,1980.

[11] Gaponov,A. V. et al. ,Experimental investigation of centimeter-band gyrotrons,Izv. VUZ Radiofiz. ,18,280,1975; Radiophys. Quantum Electron. ,18,204,1975.

[12] Kisel,D. V. et al. ,An experimental study of a gyrotron,operating in the second harmonic of the cyclotron frequency,with optimized distribution of the high-frequency field,Radio Eng. Electron Phys. ,19,95,1974.

[13] Litvak,A. G. et al. ,Gyrotrons for fusion. Status and prospects,in Paper Presented at the 18th IAEA Fusion Energy Conference, Sorrento, Italy, 2000, http://wwwnaweb. iaea. org/napc/physics/ps/conf. htm.

[14] Granatstein, V. L. et al. , Gigawatt microwave emission from an intense relativistic electron beam,Plasma Phys. ,17,23,1975.

[15] Lawson,W. et al. ,High-power operation of a three-cavity X-band coaxial gyroklystron, Phys. Rev. Lett. ,81,3030,1998.

[16] Botvinnik,I. E. et al. ,Free electron masers with Bragg resonators,Pis'ma Zh. EkspTeor. Fiz. , 35,418,1982; JETP Lett. ,35,516,1982.

[17] Botvinnik,I. E. et al. ,Cyclotron-autoresonance maser with a wavelength of 2.4mm Pis'ma Zh. Tekh. Fiz. ,8,1386,1982; Sov. Tech. Phys. Lett. ,8,596,1982.

[18] Rapoport,G. N. ,Nemak,A. K. ,and Zhurakhovskiy,V. A. ,Interaction between helical electron beams and strong electromagnetic cavity-fields at cyclotron-frequency harmonics Radioteck. Elektron. ,12,633,1967; Radio Eng. Electron. Phys. ,12,587,1967.

[19] Sprangle,P. ,Vomvoridis,J. L. ,and Manheimer,W. M. ,Theory of the quasioptica electron cyclotron maser,Phys. Rev. A,223,3127,1981.

[20] Nezhevenko,O. A. ,Gyrocons and magnicons: Microwave generators with circula deflection of the electron beam,IEEE Trans. Plasma Sci. ,22,756,1994.

[21] Budker, G. I. et al. , The gyrocon: An efficient relativistic high-power VHF generator, Part. Accel. ,10,41,1979.

[22] Baird,J. M. ,Gyrotron theory,in High-Power Microwave Sources,Granatstein,V. L. and Alexeff,I. ,eds. ,artech house,Norwood,Ma,1987,p. 103.

[23] Bratman,V. L. et al. ,Millimeter-wave HF relativistic electron oscillators,IEEE Trans. Plasma Sci. , PS-15,2,1987.

[24] Sprangle,P. and Drobot,A. T. ,The linear and self-consistent nonlinear theory of the electron cyclotron maser instability,IEEE Trans. Microwave Theory Tech. ,Mtt25,528,1977.

[25] Lentini, P. J., Analytic Theory of the Gyrotron, PFC/rr – 89 – 6, Plasma Fusion Center, MIT, Cambridge, MA, 1989.

[26] Nusinovich, G. S. and erm, R. E., Efficiency of the CRM – monotron with a Gaussian axial structure of the high – frequency field, Elektronnaya Technika, Elektronika SVCH, 8, 55, 1972 (in Russian). Recounted in Nusinovich, G. S., Introduction to the Physics of Gyrotrons, Johns Hopkins University Press, Baltimore, MD, 2004, p. 74.

[27] Bratman, V. L. et al., Relativistic gyrotrons and cyclotron autoresonance masers, Int. J. Electron., 51, 541, 1981.

[28] Danly, B. G. andTemkin, R. J., Generalized nonlinear harmonic gyrotron theory, Phys. Fluids, 29, 561, 1986.

[29] Chu, K. R. and Hirshfeld, J. L., Comparative study of the axial and azimuthal bunching mechanisms in electromagnetic cyclotron instabilities, Phys. Fluids, 21, 461, 1978.

[30] Kho, T. H. and Lin, A. T., Slow – wave electron cyclotron maser, Phys. Rev. A, 38, 2883, 1988.

[31] Granatstein, V. L., Gyrotron experimental studies, in High – Power Microwave Sources, Granatstein, V. L. and alexeff, I., eds., Artech House, Norwood, MA, 1987, p. 185.

[32] Temkin, R. J. et al., A 100 kW, 140GHz pulsed gyrotron, Int. J. Infrared Millimeter Waves, 3, 427, 1982.

[33] Carmel, Y. et al., Mode competition, suppression, and efficiency enhancement in overmoded gyrotron oscillators, Int. J. Infrared Millimeter Waves, 3, 645, 1982.

[34] Arfin, B. et al., A high power gyrotron operating in the te041 mode, IEEE Trans. Electron. Dev., eD – 29, 1911, 1982.

[35] Carmel, Y. et al., Realization of a stable and highly efficient gyrotron for controlled fusion research, Phys. Rev. Lett., 50, 1121, 1983.

[36] Luchinin, A. G. and Nusinovich, G. S., An analytical theory for comparing the efficiency of gyrotrons with various electrodynamic systems, Int. J. Electron., 57, 827, 1984.

[37] Tax, D. S. et al., Experimental results for a pulsed 110/124.5GHz Megawatt Gyrotron, IEEE Trans. Plasma Sci., 42, 1128, 2014.

[38] Pioszcyk, B. et al., 165GHz coaxial cavity gyrotron, IEEE Trans. Plasma Sci., 32, 853, 2004.

[39] Kartikeyan, M. V. et al., A 1.0 – 1.3MW CW, 238GHz conventional cavity gyrotron, in Proceedings of the 38th International Conference on Infrared, Millimeter, and Terahertz Waves, Ieee, September 1 – 6, 2013.

[40] Kreischer, K. E. et al., The design of megawatt gyrotrons, IEEE Trans. Plasma Sci., pS – 13, 364, 1985.

[41] Danly, B. G. et al., Whispering – gallery – mode gyrotron operation with a quasi – optical antenna, IEEE Trans. Plasma Sci., pS – 13, 383, 1985.

[42] Flyagin, V. A. and Nusinovich, G. S., Gyrotron oscillators, Proc. IEEE, 76, 644, 1988.

[43] Chu, K. R., Read, M. E., and Ganguly, A. K., Methods of efficiency enhancement and scaling

for the gyrotron oscillator, IEEE Trans. Microwave Theory Tech. , Mtt – 28,318,1980.

[44] Felch, K. et al. , Long – pulse and CW tests of a 110GHz gyrotron with an internal, quasi – optical converter, IEEE Trans. Plasma Sci. ,24,558,1996.

[45] Blank, M. et al. , Demonstration of a high – power long – pulse 140GHz gyrotron oscillator, IEEE Trans. Plasma Sci. ,32,867,2004.

[46] Cauffman, S. et al. , Overview of fusion gyrotron development programs at 110GHz,117. 5GHz, 140GHz, and 170GHz, in Proceedings of the 38th International Conference on Infrared, Millimeter, and Terahertz Waves, IEEE,2013.

[47] Cauffman, S. et al. , Testing of megawatt – class gyrotrons, in Summary from the 2014 IEEE 41st International Conference on Plasma Sciences, held with 2014 IEEE International Conference on High – Power Particle Beams, IEEE,2014.

[48] Thumm, M. , Recent advances in the worldwide fusion gyrotron development, IEEE Trans. Plasma Sci. ,42,590,2014.

[49] Sakamoto, K. et al. , Progress on high power long pulse gyrotron development in JAEA, in Proceedings of the 39th International Conference on Infrared, Millimeter, and Terahertz Waves, IEEE,2014.

[50] Litvak, A. G. et al. , New results of megawatt power gyrotrons development, in Proceedings of the 38th International Conference on Infrared, Millimeter, and Terahertz Waves, IEEE,2013.

[51] Kalaria, P. C. et al. , Design of 170 Ghz,1. 5MW conventional cavity gyrotron for plasma heating, IEEE Trans. Plasma Sci. ,42,1522,2014.

[52] Omori, T. et al. , Overview of the ITER EC H&CD system and its capabilities, Fusion Eng. Des. ,86,951 – 954,2011.

[53] Gold, S. H. et al. , High – voltage Ka – band gyrotron experiment, IEEE Trans. Plasma Sci. ,pS – 13,374,1985.

[54] Gold, S. H. et al. , High peak power Ka – band gyrotron oscillator experiment, Phys. Fluids,30, 2226,1987.

[55] Gold, S. H. , High peak power Ka – band gyrotron oscillator experiments with slotted and unslotted cavities, IEEE Trans. Plasma Sci. ,16,142,1988.

[56] Black, W. M. et al. , Megavolt multikiloamp Ka band gyrotron oscillator experiment, Phys. Fluids B,2,193,1990.

[57] Kreischer, K. E. and Temkin, R. J. , Single – mode operation of a high – power, steptunable gyrotron, Phys. Rev. Lett. ,59,547,1987.

[58] Davidovskii, V. Ya. , Possibility of resonance acceleration of charged particles by electromagnetic waves in a constant magnetic field, Zh. Eksp. Teor. Fiz. , 43, 886, 1962; Sov. Phys. JETP,16,629,1963.

[59] Kolomenskii, A. A. and Lebedev, A. N. , Self – resonant particle motion in a plane electromagnetic wave, Dokl. Akad Nauk SSSR,149,1259,1962; Sov. Phys. Dokl. ,7,745,1963.

[60] Bratman, V. L. et al. , FELs with Bragg reflection resonators: Cyclotron autoresonance masers versus ubitrons, IEEE J. Quantum Electron. , Qe – 19,282,1983.

[61] Yovchev, I. G. et al. , Present status of a 17. 1 – GHz four – cavity frequency – doubline coaxial gyroklystron design, IEEE Trans. Plasma Sci. ,28,523,2000.

[62] Lawson, W. , On the frequency scaling of coaxial gyroklystrons, IEEE Trans. Plasma Sci. ,30, 876,2002.

[63] Lawson, W. , Ragnunathan, H. , and esteban, M. , Space – charge – limited magnetron injection guns for high – power gyrotrons, IEEE Trans. Plasma Sci. ,32,1236,2004.

[64] McCurdy, A. H. et al. , Improved oscillator phase locking by of a modulated electron beam in a gyrotron, Phys. Rev. Lett. ,57,2379,1986.

[65] Jelonnek, J. et al. , Development of advanced gyrotrons, in Proceedings of the 39th International Conference on Infrared, Millimeter, and Terahertz Waves, Ieee,2014.

[66] Stork, D. , DeMO and the route to fusion power, Paper Presented at the 3rd Karlsruhe International Schoolon Fusion Technologies, 2009, http://fire. pppl. gov/eu_demo_Stork_FZK% 20. pdf (accessed March 1,2015).

[67] Rzesnicki, T. et al. ,2MW,170GHz coaxial – cavity short – pulse gyrotron—Single stage depressed collector operation, Proceedings of the 39th International Conference on Infrared, Millimeter, and Terahertz Waves, IEEE,2014.

[68] Tiwari, S. and Lawson, W. , Design of a high – gain K – band coaxial gyroklystron, IEEE Trans. Plasma Sci. ,35,23,2007.

[69] Freund, H. and Antonsen, T. M. , Principles of Free – Electron Lasers,2nd edition, Chapman & Hall, London,1996.

[70] Kapitsa, P. L. and Dirac, P. A. M. , The reflection of electrons from standing light waves. Proc. Cambr. Phil. Soc. ,29,297,1933.

[71] Motz, H. , Applications of the radiation from fast electrons, J. Appl. Phys. ,22,257,1951.

[72] Phillips, R. M. , The ubitron, a high – power traveling – wave tube based on a periodic beam interaction in an unloaded waveguide, IRE Trans. Electron. Dev. , ED – 7,231,1960. phillips, R. M. , history of the ubitron, Nucl. Instrum. Methods, A272,1,1988.

[73] Madey, J. M. J. , Stimulated emission of bremsstrahlung in a periodic magnetic field, J. Appl. Phys. ,42,1906,1971.

[74] Elias, L. R. et al. , Observation of stimulated emission of radiation by relativistic electrons in a spatially periodic transverse magnetic field, Phys. Rev. Lett. ,36,717,1976.

[75] Deacon, D. A. G. et al. , First operation of a free – electron laser, Phys. Rev. Lett. ,38,892,1977.

[76] Kroll, N. M. , Morton, P. , and Rosenbluth, M. N. , Free – electron lasers with variable parameter wigglers, IEEE J. Quantum Electron. , Qe – 17,1436,1981.

[77] Fajans, J. et al. , Microwave studies of a tunable free – electron laser in combined axial and wiggler magnetic fields, Phys. Fluids,26,2683,1983.

[78] Gold, S. H. et al., Study of gain, bandwidth, and tunability of a millimeter-wave free-electron laser operating in the collective regime, Phys. Fluids, 26, 2683, 1983.

[79] Latham, P. E. and Levush, B., The interaction of high- and low-frequency waves in a free electron laser, IEEE Trans. Plasma Sci., 18, 472, 1990.

[80] Instabilities can be convective and absolute, a subject beyond our scope here, but the classic treatment is Briggs, R. J., Electron Stream Interaction with Plasma, MIT Press, Cambridge, MA, 1964, chap. 2.

[81] Liewer, P. C., Lin, A. T., and Dawson, J. M., Theory of an absolute instability of a finite-length free-electron laser, Phys. Rev. A, 23, 1251, 1981.

[82] Kwan, T. J. T., Application of particle-in-cell simulation in free-electron lasers, IEEE J. Quantum Electron., QE-17, 1394, 1981.

[83] Kroll, N. M. and McMullin, W. A., Stimulated emission from relativistic electron passing through a spatially periodic transverse magnetic field, Phys. Rev. A, 17, 300, 1978. Sprangle, P. and Smith, R. A., theory of free-electron lasers, Phys. Rev. A, 21, 293, 1980.

[84] Friedland, L., Electron beam dynamics in combined guide and pump magnetic fields for free electron laser applications, Phys. Fluids, 23, 2376, 1980. Freund, H. P. and Drobot, A. T., relativistic electron trajectories in free electron. lasers with an axial guide field, Phys. Fluids, 25, 736, 1982. Freund, H. P. and Ganguly, A. K., electron orbits in free-electron lasers with helical wiggler and an axial guide magnetic field, IEEE J. Quantum Electron., Qe-21, 1073, 1985.

[85] Jackson, R. H. et al., Design and operation of a collective millimeter-wave freeelectron laser, IEEE J. Quantum Electron., Qe-19, 346, 1983.

[86] Freund, H. P. et al., Collective effects on the operation of free-electron lasers with an axial guide field, Phys. Rev. A, 26, 2004, 1982. Freund, H. P. and Sprangle, P., Unstable electrostatic beam modes in freeelectron-laser systems, Phys. Rev. A, 28, 1835, 1983.

[87] Parker, R. K. et al., Axial magnetic-field effects in a collective-interaction free electron laser at millimeter wavelengths, Phys. Rev. Lett., 48, 238, 1982.

[88] Conde, M. E., Bekefi, G., and Wurtele, J. S., A 33 GHz free electron laser with reversed axial guide magnetic field, in Abstracts for the IEEE International Conference on Plasma Science, Williamsburg, Va, 1991, p. 176.

[89] Pasour, J. A., Free-electron lasers, in High-Power Microwave Sources, Granatstein, V. L. and alexeff, I., eds., Artech House, Norwood, Ma, 1987.

[90] Orzechowski, T. J. et al., High gain and high extraction efficiency from a free electron laser amplifier operating in the millimeter wave regime, Nucl. Instrum. Methods, A250, 144, 1986.

[91] Freund, H. P. and Ganguly, A. K., Nonlinear analysis of efficiency enhancement in free-electron laser amplifiers, Phys. Rev. A, 33, 1060, 1986.

[92] Kroll, N. M. and rosenbluth, M. N., Sideband instabilities in trapped particle freeelectron la-

sers. Physics of Quantum Electronics, Vol. 7, Jacobs, S. F. et al. , eds. , Addison – Wesley, Reading, MA, 1980, p. 147.

[93] Colson, W. B. and Freedman, R. aA, Synchrotron instability for long pulses in free electron laser oscillator, Opt. Commun. ,46,37,1983.

[94] Colson, W. B. , The trapped – particle instability in free electron laser oscillators and amplifiers, Nucl. Instrum. Methods, a250, 168, 1986.

[95] Masud, J. et al. , Sideband control in a millimeter – wave free – electron laser, Phys. Rev. Lett. , 58,763,1987.

[96] Yu, S. S. et al. , Waveguide suppression of the free electron laser sideband instability, Nucl. Instrum. Methods, 259, 219, 1987.

[97] Yee, F. G. et al. , Power and sideband studies of a raman FeL, Nucl. Instrum. Methods, a259, 104,1987.

[98] Throop, A. L. et al. , Experimental Characteristic of a High – Gain Free – Electron Laser Amplifier Operating at 8mm and 2mm Wavelengths, UCRL – 95670, Lawrence Livermore National Laboratory, Livermore, CA, 1987.

[99] Hester, R. E. et al. , the experimental test accelerator (eta), IEEE Trans. Nucl. Sci. , NS – 26, 3,1979.

[100] Orzechowski, T. J. et al. , High – efficiency extraction of microwave radiation from a tapered – wiggler free – electron laser, Phys. Rev. Lett. ,57,2172,1986.

[101] Allen, S. L. et al. , Generation of high power 140 Ghz microwaves with an FeL for the MTX experiment, in Proceedings of the Particle Accelerator Conference, Washington DC 1993 p1551.

[102] Lasnier, C. J. et al. , Burst mode FeL with the eta – III induction linac, in Proceedings of the Particle Accelerator Conference, Washington, DC, 1993, p. 1554.

附录 高功率微波公式集[①]

A.1 电磁学

1. Q 的定义

(1) $Q = 2\pi \dfrac{\text{平均储能}}{\text{每单位周期损失的能量}} = \omega_0 \dfrac{\text{平均储能}}{\text{损失功率}}$

式中：ω_0 为宽度为 $\Delta\omega$ 的谐振腔共振谱线的中心频率。

(2) $Q = \dfrac{\omega_0}{2\Delta\omega}$

(3) $Q_p = \dfrac{\text{谐振腔体积}}{(\text{表面积})\times\delta} \times (\text{几何因子})$

式中：δ 为趋肤深度，几何因子为 1 的量级。

(4) 脉冲内的周期数、带宽与共振系统的 Q 值之间的关系为
$$\pi N = 1/\text{百分比带宽} = Q$$

(5) 谐振腔的辐射能量损失的时间常数 T_r（即储能与损失功率之比）
$$Q_r = \omega_0 T_r$$

(6) 如果谐振腔具有较高的终端反射率 R_1 和 R_2，则有
$$T_r \approx \dfrac{L}{v_g(1-R_1R_2)}$$

2. 趋肤深度

$$\delta = \sqrt{\dfrac{2}{\omega\mu\sigma}} = \dfrac{1}{\sqrt{\pi f\mu\sigma}}$$

[①] 有关等离子体物理，可参照 NRL 等离子体公式集：http://www.ppd.nrl.navy.mil/nrl-plasma-formulary/；由 North Star 撰写的脉冲功率公式集，可参照 http://www.scribd.com/doc/174853731/Pulse-Power-Formulary-North-Star-High-Voltage-2001#scribd. 有关微波相关知识，可参照 Microwave Engineers' Handbook, Volume1 and 2, Artech House, Norwood, MA。

对于铜，$\sigma = 5.80 \times 10^7\ (\Omega \cdot m)^{-1}$；1GHz 的趋肤深度为 $2.1\mu m$。

部分材料的传导率如表 A.1 所列。

表 A.1 部分材料的传导率

材料	传导率/$(\Omega \cdot m)^{-1}$	材料	传导率/$(\Omega \cdot m)^{-1}$
铝	3.82×10^7	铁	1.03×10^7
黄铜	2.6×10^7	铅	4.6×10^6
铜	5.8×10^7	海水	$3 \sim 5$
金	4.1×10^7	银	6.2×10^7
石墨	7×10^4	不锈钢	1.1×10^6

A.2 波导管和谐振腔

波导管和谐振腔如表 A.2 ~ 表 A.6 所列。

表 A.2 用轴向场分量表示的方形波导中的 TM 模和 TE 模表达式
（由式(4.1) ~ 式(4.4) 导出）

横磁模，TM_{np}	横电模，TM_{np}
$E_z = D\sin\left(\dfrac{n\pi}{a}x\right)\sin\left(\dfrac{p\pi}{b}y\right)$ $B_z \equiv 0$	$B_z = A\cos\left(\dfrac{n\pi}{a}x\right)\cos\left(\dfrac{p\pi}{b}y\right)$ $E_z \equiv 0$
$E_x = i\dfrac{k_z}{k_\perp^2}\dfrac{\partial E_z}{\partial x}$ $E_y = -i\dfrac{k_z}{k_\perp^2}\dfrac{\partial E_z}{\partial y}$ $B_x = -i\dfrac{\omega}{\omega_{co}^2}\dfrac{\partial E_z}{\partial y}$ $B_y = i\dfrac{\omega}{\omega_{co}^2}\dfrac{\partial E_z}{\partial x}$	$E_x = i\dfrac{\omega}{k_\perp^2}\dfrac{\partial B_z}{\partial y}$ $E_y = -i\dfrac{\omega}{k_\perp^2}\dfrac{\partial B_z}{\partial X}$ $B_x = i\dfrac{k_z}{k_\perp^2}\dfrac{\partial B_z}{\partial x}$ $B_y = i\dfrac{k_z}{k_\perp^2}\dfrac{\partial B_z}{\partial y}$
$\omega_{co} = k_\perp c = \left[\left(\dfrac{n\pi c}{a}\right)^2 + \left(\dfrac{p\pi c}{b}\right)^2\right]^{1/2}$	

表 A.3 WR284 波导的几个最低模的截止频率

n	p	$f_{co} = \omega_{co}/2\pi$ (GHz) $a = 7.214\text{cm}, b = 3.404\text{cm}$	n	p	$f_{co} = \omega_{co}/2\pi$ (GHz) $a = 7.214\text{cm}, b = 3.404\text{cm}$
1	0	2.079	1	2	9.055
0	1	4.407	2	0	4.159
1	1	4.873	2	1	6.059

表 A.4 用径向场分量表示的圆形波导中的 TM 模和 TE 模表达式
(由式(4.1)~式(4.4)导出)

横磁场,$\text{TM}_{np}(B_z = 0)$	横磁场,$\text{TE}_{np} E_z = 0$
$E_z = D J_p(k_\perp r)\sin(p\theta)$	$B_z = A J_p(k_\perp r)\sin(p\theta)$
$E_r = i\dfrac{k_z}{k_\perp^2}\dfrac{\partial E_z}{\partial \theta}$	$E_\theta = -i\dfrac{\omega}{k_\perp^2}\dfrac{1}{r}\dfrac{\partial B_z}{\partial r}$
$E_\theta = i\dfrac{k_z}{k_\perp^2}\dfrac{1}{r}\dfrac{\partial E_z}{\partial \theta}$	$E_\theta = -i\dfrac{\omega}{k_\perp^2}\dfrac{\partial B_z}{\partial r}$
$B_\theta = i\dfrac{\omega}{\omega_{co}^2}\dfrac{1}{r}\dfrac{\partial E_z}{\partial r}$	$B_r = i\dfrac{k_z}{k_\perp^2}\dfrac{\partial B_z}{\partial \theta}$
$B_\theta = i\dfrac{\omega}{\omega_{co}^2}\dfrac{\partial E_z}{\partial r}$	$B_\theta = i\dfrac{k_z}{k_\perp^2}\dfrac{1}{r}\dfrac{\partial B_z}{\partial \theta}$
$k_\perp = \dfrac{\omega_{co}}{c} = \dfrac{\mu_{pn}}{r_0}$	$k_\perp = \dfrac{\omega_{co}}{c} = \dfrac{v_{pn}}{r_0}$
$J'_p(\mu_{pn}) = 0$	$J'_p(v_{pn}) = 0$

表 A.5 给定模的传播功率(P)与最大强度($E_{\text{wall,max}}$)

模	
方形波导 TM	$P_{\text{TM}} = \dfrac{ab}{8Z_0}\left[\left(\dfrac{n}{a}\right)^2 + \left(\dfrac{p}{b}\right)^2\right]\dfrac{1}{[1-(f_{co}/f)^2]^{1/2}}\min\left[\left(\dfrac{a}{n}\right)^2, \left(\dfrac{b}{p}\right)^2\right] E_{\text{wall,max}}^2$
TE $n, p > 0$	$P_{\text{TE}} = \dfrac{ab}{8Z_0}\left[\left(\dfrac{n}{a}\right)^2 + \left(\dfrac{p}{b}\right)^2\right]\dfrac{1}{[1-(f_{co}/f)^2]^{1/2}}\min\left[\left(\dfrac{a}{n}\right)^2, \left(\dfrac{b}{p}\right)^2\right] E_{\text{wall,max}}^2$
TE n 或 $p = 0$	$P_{\text{TE}} = \dfrac{ab}{4Z_0}\left[\left(\dfrac{n}{a}\right)^2 + \left(\dfrac{p}{b}\right)^2\right]\dfrac{1}{[1-(f_{co}/f)^2]^{1/2}}\min\left[\left(\dfrac{a}{n}\right)^2, \left(\dfrac{b}{p}\right)^2\right] E_{\text{wall,max}}^2$
方形波导 TM	$P_{\text{TM}} = \dfrac{\pi r_0^2}{4Z_0}\dfrac{E_{\text{wall,max}}^2}{[1-(f_{co}/f)^2]^{1/2}}$
TE $p > 0$	$P_{\text{TE}} = \dfrac{\pi r_0^2}{2Z_0}\left[1-\left(\dfrac{f_{co}}{f}\right)^2\right]^{1/2}\left[1+\left(\dfrac{v_{pn}^2}{p}\right)\right] E_{\text{wall,max}}^2$

注:$\min(x,y)$ 是 x 和 y 的较小的一方,$Z_0 = 377\Omega$。

表 A.6 标准矩形波导

波段	频率范围	$TE_{1,0}$截止频率/GHz	WR(型号)	内壁尺寸/英寸(cm)
L	1.12~1.70	0.908	650	6.50×3.25 (16.51×8.26)
R	1.70~2.60	1.372	430	4.30×2.15 (10.92×5.46)
S	2.60~3.95	2.078	284	2.84×1.34 (7.21×3.40)
H(G)	3.95~5.85	3.152	187	1.87×0.87 (4.76×2.22)
C(J)	5.85~8.20	4.301	137	1.37×0.62 (3.49×1.58)
W(H)	7.05~10.0	5.259	112	1.12×0.50 (2.85×1.26)
X	8.20~12.4	6.557	90	0.90×0.40 (2.29×1.02)
Ku(P)	12.4~18.0	9.486	62	0.62×0.31 (1.58×0.79)
K	18.0~26.5	14.047	42	0.42×0.17 (1.07×0.43)
Ka(R)	26.5~40.0	21.081	28	0.28×0.14 (0.71×0.36)
Q	33.0~50.5	26.342	22	0.22×0.11 (0.57×0.28)
U	40.0~60.0	31.357	19	0.19×0.09 (0.48×0.24)
V	50.0~75.0	39.863	15	0.15×0.07 (0.38×0.19)
E	60.0~90.0	48.350	12	0.12×0.06 (0.31×0.02)
W	75.0~110.0	59.010	10	0.10×0.05 (0.25×0.13)
F	90.0~140.0	73.840	8	0.08×0.04 (0.20×0.10)
D	110.0~170.0	90.854	6	0.07×0.03 (0.17×0.08)
G	140~220.0	115.750	5	0.05×0.03 (0.13×0.06)

A.3 脉冲功率和电子束

1. 脉冲形成线的最佳阻抗(能量密度最大)

- 油线,42Ω
- 乙二醇线,9.7Ω

- 水线,6.7Ω
- 另外,液体中能量密度最大的是水(是聚酯薄膜的0.9倍),中间的是乙二醇(0.45倍),最低的是油(0.06倍)。

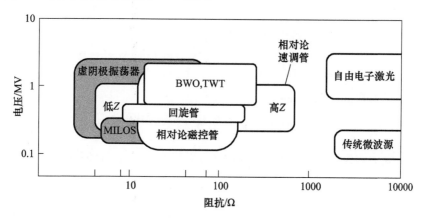

图 A.1　电压–阻抗参数空间中高功率微波源和脉冲式传统微波源的相对关系
（图中也显示了常用脉冲形成线绝缘介质(H_2O、甘醇、油和SF_6)的最佳阻抗）

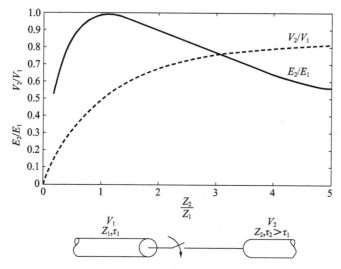

图 A.2　传输线(1)向传输线(2)的能量传输系数和电压传输系数随阻抗比的变化

2. 二极管和电子束

(1) Child–Langmuir 电流密度和阻抗,即

$$J_{SCL}\left(\frac{kA}{cm^2}\right) = 2.33 \frac{[V_0(MV)]^{3/2}}{[d(cm)]^2}$$

489

$$I_{\mathrm{SCL}}(\mathrm{kA}) = J_{\mathrm{SCL}}A = 7.35\,[V_0(\mathrm{MV})]^{3/2}\left[\frac{r_{\mathrm{c}}(\mathrm{cm})}{d(\mathrm{cm})}\right]^2$$

$$Z_{\mathrm{SCL}}(\Omega) = \frac{136}{\sqrt{V_0(\mathrm{MV})}}\left[\frac{d}{r_{\mathrm{c}}}\right]^2$$

(2) 相对论 Child–Langmuir 电流密度,即

$$J\left(\frac{\mathrm{kA}}{\mathrm{cm}^2}\right) = \frac{2.71}{[d(\mathrm{cm})]^2}\left\{\left[1 + \frac{V_0(\mathrm{MV})}{0.511}\right]^{1/2} - 0.847\right\}^2$$

(3) 二极管箍缩电流,即

$$I_{\mathrm{pinch}}(\mathrm{kA}) = 8.5\,\frac{r_{\mathrm{c}}}{d}\left\{1 + \left[\frac{V_0(\mathrm{MV})}{0.511}\right]\right\}$$

(4) 顺位流模型的电流和阻抗;磁绝缘电流 I_z 必须超过顺位流电流,即

$$I_z > I_{\mathrm{p}}(A) = 8500\gamma G \ln(\gamma + \sqrt{\gamma^2 - 1})$$

式中:γ 为相对论因子;G 为几何因子。

$G = [\ln(b/a)]^{-1}$,b 和 a 分别为同轴圆柱的内径和外径。

$G = W/2\pi d$,平行板的宽度为 W,间隙为 d。

$Z_{\mathrm{p}} = V/I_{\mathrm{p}} \approx 23 G^{-1}\,\Omega$(对于电压约为 1MV)。

A.4 微波源

微波源如表 A.7 ~ 表 A.9 所列。

表 A.7 高功率微波源的分类

	慢 波	快 波
O 型器件	返波振荡器(BWO) 行波图(TWT) 表面波振荡器 相对论衍射发生器(RDG) 奥罗管 Flimatron 多波切伦科夫发生器(MCG) 介质切伦科夫脉塞(DCM) 等离子体切伦科夫脉塞	自由电子激光器,波荡射束注入器 光学速调管 回旋管 回旋返波管 回旋行波管 回旋自共振脉塞 回旋速调管
M 型器件	相对论速调管 相对论磁控管 正交场放大器	交变场磁控管
空间电荷器件	磁绝缘线振荡器(MILO) 虚阴极振荡器 反射三极管	

表 A.8 高功率微波源的主要特征

微波源	工作频率	效率	复杂性	开发水平
磁控管	1~9GHz,带宽约为1%	10%~30%	低	高
O型切伦科夫器件	3~60GHz,可调	10%~50%	中~高	高
虚阴极振荡器	0.5~35GHz,宽频带(≤10%),可调	约为1%简单 约为10%新型	低	中
自由回旋脉塞	回旋管5~300GHz, CARM更高	30%标准	中	回旋管高 CARM低
自由电子激光	8GHz以上,可调	35%	高	中~高
相对论速调管	1~11GHz	25%~50%	中~高	中

锁相条件,即 Adler 关系,则

$$\Delta\omega \leqslant \frac{\omega_0 \rho}{Q}$$

ω_0 是具有相同 Q 值的两个振荡器的平均频率。注入率为

$$\rho = \left(\frac{P_i}{P_o}\right)^{1/2} = \frac{E_i}{E_o}$$

式中:下标 i 和 o 分别表示注入(主)和接收(辅)方的振荡器。只有当两个振荡器的谐振频率的间隔足够小时才能发生锁相。锁相所需要的时间尺度为

$$\tau \sim \frac{Q}{2\rho\omega_0}$$

当 $\rho \approx 1$ 时,锁相的频率范围 $\Delta\omega$ 最大,而时间尺度最小。

表 A.9 超宽带频带范围

窄带与超宽带	频带	百分比带宽 $100\Delta f/f$	带宽比 $1+\Delta f/f$	实例
窄宽		<1%	1.01	Orion(图6.31和图7.24)
超宽带	中频	1%~100%	1.01~3	MATRIX(图6.11)
	宽频	100%~163%	3~10	H系列(图6.16)
	超频	163%~200%	>10	Jolt(图6.17)

A.5 传播和天线

(1)功率密度。对于脉宽超过 1μs 的微波脉冲,产生空气击穿的临界功率密度为

$$S\left(\frac{\text{MW}}{\text{cm}^2}\right) = 1.5p^2 \, (\text{atm})$$

式中：S 为微波的功率密度；p 为压强（单位：大气压）。这个条件对应于大气压下的临界场强 24kV/cm。场强与微波功率密度的关系为

$$E(\text{V/cm}) = 19.4[S(\text{W/cm}^2)]^{1/2}$$

$$S(\text{W/cm}^2) = E^2(\text{V/cm})/377$$

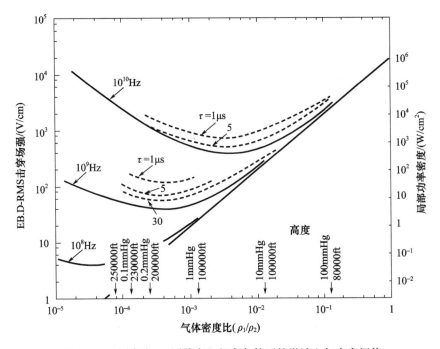

图 A.3　不同高度、不同脉宽和频率条件下的微波空气击穿阈值

（2）定向增益。天线的定方向增益表示它将辐射功率集中在立体角 Ω_A 内的能力，利用辐射功率 P，在 R 的位置，获得功率密度 S，即

$$G_D = \frac{4\pi}{\Omega_A} = \frac{4\pi}{\Delta\theta\Delta\phi} = \frac{4\pi R^2}{P}S$$

两个垂直方向上的束宽分为 $\Delta\theta$ 和 $\Delta\phi$。增益 G 和 G_D 乘以天线效率，它可以用波长和面积 $A = \pi D^2/4$ 表示为

$$G = G_D = \frac{4\pi A\varepsilon}{\lambda^2}$$

乘积 GP 是有效辐射功率（ERP）。增益通常用分贝表示（G_{dB}）。它的数值可以表示为

$$G = 10^{G_{dB}/10}$$

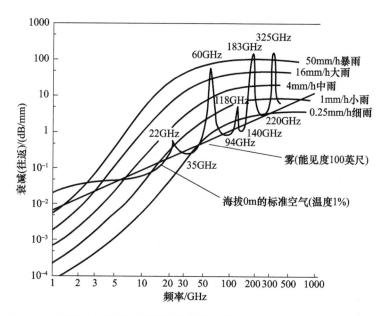

图 A.4 空气水分和氧分子的吸收特性显示在 35GHz、94GHz、140GHz 和 220GHz 附近存在传播窗口

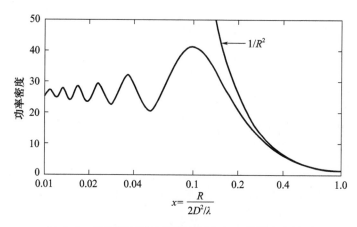

图 A.5 喇叭形天线的辐射强度与归一化距离的关系
（它对大多数天线类型具有代表性）

因此，增益 100 相当于 20dB。

窄带天线的远场起始于

$$L_{ff} = \frac{2D^2}{\lambda}$$

表 A.10

天 线	增 益	注 释
角锥形和 TEM 喇叭	ab/λ^2	标准增益喇叭天线；侧边 a、b，长度 $l_e = b^2/2\lambda$, $l_h = a^3/3\lambda$
锥形喇叭	$5D^2/\lambda^2$	$l = D^2/3\lambda$；D 为直径
抛物面"锅"	$5.18D^2/\lambda^2$	
弗拉索夫	$6.36(D^2/\lambda^2)/\cos\theta$	θ 是斜面角，$30° < \theta < 60°$
双锥形	$120(\cot\alpha/4)$	α 是双锥形开度角
螺旋形	$(148NS/\lambda)D^2/\lambda^2$	$N=$ 圈数；$S=$ 螺旋间距
喇叭阵列	$9.4AB/\lambda^2$	A、B 是阵列的侧边

衍射极限束宽为

$$\theta = 2.44\lambda/D$$

它代表衍射极限的发散。它对于圆孔给出贝塞尔函数的第一个零点，并包含 84% 的波束功率，在距离 R 的位置，对应的束宽为

$$D_s = \theta \cdot R = 2.44\lambda R/D$$

A.6 应 用

1. 电子效应

耦合到内部电路的功率 P 可以用入射功率密度 S 和耦合截面 σ 表示，即

$$P = S\sigma$$

对于正面耦合，σ 通常是开口（即天线或缝隙）的有效面积。

有关破坏功率的一般结果是 Wunsch – Bell 关系，即

$$P \sim \frac{1}{\sqrt{t}}$$

式中：t 为脉冲宽度，上式在 $100\text{ns} < t < 10\mu\text{s}$ 的范围内有效。

表 A.11 电子效应的分类和后果

破坏方式	功率需求	波形	恢复过程	恢复时间
干扰/扰乱	低	重复频率或连续波	自动恢复	数秒
数字式紊乱	中	短脉冲、单次或重复频率	操作员干扰	数分钟
毁坏	高	超宽带或窄带	修理	数日

2. 功率传送

功率耦合参数为

$$\tau = \frac{D_t D_r}{\lambda R}$$

式中：D_t 和 D_r 分别为发射天线和接收天线的直径；R 为发射器和接收器之间的距离。为获得较高的传送效率，波束直径必须约为 D_r，而且 $\tau \geq 1$。一个近似的解析表达式为（对于 Z 约为 1）

$$\frac{P_r}{P_t} = 1 - e^{-\tau^2}$$

3. 等离子体加热

等离子体加热共振频率如下。

离子回旋共振加热（ICRH），即

$$f = f_{ci} = \frac{eB}{2\pi m_i}$$

低混杂波加热（LHH），即

$$f = f_{LH} \cong \frac{f_{pi}}{\sqrt{1 - \left(\frac{f_{pe}^2}{f_{ce}^2}\right)}}$$

电子回旋共振加热（ECRH），即

$$f = f_{ce} = \frac{eB}{2\pi m_e} \text{ 或 } f = 2f_{ce}$$

式中：m_i 和 m_e 分别为离子和电子质量；B 为局部磁场强度；$f_{pe} = (n_e e^2/\varepsilon_0 m_e)^{1/2}/2$，这里 n_e 是电子密度，ε_0 是真空介电常数；$f_{pi} = \lfloor n_i Z_i^2 e^2/\varepsilon_0 m_i)^{1/2} \rfloor/2\pi$，$Z_i = 1$ 是聚变等离子体重离子的电荷态。在符合聚变要求的密度和磁场下，$f_{ci} \cong 100\text{MHz}$，$f_{LH} \cong 5\text{GHz}$，$f_{ce} \cong 140 \sim 250\text{GHz}$。

缩　略　语

ADS 主动拒止系统	GA 通用原子公司
AFOSR 空军科学研究办公室	GMBK 瓦特多束速调管
AFRL 空军研究实验室	GPS 全球定位系统
AFWL 空军武器实验室	GPU 图形处理单元
A－K 阳极阴极	HAT 高功率放大器发射机
ANSI 美国国家标准协会	HDL 哈里戴蒙德实验室
ARL 陆军研究实验室	HE 高爆弹
ARM 反辐射导弹	HEMTT 重型扩展机动战术卡车
ASAT 反卫星	HPM 高功率微波
BASS 大容量快速半导体开关	HPPA 高脉冲功率天线
BINP 巴克尔核物理研究所	HUD 抬头显示器
BWG 光束波导	IAE 应用电子研究所
BWO 返波振荡器	IAP 应用物理研究所
CAEP 中国工程物理研究院	ICHE 强电流电子学研究所
CARM 回旋自谐振脉塞	ICRH 离子回旋共振加热
CERN 欧洲核研究中心	IED 简易爆炸装置
CFA 交叉场放大器	IHCE 强电流电子学研究所
CHAMP 反电子高功率微波先进导弹项目	ILC 国际直线对撞机
CIAS 渗碳硅酸铝	INPE 国家空间研究所
CLIC 直线型紧凑对撞机	IRA 脉冲辐射天线
CONOPS 作战概念	IREB 强流相对论电子束
COTS 商业现货	IREE 无线电工程和电子研究所
CSG 竞争战略小组	ITER 国际热核实验反应堆
CSR 成本节约比	JCTD 联合概念技术演示
CVD 化学气相沉积	JDAM 联合直接攻击弹药
CW 连续波	JIEDDO 联合建议爆炸装置对抗组织
DCM 介质切伦科夫微波激射器	JINR 联合研究所

续表

DEW 定向能武器	JNLWD 联合非致命武器理事会
DSRD 漂移阶跃恢复二极管	JSOW 联合防区外武器
EAST 先进实验超导托卡马克	KdV Korteweg de Vires 方程
ECCD 电子回旋波电流驱动	KE 动能
EC H&D 电子回旋加热和电流驱动	KEK 高能加速器研究组织
ECM 电子回旋脉塞	KIT 卡尔斯鲁厄理工学院
ECM 电子对抗	KL–BWO 类似速调管的反波振荡器
ECRH 电子回旋共振加热	LANL 洛斯·阿拉莫斯国家实验室
EED 电爆装置	LBNL 劳伦斯·伯克利国家实验室
EIRP 有效各向同性辐射功率	LEO 近地轨道
EMC 电磁兼容性	LEP 大型正负电子
EMI 电磁干扰	LHC 大型强子对撞机
EMP 电磁脉冲	LHH 低频带混成加热
EPFL 洛桑工学院	LIA 直线感应加速器
ERP 有效辐射功率	LLNL 劳伦斯·利弗莫尔国家实验室
ETA 实验测试加速器	LNA 低噪声放大器
FCC 联邦通信委员会	LTD 直线变压器驱动源
FEL 自由电子激光器	MANPADS 单兵便携式防空系统
FLAPS 平面抛物面天线	MCG 磁累积发生器
FWHM 半值宽度	MDO 衍射输出的磁控管
FZK 卡尔斯鲁厄研究中心	MIG 磁控管注射枪
MILO 磁绝缘线振荡器	SAM 地对空导弹
MIT 麻省理工学院	SAR 比吸收率
MITL 磁绝缘传输线	SBK 带状注速调管
MPM 中等功率微波	SCO 分离腔振荡器
MWCG 多波切伦科夫发电机	SDI 战略防御计划
MWCG 多波衍射发电机	SES 能量储存转换
MWS 导弹预警系统	SLAC 斯坦福直线加速器中心
NAGIRA 纳秒瓦特雷达	SLC 斯坦福线性对撞机
NINT 西北核技术研究院	SLED SLAC 能源开发
NKCE 非动力学反电子	SLR 旁瓣比
NLC 下一个线性对撞机	SNL 圣地亚国家实验室
NRL 海军研究实验室	SOS 半导体断路开关

续表

NUDT 国防科技大学	SPS – ALPHA 任意大相控阵的太阳能卫星
OC 开路	SUSCO 分段隔离切伦科夫振荡器
Pasotron 等离子体辅助慢波振荡器	SWO 表面波振荡器
PCM 等离子切伦科夫微波激射器	SWS 慢波结构
PCSS 光电导固态	TB – NLC 双光束 – 下一代直线对撞机
PDA 个人数码助理	TBA 双光束加速器
PFL 脉冲形成线	TE 横向电场
PFN 脉冲形成网络	TEM 横向磁场
PI 物理国际	TFA 时频分析
PIC 粒子模拟	TKA 三轴速调管放大器
PPM 周期性永久磁铁	TM 横向磁场
PRF 脉冲重复频率	TPI 托木斯克理工学院
PRR 脉冲重复率	TR 发射机/接收机
PV 光伏	TTU 德克萨斯理工大学
RCS 雷达横截面	TWT 行波管
RDG 相对论绕射辐射振荡器	UAS 无人机系统
REICO 相对论扩展互作用谐振腔振荡器	UAV 无人机
RF 射频	UCAV 无人战斗机
RKA 相对论速调管放大器	UESTC 电子科学与技术大学
RKO 相对论速调管振荡器	UM 密歇根大学
RMS 均方根	UMD 马里兰大学
RPD 接收机保护装置	UNM 新墨西哥大学
RPM 再循环平面磁控管	USAF 美国空军
RR – BWO 谐振腔反射器 – 反波振荡器	UWB 超宽带
RWR 雷达预警接收器	VEPP 俄罗斯正负电子对撞机概念
S&T 科学与技术	VMD 电压调制深度

内 容 简 介

本书主要阐述了高功率微波的最新研究发展趋势和相关的基本技术路线，同时也明确了基本问题所在和器件的物理极限。在概述了必要的基础知识和相关的技术方法之后，全面而细致地讲解了各种具有代表性的高功率微波源，包括超宽带源、磁控管、返波振荡器、速调管、虚阴极振荡器、回旋管和自由电子激光等主要器件。

本书可供高功率微波领域的研究技术人员、对高功率微波现象感兴趣的微波工程技术人员、相关领域的大学生和研究生，以及相关领域的管理或指挥人员参考使用。